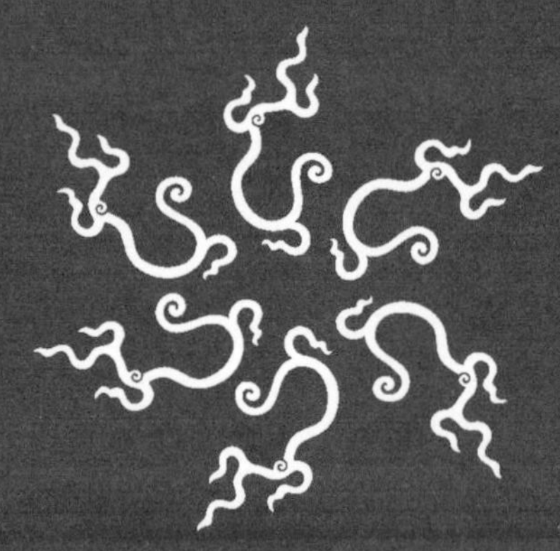

文艺的人民性与人民美学再出发（上）

AESTHETICS

刘小新 杨健民 郑海婷 主编

江苏大学出版社
JIANGSU UNIVERSITY PRESS
镇江

图书在版编目(CIP)数据

文艺的人民性与人民美学再出发:全2册/刘小新,杨健民,郑海婷主编. —镇江:江苏大学出版社,2018.7
ISBN 978-7-5684-0876-9

Ⅰ.①文… Ⅱ.①刘… ②杨… ③郑… Ⅲ.①美学—研究—中国—现代 Ⅳ.①B83-092

中国版本图书馆CIP数据核字(2018)第152726号

文艺的人民性与人民美学再出发

Wenyi de Renminxing yu Renmin Meixue Zai Chufa

主　　编/刘小新　杨健民　郑海婷
责任编辑/吴小娟　周凯婷
出版发行/江苏大学出版社
地　　址/江苏省镇江市梦溪园巷30号(邮编:212003)
电　　话/0511-84446464(传真)
网　　址/http://press.ujs.edu.cn
排　　版/镇江文苑制版印刷有限责任公司
印　　刷/句容市排印厂
开　　本/718 mm×1 000 mm　1/16
总 印 张/40
总 字 数/750千字
版　　次/2018年7月第1版　2018年7月第1次印刷
书　　号/ISBN 978-7-5684-0876-9
总 定 价/88.00元(全2册)

如有印装质量问题请与本社营销部联系(电话:0511-84440882)

在“文艺的人民性与人民美学再出发”青年博士论坛开幕式上的讲话

林蔚芬

（福建省社科联党组书记、副主席）

（2017 年 10 月 14 日）

尊敬的各位专家学者、同志们：

大家上午好！在党的十九大隆重开幕前夕，由福建省社科联主办，福建省美学学会、福建社会科学院马克思主义文艺理论与批评研究中心、东南学术杂志社和福建省海峡文化研究中心联合承办的“文艺的人民性与人民美学再出发”青年博士论坛今天开幕了，这是我省社科界 2017 年学术年会分论坛之一。在此，我谨代表主办单位，对论坛的召开表示热烈的祝贺！向出席会议的各位专家学者表示诚挚的欢迎！

今年福建省社科联学术年会的主题是“新使命　新机遇　新发展——哲学社会科学的责任担当”。今天的这个分论坛以“文艺的人民性与人民美学再出发”为题，将美学的学术研究与人民的审美需求相结合，突出了美学研究的中国话语和中国立场。

“人民”一向是马克思主义意识形态的关键性话语，也是马克思主义文艺理论的核心概念，是哲学社会科学研究的重要价值取向。党的十八大以来，习近平总书记在一系列重要讲话中都强调，社会主义文艺就是人民的文艺。75 年前，毛泽东同志在延安文艺座谈会上指出：“我们的文学艺术都是为人民大众的。”作为马克思主义文艺理论和思想的重要文献，毛泽东同志《在延安文艺座谈会上的讲话》对我国社会主义文艺实践产生了重要的指导意义。今年 5 月，中共中央《关于加快构建中国特色哲学社会科学的意见》强调，站在新的历史起点上，推进中国特色社会主义伟大事业，需要哲学社会科学工作者立时代潮头、发思想先声，积极为党和人民述学立论、建言献策。中国文艺的发展历程表明，“人民性”的命题历久弥新，从人民中来，到人民中去，“自觉与人民同呼吸、共命运、心连心”是广大文艺和美学研究者必须始终铭记的信条。

随着改革开放的不断深入，中国社会正在发生深刻的变化。在新的历史条件下，美学研究置身于新的时代语境之中，面临着新形势、新情况和新问题。比如，如何重新理解毛泽东同志《在延安文艺座谈会上的讲话》发表以来的“人民”叙述的伟大传统；如何贯彻落实习近平总书记在文艺工作座谈会上的讲话精神；人民美学的价值观包含了哪些内容；在新语境下，如何构建人民美学的话语体系；在新型传播媒介体系急速演变的今天，人民美学如何找到准确的定位，等等。这些都是我们应该思考和关注的问题，也是当代美学不可回避的历史使命和文化命题。

本次论坛的专家学者阵容强大，有美学研究领域的资深知名学者，也有充满活力和生机的青年博士。希望大家能够坚持正确的政治导向，充分发挥自身知识面广、思想活跃的优势，围绕论坛主题，敞开思想，畅所欲言，深入交流、研讨和对话，提出自己的真知灼见，为繁荣发展我省哲学社会科学事业，为建设新福建、实现中国梦做出积极贡献，以优异的成绩向党的十九大献礼！

最后，预祝论坛圆满成功！祝大家身体健康，生活愉快！

谢谢大家！

新时代重新阐释人民性

——《文艺的人民性与人民美学再出发》序

刘小新

一、背景和意义

“文艺的人民性与人民美学再出发”学术研讨会的召开，旨在认真学习贯彻落实习近平总书记系列重要讲话精神，尤其是习近平总书记《在文艺工作座谈会上的讲话》和《在中国文联十大、中国作协九大开幕式上的讲话》精神，根据“以人民为中心”的文艺美学理念，在新的历史语境下重新理解和阐释文艺的人民性与人民美学的丰富内涵及当代意义，为迎接党的十九大的胜利召开营造良好的思想理论氛围。党的十九大报告系统阐述了习近平新时代中国特色社会主义文化思想，深入阐发了以人民为中心的文艺思想，为文艺的人民性和人民美学的研究提供了根本依托，是新时代重新阐释人民性文艺理论与美学的指导思想。

二、从经典马克思主义到21世纪马克思主义的创造性转化发展脉络中重新阐释和理解“文艺的人民性”理念

马克思、恩格斯、列宁、斯大林及中国老一辈无产阶级革命家毛泽东、邓小平等，都以不同的角度和方式谈到人民在文艺中的中心地位。马克思在《第六届莱茵省议会的辩论》中论证人民理应享有新闻出版的权利时说：“人民历来就是什么样的作者‘够资格’和什么样的作者‘不够资格’的唯一判

断者。"[①] 列宁在《党的组织和党的出版物》中明确指出，在广大劳动者一贫如洗的社会中没有任何真正的自由，而写作的责任就是"要用真正自由的、公开同无产阶级写作相联系的写作，去对抗伪装自由的、事实上同资产阶级相联系的写作"[②]，他指出："把一批又一批新生力量吸引到写作队伍中来的，不是私利贪欲，也不是名誉地位，而是社会主义思想和对劳动人民的同情。这将是自由的写作，因为它不是为饱食终日的贵妇人服务，不是为百无聊赖、胖的发愁的'几万上等人'服务，而是为千千万万劳动人民，为这些国家的精华、国家的力量、国家的未来服务。"[③] 毛泽东同志 1942 年《在延安文艺座谈会上的讲话》，集中阐述了人民美学的思想与伦理，对中国革命时期和社会主义建设初期的文艺产生了深远的影响。《在延安文艺座谈会上的讲话》提出"为群众与如何为群众的问题"[④]，将占全人口百分之九十以上的"工农兵与小资产阶级"树立为文化实践的主体，系统阐述了革命背景下党的文艺工作的系列重大理论与实践问题，推动了革命时期和社会主义建设初期的文艺发展。1979 年 10 月，邓小平同志《在中国文学艺术工作者第四次代表大会上的祝辞》中再次强调了"文艺属于人民"，指出"人民"是"文艺工作者的母亲"。"一切进步文艺工作者的艺术生命，就在于他们同人民之间的血肉联系。忘记、忽略或是割断这种联系，艺术生命就会枯竭。人民需要艺术，艺术更需要人民。自觉地在人民的生活中汲取题材、主题、情结、语言、诗情和画意，用人民创造历史的奋发精神来哺育自己，这就是我们社会主义文艺事业兴旺发达的根本道路。"[⑤] 习近平总书记指出："社会主义文艺，从本质上讲，就是人民的文艺"[⑥]，"以人民为中心，就是要把满足人民精神文化需求作为文艺和文艺工作的出发点和落脚点，把人民作为文艺表现的主体，把人民作为文艺审美的鉴赏家和评判者，把为人民服务作为文艺工作者的天职"。[⑦] 这种以人民为中心的文艺观念，既与马克思主义文艺观一脉相承，又包含了丰富的时代内容。

---

① ［德］马克思：《马克思恩格斯全集》第 1 卷（上），中共中央马克思、恩格斯、列宁、斯大林著作编译局译，人民出版社，1995 年，第 195 页。

② ［苏联］列宁：《列宁全集》第 12 卷，人民出版社，1987 年，第 96 页。

③ 同②，第 97 页。

④ 毛泽东：《毛泽东选集》(3)，人民出版社，1979 年，第 853 - 861 页。

⑤ 邓小平：《在中国文学艺术工作者第四次代表大会上的祝词》，《人民日报》，1979 年 10 月 30 日，第 1 版。

⑥ 习近平：《在文艺工作座谈会上的讲话》，《人民日报》，2015 年 10 月 15 日，第 1 版。

⑦ 同⑥。

三、在西方马克思主义的最新发展中理解和阐释“人民美学”的当代重建命题

马克思主义在21世纪的复兴是西方文化思想的大潮流。“历史唯物主义”丛书已经编辑出版了100多种，共产主义观念大会、世界马克思主义大会不断引起全球进步知识分子的极大热情。齐泽克主编的毛泽东的《实践论》和《矛盾论》，已经成为西方尤其是美国知识青年的必读书。“人民性”概念在西方重启之后，西方马克思主义不断获得新进展。巴迪欧、巴特勒、布迪厄、朗西埃、于伯尔曼、波斯迪尔斯等合著《什么是人民》，对“人民”的概念进行了新的阐释。在新自由主义横行肆虐和资本主义全球化的时代,“人民”这个概念重新获得“革命主体”“审美主体”“行动主体”重构的重要思想资源。巴迪欧等人编的《诗歌的时代》一书中专文讨论了“诗歌与共产主义”的议题。巴迪欧列举了一批诗人的诗篇，说明共产主义诗学的历史与当代意涵，这批诗人包括智利的聂鲁达、西班牙的拉法埃尔·阿尔维蒂、意大利的爱德华多·圣奎内蒂、巴勒斯坦的达维什、秘鲁的巴列霍尔和中国的艾青等，他们都是热爱人民的伟大诗人，他们的作品都有着丰富的人民性含量。习近平总书记在中央政治局第四十三次集体学习时强调,“当代世界马克思主义思潮，一个很重要的特点就是他们中很多人对资本主义结构性矛盾以及生产方式矛盾、阶级矛盾、社会矛盾等进行了批判性揭示，对资本主义危机、资本主义演进过程、资本主义新形态及本质进行了深入分析。这些观点有助于我们正确认识资本主义发展趋势和命运，准确把握当代资本主义新变化新特征，加深对当代资本主义变化趋势的理解。对国外马克思主义研究新成果，我们要密切关注和研究，有分析、有鉴别，既不能采取一概排斥的态度，也不能搞全盘照搬”。① 这为我们在西方马克思主义的最新发展中理解和阐释“人民美学”的当代重建命题，提供了宝贵的方法论指导。

四、在中国美学和文艺传统中重新发现“文艺人民性”的思想资源

中国传统文化和文艺美学之中都有着深厚的“文艺人民性”思想资源。

---

① 习近平:《习近平在中共中央政治局第四十三次集体学习时强调深刻认识马克思主义时代意义和现实意义继续推进马克思主义中国化时代化大众化》,《人民日报》, 2017年9月30日。

古代文学中有对百姓民生的深切关怀，古代文化传统中有丰沛的民本思想，优秀传统文化千百年来滋润着人心与文心。“长太息以掩涕兮，哀民生之多艰”“遍身罗绮者，不是养蚕人”“兴，百姓苦；亡，百姓苦”“衙斋卧听萧萧竹，疑是民间疾苦声”等感叹，至今仍打动着后来者的心灵。

民本观念是中国古代倡导的根本从政价值理念。《尚书·五子之歌》中说，“皇祖有训，民可近，不可下，民惟邦本，本固邦宁”。孔子也认同民本的观念，提出了庶民、富民、教民的仁政思想，“百姓足，君孰与不足？百姓不足，君孰与足？”[①] 孟子有著名的“民为贵，社稷次之，君为轻”[②] 的政治秩序理论。荀子更是提出了“天之生民，非为君也；天之立君，以为民也”[③] 的思想。董仲舒认为，“惟天子受命于天，天下受命于天子，一国受命于君”，“君者，民之心也；民者，君之体也”。[④] 贾谊也说，“闻之于政也，民无不为本也。国以为本，君以为本，吏以为本。故国以民为安危，君以民为威侮，吏以民为贵贱。此之谓民无不为本也”。[⑤] 北宋范仲淹有“先天下之忧而忧，后天下之乐而乐”的名句，南宋陆游有“位卑未敢忘忧国”的诗句，清代黄宗羲有“我之出而仕也，为天下，非为君也；为万民，非为一姓也”[⑥]，晚清龚自珍作诗说“落红不是无情物，化作春泥更护花”，这些都彰显了中华传统文化中的民本思想。

中华传统文化中的民本思想、文学中为人民而忧患的精神，都是我们不忘本来、吸收外来、面向未来，继承中华文脉、推动人民美学再出发的宝贵资源。我们今天重新讨论“文艺人民性”和“人民美学”，其中一个意涵就是在新的历史条件下更进一步弘扬中华美学的人民性传统，让这一传统得以创造性转化和创新性发展。

五、在当代文艺美学批评中展开“文艺人民性”的实践

人民性含量是衡量文艺作品尤其是社会主义文艺品质的重要标准。现今，消费主义、拜金主义等负面思潮一定程度上仍然存在，文艺创作与批评领域内

---

① ［春秋］孔子：《论语·颜渊》。
② ［战国］孟子：《孟子·尽心下》。
③ ［战国］荀子：《荀子·大略》。
④ ［西汉］董仲舒：《春秋繁露·为人者天》，山东友谊出版社，2001 年，第 406 页。
⑤ ［西汉］贾谊：《贾谊集·大正上》。
⑥ ［清］黄宗羲：《明夷待访录》。

历史虚无化、道德消解化、情绪负面化、价值低俗化、取向市场化等病症也还没有得到彻底的诊治，一些作家、评论家、出版商和管理者忘记了社会主义文艺的“人民性”要求与属性，或博人眼球，或唯利是图，或自诩精英，或自我封闭，抛弃了文艺人民性的观念意识。在这样的背景下重提“人民美学”，无异于为处于价值迷惑之中的当代文艺实践提供了坚实的价值基础。当然，在新时代重构人民美学必须处理好文艺的人民性与文艺创作者个性的关系，通过个性理解人民性、在人民性中表现个性，当代批评实践必须将人民性与人性有机结合。当代文艺批评也必须正确理解人民性与人性的关系，处理好普遍性与具体性的关系，正如习近平总书记所指出的：人民不是抽象的符号，而是一个一个具体的人，有血有肉，有情感，有爱恨，有梦想，也有内心的冲突和挣扎。

六、结束语

福建省社会科学界 2017 年学术年会分论坛“文艺的人民性与人民美学再出发”，是属于人文社会科学研究领域的青年学者的。本次分论坛以青年博士为主体，体现青年博士的思想和学术追求，表现出青年世代学者对“文艺人民性”和“人民美学”这个时代重大课题的学术理解和研究实践。此次会议中，与会青年学者围绕“文艺人民性”和“人民美学”的主题，从各自的学科视点提供了丰富多彩的研究成果，展开了生动活泼的学术交流，带来了更多的观点碰撞，彼此间产生了更强烈的共鸣。这一系列的讨论，丰富了我们对文艺人民性问题的认识及对美学史和理论史的理解。这次青年博士论坛，既是对传统美学意义的延续，又以新的视角和方法介入美学和文学研究，形成了开放多元的学术对话，展现出福建省美学和文艺学研究界融洽的研究氛围和丰富的实践观念。

（作者单位：福建社会科学院）

目录

第一辑

第二辑

第一辑

审美的重启

南　帆

一个世纪左右的时间，文学理论出现了若干重要特征。一是旺盛的理论需求。20 世纪的社会历史跌宕起伏，古典文学的终结与现代文学的开启产生了深远的震荡，诸多问题的出现要求理论的回应和深入解读。二是繁多的理论产品。20 世纪被形容为理论的时代，文学理论极为活跃。众多学派蜂拥而至，相互激辩。某些学科曾经为不同学派的文学理论提供了基本范式，例如心理学、符号学、社会学、阐释学，乃至自然科学。三是理论逻辑的急剧扩张。各个学派的文学理论不仅引入了特殊的概念、范畴、分析模式及观察视角，而且，愈来愈完整的理论逻辑逐渐将文学远远地抛到一边，人们甚至形容其为“没有文学的文学理论”。四是作家的疏离。没有文学的文学理论并非拒绝谈论文学。这种状况指的是，理论远离以文学写作为中心的一系列传统问题，例如想象、人物、故事、情感、灵感，如此等等。这种状况产生了一个重要症候：以作家为代表的一大批集结于文学写作领域的成员开始丧失理论兴趣。目前为止，这种文学理论主要循环于学院的专业研究者之间。传统的视域之中，作家曾经是带动一大批命题的轴心范畴。然而，经过新批评、结构主义和解构主义的洗礼，这个范畴正在文学理论之中边缘化。

这些特征的出现存在多种原因。西方文化的理性主义传统无疑是一个极为重要的因素。无论是心理学、符号学还是社会学、阐释学，诸多学派无不显示出明显的思辨风格。20 世纪以来，中国的文学理论显然受到了这种理性主义的强大影响。先秦至晚清，中国古代文学理论是一个独立的系统，拥有一大批独特的术语、范畴、命题。重视经验和感性无疑是中国古代文学理论的明显特点。然而，19 世纪末至 20 世纪初，由于现代性的剧烈冲击，这个系统迅速瓦解。纷纷登陆的西方文学理论不仅露面于各种文学、学术杂志，而且大面积地占领了学院的讲坛。迄今为止，西方文学理论的概念、命题及运思方式占据了上风。这种状况产生了多方面的效果。一方面，西方文学理论打开了文学研究的视野，提供了各种前所未有的视角。相当程度上，这种理论的接受同时是介入现代性的一种形式。新型的运思方式隐含了现代社会的某些性质，例如理性、精确、普遍性等。另一方面，西方文学理论潜藏的问题逐渐积累，甚至演变为沉疴痼疾，例如经院习气、晦涩、狭窄等。某种程度上，这也可以视为现代性的为时已久的积弊。

在笔者看来，理论既非高悬于世界之上的某种抽象纲领，亦非尾随历史的乏味的总结材料。理论内在地织入文化网络，并且与周边的各种实践、观念产生持久的互动。乔纳森·卡勒就说："文学理论并不是一套脱离现实的思想，而理论作为一种推理论证的实践存在于读者和作者群体之中，和教育文化机构有着千丝万缕的联系。"① 尽管每一种具体的理论无不拥有独特的演变和学科史，但是，笔者还是愿意分析理论周边若干关系形成的链条。

当今的大多数理论并非从天而降，它们通常与之前的各种理论保持或显或隐的关联。学术考察追溯的漫长谱系可以视为理论的纵向关系。诚然，中国古代文学理论的谱系可能相对简单，"宗经征圣"表明了理论的民族文化传统。然而，自从现代性制造了全球化语境之后，各种西方的理论典籍同时成为理论谱系的组成部分。理论谱系之中相异的思想资源不时产生冲突，后殖民理论的问世揭示了矛盾的尖锐程度。显而易见，当今的所有理论家无不感受到巨大的理论紧张。理论的普遍主义与民族文化的特殊状况不断地考验理论家的历史判断和平衡能力。尽管各个理论家的知识来源不同，但是，他们无法回避这个追问：什么是选择某种思想资源的依据？

相对于纵向的理论谱系，理论的横向联系来自现实世界的压力。不断地与周边世界产生积极或隐蔽的互动，这是理论的普遍生态。如果没有这种互动，很难想象持久不息的理论演变如何维持——很难想象有了孔子和柏拉图，为什么还会有王阳明、鲁迅或者康德、海德格尔。事实上可以认为，来自现实世界的压力乃是理论持续演变的主要动力。具体地说，每一个历史时期理论的主导因素各不相同。可以看到纵向理论谱系产生巨大作用的情况，也可以看到现实世界促使理论范式深刻变革的局面。然而，追根溯源，横向关系的作用是决定

① ［美］乔纳森·卡勒：《文学理论》，李平译，辽宁教育出版社、牛津大学出版社，1998年，第126页。

性的。现实世界始终强有力地楔入理论。理论的真正使命是，阐释、解读现实世界，继而参与现实世界的改造实践。

这同时决定了思想资源的选择：某些来自异域的理论之所以可能入选，恰恰是因为这些理论包含了有效解释周边现实世界的观点。当然，人们没有理由将“实践”理解为一个内涵单纯的平面；理论校正过的实践不再是经验性的重复，实践之中包含了浓重的理论意味。这个意义上，理论与周边现实世界的互动包含了多维的递进对话。

鉴于以上描述，文学理论织入文化网络存在一个特殊的节点：与现实世界对话之前，文学理论首先以文学批评的方式介入文学文本的解读和评判。特定范围内，文学理论对话的对象是文学文本。现在可以指出的是，这个节点正在出现某种畸变。这种畸变的表征是理论中心的倾向出现。换言之，理论解读文学逐渐为文学证明理论所替代。理论预设的目标和分析模式不仅充当了起点，而且构成了终点。当年，精神分析学派的批评已经具有明显的理论中心倾向。此后，从结构主义、解构主义到文化研究，理论中心的倾向愈演愈烈，甚至成为西方文学批评司空见惯的常态。可以看出，尽管黑格尔式的思辨及整体性正在为后现代式的拼贴、碎片所取代，但是，西方文化理性主义的传统并未衰退。

如何区分鞭辟入里的理论洞见与深文周纳的理论强制？在笔者看来，作品的有机体可以视为一个检验的天平。理论可能在各种意义上解剖作品。从粗糙的内容与形式二元区分到英伽登的声音、意义、再现的客体、观点及形而上性质五个层次，或者韦勒克更为细致的声音、文体、意象与隐喻、象征、叙述、文类，重要的是，这些解剖是否割裂了作品。中国古代文学理论往往以身体隐喻作品，形神、风骨、文脉、文气等范畴无形地将作品视为一个完整的生命。传统的文学研究对于作品的有机体保持了必要的尊重。文学研究可以聚焦作品的某个故事局部、某个人物性格，甚至某个意象或者细节，但是，分析之后的内容仍然可以返回作品，安置在原有的位置上；文学研究的分析始终考虑到作品的整体轮廓及其比例，即使未曾读过作品的读者仍然可以从分析之中获知情节的梗概。相对地说，理论强制通常无视作品有机体的限制。文学研究可能切割作品的某些片断大做文章，不再考虑这些片断在作品有机体之中承担何种功能。考察 18 世纪小说之中的建筑空间或者礼仪系统，论证某个诗人童年情趣、艳史与语言修辞的关系，根据某个走私贸易场面的描写考证当时的航运水平，借助某个主人公的服饰再现那个时代的纺织技术，总之，五花八门的题目表明了无拘无束的视野，强悍的论述逻辑提供了种种令人惊奇的结论。很多时候，这些结论不再对应作品的有机体，作品的某些局部仿佛出现了理论性的疯长。这些局部的放大、扩张和精细的再三解读模糊了作品的整体形象，人们几乎不可能根据这些结论还原作品的概貌。

理论层面上，两个学派对于理论中心的倾向产生了推波助澜的作用。一是解构主义。解构主义的批评策略已经包含了瓦解作品有机体的意图。解构主义可能以一个细节、一个意象、一个修辞为突破口，深入演绎，继而证明文本隐含了多种相互矛盾的意义。解除意义的独断与反对整体性的压抑遥相呼应。许多时候，解构主义的作品描述与通常的阅读印象大相径庭，各种结论惊世骇俗。这些结论获得的普遍认可或许可以追溯到另一个学派——现代阐释学为理论中心的倾向腾出了巨大的空间。现代阐释学的一个重要转折即作者的意图不再作为作品解读必须恪守的限制。换言之，阐释者的理论延伸可以远远地将作者的原意抛在一边。如何评价这种理论状况可能见仁见智，但是，一个意味深长的后果已经显现：由于理论的话语权力急速增加，文本结构正在理论的重压之下破裂和解体。

文化研究充分展示了理论对于现实世界的“介入”功能。理论不再抽象地游荡于概念系统中，理论的犀利分析与现实世界短兵相接，火花四溅；另一方面，理论正在深刻地改变世界的叙述，包括确认各种事物的边界。这时，所谓的文本不得不接受重新定义。文本的意义及文本结构并非预定的，而是解读出来的。然而，如此强势的理论会不会造就另一种独断？许多人察觉到了危险的征兆。例如理论对于审美的再度压抑。由于理论棱角的坚硬挤压，审美正在丧失各种微妙的波动而逐渐干涸。这是否表明，审美的“介入”功能遭到了漠视？

柏拉图将诗人逐出理想国，这是审美遭受的一次理论重创。与其说这是哲学家的傲慢，不如说这是理性主义对于审美的拒斥。相对于理性的清晰、严密、精确，审美犹如浮动于意识边缘的某种心理残留物。对于柏拉图及其信徒说来，审美带来的感伤和哀怜可能破坏理性主义的健全人格。我们可以在中国的道学家那里发现相似的观念。例如，程颐曾经有“作文害道”之说。所谓的“美文”往往“采丽竞繁”，悦人耳目，轻则令人沉溺于雕虫小技，玩物丧志；重则令人心智浮夸，远离弘毅或者质朴的品格。如果说，“诗言志”的格言多少为诗争得一席之地，那么，词的婉约、香艳不免遭到了正人君子的侧目。至于小说或者戏曲无非民间娱乐，等而下之，难登大雅之堂。相对于正襟危坐、不苟言笑的道统，审美时常与文人的浪荡或者大众的鄙俗联系在一起。

现代社会解除了古典时代的审美压抑，为艺术而艺术的呼声风行一时。然而，相当一部分理论家坚持认为，解除压抑的审美从未真正摆脱历史的限制——审美并非任意的情感放纵，各种情感的发生始终与相应的历史条件联系在一起。马克思主义的社会历史批评学派认为，审美是历史的产物，不能将审美想象为文化真空之中的随机事件。没有无缘无故的好恶，人们的价值观念、情感、判断标准无不形成于特定的社会环境之中。鲁迅说过，《红楼梦》里的焦大不会爱上林妹妹，煤油大王无法体会拾煤渣老太婆的辛酸悲苦。当然，马克思主义社会历史批评学派的一个重要观点即阶级分化乃是社会环境的首要特征。数千年的人类历史充满了阶级斗争的血雨腥风，审美始终是阶级斗争的组成部分。每个阶级无不拥有自己的审美观念，超阶级、无功利的审美仅仅是自欺欺人的幻觉。如今，无产阶级与资产阶级的决战时刻已经来临。审美必须自觉地投入历史搏斗，作为批判的武器为伟大的革命摇旗呐喊。尽管审美能否某种程度地逾越阶级的边界始终是一个有争议的题目，但是，没有理由将审美想象为完全自由的心灵旅行。

结构主义和解构主义包含的主体移心观念迫使人们在“语言转向”的意义上重新思考审美。结构主义以来的符号学提出的一个基本观点是，语言作为一个符号系统先于个人而存在。这个符号系统结构稳固，功能完整，任何一个个体只能投入这个系统，接受各种内部规范的制约，作为系统的一个成分在指定的范围活动。语言的无形控制如此强大，即使一个手执世俗权柄的君王也无法任意修改。“不是人说话，而是话说人”，如此违背常理的说法即指语言系统对于个体的约束。一个社会成员的文化规训离不开语言环境。语言是文化积累的基本单位。因此，语言深刻地植入了人们精神结构的诸多细节。浪漫主义表现论认为，主体随心所欲地驱遣语言，语言仅仅是主体自我表现的工具；事实上，主体来自语言的建构，语言犹如文化基因决定了主体的构成。作家的想象、思考、激情乃至内心的微妙波纹并非从意识内部的某个角落涌现，语言无时无刻不参与组织和定型——写作仅仅是最后一个实现的环节。精神分析学所说的“无意识”包含了语言的组织吗？这是一个有趣的问题。尽管还没有来自科学实验的可靠报告，但是，一些重要的心理学家认为，无意识包含了语言结构——例如拉康的学说。“语言转向”产生的一个结论是，审美并非某种自发的天性，并非某种天才灵感的偶然闪光或者“人皆有之”的爱美之心骤然爆发。积存于语言内部的各种价值观念、意识形态事先潜在地规划了审美的形成。

马克思主义社会历史批评学派与结构主义以来的符号学分别从不同的维面打破了审美自律的观点。无论是观赏长篇小说、电影、电视肥皂剧，还是品鉴绘画、音乐、雕塑乃至风花雪月、名山大川，审美并不是某种神秘的禀赋或者天然机能，而是来自漫长的文化训练。阶级意识、等级观念及各种隐蔽的意识形态无不通过文化训练事先植入审美趣味。为什么欧洲贵族与非洲土著的服装品位如此悬殊？为什么乡村草台班子的戏曲无法在学院或者大都市剧场流行？为什么西方文化无法理解中国的绘画或者书法表现的美妙气韵？诸如此类的解释现象无不涉及审美的历史形成。事实上，上述两种现代思潮的理论遗产完整地传递于文化研究之中。特里·伊格尔顿曾经阐述了审美的双重性：审美“存在反抗权力的事物，而权力又规定着审美”。[①] 文化研究的批判锋芒更多地指向了后者。文化研究的一个重要任务即破除审美制造的幻象，剖析和揭示各种隐藏于审美形式或者审美意象背后的歧视、压迫及对抗。相当一段时间，阶级、民族、性别成为文化研究围绕的几个焦点。这个意义上，文化研究可以视为理性主义显赫战绩的又一次展示。文化研究不再相信所谓的“作品有机体”，这个概念仿佛将作品形容为某种神秘的“生命”。文化研究认为，作品可以分解、剖析、测定，一切皆有因果。审美貌似某种突如其来的内心潮汐，然而，文化研究可以出示导致各种激动的理论图谱：社会学的、心理学的、符号学的，如此等等。文化研究的分析如此专业，以至于作品的任何一个环节都可以如同一个零件般拆卸下来，送到理论放大镜之下。从人物性格、故事情节的转折到象征、典故、叙述角度或者时间、空间的处理方式，还有什么不能单独给予分析？至于一部作品是否是众多零件的相加，作品的诸多环节背后是否存在一个“灵魂”，这种问题多半被轻蔑地抛到了一边。

的确，由于理性主义的巨大声望，审美再度开始后撤。理性主义的批判武器如此锐利，审美还有什么意义？文化研究如火如荼之际，人们不得不重新考虑审美究竟还有什么作为。也许，引用众多思想家的论述声援审美之前，人们不妨重温一个事实的意义：美学是一个后起的学科。如果说，古希腊的哲学已经显现了理性主义的光芒，那么，美学的正式诞生是1750年——鲍姆加登的《美学》是这个学科诞生的标志。这个学科的诞生表明，理性主义不再是认识世界的唯一模式，感性作为另一种模式开始赢得了正视。鲍姆加登的时代已经

① ［英］特里·伊格尔顿：《美学意识形态》，王杰，等译，广西师范大学出版社，2013年，第17页。

将理性认定为“高级”的认识能力；然而，鲍姆加登愿意以学科的名义为感性认识正名——众所周知，鲍姆加登的美学亦即感性学的别名。换言之，感性的感官印象、感受、想象、虚构不再是一片混乱的领域，这里包含了异于理性的另一种洞察世界的方式。鲍姆加登的贡献在于，使用理论和学术的语言肯定感性认识的意义：“美学的目的是感性认识本身的完善（完善感性认识）。”① 特里·伊格尔顿的《美学意识形态》曾经对这个事实做出了精当的评论：“美学是作为有关肉体的话语而诞生的。”“哲学似乎突然意识到，在它的精神飞地之外存在着一个极端拥挤的、随时可能完全摆脱其控制的领域。那个领域就是我们全部的感性生活。”作为一个著名的左翼思想家，伊格尔顿敏锐地察觉这个事实隐含的政治含义：“如果政治秩序不致力于‘活生生的’最易触知的层面、不致力于属于一个社会的肉体的感性生活所有一切中的最有形的领域，它怎么可能繁荣呢？”②

这个意义上，即使为艺术而艺术或者所谓的审美自律是一种错觉，人们仍然有理由认可审美的“相对独立性”。“相对独立性”首先承认，审美不可能杜绝理性主义的纠缠，尽管如此，审美洞察世界的方式并不是理性主义所能替代或者化约的。哪怕理性认识提供了一张正确的历史地图，感性认识的意义也不是形象地再现这一张地图的某个角落。许多人都有这种经验：观看一张地图与亲身游历的收获远为不同。亲身游历时常察觉许多观看地图时无法发现的内容。

如果说，概念、命题、逻辑、推理、思辨、普遍性和一般性构成了理性主义的工作平台，那么，感性、直觉、激情、感受、想象、虚构、个性——审美的工作平台又能产生什么？这时人们可以发现，审美存在某种独特的视野。正如“为人生的文学”这个口号所表明的那样，审美更多地关注个人的命运、性格及悲欢离合。理性主义的概念系统之中，一个人的眼神、内心情绪或者一场宴会的气氛没有多少考察的价值，然而，审美时常津津有味地徘徊于日常生活领域，乐而忘返。通常，审美无法正面阐述各种宏大的观念或者巨型景观，例如何谓神圣、正义、善，或者复述阶级、民族、革命、战争的定义；审美的工作往往是，考察这些大观念、大事件如何与每一个有血有肉的具体人物相遇，如何改变他们的命运，重塑他们的内心。按照歌德的看法，“艺术的真正

① ［德］鲍姆加登：《美学》，简明，等译，文化艺术出版社，1987年，第18页。

② ［英］特里·伊格尔顿：《美学意识形态》，王杰，等译，广西师范大学出版社，2013年，第1页。

生命正在于对个别特殊事物的掌握和描述”。这并非拒绝理性主义强调的普遍性，而是将个别作为审美的起点和终点。歌德继续解释说，没有必要担心个别的特殊脱离了普遍意义：“每种人物性格，不管多么个别特殊，每一件描绘出来的东西，从顽石到人，都有些普遍性，因此各种现象都经常复现，世间没有任何东西只出现过一次。”①

必须承认，歌德对于个别、特殊与一般、普遍的关系论述仅仅是单向的透视——前者显然被设定为后者的主导。然而，当理性主义以某种预设的普遍性作为衡量标杆的时候，许多个别、特殊往往由于无法达标而落选。相对于桃子的普遍本质，那些被虫子咬过的或者尚未成熟的桃子没有资格充当代表。如果艺术家无法利用虚构的特权再造一个理想的桃子，理性主义往往对审美热衷于个别的倾向表示不满——缺乏“典型”意义多半是这种不满的理由。当然，这个节点隐含了一个重大的争论。审美可能提出的质疑是，有缺陷的桃子是不是更为正常的桃子？理性主义预设的普遍性是从哪里来的？这种预设必然正确吗？理性主义强调以个别证明一般的规律，审美秉持个别挑战一般的观念，这种分野表明了相异的价值体系，甚至表明了审美对于理性主义霸权的反抗。这时，审美力图证明，文学之所以偏爱个别，恰恰因为发现了理性主义的预设难以察觉的内容。

审美反抗理性主义霸权的另一个表征是审美愉悦。笔者曾经论证：“文学形式是符号秩序对于快感的整理、集聚、规范、编码和修饰。”② 无数的常识表明，理性主义对于现实世界的叙述占据了上风。科学语言客观地陈述天文地理、人间百态，万事万物无不秩序井然地运行于指定的位置上。然而，文学形式往往打破这种秩序，重组世界。撤除了理性主义的栅栏，快意恩仇，善恶必报，有情人终成眷属，芜杂的历史显示出必然的趋势，如愿以偿的快感将人们从常识业已认可的压抑体系之下解放出来，这是审美愉悦的特殊来源。如果说，日常生活表象的各种秩序——例如春种秋收、安居乐业、长幼有序、男耕女织——多半来自理性主义设计的基本规则，那么，文学形式是一种特殊的开拓。某些故事、某些人物、某些意象、某些经验深埋于重重叠叠的历史深部，文学形式有助于发掘、清理和汇聚这一切，使之浮出琐碎繁杂的日常生活，解禁造就的快感汇入了巨大的审美愉悦。文学形式的各种元素无不包含了解禁的

① ［德］爱克曼辑录：《歌德谈话录》，朱光潜译，人民文学出版社，1978 年，第 10 页。

② 南帆：《无名的能量》，人民文学出版社，2012 年，第 141 页。

功能。特殊的叙述角度——或许是上帝一般的全知全能，或许是天真无邪的童年乃至是一匹马或者一只老鼠的眼光——意味着打开常规视野的盲点，悬念、高潮和大结局甩开了日常生活缓慢而且平庸无奇的节奏，诗词的韵律与奇异的修辞大胆地放逐了日常语言的实用功能，喜剧的哄堂大笑与悲剧的热泪长流释放出禁锢于内心乃至无意识的秘密情感。总之，文学形式犹如凝固的审美视野，文学形式制造的审美愉悦象征了反抗理性主义霸权的凯旋。当各种古老的意识形态禁锢与理性主义霸权长期合谋的时候，当这种合谋被叙述为天经地义的现实形态时，审美不得不借助文学形式给予尖锐的一击——这是审美反抗最为激进的意义。

“反抗”这个说法证明，理性主义无疑是一种强势的存在。科学远比诗更多地管辖这个世界。许多时候，审美不得不借助某些夸张的语言争夺自己的空间。这些表述之中，审美被神圣化了。神圣化的审美仿佛成为唯一，笔者愿意称之为审美独断论。审美独断论仅仅承认风花雪月的美学意义，任何科学的解释或者日常的衡量均被斥为俗不可耐的实用主义。当然，审美独断论不可能走得太远，即使诗人或者作家也无法时刻生活于审美之中。如何想象审美与理性主义的关系？在笔者看来，没有必要也不可能人为地设立一个文化圆心。历史将负责调节这种关系。历史形成了某种条件之后，社会学、经济学、科学、哲学、文学无不可能进驻文化圆心。每一个学科内部都隐藏了领衔主演的愿望，每一个社会都隐藏了特殊的知识需求：排斥某些学科、接纳某一个学科，甚至授予其作为主角的尊荣。审美就在这种复杂的网络之中与理性主义进行广泛的博弈。很大程度上，这种博弈产生的故事将内在地影响现实与未来。

（作者单位：福建社会科学院）

中华美学的审美意识论

杨春时

一、审美意识的要素

关于审美意识，中华美学还没有形成与之对应的专门概念，而用意、思、情等一般概念来表达，并且通过具体的语境中把它的特殊意义显示出来。值得注意的是，刘勰使用了“神思”概念，它主要指审美想象，但也泛指审美意识。审美意识是一个整体，但可以分析出若干要素，分别进行考察。审美意识包括审美理想、审美想象、审美情感、审美直觉等要素，对于这些要素，中华美学都有所论述。

1. 审美理想——兴趣

欲望、意志是人的心理驱动力，而审美的内在动力即审美理想。审美理想是审美意识的原动力，它推动着现实意识转化为审美意识。审美理想也是审美意象的“种子”，审美意象的发生就是审美理想的实现。作为自由的意识，审美意识发源于无意识中积聚着的自由要求，在受到外界某种信息的刺激后，这种潜在的自由要求就可能从无意识中迸发出来，推动审美想象，改造现实表现为审美意象。因此，可以说内在的自由要求是审美理想的根据，而这种自由的要求的具体发生就是审美理想。审美理想不是现实欲望，是内在的自由的要求，因此西方美学提出审美无功利的思想。中华美学的审美无功利的思想发源于道家，道家认为道法自然，无知无欲才能得道，道为美之所在，故审美理想是无欲之欲，是回归自然天性的内在要求。但是，道家美学思想是自然主义的，审美理想不是超越现实的要求，而是逃避现实、回归自然天性的要求，这是其要害。儒家的审美理想是人生理想的极致，它不脱离伦理，实际上就是内在的道德要求。儒家美学的审美理想限于伦理主义，没有超脱现实领域，这是其要害。在中华美学的历史进展中，儒道美学思想融合、发展，并且在审美经验的反思中超越了儒道思想的局限，而提炼出了自己的关于审美理想的观念。

那么，中华美学是如何规定审美理想的呢？早期中华美学还简单地讲“诗言志”，“在心为志，发言为诗”。这个志为何物，尚未得到深入探讨，也就是还没有具体地论述作为审美动力的审美理想。中华美学对于审美的发生，则用“感兴论”来解释。感兴论认为审美情感的发生，是外物与主体之间的互相感应，于是就有情感之“兴”。“兴”是中华诗学的主要概念，孔子就说“诗可以兴”“兴于诗，立于礼，成于乐”。对于《诗经》，自古以来，人们常以“赋、比、兴”阐释其表现手法。那么，我们就应该对“兴”作深入的分析，从中寻找审美理想。所谓“兴”就是情之所生，也就是审美的原动力。那么，“兴”是如何发生的呢？中华美学认为，是气赋予人和外物以生命力，外物的生机触发主体，产生情感，这就是“兴”。“兴”即钟嵘所谓：“气之动物，物之感人，故摇荡性情，形诸舞咏。”感兴是审美理想运作的过程，但此时的审美理想尚未明确，它表现为朦胧的审美情趣。审美情趣既是主体在长期审美活动中积累而成的朦胧的意念，又是在审美感兴过程中转化生成的逐渐鲜明的追求，成为推动审美创造的审美理想。

审美理想或审美情趣在中华美学中被称为“兴趣”“高致”“胸次”。魏晋以来，士人流连山水，陶冶心灵，谓之“林泉高致”。这个高致就是审美趣味、审美理想，它怀抱自然，形成审美意象。严羽提出“兴趣”说。他认为诗歌来自人的趣味，但此趣味非日常趣味，而是“别趣”。何谓别趣呢？他说：“夫诗有别材，非关书也；诗有别趣，非关理也。……盛唐诸人，惟在兴趣，羚羊挂角，无迹可求。故其妙处透彻玲珑，不可凑泊，如空中之音，相中之色，水中之月，镜中之象，言有尽而意无穷。”（《沧浪诗话·诗辨》）这里强调的“兴趣”就是审美情趣，即审美理想。它不是外在的理念，而是内在的自由要求，所以“非关理也”，它无关功利，不可以言表述。审美理想兴趣推动审美意识的创造，最后在审美意象中得以实现、完成。在传统社会后期，趣味摆脱理性的道而成为审美的动力和标准。李贽从真实自我的“童心”出发，以趣味为最高追求，以趣味反抗理性压迫。他说“天下文章当以趣味为第一”。[①] 屠隆也说“文章止要有妙趣”。[②] 汤显祖说“凡文章以意趣神色为主”。袁宏道也把趣味提升到人生意义的高度。他认为功利人生没有意义，要追求有趣味的人生。他说：“世人所难得者唯趣。趣，如山上之色、花中之光、女中之态。”[③] 而艺术也是求趣的活动，他说：“夫诗以趣为主，致（思）多则理拙。”[④] 他强调审美趣味的非理性：“夫‘趣’得之自然者众，得之学问者浅。……人理愈深，然其去趣愈远矣。”他同时又强调趣味有品位之高下，审美趣味区别于、高于日常趣味。他说“品愈卑故所求愈下”，而品愈高则趣愈上，所以审美趣味如“颜之乐、点之歌”才是高雅的趣味。另一方面，袁宏道也承认通俗艺术因出于自然，也是真趣味。他说：“今闾间妇人孺子所唱《擘破玉》《打草杆》之类，犹是无闻无识，真人所作，故多真声。不效颦于汉、魏，不学步于盛唐，任性而发，尚能通于人之喜怒哀乐，嗜好情欲，是可喜也。”[⑤] 王夫之认为“兴”是高尚的人生理想，它超越于庸俗的日常生活，而成为审美的动力。他说：“能兴者谓之豪杰。兴者，性之生乎气者也。拖沓委顺，当世之然而然，不然而不然。终日劳而不能度越于禄位田宅妻子之中，数米计薪，日以挫其志气，仰视天而不知其高，俯视地而不知其厚，虽觉如梦，虽视如盲，虽勤动四体而心不灵，惟不兴故也。圣人以诗教以荡涤其浊心，震其暮气，纳之于豪杰而后期之以圣贤，此救人道于乱世之大权也。”（《俟解》）

审美趣味决定了审美的精神高度，因此趣味说之外，人们又提出了“胸次”“胸襟”等概念来表示审美理想。王夫之认为审美要依靠自己的“眼”“胸次”，才能发现、创造美。他强调审美之“眼”：“‘日落云傍开，风来望叶园’，亦固然之景。道出得未尝有，所谓眼前光景此耳。所云‘眼’者，亦问其何如眼。若俗子肉眼大不出寻丈，粗俗如牛，目所取之景亦何堪向人道出。”（《古诗评选》陈后主《临高台》评语）如果说“眼”还偏于审美的认识能力，而“胸次”则更深入到审美理想的内核。他在评论谢灵运诗句时指出，审美心胸是创造美的主观条件：“‘池塘生春草’，‘胡蝶飞南园’，‘明月

---

① ［明］施耐庵，罗贯中撰：《李卓吾先生批评忠义水浒传》第五十三回总批，李贽批注，上海古籍出版社，1995 年。

② 屠隆：《论诗文》，《鸿苞节录》卷六，清咸丰七年刻本。

③ 《叙陈正甫〈会心集〉》，见袁宏道《袁中郎全集》卷一，台北伟文图书出版有限公司，1976 年影印版，钟伯敬增定本。

④ 《西京稿序》，《袁中郎全集·文抄》。

⑤ 《序小修诗》，见《袁中郎全集》卷一。

照积雪'，皆心目中与相融浃，一出语时，即得珠圆玉润，要亦各视其所怀来而与意相迎者也。'日暮天无云，风吹散微和'，相见陶令当时胸次，岂夹铅汞人能作此语?"（《姜斋诗话》卷二）沈宗骞也讲"胸襟"，他说："盖笔墨本是写人之胸襟。胸襟既开阔，则立意自无凡近。"（《芥舟学画编·会意》）叶燮也讲"胸襟"，认为是风格的根本。他说："有是胸襟以为基，而后可以为诗文。""诗之基，其人之胸襟是也。有胸襟，然后能载其性情、智慧、聪明、才辨以出，随遇发生，随生即盛。"（《已畦文集》卷八《密游集序》）此"胸襟"不是现成的"性情、智慧、聪明、才辨"，而是其发生的基础，这就说明它是一种理想人格，是审美理想。"胸次""胸襟"都指审美理想，它在创作和欣赏中都具有指导作用，引导、推动着审美意识的形成。

2. 审美想象——神思

审美意识中包含着想象这一心理要素。中华美学很早就发现了审美意识的想象功能。想象属于非自觉意识，它超越时空限制，使对象呈现在我们面前。因此，萨特说想象是自由的意识。现实意识中的想象，还受到自觉意识的局限，不能充分发挥，而在审美理想的作用下，想象力获得解放，成为审美想象。审美想象克服了现实思维的局限，超越了时空，使审美主体和审美对象都进入了自由的境界。人类在现实中受到时空限制，而审美想象可以超越时空，从而获得自由。庄子就发挥了丰富的想象力，作了超越时空的《逍遥游》，这一思想给后世美学家以启迪。陆机对审美想象的超越时空的自由性做出了浓重的描绘："浮天渊以安流，濯下泉而潜浸"，"笼天地于形内，挫万物于笔端"，"观古今于须臾，抚四海于一瞬"。刘勰进一步提出了"神思"概念，为审美想象定名："古人云：形在江海之上，心存魏阙之下。神思之谓也。"神思，就是超越日常思维，摆脱理性羁绊，超越时空限制，达到自由的审美境界。刘勰把神思确定为超越日常思想的"思理之至"，认为审美想象可以跨越时空，使世界成为审美对象。刘勰说："文之思也，其神远矣。故寂然凝虑，思接千载；悄焉动容，视通万里。吟咏之间，吐纳珠玉之声；眉睫之前，卷舒风云之色。其思理之致乎？故思理为妙，神与物游。神居胸臆，而志气统其关键；物沿耳目，而辞令管其枢机。枢机方通，则物无隐貌；关键将塞，则神有遁心。"想象是神思的重要内涵。同时，他也强调了神思作为"思理之至"的现象学的特性："夫神思方运，万途竞萌，规矩虚位，刻镂无形。登山则情满于山，观海则意溢于海……何则？意翻空而易奇，言微实而难巧也。"所谓"意翻空而易奇，言微实而难巧也"是解释神思作为想象的超越时空特性及对语言的突破作用：由于语言具有所指和规范性，运用起来受到束缚，而神思则没有规范、不受任何束缚，具有自由性。这与现象学的直观不经概念、直指现象的思路是一致的。而且，他还指出了神思的情感特性，突破了西方现象学直观论与情感体验的隔膜。西方哲学重视语言，认为没有语言的中介，认识就不可能进行。因此，审美就是修辞活动，甚至认为审美语言就是一切，产生了形式主义的审美理论。这一观念直至现象学美学发生才得以打破。而中华美学虽然也重视语言，却不认为语言是审美的本质，而认为语言只是一种手段，审美的本质是非语言性的直觉感悟和情感体验。通过对语言意涵的领会和对语言外壳的扬弃，就领会了审美的真意——道。魏晋以来的言意之辨，主流思想是言不尽意，得意忘言，这就是一种现象学的思路。陆机《文赋》序文中论说作文中遇到的问题是："恒患意不称物，文不逮意，盖非知之难，能之难也。"这里涉及两个问题，前一个是意识与对象一致性的问题，后一个是意识与语言文字表达的一致性问题，它们都是现象学要解决的问题。对于这个问题，刘勰提出了"神思说"，他认为"意授于思，言授于意"，"思"具有根本的地位，而"神思"是"思"的充分发挥；审美的"神思"可以解决思—意—言之间的隔膜，达到"神用象通"的境界。神思可以突破语言的抽象性和外在性，克服主体与客体的对立，以意象直接切中世界，构成现象。

总之，神思不用语言，而运用意象，通过本质直观使现象呈现。故刘勰在《神思》篇的赞语曰："神用象通，情变所孕。物以貌求，心以理应。刻镂声律，萌芽比兴。结虑司契，垂帏制胜。"意象打通了"我"与世界、统一了意识与对象，于是物主动呈现，心加以回应，物我一体的审美形象就产生了。顾恺之说"迁想秒得"，张彦远说"凝神遐想"，这都是讲审美想象的自由性。

审美想象受审美理想支配，可以超离现实，进行艺术的虚构。这一点，中华美学有所认识。金圣叹提出，文学创作是"因文生事"，不同于"以文运事"的历史叙事。他说："某尝道《水浒》胜似《史记》，人都不肯信，殊不知某却不是乱说。其实《史记》是以文运事，《水浒》是因文生事。以文运事，是先有事生成如此如此，却要算计出一篇文字来，虽是史公高才，也毕竟是吃苦事。因文生事却不然，只是顺着笔性去，削高补低都由我。"（《第五才子书法》）这里说的"因文生事"，不仅可以理解为因创作的需要来虚构事实，而且"文"具有美的意义，也就是要按照审美理想的需要来虚构事实，编造故事。审美想象指向了艺术的虚构性，使审美意象区别于事物的表象（物象）。刘熙载指出："赋以象物，按实肖象易，凭虚构象难。能构象，象乃生生不穷矣。”（《赋概》）而“凭虚构象”即艺术想象。

想象力是创造的前提，审美想象具有充分的创造性，使经验表象转化为审美意象。在审美想象中，物我界限消除，对象与“我”一体，事物的表象转化为审美意象。张彦远论画：“凝神遐想，妙悟自然，物我两忘，离形去智……所谓画之道也。”（《历代名画记》）王昌龄说“神会于物”，就是指想象祛除主客对立，达到物我合一。同时，审美想象把感性材料（表象）加工成为审美意象（艺术形象）。司空图所谓“象外之象”，就是通过审美想象使物象（表象）转化为意象。这就需要对感性材料进行加工，想象就是加工的过程。王昌龄描述了想象的创造过程：“……采奇于象外，状飞动之趣，写真奥之思。”（《诗评》）其次，审美想象使现实世界升华为审美境界。刘禹锡说：“境生于象外。”（《董氏武陵集记》）这是说审美想象超离物象，进入审美境界。郭熙提出，山水画要有“远”，即把眼前的山水通过艺术手法创作出“高远”“深远”“平远”的意境，从而给审美想象力以充分的空间。

值得注意的是，不同于西方美学把想象归于感性认识，把情感与想象分离，中华美学认为想象与情感是结伴而行的，情感借想象及物，想象依情感而运行，这就是说，审美想象与审美情感的发生是同时的，也是互相促进的。陆机就说“其致也，情瞳瞳而弥鲜，物昭昭而互进。”（《文赋》）刘勰也认为，审美想象是情感的载体，可以使世界与我情感互通，从而使审美发生：“夫神思方运，万途竞萌，规矩虚位，刻镂无形。登山则情满于山，观海则意溢于海……”（《文心雕龙·神思》）中华美学强调了审美想象的情感性，甚至可以说想象就是情感想象，是情感的运动。

3. 审美情感——真情

情感是需要（是否）获得满足的心理状态。审美情感是审美理想获得满足后的心理状态。因此，审美情感也是审美意识的重要环节。与西方美学把审美当作感性认识不同，中华美学首先意识到审美的情感性，从而建立了兴情论美学。中华美学认为审美意识就是充分的情感表达，因此，把审美称为“乐”。那么，审美情感的根源何在？它与日常情感的区别是什么呢？

审美情感源于乐道。中华美学认为天道即人道，人道即人性，即所谓“天命之谓性，率性之谓道，修道之谓教。”（《孟子》）故人性与天道通。汉代儒家认为性善而情恶，故审美的情感本质尚未获得充分肯定。而魏晋南北朝时期，情感突破了理性的桎梏，打破了性与情的对立，情即是人性的表现，也是道的体悟方式。所以兴情论美学思想兴起：审美就是乐道，就是“感物兴情”。兴情论美学思想的表达如“诗缘情而绮靡”（陆机）；“文者，情之经”（刘勰）；“诗者，吟咏性情也”（钟嵘）等。这样，审美情感就具有了本体论的地位。

西方美学中的情感，是主体的固有能力。康德就把审美定位于情感领域，认为情感是介于知（认识）与意（欲望）之间的主观能力。但中华美学认为，情感不是来自主体，而是来自人与世界之间的交流，是天人之间的生命力的迸发。在天人之间，有元气鼓荡流行，使万物躁动，人感应万物之气而生情。这就是所谓的“气之动物，物之感人，摇荡性情，形诸舞咏”。因此，与西方美学不同，中华美学的情感不是主体单方面的意识活动，不是情感投射给对象的移情，不是情感人化万物，而是人与世界的情感共生、交流、融合，总之，就是一种审美同情。审美意识的同情能力，使天地人相沟通，实现了天人合一，进入审美的自由境界。

此外，西方美学认为美感是理解力与想象力协调而产生的快感，是一种被动的情绪，它本身没有能动作用。而中华美学认为审美本身就是情感体验，它不仅是消极的“乐”，更具有积极能动的作用。中华美学认为审美情感可以同化万物，达到物我一体，故“登山则情满于山，观海则意溢于海”。而且，情感也具有认识的功能，可以把握审美对象的本质。刘勰说：“情以物兴”,“物以情睹”（《文心雕龙·诠赋》），通过情可以领会万物之本。他还说：“夫惟深识奥鉴，必欢然内怿，譬春台之熙众人，乐饵之止过客。……书亦国华，玩泽方美。”（《文心雕龙·知音》）“欢然内怿”就是美感，而通过美感，才能“深识奥鉴”，即把握对象的本质。叶燮论画，认为情有使对象显现其本质的功能：“乃知画者形也，形依情则深；诗者情也，情附形则显。”（《已畦文集》卷八《赤霞楼诗集序》）王夫之也认为情感可以显现对象的真实，即“文情赴之，貌其本荣，如所存而显之”。

审美之情超越日常情感，是充分实现了的、自由的情感。中华美学虽然没有刻意在概念上区别审美情感和日常情感，而是笼统地称之为“情”，但是在美学的具体语境中，还是强调了审美情感的特性，那就是“真情”或“至情”。庄子指出了审美之人是“真人”“至人”“神人”“圣人”，他们虽然无情，但只是无世俗之情，而有真情。他说：“真者，精诚之志也。不精不诚，不能动人，故强哭者虽悲不哀，强怒者虽严不威，强亲者虽亲不和。真悲无声而哀，真怒未发而威，真亲未笑而和。真在内者，神动于外，是所以贵真也。礼者，世俗之所为也；真者，所以受于天也，自然不可易也。故圣人法天贵真，不拘于俗。”（《庄子·渔夫》）如果说在传统社会早期，人们对审美情感与日常情感的区别还没有获得自觉的话，那么在传统社会后期，则有意区别了审美情感和日常情感。徐渭强调了审美情感之真：“古人之诗本乎情，非设以为之也，是以有诗而无诗人。”（《肖甫诗序》）他认为好诗要出于自己之本心：“盖所谓出于己之所得，而不窃人之所尝言者也。”（《叶子肃诗序》）“摹情弥真则动人弥易，传世亦弥远。”黄宗羲说:“盖情之至真，时不我限也。斯论美矣。……凡情之至者，其文未有不至者也。”（《论文管见》，《南雷文定》三集卷三）[①] 明末张琦提出“情种”概念。他说：“人，情种也。人而无情，不至于人矣，曷望其至人乎?”这里把人的本性定位于情，从而颠覆了理性主义的人性论，建立了情本体论。他认为，情的力量是主宰一切的，不仅能“役耳目，易神理，忘晦明，废饥寒，穷九州，越八荒，穿金石，动天地，率百物”，而且可以使“生可以生，死可以死，死可以生，生可以死，死又可以不死，生又可以忘生”。“如是以为情，而情可以止矣！如是之情以为歌咏、声音，而歌咏、声音止矣!”[②] 这已经把情感作为人的本性，把情看作艺术的本质了。王夫之提出了“白情以其文”的主张，认为诗文就是把自己的思想感情无保留地表达出来，这就意味着情突破了理的限制，并且获得了解放。袁枚把审美情感与六经之理相区别，认为审美情感是真情，说“性情得其真”(《寄程鱼门》),“情似真而愈笃”（《答尹相国》)；“味欲其鲜，趣欲其真。人必如此，而后可与论诗。”（《随园诗话》卷一）刘熙载论陶渊明诗和杜甫诗，强调了真情：

> 可数年不作，不可一作不真。陶渊明自庚子距丙辰十七年间，作诗九首，其诗之真，更须问耶？彼无岁无诗，乃至无日无诗者，意欲何明?(《诗概》)
>
> 杜诗云：“畏人嫌我真。”又云：“直取真性情。”一自咏，一赠人，皆于论诗无与，然其诗之所尚可知。(《诗概》)

金圣叹对于戏曲小说等叙事文学也以真情论之。他赞颂才子佳人为有真情者：“佳人有必至之情”“彼才子有必至之情”（《琴心总评》)。王国维认为艺术体现的情感，不同于日常情感，而是“真情感”，这个真情感就是审美情感。王国维讲意境（境界)，就说要有“真景物”“真情感”，其实就是真实的

---

① 徐渭：《徐渭集·补编》，中华书局，1983年。

② 张琦：《情痴寤言》，叶朗主编《中国历代美学文库》明代卷（下)，高等教育出版社，2003年，第218页。

人生体验，而这个真实的人生体验就包括审美情感，审美也总是表达了真情感。

4. 审美直觉——妙悟

审美意识属于非自觉意识，非自觉意识不仅包括情感意志，还包括直觉想象。审美直觉就是通过审美意象沟通物我、直接把握本质的功能。西方直至近代哲学家才承认了直觉可以把握本质，如柏格森、胡塞尔等。中华美学认为审美意识具有直观性，可以不假概念直寻对象的本质。道家重视直觉，提出了“观”的概念，认为可以不通过语言概念而以“象”来把握事物。象可以打通主体和世界的隔离，因此象具有非概念的直观性，不仅可以“立象以尽意”，而且可以“观物取象”。老子说道不可以用语言表达，“道可道，非常道”，但道可以用恍惚的“象”来表达，可以通过直觉而领会（“涤除玄览”）。庄子讲述象罔取玄珠的寓言，表达了意象具有直观性的哲学思想。中华美学认为，概念（言）虽然是表意的工具，但由于其抽象性，并不能“尽意”，对意识有所遗漏和遮蔽，因此需要“象”来充分表达。象既是语言的内涵，又可以超越语言，直接传达主体思想情感，这就是所谓的“立象以尽意”。审美作为意象活动，不使用概念，直接连接了意识和对象，并且呈现了对象的本质。宗炳把意象的直观性提升到“观道”的高度。他认为，首先要“澄怀味象”，即摒除经验意识而把握意象，这是继承老子的“涤除玄览”思想。象为道之显现，因此就可以进一步“澄怀观道”，即达到心灵的虚静（澄怀），于是道就呈现于目前。刘勰提出“神思”概念，主要是指审美想象，但也涵盖了审美直觉，“神与物游”“物无隐貌”就涉及审美直觉对事物本质的呈现。

禅宗也排除理性思维，提出了“悟”的概念，认为可以不经概念而直接领会佛法，这一思想也渗透到中华美学中。严羽以禅喻诗，以“妙悟”来说明审美的直观性。妙悟概念来自佛教，指不假概念、不经思量而开悟。严羽对妙悟概念加以改造，用于审美，指称审美意识的直觉性。虽然审美与参禅并非一事，前者动情、后者无情，但他抓住了“妙悟”与审美之间的一致之处：非自觉性、直观性，因此有其合理之处。妙悟与“兴趣”相关，而兴趣来自“兴象”，兴象即意象。妙悟“不涉理路，不落言荃”，即不使用语言、概念，而使用意象，也就是现代所说的“形象思维”。妙悟不是感性的直观，而是“观道”。佛家思想对中华美学的影响，还产生了如“直寻”“即目”（钟嵘）、“现量”（王夫之）等概念，这些都是对审美意识（意象）的直观性的说明。

如前所述，中华美学的直觉概念与情感相合，是情感的功能，而不仅仅是一个认识论的概念，儒家美学尤其如此。虽然道家美学的直观不带情感，但它从自然天性出发，也潜在地包含着情感，所以儒道合流后情感就统合了直观。

总之，审美意识可以直接把握道，因此艺术绝非感性活动，而具有了审美的超越性和直观性，因此才能“观道”，即对于道的直观。

二、审美意识的存在形式——意象

审美意识是作为意象而存在的，这一现代思想在中华美学中早已经形成，这就是中华美学的意象论。西方美学把审美对象作为表象，它与主体分离，而中华美学则认为审美意象是物我合一的，既是审美对象，又是审美意识。此外，西方美学强调审美对象（作为艺术形象）是感性认识的产物，而中华美学则认为审美意象具有情感的内容。

1. 象的原初意义

人类的认识历史，是从原始时代的意象思维到文明时代的符号化思维。但在文明时代，意象思维作为非自觉意识层次而存在（情感欲望和直觉想象），而符号思维是其反思形式，它作为自觉意识层次而存在。两者的关系是，自觉意识支配非自觉意识，非自觉意识丧失了独立性，不能充分实现。中华文明保留着意象思维的传统，意识没有充分地符号化，这就是所谓的象思维。意象概念源自象。象最早的意义是道象，即道的显现。《老子》在论述道的时候，说道无形、无名，如何把握和表达呢？他说：“道之为物，惟恍惟惚。惚兮恍兮，其中有象；恍兮惚兮。其中有物；窈兮冥兮，其中有精。”这里的“象”，就是道象。道象不是一般的物象（表象），而是一种超概念的、形而上的意象。《庄子》沿用了老子的观念，也认为道是不能凭借概念来把握的。只能以象来领会：“道不可闻，闻而非也；道不可见，见而非也；道不可言，言而非也。知形形之不形乎！道不当名。”（《庄子·知北游》）他还讲述了“象罔”索“离珠”的寓言，象罔是象的人格化，而离珠则是道的形象化，此寓言意谓着只有象才能把握道，此象乃是道象。《易经》中也讲象，这是卦象，指的是某种具有象征意义的事物形象，用来解释卦的含义。它说：“圣人有以见天下之赜，而拟诸其形容，象其物宜，是故谓之象。”卦象通过具象符号来表达卦所揭示的某种抽象观念，具有象征性，还不是意象。后来，象又用来指示、象征某种抽象事物，如《荀子乐论》提到：“故其清明象天，其广大象地”；王充讲“礼贵意象”“立意于象”（《论衡·乱龙篇》）。总之，象不是表象或具体的物象，而具有超感性的意义，或者是形而上的道，或者是抽象观念的象征。

中华文化之初，以象而不是以概念作为哲学思维的工具，一方面说明其逻辑思维尚不发达，哲学概念、范畴还没有脱离具象；另一方面也说明其意象思维的发达，而后者则通向现象学，也通向美学。但象的概念仍然存在着具象与抽象的矛盾，即具体的象如何充分表达抽象的思想。这就导致象进入美学领域，转化为具体而又抽象的“意象”，从而既具体可感，又可以把握道。

2. 意象概念的形成

意象作为非自觉意识的基本单位，在感性、知性水平上并不能独立运作，而是被符号（表象、概念）所覆盖和支配。因此，要使意象脱离感性、知性水平，摆脱现实符号的制约，才能把握事物的本质，才能体道，也才能成为审美意识的存在形式。在中华美学的概念体系中，“象”被引入审美领域，形成了“意象”概念。最早把“象”引入艺术领域的是西晋的挚虞，他说：“古之作诗者，发乎情，止乎礼义。情之发，因辞以形之；礼义之旨，须事以明之。故有赋焉，所以假象尽辞，敷陈其志。”（《文章流别论》）“假象尽辞”，赋作为象充分表达了语言的意义。后来陆机进一步考察了“物”“意”“文”之间的关系，为意象概念的提出做了前奏。刘勰正式在美学领域提出了意象概念：“玄解之宰，寻声律而定墨；独照之匠，窥意象而运斤。”（《文心雕龙·神思》）刘勰还对意（神）与象（物）之间的关系进行了考察，提出“神用象通”和“神与物游”的命题，从而深化了意象概念。而后，意象逐渐成为重要的美学概念。有些概念是从意象概念衍生出来的，如“兴象”“兴趣”等。“象”发展到“意象”，最突出的一点就是由抽象化的道象和象征性的卦象演变为具体鲜明的形象。具体鲜明的意象，正是艺术的真实呈现，从而解决了艺术的存在方式问题，也解决了现象学的本质直观问题。

中华美学对艺术的定位，本质在道、在情感，但道和情感如何显现？春秋以来，认为文是道和情感的表现，但在中华美学的语境中，文又是一个笼统而混乱的概念，如刘勰讲天地之文和人文，又讲形文、声文、情文，几乎包罗一切自然、社会现象。意象概念的确立，一方面使艺术和审美具有了区别于一般事物(“文”）的特性，同时也把物象与心象同一起来，解决了主客对立的问题。西方美学从实体观念和认识论出发，把审美当作感性认识，把审美对象当作表象，割裂了审美主体与审美对象。而审美意象消除了主体与客体之间的对立，达成了同一。因此，意象概念就成为中华美学的基本概念，它不但指称审美对象，也指称审美意识。所以胡应麟在《诗薮》中说：“古诗之妙，专求意象。”

3. 意象的生成

意象属于非自觉意识（意象思维）层面，与其反思形式自觉意识（符号思维）相对立。同时，意象又必须脱离感性和知性水平，达到超越性的水平，才能获得独立，从而转化为审美意识。这就是说，意象的生成过程就是由表象转化为审美意象（艺术形象）。中华美学认为意象不是主体固有的心象，也不是客体固有的物象，而是在审美体验中生成的。中华美学与西方美学不同，不是把审美看作感性认识，而是将其看作情感的升华。这就是说，审美意识或审美意象是通过情感体验的方式发生的，这个过程称为“感兴”。感兴指人与物之间的情感互动，打破了物我分隔，并且超越了现实，恢复了天人合一，产生了审美意象，因此，意象又称“兴象”。

审美意象的发生是灵感的创造。对于灵感，西方美学以天才的创造来解释；而中华美学则以天人之间的感应来解释。陆机《文赋》描绘了灵感的发生：“若夫应感之会，通塞之际，来不可遏，去不可止。藏若景灭，行犹响起。方天机之骏利，夫何纷而不理。思风发于胸臆，言泉流于唇齿。……”“应感之会，通塞之际”指灵感冲破理智的禁锢，意象从潜意识中喷发而出的情形。刘勰也说：“神用象通，情变所孕。物以貌求，心以理应。”讲的就是灵感状态下审美意象的发生。

从认识论的角度出发，西方美学的艺术形象概念是对现实事物的模仿，故讲真实性、典型性；而中华美学从价值论出发确立了意象概念，强调意象的情感性，审美意象是审美情感的表现。中华美学认为象是表意的，但这个意偏重于情，所以象也偏重于情。这与刘勰的“情文”概念相一致。为了突出意象的情感特性，在意象之外，中华美学又提出了“兴象”概念作为补充。兴象概念与意象概念相近，但强调了象与兴的关系，而兴是情感的发生。因此，兴象就把审美意象与情感联系在一起。中华美学认为，审美意象或兴象的发生，不是主体对客体的认知，而是一种情感的发生。审美主体与审美对象之间产生了情感的交流，即所谓“气之动物，物之感人，故摇荡性情，形诸舞咏”（《诗品·序》），于是就有《文赋》中所说的“情瞳昽而弥鲜，物昭晰而互进”，审美意象得以发生。这是一种情感主体间性的活动，于是主体内心的情感（情或神）与对象的形式（文或形）结合在一起，审美意象发生。鉴于意象的情感内涵，中华美学把审美定位为情感活动，而不是认知活动，这是与西方不同的美学观。

三、审美意识的特征

1. 审美意识的非自觉性

审美意识是充分的非自觉意识。所谓非自觉意识，是相对于自觉意识而言的。自觉意识是符号化思维，以表象、概念的运作来把握对象，符合逻辑规则，具有自觉性，可以自觉地控制。自觉意识也有感性（表象）、知性（概念）、超越性（哲学范畴）的不同水平，意识形态和科学知识是自觉意识的知性（理论）形态。非自觉意识是意象思维，不使用语言符号，不能自觉地控制。非自觉意识表现为情感意志和直觉想象活动。非自觉意识也有感性、知性、超越性的不同水平，审美意识属于非自觉意识的超越性形态即充分形式。现实的非自觉意识受到自觉意识的限制，不能充分发挥。审美意识是非自觉意识的最充分的形式，是自由的意识。

中华美学体认到了审美意识的非自觉性和现实意识的自觉性，以及二者的冲突。陆机意识到审美意识与理性认识不同，审美具有非自觉性，因此不是知的问题，而是能的问题。他说："作文之道，非知之难，能之难也。"（《文赋》）皎然说诗歌创造具有非理性特征："其作用也，放意须险，定句须难，虽取由我衷，而若得神表。至如天真挺拔之句，与造化争衡，可以意冥，难以言状，非作者不能知也。"（《诗式·序》）严羽抓住了诗歌的非理性特征，他说："夫诗有别材，非关书也；诗有别趣，非关理也……所谓不涉理路，不落言筌者上矣。诗者，吟咏性情也。盛唐诸人惟在兴趣，羚羊挂角，无迹可求。故其妙处透彻玲珑，不可凑泊，如空中之言，相中之色，水中之月，镜中之象，言有尽而意无穷。"（《沧浪诗话·诗辨》）他指出了审美意识的非理性，即"别材""别趣"；也指出了审美意识的非概念性、意象性，即"不涉理路，不落言筌"。叶燮也认可诗歌的非理性，他说："可言之理，人人能言之，又安在诗人言之？可征之事，人人能述之，又安在诗人述之？必有不可言之理，不可述之事，遇之于默会意象之表，而理与事无不灿然于前者也。"（《原诗》内篇）这就是说，意象超越了现实的理与事（逻辑与事实），因此可以打破感觉的真实性，而具有更大的审美体验的真实性。这个超越经验的理与事，他表述为："惟不可名言之理，不可施见之事，不可径达之情，则幽渺以为理，想象以为事，惝恍以为情，方为理至、事至、情至之语。"（《原诗》内篇）这里的"幽渺以为理，想象以为事，惝恍以为情"就是审美意象的法则；而所谓

“理至、事至、情至”则是说审美意识的超越性。他断言：“诗之至处，妙在含蓄无垠，思致微渺，其寄托在可言不可言之间，其指归在可解不可解之会，言在此而意在彼，泯端倪而离形象，绝议论而穷思维，引人于冥漠恍惚之境，所以为至也。若一切以‘理’盖之，‘理’者一定之衡，则能实而不能虚，为执而不为化，非板则腐，如学究之说书，闾师之读律，又如禅家之参死禅，不参活句，窃恐有乖风人之旨。”（《原诗》内篇）

在中华美学的语境中，自觉意识与非自觉意识的冲突，被表述为情与理的冲突。日常情感被自觉意识控制，不能自由地发挥，所以有“以理节情”之说。审美意识是情感的自由形式，它摆脱了理性（意识形态）的控制，获得了解放，成为自由的情感。这一观念，在传统社会后期得到相对明确的体认。汤显祖把情感提升到至尊的地位，情理对立，情具有独立性，不受理法约束。他说：“情有者，理必无；理有者，情必无，真是一刀两断语也。”（《寄达观》）“人世之事，非人世所可尽。自非通人，恒以理相格耳。第云理之所必无，安知情之所必有也。”（《牡丹亭题辞》）明清时代，美学家崇尚“真情”“至情”，指的就是脱离了礼法束缚的审美情感，这就宣告了情与理（意识形态）的分离，以及审美意识的独立性。

2. 审美意识的超越性

审美意识不同于现实意识，现实意识（包括感性意识和知性意识）受理性（工具理性和价值理性）支配，不具有自由性；而审美意识解除了理性束缚，获得了解放，成为非自觉意识的充分形式。这就是说，审美意识具有超越性的特征，包括超感性、超知性，是自由的意识。早期传统社会，对审美意识的超感性有所认识，如孔子就认为审美高于感官愉快，他说闻韶而三月不知肉味。以后的美学家大都认为审美是一种“雅趣”，所谓雅就是超越感性的审美趣味。但是，主流美学对于审美的超理性（知性）特征尚没有自觉认识，这是因为儒家认为道是伦理道德，所以作为道的形式，美的本质也就受制于理性（知性）。道家美学思想把大美归于天性自然（道），因此美超越感性欲望，也超越理性的礼法。但是，这种超越实际上是自然主义的退避，不是真正的超越。

在中国传统社会后期，美学思想偏离理性，开始肯定审美的超越性特征，主张审美意识超越现实意识（知性、意识形态）。但他们对审美意识的超越性还没有达到充分的自觉，相关表述还具有模糊性。能够表现出审美意识的超越性的概念是“境界”或“意境”。“境”本是佛学概念，指的是由心所造的空无世界。由于中华文化具有世间性，没有表示超越性的概念可用，于是中华美学就借用佛学概念“境”来表示超越现实的审美世界。境界（意境）概念一旦进入美学，审美意识的超越性就获得了某种自觉。汤显祖提出“因情成梦，因梦成戏”的美学思想。这个情梦就是对现实的超越意识。王夫之质疑了传统的“诗言志”“以意为主”的观念，认为诗超越了主体意、志。他说：“亦但此耳，乃声色动人，虽浅者不敢目之以浮华。故知以意为主之说，真腐儒也。诗言志，岂志即诗乎？”（《古诗评选》卷四郭璞《游仙诗》评语）虽然王夫之仅仅说诗歌别于意、志之处在于“声色动人”，没有明确给出答案，但却暗含了对审美意识的超越性的体认。王夫之还通过对“兴”的解释，来表达审美意识的超越性。他说：“能兴者谓之豪杰。兴者，性之生乎气者也。”他认为日常生活中诗人萎靡不振、沉迷世俗，“惟不兴故也”，而“兴”能够“荡涤其浊心，震其暮气”，使人成为豪杰。（《俟解》）这里表达了对审美意识的超越性的肯定。

总之，后期中华美学对审美意识的超越性有所体认，但自觉性不足，这与中华哲学的天人合一观念有关。

3. 审美意识的个体性

中华美学一方面认为美是道之形，同时又认为美是特殊的对象，审美体验也绝不雷同，具有个体性。审美意识以意象的形式存在，而意象作为审美个性的创造，不同于表象，具有个体的独特性。由于审美个性摆脱了社会规范的束缚，获得了充分发展，而它与世界之间的融合也使世界充分地个性化了。因此意象就是充分个性化的“我”与世界的存在形式。中华美学意识到了审美意象的独特性，强调了审美个性。向秀、郭象注释的《庄子·德充符》云：“虽所美不同，而同有所美。各美其所美，则万物一美也。”这里一方面说美是个性化的，即“所美不同”“各美其所美”；另一方面这些具体的美合成了抽象的美，即“同有所美”“万物一美”。所谓万物一美，就是本于道的美的本质。《文心雕龙》说：“独照之象，窥意象而运斤。”“意象一出，造化已奇”。这个“奇”就是不同一般，具有奇特的面貌。袁宏道讲“独抒性灵”“不拘格套”，走向个性主义。叶燮曰：“推之诗独不然乎？舒写胸襟，发挥景物，境皆独得，意自天成，能令人永言三叹，寻味不穷，忘其为熟，转益为新，无适而不可也。”（《原诗》外篇）王夫之认为，审美意象不是客观的物象，而是人与物相遇而得，人之情各异，故审美意象不同。他说：“人情之游也无涯，而各以其情遇，斯所贵于有诗。”（《姜斋诗话》）王夫之谈论意象发生之时说：“当其天籁之发，因于俄顷，则攀援之径绝而独至之用弘矣。若复参伍他端，则当事比怠，分疆情景，则真感无存。情懈而感亡，无言诗矣。”（《古诗评选》卷四潘岳《哀诗》评语）这里说突发而至的灵感意象必须是新鲜独特的，不能因循墨守。

中华美学一方面强调对前人审美经验的学习、继承，同时又把艺术看作独特的创造，反对因循模仿。在传统社会后期，个体审美意识觉醒，产生了关于个体独特性的美学论述。王士祯云：“剽窃模拟，诗之大病。亦有神与境触，师心独造，偶合古语者。”（《艺苑卮言》卷一）叶燮云：“昔人可创之于前，我独不可创于后乎？”“若夫诗，古人作之，我亦作之，自我作诗而非述诗也。故凡有诗谓之新诗。……必言前人所未言，发前人所未发，而后为我之诗。”（《原诗》内篇）刘熙载云：“词要清新，切忌拾人牙慧。”（《词曲概》）石涛讲:“我之为我，自有我在。”（《变化章第三》）都是说审美要有独创性。

4. 审美意识的身心一体性

西方美学认为审美意识是纯粹的思维，与身体无关。只是在后现代主义中，意识与身体的同一性才得到承认。但是，后现代主义又存在着把意识身体化，抹杀二者的区别的弊端。中华美学认为，审美意识固然具有精神性，但也具有身体性，审美是身心合一的行为。身体与意识的统一性，有时体现为通感。所谓通感，指人体诸种感觉打破界限而互相通融的现象，如听觉、视觉、触觉、味觉等感知的通融。这种现象是动物意识的遗留，而存在于人的非自觉意识体验中。通感在审美中体现得最为明显，因为意象本来就是完整的审美体验，所以审美意识打破了各种感觉之间的分隔，产生了通感。中华美学意识到，审美体验是全身心的活动，各种器官都参与了与世界的会通。因此，中华美学发现了审美的通感，使用了一些身体性的概念来说明审美意识。钟嵘就提出了“滋味”概念，用以品味文学作品。他说：“五言居文辞之要，是众作之有滋味者也。”（《诗品》）宗炳道出审美意识是“澄怀味象”。刘勰也使用了“味”的概念来说明审美体验：“繁采寡情，味之必厌。”（《文心雕龙·情采》）司空图提出了“味外之旨”。除了“滋味”或“味”之外，中华美学还使用了“游”的概念来说明审美意识。游的本意是身体的游动，用于审美，不仅是借用，也在于说明审美是身心一体的活动。庄子假借孔子之口把审美作为“逍遥游”。“孔子曰：‘请问游是。’老聃曰：‘夫得是至美至乐也。得至美而游乎至乐，谓之至人。’”（《庄子·田子方》）。陆机《文赋》云：“精骛八级，心游万仞。”宗炳说“卧而游之”，审美成为一种“卧游”。刘勰《文心雕龙》讲“神与物游”等。

在具体的写作方法上，中华艺术自觉地运用了通感手法，而中华美学也自觉地考察了通感现象。杜甫有诗句“晨钟云外湿”（《夔州雨湿不得上岸作》）就是运用了通感手法，把触觉（湿）与听觉（钟声）打通、置换，加强了艺术的表现力。叶燮对这个诗句进行了分析，提问“声无形，安能湿?”他的解答是：“不知其于隔云见钟，声中闻诗，妙捂天开，从至理实事中领悟，乃得此境界也。”（《原诗》内篇）这里所说的“至理实事”不是日常的理和事，而是艺术的理和事，因此可以打破感觉的区隔，产生通感。

（作者单位：四川美术学院，厦门大学人文学院中文系）

徐应源的意义世界

杨健民

首先笔者必须承认，解读徐应源是困难的，解读徐应源的作品更是困难的。

徐应源的作品，从根雕到漆画，一直是个难以把握的存在。笔者一次又一次沉迷其中，觉得他的作品逐渐进入了百无禁忌的阶段。他的作品依托老子的“道”“无”及“无为”的理论建立起艺术本体，很大程度上，横亘在一种对“神奇的曲线”的解释上面。徐应源的胃口出奇地好，几乎所有的对象本体都可以进入他的创作视域。这时，笔者想追问他什么呢？

或许无须追问，因为没有理由怀疑这位剧作家出身的画家的艺术天分。他的许多作品来自他对老子的“道”“无”及“无为”理论的诠释，来自属于他的想象和虚构。如果说，宗教对于我们来说是一个遥远的彼岸，那么，老子的“道”就在我们的内心，并且形成了一个巨大的精神空间。迄今为止，的确有不少人运用老子的“道”去建立种种的艺术支撑；然而，老子的“道”并不是一个可以任意挥霍的标签，任何没有向大自然世界寻求艺术语言的行为，都不会是彻底的艺术。徐应源的艺术谱系最终要落脚在哪里？现在下定论可能还为时尚早。不过可以肯定，他的自然门艺术指向了一种精神——“无”和“无为”的境界。

谈论这个话题似乎有点冒险。老子的“道”始终是一个历久弥新的话题，并且直到现在从未出现过衰竭的迹象。在徐应源眼里，“道”是他的唯一的艺术能量，是他的天机纵横的灵感，同时，可能是他以一种自然的生机勃勃去抗拒艺术市侩的重要手段。正是如此，笔者不想用诸如“思想深刻”“内涵丰富”之类的话语去描述徐应源的作品，笔者只是认为，徐应源作品中的自我和内在性无一不是源自某种天意及某种特殊的心灵。在文学作品中，从艾略特的《荒原》到乔伊斯的《尤利西斯》，这些作品都被视作“当代圣经”的隐藏话语。徐应源的内心世界究竟承担了人类多少的不安和忧虑？抑或，在某种可能的程度上，他的内心仍然留存着多少压抑不住的骚动？笔者的确无法用一种总体的语言模式去涵盖。这样说来，笔者意识到他的作品表达了一种诱惑和恐惧。徐应源就是徐应源，他在老子的“道”的缝隙里挣扎出来的那些意义空间，其实并没有扰乱艺术的基本秩序，他甚至表达了一种“优雅的节制”。他的独特的艺术发现，意味着他的自我和经验已经毫无顾忌地揭开了非理性的封条。他的统一的主观世界也许更像是浪漫主义的特征，然而无论如何，他的作品里出现的那些充血般的东方式幻觉，绝不是肤浅的和完全混乱、破碎的意识；相反，他所追求的艺术秩序包含了对主观主义的基本信任。作为另一种艺术形式，徐应源的作品几乎享有无限的自由，他的画面叙述语言告诉我们，在某种意义上，画面可以完成所有的经验；而在某种更为深刻的意义上，画面还将提交另一种性质的经验与自然对话，与世界对话。然而，问题随之显现：什么是徐应源的意义世界？在这个意义中，他处在了什么位置？

这其实是南希在《世界的意义》一书中提出的问题。南希说：“意义已经是这个世界上最不为我们分享的东西。但是，意义的问题却成为我们所共有的东西。……因此，意义的问题……是一个既大又小的问题，是一种关切，也许，是一个任务，一个机会。”在南希看来，意义和世界之间是不可分割的，我们生活在世界中，其实就是生活在意义中。根据这个理论，我们可以发现，在徐应源的作品里，尽管能够剥离出有关“道”的种种合理的阐释，无疑它首先是一个意义上的肯定；但是，在另一个意义上，徐应源究竟为“道”的观念注入了哪些新的东西呢？也许，这就是本文不可能轻易绕过去的问题。

不过，在讨论这个问题之前，笔者记起来徐应源一直对笔者反复提及的杜尚的作品及其理论。徐应源对杜尚的极力推崇，让笔者有点始料未及。杜尚是一位现代艺术的先驱人物，一位反视觉刺激的思想家，一位终生同视网膜艺术做斗争的勇士。他可以给蒙娜丽莎添上小胡子，可以把小便器搬进美术展厅。徐应源究竟跟他在哪个地方相融合呢？杜尚所说的“我最好的作品是我的生活”，想必许多人都知道，这是杜尚对自己的一个真实的阐释。然而，杜尚还有一句话“削弱意识的主动参与，借助偶然性”，它一直为徐应源所津津乐道。杜尚创作《大玻璃》时，用机械制图的方式在画布上画画，完全推翻了常规的技巧因素。而在创作《三个标准的修补》时，他又像科学家做实验那样，剪了三根一米长的缝衣线，然后拎着它们，让它们像自由落体那样自然下落在画布上。在杜尚看来，这种作画的行为就是利用偶然性来削弱意识的主动参与，它能够有效排除人为智力活动因素的干扰，表现了对科学度量标准的嘲弄，从而完成了一件不是艺术品的作品。杜尚的这些作品开启了一条逃离传统艺术表达方法的路径，因为那些线条和画面是非常偶然得到的，而非刻意为之。可以认为，杜尚的创作和杜尚式的颠覆改变了西方现代艺术的进程。

如果说，毕加索的贡献在于给艺术提供了新的语言，而杜尚的贡献则是给艺术提供了一个新的境界——借助偶然性削弱意识的主动参与。作为西方现代艺术发展史上一位奇异的人物，杜尚对生活和艺术所持的无为思想和超然心态，正暗合了道家思想的核心观点，给人的思想提供了一个新境界——无染无着的自由，从而把我们领进了一个生命美的自然天地，启发并引导着现代艺术的观念走向，甚至在某种意义上改写了整个西方艺术史。当代艺术的意义并不是让意义变成无意义，而是让无意义变成有意义，它是关于呈现与判断的结合体的一种表达。徐应源对于杜尚理论的汲取，或许就在于“破坏”某种表达方式的规定性，以达到那种无染无着的自由。罗素说过一句很有名的话：“参差多态乃是幸福的本源。”实际上，所有意义的价值，都在无限的差异性中表现那些奇思妙想如何渗透个人与空间，让你在欲望的剪迫中，感到自身的苍白无趣。今天我们在杜尚的线条、功能和色泽的无穷组合中，隐隐可以看到“器物与道”的某些变革，这表明杜尚对规定性的“破坏”是相当自由的，他不断地持续下去，直到自我可以成就一个追索的时代。

同样，徐应源对于意识的介入是不屑的。在根雕的创作中，他竭力遏制意识的主动参与，努力把常态下不可见的生命样式剥离出来，展现在架上。这样，在漆画创作中，他的发现的目光已经不在材料上面了，而是被某种“道”的意义所俘获。尽管，在徐应源的作品里，笔者无数次掉转目光，却始终无法离开那个意义的存在，它就是“道”，就是“无”，就是“无为”。任何技巧对于徐应源来说，都必须从意义中剥离出来，必须置于我们之外和我们眼前。在这个意义上，形象是无法触摸的东西，形象只能被意义所触动。那么，如何去解释徐应源作品里那些“道”的观念、“道”的意识和“道“的存在，成了笔者的一个思考重心。

在和徐应源随意的聊天中，笔者曾经不经意地说出了三个“无”：无为、无意识、无技巧。在笔者看来，“无为”一直是徐应源的一个关键的创作理念。关于这点，他援引了杨润根《发现老子》一书里的观念：人类个体必须服从世界整体的力量，必须服从作为世界整体的全部历史必然性的“道”的力量。笔者无意在本文中再次复述老子的“道”和“无为”的观念，笔者想表达的是，徐应源作品里透出的“无为”，实际上是对我们身处的这个世界的秘密或意义的穿透。这个穿透并不是他的直接的诉说，而是被他作品里的秘密所穿透。或许可以这样说，徐应源作品的图式是“道”和“无为”的极端展现：外在于自我的自我，代表着自我的外在性，他面对着自我而感到惊奇。笔者注意到徐应源的许多作品里描述了生命和死亡，从某种意义上说，这其实是一种出现和消失、在场和缺席。无论是迎候（生命）还是告别（死亡），无论是生的轻快的跃动还是死的沉重的坠落，所有的呈现、再现和表现，都是通过在场与缺席之间的意义关联，去实现生命踪迹的出现和消失的。这是徐应源作品的一个深度的秘密，它穿透了生命的全部话语：无为。徐应源作品里的形象图式甚至是若隐若现的，但是它正好提醒了我们，形象并不是对可见事物的模仿，绘画也可能不是对已经发生的事件的呈现。在很大程度上，形象展示缺席，画面表现不在场的东西。这种境界，才真正是脱离了主观意识的“无为“境界。徐应源的代表性作品《老子》，异常明亮的色域泻落在画布上，老子的形象在光和色之间闪动。可以看出，光的来源是在画面之外的，它照亮了一种死亡，照亮了一种“道”的神圣。这种感觉，在《老外读懂了道德经》里似乎看得更加清楚。这幅作品引用了黑格尔的话作为题示：“中国老子说的道指的就是上帝。”《约翰福音》说“上帝是光”，而老子的“光”其实是一种“无”。西方人所谓的读懂《道德经》，不过是借助上帝之光照亮了这个“无”的世界。笔者曾经一度思考徐应源为何要把中国的老子和西方的上帝联系起来，后来才稍稍明白，“光”把我们带入绘画之外及进入了灵魂深处，它们其实都是一种隐喻。在“道”的境界中，任何的实在性都是一种“无”；而“无”本身就是一种意义，甚至是一种宗教意义。但是在这里，我们似乎无须讨论徐应源作品的更加复杂的宗教学意味，而应该把视野集中到老子的“道”上面。事实上，徐应源作品所呈现的“无”，无论是一种出现还是一种消失，都在一种“无为”的境界里，得到了充分的阐释。

“无为”的观念导引着徐应源的“无意识”，从表面上看，这似乎是一个合理的解释。其实，“无为”的意义并不是从一开端就急匆匆地奔向“无意识”。画家如何在一个有限的画面结构里，把一种生活或者生命叙述得饱满多汁，显然取决于画家的诗性话语。在徐应源的绘画过程中，画家的在场最终都可以被解释为不在场的在场，因为他呈现了不可呈现的呈现。这终究是一种“道”，一种“无为”，表现在绘画创作过程中，就是一种“无意识”。那么，徐应源的诗性思维表现在哪里呢？观看徐应源的作品，我们很可能看到了一种“无”，因为那些实体的形象随时会从我们的视觉里消失，甚至你可能看不到任何东西。因此，在某种终极意义上，观看徐应源的作品意味着某种寻找：我寻找我自己，我寻找我和这个世界的关系。这样，在观看过程中，作品指向了一种被绘画抽离出去的诗性空间。可以看出，徐应源的创作充满了某种被触动的力量，这就是激情。这种激情与痛苦和受难有关，与爱的深层体验有关。无论从哪个角度看，那些散发着激情的形象都可以被“神圣”二字所解释。从这个意义上说，徐应源的“无意识”显然是在模仿了“自然”之后，从在场迫近了不在场。这个过程，其实就是在绘画的行动中将自身抽离在外，画面的对象成了一个世界的证明，成了世界存在的意义。徐应源的诗性也许就在这里：他所追忆的就是那些不可记忆者，他所描述的就是那些不可呈现者。从《龙》《禁果》及《野兽》等作品可以看出，徐应源的构图方式已经完全流动化了，那具龙的形象只有头和尾巴是真实的，身体的绝大部分都被虚化为某种“无”。而恰恰是在这种“无”之中，你可以看出龙的复活，也可以看出龙在死亡中的缺席。同样，《禁果》和《野兽》中的形象大部分也被画家虚化了。《禁果》延拓了人的身体部分，其实那个身体已经是“无”了；《野兽》则泛化了作为兽的本质部分，所有的凶残和野蛮都在一种“无”的呈现中缺席了。无疑，这些作品既传达了生命的喧闹，也透露出死亡的寂静。所有这些，对于一位在“道”的场里的画家来说，都是一种无意识，一种“无为”。徐应源的诗性空间或许就表现在这里，只有痛苦和受难，才有那种可能触动艺术的“无意识”。因此，他的作品随时让我们看到实体形象在视觉里的消失。消失的意义告诉我们，形象其实是无法触摸的东西，它是陌生的；对于这种陌生的无法触摸的形象本体，只能去感觉，用无意识去剥离它们，从而将其置于我们的视界之外。

在徐应源的意义世界里，“无意识”最初的呈现或许只是某种可能；因为除了激情，在那些可作为技巧的可感形式中，更为重要的，俨然还有某种促使艺术在意义世界里生成的东西。这个东西就是“无技巧”。在徐应源的艺术世界里，触动我们的往往不是形象所呈现的事物，而是构成形象的色块、线条乃至某些痕迹。或者说，是那些色块、线条和痕迹自身的力量，触发了艺术可感知的物质性，从而打开了一个意义世界，并由此构成了人与意义世界之间的某种直接关系。这，就是技巧么？显然，无论是线条化还是色块化，随着徐应源的持续的描摹，那些不确定的意义整体，就被我们视觉化为一个环境，一个被意义所照亮的世界。在南希看来，艺术的价值就在于它在人与世界之间建立起一种意义的关联。的确，这种关联并非某种超验的实在性；相反，它以一种

“无技巧”的形式，洗濯了技巧的痕迹。技巧的任何痕迹都表现在对现实的摹写状态之中，只有真正服从于自然、真正服从于“道”的存在，任何的技巧最终都是无法被诉说的。就像两个人面对面，互相盯着对方的眼睛，似乎都看到了对方的内心，似乎都认出了那些既看不见又无法言说的东西，却又似乎找不到那些东西的真实的存在。这便是“无技巧”。它来自于“道”的意识，来自于“无为”的意识。作为创作者，徐应源的意义在于沉入现实世界；而作为观者，我们的意义在于凝视艺术世界。这二者无疑都需要想象。但问题在于，它们有没有真正的相似之处？如果有，这个相似之处又在哪里呢？面对这个问题，笔者认为还得重温一下黑格尔早就说过的那句话：“为了实现展现灵魂的目的，绘画只能将自己展现为绘画艺术自身。”徐应源有幅《反思》，完全借助于色块呈现，你很难说出这究竟是画家自身的形象，还是他所理解的现实人物的呈现。因为色块已经在某种“技巧”的解构之下被符号化了，从而表现为一种“无技巧”状态。与此类似的还有《忏悔》《面具》等作品，技巧完全丧失在画家对于对象的“在场”关系之中，变成了某种“不在场”的追忆。相较于《反思》中色块的相对稳定的搁置，《忏悔》和《面具》的色块在流动中再现了灵魂的深度洗礼。从这个意义上说，徐应源的绘画行为变成了一种观看，他以“在场”观看了“不在场”的自身。南希说过：以在场的不在场去追忆不在场的在场，并不是为了别的什么，而是为了与之相似。这其实也就是“无技巧”的“技巧”。当然，这种追忆本身所隐含的“道”的意义，在作品的呈现之中已经不证自明。就像奥古斯丁的经典文学肖像《忏悔录》那样，通过将自己呈现给上帝的行动，通过呈现那些不可呈现的东西的行动，一个主体也就呈现了自身。所以，徐应源的所有“技巧”，最终都是“无技巧”，都表现为作品内在之光的思想和寓意的表达。或者说，它们都被某种“道”所道出。此时，神圣的现实形象退隐了，作为色彩和光则浮现在画面之中。

的确，笔者花费了很大的功夫去读徐应源的作品，并且深知以自己浅薄的见识，不足以去评价这样一位独特的艺术家。解读徐应源一直是困难的。然而笔者意识到，艺术的终极意义，并非指向艺术的伟大性；对于任何艺术家而言，艺术是沟通人类的途径之一。生活中短暂的一瞥，也许经常是被观念遗忘的部分，而在艺术尤其是在视觉中，它意味着某种深刻不变的永恒。这，就是艺术的意义，也即徐应源的意义世界。

（作者单位：东南学术杂志社）

科学主义在中国的百年命运[①]

俞兆平

一

科学主义一词为科学概念之衍生。人们崇奉、信仰科学的观念与方法，在趋于极致之际，多会产生科学万能的信念，认为宇宙间万事万物均在科学的掌控范围。不仅外在自然界能以科学方法来认识，而且内在精神界，如价值判断、情感好恶等，也可以科学法则来衡量。也就是说，科学主义一词的概念内涵，并不只是指数理化一类学科对自然规律的探寻、把握及技术操作方式等，它更注重的是科学的"精神"，即科学上升为一种价值信念与原则导向，它从"物界"泛化至"心界"，有着从认识论向价值论转化的意义，已具有一种意识形态的性质。

"要而言之，科学主义可以看作是哲学观念、价值原则、文化立场的统一。在哲学的层面，科学主义以形上化的世界图景和实证论为其核心，二者似相反却又相成；在价值观的侧面，科学主义由强调科学的内在价值而导向人类中心论（天人关系）与技治主义（社会领域）；在文化立场上，科学主义以科学化为知识领域的理想目标，并多少表现出以科学知识消解叙事知识与人文知

① 关键词的撰写，和辞典词条相似，它不仅是个人的写作行为，更多的是历史文化的累积，是集体劳动的汇总，科学主义一词亦是如此。新时期以来，国内学界对其重新关注，起自20世纪80年代后期。1989年，李泽厚、庞朴主编的"海外中国研究丛书"，出版了美籍华人郭颖颐的《中国现代思想中的唯科学主义》一书，引发了对这一课题的探索；其中，成果最为显著的是杨国荣1999年出版的《科学的形上之维——中国近代科学主义的形成与衍化》一书。本人此后所做的工作只是把这一哲学问题引向文学研究领域，发表相关系列论文和出版《中国现代作家论科学与人文》一书，本文的写作亦受启于郭、杨二位学者。

识的趋向，与之相联系的是以科学为解决世间一切问题的万能力量。在科学主义的形式下，科学成为信仰的对象。”① 这是对科学主义内涵更为全面的概述。

科学主义的问题，在人类走向现代化的进程中，日益显现出来，因为它是“现代性”的重要组成部分。由于科学自身具有一种实践性的品格，人类在掌握自然规律之后，势必推动自我去改造外界客观物，以使得自身本质力量得以确证。“科学是生产力”，科学促进了物质生产，创造了财富，改善了人这一族类的生存状况。但正如卢梭在《论科学与艺术》一书中所指责的，科学与文化进步的同时也带来其负值效应，因为它刺激了人的贪婪、虚荣、野心等欲念，进而引发掠夺与战争等暴行，这是科学无法卸脱的“原罪”。

马克思也有和卢梭相近的看法：“自然科学却通过工业日益在实践上进入人的生活，改造人的生活，并为人的解放做好准备，尽管它不得不直接地完成（人的关系的）的非人化。”② 近代以来，科学以工业为媒介，在实践上全面进入人类的生活，创造了丰富的物质财富，促进了社会文明的高速发展；但与此同时，也激发人的贪欲、恶念等，造成人的物化、工具化，以及人的社会关系商品化的现象，即马克思所说的“非人化”的状况。因此，在当代社会中，对物质主义及“人的物化”“非人化”的批判，往往追溯到对科学主义的质疑与反思。物质与精神的矛盾深层隐藏着更尖锐的科学与人文的对峙。这也是“现代性”所欲探索及力求化解的核心命题之一。

二

“现代性”的内涵，是人们对近二三百年以来人类现代化进程中诸种现象的认识、审视与反思，是对现代化的正值成效与负值后果的理论概括与价值判断。因此，与其相关的科学主义问题，也是在近代方才凸显出来。

古希腊时期，科学是作为实现希腊人的人文理想，即达到自由的一种学问。当时，希腊人的人文理想是“自由”，自由被他们看成是人之所以为人的根本。要实现这种自由，只有“理性”才能保证，而理性就体现在“科学”之中。“对古典希腊人而言，能够保证人成为人的那些优雅之艺是‘科学’，而对‘自由’的追求是希腊伟大的科学理性传统的真正秘密之所在。”③ 古希

① 杨国荣：《科学的形上之维——中国近代科学主义的形成与衍化》，上海人民出版社，1999 年，第 7 页。
② ［德］马克思：《1844 年经济学—哲学手稿》，刘丕坤译，人民出版社，1979 年，第 81 页。
③ 吴国盛：《科学与人文》，《中国社会科学》，2001 年第 4 期。

腊科学理性的伟大传统在“科学—理性—自由—人文理想”这一流程中得以呈现，这是科学与人文血脉相融的源点。

对于科学的这一古老的人文内质，百年前中国学界也有所呈示，像鲁迅即称之为“神圣之光”。在《科学史教篇》中，他写道：“故科学者，神圣之光，照世界者也，可以遏末流而生感动。时泰，则为人性之光；时危，则由其灵感，生整理者如加尔诺，生强者强于拿破仑之战将云。”① 在鲁迅心目中，真正的科学，有着神圣的光芒，照耀着世界，它阻遏邪恶末流，孕育美之情感。在这一向度上，科学不仅是“器”，而且上升为“道”，即科学不只是科技原理及具体的操作方法，而且还放射出人文的“神圣之光”“人性之光”。鲁迅还精辟地指出，“盖科学发见，常受超科学之力，易语以释之，亦可曰非科学的理想之感动”，也就是说，像科学发明此类“灵感”，甚至受启于“非科学的理想”，孕育于深厚的人文内涵之中。因此，鲁迅还向科学家提出这样的人生准则：“故科学者，必常恬淡，常逊让，有理想，有圣觉。”其中，“恬淡、逊让”，强调的是生存伦理；“理想、圣觉”，则是指科学家在日常的生存与工作中决不能忘却科学的人文内质。鲁迅不愧为伟大的思想家，他深得古希腊科学中人文传统的奥秘，在1907年就向国人强调了科学的人文精神、人文理想，纠正了“以器代道”、以工具理性淹没科学中的人文精神的偏误。

和鲁迅的主张类似，徐志摩亦把科学分为两类：“纯粹的科学”与“科学的运用”。现今学界多把徐志摩当成一位浪漫诗人，殊不知他在科学方面也有一定造诣。1920年，他就翻译发表《安斯坦相对主义》长文，他是爱因斯坦相对论最早的中国译者之一。对于“纯粹的科学”，徐志摩指出：“真纯的科学家，只有纯粹的知识是他的对象，他绝对不是功利主义的，绝对不向他寻求与人生有何实际的关系。孟代尔（Mendel）当初在他清静的寺院培养他的豆苗，何尝想到今日农畜资本家利用他的发明？法蓝岱（Faraday）与麦克惠尔（Maxwell）亦何尝想到现代的电气事业？”② 也就是说，纯粹的科学研究是完完全全的求“真”过程，它的目的是探索自然物的内部奥秘，揭示其构成及运动的规律。在这一进程中，它不会去考虑“善”的功用价值，不沾染任何实用功利意欲，有着一种形而上的纯净的意味。这种超然与纯粹，才是真正的科学大师的精神品格与生存方式。这一分法，亦是古希腊的传统精神的延续，

① 鲁迅：《鲁迅全集》第1卷，人民文学出版社，1981年，第35页。

② 赵遐秋，等编：《徐志摩全集》第4卷，广西民族出版社，1991年，第196页。

因为当时的科学，如毕达哥拉斯学派的数理概念与德谟克利特的原子论，离实用的目的还是有一段距离的，科学作为一种无功利性的知识，是不自觉的，所以是“自由”的学问。

随着人类历史的行进，科学日渐发展、成熟。至欧洲文艺复兴时期，科学与人文开始有了分野，科学主义苗头亦即萌生。近代科学的发展，离不开笛卡儿和培根所开启的两大传统：数理传统和实验传统。笛卡儿将主体与客体彻底分开，为现代意义认识论扫清了障碍；而培根的实验哲学，则为人类知识的确定性追求，提供了直观实证的可能性。尤其是笛卡儿的人与物的主客二元论哲学，突破了神学的樊篱，从根本上解决了束缚科学发展的哲学问题。人的理性得到史无前例的高度肯定，物质世界不再是一个神性的感知对象，而是一个客观的认识对象。

事物是辩证的，科学的快速发展亦潜存着负面隐患。因其专注于现实物质世界的确定性知识的掌握，就逐步淡化、疏离了对人的生存价值及终极意义的追问，最终导致了科学与人文的分离。美国当代哲学家史华慈将笛卡儿哲学断定为西方哲学史上一次重大的转折，即“笛卡儿的断裂”：“这套二元论，一方面是整套的科学，对物质的机械论看法；另一方面就是物质的对立面，它不是上帝而是人这个主体心灵。两个世界：主体（心灵）和物质彻底完全地分开了。”[①] 这种分立，不仅仅是主体与客体的断裂，物质与精神的断裂，也是科学与人文的断裂，人文精神不再是科学的“神圣之光”，科学也不再是对人的自由精神的追寻。

从欧洲启蒙主义时期到当代，科学创造出无与伦比的辉煌的业绩，科学以其神话一般的魔力给予人类高度的物质文明与物质享受。人们对其顶礼膜拜，奉若神明，不妨借用胡适的一段话，来看看20世纪初科学思潮进入中国时的状况：“这三十年来，有一个名词在国内几乎做到了无上尊严的地位；无论懂与不懂的人，无论守旧和维新的人，都不敢公然对他表示轻视或戏侮的态度。那个名词就是‘科学’。这样几乎全国一致的崇信，究竟有无价值，那是另一问题。我们至少可以说，自从中国讲变法维新以来，没有一个自命为新人物的人敢公然毁谤‘科学’的。”[②] 在当时的中国思想界，科学有着至高无上的威权，有着无所不能的功效。由此，“科学万能” 成了一种新的宗教，科学理性

① 许纪霖，宋宏编：《史华慈论中国》，新星出版社，2006年，第217页。

② 胡适：《科学与人生观·序》，山东人民出版社，1997年，第10页。

成了新的上帝。当科学僭越了人文的席位，把人的灵魂物化时，科学主义思潮便泛滥开来。

三

西方的科学及科学主义思潮在20世纪初何以能风靡中国呢？根本原因在于，在中国传统文化中，现代意义上的科学是一个缺席者；而积弱处贫、内忧外患的社会现状，更激起国人以科学救国的思潮。

若就文化内质来说，至少有以下几个方面的原因：其一，从理解方法看，中国传统文化缺少西方文化将事物或者问题化约为某一核心点的方法，故缺少科学元素的理论构成。当然，中国也讲金木水火土这“五行”，但相对于西方的“原子论”的化约境界，相去甚远，甚至流于巫术的预测。至于“道生万物”的抽象与庞杂，则令人捉摸不透，缺乏万物本原的追寻，而后者正是支持科学发展的动力。

其二，从认知模式上讲，中国传统文化主客不分，缺少“笛卡儿的断裂”，产生不出现代意义的认识论。它作为一个有机整体，一直是从大我出发，来透视人类社会的整体性发展，不是天人感应，就是日常伦理，强调的是集体理性。而科学发展的重要前提是认识主体的独立性，只有在自由地思考中科学思维才可能诞生。中国传统文化思维均以圣人之言为准，禁锢了个体主体性与自由的思想。

其三，从传统氛围上讲，中国文化重修身而轻技艺，更多的是关心人格的修养，而忽视了对外在世界的规律把握与实践改造。典型的范例莫过于《庄子》“外篇·天地”中有关子贡与“为圃者”的对话。子贡路过汉阴，见一种菜长者，“凿隧而入井，抱瓮而出灌”，十分吃力而收效不大，就问他，为何有桔槔这一汲水器械（利用杠杆原理制作的）却弃之不用？答曰：“吾闻之吾师，有机械者必有机事，有机事者必有机心。机心存于胸中则纯白不备。纯白不备则神生不定，神生不定者，道之所不载也。吾非不知，羞而不为也。”[①]庄子借此说明：使用机械者便是投机取巧，顺之他就不具备纯洁清白的品质，进而他就会心神不定，如此当然无法容道于心了。“机心”与载道之“纯白”之心是对立的，因此机械也就成了邪恶的。显然，这种传统文化氛围扼杀了科

① 曹础基：《庄子浅注》，中华书局，1982年，第175页。

学之苗在中国的正常成长。

至 19 世纪末，甲午战争之惨败，《马关条约》之辱国，使中华民族陷入了空前未有的劫难。当一个阶段的历史走到了终点，也就预兆着新生。寻变革图强之法，思谋国救世之道，成了中国先进的知识分子在这一历史时期活动的中心。中国积弱难治的原因何在，西方世界强大的秘密又是什么？他们在苦苦思索与寻求着。这样，中国以往儒教精神规范的权威性受到了挑战，原有经学价值体系的可行性也受到了质疑。随之而来，是对构成近代世界“现代性”最根本的要质——西方的民主、科学的推崇和高扬，并迅猛地在中国文化思想领域形成壮观的大潮。

西方的科学在中国扩展的进程大致经历三个阶段：一是坚持固有的传统，以守旧的封闭心态排斥之。当时的清政府仍然做着天朝大国梦，认为中国就是世界的中心，人就站在天地之间，对西方的日心说等所知甚少，对西方以英国为代表的工业革命毫不知情，对全球的海洋地理知识也了解甚少。因而，对中国现代化进程一开始就予以拒绝。二是面对西方“船坚炮利”的残酷现实，不得不试图“师夷长技以制夷”，从“器”，即物质机械的实用性技术角度接纳之。像张之洞提出的“中学为体，西学为用”，即代表了这一阶段的典型观点。但他们将西方文化仅限定在实用性方面，科学在中国难于正常发展，洋务运动雷声大，雨点小，成效甚微，即是明证。三是洋务运动失败以后，先进的知识分子才进而认识、理解到科学所具有的普遍意义，开始从思维方法、价值体系上推崇科学，从而对科学的理解由“器”演进、提升到“道”的境界。但也内蕴着中西文化冲突的进一步激化，客观上促进了科学主义思潮在中国的泛滥。

这一从“器”到“道”、从技术操作到价值信念、从认识论到价值论的演进、转化的过程，主要源起自严复。19 世纪 90 年代，严复在天津《直报》上发表系列文章，揭示中西事理、学理之不同。其著名的《论世变之亟》一文明晰地抉出了西方国家与中国相异之命脉：“今之称西人者，曰彼善会计而已，又曰彼擅机巧而已。不知吾今兹之所见所闻，如汽机兵械之伦，皆其形下之粗迹，即所谓天算格致之最精，亦其能事之见端，而非命脉之所在。其命脉云何？苟扼要而谈，不外于学术则黜伪而崇真，于刑政则屈私以为公而已。斯二者，与中国理道初无异也。”① 严复目光锐利，比前人看见了更为深层的东

① 严复：《严复文选》，上海远东出版社，1996 年，第 4 页。

西。西方国家之优异，不在于“善会计”“擅机巧”、制“汽机兵械”之类，这些都是形而下之“器”。其“命脉”关键之所在，为此二者：学术上求“真”——科学之真，政治上求“公”——公正与民主。此二者方为形而上的“理”“道”。他把科学的内涵和意义，从“器”推进到“道”，使国人从价值论的形而上的高度来重新审视“科学”。

严复还向传统的经学体系发起了攻势。他翻译了《穆勒名学》《名学浅说》两部西方逻辑专著，并以此科学的方法论与传统的经学方法对比，揭示了后者的弊端。他指出，西方的学运昌明，得益于逻辑上的归纳法，逻辑学“如培根言，是学为一切法之法，一切学之学”。严复称逻辑学中归纳法为“内籀”，演绎法为“外籀”，两者中他更为推崇归纳法，他认为归纳法才是真正的科学方法。而中国传统经学的方法则属于演绎法，往往以“子曰”“诗云”作为大前提来演绎推导，它虽然符合三段论，但由于大前提是先验的，“大抵是心成之说”，是旧有的“已得之理”，因此不可能从中获得新的知识。他打了个比方：“夫外籀之术，自是思辨范围。但若纯向思辨中讨生活，便是将古人所已得之理，如一桶水倾向这桶，倾来倾去，总是这水，何外有新智识来?”[①] 经学之“外籀”——演绎法所衍生的知识，仅如一桶倒来倒去的水而已，无创新之义。其弊病与陈腐，呈露无遗。因此，以科学体系代替经学体系也就势在必行了。

在当时，促使中国文化思想界的科学语境形成的还有康有为、梁启超等。康有为对西方科学的接触与关注并不迟于严复，他阅读了大量有关声、光、化、电等的自然科学著作，为西方科学知识所揭示的新的世界、新的领域所震慑，从而深入地对西方科学技术和科学方法进行思考与探索。他所著的《实理公法全书》就是国内首部运用科学方法从各个领域推导变革理论的著作。

梁启超在康有为的影响下，亦致力于对西方科学的学习，他在《近世文明初祖二大家之学说》一文中，高度推崇培根与笛卡儿，认为其两人“为数百年来学术界开一新国土”，并使人摆脱了“心奴隶”——精神上奴隶之状态。他概括了以培根为代表的“格物派”的英国经验主义和以笛卡儿为代表的“穷理派”的欧洲理性主义的要义，提出“我有耳目，我物我格；我有心思，我理我穷”的原则。并认为循此原则即可对古今中外的学术做出评判：“我有耳目，我有心思，生今日文明灿烂之世界，罗列中外古今之学术，坐于

① 严复：《名学浅说》，《严复集》(1)，中华书局，1986年。

堂上而判其曲直。可者取之，否者弃之，斯宁非丈夫第一快意事耶!”[①] 传统经学研究方法那种诚惶诚恐的“子曰”“诗云”的前提规范全被抛舍了，国人可以在科学理性的导引下，自由地巡视、评判、取舍、扬弃古今中外的学术。这种境界与气度，正是当时先进知识分子所梦寐以求的。康、梁时为学界之泰斗，经其二人登高一呼，国人自然齐声相应。科学、科学方法，以及科学的价值观念，经时日之集聚、累积，初步演化形成19世纪末20世纪初中国特有的倡导科学的文化语境。科学地位的上升,“科学万能”的崇奉，便促使科学主义思潮在中国现代思想界弥散开来。

四

对一种思潮的竭力强化，也就隐伏着对它的不足之处的疏忽。中国先进知识分子在大力倡导科学精神之际，往往遮蔽了它的负面后果。胡适的一句话很能说明这种状态：“我们也许不轻易信仰上帝万能了，我们却信仰科学的方法是万能的。”[②] 科学方法变成了无所不能的万应灵药，成了新的“上帝”，科学偶象化、神圣化了。

如前所述，在人类思想史上，对科学负面后果的质疑始自卢梭，但引起这一怀疑全面爆发的，则是第一次世界大战。战争中，利用先进的科学技术所发明的武器，屠杀了大量的参战的士兵和无辜的平民。科学的“成果”毁灭了一座座城市和乡村，毁灭了人类引以为豪的人性与文明，于是人们从对科学的盲目信仰与顶礼膜拜中惊醒，开始对“科学万能”之价值，即科学主义思潮，投向了另一向度的判断目光。

在中国现代思想界，梁启超是最典型的一位。第一次世界大战过后，1918年年底，梁启超、张君劢等作为中国赴欧观察组成员参加巴黎和会。在欧洲，他们目睹了战争给人民带来的巨大灾难：生灵涂炭，民生凋敝，思想混乱，精神失落。这一切都使梁启超震惊不已，但他更关心的是战祸及危机的根源，他也像卢梭一样把它归罪于“科学万能”论：“当时讴歌科学万能的人，满望着科学成功，黄金世界便指日出现。如今功总算成了，一百年的物质的进步，比从前三千年所得还加几倍，我们人类不惟没有得着幸福，倒反带来许多灾难，

---

① 梁启超：《梁启超文选》，上海远东出版社，1995年，第83页。

② 欧阳哲主编：《胡适文集》第4册，北京大学出版社，1998年，第9页。

好像沙漠中失路的旅人，远远望见个大黑影，拼命往前赶，以为可以靠他向导，哪知赶上几程，影子却不见了，因此无限凄惶失望。影子是谁？就是这位‘科学先生’。欧洲人做了一场科学万能的大梦，到如今却叫起科学破产来。”① 人所共知，梁启超乃清末以来鼓吹西方文化、倡导科学思潮着力最甚的代表人物。然而，他居然一反前说，对科学的地位和科学主义思潮的偏颇，提出质疑，这就极大地震动了当时的中国思想界，成为其后“科学与人生观”论战的前奏。

这场论战的导火线，是1923年2月张君劢在清华大学所做的题为《人生观》的讲演。其演讲的要义是：人生观问题的解决，非科学所能为力，它只能依赖于人类之自身。原因是：第一，科学为客观的，人生观为主观的；第二，科学为论理的方法所支配，而人生观则起于直觉；第三，科学可以从分析方法下手，而人生观则为综合的；第四，科学为因果律所支配，而人生观则为自由意志的；第五，科学起于对象之相同现象，而人生观起于人格之单一性。由于科学诸特点恰与人生观相对立，故科学不能提供人生观。② 他悖逆五四时期崇奉科学之时代大潮，系统而全面地对“科学万能”说发难，要求重新审视、确立人文精神的价值。

此前，丁文江曾私下和张君劢就这一问题作过多次争论，此时按捺不住了，同年4月发表了《玄学与科学》一文，予以反诘。他称张君劢等为“玄学鬼”，意即沉溺于虚幻之境中。丁文江等人认为，传统精神、直觉、美学、道德、宗教感情等，实则为虚幻的玄学，只有科学精神才能对人生观的树立起积极作用。因科学能使人“有求真理的能力，而且有爱真理的诚心”。科学的分析研究，能“从复杂中求单简，从紊乱中求秩序，拿论理来训练他的意想，而意想力愈增；用经验来指示直觉，而直觉力愈活。了然于宇宙生物心理种种的关系，才能够真知道生活的乐趣。这种‘活泼泼地’心境，只有拿望远镜仰察过天空的虚漠，用显微镜俯视过生物幽微的人，方能参领得透彻，又岂是枯坐谈禅，妄言玄理的人所能梦见”。③ 即科学能够深入宇宙人生的所有方面，对各种问题都能做出解答，包括精神意念、生命意义等。

这场论战迅疾地在中国思想界掀起轩然大波，成为中国现代思想史上著名的第三次大论战。胡适、吴稚晖、陈独秀、瞿秋白、梁启超、张东荪、王星

① 梁启超：《欧游心影录》，《梁启超文选》，上海远东出版社，1995年，198页。

② 张君劢，丁文江：《科学与人生观》，山东人民出版社，1997年，第35－38页。

③ 同②，第53－54页。

拱、范寿康等众多知识界的精英人物都卷入了论争。

在当时崇奉“德先生”“赛先生”的历史语境中，表面上是以张君劢、张东荪等为代表的“玄学派”败下阵来，而以丁文江、胡适、陈独秀等为代表的“科学派”获得胜利。但得胜的“科学派”一方内部并不统一，反而在原则立场上产生了分歧，这就是马克思主义派的“物质一元论”与自由主义派的“心物二元论”冲突的开始。陈独秀认为，胡适与张君劢的主张距离并不太远。他指出：“我们相信只有客观的物质原因可以变动社会，可以解释历史，可以支配人生观，这便是‘唯物的历史观’。”[①] 而胡适则不赞同陈独秀把“物质的”仅解释成“经济的”，他说：“我个人至今还只能说，‘唯物（经济）史观至多只能解释大部分的问题’。独秀希望我‘百尺竿头更进一步’，可惜我不能进这一步了。”[②]

“这一步”实质上就是马克思主义的一元论历史观与自由主义的多元论历史观的区别之所在。因此，在历史的脚步中，作为五四新文化运动的老战友——陈独秀与胡适之间，因哲学观念与思想倾向的不同，其立场分歧无法调和了。陈独秀的这段话宣布了他们最终的分裂与对立：“离开了物质一元论，科学便濒于破产，适之颇尊崇科学，如何对心与物平等看待！适之果坚持物的原因外，尚有心的原因，——即知识、思想、言论、教育，也可以变动社会，也可以解释历史，也可以支配人生观，——像这样明白主张心物二元论，张君劢必然大摇大摆的来向适之拱手道谢！！！”[③]

这场著名的“科玄论争”，在社会、政治、哲学上的意义重大，说它导引了其后中国思想界的三大走向，一点也不为过。张利民在《科学与人生观》一书“重版引言”中归纳道：“随着论战的展开，形成了以张君劢、梁启超等为代表的‘玄学派’，以丁文江、胡适、吴稚晖为代表的‘科学派’，论战后期，马克思主义者陈独秀、瞿秋白也著文参战，主要支持了科学派反对玄学派，可称之为‘唯物史观派’。通过这场论战，中国现代哲学的三大思潮：现代新儒学、自由主义、马克思主义，初步展示了未来的发展方向。”[④] 当时，对这场论战并没有得出谁赢谁输的结论，但从论战后的中国文化思想界的总体趋势来看，科学派取得了极大的胜利，玄学派在一段时期内淡化、消隐了，以

① 张君劢，丁文江：《科学与人生观》，山东人民出版社，1997 年，第 7 页。
② 同①，第 27 页。
③ 同①，第 32 页。
④ 张利民：“重版引言”，《科学与人生观》，山东人民出版社，1997 年，第 1 页。

非主流形态演化成其后的现代新儒学派。得胜一方的自由主义者与马克思主义者，均以科学的原则来导引新人生观，来建立新的社会形态，他们的主张获得了中国思想文化界各方的普遍认同与接纳。尤其是马克思主义，作为新的科学理论在中国思想界广泛传播开来，随着政权的更迭，取得了主流意识形态的地位。

回顾这场论争，虽然无法就具体问题达成相对一致的结论，但正如李泽厚所概括的："这次论战涉及问题颇多，例如科学的社会效果（欧战是否应由科学负责）、物质文明与精神文明（如何定义此二者及二者之关系）、科学与价值（二者有无关系或何种关系）、科学与哲学（二者如何限定、二者的来源、异同、范围）、传统与现代等等。其中好些还正是今天'文化热'讨论中经常涌现的问题和论点；……当代世界哲学中的科学主义与人本主义的分途也展示出这一点。"① 它对于中国文化思想的发展及深化有着重大的意义，其影响直至今日。海内外学界对这场论战仍不断做出新的评价，除前引的李泽厚之外，还有郭颖颐、林毓生、汪晖、杨国荣、洪晓楠、朱耀垠、段治文、秦英君等②，于此不再赘述。

五

科学及科学主义的观念为中国思想文化界所广泛接纳，这一趋向也在中国现代文学思潮的生成与演进过程中得以展现。但对这一课题的研究，至今尚未纳入中国现代文学界的主流话语圈，这是其重要的欠缺与疏漏。笔者在此间颇有点"荷戟独彷徨"之悲凉感。现将要点归纳如下：

其一，科学主义与中国写实主义文学思潮。

对于写实主义文学思潮的生成与演化，中国学界一般从两个角度着眼，一是作家感时忧国的精神导引他们深切地关注自身生存的真实环境，二是受到进化论的影响，在浪漫主义之后必然选择了写实主义。前一视角，学者一般都认同；但后一视角，就有些错位。因当时文学先驱者已注目于"新浪漫主义"（相当于今天的现代主义），如茅盾《为新文学研究者进一解》一文；郭沫若

① 李泽厚：《中国现代思史论》，东方出版社，1987 年，第 53 页。

② 见林毓生《中国传统的创造性转化》，郭颖颐《中国现代思想中的唯科学主义》，汪晖《汪晖自选集》，杨国荣《科学的形上之维》，洪晓楠《文化哲学思潮简论》，朱耀垠《科学与人生观论战及其回声》，段治文《中国现代科学文化的兴起》，秦英君《科学乎，人文乎》等。

在日本筹办《创造季刊》时，向陶晶孙谈及欲采用的办刊方针，均倾向或肯定“新浪漫主义”。但现存的史实却令人困惑不解，反而是次序排在它之前的写实主义在中国文坛扎稳了根基，并蔚成风气。

问题的解答就要回到科学主义所形成的历史语境上。正如陈独秀在《今日之教育方针》一文所揭示的：“近世科学家之解释人生也：……见之哲学者，曰经验论，曰唯物论；见之宗教者，曰无神论；见之文学美术者，曰写实主义，曰自然主义。”① 那么，科学精神何以会成为文学写实主义、自然主义思潮的形成之因呢？其原因在于科学主义、科学精神所讲求的客观精细的观察、原态事实的实证，以及不介入情感好恶与价值判断这三大原则，与文学写实主义在精神和方法上的追求上，其内质上一致，从而在其间构成了必然的因果逻辑关系。

茅盾在1920年写的《文学上的古典主义、浪漫主义和写实主义》一文所持的观点也和陈独秀相一致：“科学昌明时代的十九世纪后半，人人有个科学万能的观念；所谓科学方法一直运用到哲学方面，不但哲学，社会改造的企图，本是多少带几分理想性质的，也闹起‘科学的’‘不科学的’来。文学当这潮流，焉能不望风披靡呢？这是写实主义兴起的一个大原因。”② 茅盾说得十分清楚，崇尚科学的历史潮流，科学主义思潮的诱导，使文学不能不跟从之，由此方产生了文学的写实主义。

梁启超对此则做了更详细的论析：“科学的研究法既已无论何种学问都广行应用，文学家自然也卷入这潮流，专用客观分析的方法来做基础。要而言之，自然派当科学万能时代，纯然成为一种科学的文学。他们有一个最重要的信条，说道‘即真即美’。他们把社会当作一个理科试验室，把人类动作行为当作一瓶一瓶的药料，他们就拿他分析化合起来，那些名著，就是极翔实极明了的试验成绩报告。又像在解剖室中，将人类心理层层解剖，纯用极严格极冷静的客观分析，不含分毫的感情作用。”③

“真即是美”，自然主义、写实主义者把文学当成了“科学的文学”，把人类、社会当成是科学实验的对象，并用客观冷静的实验方法来作为文学的创作原则。这就说明，五四时期崇尚科学的历史语境，使科学精神成为强势话语，它决定了写实主义在中国现代文学中的独尊地位，也使按“进化论文学观”

① 陈独秀：《陈独秀文选——德赛二先生与社会主义》，上海远东出版社，1994年，第15页。

② 茅盾：《文学上的古典主义、浪漫主义和写实主义》，《学生杂志》第7卷第9期，1920年8月。

③ 梁启超：《梁启超文选——国性与民德》，上海远东出版社，1995年，第200页。

演变流程应处于前列的“新浪漫主义”退居其后。

至20年代末，马克思主义的科学唯物史观、科学的唯物人生观在文学界的影响日益扩大，逐渐成为作家反映与表现现实的创作指导原则。至1933年4月，瞿秋白《马克思、恩格斯和文学上的现实主义》和同年11月周扬《关于社会主义的现实主义与革命的浪漫主义》这两篇文章的发表，一切都像水到渠成一样，使梁启超、陈独秀等所导引的写实主义（包括自然主义）文学流派，涌进苏俄的“社会主义的现实主义”这一“科学”的河床，并成为而后60多年中国文学界的创作主流。

其二，科学主义与中国浪漫主义文学思潮。

如若从科学主义视角来考察西方浪漫主义思潮的话，我们将会发现浪漫主义美学、文学思潮在本质上是反科学主义的。西方浪漫主义思潮的兴起，源自于对以科学理性为支柱的启蒙主义运动的反思，也就是说，浪漫主义在本质上是对启蒙主义、对现代性的批判。它揭示出启蒙主义运动中的科学主义倾向，揭示出由科学主义强化而造成的现代性进程的“负值效应”，于是人文精神与科技理性对峙的巨大的世界性的历史语境显露出来。西方浪漫主义思潮源自卢梭，历经康德、黑格尔，延至当代的海德格尔等。在历史现代性和审美现代性所构成的矛盾张力体系中，美学范畴的浪漫主义是现代性的“自我批判”，是人文精神抗衡科技理性的审美展现。

但是，20世纪初的中国还处在缺失科学的特定历史状态中，与世界的现代性进程有相当的差距。因此，在西方对科学主义已发出质疑的状况下，当时的中国仍对“科学万能”痴迷不醒，对科学主义未有警觉，这就在客观上阻隔了西方浪漫主义思潮原汁原味地为中国文学界所接纳。

茅盾曾在《语体文欧化问题和文学主义问题的讨论》中指出：“科学方法已是我们的新金科玉律。浪漫主义文学里的别的原素，绝对不适宜于今日，只好让自然主义先来了。”① 这里，不适宜于今日的“浪漫主义文学里的别的原素”，显然是指其反科学主义、内质。在其后的接受进程中，浪漫主义的反科学主义内质逐渐被扬弃，它变异了，“中国化”了。它的反科学主义要质，它对“现代性”的自我批判的要义，它回归自然的本真性等，均被扬弃、排斥了，余下的只是与中国古典美学“诗缘情”接轨的主情主义和文学创作的一般心理能力——想象这两大成分，即浪漫主义变异了，“中国化”了。

① 茅盾：《茅盾全集》第18卷，人民文学出版社，1989年，第187页。

由此，对以郭沫若为代表的创造社的所谓浪漫主义的定性，可以推导出新的看法。一项确凿的证据是，1930 年之前，我们在郭沫若、郁达夫、成仿吾等公开发表的文字中，找不到任何肯定浪漫主义之处。显然，这和科学主义有关，因为郭沫若等是崇尚科学主义的。郭沫若在《论中德文化书》中写道："此次大战，欧洲人所受惨祸诚甚深剧。然而酿成大战的原因，科学自身并不能负何等罪责。……唯在资本制度之下而利用科学，则分配不均而争夺以起。"把大战的起因与罪责归结于资本主义制度，归结于政治上的动因。他还在此段文字下特地加上附注："此处有意反对梁启超的《欧游心影录》，该书正尽力鼓吹科学文明破产。"① 他和胡适的观点一样，认为梁启超错了，科学更应大力提倡，特别是在我们中国这一科学落后的国家，更要高扬科学及科学精神。在本质定性的基点上，与西方浪漫主义思潮有了如此之大的距离，你说郭沫若等能原原本本地首肯、奉从来自西方的浪漫主义吗？由此，崇尚科学主义、以郭沫若为代表的创造社，不能冠以浪漫主义社团的称号；而真正趋近于浪漫主义精神旨向的，应是以宗白华、沈从文、冯至等为代表的美学追求与实践作品。

其三，科学主义与中国古典主义文学思潮。

国内学界诸种版本的中国现代文学史论著，论及 20 世纪 20 至 30 年代文坛时，对古典主义思潮采取回避的态度。其原因就在于学界未能从科学主义的视点上，从科技理性与人文精神矛盾对峙这一世界范围的现代性语境中，来考察中国古典主义文学思潮。

科学主义强调科学之无所不能，科学至高无上，人的自由意志便无足轻重，人的生存意义可忽略不计。这样，人文精神便渐渐地萎缩、削弱，有一类国人敏锐地感应到这一危机。1919 年年底，留美的陈寅恪与吴宓有一番深谈："今人误谓中国过重虚理，专谋以功利机械之事输入，而不图精神之救药，势必至人欲横流、道义沦丧……救国经世，尤必以精神之学问（谓形而上之学）为根基。"② 这是陈、吴二人对中国当时重理轻文、重科学轻人文偏向的批评及欲采取的对策。他们认为，科学的机械论不能决定人生的自由意志，物界的事实判断不能涵盖心界的价值判断，若一味地唯科学、机械等马首是瞻，必将陷入人欲横流、道义沦丧的境地。

---

① 郭沫若：《文艺论集》，人民文学出版社，1979 年，第 9 - 17 页。

② 吴宓：《吴宓日记》第 2 册，生活·读书·新知三联书店，1998 年，第 101 页。

其后，吴宓回国，创办《学衡》，成为学衡派中坚，其“昌明国粹，融化新知”的宗旨，在以革命、革新为标志的五四新文化思潮中显得格格不入，其“守旧”和“复古”的倾向，在当时思想解放的历史大潮中，显然是逆流而动的。但学衡派及其后的新月派在精神内质上，则与前述“科玄论争”中玄学派一脉相承，他们的学说与作品构成了中国古典主义文学思潮。

激进对于保守的批判是合理的，但保守对于激进的质疑也是必要的。在学术史的建构上，我们不能仅因政治趋向就否认其学术地位，甚至取消其作为一种思潮的客观存在。就历史现代性来说，以学衡派、新月派为代表的中国古典主义文学思潮对科学主义的抗衡，虽是逆历史潮流而动的，但他们的价值选择却趋向审美现代性。他们对现代化进程中物欲私利的膨胀、机械理性的扩展、道德伦理的沦丧等事关人类生存的重大问题，持警觉、反思、抗衡的态度；他们偏重于人文精神的传承，偏重于艺术的自主性与审美自律性的设立，亦制衡、削减了历史现代性的负值后果，在一定程度上维系了中国现代文学发展中的均衡，构成推进中国现代文学发展的历史合力。它与现代社会的需求形成另一种逻辑关联，一样属于新的时代。

六

“科学主义”这一概念由人类现代化进程而诞生，也因纳入现代性语境而遭质疑。对它的反思与拷问，从 18 世纪延续至 21 世纪。

在人类思想史上，第一位冒天下之大不韪、挺身而出向科学发难的，是法国思想家卢梭。1750 年，卢梭写出了《论科学与艺术》一文，人类文明建构的乐观性、进取性的信念，遭遇到第一次强有力的阻击：“有一个古老的传说从埃及流传到希腊，说是科学的创造神是一个与人类安宁为敌的神。……天文学诞生于迷信；辩论术诞生于野心、仇恨、谄媚和谎言；几何学诞生于贪婪；物理学诞生于虚荣的好奇心；一切，甚至道德本身，都诞生于人类的骄傲。因此科学与艺术的诞生乃是出于我们的罪恶。”① 以科学、艺术为代表的人类文明一向是人类的骄傲，人类理性的标志在卢梭这里成为新的“原罪”，成为被否定的异化现象，遭到了激烈的指控。文明的正值增长中所内含的负值效应，被卢梭以一种矫枉过正的语言公开地暴露出来，人类第一次看清了自身两难的

---

① ［法］卢梭：《论科学与艺术》，何兆武译，商务印书馆，1959 年，第 16 页。

境地。

18 世纪以来，由科学所推进的工业文明在经济领域创造了奇迹。当时虽然还没有“科学主义”的概念，但是科学所导致的异化现象，人类文明的正值增长所内含的自否定因素，即马克思所说的“非人化”状态日益呈现出来：物欲无限度地急剧膨胀，技术思维的单向、片面的隘化，人与自然的日渐疏离，商品交换逻辑渗透至生活及人的意识的深层，意识形态所涵盖的话语权力严密的控制，人类精神的“神性”和生存的“诗性”沦落、丧失……这些异化的现象引发了人们的忧虑及抗衡。以卢梭为源端的这一浪漫哲学、美学思潮，历经康德、谢林、诺瓦利斯、叔本华、尼采，到海德格尔、荷尔德林，直至当代的罗素、马尔库塞、霍克海默、阿多诺、史华兹等，“他们始终追思人生的诗意，人的本真情感的纯化，力图给沉沦于科技文明造成的非人化境遇中的人们带来震颤，启明在西方异化现象日趋严重的惨境中吟痛的人灵”。[①]

在中国，“科学主义”一词的使用，按笔者有限的阅读范围，像是起自徐志摩。1923 年年初，徐志摩翻译、发表了罗素的《教育里的自由——反抗机械主义》一文，在译者序中，他写道：罗素“所主张的简单一句话，是心灵的自由，他所最恨最厌恶的是思想之奴缚。他所以无条件的反对机械主义，反对科学主义之流弊”。[②] 这里，正式出现了“科学主义”一词，研究界应予重视。但是否最早，仍需考证。

在此概念出现之前，对科学主义一类的流弊的质疑与批判早已展开，其中最为激烈、最为深刻的，当数鲁迅。1907 年，他所写的《文化偏至论》，揭示的两大“偏至”之一，就是深层为科学主义所引发的“物质主义”弊端：“递夫十九世纪后叶，而其弊果益昭，诸凡事物，无不质化，灵明日以亏蚀，旨趣流于平庸，人惟客观之物质世界是趋，而主观之内面精神，乃舍置不之一省。重其外，放其内，取其质，遗其神，林林众生，物欲来蔽，社会憔悴，进步以停，于是一切诈伪罪恶，蔑弗乘之而萌，使性灵之光，愈益就于黯淡；十九世纪文明一面之通弊，盖如此矣。”[③] 鲁迅揭示，由于 19 世纪“知识”“科学”高速发展，单向地助长了“惟物质主义”，其失衡的偏误给人类的生存带来了巨大的恶果：“物欲”遮蔽了“灵明”，外“质”取代了内“神”，物质文明的高涨，精神文明的低落，人的旨趣平庸，罪恶滋生，社会憔悴，进步停滞。

---

① 刘小枫：《诗化哲学》，山东文艺出版社，1986 年，第 11 页。

② 赵遐秋，等编，《徐志摩全集》第 3 卷，广西民族出版社 1991 年，第 321 页。

③ 鲁迅：《文化偏至论》，《坟》，人民文学出版社，2006 年，第 52 页。

“物化”“非人化”，这是科学主义引发的19世纪的社会弊病，难道不也是今日生存于21世纪工业化社会中人类的困境吗？因此，若不以科学主义、人文精神等为理论参照系的话，则永远无法领会鲁迅思想的超前性与深刻性。

在中国百年思想史上，对科学主义的批判力度能与鲁迅比肩并立的是林语堂，遗憾的是学界对此至今未能引起关注。他的批判文字主要集中在《啼笑皆非》这部著作中。该书出版于1943年2月，是对处于第二次世界大战中的世界局势、二战的动因及趋势，以及人类的精神拯救等做出评述。

林语堂尖锐地批判道：“科学的催命手抓住了西方，科学或客观的研究方法，已染化了人的思想，引进自然主义，定数论和物质主义。所以说，科学已毁灭了人道。自然主义［信仰竞争］已毁灭了行善与合作的信仰。物质主义已毁灭了玄通知远的见识及超物境的认识信仰。定数论已毁灭了一切希望。”[①]科学的纯客观认知的原则，使自然主义、定数论和物质主义盛行其道。自然主义把自然界的优胜劣汰、物竞天择的法则用于人类社会，人类潜在的不可遏制的贪欲，引起国家与国家之间、民族与民族之间的争斗，并最终爆发了世界大战。而物理世界的公式、定理被移用于人事，人变成事实与公例的现象，变成数学上可计算的物质定数的范型，这一“科学定数论”（亦即“科学主义”），窒息了人的灵性，造成宿命的悲观主义。至于物质主义，因披上科学的外衣，有了尊严，故强权政治可托庇于其门下。这种由“科学主义”所引发的物质主义、自然主义等错误的观念，使整个人类社会变成一座争斗不息、弱肉强食，毫无人道、理想、温情的荒林。

林语堂还在该书中译本序言中陈述了自己思维逻辑的推演流程：若世界大战为“果”，强权政治为第一层之“因”；若强权政治为“果”，那么物质主义就为第二层之“因”；若物质主义为“果”，那么科学定数论和自然主义就为最根本的“因”。林语堂就是这样地揭示出了世界大战—强权政治—物质主义—科学定数论（科学主义）之间的因果逻辑关系。值得注意的是，林语堂还比史华慈更早地论及“笛卡儿的断裂”问题：“欧洲知识界的毛病是当笛卡儿把宇宙切分为心与物两个方便的部分开始时……这种趋势达到了上帝的‘灵’及人类的‘灵’必须服从笛卡儿方法的程度。”[②] 由此，亦可看出林语堂思考的学理深度。

① 林语堂：《林语堂名著全集》第23卷，东北师范大学出版社，1994年，第59、161页。
② 同①，第202页。

1949 年政权的更迭，使国人关注的思想热点转换，“阶级斗争”的残酷性把“科技理性与人文精神关系”这类形而上的“玄学”命题，挤压得影迹无存。直至 20 世纪 80 年代，随着新的历史时期的到来，这一问题才又渐渐进入学界关注的范围。但在百废待兴之际，科学自然以其实践性、现实性的力量，首先为国人所重视，“科学的春天”的到来，让神州大地为之欢欣鼓舞；科学的先期复兴，拯救了我们的民族与国家。但新一轮的对科学崇拜、神化的氛围，也渐之弥散开来。甚至连以精神追索为终极的文学界，也兴起以科学为核心要义的“文艺批评方法论”热潮。原属自然科学的系统论、控制论、信息论这“新三论”，被引进至国内文艺理论批评体系之中。像风靡一时的林兴宅《论阿 Q 的性格系统》一文，便从阿 Q 性格中的双重性、自然质、功能质、系统质等各个预设的科学定量前提，重新论析了阿 Q 这一典型人物形象。①

时代在前进，人文精神却相对萎缩，这一社会状况引发一批有识之士的焦虑。1993 年，上海学界以王晓明为主发起一场“人文精神讨论”，他们相继在《上海文学》《读书》等报刊上发表 100 多篇相关论文，其热烈的程度出乎时人所料，显示出这一论题对中国当代精神生活的重要意义。历史仿佛在重演，70 年前的“科学与人生观”的论战（“科学与玄学”论战）像是在中国思想界再一次展开，但与“科玄论战”有所不同的是，反方没有出现，讨论成了一边倒的情势，几乎全是肯定人文精神的正方，以理直气壮的姿态展开对潜在反方的声讨。

造成人文精神危机的因素有哪些呢？张汝伦归结道：外在因素是，“这一个功利心态占主导地位的时代，人文学术被普遍认为可有可无；不断有人要求人文学术实用化以适应市场经济的需要；各种政治、经济因素对人文知识分子的持久压力，等等”。内部因素是，“人文学术内在生命力正在枯竭”②。新兴的市场经济、商品交换的实用功利逻辑、享乐型的消费主义等，成了挤压人文精神的主要对立力量。讨论中，好像也只有王蒙一人站出来为市场经济辩护，他认为“伪人文精神”不可取，而要“建立一个人人靠正直的劳动与奋斗获得发展机会的更加公平也更加有章可循的社会。这个目标只能在市场经济条件下达到，达到了这样的目标也才更容易寻找人文精神”。③ 可惜张、王二人没有对阵交锋，只是隔空喊话而已。

---

① 林兴宅：《艺术生命的秘密》，海峡文艺出版社，1987 年，第 87－113 页。

② 王晓明编：《人文精神寻思录》，文汇出版社，1996 年，第 18－19 页。

③ 同②，第 110 页。

1993年这场讨论，比起1923年那场论战，论辩的焦点不够明晰，未能透过事象直逼科学主义这一根柢。虽然也有几位学者接触到这一问题，像李天纲指出："理性原来包含工具理性与价值理性，现在工具理性急剧膨胀；与此相关，追求效益、崇拜乃至迷信科技等等，都压抑着人性的全面发展。我想，这是现代人性迷惘、委琐的重要原因。"高瑞泉进而论及："对科学主义的弊病，王国维在本世纪初就意识到了，他的名言'哲学上之说，可爱者不可信，可信者不可爱'，就表达了对科学主义的忧虑与对人文精神的追求。"① 但若与林语堂《啼笑皆非》一书相比，批判的功力与深度都显得稍逊一筹。

因此，1993年上海的这一战，远没有完成历史交给它的任务。这才出现其后清华大学一位大四学生为了测试熊的嗅觉与灵敏度这一科学认知目的，用硫酸去泼北京动物园黑熊的令人痛心的事件；这才出现至今仍在各高校盛行的用计量数学方式来评估人文学科教授学术水平的荒唐做法；这才出现崔永元与方舟子关于"转基因"如此分明的问题的论争却无法判断的迷离现象……

还是以史华慈之论为结吧。史华慈把人类思想史上的科学主义倾向称为"工程—技术取向"，把对人文精神的执守称为卢梭式的"精神—道德取向"。他认为："马克思的魅力就在于其晚年的著作对这两股潮流进行了出色的综合。……马克思既像卢梭那样对工业化的发展表示愤慨和哀叹，又像那些工程—技术论者一样对人类的技术天赋表示惊叹，并毫不掩饰自己的自鸣得意之情。……当然，马克思所谓的美好社会并不是卢梭的斯巴达式的乌托邦，在这一社会中，个体不仅享受着艺术与科学带来的丰硕成果，而且在他们的身上还体现着卢梭梦寐以求的社会美德。"② 虽然这一结合是不稳定的，而且永远在行进中，但看清这一前景，总比陷落在迷惘中来得强。

（作者单位：厦门大学人文学院中文系）

① 王晓明编：《人文精神寻思录》，文汇出版社，1996年，第41页。

② 许纪霖，宋宏编：《史华兹论中国》，新星出版社，2006年，第105页。

文化自信：历史依托与现实生命力

管　宁

在我国经济和政治地位不断提高的今天，如何提高文化软实力，增强文化自信，已成为一个十分重要的问题。在“五位一体”建设中，文化建设作为一个系统性工程，涉及诸多方面，要解决许多问题，但文化自信是其核心和基础。习总书记强调，在道路自信、理论自信、制度自信和文化自信中，“文化自信，是更基础、更广泛、更深厚的自信”。

拥有五千年历史的中华文化传承，孕育了中华文化的独特魅力和中华美学精神，为我们树立文化自信奠定了坚实基础。文化自信的前提是文化自觉，在当今世界大发展大变革大调整时期，政治多极化、经济全球化、文化多元化的趋势深入发展，科学技术日新月异、互联网日益普及、文化交流日趋频繁产生，但缺乏民族文化和本土文化的自觉，纵使传统悠久、典籍如山、文物灿烂、遗产遍布，也依然会导致数典忘祖、崇洋媚外，忽略博大精深、绚烂多姿的中华文化传统的存在。对于传统文化的漠视，不仅会导致对西方精神文化产品的一味推崇与膜拜，还会产生另一个容易忽略却不容忽视的现象，那就是由于市场开放而带来的源于西方现代设计美学体系的器物文化的泛滥——国人在海内外表现出的对从奢侈品到日用品、从家居装饰到服装首饰、从电子小商品到大型家电乃至汽车、游艇等众多洋品牌的崇拜，由此不可避免导致人们在日常生活消费过程中，不知不觉、潜移默化地放弃了中华文化传统，沦为西方现代器物文化的拥趸。

中华五千年文明历史创造了灿烂辉煌的精神文化与器物文化，在这个基础上确立文化自信，我们当然有底气。中华传统文化经典浩若烟海、精妙磅礴，不仅为今天的文化创造提供了底蕴深厚的思想文化资源，而且提供了独具特色的美学精神。中华美学在世界美学领域中自成体系、独树一帜，是中华民族集体审美意识的集中体现。中华美学讲求托物言志、寓理于情、言简意赅、凝练节制、形神兼备、意境深远，注重知、情、意、行相统一；推崇审美教化、文以载道，追求象外之象、韵外之致、味外之旨；崇尚境界高远、蕴藉内敛，追求乐而不淫、哀而不伤的中和之美；讲究以物比兴、托物言志、情景交融，讲究意象、意境、意趣和感觉经验的贯通。正是在这一体现中华美学历史精粹、文化基因的美学思想涵养下，产生了一大批包括传统诗、词、赋、音乐、书法、国画、戏曲、舞蹈、民间艺术、中华武术等在内的优秀文艺作品，成为世界文明中一道绚丽的风景。

但中华传统美学的丰富性还不止于此——以另一种方式体现出中华传统文化独特审美意趣和风范的，还有一个蔚为壮观的器物文化宝藏：它涵盖了宫廷建筑、古典园林、乡村民居、中式家具、民族服饰、日用器皿及传统工艺美术等。但在现代化和全球化的浪潮下，相形于精神文化而言，这个曾经令世人惊叹和惊奇的辉煌物质文明，正处于前所未有的危机之中。在某种意义上，不是因为其丧失了美学价值，而是在缤纷多彩的当代文化形式和器物文明创造面前遭遇了冷落，它所代表的中华器物美学体系也岌岌可危！究其原因，其一，西方器物文化在现代设计理念支撑下实现了现代转型，设计水平大幅度提升；其二，我们以往更多关注精神文化传承而忽略了对器物文化的弘扬；其三，我国现代设计文化的缺失和断裂导致了古代设计文化现代性的迟滞。当白话文、话剧、现代小说、现代诗歌、芭蕾舞、管弦乐、油画、电影等外来文艺形式，经由与民族传统艺术的融合创造而成为人们广泛接受的新文艺时，传统器物文化却未能实现文脉相通的现代转化，导致传统器物文化或严重毁损或闲置不用，由此形成的文化真空，势必给西方现代器物文化大行其道提供绝佳机会。

事实上，中华传统器物文化精深博大、蕴藏丰厚，是树立我们文化自信的重要基础。习总书记所说的“让收藏在禁宫里的文物、陈列在广阔大地上的遗产、书写在古籍里的文字都活起来”，后者指的是精神文化，而前二者“文物”和“遗产”中的相当一部分指的就是器物文化。中国古代拥有极为丰富的设计思想资源，同时还拥有极为丰富的设计美术（美学）资源，它足以提供现代设计在“表象”呈现中所需要的美学元素，关键在于人们是否有意识地去关注、选择、阐释、转化和创造。比如中国古典园林设计中的人居美学独具特色，讲求整体建筑的飞动之美（飞檐、飞龙、飞鸟、走兽），室内空间的艺术之美（雕梁、画栋、花窗、回廊），居住环境的自然之美（园艺、山水、借景、隔景），这些设计理念和美学思想的背后，蕴含着中国古人关于人与自然关系的哲学思想：天人合一。这些理念和思想完全可以同西方现代设计相融合，创造出融汇古今中外设计精华的现代器物文化，即“以固有文化为基础，吸收其他民族的文化，从而造就新的时代”（林风眠）。

由此观之，文化自信不仅要有历史传统作基础，还要有现代视野和开放眼光。历史传统只是基点和起点，我们显然不能仅仅停留在起点上，还要有面向未来的着眼点，要赋予传统文化新内涵，构织传统文化新肌理，激活传统文化新生命，创造贯通古今的新文化。这就要做到立足本土、博采众长，辩证取舍、转化创新，服务当代、面向未来，让传统文化中的精华以新的形式和样态进入新的时代和新的生活。

面对当今世界精神文化多样化发展、器物文化日新月异的现实，坚守传统而不拘泥传统，吸收外来而不唯洋是尊，是我们确立和增强文化自信应有的科学态度。守正出新才能历久弥新，如果说丰厚的中华传统文化是我们文化创造的源头活水，那么外来优秀文化则是我们文化创新的有益养料。传统文化的继承绝不是简单的拟古、仿古、尊古，而是对其精华的再提取、意义的再阐释、价值的再发现、生命的再激活。简言之，要汲取西方现代文化理念及形式的内在精华，结合中国优秀传统文化，进行创造性转化、创新性发展；具体说，就是借助西方现代文论所提供的思维方式和理论工具，重新发现传统文艺之美，经由融会贯通，创造符合时代需要的精神文化；借助西方现代设计美学理念和方法，转化和弘扬传统器物文化。如以现代建筑设计与装饰美学对接和弘扬中国人居美学，以现代工业设计融合与创新传统工艺美术，以现代创意设计推动和拓展非遗技艺。一批具有高度文化自觉和文化自信的文创人才和设计师，已经领风气之先，开始致力于创造有中国本土特色的当代器物文化的新锐实践。王澍、杭间、张雷、孟凡浩等设计师和设计理论家们清醒地意识到：在全球化时代，中国当代设计的出发点应该是本土；原创不是新鲜的就好，而是要把中国人用得合适的而外国人没有做到的东西做出来，这才是原创设计。他们着力实践和构建的新“杭派民居”已悄然在富春江畔的数个乡村焕发生机；而深圳一家以继承弘扬非遗文化为宗旨进行文化消费产品设计生产的“非遗生活”品牌也闪亮登场。这一系列的创新实践，必将引领中国传统器物文明走进当代，走向世界。

文化自信的底气，除了来自于悠久博大的深厚传统，还来自于接纳包容的开放胸襟，同时也来自于不断进取的竞争意识。传统文化是自信的根基，兼容并蓄是自信的关键，创新进取是自信的生命。唯有敢于竞争才能检验传统是否优秀，唯有勇于探索才能推动传统与时俱进，唯有善于创新才能焕发传统的生命力。在日益开放和充满竞争的21世纪，文化交流交融交锋日趋频繁，为此我们务必要励志前行，潜心发掘先人流传下来的文化宝藏，“用中国人的艺术思维、中国人的生活习惯，构建我们自己的东方美学，这一天，一定会到来”。

自信而不自大自傲，自信而不因循守旧，自信而不故步自封，自信而不排斥竞争，这样的文化自信才是真正有价值、有作为、有生命力和有底气的自信。

（作者单位：福建社会科学院福建论坛杂志社）

文艺的人民性与人民美学再出发

刘小新

邓小平文艺思想是马克思主义、毛泽东文艺思想在当代中国的继承与发展，它对改革开放以后的中国文学思潮产生了深远的影响。在全面建设小康社会的时代语境中，邓小平以人民美学为核心的文艺思想是国家文学发展的重要指导思想。今天，我们文艺工作者重温邓小平关于文艺的精辟论述无疑具有重要的历史和现实意义。

毛泽东《在延安文艺座谈会上的讲话》中提出了“政治标准和艺术标准统一”[①] 的科学思想。但由于“左”的思想的影响，逐渐变成政治标准第一，甚至出现了独尊政治标准的倾向。一方面，文艺从属于政治、政治标准唯一的观念使行政干涉文艺变成合法的行为；另一方面，“政治”演变为“阶级斗争”，文艺领域变成阶级斗争的战场。这些无疑都伤害了文学创作和文学批评。

邓小平重新科学地阐释了文艺与政治、意识形态的辩证关系，这是邓小平文艺思想的一个重要内容。邓小平指出：“我们坚持‘双百’方针和‘三不主义’，不继续提文艺从属于政治这样的口号，因为这个口号容易成为对文艺横加干涉的理论根据，长期的实践证明它对文艺的发展利少害多。但是，这当然不是说文艺可以脱离政治。文艺是不可能脱离政治的。任何进步的、革命的文艺工作者都不能不考虑作品的社会影响，不能不考虑人民的利益、国家的利益、党的利益。”[②] 这是对文艺的社会性、政治维度和意识形态属性的科学认识。邓小平同志还深刻地阐释了文学的艺术性和政治性的统一、“双百方针”与政治方向的统一的辩证思想：“我们坚持安定团结，坚持四项基本原则，同

---

① 毛泽东：《在延安文艺座谈会上的讲话》，《毛泽东论文艺》，人民文学出版社，1983 年，第 65 页。

② 《邓小平文选》第 2 卷，人民出版社，1994 年，第 255 – 256 页。

坚持‘双百’方针是完全一致的。”“在安定团结的基础上进行社会主义现代化建设，这是全国人民的最大利益。‘双百’方针当然要为这个最大利益服务，而决不能反对这个最大的利益。”“我们衷心地希望，文艺界所有的同志，以及从事教育、新闻、理论工作和其他意识形态工作的同志，都经常地、自觉地以大局为重，为提高人民和青年的社会觉悟奋斗不懈。”① 在这个思想的基础上，邓小平同志提出了文艺为人民最大利益服务，为社会主义现代化建设服务的观点，并且把“文艺为人民服务，为社会主义服务”确立为党组新时期发展文艺的“两为”方针。这既是一种“以人为本”“以人民为本”的文艺观点，也是一种从变化了的现实出发的历史唯物主义思想；既是对毛泽东文艺思想的继承与发展，也是对“左”的文艺思想的一种拨乱反正。文艺的“两为”方针的提出更科学地阐释了文艺与政治意识形态的关系，也为新时期的文艺工作指明了正确的方向。

什么是文艺的政治性？为“全国人民的最大利益”和“社会主义现代化建设服务”就是文艺的政治性。“社会主义现代化建设是我们当前最大的政治，因为它代表着人民的最大的利益、最根本的利益。”② 文艺的人民性即文艺的政治性，这是邓小平文艺思想的核心。

在肯定文艺的社会性、意识形态属性和政治维度的同时，邓小平充分尊重文艺的特殊发展规律：“党对文艺工作的领导，不是发号施令，不是要求文学艺术从属于临时的、具体的、直接的政治任务，而是根据文学艺术的特征和发展规律，帮助文艺工作者获得条件来不断繁荣文学艺术事业，提高文学艺术水平，创作出无愧于我们伟大人民、伟大时代的优秀的文学艺术作品和表演艺术成果。……当前，要着重帮助文艺工作者继续解放思想，打破林彪、‘四人帮’设置的精神枷锁……保证文艺工作者充分发挥自己的聪明才智。”③ 邓小平同志还充分尊重艺术家个人的创造个性，他指出：“文艺这种复杂的精神劳动，非常需要文艺家发挥个人的创造精神。写什么和怎样写，只能由文艺家在艺术实践中去探索和逐步求得解决。在这方面，不要横加干涉。”④ 文艺是一种意识形态，但文艺却是一种特殊的意识形态，是一种复杂的精神劳动。因此，党对文艺的领导就不能要求文艺从属于临时的、具体的、直接的政治任

① 《邓小平文选》第2卷，人民出版社，1994年，第256页。
② 同①，第163页。
③ 同①，第185页。
④ 同①，第185页。

务，党对文艺的领导更不能采取简单的行政命令的方式，而应该充分尊重文艺本身的发展规律及艺术家个人的创造精神。20 世纪 80 年代以来的文学发展表明，邓小平对文艺与政治意识形态关系的科学的辩证的阐释已经成为我们党和国家发展新时期文学艺术的基本指导思想，也是新时期文艺繁荣发展的理论指南和思想基础。其意义是十分深远的。

从文艺的“两为”方针的提出可以看出，对文艺的人民性的重新强调是邓小平文艺思想的一个重要方面。

史学界一般认为“人民”这一词语诞生于法国资产阶级大革命时期。而文学理论与批评中的“人民性”概念最早出现在 19 世纪的俄国。早在 1819 年，在诗人批评家维亚捷姆斯基写给屠格涅夫的信中已经使用了“人民性”。19 世纪 20 年代，这个概念在俄国文学批评中颇为流行，著名诗人普希金曾经直接以《论文学的人民性》讨论了这一现象：许多人在谈论文学的人民性，但很少有人真正明确这个概念的确切内涵。许多时候，人们往往把人民性等同于民族性。直到伟大的民主主义批评家别林斯基的论述里，“人民性”才真正获得了明确的阐释。在别林斯基看来，“文学是人民的意识”，“人民的文学源泉可能不是某种外在刺激或外在的推动力，而只是人民的世界观。每个人民的世界观都是它的精神的种子和要素（本质），亦即它对世界所抱的本能的、内在的看法，有如真理的直觉，生而即有，这种看法构成了人民的力量、生命和意义——它是那含有一种或数种基本色的三棱镜，人民通过它而认出一切事物之存在的秘密”。[①]

马克思主义从历史唯物主义出发，确立了人民是创造历史的动力的根本观点。正是在这个意义上，无产阶级政治家的文艺理论历来十分重视“人民性”概念，文学的人民性是常常被谈到的命题。而且他们把文艺的人民性从旧民主主义层次提升到历史唯物主义的高度。在他们的文化论述中，许多革命导师都旗帜鲜明地提出伟大的艺术是属于人民的，“人民性”是判断文艺进步性的一项重要标准。马克思早年提出的“人民历来就是作家‘够资格’和‘不够资格’的唯一判断者”。[②] 列宁曾经指出，十月革命后文艺的内容和形式发生了根本的变化，“因为它不是为饱食终日的贵夫人服务，不是为百无聊赖、胖得发愁的‘几万上等人’服务，而是为千千万万的劳动人民，为这些国家的精

① ［苏］别林斯基：《别林斯基论文学》，梁真译，文艺出版社，1958 年，第 74 页。

② ［德］马克思：《马克思恩格斯全集》第 1 卷（上），中共中央马克思、恩格斯、列宁、斯大林著作编译局译，人民出版社，1972 年，第 90 页。

华、国家的力量、国家的未来服务”。[①] 在给察特金的信中，革命导师列宁明确地提出了“艺术是属于人民的”的思想。《在延安文艺座谈会上的讲话》中，毛泽东也明确指出，文艺不是为别的种种人服务的，而是“为人民”的。“最广大的人民，占全国人口百分之九十以上的人民，是工人、农民、兵士和城市小资产阶级……这四种人，就是中华民族的最大部分，就是最广大的人民大众。”文艺就要为这四种人服务。“为什么人的问题，是一个根本的问题，原则的问题”，“我们的文学艺术都是为人民大众的。”[②]

改革开放后，一方面，文学艺术的“人民性”问题在无产阶级政治家的文化论述中得到进一步的强调和阐释。邓小平《在中国文学艺术工作者第四次代表大会上的祝词》中指出，“人民”是“文艺工作者的母亲”，并多次强调“我们的文艺属于人民”；“对人民负责的文艺工作者，要始终不渝地面向广大群众”；“一切进步文艺工作者的艺术生命，就在于他们同人民之间的血肉联系。忘记、忽略或是割断这种联系，艺术生命就会枯竭。人民需要艺术，艺术需要人民。”[③] 这是在改革开放和经济建设的新的语境下对文艺的人民性的重新强调，是对马克思主义、毛泽东文艺人民性思想的继承与发展。邓小平对文艺的人民性的科学认识包括紧密联系的两个方面：第一，人民是文艺工作者的母亲，与人民的血肉联系是文艺的生命之源；第二，人民需要文艺，社会主义文艺是属于人民的，发展文艺的根本目的是满足广大人民群众日益增长的精神文化需要。

邓小平对文艺工作者提出了“为提高人民和青年的社会觉悟奋斗不懈”和教育人民“描写和培养社会主义新人”的光荣任务与伟大使命。在新时期新形势下，文艺如何承担这项使命，如何真正做到“为人民服务”？这是每个文艺工作者必须深思的时代课题。邓小平同志为文艺工作者指出了方向：人民美学再出发，重新确立文艺的人民性。

首先，文艺要从人民大众的具体生活中吸取丰富的精神营养，邓小平指出：“要教育人民，必须先教育自己；要给人民以营养，必须自己先吸收营养。由谁来教育文艺工作者，给他们以营养呢？马克思主义的回答只能是：人民。”[④] 这

---

① ［德］马克思：《马克思恩格斯全集》第1卷（上），中共中央马克思、恩格斯、列宁、斯大林著作编译局译，人民出版社，1995年，第667页。

② 毛泽东：《毛泽东论文艺》，人民文学出版社，1983年，第54页。

③ 《邓小平文选》第2卷，人民出版社，1994年，第211页。

④ 同③，第48页。

就是邓小平所说的“人民是文艺工作者的母亲”的一个含义。文艺工作者是人民的教育者，但绝对不是高高在上的精神贵族，他们之所以能够承担教育人民的使命，恰恰是因为他们接受了人民的教育，人民给予了他们丰富的精神营养。邓小平的这一阐释解决了新时期启蒙文论在理解文艺与人民关系方面的一个难题，即五四新文学运动的启蒙主义与《在延安文艺座谈会上的讲话》发表以后的知识分子改造之间的两歧。在邓小平同志看来，教育人民和接受人民的教育其实并不是矛盾的，而是可以统一的。两者统一的基础正是文艺的人民性。

其次，社会主义的文学艺术工作者必须“自觉地在人民生活中吸取题材、主题、情节、语言、诗情和画意，用人民创造历史的奋发精神来培育自己”，“这是我们社会主义文艺事业兴旺发达的道路”。这里，邓小平已经具体地阐释了人民美学的基本内涵。文艺的题材、主题、情节、语言、诗情和画意都要从人民的生活中获得，一切伟大的艺术或者无愧于伟大时代的艺术都是用人民创造历史的奋发精神培育出来的。包括情节、语言、诗情和画意等形式美学的东西都来源于人民的生活，伟大作品的艺术精神也是源于人民创造历史的奋发精神。人民性显然是构成伟大作品的一个重要的必备条件，这无疑是我们从事文艺创作及文艺研究的不可忽视的美学原理。

再次，邓小平重新确立了人民美学的主体论。人民是创造历史的主体，因此，人民也必然是文艺的主体。一方面，人民是社会主义文艺描写和表现的中心。邓小平强调了文艺广泛地表现人民的生活，英雄和普通人、现代人与古代人的社会生活都是文艺书写的对象，新时期文艺尤其“要塑造四个现代化建设的创业者，表现他们那种革命理想和科学态度，有高尚情操和创造能力，有宽阔眼界和求是精神的崭新面貌”。[①] 这显然确立了文艺人民性的现实内涵并且扩大了其历史空间；另一方面，人民是文艺审美的主体。邓小平提出了评价文艺与发展文艺的根本原则即人民性原则，同时也确立了人民作为审美主体的地位。“始终不渝地面向广大群众，在艺术上精益求精，力戒粗制滥造，认真严肃地考虑自己作品的社会效果，力求把最好的精神食粮贡献给人民。”[②] 最大限度地满足人民群众日益增长的多种多样的审美需要。因为人民是文艺审美活动的主体，从人民美学出发，邓小平提出了文艺多样化的观点：“我国历史

---

① 《邓小平文选》第2卷，人民出版社，1994年，第256页。

② 同①，1983年，第210页。

悠久，地域辽阔，人口众多，不同民族、不同职业、不同年龄、不同经历和不同教育程度的人们，有多样的生活习俗、文化传统和艺术爱好。雄伟和细腻，严肃和诙谐，抒情和哲理，只要能够使人们得到教育和启发，得到娱乐和美的享受，都应当在我们的文艺园地里占有自己的位置。英雄人物的业绩和普通人们的劳动、斗争和悲欢离合，现代人的生活和古代人的生活，都应当在文艺中得到反映。"① 主旋律与多样化的统一是邓小平文学思想的一个重要特征。

人民美学的主体论还有一层含义：人民是审美创造的主体。一方面，人民是文艺的母亲，人民的生活是艺术创造的始源。社会主义文艺的素材和精神都来自于人民；另一方面，艺术创造者即艺术家本身已经成为工人阶级的一部分。人民是创造历史的主体的历史唯物主义观点中已经包含有人民是审美创造的主体的含义。

在当代文学史上，从20世纪70年代末到80年代的中国文学被称为"新时期文学"。"新时期文学"是思想解放运动的产物，也是思想解放运动的重要组成部分。80年代的文学史表明：邓小平的文艺思想对80年代的文艺思潮曾经产生了深远的影响。其影响的深刻性表现在三方面。

第一，邓小平发动的思想解放运动解放了文艺生产力。在1979年10月30日，中华全国第四次文学艺术界联合会代表大会上，邓小平同志把"文艺为工农兵服务，为无产阶级政治服务"的文艺方针改成"文艺为人民服务，为社会主义服务"。开始调整文艺与政治的关系，不再提"文艺为政治服务"的口号，把文艺从阶级斗争政治的控制中解放出来。这是党和国家领导文艺方针、文艺政策的一次重大调整，这一调整为文艺界的思想解放提供了政治保障。邓小平指出："当前，要着重帮助文艺工作者继续解放思想，打破林彪、'四人帮'设置的精神枷锁……保证文艺工作者充分发挥自己的聪明才智。"在这个意义上，邓小平是80年代文学主潮——思想解放运动的发起者，邓小平的文艺思想构成了80年代文学主潮——思想解放运动的主导。

文艺生产力的解放，首先是文艺思想的解放，邓小平阐释了新时期文艺政治性的内涵："文艺为人民服务，为社会主义服务。"为文艺摆脱狭隘的阶级斗争政治的禁锢提供了思想基础，为80年代文学思潮的勃兴打开了空间；其次是拓展了文艺表现的题材，邓小平同志指出："要坚持辩证唯物主义的思想路线，从30年来文艺发展的历史中，分析正反两方面的经验，摆脱各种条条

① 《邓小平文选》第2卷，人民出版社，1983年，第210页。

框框的束缚，根据我国历史新时期的特点，研究新情况，解决新问题。”新时期文艺对题材禁区的一次次突破都是在此基础上产生的；最后，改变文艺管理体制，尤其是改变文艺评论的方法，“党对文艺工作的领导，不是发号施令”，“文艺这种复杂的精神劳动，非常需要文艺家发挥个人的创造精神。写什么和怎样写，只能由文艺家在艺术实践中去探索和逐步求得解决。在这方面，不要横加干涉”。① 把行政命令的管理方式从文学批评领域清除出去。这种对艺术规律的充分尊重无疑是解放文艺生产力的一种有效方式。

第二，“两为”思想的提出和“双百”方针的贯彻奠定了80年代文艺思潮的基本格局：主旋律与多样化相结合的充满生机的发展格局。在第四次文代会的《祝词》中，邓小平提出：“我们要继续坚持毛泽东同志提出的文艺为最广大的人民群众、首先为工农兵服务的方向，坚持百花齐放、推陈出新、洋为中用、古为今用的方针，在艺术创作上提倡不同形式和风格的自由发展，在艺术理论上提倡不同观点和学派的自由讨论。”“文艺为人民服务，为社会主义服务”就是新时期文艺思潮的主旋律，“在艺术创作上提倡不同形式和风格的自由发展，在艺术理论上提倡不同观点和学派的自由讨论”形成了文艺创作和思潮的多样化发展。从“伤痕文学”到“反思文学”，从“反思文学”到“改革小说”，从现代主义的引入到文化寻根思潮，从新潮文学到新写实主义思潮……新时期文学在表现改革开放精神、弘扬民族文化传统的时代主旋律的同时，也在艺术形式、美学风格、创作流派等方面获得了多样化的发展空间。

第三，邓小平的人民美学主体论构成了80年代文艺思潮的一个重要组成部分。邓小平的人民美学主体论的科学性在于两个方面。

其一，在纯文学理论的学术视域中，80年代的文学理论史是文学主体论与文学反映论激烈论争的历史，这场论争以文学反映论的溃退和主体论的全面胜利而告终。以李泽厚为代表的主体性思想从马克思早期著作《1844年经济学哲学手稿》中获取主体性思想资源，马克思指出：“社会的人的感觉不同于非社会的人的感觉。只是由于属人的本质的客观地展开的丰富性，主体的、属人的感性的丰富性，即感受音乐的耳朵、感受形式美的眼睛，简言之，那些能感受人的快乐和确证自己是属人的本质力量的感觉，才或者发展起来，或者产生出来。因为不仅是五官感觉，而且所谓的精神感觉、实践感觉（意志、爱等等）——总之，人的感觉、感觉的人类性——都只是由于相应的对象的存

① 《邓小平文选》第2卷，人民出版社，1994年，第213页。

在，由于存在着人化了的自然界，才产生出来的。五官感觉的形成是以往全部世界历史的产物。”① 这是一种实践论的主体性思想。而邓小平的人民主体论还发展了马克思主义的历史唯物主义和辩证唯物主义。

其二，邓小平的人民美学主体论超越了主体论与反映论、个体主体性与集体主体性的二元对立，而达到了两者辩证统一的理论高度。邓小平的人民美学主体论是“以人为本”“以人民为本”的主体论，主要文艺广泛地反映、表现了广大人民的生活，反映人民创造历史的主体精神也就获得了一种历史的主体地位。而对艺术家创作个性的尊重，对艺术规律的尊重也体现了文学的主体性。总之，从历史唯物主义和辩证唯物主义的立场看，文艺的人民性就是文艺的主体性。

90 年代以后，中国文学进入了所谓的“后新时期”。邓小平的文艺思想仍然是这一时期文学思潮的主导思想。邓小平在《在中国文学艺术工作者第四次代表大会上的祝词》中提出，“人民”是“文艺工作者的母亲”，并多次强调“我们的文艺属于人民”；“对人民负责的文艺工作者，要始终不渝地面向广大群众”；“一切进步文艺工作者的艺术生命，就在于他们同人民之间的血肉联系。忘记、忽略或是割断这种联系，艺术生命就会枯竭。人民需要艺术，艺术需要人民”。这些经典论述得到了进一步的发展。江泽民在中国文联第七次全国代表大会、中国作协第六次全国代表大会上的讲话中，再次强调“人民是文艺工作者的母亲，生活是文艺创作的源泉”，广大文艺工作者要“充分认识最广大人民群众的根本利益，充分认识人民群众对文艺发展的基本要求”。在“七一”讲话中，江泽民又系统地阐述了“党要始终代表中国先进文化前进方向”的重要思想②，这是新时期与时俱进的马克思主义，是对毛泽东和邓小平“人民性”理论的继承和发展，也是 90 年代中国文学理论的主旋律。

当然，90 年代的文学思潮出现了新的分歧，即个人化与人民美学的分歧。所谓个人化写作即“作家们不再依照对社会的共同理解来进行创作，而是以个体的生命直面人生，从每个人都不相同的个人体验与独特方式出发，来描述自己眼中的世界”。③ “个人化写作”有时又称为“私人写作”，人们一般倾向于把“个人化写作”概念的产生时间定在20 世纪 90 年代中期。有人甚至认为

① ［德］马克思：《1844 年经济学—哲学手稿》，刘丕坤译，人民出版社，1979 年，第 79 页。
② 江泽民：《江泽民论有中国特色社会主义》，中央文献出版社，2002 年，第 392 页。
③ 陈思和：《中国当代文学史教程》，复旦大学出版社，1999 年，第 338 页。

这一提法首先是由作家陈染本人命名并加以阐发的。的确，陈染及林白直接参与了这一概念的生产并导致了它的流行。前者1996年出版了《私人生活》，在“附录”及其他一些创作谈或访谈中陆续地谈到她的个人化写作观念：她把个体与群体、个体的人与“公共的人”、“私人生活”与“社会生活”分裂开来，“个人化写作”就是从大时代和大社会中退回个人的内心和生命内部；后者发表了描写个人经验的小说《一个人的战争》，并且在《记忆与个人化写作》一文中提出反抗“集体记忆，回到个人生活”的创作理念。她们是个人化写作的真正实践者。这一年，王家新在《夜莺在它自己的时代》（《诗探索》1996年第1期）也出现了“个人写作”的提法。他强调一种个体的承担，个体写作的意义在于自觉摆脱、消解规范性意识形态的支配与制约，“以个人的方式来承担人类的命运和文学本身的要求”。在《群岛上的对话》（《天涯》1998年第8期）中，他认为在大众文化和商业文化集体狂欢的语境里，“差异的而非同一的、个人的而非整体的”写作尤其重要。1998年，唐晓渡把这种个人写作概念发展为“个人诗歌知识谱系”“个体诗学”（《90年代先锋诗的几个问题》，《山花》1998年第8期）。

有人认为20世纪90年代的“个人化写作”是“宏大叙事”瓦解之后的个人小叙事。洪子诚说：“由于80年代用以整合社会的意识形态的解体，和商业社会的物质存在的凸显，使得文学在表现‘现实’时的基本方式和内容都有一些变化。‘个人’经验在文学中具有了新的特别的含义。它既意味着脱离80年代的集体性的政治化思想的独立姿态，也意味着，在一个尚未定型的社会中，个人经验成了作家据以描述现实的主要参照。”① 陈思和用“共名与无名”阐释这种变化：“当时代含有重大而统一的主题时，知识分子思考问题和探索问题的材料都来自时代的主题，个人的独立性被掩盖在时代主题之下。”这就是所谓的“共名”；“无名”产生于多元化时代，那种“重大而统一的主题”被“多种主题并存”所取代。②“个人化写作”就是“无名”时代的文化表征。

应该说，“个人化写作”是中国当代文学多样化发展中的一种。但“个人化写作”走向极端也引起了理论界的反弹。文艺的人民性和人民美学概念重新赢得了理论界的认同。许多学者都注意到90年代现实主义复归现象，在评

① 洪子诚：《中国当代文学史》，北京大学出版社，1999年，第391页。
② 陈思和：《共名与无名》，《写在子夜》，上海人民出版社，1996年，第11－29页。

价谈歌的《大厂》、刘醒龙的《分享艰难》、李佩甫的《学习微笑》、隆振彪的《卖厂》等表现底层民众的艰难生存状态的小说时，黄力之认为这股“现实主义复归”潮流达到了历史上现实主义的灵魂深处：人民性。因为它们触及了人民对自己在历史中的地位及其利益之所在的自觉意识，而不只是以人民大众的生活为题材而已。很长一段时期，“人民性”被当成一个不是问题的问题被评论界遗忘了。“现实主义的复归”把这个概念重新摆在了当代文论的面前，成为一个不可规避的理论命题。2002 年 10 月，由《文艺理论与批评》编辑部、西南师范大学中文系、四川社科院文学所、四川大学文学院主办的“人民美学与现代性”学术研讨会在重庆举行，人们重提“人民性”的现实意义与价值，就建构“人民美学”的理论困境、“人民美学”的历史、“人民美学”与马克思主义的关系、“人民美学”的建构与发展方向、“人民美学”与现代性的关系等问题进行了讨论。冯宪光认为，重提人民美学就是要告别西方的自由主义美学，重新回到马克思主义所确立的“人民美学”的道路上来，这是建设中国特色社会主义现代性美学的重要命题。而在《人民美学与现代性问题》一文中，冯宪光把“现代性”称为一种“幽灵”。但他主张把中国的现代性与西方的现代性截然分开，认为 20 世纪中国美学经历了三个时期：以王国维、朱光潜为代表的西化的现代性、毛泽东的中国现代性和李泽厚的重新西方化。今天，中国文论与美学又进入了一个转折时期，即“人民美学再出发”。的确，在市场经济和经济文化全球化语境下，提出“人民美学再出发”是一个十分重要的理论命题。但把 80 年代的现代性视为李泽厚的重新西方化，有些简单化。至少他没有充分认识到邓小平文艺思想所构成的“人民美学”对 80 年代文学思潮的深刻影响。

“人民美学”再出发，建构人民文学的现代性已经成为今天文艺创作和理论工作者的一项重要使命。在这个语境中，邓小平关于文艺人民性的深刻论述无疑是我们重构文艺人民性的不可忽视的宝贵的思想资源。

（作者单位：福建社会科学院）

身体美学：为何与何为?[①]

代 迅

舒斯特曼于1999年夏季号的《美学与艺术评论》杂志上发表的《身体美学：一个学科提议》一文，被收入他2000年再版的《实用主义美学》一书中。该书中译本于2002年由商务印书馆推出。身体美学在国内美学界可谓家喻户晓，舒斯特曼把中国称为身体美学的第二故乡。在身体美学研究中，我们通常喜欢抨击历史上对于身体的压抑与否定，而对历史上肯定与褒扬身体的话语较为忽视；就舒斯特曼美学思想而言，我们往往专注于身体美学，对于身体美学与实用主义哲学的关系，以及身体美学对于变动美学理论框架的推动作用，也常常忽略。笔者拟对此加以讨论，希望对今后的美学研究有所裨益。

一

舒斯特曼创造了“身体美学”（somaesthetics）这样一个术语，用来表示他发明的一个新的哲学学科，旨在纠正这样一个问题：在鲍姆嘉通创立的美学学科中，身体主题令人震惊地缺席。舒斯特曼认为，鲍姆嘉通因宗教动机把身体和心灵加以分割，将身体预设为邪恶、色欲、淫乱、放荡的肉体，排斥在作为感性科学的美学学科之外。身体美学的任务，就是要终结美学学科这种忽略身体的传统。[②]

舒斯特曼讲的是实情，这个思路也为我们所沿袭。但美学涉及思想史和艺

① 本文为代迅主持的国家社会科学基金重大项目“20世纪域外文论的本土化研究”（12&ZD166）和中央高校基本科研业务费项目“中西比较诗学前沿问题研究”（20720151276）的阶段性成果。

② Richard Shusterman. Somaesthetics: A Displinary Proposal. *The Journal of Aesthetics and Art Criticism*, 1999 (3): 301.

术史等诸多领域，其内容远比鲍姆嘉通以来的美学学科史驳杂多样。由于理论逻辑自身总是趋向于抽象化和简约化，这样的情况很难避免：历史在理论思辨中丧失了自身的复杂性。当我们强调一个方面时，另一个方面则被忽略了，即使所言属实，也可能只是说出了部分而不是全部情况。实际上对身体的忽略和压抑，只是历史的一个侧面；历史的另一个侧面是对身体的肯定和褒扬，且古已有之，并一直在不屈不挠地生长，为身体主题出席美学学科做了很好的铺垫。

这里有必要对“身体”概念加以界定。身体美学视野里的“身体”所指为何？舒斯特曼指出：

> 身体美学可以暂时定义为，身体作为感觉审美欣赏和创造性的自我塑造的场所，需要对其经验和使用作评判和改善的研究。因此，身体美学致力于相关的知识、话语、实践，以建构一个旨在关怀或改善身体的学科。①

舒斯特曼在这里简明地阐述了身体概念的内涵：（1）身体美学所说的身体，乃是特指人的身体；（2）身体是审美感觉的器官；（3）身体可以对自身包括外形进行创造性的自我塑造。我们还需要做如下补充：（4）身体自身也是审美欣赏的重要对象；（5）对身体自身的创造性自我塑造是必需的；（6）身体自身自我塑造的过程和结果都是美的。

我们可以根据这样的理解来审视历史上的身体话语。西方文化源头有“两希文化”（希腊文化和希伯来文化）之说，希伯来文化就是基督教文化，基督教《圣经》对于西方文化影响既深且巨，身体话语是《圣经》的重要内容。《圣经·创世纪》记述，在创造世界之初，上帝说，要有光！就有了光。为什么上帝创造世界时，做的第一件事是创造了光？《圣经》紧接着记述，上帝看见光是好的，将光明与黑暗、白天与黑夜区别开来。这就是第一天。

光需要通过眼睛来看，在身体的所有感觉器官中，唯有眼睛是用来感受光的。《马太福音》写道：“眼睛好比身体的灯。如果你的眼睛好，全身就光明。如果你的眼睛坏，全身就黑暗。”② 这里明确讲到了眼睛作为身体感觉器官具有特别重要的意义。从美学的观点来看，眼睛也是身体最重要的审美感觉器

---

① Richard Shusterman. Somaesthetics: A Displinary Proposal. *The Journal of Aesthetics and Art Criticism*, 1999 (3): 302.

② 《圣经》(修订版)，香港圣经公会出版，1995 年，第 11 页。

官，无论是对于色彩的辨别、对形状的感知，还是对于美与丑的判断，都要通过眼睛。《圣经》对于眼睛的肯定，就是对于身体审美感觉器官的肯定。

国内学界流行西方文化身心二分、主客二分之说。这种严格意义上的二分不仅在实际生活中不存在，就是在思想文化领域也很难贯彻到底。《圣经》的记述明显包含了这样的意思，身体和精神有着不可分割的联系，在身体的所有感觉器官中，和精神层面最近的就是眼睛。眼睛是心灵的窗户，那些能够打动我们的，不仅是美丽的眼睛，更是清纯的眼睛、欢乐的眼睛、忧郁的眼睛，眼睛值得特别地加以肯定。

类似观点，中西相通。顾恺之就认为“四体妍媸本无关妙处，传神写照正在阿堵中”（《世说新语·巧艺》），强调画好眼睛才是人物画的关键所在。其实何止眼睛，身心一体，整个身体都是精神的重要组成部分，和人的内心世界之间有着深刻的内在联系。国内《甄嬛传》《步步惊心》等宫斗剧热播之际，有网友在网上晒出清代嫔妃照片，并与扮演者一一对照，结果发现历史上的真实嫔妃，形容枯槁，眼神呆滞，其形貌和电视剧的扮演者不可同日而语。惊叹之余，其实不难理解其中原因，封建专制后宫的一夫多妻制必然导致制度性腐败，那里充满阴谋血腥，人人如临深渊，可说伴君如伴虎。这种精神状态必然会在这些嫔妃的身体特别是面容上有所体现。《圣经》中强调眼睛对于身体的重要意义，并非偶然。

那么，《圣经》对身体外形又是持什么态度呢？《创世纪》记载，上帝是按照自己的形象创造了人，换言之，人的身体外形就是和上帝相似的形象，这样的身体当然是美丽的。最初亚当和夏娃生活在上帝创造的伊甸园中，赤身裸体，并不感到羞愧。亚当和夏娃隐藏自己裸露的身体，引起上帝警觉，这是他们受到蛇的诱惑的结果。如果不是撒旦作祟，按照上帝的意图，这样美好的身体本来不需要人为地加以遮蔽。这些记述对身体外形的肯定是很明确的。《圣经·哥多林前书》记载：“上帝照着自己的意思给种子一个形体；他是各种各样的种子有适当的形体。各种动物的肉体也各不相同：人有人体，兽有兽体，鸟有鸟体，鱼有鱼体。还有天上的形体，也有地上的形体。天上的形体有一种美，地上的形体有另一种美。”[①] 这里更明确地赞扬了与灵魂相对的人的身体，在天地万物中有自己独特的一种美。

《圣经》的身体话语，明确肯定了作为身体内在审美感官的眼睛和作为身

① 《圣经》（修订版），香港圣经公会出版，1995年，第328页。

体外在感性形象的形体，都是高贵和美好的，理所当然是值得描摹和歌颂的。这成了西方艺术史上描绘和喜爱身体的一个重要思想源泉，裸体艺术成为代表西方造型艺术成就的重要代表。仅就基督教题材的艺术作品而论，如米开朗琪罗为罗马西斯廷教堂创作的巨幅天顶画《创世纪》，他取材于《圣经》题材的著名雕塑《大卫》，以及拉菲尔的代表作《椅中圣母》等，都描绘了身强力壮如英雄般的英俊男人、年轻貌美的圣母，无不洋溢着对感性身体的肯定和热爱。十字架上受难的基督，教会雕塑通常选择的是裸体而不是穿衣的基督形象。在提香《乌尔比诺的维纳斯》、安格尔《大宫女》、热罗姆《后宫的浴池》等世俗题材的绘画作品中，都描绘了全身赤裸的身体尤其是女性的美丽身体，正面赞颂身体的话语发展得更为丰满和成熟。

二

身体话语的历史发展，直接关系到哲学基本观念。法国学者弗朗索瓦·于连在《不可能的裸体：中国艺术与西方美学》中，阐述了西方造型艺术为什么热衷于身体，揭示了西方裸体艺术的哲学基石。于连指出，裸体是西方艺术的一个显著特征，裸体艺术遍及整个欧洲，涵盖雕塑、绘画、摄影等诸多领域，从古希腊至今绵延不断。原因在于，从西方哲学观念来看，存在只有在裸露状态下才能被把握，裸体包含了灵魂，意味着本质。人体可以除去非本质的东西成为裸体。裸体意味着移除所有附加之物，成为一种严格意义上的还原。[①] 这种观念延伸到艺术领域，例如，欧洲艺术院校中描绘裸体，意在展示真理，揭露本质，因为真理无须掩饰，身体应当赤裸[②]，裸体艺术是必要的。

那么，裸体的美又来自何处呢？于连的观点植根于西方美学的认识论传统。亚里士多德指出，摹仿是人的本能，人最初的知识就是从摹仿而来，“人对于摹仿的作品总是感到快感……其原因在于求知不仅对于是哲学家是快乐的事情，对于一般人亦然，只是一般人求知的能力比较薄弱罢了。我们看见那些图像之所以感到快感，就因为我们一面在看，一面在求知，断定每一事物是某一事物”[③]，审美快感源自认识，享受审美愉悦的过程本质上是认识过程。于

---

① Francois Jullien. *The impossible Nude: Chinese Art and Western Aesthetics*, trans. by Maev de la Guardia, University of Chicago Press, 2007: 20 - 22.

② 同①，13.

③ ［古希腊］亚里士多德，贺拉斯：《诗学·诗艺》，罗念生、杨周翰译，人民文学出版社，1962年，第11页。

连认为，裸体的美并非来自人们常常谈论的形式的和谐或各组成部分之间的恰当比例，在其本体论意义上，美即本质的显露，裸体的美即来源于此。[①]

本质赖“形”得以固定。这涉及西方哲学中“形”（form）的观念。“形”在汉语中可译为“形式”“外形”等，其作用是作为模型（model）而存在，后者在汉语中可译为“模型”“典范”等，在英文中，“形”的基本含义是指用以制作某物但小于实物的模型。自古希腊以来，“形”这个概念在西方就有数学化、几何化的自然科学背景。西方人认为形是稳定和确定的，是可以摹仿的，发展出了人体解剖学，为裸体艺术奠定了坚实基础。身体既能被认识，必能被传达。于连引述普罗提诺（Plotinus）等人的观点，认为身体有一个确定的“形”，传达这个“形”的美成为艺术家们孜孜以求的目标。[②] 西方哲学的逻辑链条，环环相扣，强有力地支撑了西方裸体艺术的发展，使西方人对身体的认识得以丰富，对身体的喜爱之情得以发展，最终孕育了身体美学。

中国的情况有所不同。中国哲学对“形”有着独特理解。在以“气”论为支撑的中国哲学看来，世界万事万物都是流动的，是生命自我实现的一个短暂过程，没有固定不变的东西。在西方，“形”的稳定支撑了古希腊的思想与科学，也支撑了西方文化中永恒的裸体。在中国，“形”随时处于变化之中，具有不稳定和暂时性，不存在类似西方的“形”或本质的东西。[③] 中国美学传统重神轻形，庄子认为“变而有气，气变而有形，形变而有生，今又变而之死”（《庄子·至乐》）。老子认为“大象无形”（《老子·第41章》）。中国哲学崇尚有无相生，虚实相成，变动不居。

艺术缘何而起呢？中国美学认为，不是因为“形”，而是因为“气”。“气之动物，物之感人，故摇荡性情，形诸舞咏”，钟嵘在《诗品·序》中如是说。西方哲学是“形”论，中国哲学是“气”论，西方美学持摹仿说，中国美学持物感说，西方医学有解剖学，中国医学有经络说。中国缺乏裸体艺术所必需的知识背景和逻辑前提。一般而言，中国造型艺术并不在意身体是否合乎比例，并且身体通常被衣服所遮盖，衣褶的刻画是中国人体绘画和雕塑的重要内容。一般而言，中国造型艺术中描绘的身体，并不富于性的美感和吸引力。

于连得出结论，裸体从未进入中国，是因为两个平行而又相反的文化建

---

① Francois Jullien. *The Impossible Nude: Chinese Art and Western Aesthetics*, trans. by Maev de la Guardia, University of Chicago Press, 2007: 23.

② 同①，33.

③ 同①，33.

构,“裸体的存在揭示和浓缩了西方文化的选择，同样，裸体的缺席也揭示了中国文化的特征”。[1] 和我们通常的理解不同，于连不是从伦理道德的视角，而是从哲学认识论的视角，揭示了西方文化中司空见惯的裸体，在中国文化中是不可能的。中国美学关注内在活力，认为神高于形，强调“传神”“神韵”，高度重视“君形者”（《淮南子·说山训》）的作用。美国学者高居翰（James Cahill）指出：

> 中国画家从来不把理论上很美或很高贵的人体，当作一种全人类，或是本来就包含了人文价值的象征，跟希腊以及后来的画家不同。举个例子，除了春宫画，佛教的地狱图，以及少数非要赤身露体的题材之外，中国人从来不画裸体的人物。……中国人认为唯有儒家修身养性的功夫才值得佩服和效法，因此年纪愈大愈受尊重，智力优于活力，进退合宜远胜于坦率流露感情；对人体之美缺乏兴趣。……山水画占据了绝对性的优势……[2]

这里涉及这样几个问题。高居翰认为：（1）在西方画家看来，身体在理论上是很美或很高贵的，包含了重要人文价值，然而中国画家不这样看；（2）中国传统主流意识形态对于身体的压抑，并非都是来自伦理视角。其实于连和高居翰所说，仅仅是历史的一个侧面，适用于主流和正统的中国传统艺术，历史还存在另一个侧面。在中国历史上非正统非主流的思想家那里，已经包含了身体美学的某些重要思想资源。李渔的《闲情偶寄》一书中，对于女性身体的美学思考就占有突出位置。

李渔是戏曲家，戏曲是表演艺术。在当时男权主义思想居于支配地位的历史条件下，男性观众对于女性演员身体的赏玩，在戏曲表演中居于中心位置。这促使李渔高度关注女性身体，提出了关于女性身体审美欣赏和自我塑造的诸多原则。李渔认为,“妇人妩媚多端，毕竟以色为主……惟白最难”[3]，女人要肌肤光滑，身体细嫩，选女人要“上看头，下看脚”,“选足一事，但求窄小……其用维何？欲瘦无形，越看越生怜惜，此用之在日者也；柔弱无骨，愈亲愈耐抚摸，此用之在夜者也……与之同榻者，抚及金莲，令人不忍释手，觉

---

① Francois Jullien. *The Impossible Nude: Chinese Art and Western Aesthetics*, trans. by Maev de la Guardia, University of Chicago Press, 2007: 31.

② 高居翰：《隔江山水》，宋伟航，等译，生活·读书·新知三联书店，2009 年，第 154 页。

③ ［清］李渔：《闲情偶寄》，单锦珩校，浙江古籍出版社，1991 年，第 109 页。

倚红偎翠之乐，未有过于此者”。[1]

妇女美容术是日常生活审美化的重要组成部分，也是人类文明长期积累的重要成果。现代都市女性清晨做的第一件事就是化妆，香水成为女性日常生活的必备品，但这并非现代女性专利。《闲情偶寄》包含了女性美容术的许多重要内容。李渔认为，女人无论美丑，修饰打扮均必不可少。他论述了女性化妆、发型、熏香、首饰、穿衣等诸多具体甚至是琐屑的美容问题，其中一些主张在今天看来仍有重要价值。

李渔用“名花美女，气味相投，有国色者，必有天香”来强调熏香的重要性[2]，女人穿衣，应达到“妇人之体，宜窄不宜宽……妇人之腰，宜细不宜粗”的审美效果[3]，女鞋的制作原则是衬托女足小而瘦，“鞋用高底，使小者愈小、瘦者愈瘦……足之大者，往往以此藏拙”[4]，这与当今世界范围内流行的高跟鞋几乎如出一辙。李渔强调身体美的精神因素，强调“媚态”的重要性，认为“媚态之在人身，犹火之有焰，灯之有光……能使美者愈美，艳者愈艳……选貌选姿，总不如选态一着为要”。[5]

李渔的这些观点，一方面，对中国古代妇女身体创造性的自我塑造，有很强的可操作性；另一方面，又仅仅是把女人当作美丽的性奴隶，这种露骨的男权中心主义，在李渔关于女人小脚近于陶醉般的赏玩中表露无遗。如果说，中国历史上主流正统话语对身体的压抑，构成了国内学界遭遇身体美学后迅速反弹的现实基础，那么，民间边缘话语中对于身体的热衷与痴迷，包括方洵《香莲品藻》及《金瓶梅》等情色文学中的身体话语，又为身体美学在中国的接受准备了丰沃的土壤。

三

舒斯特曼的身体美学从属于他的实用主义哲学，“对于实用主义来说，生活的目的不仅处于哲学的核心，而且处于所有认识的核心”。[6] 古希腊的伊壁

---

① ［清］李渔：《闲情偶寄》，单锦珩校，浙江古籍出版社，1991 年，第 113 – 114 页。

② 同①，第 123 页。

③ 同①，第 136 页

④ 同①，第 137 页。

⑤ 同①，第 115 – 116 页。

⑥ ［美］舒斯特曼：《哲学实践：实用主义和哲学生活》，彭峰，等译，“中译本序”，北京大学出版社，2002 年，第 1 页。

鸠鲁就认为,“哲学的首要目的是实现一种幸福生活”。[①] 舒斯特曼由此转向美学，认为“实用主义的本来方向就是生活艺术……将审美价值落实于生活经验连贯的丰富性之中”。[②] 他明确写道,“实用主义美学始于杜威”[③],“我不得不用杜威更为纯朴、乐观和民主的实用主义替换阿多诺严厉、忧郁和傲慢的精英马克思主义”。[④]

当今美学转型的一个重要特点，是从传统的艺术哲学走向日常生活。从这个意义讲，舒斯特曼的身体美学实际上是日常生活审美化理论的一个组成部分。通过对杜威美学思想的梳理，舒斯特曼尖锐指出，传统美学的误区在于，将艺术等同于精英主义的高级艺术，封闭在博物馆、剧院与音乐厅，远离日常生活，这样做的结果，普通公众一方面远离和害怕在高级艺术中寻求满足，另一方面又否认在低级艺术中寻求快感的合法性，结果是对艺术感到绝望，日常生活也变得沉闷、乏味和无趣，因此艺术应该拆除那道神圣的分界线，进入日常生活领域并发挥更好的指导、示范和推动作用。[⑤] 沿着这样的思路，实用主义美学进入了日常生活。

“日常生活审美化”并非由杜威或舒斯特曼提出，而是来自英国学者费瑟斯通。费瑟斯通认为，随着西方步入富裕社会，不断出现的日常消费中心，如百货商店和商业广场、商品交易会和海滨胜地，各式各样的商品展示，媒体、设计、时尚、广告到处蔓延，这一切所带来的“梦幻世界”般的巨大幻觉效应，意味着日常生活的审美化走向，导致“艺术与日常生活的某些界限坍塌，艺术作为一种商品受到特殊保护的地位被侵蚀……促使人们将注意力投向日用品，并将其当作艺术来看待”。[⑥]

在费瑟斯通之前，鲍德里亚已经提出了日常生活审美化问题。在1970年出版的《消费社会：神话与结构》一书中，针对富裕之后的消费社会里人“受到物的包围……我们生活在物的时代”这一基本特征[⑦]，鲍德里亚指出，“就商业选择而言，从杂货店到高档时装店，两个必备条件是商业活力与美学

① [美] 舒斯特曼:《哲学实践：实用主义和哲学生活》,彭峰,等译,“中译本序”，北京大学出版社，2002年，第4页。

② 同①，第7页。

③ Richard Shusterman. *Pragmatist Aesthetics*: *Living Beauty*, *Rethinking Art*, “Preface”. Rowman & Littlefield Publishers, 2000: xvi.

④ 同③，xvii.

⑤ 同③，19–20.

⑥ Mike Featherstone. *Consumer Culture and Postmodernism*. Sage Publications, 2007: 24–25.

⑦ Jean Baudrillard. *The Consumer Society*: *Myths and Structures*. Sage Publications, 1998: 26.

感觉。……这些商店的诱惑一览无余，连一个橱窗的屏障都没有，步行闲逛其中，会产生前所未有的舒适惬意之感”①，“艺术、闲暇与日常生活合而为一”。② 费瑟斯通承认，“在鲍德里亚德著作中，我们发现了对于日常生活审美化以及现实向影像转变的强调”。③

这些论述包含了日常生活审美化的基本思想，即当代西方消费社会中，艺术、生活与闲暇边界消融，合而为一，日用品乃至日常生活本身日渐成为艺术作品。日常生活审美化具体化为生活方式审美化。费瑟斯通提出了“生活方式”这个重要概念，梳理了19世纪以来王尔德、波德莱尔、福柯、舒斯特曼等人的生活实践与理论探索，认为日常生活审美化已经具有悠久历史，“生活方式”概念包括了服饰、家具、室内陈设、行为举止和个人习惯等多方面的内容，断言这些东西19世纪以来已成为重要主题。④

随着当代消费社会的到来和视觉文化转型的发生，身体在日常生活中占据了日益重要的位置。费瑟斯通引述了布迪厄的看法，反复论述身体的外形、姿态、身体的维护技巧、美容化妆等在日常生活审美化中的重要意义。身体审美是当代日常生活审美的核心内容，在各种影像艺术、商业推销和宣传活动中，女性的身体都是聚焦点。鲍德里亚在《消费社会：神话与结构》中更是将身体视为最美的消费品，把身体置于日常生活审美化的中心，认为身体“比其他都更美丽、更珍贵、更光彩夺目……特别是无处不在的女性身体”。⑤ 舒斯特曼直接“提议一个以身体为中心的学科”⑥，即身体美学。

根据舒斯特曼的自述，身体美学还只是一个缺乏勇气和自信的羞怯提议，是一种摸索性的尝试，关于身体美学的内容和版图，并没有一个非常明确的思想，还处于一种含糊不清的状态。⑦ 和这种理论上的不确定性相联系，加之历史上关于身体的各种话语彼此冲突，散漫芜杂，围绕身体美学编织相关资料，清理逻辑线索，规划学科蓝图，都还有待于进一步推进。

尽管如此，身体美学仍将推动改变传统美学格局。德国是美学学科的故乡，黑格尔式的美学理论把美学视为艺术哲学，走出德国古典美学已经势在必

---

① Jean Baudrillard. *The Consumer Society: Myths and Structures*. Sage Publications, 1998: 30.

② 同①，29.

③ Mike Featherstone. *Consumer Culture and Postmodernism*. Sage Publications, 2007: 64.

④ 同③，66.

⑤ 同①，130.

⑥ Richard Shusterman. Somaesthetics: A Displinary Proposal. *The Journal of Aesthetics and Art Criticism*, 1999 (3): 299.

⑦ 同⑥，299.

行。柏林特尖锐批评传统美学“绝大多数人只关注艺术，忽略了自然”①，提出了艺术美学和环境美学两种模式，认为环境美学作为一种参与和介入的美学，不能在封闭的空间进行，需要突破艺术作品的边框和博物馆的界限。学界已经意识到，艺术只是人们审美活动中虽然重要但是很小的一个组成部分，日常生活中的审美活动同样重要而且范围远为广阔。同时，真实的审美活动比理论研究复杂得多，日常生活中的相当一部分如广场舞、电子游戏、电视广告、服饰时尚、美容美体、室内装潢等，很难在艺术还是非艺术之间划出一条清晰的界限。

由于身体在消费社会的日常生活中居于中心位置，身体美学已经成为日常生活审美化的核心组成部分。身体美学和日常生活审美化、环境美学汇合在一起，将促使美学研究这种狭隘格局发生改变，美学因此进入更为广阔的日常生活并扮演某种引领角色。传统的美学理论即艺术哲学模式已经过时，美学理论框架将要重组，艺术哲学仍将作为美学理论的一个组成部分，另外两个部分将由日常生活美学和环境美学组成，这将极大地改变美学理论的框架结构，对美学研究的未来变革产生深远影响。

身体美学还将推动美学理论的其他变革，促使我们重新思考美从何来。多年来我们习惯于强调人和动物之间的本质区别，把人的美感和动物的快感截然对立，割断了进化过程中人来自动物界的历史连续性。实际上，人来自于动物界这个基本事实，决定了人的感性身体是获得美感的来源，这是历史上重要却又往往被遮蔽的一条逻辑线索。在进化过程中，性选择是自然选择的一种重要方式。性选择和生存竞争无关，但是它能使生物在求偶过程中获得异性青睐，因此强有力地改变着物种的外观和行为。雄孔雀长而美丽的尾巴，不利于生存竞争，可能导致雄孔雀成为天敌口中的猎物，但是由于雄孔雀开屏在求偶时发挥的关键作用，雄孔雀的尾巴在进化过程中得以保留和发展。达尔文指出：

> 美感——这种感觉也曾经被宣称为人类专有的特点。但是，如果我们记得某些鸟类的雄鸟在雌鸟面前有意地展示自己的羽毛，炫耀鲜艳的色彩，而那些没有美丽羽毛的鸟类就不会这样卖弄风情，那末，当然，我们就不会怀疑雌鸟是欣赏雄鸟的美丽了。其次，因为世界各国的妇女都用这样的羽毛来装饰自己，所以，当然，谁也不会否认这种装饰的华丽了。……关于鸟类的啼声，也可以这样说。交尾期间雄

① ［美］柏林特：《环境美学》，张敏，等译，湖南科学技术出版社，2006年，第4页。

鸟优美的歌声，无疑是雌鸟所喜欢的。假如雌鸟不能赏识雄鸟的鲜艳的色彩、美丽，以及悦耳的声音，那末雄鸟使用这些特性来诱惑雌鸟的一切努力和忙碌就会消失，而这显然是不堪设想的。①

达尔文在这里明确地向我们揭示出：（1）动物例如鸟类和我们人类一样，具有同样的美感；（2）美感来自于身体，和性快感有着不可分割的联系，或者更直接地说，美感来源于身体的性快感，这在过去很长的时间里一直是我们的理论盲点与禁区。弗洛伊德说得更为明确：

美导源于性感的范围看来是完全确实的。……“美”和“吸引力”首先要归功于性的对象的原因。②

正因如此，裸体艺术才会代表了西方造型艺术的高度成就，中世纪法国的普罗旺斯依然会产生吟唱贵妇人与骑士私通的破晓歌，中国文艺的正宗的“诗言志”（《尚书·尧典》）之外，还是会有“诗缘情”（陆机《文赋》），依然会产生“诗余”的艳词，以及《金瓶梅》《肉蒲团》《痴婆子外传》等情色文学。高雅文学讴歌爱情，低俗文学离不开情色。这些问题的相关争论还会继续。但是身体美学已经向我们揭示了这样一条思路，美从何来等理论问题的思考应回归身体维度。这将促使我们摆脱已经定型化的美学理论，推进中国当代美学建设。王朝闻主编的《美学原理》曾经对国内主流美学理论产生了深远影响，现在改变这种理论模式的时机已经趋于成熟。

（作者单位：厦门大学人文学院中文系）

① ［俄］普列汉诺夫：《普列汉诺夫美学论文集》，曹葆华译，人民出版社，1983 年，第 312 页。
② 朱狄：《当代西方美学》，人民出版社，1984 年，第 25 页。

作为后现代策略的“非虚构书写”

——误解、边界及其一般性理论定位

贺昌盛

“非虚构”一语正式进入汉语语境，主要是源于《人民文学》从2010年第2期开始增设的一个“非虚构”的新栏目，编者在“留言”栏中解释说：“何为‘非虚构’？一定要我们说，还真说不清楚。但是，我们认为，它肯定不等于一般所说的‘报告文学’或‘纪实文学’……我们也希望非作家、普通人，拿起笔来，写你自己的生活自己的传记，还有诺曼·梅勒、杜鲁门·卡波特所写的那种非虚构小说，还有深入翔实、具有鲜明个人观点和情感的社会调查，大概都是‘非虚构’。”“我们其实不能肯定地为‘非虚构’划出界线，我们只是强烈地认为，今天的文学不能局限于那个传统的文类秩序，文学性正在向四面八方蔓延，而文学本身也应容纳多姿多彩的书写活动，这其中潜藏着巨大的、新的可能性。”① 而作为比较典型的“非虚构”写作的文本则包括：王树增的《解放战争》、韩石山的《既贱且辱此一生》，以及梁鸿的“梁庄”系列、萧相风的《词典：南方工业生活》、慕容雪村的《中国，少了一味药》、郑小琼的《女工记》、王小妮的《上课记》等。迄今为止，除了大量围绕具体文本所展开的批评之外，真正从理论层面给予深入论证的尚不多见。作为一个全新的文类范畴，“非虚构书写”是否属于“报告文学”或“纪实文学”的替代文类？“非虚构书写”之于当下世界到底具有怎样的意义？此种书写形态本身又蕴含着怎样的独有特质？抑或，何谓真正的“非虚构书写”？诸如此类的问题都需要从理论层面上做出必要的探索和论证，否则，其所带来的混乱和误

① 编者：《留言》，《人民文学》，2010年第2期。

解必将使这一重要的文类书写形态重新陷入暧昧不清终至消逝于无形的境地。

一、“非虚构书写” ≠ “纪实”

在采用“非虚构书写”这一概念之前，我们普遍使用的主要是“纪实”概念，被归于“纪实”门类的书写样式一般包括：新闻通讯（newsletter）、报告文学（reportage）、口述实录（oral record）、访谈（interview）、纪实散文（documentary）、田野/社会调查（survey report）、传记（含自传和他传，biography）、游记（travels）、日记（diary）、回忆录（memoirs）、历史事件（historical event），以及所谓“底层经验（underlying experience）”或者“原生态书写（original ecology writing）”，等等。强调“纪实”，主要是为了与想象性的“虚构”文本区别开来，由此，“客观性”和“真实性”就成了“纪实”书写首要的前提和准则。而要真正实现这一准则，就需要最大限度地避免“主观”和“想象”因素的介入；换言之，在“书写主体/客体对象”的“二元”架构中，“书写主体”及其情感与价值判断的倾向性等必须处于“隐身”状态，否则将无法保证“客体对象”的真实可靠，即使是“日记”“回忆录”之类也不例外（如“伪作”考订等）。即此而言，被归于“纪实”名下的文本其实与作为全新文类的“非虚构书写”并不能完全等量齐观。

为了更为清晰地透视“纪实”与“非虚构书写”的根本差异，有必要粗略回顾一下“非虚构”概念出现和演化的大体过程。“non-fiction”的说法最早源于1962年设立的美国普利策非虚构类著作奖，这一奖项与“新闻类”和“小说类”并列，实际上针对的主要是有重大价值或全新发现的“历史—传记类”著述，以及对新近出现的政治、文化现象的“哲学—社会学实证研究”的著述，比如，早期获奖的作品就包括：西奥多·H. 怀特的《总统的诞生》（*The Making of The President*，1962）、巴巴拉·W. 塔奇曼回顾“一战”历史的《八月炮火》（*Guns of August*，1963）、理查德·霍夫施塔特的《美国生活中的反智现象》（*Anti-intellectualism in American Life*，1964）等。其所谓“non-fiction”重点强调的是对发生于现代人类生活中的真实事件与普遍存在的某种社会现象的忠实记录和客观分析，如果排除学术性著述的话，则这里的“non-fiction”与通常所理解的“纪实”是基本一致的。

但这种情况在1965年杜鲁门·卡波特（Truman Capote）发表其历时6年精心调查而撰写的《冷血》（*In Cold Blood*）一书之后，“non-fiction”被赋予了一种全新的含义，并与“纪实”划分出了明显的界限。卡波特称自己的这部著作属于一种独创的新文类，他称之为“非虚构小说”（nonfiction novel）。卡波特自陈：“我的目的在试图应用一切的小说创作方法与技巧来写一篇新闻报道以叙述一个真实发生的故事，但阅读起来却如同一部小说一模一样。”① “小说”与“非虚构”的嫁接确实对“non-fiction”所限定的历史—文化现象的“客观忠实记录”这一标准提出了最初的挑战。而诺曼·梅勒的《夜幕下的大军》（*The Armies of the Night*）在1969年摘取了非虚构类普利策奖的桂冠，则从根本上彻底改变了“non-fiction”的既有面貌，“作为历史的小说”和“作为小说的历史”的双重叙事结构使得“小说”与“历史”的界限开始趋于消逝。诺曼·梅勒对此解释说：“虽然作者把它当作小说撰写，可是他是尽量根据自己的记忆来写的。他在回忆时非常注意事实，所以他写就的只是一部记录。然而，他在写第二卷时却兼顾了所有报纸上的有关报道……它只是某种集体创作的小说的浓缩——这也就承认，用写史书的方法是无法解释那些发生在五角大楼的神秘事件的。只有依靠直觉写作的小说家才能胜任这一解释工作。”② 另一位记者出身的作家汤姆·沃尔夫也陆续发表了《糖果色闪着桔红火花的流线型婴儿》（*The Kandy-Kolored Tangerine-Flake Streamline Baby*，1963）、《电冷却器酸性试验》（*The Electric Kool-Aid Acid Test*，1968）等一系列作品，并于1973年集中选取了21位作家基于同一倾向的作品编辑出版了《新新闻文集》（*New Journalism*），正式把“nonfiction writing”确定为一种完全区别于传统“报告文学”或“纪实文学”的全新文类。1977年，约翰·霍洛韦尔出版了《非虚构小说的写作》一书，重点对杜鲁门·卡波特、诺曼·梅勒和汤姆·沃尔夫三位代表人物的创作给予了总结性的评述，“非虚构书写”被确定为一个独立的文学类别。尽管这一文类在卡波特和诺曼等人之后未能产生具有广泛影响力的作家和作品，但在英美国家各个大学陆续开设的“创意写作（creative writing）”研讨班（workshop）中，“非虚构书写”已成为不可或缺的一项基础训练。白俄罗斯女作家阿列克谢耶维奇于2015年以其新闻体非虚构作品《切尔诺贝利的回忆：核灾难口述史》荣获诺贝尔文学奖，“非虚构书写”再次引起了人们的普遍关注。

从上述简略的勾勒中可以初步窥见“非虚构书写”与传统的“报告文学”

① 杨月荪：《〈冷血〉译后的话》，［美］杜鲁门·卡波特《冷血》，杨月荪译，中国文联出版社，1987年，第389页。

② ［美］诺曼·梅勒：《夜幕下的大军》，任绍曾译，译林出版社，1998年，第272－273页。

或“纪实”之间的一些明显的差别。首先，如莫里斯所说，“非虚构书写”重新发掘出了诸多被传统“纪实”所忽略的因素，包括“气氛渲染、个人情感、对事件的解释、宣传鼓动、各种观点、小说式的人物塑造和描写、少量的淫秽内容、对时髦事物和文化变革的关心，以及政治见识”。[①] 这种发掘并非是简单的书写“视域”上的拓展，而是对以往被传统“纪实”所“剔除”的更为广泛而丰富的现实生存形态的包容。其次，以个体亲历的“经验性”取代了“纪实书写”中“间接”的“客观性”，与己无关的外在的“事实”被转换成了“我”所经历的“事实经验”，单纯的“叙述”也开始转向对鲜活的“细节”与“场景”的描摹，“想象”的空间由此得以扩展。“在非虚构小说，新新闻体、‘纪实小说’等诸如此类的叫法里，小说技巧会使人激动、紧张、激发人的情感，而传统的报道或史学著作并不追求这些，但对读者来说，保证故事是‘真实的’又给它增添了吸引力，这是任何小说所不可比拟的。”汤姆·沃尔夫将这类小说技巧概括为：“（1）通过情节讲述故事而不是概述故事；（2）喜欢用直接引语而不用转述引语；（3）从参与者的角度而不是从非个人的视角来描述事件；（4）混合使用有关人的相貌、衣着、财产、身势语等等的细节，而在现实主义的小说里，它们是阶级、性格、地位和社会背景的象征。”“这种写法之所以很流行，就像那句老谚语所言：现实比虚构更奇妙。”[②] 再次，也是最为关键的突破，就是“我”的主动“介入”，在客观呈现“事实经验”的同时，作为事件参与者的“我”的真实性也被毫无保留地呈现了出来。如阿列克谢耶维奇所言：“我越是深入地研究文献，越是深信文献并不存在。没有与现实相等的纯粹的文献。我们刚才谈的话，已经变成往事。”“我关心的心灵的历程，而不是事实本身。”“重要的是生活在这个时代的人有人这么想过。”[③]“今天我们大家不是在谈话，我们大家是在叫喊。每个人叫喊着自己的事。如果把过去看成是我们的档案，那么我们就是在档案中由于疼痛而叫喊而发疯的人。”“每个人讲自己的事，必须把这一切听进去，然后使自己消逝在其中并成为这一切。与此同时又得保持自己的本色。”[④] 以此而论，“非虚构

---

① ［美］Morris Dickstein：《伊甸园之门——六十年代美国文化》，方晓光译，上海外语教育出版社，1985 年，第 133 页。

② ［英］戴维·洛奇：《小说的艺术》，王峻岩，等译，作家出版社，1997 年，第 225－226、228 页。

③ ［白俄］阿列克谢耶维奇：《我惟一的生命》，乌兰汗译，［白俄］阿列克谢耶维奇：《锌皮娃娃兵》，乌兰汗、田大畏译，昆仑出版社，1999 年，第 448、452、453 页。

④ 转引自高莽：《阿列克西耶维奇和她的纪实文学》，［白俄］阿列克谢耶维奇：《锌皮娃娃兵》，乌兰汗、田大畏译，昆仑出版社，1999 年，第 8、444 页。

书写”确实不能被简单地看作传统“纪实书写”的替代品，而应该被确立为一种全新的文学书写文类。

二、挑战精致的“现代书写典范”

作为全新文类的“非虚构书写”既不是单纯的对于传统“纪实书写”形态的反叛，更不是书写技术层面上诸多形式技法的“拼合”。大而言之，“非虚构书写”其实是对自“现代性”展开以来的整个“现代书写典范”的一次有明确目的的挑战。

如果我们承认，“理性/科学”在取代上帝以后成了人类迈向“现代”之域的基石的话，那么，“现代性”走向成熟的过程实际上正是依“理性”而“建构”现代形态的过程。基于“理性”的“设计”，现代性在“物”的层面上逐步实现了工业化、城市化和信息化的既定科学目标；同时，“理性”的“设计方案”也被直接延伸到了“人文”领域，比如，以“知识”的名义所做出的“学科”的划分，以及对不同学科之本质、范畴、界域等日趋细化的“规范性”认定。哲学、历史、文学、宗教等，在技术化“理性”的引领之下，成了被标识为“现代”符号的有着独立“结构”的“知识”，而这类“知识”又在印刷文化、教育规训、书写练习等手段的支持下，最终完成了“现代书写”之“典范”模型的“固化”过程。“文学书写”的“规范”即是这种“典范固化”的结果之一。

罗伯-格里耶认为：“在今天，惟一流行着的小说观，实际上还是巴尔扎克的小说观。”“所有人都承认，他们的写作手法已经延续了好几个世纪，但是，丝毫看不出这有什么不正常。”① 就人类的“书写”历史而言，现代性发生以前的叙事虚构模式，诸如传奇、罗曼史、史诗、寓言、讽喻、神话等，以可想象的“虚拟”存在为基本原则，遵从幻想和情感的逻辑，可以不与现实的“经验”世界发生关联，同时也不必接受现实偶然事件的制约。而作为“现代书写”形态之一的“小说（novel）”样式出现的时间并不久远，不过，相对于诗和戏剧，“小说”在推进现代性的过程中却占据了更为醒目的位置，其核心原因也主要在于，比起“诗化”与“戏剧化”的“形式”规定来说，

① ［法］阿兰·罗伯-格里耶：《快照集——为了一种新小说》，余中先译，湖南美术出版社，2001 年，第 79、80 页。

“散文化”的叙事样态与现代性所追求的“世俗化”景观更为切近。如伊恩·瓦特所言：“小说家的根本任务就是要传达对人类经验的精确印象，而耽于任何先定的形式常规只能危害其成功。通常认为的小说的不定型性——比如说与悲剧或颂诗相比——大概就源出于此：小说的形式常规的缺乏似乎是为其现实主义必付的代价。”他同时也指出，“十八世纪的小说，比之许多业已确立的、高雅的文学形式和学术研究，更接近加入了读者队伍的中产阶级的经济能力”。① 特里·伊格尔顿也认为，不单是小说，被确定“现代”书写样态的“文学”本身即是特定意识形态的产物，“是否能够称之为文学，其标准非常明确，完全是思想意识方面的：体现某一特定社会阶级的价值准则和‘口味’的写作方可称之为文学”。② 换言之，以“小说”乃至“文学”样态出现的“现代”书写，一直都隐含着其既有的诸多核心理念，诸如：“人物/情节”“内容/形式”“叙述/描写”“真实性/倾向性”“现实/虚构”“事件/想象”“社会背景/个人意识”等，正是这些核心理念在“属于/不属于（文学范畴）”之间划分出了多重不可逾越的等级界限。如莫里斯所分析的那样：“这种教条是含有阶级偏见的，它发源于一种上流社会的人性概念，根据这种概念，情绪和感觉，所有下层的冲动和能够通过它们而获得的冲动，与对事实的理性思考相比，都是肮脏和卑下的，而一个有修养的人就应当通过这种理性思考去当一名公民。”“批评家依然充当昔日阿诺德式文化仲裁，能简单地披上几乎是教士式的学术权威的德褂。”③

以语言为载体的“文学书写”既联系着想象和建构现代民族国家“共同体”的基本规范（语言的同一所显示的身份认同），同时也在以“塑造读者”的方式推行和强化“文学”自身的“语法准则”（对于“经典”的模仿与延续），凡不合于此“同一性”准则的“异端书写”都将被剔除在“文学”范畴之外。“现代”形态的“文学书写”所确立的即是这样一种日趋精致的“书写规范”，这种规范与现代性自身（社会结构、生存模式、认知方式、审美趣味等）已经形成了某种牢不可破的“共谋”关系，而挑战和突破这种“共谋”关系也就成了后续的“文学书写”所必须面对的首要难题。

---

① ［美］伊恩·P. 瓦特：《小说的兴起——笛福、理查逊、菲尔丁研究》，高原、董红钧译，生活·读书·新知三联书店，1992年，第6、40页。

② ［英］特里·伊格尔顿：《文学原理引论》，刘峰，等译，文化艺术出版社，1987年，第21页。

③ ［美］Morris Dickstein：《伊甸园之门——六十年代美国文化》，方晓光译，上海外语教育出版社，1985年，第131、137页。

进入20世纪以后,“文学书写”实际已经处在了十字路口，扎迪·史密斯分析认为：“身处近代危机的群体（持自由主义立场的英美中产阶级），与身处长久危机的文学形式（巴尔扎克和福楼拜的那种十九世纪的抒情式现实主义）在这个路口相遇了。迄今为止，对这种文学形式的批评，已经变成了这种文学形式内部的，以及隶属于这种文学形式的一项悠久的传统。自从罗伯-格里耶指出‘古老的深度神话之贫乏’，这种批评就演变成了对现实主义形而上学倾向的一种现象学式的怀疑；这种批评的极致，便是这样一种激进的解构性质疑，它对语言是否能够准确地描述这个世界提出了质疑。它们都注意到现实主义赖以建立的（往往未经检验的）种种信条：形式具有非凡的重要性，语言具有揭示真理的魔力，自我必不可少的丰满和连续性。”① 约翰·巴思也认为：“如果有足够的作家和批评家感到了文学的这种不祥的预兆，那么，他们的感觉就变成了一个值得考虑的文化事实。”② 自19世纪中后期开始的形形色色的“现代主义”书写其实正是“现代书写”内部的自觉反叛，而罗伯·格里耶等人所倡导的“新小说”则更是对“现代书写”典范的一次空前的颠覆。

约翰·霍洛韦尔曾指出：“小说是十九世纪的现象，它的生命联系着传统阶级结构的崩溃。现在，阶级结构永久地流动着……已经没有小说存在的位置。”③ 20世纪60年代可以看作现代“文学书写”全面转向的一个节点。如果说20世纪50年代的世界文坛仍然是由战前或战时业已成名的作家们所主导的话，那么，在战时和战后出生并且在20世纪60年代初步走上文坛的年轻的一代作家，首先需要面对的就是由刻板的“典范规训”所引发的焦虑、质疑和有意识的叛逆；而冷战的对峙、越战的消耗、东方世界的“文化革命”、权力的肆虐、核弹的威胁、暴力恐惧、种族区隔、性别歧视、阶级对抗，等等，现实的种种又无一不在为作家们提供着全新的想象与追问的资源。语言对“真实”的呈现如何可能？何以能保证“客观”的即是“可靠/可信”的？代表着高雅趣味的艺术真的可以呈现“真理”？“六十年代的文化——与六十年代的政治颇为相似——认为每个人都是有利害关系的一方；它珍视直接性、对抗和个人见证。经历变成艺术，而艺术只有在受到感情脉搏的验证，并使人全神贯注时，才是真实的。艺术和政治在近几十年中从来没有像现在这样成为个

① ［英］扎迪·史密斯：《改变思想》，金鑫译，上海文艺出版社，2014年，第83页。

② 转引自［美］约翰·霍洛韦尔：《非虚构小说的写作》，仲大军、周友皋译，春风文艺出版社，1988年，第7-8页。

③ ［美］约翰·霍洛韦尔：《非虚构小说的写作》，仲大军、周友皋译，春风文艺出版社，1988年，第6页。

人成功的工具和获得纯真自我的途径。”“中级文化机构已经病入膏肓，因为它们仅与已经丧失了活力的老式文学相联系。但是六十年代同样决定了虽然较为年轻但已变得故步自封的高雅文化的命运；虽然现代派的经典作品将成为大学的核心课程，并对青年作家产生新的影响，虽然严肃批评的精神将渗透和改造几乎所有原先的中产文化堡垒，但是旧的高雅文化的等级基础将被打碎。它的异化和现代主义所具有的学院式的温顺将在六十年代发展起来的较为激进的异化和现代主义面前逐渐消失。”①“非虚构书写”正是在这样的特定境遇中生发出来的一次“书写试验”。

卡津认为：“非虚构小说（以及纪实戏剧、电影、艺术著作）出现的理由是因为它再现了不能被艺术家们所想象出来的事实。社会悲剧的发生就是我们个人悲剧的发生，因为我们可以体验到别人的痛苦和死亡的滋味。”② 以“真实/客观”为前提的虚构小说或传统式“纪实书写”，尝试以“书写主体”的“隐身”来呈现作为客体对象的“现实”的“真实”；而“非虚构书写”则让“隐身”的“主体”直接走上了前台，一如萨特所说的对于“事件”的“介入”，其所呈现的是“我”所“经验的事实”，以及“我”自身“情感与判断”的“真实”。“最好的非虚构小说显示出一些辨别是非的审美能力，这种能力在所有的时代对持续不断的人类困境来说，都起到一种向导的作用。如同任何时期最好的文学，这些作品最终都具有人的性质和人类解决面临的困难的力量。”③ 从这个意义上说，“非虚构书写”其实是对“虚构小说”及所谓“客观纪实”的“再造”。一方面，它以其“目击/参与”的经验与自我“主角化”的方式冲击着被“典范书写”所塑造的“读者”的既有观念；另一方面，其“书写”行为本身也在重新寻求“语言”“真实”和“叙事”等的更为本质性的东西。如伊哈布·哈桑所指出的那样：“显然，这些小说家们没有构成一个学派。他们也没有都从事某些关于‘小说的死亡’的抽象的假想。但是，他们都坚决要重新设想小说（包括语言和故事本身的性质）如何能更适合于美国文化和意识的迅速变化的情况。”“艺术首先需要怀疑，然后打倒或是超越它自己的一些形式的权威。”④

---

① ［美］Morris Dickstein：《伊甸园之门——六十年代美国文化》，方晓光译，上海外语教育出版社，1985 年，第 137、135－136 页。

② ［美］约翰·霍洛韦尔：《非虚构小说的写作》，仲大军、周友皋译，春风文艺出版社，1988 年，第 19 页。

③ 同②，第 22 页。

④ ［美］伊哈布·哈桑：《当代美国文学 1945—1972》（上册），陆凡译，山东人民出版社，1980 年，第 135、22 页。

三、即时性·不确定性·“本真”的在场

所谓“非虚构”，其指向首先就是对“虚构”的质疑。“虚构文本”并非只是与实存世界无关的“余裕之物”，作为特定的“话语”形式，它实际上一直在参与着对实存世界的“建构”，以“虚构景观”为蓝本而呈现出来的现实实体空间（如迪士尼等）即是最好的例证；与此同时，“虚构文本”也一直在参与对人们的审美观念、价值取向、行为方式等的“形塑”。当“现代性景观”以完整的形态呈现在人们面前时，井井有条的“秩序”背后所隐含的“同一性”法则几乎丝毫不会引起人们的不适与怀疑，而这恰恰才是最为广泛的“异化”。如福柯所说，监狱的文明并非意味着人类的进步，而正意味着人对于人自身的“规训”趋于更加隐蔽。从这个意义上说，“非虚构书写”不只是在尝试突破既有的“现代书写”规范，在更深的层面上，此种书写更是在试图祛除“现代性之魅”以揭示人类现实生存境遇的真正“本相”，也即人类当下生存的即时性、不确定性及其对“本真在场”的渴望。

所谓“即时性”，是指“我”只能生存在“我之所及”的有限时空关系之中，因而“我”只能以“我所感知”的“经验”为真实的“事实”。“非虚构书写”不同于一般以所谓绝对的“客观性”为前提的新闻或纪实报道的最为重要的区别是，“作者与他描写的人和事物的关系发生了变化”。“语调完全是主观性的，并标有他个人的印记。……把他个人对新闻人物和事件的反应记录下来。”① 与通常的“记者”“采访者”的身份相比，“非虚构书写者”更接近于记录和分析当下现实的“社会学家”——某种程度上也确实与“新文化史”研究的兴起有着潜在的影响与联系。他们以富有“洞察力”的公开的“偏见”，彻底戳穿了呈现为现实表象的所谓“客观性”的权威神话。发生在人们身边的一次偶然的谋杀事件，或者一场引发局部混乱的群体事件，在“规范”的新闻报道中也许不过是蜷伏在报刊一角的不起眼的某段文字；但是，当这类事件以场景、口述实录、细节、心理动因，乃至人物性格的描画与塑造等方式呈现出来的时候，“鲜活”的当下生存样态将因为“我”的“同步”追踪、记录和思考而获得“意义”——卡波特历时 6 年与事件相关人士及罪犯的访谈

① ［美］约翰·霍洛韦尔：《非虚构小说的写作》，仲大军、周友皋译，春风文艺出版社，1988 年，第 31、32 页。

并“同步”撰写的《冷血》所引发的人们对于“极刑”问题的重新考量即是例证。

“即时性”强调的主要是“当下”正在发生的“事实”，它不是对“文献”或采访的单纯摘编，而是对“文献”或事件本身在人们当下生存中所留下的印记与意味的近乎“复制/再现”式的“书写”。如果说在“宏大历史叙事”面前，弱小个体的存在几乎毫无意义（仿佛不曾存在过）的话，那么，“非虚构书写”试图颠覆的就是，所有的生命存在都是有意义的，“书写”的记录即是“存在过”的“痕迹”的最为有力的证明。“它感知到发生在世界上每个人身上的事情都非常重要；它信奉不以外部孤立的视角去看待生命中的事情，就像看待蚂蚁和机器零件的活动，而是以内在的视角，带着人们赋予自身的多种意义去看待它们。”[①] 从这个层面来看，“非虚构书写”更接近于“元小说”，当社会—历史存在的全部具体性都只呈现为“当下的正在发生”，“虚构文本”的那种对于书写者“私密性”的模拟式想象就会转向书写者本身的“私密空间”的完全开放。如华莱士所分析的那样：“‘元小说’……挣脱了模仿性叙事的文化窠臼，自由地扎进自反性之中，自觉地对指涉性进行思考。……元小说正处在突破自身发展的关键阶段，它其实只不过是面对自身强大的理论报复所进行的一次单向突围，这种理论就是现实主义：如果现实主义主张所见即所是，那么，元小说就主张所见仅为自身所见之所见。”[②] 传统的“纪实”呈现的是“你需要或希望知道的事实”（现代性生存的潜在规定），“非虚构书写”所呈现的则是“我所经验的当下的事实”（差异性的个体化呈现），“同步”的“即时性”证明着“事实”本身的“真实性”，因而比所谓“客观”将更加“真实可靠”。

与“即时性”有着密切联系的是“非虚构书写”的“不确定性”。“即时性”强调事件本身在“当下”的“正在发生”状态，它也就同时赋予了事件本身延续演化的多重向度，所以，“不确定性”所突破的其实正是“现代书写”的“必然律”。在“现代性”框架内，异端/排除、犯罪/惩罚、毒品/禁绝、混乱/阻止、痛苦/缓释、冲动/压抑，等等，在几乎所有的“事件/现象”背后，都有着合于逻辑的所谓“解决”之“道”，这就是由理性所规定的必然的

① ［美］玛莎·努斯鲍姆：《诗性正义——文学想象与公共生活》，丁晓东译，北京大学出版社，2010年，第54页。

② ［美］大卫·福斯特·华莱士：《众目窥一：电视和美国小说》，《所谓好玩的事，我再也不做了》，林晓筱译，湖南文艺出版社，2017年，第308－309页。

“因果链”，正是这一“因果链”的存在保证了社会本身的“秩序”，而“秩序”则赋予了“现代书写”以隐含的价值判断（从书写语法到善恶定位）。然而，理智化社会的构想遮蔽的恰恰是社会生存本身的差异性与多样性，传统形态的新闻或纪实报道呈现的只是同质化的“事实”的“类别”表象，“非虚构书写”所揭示的则是具体的“人/事/物”的“动态生存”景观，在多重因素相互交织彼此影响的作用下，此种景观将永远处于“无可确定”的变化状态，并且将一直持续下去。马乔里·珀洛夫认为：“这些文本反映出它们自己的运动，它们在社会现实与主观之外起作用，说得确切一些，它们作用在社会现实与主观之间，以便破坏二者之间那种不切实际的关系。这再也不是再现或解释美国现实的问题，也不是为美国现实辩护的问题，而是谴责表现和描写这一现实的手段——用于逻辑推理的语言和传统的小说形式——的问题。换言之，新小说派的作家面对他们自己的作品，把自己置身于他们自己的文本之前或文本之内，以便对使用语言和写作小说的行为提出疑问。”①“现代书写”的完整性、合于逻辑的推导及其叙事结构定式等，已经被“非虚构书写”的碎片化记录、漫无边际的呓语、突如其来的中断，乃至完全出乎意料的偶然的介入等所取代，但这种图景才是生存的真正“本相”。

除了“即时性”和“不确定性”以外，“非虚构书写”最为关键的突破其实是“书写主体”的现身与“在场”。现代性所确立起来的“理性主体”，在拉康的意义上不过是一种“镜像的主体”，无论是福楼拜式的隐身还是巴尔扎克式的现身，此一“书写主体”都只是先验理念的传声筒，“主体”的“在场”也只是某种“虚假镜像”的“在场”（所谓“在场”的缺席）。“非虚构书写”特别突出“书写者”自身的“主动介入”，其与“现代书写典范”的区别正是“体察与旁观（see/watch）”的区别。从“自身”视角出发的“看（确认）/听（辨别）/思（判断）”的“体认”过程，也正是一种同步的“事实”与“（语言）呈现（映射）”的过程，“细节”因此就显得至关重要。之所以刻意突出“自身”视角，其目的就在于强调这种写作的“私人”（privateness）属性，即以“书写”来确证和寻回那个始终隐身的“本真主体”自身；书写的“过程”，既是发现和探索“物事人”的“过程”（不是单纯的事件/调查结束以后追叙式的“客观”整理书写），同时更是对自身形成全新“认知”的过

① ［美］埃默里·埃利奥特主编：《哥伦比亚美国文学史》，朱通伯，等译，四川辞书出版社，1990年，第971页。

程；它不是强调新闻式的对于当下（外在社会）的“时效性”，而是突出“物事人”对于书写者自身在这一书写过程之中持续的“有效性”——书写者能够从“书写”活动中看到自身“精神行走”的“痕迹/轨迹”。一个人因为“写作（write）”才成了“作者（writer）”，“写作”在此就变成了一种自觉自愿（而非被动/被迫）的行为。这个行为的目标不是为了让自己成为人们所认可的“作家”（外在的功利性诉求），也不是为了承担社会责任或道义（由社会赋予而需要肩负的任务），而恰恰是为了让书写“作品（劳作的产品）”这一活动成为“映射”自身“本真精神”的一次“行动”——让自己从“行动”中切实地“发掘”出“本真的自我主体”（而非社会或先验理念所赋予自己的“镜像身份”）。这一过程其实正是保罗·利科所说的“据为己有”的“游戏”，“在游戏中，发生了伽达默尔所说的那种‘变形’，它既是形象王国标志出的想象的转变，又是所有的事情转换为它的真实的存在。日常的现实被废除了，每一个人都成为他自己。……游戏者‘在真实中’变形，在游戏性的表现中‘本质浮现了出来’”。“据为己有是一个过程，通过它，对新的存在模式，或者说……新的‘生活形式’的揭示就为主体提供了新的了解自己的能力。”[①]“非虚构书写”不单单只是为了呈现其所记录的“事件”，更重要的是，在这一“书写”过程中，一个“非虚构”的本真的“自我主体”得到了一次真正“在场”的呈现。

无可否认，人类社会已经进入了一个在技术力量支配之下可以不断变换生存样式的非确定状态。麦克卢汉认为：“技术的影响不是发生在意见和观念的层面上，而是坚定不移、不可抗拒地改变人的感觉比率和感知模式。”[②] 波德里亚也曾明言：“我们生活在物的时代：我是说，我们根据他们的节奏和不断替代的现实而生活着，在以往所有文明中，能够在一代一代人之后存在下来的是物，是经久不衰的工具或建筑物，而今天，看到物的产生、完善和消亡的却是我们自己。”[③] 由现代性的观念所确立起来的同一的“主体”已经逐渐被打碎，作为后现代策略之一的“非虚构书写”也只能看作对“破碎主体”的重新“拼凑”，它尝试重建个人与他者的经验关系，并在这个已经宣称“作者已死”的时代试图重新“复活”作者自身。“非虚构书写”并不渴求能够借助

① ［法］保罗·利科：《据为己有》，张旭东译，胡经之、张首映主编《二十世纪西方文论选·第三卷·读者系统》，中国社会科学出版社，1989年，第310、316页。

② ［加］马歇尔·麦克卢汉：《理解媒介——论人的延伸》，何道宽译，商务印书馆，2000年，第46页。

③ ［法］让·波德里亚：《消费社会》，刘成富、全志钢译，南京大学出版社，2001年，第1－2页。

“文体”的创新使自己也进入到“经典链”以成为其中的一环，而仅仅只是希望通过这样的“书写”行为来体察和确认自身及他者作为当下的“存在者”的本真形态。“非虚构书写”放弃了作为“精英”的“职业作家”的身份，因而使得“书写”行为变成了人人皆可参与和体验的活动，更多的普通人能够以“书写”来“捕捉/把握/识别”自我“本真性”的意义之所在。如费瑟斯通所言：“大众文化中的琐碎之物，下贱的消费商品，都可能是艺术。艺术还可以在反作品（anti-work）中得到发现：如偶然性事件、不可列入博物馆收藏的即兴即失的表演，同时也包括身体以及世界上任何其它可感物体的活动。”①即此而言，“非虚构书写”与现代性境遇中“主体”对“客体对象”的认知与书写已经是完全不同的两种范畴了。

（作者单位：厦门大学人文学院中文系）

① ［英］迈克·费瑟斯通：《消费文化与后现代主义》，刘精明译，译林出版社，2000年，第96页。

中国当代文学体制的变革

郑国庆

自1992年邓小平南方谈话，中国政府全面启动市场经济以来，中国的文化体制经过了相当剧烈的重整。文学场域也在这个过程中，从20世纪50—70年代的政治主控，80年代重建自主文学场域的努力，逐步转向了市场法则全面渗透的基础性变更，一个新型的文学体制俨然成型。这个体制一方面携带强大的经济正当性促使市场成为文学从业者自觉不自觉的创作导向，另一方面也引发了新左知识分子对于"社会主义文学"的怀旧。在本文中笔者想对这个基础性的变革做一个大体描述，以便对这个时代的"文学"所置身的历史脉络有更清晰的认识，对于我们所研究对象的性质与价值（严肃文学、中产文类、商业文学；文类特质、美学风格、文化取向等）能够做出更准确的观察与定位。

有关文学体制的研究，近年来已成为学界研究的热点之一。诸如对于文学杂志、社团、出版、文学教育等机构的研究为我们提供了一个从较为宏观的观看文学的角度。然而现有对于体制的研究多半偏向实性思维，而忽略了文学体制不仅包括"硬体"，同时也包括"软体"：硬体的运行依赖于一整套广为流通的，关于何谓文学、文学正当性（legitimacy）的定义与论述。将中国当代文学纳入体制性研究视野的开创者洪子诚先生在《问题与方法：中国当代文学史研究讲稿》中曾经提到"体制"包括"可见"与"不可见"的部分，前者包括文学机构、文学社团、文学报刊、出版、作家身份和存在方式，后者则是抽象层面的对于文学性质的认知、文学的评价标准等。① 在下面的部分，笔

① 洪子诚：《问题与方法：中国当代文学史研究讲稿》，生活·读书·新知三联书店，2002年，第190－193页。

者将先描述当代文学体制可见的“硬体”层面——文学生产、流通、消费的实体环境的变化：从以文学期刊为中心逐渐转向了以出版工业为中心、跨媒体经营的“文学”，其中书商——图书策划/文化经纪越来越成为文学场域的重要参与者；再讨论与这个硬体变化相对应的“软体”：关于文学功能、文学评价标准的变化——其中最重要的，是雅俗文学位阶的调整，以及20世纪90年代后期再度出现的文学的左右之争。

一、中国当代文学的商品化进程

从20世纪80年代下半期开始，文学场域就不断出现“纯文学危机”的警讯。[①] 随着商品经济的发展，社会主义时期被压抑已久的大众文化需求浮出水面，与20世纪80年代纯文学的高层文化（high culture）追求开始渐行渐远。

一方面由于财政状况的不佳，另一方面是庞大的市场前景、经济利益，一些具有前瞻眼光与改革魄力的国营出版社与经理人，开始利用国家文化部门陆续出台的改革政策，采取市场化举措。其中较有名的例子，包括20世纪90年代初以健在作家出“文集”、付版税的方式操作出版《王朔文集》的华艺出版社。华艺出版社与王朔的成功合作，使得王朔成为中华人民共和国历史上第一位商品市场意义上的畅销书作家。此外，如作家出版社、春风文艺出版社都是国营出版社市场改革成功的典范。其中春风文艺出版社安波舜策划的“布老虎丛书”，更是成功地吸纳、引导中国的纯文学作家按照出版社的市场定位与需求生产中产文类作品[②]，“布老虎”也因此成为早期中国图书出版市场的一个著名品牌。[③] 与此同时，一些以“二渠道”[④] 起家的书商也敏锐地意识到图书消费市场的巨大前景与利润空间，开始积极地介入图书出版。然而，因为国家政策迄今并不允许民营出版社的存在，所以这些个体书商只能以工作室、文化公司的方式购买国营出版社的书号运作。基于他们的图书销售经验，对于市

---

① 参见阳雨（王蒙）：《文学：失却轰动效应之后》，《文艺报》，1988年10月18日。

② 如张抗抗《情爱画廊》、赵玫《朗园》、铁凝《无雨之城》、皮皮《渴望激情》等。

③ 关于作家出版社与春风文艺出版社的改革过程与策略，见Kong，Shuyu. *Consuming Literature：Best Sellers and the Commercialization of Literary Production in Contemporary China*. Stanford University Press，2005：43 - 64. 孔书玉的这本著作对中国文学的商品化进程做了大量具体细致的实证研究，本文第一部分的描述很大程度基于她的研究。但孔书玉对中国当代文学体制变革所引发的文学正当性问题着墨不多，本文希望能够补充关于文学体制抽象层面的思考。

④ 原本指相对于官方法定图书发行系统——新华书店的其他发行渠道，主要是80年代中后期开始出现的个体书摊、零售商等，后来这些书商也开始介入出版，“二渠道”词义扩展，同时指称与国营出版社、新华书店并行的包括制作与发行的民营图书生产销售系统。

场灵敏的嗅觉，这些“二渠道”书商往往能够更加灵活快速地推出符合市场需求的产品。因此，在中国图书市场“畅销书”的制作发行上，“二渠道”书商扮演着举足轻重的角色。对于“二渠道”这一介于合法与非法之间的图书出版发行，国家主管部门的管理颇具“中国特色的市场化”特征，一方面，市场经济的发展方向使得它对于“二渠道”所推动的市场消费、文化产业的发展乐见成效；另一方面，意识形态的管控又使得它可以随时因为某些原因取缔这些“二渠道”存在的资格。但总的来说，随着中国市场化与全球化程度的加深，目前电影工业已经放开了民营电影公司的制作发行权，在可见的将来，“二渠道”这一介于合法与非法之间的图书出版状况也许会得到更明确的正身与保障。

在这个图书出版工业迅速发展的过程中，一个新的群体：出版—策划人越来越深地介入到文学场域的发展，改变了原有场域的格局。除了前面所提到的春风文艺出版社的安波舜①，其他知名的文学类出版—策划人，还包括90年代后期成功操作“思想随笔”的贺雄飞②，身兼作家与老板的青春文学市场大鳄郭敬明③，旗下作家占据文艺类畅销书排行榜半壁江山的路金波④等。这些在中国图书业举足轻重的人物取代了20世纪80年代文学杂志编辑的地位，成为形塑新的文学体制的中坚力量。

面临图书出版工业与其他大众文化媒体的冲击，20世纪80年代纯文学期刊的订阅、销售量直线下降。到90年代，一些文学杂志已经倒闭，另一些则处于岌岌可危的状态。文学杂志纷纷进行改版。其中商业化转型最为成功的，一家是针对进城务工人员的文艺励志类期刊《佛山文艺》，另一家是专走时尚言情文学路线的《花溪》。还有一些在原有的纯文学价值与市场定位之间摇摆的期刊，各自发展出不同的定位、策略，比如《天涯》从边缘省份的文学杂志成功转型为一本全国著名的思想类期刊，《作家》仿《纽约客》风格面向都

---

① 除了“布老虎丛书”，他操作的另一有名的文学出版案例是卫慧的《上海宝贝》。

② 贺雄飞“草原部落图书创作室”1999年推出的“黑马文丛”（包括余杰《火与冰》《铁屋中的呐喊》、孔庆东《47楼207》、摩罗《耻辱者手记》）吸引了众多的大学生/类知识分子读者。

③ 有关郭敬明与他的出版事业的研究，参见杨玲：《权力、资本和集群：当代文化场中的明星作家——以郭敬明和最世作者群为例》，《文化研究》第12辑，2012年。

④ 路金波，第一代网络著名作家李寻欢，与宁财神、安妮宝贝号称当时网络文学的“三驾马车”，参与成立著名的网络文学网站“榕树下”。后转型为文化出版商，曾任万榕书业发展公司总经理，2012成立果麦文化传媒公司，任董事长。旗下签约作家包括韩寒、易中天、王朔、慕容雪村、安妮宝贝、饶雪漫、安意如等中国畅销书排行榜常驻作家。关于路金波的出版帝国，专栏作者困困有一篇有趣的人物纪实：《投机主义绅士路金波》，《智族GQ》，2012年第2期。

市白领的“精致”方针，《北京文学》纳入社会时政、文化热点讨论的“大文化”路线。① 值得一提的是，《北京文学》提出的“小说要好看”的命题也成为20世纪90年代之后旧主流文坛文学杂志一个通行的文学指标。既要维持“纯文学”的身段，又要“好看”的结果是，“现实主义”的美学与阅读趣味再度成为文学杂志的审稿标准，20世纪80年代的文学实验不再受到鼓励，大量题材与风格近似，中庸的社会写实类作品占据了文学杂志的大部分版面。② 不管这些努力的成效如何，20世纪80年代文学期刊作为文学生产中心的状况显然已一去不返，代之而起的，是出版工业在文学场域的引领作用。这一状况明显反映在现今作家的“出道”方式上——出版社，而不是文学杂志，成为新晋作家出场的重要途径。最明显的例证便是参加《萌芽》（一家针对青少年市场改版成功的文学杂志）所主办的“新概念作文大赛”获奖的年轻作者群。这些作者获奖之后，不是像老一辈作家继续在文学杂志上耕耘，逐渐积累文坛的知名度与认可，而是通过出版社直接推出长篇，在出版社的策划包装与推广下，迅速占领市场，获得广泛的读者/粉丝群。以韩寒、郭敬明为首的“青春文学”，与他们背后的策划/出版商，显然是这一新的文学生态最大的赢家。

在20世纪90年代，与印刷出版工业同步的，是电子、数字媒体的迅猛发展，电影、电视、流行音乐、电子/网络游戏等文化产品成为占有最大市场份额的文化商品，将传统平面媒体的文学挤压到一个边缘的位置；与此同时，文学也积极地参与多媒体时代的变革，发展、扩张文学的定义与生存之道，“影视文学”与“网络文学”便是诞生于多媒体时代的新的文学品类。在这个过程中，文学也被纳入一个更大的文化生产流程，成为跨媒体文化商品生产的一环。

再次，王朔是这个中国文学跨媒体商品化进程的先锋。除了拥有文学畅销书的作者身份，王朔同时是一个成功的编剧、影视策划人，他成立的“海马工作室”在20世纪90年代前期是一个著名的文学与影视市场的中介。王朔扶植的冯小刚与徐静蕾分别发展了王朔美学“喜剧”与“言情”的面向，二者皆是中国电影市场最卖座的导演之一。众多作家纷纷加入收益丰厚的影视编剧

---

① 有关文学刊物改版大潮的情况，参见邵燕君：期刊“改版潮”的发生与发表原则的转变，邵燕君《倾斜的文学场》第一章，江苏人民出版社，2003年。Kong, Shuyu. *Literary Journals: Between a Rock and a Hard Place. Consuming Literature: Best Sellers and the Commercialization of Literary Production in Contemporary China*. Chapter 6, Stanford University Press, 2005.

② 考虑到当前文学杂志的主要读者群是从20世纪延续下来的中老年读者，现实主义美学的确是中国中老年读者的主流品位。

的行列，一些80年代的成名作家如刘恒、朱苏进，90年代崭露头角的文学新星李冯、述平、须兰等人，皆成为影视行业的著名编剧，但基本已不再从事原来意义上的小说创作。另一些影视编剧则把走红的影视剧重新回炉成文学作品，在图书市场上再收获一把，这类“影视文学”的重要代表人物有海岩[①]、王海鸰[②]等。文学与影视联姻的最新趋势则是作家直接化身导演，成为横跨文学与电影场域的通吃者。数字技术的发展使得电影拍摄门槛降低，在台湾作家九把刀自编自导的《那些年，我们一起追的女孩》的成功示范下，郭敬明与韩寒皆利用他们在文学场域积聚的强大粉丝效应跨界电影，郭敬明的“小时代”系列，韩寒的《后会无期》皆进入近年中国电影市场最吸金的电影行列。显然，跨媒体经营已成为未来文学的发展趋势之一。

另一个造成传统文学格局重组的力量是新媒体——互联网的兴起。中国互联网自20世纪90年代末以来飞速发展，“网络”成为传统的文学期刊与文学出版之外发表与阅读作品的重要平台。经过早期自由无序充满活力的发展阶段后，“网络文学”逐渐呈现出分流的趋势：大众文学与纯文学追求各自发展，拥有自己的大众与小众读者。前者如曾经占据网络文学半壁江山的“盛大文学网”，发展出各种网络流行文学类型：玄幻、穿越、灵异、同人，等等；后者的代表如“黑蓝文学”，曾是网上最具艺术探索精神、拒绝文学商业化与传统文学期刊平庸写实主义倾向的同人网刊与论坛。[③] 由于网络文学直观的“人气”所蕴含的市场价值，2014年年底，互联网巨头腾讯收购“盛大”，网络文学被更大程度地整合进整个文化产业链——动漫、游戏、影视改编及周边产品开发上。资本的强力介入也影响到了网络文学的原有生态，原本以网络自发的“有爱”为主体的“粉丝经济”被更大程度地整合进以利润为导向的资本经济，由此导致了网络文学自主性的降低，丰富性的减少。[④] 官方“净网”行动对网络文学的影响，网络文学与资本的合作与冲突，未来网络文学发展的态势仍待进一步的观察。

在市场法则越来越有力地渗透文学场域后，不仅是商业文学，即使是纯文学也在新的场域游戏规则的熏陶下，发展出一些适应的宿习（habitus）与策

① 代表作：《一场风花雪月的事》《拿什么拯救你，我的爱人》《玉观音》等。

② 代表作：《牵手》《中国式离婚》《新结婚时代》等。

③ 2014年8月1日，黑蓝论坛宣布暂时关闭，转向更为分众化的微信平台。

④ 参见邵燕君，庄庸，高寒凝等：《2014年网络文学：多重博弈下的变局》，http：//www. chinawriter. com. cn. 对中国网络文学的发展与特色的全面研究，见 Michel Hockx. *Internet Literature in China*. Columbia University Press, 2015.

略。如著名的纯文学作家余华与上海文艺出版社2005年推出的长篇小说《兄弟》所采取的上下分册的出版方式，明显打上了市场精算的烙印。[①] 在文学中最不易被商业化，因此也最早淡出公众视线的诗歌在2015年出人意料地因为余秀华事件而喧嚣一时。这次的媒体推手是继博客、微博之后兴起的移动互联网社交媒体——微信。中国作协诗歌刊物老大《诗刊》的微信公众号以"一位脑瘫患者的诗"的标题配发了余秀华的诗歌，另一个颇有知名度的微信公众号"民谣与诗"则把旅美学者沈睿对余秀华诗歌的评论"什么是诗歌？余秀华——这让我彻夜不眠的诗人"改成"余秀华：穿过大半个中国去睡你"在微信上发布，很快拥有了上万的阅读与转发量。女性、脑瘫、诗人、睡，迅速组合成一个富于话题性的媒体事件，在这个小小的文学狂欢节中，少有人去真正探讨余秀华的诗歌艺术，消息、话题、眼球经济构成了媒体时代文学的存在方式。

柄谷行人在《日本现代文学的起源》的中文版序中说：他20世纪70年代末写作该书，后来才注意到"那个时候日本的'现代文学'正在走向末路，换句话说，赋予文学以深刻意义的时代就要过去了"。[②] 中国的"现代文学"在20世纪90年代后也面临了这样的时刻。一个世纪以来东亚现代国家赋予"文学"的高层文化使命（国族建设、现代化启蒙、自主艺术等）似乎已然画下句点。

二、文学场域的"正当性"问题

麻省理工学院的教授王瑾曾经以"high culture fever"为题，专著讨论20世纪80年代中国知识分子的精英文化[③]，80年代的当代文学显然是这一波高层文化追求潮流中亮眼的角色。在经过20世纪50—70年代社会主义文学/文化全面的革命俗化之后，中国文化又反弹回文化分层的状况。

社会主义时期的"工农兵文艺"，强调的是文学的社会主义教育与动员功能，因此，大众化、民族形式——从左翼、抗战时期延续下来，对于文学通俗/普及性的强调得到了进一步的巩固与加强。在这一革命"大众"文艺的格

① 具体分析见：董丽敏：《当代文学生产中的〈兄弟〉》，《文学评论》，2007年第7期。

② ［日］柄谷行人：《日本现代文学的起源》，赵京华译，生活·读书·新知三联书店，2003年，第1页。

③ Jin, Wang. *High Culture Fever: Politics, Aesthetics, and Ideology in Deng's China.* University of California Press, 1996.

局中，不仅知识分子需要不断克服“小资产阶级”的习性、情调、趣味（雅文化的 habitus），向民间形式——大众文艺学习；原始风味的民间文艺事实上也需要经过“社会主义”的提高改造以成为“革命”大众文艺；在民国初步发展的文化市场基础上形成的商品文学此时更是丧失了存在的体制基础。因此，社会主义文艺形成了一个相当均质的状态，在这个格局中，传统意义上的雅俗分层被取消（不管是古代中国的士大夫精致文化与白话小说/民间文化，还是民国时期的新文学与“鸳鸯蝴蝶派”），共同服务于一个更高的革命大众文艺的革命通俗准则。

在 80 年代，随着执政党执政方针的转变、新的知识分子政策的出台，知识分子的社会地位大幅提高，知识分子的精英文化、雅文化追求也重新开始形成，文学、电影、美术等各个文化场域开始了一个“自主化”的进程。按照布迪厄对于法国自主性文学场域形成的考察，所谓一个越趋近于自主的文学场域，越能够将对于文学作品的评价标准建立在文学艺术自身发展的规律上（内缘正当性），而不是由外部的政治、经济等权力场域来决定文学场域的游戏规则（外缘正当性）。[①] 在布迪厄的论述里，法国自主性文学场域“为艺术而艺术”的准则是对来自于市场的商业法则的反抗。[②] 然而在中国的语境里，中国文学场域的自主性诉求更多的是针对来自于政治权力的外缘正当性的规范。80 年代的文学知识分子希望能够将文学的评价标准建立在文学自身的艺术标准上（文化正当性），而不是由政治场域的力量（所谓政治标准第一，文学标准第二）来决定文学的正当性。这一在 80 年代经过与政治正当性的反复博弈初具雏形的纯文学自主场域的建立，很快在 90 年代遭到了两方面的冲击：一方面来自于中国政府全面推进市场经济后蓬勃发展的文化消费市场所挟持的经济正当性的冲击[③]，另一个棘手的问题，则是来自于 90 年代后期新左与自由派文学知识分子的分裂——在中国现当代历史上反复出现的，后发国家知识分子对“资本主义”与“社会主义”的现代性方案之争所引发的关于文学性质、功能（资产阶级文学 vs 社会主义文学）的不同定位与想象。

20 世纪 80 年代各个文化场域自主性进程的诉求，是“新时期”现代化追

---

① Bourdieu, Pierre. *The Market of Symbolic Goods*, *The Field of Cultural Production*: *Essays on Art and Literature*. Columbia University Press. 1984: 112 – 141.

② 同①，29 – 73.

③ 1993 年的“人文精神论争”，王晓明等人对于王朔的批判在某种程度上可视为 80 年代精英文化对于 90 年代大众文化的防卫战。

求在不同场域的表现。哈贝马斯曾经引用韦伯的观念，对“现代性的规划”作了一个扼要的阐释：“韦伯认为，文化现代性的特征就在于，原先在宗教和形而上学世界观中所表现出来的本质理性，被分离成三个自律的领域。它们是科学、道德和艺术。它们之所以会逐渐分化，是由于宗教和形而上学的世界观瓦解了。18 世纪以降，古老世界观所遗留下来的那些问题被加以整理，以便被置于正当性的诸特定层面上，它们是真理、规范性的正义、本真和美。它们因此而被当做知识问题、公正性和道德问题或趣味问题加以把握。科学话语、道德理论和法学，以及艺术的生产和批评渐次被体制化了。……由启蒙哲学家在 18 世纪精心阐述的现代性规划，是一种遵循其内在规律坚持发展客观的科学、普遍的道德和法律与自主的艺术的努力。”① 这一 80 年代知识分子追求专业化与自主性的文化现代性自由主义共识，在 90 年代中后期遭到了“新左”挟后现代理论对现代性的挑战。“新左”的代表人物之一汪晖认为 20 世纪 90 年代中国出现的各种社会问题，很大程度来自于中国 80 年代启蒙知识分子对于资本主义现代性一厢情愿地拥抱，因而丧失了批判全球资本主义、提出另类想象的能力。这一另类现代性，或“反现代性的现代性”的诉求此后逐渐从 80 年代知识界对中国革命—社会主义实践的反思脱出，转向强调继承“社会主义遗产”，发展“中国模式”。在文学场域，也相应地出现了对于 80 年代的“纯文学”“文学自主性”追求的反思与批评②，对“底层文学”“新左翼文学”的倡扬③，以及对 50—70 年代“社会主义文学”的重评。笔者在这里不拟对新左与自由主义的文学观念进行全面的分析，只把问题集中在与本文相关的“文学体制”维度的探讨上。

德国理论家比格尔曾经从艺术体制的角度对西方 19 世纪末 20 世纪初的“先锋派”提出了一个解释：他认为，西方先锋派运动的目的并不在于所谓现代主义的形式革新，而是力图打破资本主义“自主艺术体制”的无效能性，

---

① ［德］于尔根·哈贝马斯：《现代性对后现代性》，周宪译，周宪主编《文化现代性精粹读本》，中国人民大学出版社，2006 年，第 142 – 143 页。

② 《上海文学》2001 年第 3 期发表 20 世纪 80 年代“纯文学”主将李陀反思纯文学的访谈录《漫说“纯文学”》，此后陆续展开了相关讨论，主要文章有：薛毅《开放我们的文学观念》（《上海文学》2001 年第 4 期），韩少功《好“自我”而知其恶》（《上海文学》2001 年第 5 期），南帆《空洞的理念》（《上海文学》2001 年第 6 期），蔡翔《何谓文学本身？》（《当代作家评论》2002 年第 6 期）；刘小新《纯文学概念及其不满》（《东南学术》2003 年第 1 期），贺照田的《时势抑或人事：简论当下文学困境的历史与观念成因》，《开放时代》2003 年第 3 期），洪子诚、吴晓东、贺桂梅，等《新历史语境下的“文学自主性”》（《上海文学》2005 年第 4 期）等。

③ 参见日本学者尾崎文昭对此现象的观察。尾崎文昭：《底层写作—打工文学—新左翼文学》，陈玲玲译，《アジア（亚洲）游学》月刊 94 号，《中国现代文学的越境》特辑，日本勉诚出版，2006 年。

虽然先锋派的努力最终失败了，但是它的出现使得“自主艺术体制”可视化，成为一个问题，促使人们重新去思考艺术品、艺术功能与艺术体制的关系。① 留美学人唐小兵根据比格尔的这一先锋派理论，将延安文艺以来的社会主义文艺实践重新定位为“反现代性现代先锋派”②。随着“中国崛起”，追寻“中国模式”的热潮，唐小兵主编的《再解读：大众文艺与意识形态》也成为带动国内“社会主义文学”研究、重评50—70年代文学的先导。

唐小兵的观点为打破西方学界对于社会主义时期中国文学“政治文宣”的刻板印象，对社会主义文学/文化进行更为细致的考察提供了一些新的尝试。然而由于历史脉络的不同，这个新的解释模式存在着一些问题：其中最重要的，是需要对自律艺术体制在东西方的历史脉络与实践进程做出更具体的说明与界定。比格尔的论述并没有先验地假定自律艺术体制的好坏，他只是历史性地描述了艺术自律体制在西方的发展，从中世纪的宗教功能、封建的宫廷艺术脱胎，自启蒙的公共论坛一直过渡到19世纪对于工具理性、市场理性的反抗而逐渐发展成熟的“无目的目的性”的自律美学，这一自律美学将艺术放置于与社会实用功能相隔离的位置，一方面是对于资本主义日益发达的市场体系的反抗，另一方面随着艺术越来越将注意力集中于自身本体的构成（比格尔认为这一发展趋向在19世纪后期的唯美主义达到高峰），艺术也变得越来越不具“社会效能”。先锋派的出现正是为了打破资本主义自主艺术体制的这种悖论，打破艺术与日常生活的界限，把艺术重新组织进日常生活，使之具有改变社会的政治效能。③

考虑社会主义文学的“先锋派”性质，首先面对的就是中国自主艺术体制的前史。作为一个后发国家，中国现代文学艺术的建构受到了西方的现代性知识体系极大的影响，然而这一现代性知识体系并不遵从西方17世纪以来顺时性的历史脉络，而是在20世纪共时态地涌入中国，与各种对西方现代性的理解、倾向、利益、权力相挂钩，在中国上演不同的现代性方案之争。就文学而言，从晚清开始，梁启超的文学改良、陈独秀的文学革命，与王国维、朱光潜的康德式自主美学，一直各有自己的地盘，不过两者也经常会有一些交错，

---

① Peter Burger. *Theory of the Avant-Garde.* University Of Minnesota Press, 1984. 中译本见［德］彼得·比格尔《先锋派理论》，高建平译，商务印书馆，2002年。

② 见唐小兵主编：《再解读：大众文艺与意识形态》“我们怎样想象历史”（代导言），牛津大学出版社，1993年。北京大学出版社2007年5月出版了该书增订版。

③ 同①。

比如梁启超的实用主义文学观也强调“熏浸刺提”的美学中介，朱光潜的康德式自主美学基本上还是有一个提高人性的美育指向，因此二者并不一定截然对立，但是总的来说，前者更强调文学作为政治启蒙的功能，而后者则认为文学的长处可能并不在短期的政治动员，而呼吁让文学具有更多的自主性。随着延安文艺、共产党政权的胜出，“自主艺术”不再具有体制性的生存空间。因此，所谓“社会主义先锋派”并不是西方先锋派对此前西方自律艺术体制发展到高峰的反动，而是自觉地将自律美学排除出去的产物，它是传统的文学实用观与现代政党政治功利化企图的结合。在这一过程中，不仅1949年前自由主义的自主艺术观被排除，左翼文学知识分子在“当代文学”时期试图维护文学场域自主性的努力也一再失败。① 这一文学体制的发展最终在“文化大革命”达到了它的顶峰——政治场域与文学场域合而为一，文学场域彻底丧失了自主性。

中国的文学是否能跨越西方自主艺术体制的发展，避免它的问题？对这个问题的回答自然关涉到另一个更大的问题：后发现代国家是否能超越资本主义阶段，避免资本主义的缺陷，发展出“另类现代性”？由于苏东解体、中国改革开放后越来越深刻地卷入全球化，面对全球资本主义的高度进袭，左翼知识分子寻求另类现代性的焦虑的确值得理解。然而为了有效拯救社会主义遗产，首先是对于社会主义经验的有效清理，以及对社会主义理想与社会主义实践的落差所做的探讨。仅仅用“反现代性现代先锋派”的新颖概念并不能真正有效地回应全球资本主义的冲击。

正当新左与自由主义知识分子彼此激烈较劲正当性文学论述权（“底层文学”“社会主义文学”的道德/政治正当性 vs 艺术自主的文化正当性）之时，中国的市场化与全球化进程早已以国家推动的方式不可阻遏地向前迈进。2001年中国加入WTO，2002年中国共产党第十六届代表大会把文化区分为“文化事业”和“文化产业”，开始大力推进文化产业的发展。“文化产业”的概念作为国策推出，文化产业作为经济升级模式、国家软实力展示与文化外交，成为引领中国文化发展的风向标。在全球文化流动、各国争相发展文化产业的态势下，原本高下分明的雅俗位阶不仅界限趋于模糊②，更关键的是，流行文化的正当性大幅度提高。“文化产业”的中性用法取代了原来法兰克福学派意义

① 在50—70年代，现实主义的“真实性”作为文学与政治的斡旋，经常被文学知识分子标举出来，作为维护文学场域自主性的策略。见洪子诚：《关于五十至七十年代的中国文学》，《文学评论》，1996年第2期。

② “后现代文化”的概念某种程度上正是为了对雅俗文化边界模糊这一现象做出适切的描述。

上贬低性的“文化工业”，大批人才被吸纳入流行文化生产，一方面造成了原本从事精英文化追求的人员的流失；另一方面，也带动了流行文化品质的上升。随着市场与各种文化品类的日益繁盛，自主场域的问题再度出现。一方面，严肃文学与流行文学的取向、艺术前提、评判标准、读者市场并不相同，维持严肃文学与流行文学场域各自的自主性与评判标准，更有利于两者的发展，因此，不要让流行文学的“好看”凌驾为严肃文学的准则，而应该让严肃文学依循内在的艺术规律发展，如此也有利于满足读者的多重需求，建设多元的文化市场；另一方面，晚近中国流行文化发展的一个紧迫性的问题同样是自主场域、专业标准的建立。明显的一个例子是近年急剧扩张的中国电影工业。2012 年后爆发式增长的中国电影市场吸引了众多资本竞相进入，然而急功近利的短线行为使得市场上出现了大量粗制滥造然而营销颇为成功的“烂片”。如果资本成为电影场域的唯一主导力量，如果电影场域没能建立一个以场域专业人员的评价标准（内缘的文化正当性）为电影正当性的自主场域，而是以“票房”（外缘的经济正当性）作为唯一的衡量标准，最后损伤的势必是电影产业本身专业性的成熟发展。毕竟，电影工业的特殊性在于它生产的是一种“文化”商品，一个良性的文化产业，必须在“文化正当性”与“经济正当性”之间维持一个适度的平衡。正如奥斯卡奖的设立，不同于戛纳金棕榈、威尼斯金狮、柏林金熊等艺术电影奖，它是一个美国的商业电影奖，可是它的获奖者并不是本年度票房冠军（如此这个奖项的设立也就不需要了），而是由美国电影界的专业人士来投票选出本年度业界公认的好电影。换言之，商业电影与艺术电影一样，它同样有奠基于电影本身的一套标准，且必须发展出自身的场域自主性，以维持场域内在规律的发展与成熟。

在这一套尊重或者说遵循现代性专业分工规律的自主性文化场域的格局中，比格尔所寄望的“介入”的“先锋派”位置在哪？近年来国际上兴起的“文化行动主义”（cultural activism）提供了一些左翼突破资本主义体制的另类尝试。[①] 相对于资产阶级文学的自律美学，文化政治是左翼关注的重心。为了让艺术重新政治化，文化行动主义强调文化与“行动主义”（activism）的结合：行动不只是改造社会，同时也是人的意识、价值、文化内容的改变；而文化符号、意义的争夺又必须与社会运动有机地联系在一起，否则很容易再度被

---

① 戴锦华、刘健芝主编的《蒙面骑士》收录了 1994 年墨西哥恰帕斯州出现的原住民武装起义——萨帕塔运动的副司令、发言人马科斯充满想象力与战斗性的“文本”，是“文化行动主义”的一个精彩案例。见戴锦华，刘健芝主编：《蒙面骑士》，上海人民出版社，2006 年。

资本主义文化体制收编，成为新的流行文化商品品牌或再度被吸纳进画廊博物馆成为新种类的“艺术”。从这个角度观看，中国的左翼如果要坚持它的基进性，就必须另辟蹊径，与社会运动建立有效的连接。如果只是在原有的文学场域引进、发明一个“底层文学”“新左翼文学”的位置，重新分配一下场域内的象征资本，这样的左翼远谈不上“基进”。

在这个新的文化格局、文学体制中，文学从业者会如何发展出各自不同的事业追求、文化愿景和自我定位呢？

结　语

本文试图以文学社会学的观点为中国当代文学体制与文学场域的变革勾勒出一个大致的图像。本文的第一部分描述了文学体制“硬体”的转变：出版工业、大众传媒的兴起与传统文学期刊的衰落，以及作家身份角色，从创作者到跨媒体文化经营者的变化。第二部分则试图探讨文学体制的“软体”：正当性文学论述问题。在遭到经济正当性冲击，严肃文学与流行文学边界模糊的状况下，纯文学场域如何维护严肃文学的美学标准；与此同时，流行文化场域亦需要在文化正当性与资本力量之间保持平衡，建立流行文化场域自身的自主性。这部分也对中国当代文学场域90年代后期兴起的“新左翼”位置进行了初步的分析。本文认为新左翼的论述既与中国90年代急剧变化的社会现实相关，亦是全球文化、学院生产流动的一环，“反现代性现代先锋派”的概念更大程度是对西方学院左翼后冷战焦虑的应和；置诸中国的现实语境，左翼文学/文化如何保持它的基进性，与社会运动产生有机的联结，是需要进一步讨论的问题。

（作者单位：厦门大学人文学院中文系）

张爱玲对20世纪中国小说审美的贡献

胡明贵

20世纪，随着中国现代文学的诞生与发展，小说被从“街谈巷语之说”提高到“欲新民，必自新小说始”的崇高地位，成为“经国之大业”。小说创作在20世纪中国文坛可谓占尽先机，出尽风头。小说理论也随之水涨船高，受到越来越多人的重视。然而由于各种原因，对张爱玲小说理论的关注和研究却一直是个死角。张爱玲曾是中国现代文学星空中一颗璀璨的星星，她不仅为我们创作了许多脍炙人口的小说，而且为我们提供了许多小说创作方面的理论经验，比如“参差的对照的写法”“不彻底的人物”、反高潮的冲突理论、“苍凉”的悲剧观、小说间离效果，等等。这些她在《自己的文章》《论写作》《写什么》《我看苏青》《谈看书》《洋人看京戏及其他》等文章中都曾谈过。她的小说理论用她自己的话就是“参差的对照的写法”。

张爱玲曾多次提到“参差的对照的写法”，比如她说：“我喜欢参差的对照的写法，因为它是较近事实的。”① “我写作的题材便是这么一个时代，我以为用参差的对照的手法是比较适宜的。我用这手法描写人类在一切时代之中生活下来的记忆。”② 在《自己的文章》中，她较详细地描述了这种写法：

> 我发觉许多作品里力的成分大于美的成分。力是快乐的，美却是悲哀的，两者不能独立存在。“死生契阔，与子成说；执子之手，与子偕老”是一首悲哀的诗，然而它的人生态度又是何等肯定。我不喜欢壮烈。我是喜欢悲壮，更喜欢苍凉。壮烈只有力，没有美，似乎缺少人性。悲剧则如大红大绿的配色，是一种强烈的对照。但它的刺

---

① 张爱玲：《自己的文章》，来凤仪编《张爱玲散文全编》，浙江文艺出版社，1992年，第111页。

② 同①，第113页。

激性还是大于启发性。苍凉之所以有更深长的回味，就因为它像葱绿配桃红，是一种参差的对照。①

她比较偏爱悲剧，但不是那种崇高壮烈的悲剧，而是那种带有凄凉意境的悲剧，即苍凉。她认为悲剧属于那种如大红配大绿强烈的对照，而“苍凉”则属于葱绿配桃红参差的对照。

什么是葱绿配桃红参差的对照？参照她在《童言无忌》对衣服颜色搭配的描述，我们对此比喻有了更进一步的了解：

色泽的调和，中国人新从西洋学到了“对照”与“和谐”两条规矩——用粗浅的看法，对照便是红与绿，和谐便是绿与绿。殊不知两种不同的绿，其冲突倾轧是非常显著的；两种绿越是只推扳一点点，看了越使人不安。红绿对照，有一种可喜的刺激性。可是太直率的对照。大红大绿，就像圣诞树似的，缺少回味。……古人的对照不是绝对的，而是参差的对照，譬如说：宝蓝配苹果绿，松花色配大红，葱绿配桃红。②

颜色的搭配既要有对照但又不能太醒目和刺激，比如大绿不要配大红，而是葱绿配桃红，这样的搭配既有对比又留有余地，既显眼又不刺目和张狂。她将这种颜色搭配方法引申到小说创作上，强调自己的审美趣味在于表现与政治大事“不相干”的饮食男女平凡小事，在于“非斩钉截铁”的矛盾冲突，在于“不彻底的人物”，在于“非壮烈”的苍凉悲剧意境③，在于表现现实生活又与现实生活拉开一段距离的间离审美④等。

一、“不相干的事”题材论

张爱玲说过，“清坚决绝的宇宙观，不论是政治上的还是哲学上的，总未免使人嫌烦。人生的所谓‘生趣’，全在那些不相干的事”。⑤ 所谓“不相干的事”，就是指恋爱结婚、生老病死那些普普通通的事，与政治、民族、阶级等

① 张爱玲：《自己的文章》，来凤仪编《张爱玲散文全编》，浙江文艺出版社，1992 年，第 111 页。

② 张爱玲：《童言无忌》，张爱玲《流言》，北京十月文艺出杜，2005 年，第 97 页。

③ 胡明贵：《张爱玲“苍凉”悲剧思想的生成及对中国现代悲剧理论的发展》，《福建师范大学学报（哲学社会科学版）》，2015 年第 3 期。

④ 胡明贵：《论张爱玲的小说间离审美理论》，《南京师范大学学报（社会科学版）》，2015 年第 1 期。

⑤ 张爱玲：《烬余录》，来凤仪编《张爱玲散文全编》，浙江文艺出版社，1992 年，第 49 页。

所谓国家大事不相干。她在评论《若馨》里曾明确地以这种审美趣味作标准，说这篇小说的亮眼之处就在那些不相干的事：

> 这是一个具有轻倩美丽的风格的爱情故事，也许，一般在小说中追求兴奋和刺激的读者们要感到失望，因为这里并没有离奇曲折，可歌可泣的英雄美人，也没有时髦的“以阶级斗争为经，儿女之情为纬”的惊人叙述，这里只是一个平凡的少女怎样得到，又怎样结束了她初恋的故事。然而，惟其平淡，才能够自然。本书之真挚动人，当然大半是因为题材是作者真实生活中的经验的缘故。①

“在西方，近人有这句话：‘一切好的文艺都是传记性的。’当然事实不过是原料，我是对创作苛求的，对原料非常爱好，并不是‘尊重事实’，是偏嗜它特有的一种韵味，其实也就是人生味。”② 生活素材要有生活气息，有人生味。平淡、自然，能反映真实的生活经验的题材是她向读者推荐《若馨》的重要原因，她认为人世间“去掉一切的浮文，剩下的仿佛只有饮食男女这两项。人类的文明努力要想跳出单纯的兽性生活的圈子，几千年来的努力竟是枉费精神么？事实是如此”。③ 所以，“只要题材不太专门性，像恋爱结婚，生老病死，这一类颇为普遍的现象，都可以从无数各各不同的观点来写，一辈子也写不完。如果有一天说这样的题材已经无话可写了，那想必是作者本人没的可写了。即使找到了崭新的题材，照样的也能够写出滥调来”。④

饮食男女这样的题材选择嗜好实际上反映了作者看待人类的视点问题。张爱玲选取了两个视点来看待人间饮食男女之事：“其一是人间视点，也就是说站在普通人的立场去看。人都有喜怒哀乐，悲欢离合；以此来看待自己或者别人，正是一个人的看法。其一是在这个视点之上，俯看整个人间的视点。是把人类的悲哀，或人类的——刚才说的喜怒哀乐，悲欢离合，整个看在眼里。……从人间视点出发，他们真实地写出人物的愿望，这时作者完全认同于他们，承认人生的价值；从俯视人间的视点出发，则揭示出这种价值的非终极性。”⑤ 所谓“价值的非终极性”，一方面指人的欲望是无穷尽的，一个欲望的实现实际上是下一个新的欲望的起点；另一方面指人的所有欲望和实现欲望的

① 张爱玲：《〈若馨〉评》，来凤仪编《张爱玲文散文全编》，浙江文艺出版社，1992 年，第 489 页。

② 张爱玲：《谈看书》，来凤仪编《张爱玲散文全编》，浙江文艺出版社，1992 年，第 366 页。

③ 张爱玲：《烬余录》，来凤仪编《张爱玲散文全编》，浙江文艺出版社，1992 年，第 59 页。

④ 张爱玲：《写什么》，来凤仪编《张爱玲散文全编》，浙江文艺出版社，1992 年，第 140 页。

⑤ 止庵：《张爱玲的残酷之美》，《博览群书》，2005 年第 7 期。

努力最终都是毫无意义的，都指向了虚无。这是人类痛苦的根源。张爱玲用这两个视点来选择创作题材，也用这两个视点看待人类的挣扎、痛苦、无奈和悲哀。她认为像恋爱结婚、生老病死，这一类颇为普遍的现象，才是生活中最安稳最常见的一面，是生命的根底，也是文学取之不尽的底子，“可以从无数各各不同的观点来写，一辈子也写不完”。① 比如“苏青最好的时候能够做到一种‘天涯若比邻’的广大亲切，唤醒了往古来今无所不在的妻性母性的回忆，个个人都熟悉，而容易忽略的。实在是伟大的。”② 但是，现代“文学史上素朴地歌咏人生的安稳的作品很少，倒是强调人生的飞扬的作品多，但好的作品，还是在于它是以人生的安稳做底子来描写人生的飞扬的。没有这底子，飞扬只能是浮沫，许多强有力的作品只予人以兴奋，不能予人以启示，就是失败在不知道把握这底子”。③ 如果脱离了生活朴素的底子，那么飞扬的就是浮沫了。“强调人生飞扬的一面，多少有点超人的气质。超人是生在一个时代里的。而人生安稳的一面则有着永恒的意味，虽然这种安稳常是不完全的，而且每隔多少时候就要破坏一次，但仍然是永恒的。它存在于一切时代。它是人的神性，也可以说是妇人性。”④

何谓文学的“妇人性”？张爱玲所谓的“妇人性”实际指的就是创作题材选择。文学是人学，文学是有关人的生存与情感经验之学，当然不能背离人，不能背离人的生活，因此文学也要食人间烟火。不论在哪一朝代，也不管是盛世太平还是乱世没落，活着的人就要过日子，就要饮食，还要男女。柴、米、油、盐、酱、醋、茶，娶嫁生子、生老病死，如果去掉一切浮华的东西，生活就是如此。对他们来说活着要解决的问题首先就是穿衣吃饭，就是结婚生子，生活好过也好，歹过也好，都要过下去。“将来的荒原下，断瓦颓垣里，只有蹦蹦戏花旦这样的女人，她能够夷然地活下去，去任何时代，任何社会里，到处是她的家。”⑤ 战争也好，阶级斗争也罢，这些都是非常态的，毕竟都是暂时的。日常生活常态就是饮食男女。

张爱玲提出要开拓文学表现的崭新领域，去表现人生安稳的一面，着重以真实的面目呈现出大时代中最平凡的普通人的普遍的小悲欢及人类永恒的普遍

---

① 张爱玲：《写什么》，来凤仪编《张爱玲散文全编》，浙江文艺出版社，1992 年，第 140 页。

② 张爱玲：《我看苏青》，来凤仪编《张爱玲散文全集》，浙江文艺出版社，1992 年，第 254 页。

③ 张爱玲：《自己的文章》，来凤仪编《张爱玲散文全编》，浙江文艺出版社，1992 年，第 111 页。

④ 同③，第 110 页。

⑤ 张爱玲：《〈传奇〉再版的话》，来凤仪编《张爱玲散文全编》，浙江文艺出版社，1992 年，第 186 页。

的人性。她偏爱这种朴素的生活素材，说：“我喜欢素朴，可是我只能从描写现代人的机智与装饰中去树出人生的素朴的底子。因此我的文章容易被人看做过于华靡。但我以为用《旧约》那样单纯的写法是做不通的，托尔斯泰晚年就是被这个牺牲了。我也并不赞成唯美派。但我以为唯美派的缺点不在于它的美，而在于它的美没有底子。溪涧之水的浪花是轻佻的，但倘是海水，则看来虽似一般的微波粼粼，也仍然饱蓄着洪涛大浪的气象的。”①

20 世纪是一个政治多变、国家危亡、民族危难的大时代，张爱玲为什么不去表现大时代的一些政治大事，而钟情于饮食男女这些小事情呢？她认为：“这时代，旧的东西在崩坏，新的在滋长中。但在时代的高潮来到之前，斩钉截铁的事物不过是例外。人们只是感觉日常的一切都有点儿不对，不对到恐怖的程度。人是生活于一个时代里的，可是这时代却在影子似地沉没下去，人觉得自己是被抛弃了。为要证实自己的存在，抓住一点真实的，最基本的东西，不能不求助于古老的记忆，人类在一切时代之中生活过的记忆，这比了望将来要更明晰、亲切。于是他对于周围的现实发生了一种奇异的感觉，疑心这是个荒唐的，古代的世界，阴暗而明亮的。回忆与现实之间时时发现尴尬的不和谐，因而产生了郑重而轻微的骚动，认真而未有名目的斗争”。②“我写作的题材便是这么一个时代，我以为用参差的对照的手法是比较适宜的。我用这手法描写人类在一切时代之中生活下来的记忆。而以此给予周围的现实一个启示。我存着这个心，可不知道做得好做不好。一般所说‘时代的纪念碑’那样的作品，我是写不出来的，也不打算尝试，因为现在似乎还没有这样集中的客观题材。我甚至只是写些男女间的小事情，我的作品里没有战争，也没有革命。我以为人在恋爱的时候，是比在战争或革命的时候更素朴，也更放恣的。战争与革命，由于事件本身的性质，往往要求才智比要求感情的支持更迫切。而描写战争与革命的作品也往往失败在技术的成分大于艺术的成分。和恋爱的放恣相比，战争是被驱使的，而革命则有时候多少有点强迫自己。真的革命与革命的战争，在情调上我想应当和恋爱是近亲，和恋爱一样是放恣的渗透于人生的全面，而对于自己是和谐。”③ 艺术来源于生活，现实生活五彩缤纷，非常醒目的颜色毕竟不多，除非人生大事如婚嫁等喜事着红色，丧事着白色，否则应该是五彩缤纷。日常生活不可能天天结婚，也不可能天天出丧。平淡的生活中

---

① 张爱玲：《自己的文章》，来凤仪编《张爱玲散文全编》，浙江文艺出版社，1992 年，第 112 页。
② 同①，第 113 页。
③ 同①，第 113 页。

需要一点刺激，但是大的刺激却是要命的，如吸毒或酗酒。有点刺激但又不过分，所以张爱玲在题材的选择上看重饮食男女，这就是庸常生活。但故事的背景又略有波动，如战争、家道中落、家族变故、婚变、畸恋等。然而那也只是一些小的波动，在小的波动下，张爱玲表现的仍然是饮食男女这些小事情。

捡到筐里的未必都是菜，不是所有的饮食男女题材都可以用来做创作材料，对于如何观察生活，如何从生活原料中提炼素材，张爱玲也提出了自己独特的方法——上海人的眼光。她认为“上海人之‘通’并不限于文理清顺，世故练达”,“上海人坏，可是坏得有分寸”。“上海人会奉承，会趋炎附势，会混水里摸鱼”，这“是传统的中国人加上近代高压生活的磨练，新旧文化种种畸形产物的交流，结果也许是不甚健康的，但是这里有一种奇异的智慧”。“因为他们有处世艺术，他们演得不过火。关于‘坏’，别的我不知道，只知道一切的小说都离不了坏人。好人爱听坏人的故事，坏人可不爱听好人的故事。因此我写的故事里没有一个主角是个‘完人’。只有一个女孩子可以说是合乎理想的，善良、慈悲、正大，但是，如果她不是长得美的话，只怕她有三分讨人厌。美虽美，也许读者们还是要向她叱道：‘回到童话里去!’在《白雪公主》与《玻璃鞋》里，她有她的地盘。上海人不那么幼稚。我为上海人写了一本香港传奇，包括《沉香屑·第一炉香》《沉香屑·第二炉香》《茉莉香片》《心经》《琉璃瓦》《封锁》《倾城之恋》七篇。写它的时候，无时无刻不想到上海人，因为我是试着用上海人的观点来察看香港的。只有上海人能够懂得我的文不达意的地方。”①

上海人的“坏”与“通”是入世、食人间烟火的，所以上海人有一种入世的、带有烟火味的世俗。张爱玲是上海人，有上海入骨入世的俗，懂得上海人乃至世人入心入骨的俗，所以她根据上海人的“通”“坏”经验，拿捏生活俗的底子做小说底本，将生活本身的俗原汁原味地和盘托出。因此她的文学俗得入心入肺、入骨入髓，俗得到点到位以至到真到品，“她的俗，常常有一种无意的隽逸”。②

二、“非斩钉截铁”的反高潮矛盾冲突论

没有冲突就没有戏剧。西方一直流行悲剧是对伟大人物伟大行为的模仿这

① 张爱玲:《到底是上海人》，来凤仪编《张爱玲散文全编》，浙江文艺出版社，1992 年，第 5 – 7 页。
② 张爱玲:《我看苏青》，来凤仪编《张爱玲散文全集》，浙江文艺出版社，1992 年，第 262 页。

样的传统，而“悲剧的实质，就是在于冲突，即在于人心自然欲望与道德责任或仅仅与不可克服的障碍之间的冲突、斗争。与悲剧的观念结合着的是阴森可怕的事件和不幸结局的观念……由此就产生了它的阴森庄严，它的巨大宏伟：悲剧中笼罩着劫运，劫运是悲剧的基础和实质”。[①] 别林斯基认为悲剧既然要反映主人公不幸的结局，那就必须通过剧烈的冲突使剧情达到高度的惨烈和恐怖，只有这样，观众才能从这种惨烈和恐怖的场面中得到审美快感，并由之领悟到某种性格力量。张爱玲尽管也认为“是个故事，就得有点戏剧性。戏剧就是冲突，就是磨难，就是麻烦。……写小说，是为自己制造愁烦”。[②] 但是有些感情“如果时时把它戏剧化，就光剩下戏剧了”[③]，因为人生实际就像“中国乐曲，题目不论是《平沙落雁》，还是《汉宫秋》，永远把一个调子重复又重复，平心静气咀嚼回味，没有高潮，没有完——完了之后又开始，这次用另一个曲牌名”。[④] 所以她在处理故事情节矛盾冲突的时候“不喜欢采取善与恶，灵与肉的斩钉截铁的冲突那种古典的写法”[⑤]，采用的也是“参差的对照的写法”冷处理手段，不用那种冰与火、灵与肉、善与恶等斩钉截铁的激烈冲突情节模式，而是纠缠于生活琐事的消磨之中，从种种无奈的琐事消磨中去表现出“几乎无事的悲哀”，去体味琐碎尴尬无奈和天荒地老的悲凉。这里没有大事，没有壮烈，有的只是生活的气息。这种“参差的对照的写法”比较像两性关系中的姘居——既不同于嫖娼，也不同于合法夫妻，而是一种介于夫妻与嫖娼两种关系之间的一种关系。“现代人多是疲倦的，现代婚姻制度又是不合理的。所以有沉默的夫妻关系，有怕致负责，但求轻松一下的高等调情，有回复到动物的性欲的嫖妓——但仍然是动物式的人，不是动物，所以比动物更为可怖。还有便是姘居，姘居不像夫妻关系的郑重，但比高等调情更负责任，比嫖妓又是更人性的，走极端的人究竟不多，所以姘居在今日成了很普遍的现象。”[⑥] “《连环套》就是这样子写下来的，现在也还在继续写下去，在那作品里，欠注意到主题是真，但我希望这故事本身有人喜欢。我的本意很简单：既然有这样的事情，我就来描写它。”“姘居的女人呢，她们的原来地位总比男人还要低些，但多是些有着泼辣的生命力的。她们对男人具有一种魅惑

---

① 程孟辉：《西方悲剧学说史》，商务印书馆国际有限公司，2009 年，第 314 页。
② 张爱玲：《论写作》，来凤仪编《张爱玲散文全编》，浙江文艺出版社，1992 年，第 81 页。
③ 张爱玲：《谈跳舞》，来凤仪编《张爱玲散文全编》，浙江文艺出版社，1992 年，第 199 页。
④ 张爱玲：《中国人的宗教》，来凤仪编《张爱玲散文全编》，浙江文艺出版社，1992 年，第 153 页。
⑤ 张爱玲：《自己的文章》，来凤仪编《张爱玲散文全编》，浙江文艺出版社，1992 年，第 114 页。
⑥ 同⑤，第 115 页。

力，但那是健康的女人的魅惑力。因为倘使过于病态，便不合那些男人的需要。她们也操作，也吃醋争风打架，可以很野蛮，但不歇斯底里。”① 她们对阶级斗争知之甚少，缺乏历史关头铁肩担道义的责任感，也不感兴趣，感兴趣的是两性关系和柴、米、油、盐、酱、醋、茶，因而将生命消磨于日常琐事中。张家玲擅长表现的正是这些“几乎近于无事的悲哀”，她称这种处理情节冲突的方式叫反高潮。她说：“我喜欢反高潮——艳异的空气制造与突然的跌落，可以觉得传奇里的人性呱呱啼叫起来。”②

张爱玲改造了西方悲剧冲突理论，从自己人生经历与创作实践中总结出悲剧反高潮的冲突理论，打破中国读者片面追求故事情节快感的欣赏习惯，在传奇与悲剧意味之间探索出一条既能引导读者思考悲剧背后的生命哲理，又符合中国人欣赏习惯的方法。张爱玲用反高潮消解了合乎理想的故事情节，告诉人们“事实是这样的煞风景”，像《红玫瑰与白玫瑰》里的佟振保，即使在他与王娇蕊情意正浓之时，也感到“许许多多叽叽喳喳的肉的喜悦突然静了下来，只剩下一种苍凉安宁，几乎没有一种感情的满足”。③ 人生往往是“才抬头，已经完了，更使人低徊不已”④，哪有什么高潮。“到处都是传奇，可不见得有这么圆满的收场。胡琴咿咿哑哑拉着，在万盏灯的夜晚，拉过来又拉过去，说不尽的苍凉的故事——不问也罢！”⑤《半生缘》中的顾曼璐年轻的时候为了母亲、妹妹和弟弟甘愿自我牺牲，放弃爱情、前途、幸福，去做交际花，但张爱玲并未一味地让她“好”下去，而是来了个逆转：曼璐为了维持自己的婚姻，设计让丈夫祝鸿才强奸曼桢并囚禁她让她给祝鸿才生孩子。《金锁记》的曹七巧好不容易熬死了丈夫，熬死了婆婆，分得了家产，本该扬眉吐气，过好自己的小日子，但“三十年来她戴着黄金的枷。她用那沉重的枷角劈杀了几个人，没死的也送了半条命”。朝思暮想的季泽本该到手，却被骂走了，美满的团圆结局成了永远的刺痛。可是中国人“太习惯于传奇”⑥，钟情于故事情节的跌宕起伏，关注正反双方矛盾冲突的紧张激烈，而不大注意由故事传达出的意蕴。所以“中国人对反高潮却不甚敏感”⑦，安于惰性的习惯阅读模式，导致

---

① 张爱玲：《自己的文章》，来凤仪编《张爱玲散文全编》，浙江文艺出版社，1992 年，第 115 页。

② 张爱玲：《谈跳舞》，来凤仪编《张爱玲散文全编》，浙江文艺出版社，1992 年，第 196 页。

③ 张爱玲：《红玫瑰白玫瑰》，《倾城之恋》，花城出版社，1997 年，第 149 页。

④ 张爱玲：《说胡萝卜》，来凤仪编《张爱玲散文全编》，浙江文艺出版社，1992 年，第 109 页。

⑤ 张爱玲：《倾城之恋》，北京十月文艺出版社，2009 年，第 201 页。

⑥ 张爱玲：《太太万岁题记》，《流言》，北京十月文艺出版社，2012 年，第 282 页。

⑦ 张爱玲：《中国人的宗教》，来凤仪编《张爱玲散文全编》，浙江文艺出版社，1992 年，第 150 页。

“个人常被文化图案所掩，‘应当的’色彩太重。反映在文艺上，往往首先观念太突出，一切情感顺理成章，沿着现成的沟渠流去，不触及人性深处不可测的地方。现实生活里其实很少黑白分明”。① 像“《桃李争春》不难旁敲侧击地分析人生许多重大的问题，可惜它把这机会悄悄放过了。《梅娘曲》也是一样，很有向上的希望而浑然不觉，只顾驾轻车，就熟路，驰入我们百看不厌的被遗弃的女人悲剧”。② 反高潮则消解了紧张激烈的故事情节，缓解了读者认为应当的或理想的阅读期待心情，从而让读者或观众能静下心来，沉静于故事背后哲理的思考之中，以达到审视生命的目的。张爱玲在电影剧本《太太万岁》中曾尝试用反高潮方式处理故事情节，“《太太万岁》里的太太没有一个曲折离奇可歌可泣的身世。她的事迹平淡得像木头的心里涟漪的花纹。无论怎样思想方设法给添出戏来，恐怕也仍旧难于弥补这缺陷，在观众的眼光中。但我总觉得，冀图用技巧来代替传奇，逐渐冲淡观众对于传奇戏的无餍的欲望，这一点苦心，应当可以被谅解的罢?”③ 为了达到这种反高潮的审美效果，张爱玲受到布来希特间离戏剧理论与王国维“隔”与“不隔”诗论的启发，在《洋人看京戏及其他》中详细地论述了她的间离反高潮冷处理策略。④

三、“不彻底的人物”论

“极端病态与极端觉悟的人究竟不多。时代是这么沉重，不容那么容易就大彻大悟。这些年来，人类到底也这么生活了下来。可见疯狂是疯狂，还是有分寸的。所以我的小说里，除了《金锁记》里的曹七巧，全是些不彻底的人物。他们不是英雄，他们可是这时代的广大的负荷者。因为他们虽然不彻底，但究竟是认真的。他们没有悲壮，只有苍凉。悲壮是一种完成，而苍凉则是一种启示。”⑤ 张爱玲爱用“参差的对照的写法”来塑造“不彻底的人物”，所谓“不彻底”的人物，就是“不明不白、猥琐、难堪、失面子的屈服”的平凡之辈。⑥ 她认为极端的大恶或大善的人比较少见，倒是这种坏又坏得不彻底，好也好不到哪里去的平凡之辈比较多，像戏剧中岳飞、秦桧般一边倒的人

① 张爱玲：《谈看书》，来凤仪编《张爱玲散文全编》，浙江文艺出版社，1992 年，第 361 页。
② 张爱玲：《借银灯》，来凤仪编《张爱玲散文全编》，浙江文艺出版社，1992 年，第 74 页。
③ 张爱玲：《太太万岁题记》，《流言》，北京十月文艺出版社，2012 年，第 282 页。
④ 胡明贵：《论张爱玲的小说间离审美理论》，《南京师范大学学报（社会科学版）》，2015 年第 1 期。
⑤ 张爱玲：《自己的文章》，来凤仪编《张爱玲散文全编》，浙江文艺出版社，1992 年，第 111 - 112 页。
⑥ 张爱玲：《〈传奇〉再版的话》，来凤仪编《张爱玲散文全编》，浙江文艺出版社，1992 年，第 187 页。

毕竟只是少数。“《倾城之恋》里，从腐旧的家庭里走出来的流苏，香港之战的洗礼并不曾将她感化成为革命女性；香港之战影响范柳原，使他转向平实的生活，终于结婚了，但结婚并不使他变为圣人，完全放弃往日的生活习惯与作风。因之柳原与流苏的结局，虽然多少是健康的，仍旧是庸俗；就事论事，他们也只能如此。”① 范柳原、白流苏之流都是普通人，他们中的绝大部分人目的只在于求生存，他们既无法改变历史的走向，也无法决定别人的命运，甚至也掌控不了自己的命运，只能在命运的海洋上随波逐流。他们有自己的坏，但坏得有分寸，坏得有道理，这种坏不是娘胎里带来的，而是为生活所逼，所以坏得不讨人嫌。他们也有自己的好，但也好不到哪里去，无非是出于生存的考虑，所谓人人为我，我为人人而已。所以他们的人性很复杂，也很符合现实中人性的特点。“我写到的那些人，他们有什么不好我都能够原谅，有时候还有喜爱，就因为他们存在，他们是真的。”②

像《连环套》中的霓喜姘居过几个男人，但那不能算坏，只是为了生存，为了过得好一点而已。“姘居的女人呢，她们的原来地位总比男人还要低些，但多是些有着泼辣的生命力的。她们对男人具有一种魅惑力，但那是健康的女人的魅惑力。因为倘使过于病态，便不合那些男人的需要。她们也操作，也吃醋争风打架，可以很野蛮，但不歇斯底里。她们只有一宗不足处：就是她们的地位始终是不确定的。疑忌与自危使她们渐渐变成自私者。”③ 他们的坏是生活不得已，因而是可以接受，可以原谅的。作家刻画一个人的性格，如果写成一个性格没有变化只是一味地好或一味地坏，是令人生厌的。福斯特在《小说面面观》里将小说中的人物分为扁平人物和圆形人物，“十七世纪时，扁平人物称为‘性格’人物，而现在有时被称作类型人物或漫画人物。他们最单纯的形式，就是按照一个简单的意念或特性而被创造出来”。④ 这种人物是作者按照或者好或者坏某一类型塑造出来的，性格单一，缺少变化，好就好到底，坏就坏得一无是处。“一个严肃的或悲剧性的扁平人物是容易惹人厌烦的。这样的人物一出场就高喊：‘报仇！’或‘我的心为人性沦落而悲痛啊！’诸如此类的陈词滥调，就令人心情沉重了。”⑤ 而圆形人物则性格丰富复杂得

① 张爱玲：《自己的文章》，来凤仪编《张爱玲散文全编》，浙江文艺出版社，1992年，第111页。
② 张爱玲：《我看苏青》，来凤仪编《张爱玲散文全集》，浙江文艺出版社，1992年，第255-256页。
③ 同①，第116页。
④ ［英］福斯特：《小说面面观》，苏炳文译，广州花城出版社，1984年，第59页。
⑤ 同④，第64页。

多，他们可能地位卑微，生活简单平庸，不够诙谐，有点别扭，但是却不缺少深度。“为什么奥斯汀写的人物对话结合得那么巧妙、自然，令人毫无造作之感？对这个问题可以作多种回答，如：她是位真正的艺术家啦，她从来不善于刻画漫画式人物啦，等等。但最恰当的回答是：她笔下的人物虽比狄更斯写的卑微些，但组织得十分严密。他们都是圆形人物，即使情节的发展要求他们发挥更大作用，也能当之无愧。”① 福斯特认为奥斯汀比狄更斯更擅长表现普通平民生活，而且人物的性格也要复杂得多。他还认为圆形人物更适合当悲剧角度，“唯有圆形人物才能在某一段时间内扮演悲剧角色。它除了不够诙谐，有点别扭外，还是能使我们有所感动的”。② “不过我们必须承认，在成效方面，扁平人物是不如圆形人物的。”③

张爱玲主张“参差的对照的写法”写人物，无疑反对按照一个简单的意念来塑造人物形象，她所谓的“参差的对照”就是要求写出圆形人物，写出他们性格中的复杂性——好中有坏，坏中有好，没有斩钉截铁的好，也没有一无是处的坏；笑中有泪，苦中也有乐；爱中有恨，恨里亦有爱。大部分人都是小人物，他们“就坏也坏得鬼鬼祟祟。有的也不是坏，只是没出息，不干净，不愉快。我书里多的是这等人，因为他们最能够代表现社会的空气，同时也比较容易写。从前人说‘画鬼怪易，画人物难’，似乎倒是圣贤豪杰恶魔妖妇之类的奇迹比较普通人容易表现，但那是写实功夫深浅的问题。写实功夫进步到托尔斯泰那样的程度，他的小说里却是一班小人物写得最成功，伟大的中心人物总来得模糊，隐隐地有不足的感觉。”④ 无疑，张爱玲通过自己生活与创作经验提炼出来的“参差的对照的写法”要比福斯特的扁形与圆形人物论系统得多，也丰富得多。她不是仅仅就人物形象论人物形象，而是从生活本身与现世中的人的丰富的复杂性来谈人物形象塑造的方法和采用这种方法的现实原因。她告诫自己说：“真事比小说还要奇怪”，生活中不如意事常八九，“就连意外这喜，也不大有白日梦的感觉，总稍微有点不对劲，错了半个音符，刺耳，粗糙，咽不下。这意外性加上真实感——也就是那铮然的‘金石声’——造成一种复杂的况味，很难分析而容易辨认”。⑤ 能塑造出一种具有

① ［英］福斯特：《小说面面观》，苏炳文译，广州花城出版社，1984 年，第 64 页。
② 同①。
③ 同①。
④ 张爱玲：《我看苏青》，来凤仪编《张爱玲散文全集》，浙江文艺出版社，1992 年，第 255 页。
⑤ 张爱玲：《谈看书》，来凤仪编《张爱玲散文全编》，浙江文艺出版社，1992 年，第 367 页。

复杂况味、好坏杂呈、爱恨兼有、善恶并蓄、喜忧参半的具有“参差的对照”的人物，那才能使听上去“内脏感到对”，内心才能产生一种震荡的回音，这样的人物才能入人心深，感人心切。

张爱玲心中的人物不属于黑格尔所说的理想人物，不具有理想人物的典型性格或人格魅力。黑格尔认为理想的人物性格坚定，能始终如一地忠实于自己的情致。[①] 张爱玲理想的人物都是小人物，缺乏远大的理想、宏伟的人生目标和坚定的性格。他们平庸、琐细、无聊，不太坏但都有这样或那样的缺点。她认为这样的人物才是真实的。“反映在文艺上，往往道德观念太突出，一切情感顺理成章，沿着现成的沟渠流去，不触及人性深处不可测的地方。现实生活里其实很少黑白分明，但也不一定是灰色，大都是椒盐式。好的文艺里，是非黑白不是没有，而是包含在整个的效果内，不可分的。读者的感受中就有判断。题材也有是很普通的事，而能道人所未道，看了使人想着：‘是这样的。’再不然是很少见的事，而使人看过之后会悄然说：‘是有这样的。’我觉得文艺沟通心灵的作用不外这两种。二者都是在人类经验的边疆上开发探索，边疆上有它自己的法律。”[②] 为什么张爱玲偏爱并提倡“参差的对照的写法”？因为她认为这样可以触摸生活的真实，人生本来就是有爱亦有恨，有欢喜也有忧愁，善中兼有恶，恶中亦呈善，就像一件华美的袍，看着穿着令人欣喜，但那华美的袍也会发霉，也会生蛀虫，令人灰心丧气。所以参差对照地写人性，更见人性的复杂性，更能彰显出创作的深度与意义。

四、时间距离论

张爱玲爱看戏，也喜欢谈戏，中国戏曲曾带给她许多艺术的滋养与创作灵感。她有好几篇作品的命名都直接来自中国戏曲的传统剧目，如《金锁记》《雷峰塔》《霸王别姬》《华丽缘》等。她的《华丽缘》以看戏谈人生态度，《洋人看京戏及其他》则以看戏论文学与人生。她从中国传统戏剧写意与写实相统一的审美中得到启示，在处理自己小说时间的时候非常熟练地运用了这一方法，而且还总结出一套经验。

首先，张爱玲主张人们用洋人看京戏一样的间离视角对待生活。内行看门

---

① 朱光潜：《西方美学史》，人民文学出版社，1963 年，第 497 页。

② 张爱玲：《谈看书》，来凤仪编《张爱玲散文全编》，浙江文艺出版社，1992 年，第 361 页。

道，外行看热闹。洋人看不懂京戏，看懂的只是京戏热闹的外表——色彩鲜艳、对立强烈的脸谱，古色古香、五颜六色的戏装，锣鼓喧天、旗帜招展的武打，咿咿呀呀、扭捏作态的唱腔，以及装神弄鬼、滑稽可笑的神秘。张爱玲认为其实和洋人看京戏一样，谁也看不懂生活，“你在桥上看风景，看风景的人在楼上看你。明月装饰了你的窗子，你装饰了别人的梦”。活着就是一边自己热闹，也一边看别人的热闹，什么时候热闹没了，生命也便走到了尽头了。所以她用洋人看京戏来比喻人生，“对于人生，谁都是个一知半解的外行罢？我单拣了京戏来说，就为了这适当的态度”。[①] 人活在现实中犹如外行看戏，各看各的门道，各图各的热闹。她自己也是以这种心态来看戏和看生活的，她说：“演员穿错了衣服，我也不懂；唱走了腔，我也不懂。我只知道坐在第一排看武打，欣赏那青罗战袍，飘开来，露出红里子，玉色裤管里露出玫瑰紫里子，踢蹬得满台灰尘飞扬；还有那惨烈紧张的一长串的拍板声——用以代表更深夜静，或是吃力的思索，或是猛省后的一身冷汗，没有比这更好的音响效果了。”[②] 一味看热闹，沉迷于热闹，就会忘却生老病死，方不觉得人生苦短与疲乏。如果一下子就将人生的悲苦一览无余地尽收眼底，那么人生还有什么盼头和奔头呢？因此她说：“用洋人看京戏的眼光来看中国的一切，也不失为一桩有意味的事。”[③] 这是一种透视人生的方法，有如江南园林的层层叠叠、曲曲折折、遮遮掩掩，唯其层叠、曲折、遮掩，才能在有限的空间里造出无限的“曲径通幽”来。好读书不求甚解，大约也是一种情趣吧。

其次，她运用内行看门道的视点来处理生活素材，从生活素材中透析出人性和哲学的道理。“我平常看人，很容易把人家看扁了，扁的小纸人，放在书里比较便利。‘看扁了’不一定发现人家的短处，不过是将立体化为平面的意思，就像一枝花的黑影在粉墙上，已经画好了在那里，只等用墨笔勾一勾。因为是写小说的人，我想这是我的本分，把人生的来龙去脉看得很清楚。如果原先有憎恶的心，看明白之后，也只有哀矜。”[④] 虽然创作源于生活但生活毕竟不是艺术，所以作家要创作出好的作品又不能完全像普通人那样跟着感觉走，他必须要有高出普通人的理性思辨能力，必须具备透视生活“不隔”的法眼，通过这种法眼，他既能观察到生活热闹、纷乱、浮华的表面，又能看穿人世浮

① 张爱玲：《洋人看京戏及其他》，来凤仪编《张爱玲散文全编》，浙江文艺出版社，1992 年，第 8 页。
② 同①，第 8 -9 页。
③ 同①。
④ 张爱玲：《我看苏青》，来凤仪编《张爱玲散文全集》，浙江文艺出版社，1992 年，第 255 页。

华的外表，直达生命的本真，去把握生活的本质，将无序的纷乱与热闹整合成艺术。“多数的年轻人爱中国而不知道他们所爱的究竟是一些什么东西。无条件的爱是可钦佩的——唯一的危险就是：迟早理想要撞着了现实，每每使他们倒抽一口凉气，把心渐渐冷了。我们不幸生活于中国人之间，比不得华侨，可以一辈子安全地隔着适当的距离崇拜着神圣的祖国。那么，索性看个仔细罢！用洋人看京戏的眼光来观光一番罢，有了惊讶与眩异，才有明了，才有靠得住的爱。”① 看透世界，读懂生活，方为“不隔”，方能懂得生活的常理，方能领悟生命的必然与偶然，方能平衡生活的“常”与“无常”，方能在理想撞着现实的时候不倒吸一口凉气，不再惊惶失措，也不至于失去生活的信心与勇气。因而张爱玲在主张人们用“隔”的方法处理生活的同时，又主张人们尤其是艺术家不要像华侨那样隔着适当的距离看中国，而要“不隔”地、近距离索性将生活看个仔细，知道生活酸甜苦咸五味杂陈的本色，懂得生活的难处。“生在现在，要继续活下去而且活得称心，真是难，就像‘双手擘开生死路’那样的艰难巨大的事，所以我们这一代的人对于物质生活，生命的本身，能够多一点明了与爱悦，也是应当的。”②

再次，讲故事时间与故事发生时间的有意疏离。京戏多为古装戏，实际上在时间上已经与现实隔了一层，拉开了观众与故事发生时间的距离。“京戏里的世界既不是目前的中国，也不是古中国在它的过程中的任何一阶段。它的美，它的狭小整洁的道德系统，都是离现实很远的，然而它决不是罗曼蒂克的逃避——从某一观点引渡到另一观点上，往往被误认为逃避。切身的现实，因为距离太近的缘故，必得与另一个较明澈的现实联系起来方才看得清楚。”③ 作家必须有入乎宇宙又出乎宇宙的本领，如王国维所言：“诗人对宇宙人生，须入乎其内，又须出乎其外。入乎其内，故能写之。出乎其外，故能观之。入乎其内，故有生气。出乎其外，故有高致。”④

新月派诗歌提倡新格律诗，其重要的诗歌理论除了主张“和谐”“均齐”的“三美”（音乐美，绘画美，建筑美）之外，还提出了“理性节制情感”的诗歌美学原则。所谓“理性节制情感”是指艺术上克制，将主观情愫客观对象化，追求诗的蕴藉含蓄和非个人化倾向，努力在诗人自身与客观现实之间拉

① 张爱玲：《洋人看京戏及其他》，来凤仪编《张爱玲散文全编》，浙江文艺出版社，1992 年，第 8 页。

② 张爱玲：《我看苏青》，来凤仪编《张爱玲散文全集》，浙江文艺出版社，1992 年，第 257 页。

③ 同①，第 13 页。

④ 王国维：《人间词话》六十。

开距离。其目的在于纠正五四新诗中滥用的直抒胸臆和极端的感伤主义倾向。

在小说理论建设方面张爱玲虽没有明确提出类似于新月派诗歌用理性节制情感的小说美学理论，但她主张用洋人看京戏的视角来处理生活与文学的关系，却与新月派诗歌理论有异曲同工之妙。在《烬余录》里，她以《倾城之恋》为例将洋人看京戏这种“隔”与“不隔”的理论又加以补充说明：

> 我与香港之间已经隔了相当的距离了——几千里路，两年，新的事，新的人。战时香港所见所闻，唯其因为它对于我有切身的、剧烈的影响，当时我是无从说起的。现在呢，定下心来了，至少提到的时候不至于语无伦次。然而香港之战予我的印象几乎完全限于一些不相干的事。①

香港沦陷时张爱玲身陷其中，亲身感受了血与火、生与死的战争，但是当时却无从说起，等到两年以后她心情平静下来以后才创作了《倾城之恋》。文学创作时作者如果距离发生的事太近，情绪太炽热，那么激烈的情感可能会干扰创作的理性，使作品出现某种偏执。就如五四时的许多文学作品一样，激情有余，艺术不足。尤其是问题小说，许多作者往往感受到时代的气息，便迫不及待地响应时代的召唤，应时而作，导致许多作品主题先行，思想或情感大于艺术。张爱玲在秉承五四文学传统的同时，对此滥觞也有所警惕，所以她作品里的人物和故事总是与现实保持一段时间上的距离。谈到《连环套》的创作经验，她说为了拉开故事人物与现实生活的距离，她有意袭用旧小说里的一些词句。“至于《连环套》里有许多地方袭用旧小说的词句——五十年前的广东人与外国人，语气像《金瓶梅》中的人物；赛珍珠小说中的中国人，说话带有英国旧文学气息，同属迁就的借用，原是不足为训的。我当初的用意是这样：写上海人心目中的浪漫气氛的香港，已经隔有相当的距离；五十年前的香港，更多了一重时间上的距离，因此特地采用一种过了时的辞汇来代表这双重距离。”②

作家既要有一种平视人间的人间视点，又要有一种俯视人间的宇宙视点。人间视点使他直接感受身边的人与事，宇宙视点使他跳出一人一事限制，看到事情之外更多的东西或者说规律性的东西——“大地间的残忍”，从而产生如曹禺所说的那种对人类的悲悯情怀，从宇宙看来，“我念起人类是怎样可怜的

---

① 张爱玲：《烬余录》，来凤仪编《张爱玲散文全编》，浙江文艺出版社，1992 年，第 48 页。

② 张爱玲：《自己的文章》，来凤仪编《张爱玲散文全集》，浙江文艺出版社，1992 年，第 116 – 117 页。

动物，带着踌躇满志的心情，仿佛是自己来主宰自己的支使，而时常不是自己来主宰着。受着自己——情感的或者理解的——捉弄，一种不可知的力量的——机遇的，或者环境的——捉弄；生活在狭的笼里而洋洋骄傲着，以为是徜徉在自由的天地里，称为万物之灵的人物不是做着最愚蠢的事么？我用一种悲悯的心情来写剧中人物的争执。我诚恳地祈望着看戏的人们也以一种悲悯的眼来俯视这群地上的人们”。[①]“隔”与“不隔”关联着人间视点与宇宙视点不断切换。作家要具有这种在生活与艺术之间不断切换视点的本领。譬如张爱玲谈北宋的一幅《校书图》时说：“作为图画，这张画没有什么特色，脱鞋这小动作的意趣是文艺性的，极简单扼要地显示文艺的功用之一：让我们能接近否则无法接近的人。在文字的沟通上，小说是两点之间最短的距离。就连最亲切的身边散文，是对熟朋友的态度，也总还要保持一点距离。只有小说可以不尊重隐私权。但是并不是窥视别人，而是暂时或多或少的认同，像演员沉浸在一个角色里，也成为自身的一次经验。”[②] 文艺使我们感受生活，又使我们感受到生活之外的东西，如果作者只置身在事件之中，不能抽身事外，那么他可能只看到事件之内的东西，而不能感受和联想到事件之外的东西。[③]

张爱玲小说的间离效果比较明显，人间视点与宇宙视点的转换也比较突出。她的多篇小说往往通过叙述人在第一人称与第三人称之间的转换来拉开故事与现实之间的距离，像《沉香屑·第一炉香》《沉香屑·第二炉香》《茉莉香片》《连环套》等，叙述者往往以第一人称开场，在开讲前，要求听众（读者）先沏上茶，点上香，放松心情，再来听自已的故事。这里采用的是旧时书场上惯常活跃气氛的手法，为的是赋予听故事人以感官的愉悦，营造一种轻松愉快的阅读气氛。叙述者先给自己和读者预设了一个事不关已的悠闲身份，也就拉开了故事与读者的距离，读者也便没有了一种要接受启蒙教诲或道德伦理教化的紧张心情。不必投入一种紧张的阅读心态，读者或许更有利于专注地阅读故事本身，细细品味故事，思考由故事折射出来的人生启示。一唱三叹：唉，人生如戏，戏如人生啊！张爱玲擅长在读者与故事之间、在人生与戏之间保持一个可供观赏的距离。[④]

同时，张爱玲在叙事时间节点上往往采用一种“回望”的方式，用像

① 曹禺：《雷雨序》，中国戏剧出版社，1988年。
② 张爱玲：《惘然记》，来凤仪编《张爱玲散文全编》，浙江文艺出版社，1992年，第327页。
③ 胡明贵：《论张爱玲的小说间离审美理论》，《南京师范大学学报（社会科学版）》，2015年第1期。
④ 艾晓明：《混杂之美——读张爱玲的香港传奇》，《中山大学学报》，1996年第3期。

“三十年前”“十八年前”“十六年前”等这样的时间节点，故意拉开故事发生与讲述时间的间隔，有意识地造成故事讲述时间与故事发生的时间之间的一段距离，从而在时间上达到回顾“大地间的残忍”这样的悲感效果——“天地不仁，以万物为刍狗”，天老地荒，延绵不绝。“在中国现代文学史中，最擅长于制造距离的作家莫过于张爱玲了，她不仅与主流文学保持着一定的距离，对其笔下的芸芸众生采取的也是超然、冷峻的俯视姿态，在叙述方式上，她更是拉开了作者、读者与文本之间的距离。在种种距离的制造中，张爱玲洞悉了女性生存困境的深层原因，参透了生命与存在的意义和本质，这也使得她的作品具有了独特的美学意蕴和历史价值。”①

距离产生美，距离使人能脱离事物的纷扰，既能入乎其内，又能超然物外。入乎其内，感受领略生活的逼真；超然物外，体味生命真谛。作家既要贴近生活，贴近事件，又要与生活及事件保持一定的距离，使情感与理智在创作中达到最佳的配合。“保持距离，是保护自己的感情，免得受痛苦。应用到别的上面，这可以说是近代人的基本思想，结果生活得轻描淡写的，与生命之间也有了距离。”②

五、结 语

张爱玲根据自己的生活与创作经验，将自己的创作方法概括为“参差的对照的写法”，并且在多篇文章中从题材选择、矛盾冲突设计、人物形象塑造、故事时间与现实时间处理等方面进行了较为详细的简述。因为她是用散文的方式来谈写作，来谈创作经验，来谈小说理论，所以她的论述有点零散甚至有时缺乏条理，不像男性作家谈理论那样系统、宏观与专注。但也正因为如此，她的小说理论也就不像男作家论理那样呆板、生涩、无生气，反倒显得灵动、活泼，充满生活气息，比较有趣味性，更耐读，更耐人寻味。

（作者单位：闽南师范大学文学院）

① 程菁：《距离：看人生的方式——论张爱玲小说的美学意蕴》，《赣南师范学院学报》，2003年第4期。
② 张爱玲：《我看苏青》，来凤仪编《张爱玲散文全集》，浙江文艺出版社，1992年，第263页。

第二辑

“人民美学”思想与当代文学的“人民”叙述

陈舒劼

一

习近平总书记在文艺工作座谈会上的重要讲话是一份具有重大意义的纲领性文件。习总书记指出：“社会主义文艺，从本质上讲，就是人民的文艺”，“以人民为中心，就是要把满足人民精神文化需求作为文艺和文艺工作的出发点和落脚点，把人民作为文艺表现的主体，把人民作为文艺审美的鉴赏家和评判者，把为人民服务作为文艺工作者的天职。”“人民美学”是习总书记在文艺工作座谈会上重要讲话的核心观念之一，它在继承马克思主义文艺观的基础上，发扬毛泽东等老一辈无产阶级革命家的文艺人民性思想，科学分析了文艺领域面临的新形势、新情况和新问题，为当代文学的创作指明了方向，创造性地回答了我国当代文艺繁荣发展的一系列根本性的问题，具有鲜明时代特征和思想光芒。

人民美学重新确立人民之于文艺实践的主体地位。当代文艺实践所置身的语境，比革命战争时期更为复杂。毛泽东同志发表《在延安文艺座谈会上的讲话》时的文本语境已经发生很大的变化，那么，当年毛泽东同志所提出的文艺“为什么人”和“如何为”的问题，其答案是否也产生变化？在市场经济的大环境中，经济消费是否已经取代人民而成为文艺实践的主体？习总书记《在文艺工作座谈会上的讲话》对这个重大时代命题，给出了鲜明的答复。“习近平总书记深刻地阐述了文艺与人民的关系，重申文艺创作的人民取向，定位文艺发展的人民坐标，强调坚持以人民为中心的创作导向”①，从而重新确立了人民之于文艺实践的主体地位。有学者指出：“当社会的娱乐焦点集中在所谓的‘英雄’，或是那些看似‘成功者’的帝王将相身上时，作为历史真正主体的人民大众，只能沦为苍白平庸的看客。人民大众作为历史主体的身份，早已在今天的文艺中被模糊掉了。”② 这更显示出人民美学的重要意义所在。人民是文艺最广阔和坚实的大地，人民需要文艺，文艺更需要人民、更要热爱人民。无论身处哪一时代进程，人民始终是文艺的主体。

人民美学奠定当代文艺实践的价值基础。全球化语境下各种文艺思潮并起，经济消费已经成为文化场域中的强大力量，有力地左右着当代文化艺术实践的每一个环节。在消费主义的风潮下，庸俗粗鄙的拜金文艺征服了部分受众，对主流文化价值观的生产传播造成了相当程度的干扰和阻碍。就文学领域而言，历史虚无化、道德消解化、情绪负面化、价值低俗化、取向市场化等病症十分明显。某些作家、评论家、出版商和管理者都忘记了自我的“人民性”，或博人眼球，或唯利是图，或自诩精英，或自我封闭，抛弃了文艺人民性的身份意识。在这样的背景下重提“人民美学”，无异为处于价值迷惑的当代文艺实践提供了坚实的价值基础。人民美学的价值观包含了哪些内容？《在文艺工作座谈会上的讲话》列举了如爱国主义、对真善美的追求等，实际上，中华民族在长期实践中培育和形成的优秀的思想理念和道德规范，都是人民美学的价值养分。“坚决反对拜金主义、享乐主义、极端个人主义，不为虚名所累，不为利益所缚，不为欲望所惑”，“站稳人民立场，坚守价值底线，这既是文艺工作者必须履行的社会责任，也是文艺工作者自身的价值要求。”③ 回到人民的价值立场，才有可能得到人民的认同接纳。

人民美学提倡文艺实践的现实指向。文学的力量来源于现实生活，无论专业研究视角中的文学起源于劳动、巫术还是游戏，都与民众的现实生活息息相关。文学的想象、创造、表述等所有环节，都与现实生活发生着程度不等的联系。现实生活为文学的发生发展提供了无穷的能量，所谓离开现实、依赖个体想象来写作，只是文学想象更依赖间接经验的一种策略性的表述而已——想象赖以展开的那些文字表述和阅读经验难道也与现实彻底无关？文学史上，现实

① 中共中央宣传部编：《习近平总书记在文艺工作座谈会上的重要讲话学习读本》，学习出版社，2015 年，第 54 页。

② 张江主编：《原点、焦点与热点——“文学想象”系列评论》，人民出版社，2015 年，第 38 页。

③ 同①，第 88 页。

主义代表了某种伟大的传统，真实客观地再现社会生活、塑造个性与共性完美结合的典型形象、反映复杂社会关系的矛盾运动过程、强调作家的主观批判精神等，组成了现实主义的基本意义。然而近十余年来文学写作的现实指向大为减弱，“在眼下的这股现实主义写作的潮流中，连‘经典现实主义’的那种严肃的写作态度也不再具备，这个所谓的现实主义也许只剩下了一个壳，内里所包裹的则是实利主义、现世主义和现时主义之实”，这种看似沿着现实指向而行的写作，实际上是“以‘现实主义’为装裹方式，标榜其立足‘本土经验’‘时代属性’‘介入现实’的特点，所表达的则无非是实利化的、形似多样实则复制的、表面个性实则空洞的、中产阶级化的趣味与经验”。[①] 高帅富和白富美，帝王将相和神仙鬼怪，盗墓挖坟和手撕鬼子，这些流行于荧幕、书摊和各种公共空间的文化表述，已经离现实相当远了。此刻人民美学回归生活的主张，恰是一剂妙方。

人民美学呼唤文艺实践的民族风格。习总书记《在文艺工作座谈会上的讲话》中指出：“中华优秀传统文化中很多思想理念和道德规范，不论过去还是现在，都有其永不褪色的价值。我们要结合新的时代条件传承和弘扬中华优秀传统文化，传承和弘扬中华美学精神。”这指明了文艺实践的风格取向问题。越是民族的，就越是世界的。忘记民族文化的本源，放弃民族文化的优长、丧失民族文化的自信，是不可能产生优秀的当代文艺作品的。中国古典文艺的辉煌举世皆知，要宣扬全球化时代的中国文化形象，中国优秀传统文化是不能割舍的宝贵财富。中华文明源远流长、博大精深，楚辞汉赋、唐诗宋词、明清小说都是世界文明中的瑰宝，当今的文艺实践，要在继承文化传统的基础上开发出新的民族特色。习总书记在2016年5月的《在哲学社会科学工作座谈会上的讲话》中也指出，构建有中国特色的哲学社会科学要体现继承性和民族性。有中国特色的文艺实践，同样应该以“拿来主义”的眼光，把握好古今中外的优秀文化资源，将其融通转化为富有民族特色的文化养分，锻造出属于伟大时代的民族美学风格。有国外学者认为，“无论他们的意向如何，发展中国家中的一群孤立的技术统治精英只能模仿各种外国的模式，因为西方是其合法性的最终根源。只有全体人民丰富多样的互动才能创造出一种适合于中

① 张清华：《精神的坍塌与“现实主义”的穷途——1990年代后期以来文学的一个病症》，《中国社会科学报》，2010年6月15日第7版。

国的可选择的现代性”。[①] 而只有沿着人民美学的思想方向，才有可能创造出真正反映当代中国的、真正拥有中华文明特色的、有贡献于世界文化的艺术作品。

二

对“人民美学”思想的重现，是当代文学文化发展的必然逻辑，也离不开传统能量的助推。即便简单翻阅历史，也不难发现“人民”在20世纪中国文学史中的分量。深入探讨近代以来的中国思想观念时，“人民”的解读很难与“革命”“民族”“个人”“进化”“科学”等词汇完全割裂，与此同时，它还与“平民”“大众”“无产阶级”“通俗”等词条形成了词语的家族概念。“人民”的能量明显远超文学的范畴：50—70年代的漫长岁月中，这个词条广泛地楔进了中国的社会空间细节，道路、机关、公社、医院、学校、市场、电影院乃至澡堂都被冠上了“人民”的称谓。“人民”的普及洋溢着政治性的气息，而政治性原本就是“人民”概念不可或缺的要素。中国的无产阶级革命尤为重视“人民”，作为革命的特殊武器，文学艺术属于人民且必须为人民服务。毛泽东《在延安文艺座谈会上的讲话》强调了革命征用文艺之美的必要性，这份文献的经典意义之一，即是从中国革命的高度为文学创作拟定了系统的规范，“人民”成为这份新的美学图谱中绝对的中心。“人民”这个词语将体现出政治和艺术、内容和形式的统一。

“什么是人民大众呢？最广大的人民，占全人口百分之九十以上的人民，是工人、农民、兵士与小资产阶级。……这四种人，就是中华民族的最大部分，就是最广大的人民大众。”[②] 作为“最广大”“最大部分”的“人民”占据了从延安文学到中华人民共和国前30余年文学的观念核心，随着历史的推进，“人民”与“革命”这样的词条逐步淡出了日常生活的空间细节，文学也退出了社会文化的舞台中央。标志着中国改革进入新的阶段的南方谈话，被认为是社会政治转折的时代符号，拉开了新的时代帷幕。从文学的角度看，转折可能是个漫长的过程，它覆盖了20世纪80年代末到90年代初的时段。文化

---

① ［美］安德鲁·芬伯格：《可选择的现代性》，陆俊，严耕，等译，中国社会科学出版社，2003年，“中文版序言”，第7页。

② 毛泽东：《在延安文艺座谈会上的讲话》，《中国新文学大系（1937—1949）第一集·文学理论卷一》，上海文艺出版社，1990年，第14页。

场域的重构要求“人民”和文学都重新寻找自己的文化位置，更新自己的表达方式。文学与政治保持同步调的律令已经失效，但文学可能面临着另外一套系统的制约。叙述如何表现“人民”、表现出怎样的“人民”，成为革命时代之后文学的新问题。

“人民”就是“大多数”，这种理解得到了传统文化和革命话语的双重认可。“大多数”意味着政治伦理近乎天然的合法性，导向了“人民”形象的伦理优先。1979 年 10 月，邓小平《在中国文学艺术工作者第四次代表大会上的祝辞》中再次强调了“文艺属于人民”，并描述了“人民”的内涵：“我们的人民勤劳勇敢，坚韧不拔，有智慧，有理想，热爱祖国，热爱社会主义，顾大局，守纪律。几千年来，特别是五四运动以后的半个多世纪来，他们满怀信心，艰苦奋斗，排除一切阻力，一次又一次地写下了我国历史上光辉灿烂的篇章。”① 人民是历史的主体，是政治伦理的代表，是最广大的群体，这是政治话语提交给文学创作的叙述前提。进入文学叙述之后，“人民”由政治判断转向了美学形象，这是一套完全不同的话语体系。文学叙述更擅长通过典型塑造等修辞方式来表现“人民”，生动的形象个体替代了概括性的政治伦理判断，“大多数”呈现出繁多的美学面貌。以“大多数”的标准来衡量，《阿 Q 正传》中的阿 Q、《骆驼祥子》中的祥子、《边城》中的翠翠、《寒夜》中的汪文宣、《锻炼锻炼》中的“小腿疼”、《创业史》中的梁生宝、《小鲍庄》中的捞渣、《白鹿原》中的黑娃、《涂自强的个人悲伤》中的涂自强等都属于“人民”的范畴，但在他们身上找到美学的公约数并不容易。“人民”在获得其文学形象的丰富性的同时，往往受制于一种解读的逻辑——无论从文学审美还是思想观念的角度进入这批形象个体，都有意无意地调动了某种参照物。理解文学叙述中的人民形象，往往需要将其置于观念或形象的比照视野之下。阿 Q 所表现出的传统农民的缺陷，是启蒙观念映衬的产物；与大多数勤于劳作的农民相异的“小腿疼”，反映出当时生产组织方式的潜在问题及作者对此的阐释；在与同宿舍男生、食堂帮厨的女生、毕业后当上小老板的校友等一系列人的比较当中，涂自强这一形象展现了贫困农家子弟历经艰辛奋斗却无法改变命运的社会现象。阿 Q 到涂自强组成了一条漫长的“人民”形象个案史，他们一致的政治属性不能掌控他们各异的美学面目，这既是文学话语修辞力量的结果，也隐藏着知识分子对时代的思考与认知。

① 中央宣传部文艺局编：《邓小平论文艺》，人民文学出版社，2002 年，第 5－6 页。

三

知识分子与人民是中国现当代文学史内的一组著名的关系。革命时代，二者之间存在着意识观念上的分歧，也同样有着不谋而合之处。如何唤醒知识分子的革命基因，知识精英怎样得到劳苦大众的广泛认可，知识分子被安置在“人民”革命事业中的哪个部分等，都是革命领导者缜密思考过的问题。“新文化知识分子坚持精英价值的社会意义；革命者则对知识精英主义表示怀疑，而且把大众的价值作为出发点，或认为精英价值必须包括在整个社会价值体系中。……新文化自由主义者确定的知识分子角色是有责任的社会和文化变革的战略家；在革命制度下知识分子被当作可以信任的，伟大的社会和文化转换中的必要的合作者。但他们被剥夺了设计的权威。他们变成了和其他人一样的劳动者，他们是能为建设新制度大厦提供服务的熟练手艺人，而不再自以为是设计师。”[①] 毛泽东《在延安文艺座谈会上的讲话》的版本变迁佐证了知识分子与“人民”间的关系变化。1991 年人民出版社出版的《毛泽东选集》收录《在延安文艺座谈会上的讲话》时修改了原来的某些表述。在对文艺服务对象的分析中，“一工人二农民三军队”的序列和表述都没有变化，但原来“第四是为小资产阶级的，他们也是革命的同盟者……”中的“小资产阶级”，被增改为“城市小资产阶级劳动群众和知识分子”。[②] 这种微调至少证明，在 20 世纪 90 年代知识分子被明确地纳入了“人民”的范畴。

知识分子是否在革命阵营中获得相应的位置，影响了他们叙述“人民”时的价值立场。然而，“人民”需要知识分子代言，却成为无论知识分子的叙述立场怎样变化也绕不开的问题。当知识分子被视为“人民”的组成部分时，问题不过是转为另一种表述：作为“人民”的一部分的知识分子如何表述其余的大多数；而当这其余的“大多数”中的某些人获得表述的能力时，又往往被划到了知识分子的群体之中。知识分子代言“人民”或“大众”的议题在 21 世纪初的“底层”讨论中得到了热烈的讨论。在底层能否自我表述的问题上，斯皮瓦克的观点得到了许多人的认可。“底层人不能说话。”斯皮瓦克

---

① ［美］杰罗姆·B. 格里德尔：《知识分子与现代中国》，单正平译，南开大学出版社，2002 年，第 329 页。

② 见毛泽东：《毛泽东选集（第三卷）》，人民出版社，1991 年，第 855 页。原件见《解放日报》民国三十二年（1943 年）十月十九日第一版。在 1949 年中国兴业出版公司印行的《在延安文艺座谈会上的讲话》，以及 1990 年出版的《中国新文学大系 1937—1949（第一集）》中，这段表述都保持了与《解放日报》上相同的面貌。

如是断言,“对于‘真正的’底层阶级来说，其同一性就是差异，能够认识和表达自身的而不能代议的底层主体是没有的”。知识分子无须纠缠于是否代言底层的问题：“面对他们并不是要代表他们，而是要学会表现他们。”① 知识分子怎样“表述”人民的问题至少能细化为对“影响表述的力量”及对“表述的策略”的考察，前者指向了诸多在文化场域重构中发生位置移动和能量增减的文化因素，后者则转向了提高代言效率的方法思考。有学者提出了“对话”的策略，以拆除知识分子和人民大众之间的森严壁垒：“纯粹的底层经验仅仅是一种本质主义的幻觉，底层经验的成功表述往往来自知识分子与底层的对话。”在这样的对话关系之中，知识分子与底层互为他者，尽管对话仍然可能包含巨大的不平等，但底层至少赢得了发言的机会。② 在 20 世纪 90 年代之后的文化语境中，假使知识分子跨越了代言代议的身份沟壑，是否就意味着进入“人民”叙述后的一马平川?

20 世纪 90 年代之后的中国文化语境被普遍认为是革命退隐之后的市场时代，资本利润替补政治律令上场，指挥文化创作与生产的资源配置。看得见的创作规范逐渐淡化，而“看不见的手”所具有的规训能量丝毫不逊色于革命年代的政治权威话语。市场允诺某种自由，但自由终归以某种拘囿为前提。90 年代后文学的“人民”叙述表现出的丰富性明显超过了 50 年代以来的前文本，但面对社会转型中浮现的旧疾与新症，文学叙述仍然要考虑作为创作前提的政治因素，二者之间存在着不协调的可能。“社会主义社会是人民当家作主，不可能出现受苦受难的阶级，但现实是原来的工人阶级和农民阶级，已经脱了‘领导阶级’的光环，重新还原为社会底层。这与社会主义的权威话语描画的历史图谱不相协调。在这里，文学观念与社会观念出现悖论。但作家们现在已经无法缝合这种悖论。……‘人民性’的当代性只能变成叶公好龙，造成它必然向美学方面转化。作家不想、也不可能真正从历史与阶级意识的角度来揭示人民的命运。”③ 如果关注“人民美学”思想下的当代文学“人民”叙述，就能鲜明地感受到“人民美学”思想之于当代文学认同混乱强有力的针对性和指导性。

---

① ［美］斯皮瓦克：《底层人能说话吗?》，陈永国译，陈永国、赖立里、郭剑英主编《从解构到全球化批判：斯皮瓦克读本》，北京大学出版社，2007 年，第 128、104、108 页。

② 南帆：《曲折的突围——关于底层经验的表述》，《文学评论》，2006 年第 4 期。

③ 陈晓明：《“人民性”与美学的脱身术——对当前小说艺术倾向的分析》，《文学评论》，2005 年第 2 期。

四

20 世纪 90 年代之后的文学“人民”叙述包含了许多价值认同的症候。已经有研究提出，“近年来的文学艺术作品很少有、甚至找不到正面表现人民群众推动历史前进的作品”。[①] 暂且搁置这种论断是否无懈可击，至少 90 年代以来的文学叙述未能提供这一时代的“人民”美学，在这一点上它与 50—70 年代的同主题叙述形成了鲜明的对比。换一个角度看，令人印象深刻的恰恰是“人民”叙述的苦难化。

“艺术上趋于成熟的一批作家倾向于表现底层民众‘苦难’的生活”，“苦难叙事在主流文学中大量出现”，“构成了当代小说叙事中最受关注，也最有分量的那些文本”。[②] “人民”叙述的苦难化容易得到传统伦理的支持，符合现实主义文学的审美立场，也能回避与意识形态话语的潜在分歧，从文本接受的角度来看，将“人民”叙述苦难化不失为某种容易得到认可的发言方式。90 年代以来“人民”的苦难叙述，不仅有人物个体的苦难遭遇，也有底层群体的困难境况，更有将苦难抽象为社会历史的本质性因素的寓言化努力。阎连科的《日光流年》和《受活》，可以视为这批文本的某种代表。《日光流年》以倒叙的方式讲述了三姓村人为突破喉堵症的魔咒所付出的种种惨痛的代价，仅是修渠引外界之水这一套方案，就能拉出触目惊心的损失清单。除了各种物质上的损耗，“先后直接因修渠死人 18 个，断臂少指类的伤残 21 人，凡参加过修灵隐者，无不流血或者骨碎。为修建灵隐渠凑资，三姓村人共去教火院卖人皮 197 人次，907 平方寸，直接因卖人皮死去 6 人。女人到九都做人肉营生 30 余人次。最困难时，卖尽村中棺材和树木，卖尽女儿陪嫁和小伙的迎娶家当，连村里的猪、鸡、羊都一头一只不剩，仅余下一对老牛做耕地之用”[③]，当然，修水渠的努力和翻田土、种油菜、多生娃等其他尝试一样并未克服喉堵症，三姓村历代民众的付出变成了向死而生的悲壮轮回。显然，这包含了某种隐喻“人民”的历史命运的意图。与之相比，《受活》更用力地突出“人民”在社会转折时的苦难境遇，从而巩固了《日光流年》历史轮回中苦难的必然性。当历史走到某个特殊的拐点之时，试图走出受活庄融入现代文明社会的残疾人

① 冯宪光：《毛泽东与人民美学》，《文艺理论与批评》，2003 年第 6 期。

② 陈晓明：《“人民性”与美学的脱身术——对当前小说艺术倾向的分析》，《文学评论》，2005 年第 2 期。

③ 阎连科：《日光流年》，春风文艺出版社，2004 年，第 100 页。

们，受到了来自文明社会“健全人”的各种公开的欺凌与掠夺，又被迫退回封闭的受活庄。始终在利用受活庄谋求政治利益的柳县长，虽然在小说的尾声中自废双腿、遁入受活庄，但这个细节只是再次展示了底层受苦者身上同样明显的道德优势和物质劣势。阎连科这两部作品对“人民”的寓言化处理，其重心更多地落在了作为整体的“人民”，尤其是底层民众的命运史之上，历史与道德成为“人民”叙述展开的主要层面。

同处90年代之后的文化语境中的另一批小说，则在叙述“人民”的苦难时倾向于考虑和主流意识形态观念的关系——这指的是谈歌、关仁山、何申等人的“现实主义冲击波”。谈歌在《小说与什么接轨》一文中详细地解释了自己的创作观：“我现在理解小说，也就是站在大众的角度上。小说第一是小说，其次才是别的什么哲学、政治、经济等等。”① 小说的“人民性”得到了谈歌的重视，上升为其小说创作原则之一。“平民意识……这条原则就是要解决给谁写，写给谁看的问题。这个问题解决不好，小说的命运就难测了。……不管什么时代，大众需要小说为自己代言。如果小说家们不愿意，那么大众就会把小说和小说家们扔掉，像扔掉一件破衣服。”②“给谁写，写给谁”显然是续接《在延安文艺座谈会上的讲话》传统的努力，而“大众需要小说为自己代言”一说则将时代和大众的需求主动搁在了文学创作者的双肩上，体现了“主旋律”叙述的责任意识。“现实主义冲击波”不同于“新写实”，后者喜欢将“人民”置于诸多琐碎细节之中，表现日常状态与时代主题的疏离，“现实主义冲击波”小说中以普通工人和城镇居民为主的“人民”，却有着面对转型时代的主动意识。刘醒龙小说《分享艰难》的题目时常被借来描述这批小说的创作意图：作为社会主体的“人民”，愿意与主流意识形态共同“分享”属于这个时代的困难。《分享艰难》的主角、县乡基层官员孔太平，以个人乃至亲属的尊严为代价换取辖区的社会经济发展。代表政府的基层官员和普通百姓携起手来，相呴以湿、相濡以沫、共克时艰，就是这个文本和这波思潮所期望表达的认同隐喻。虽然“平民意识”值得肯定，但许多批评家还是表达了对“现实主义冲击波”的不满：转型时代的复杂问题被简化，底层个体面临困难的差异性被高度同化，作为苦难承担者的“人民”的精神姿态被高度道德化。地方主官总是负责的，问题总会解决，“人民”总会幸福，坏人总会遭遇惩罚，

① 谈歌：《小说与什么接轨》，《城市热风》，百花洲文艺出版社，1997年，第2页。

② 同①，第3、4页。

“现实主义冲击波”的“人民性”叙述更像承诺书，它超越了文学的能力范畴。

“现实主义冲击波”的“人民”叙述留下了缺憾，它的后来者又能否在代言民众的立场上交出更漂亮的答卷?《血色浪漫》和《牛鬼蛇神》的存在表明,“人民”的文学叙述依然携带着危险的认同倾向。记录了军队大院子弟成长史的《血色浪漫》，经由影视化再生产之后得到了许多观众的认可。帅气正直的钟跃民们和温柔善良的周晓白们吸引了许多目光，或许读者不容易意识到，这批在市场年代同样叱咤风云的精英，他们的成就很大程度上源于英雄父辈的荫庇。钟跃民们与平民子弟之间的对立被小说的浪漫气氛掩盖起来，钟跃民们的善良成了李奎勇们困难生活最好的迷彩装。不无揶揄的是，李奎勇对社会分化之后特权阶级的仇恨，并不妨碍他对钟跃民的兄弟之情。这样，始终不曾脱离其所处阶级的庇护的钟跃民，在底层民众的眼里成功脱去了他的身份符号，得以继续他无所羁绊又始终安全无虞的浪漫生涯。钟跃民、周晓白们的烂漫，正试图覆盖“人民”在社会转型时代的苦难。《血色浪漫》的阶级叙事隐藏着被忽略的底层民众的苦难，在小说中借大都市教授之口百般颂扬边陲贫农的《牛鬼蛇神》，则是从信仰叙述的角度粉饰了贫农阶层与现代生活之间的差距。小说中上海著名工科大学的教授大元，到海南泡温泉、骑单车，以治疗现代医学束手无策的顽症，因为疗养效果不错，大元就对李德胜清贫的生活大加推崇，贫穷就这样成了现代的榜样。无论是《血色浪漫》还是《牛鬼蛇神》，都隐藏着认同的陷阱，前者模糊了底层民众难以跨越的阶层鸿沟，后者虚构了底层民众并不存在的优越，显然，这都绝非当代文学的“人民”叙述所应迸发的方向。

五

寓言化、简单化、粉饰性的“人民”叙述，无法承担起建构属于这个时代的“人民”美学的责任,“现实主义冲击波”、《血色浪漫》、《牛鬼蛇神》似乎都谈不上拥有独特的美学风格。在文化场域的美学表达日益新奇繁复之时，“人民”的文学叙述似乎遗忘了美学风格。许多批评家认为余华的《第七天》这样的作品，几乎成了新闻串烧。尽管“人民”意识浓厚，但文学的特性被忽略了,《第七天》的腰封上余华坦言“与真实的荒诞相比，小说的荒诞真是小巫见大巫”。现实更具艺术性，这多少折射出文学的无奈与气馁。方方的《涂自强的个人悲伤》所引起的反响与《第七天》颇有几分相似，这部中篇小说被众多重要文学选刊转载，涂自强的故事引发出的忧虑格外沉重：如果涂自强式的农村青年在这个时代和社会中找不到自己的位置，甚至家破人亡、死无葬身之地，那这个社会的发展何以为继？“涂自强”的姓名符号包含从“图自强”到“徒自强”的过程，许多社会事件集中到小说主人公的身上，试图造就出一个典型的时代小人物形象。这个小人物以“自强”和“隐忍”出名，然而他的“自强”和“隐忍”总是遭遇到现实苛刻的打击。诸多可能的残酷过于巧合地聚集在一起，不合理地锁死了他的命运，这种不合理既不可能是现实社会运行的结果，也得不到文学审美逻辑的支持。这样，“涂自强的个人悲伤”最后似乎真成为社会发展过程中的个案而丧失了普遍性——与涂自强一起帮厨的中文系女生的经历，不能说明贫困女大学生除了傍大款就没有活路；涂自强在进入城市前的那些境遇，也不能说明农村拥有高于城市的整体道德水平。路遥的《平凡的世界》在处理田晓霞的命运时暴露了创作主体的观念破绽，而“涂自强”的“人民”叙述逻辑上的难以自洽就更为明显，前者只发生在局部而后者却影响到了整篇小说的骨干。

“人民”美学再出发的命题始终没有过时。面对不尽如人意的前文本，“再出发”的当代“人民”叙述需要充分考虑“人民”美学的建构难度。与《创业史》和《平凡的世界》所处的时代相比，当代文学的“人民”叙述面对的文化场域已经发生了翻天覆地的变化。现在，文学仅仅只是文本的形态之一，一种不太响亮的声音。网络、电视、电影、广播等大众传播媒介霸占了多数民众的空闲时间，可以预期的是，“互联网＋”时代将进一步盘活数字媒介间的关系，人们在数字符号组成的信息河流之中生活，将是清晰可见的未来景象。仅看当下，论坛、贴吧、微博、微信、弹幕等话语交流方式和渠道，已经深度影响了文学的生产、表达、接受。传统的文学话语体系运行的同时，新的规范正在生成并撬动着既有的格局。文化的机械复制和娱乐消费制造了大量的意义碎片，创作主体思考的角度不可避免地发生了变化。“艺术的问题不再是‘要做些什么新东西’，而成了‘要用这东西来做什么？’”[①] 文化创作的意义正急速转化。从创作主体的角度看，如何寻求市场、意识形态和审美标准间的平衡，往往让那些尚未在消费场域和文化场域内积累起足够的象征资本的文学创作者们细细思量。

---

① ［法］尼古拉·布里奥：《后制品 文化如剧本：艺术以何种方式重组当代世界》，熊雯曦译，金城出版社，2014年，“引言”第8页。

这种“平衡术”令一些批评家们担忧。将文学的代际批评视角视为观察当代文学的一种角度，20世纪70年代出生的作家往往会被视为采取“平衡术”策略的代表。情节的模式化、题材的雷同、境界的逼仄、价值立场的暧昧，是他们创作的许多文本留给受众的共同感觉。“陷入日常生活复述的七十年代出生的作家清楚地显示了他们与现实的妥协性，他们被现实生活的表面状况所收购，被这个时代所迷惑，被消费文化所赎买，连一声尖叫都没有，最多是一声软绵绵的叹息”①，而陷入日常生活的意义泥沼，也就无力抽身与富有时代特征的重量级问题展开交锋。“纵观‘70后’作家的创作，作家的眼睛基本上是紧紧盯着现实生活的细节……对于新世纪中国经济迅猛发展导致的潜龙腾跃、拖泥带水的混乱而壮观的世界，对于经济刺激下人性发生变异、恶魔般的自我膨胀与自我堕毁的惊心动魄现场，对于人文精神在危机中重新涅槃的追求和想象，都没有能够切身感受和自觉意识，因此也不可能有触及灵魂的表达。”② 考虑到文学未来的发展，创作主体走出细节的徘徊和价值的“平衡”，显然有利于文学的“人民”叙述的美感提升。

问题与机遇时常并行。新的时代文化机制能否重新激活一批概念？当代文学“人民”叙述的评论能否借用新方式的能量？“中国传统的评点体文艺批评、诗话式批评在互联网时代与微信、微博、贴吧、弹幕等社交媒体有天然的体裁契合优势；接受美学、受众研究可以使文艺大数据的统计分析、数据分析和数字可视化获得全新的运用。全新的文艺评价也可以通过文艺数据的集成创新，建构起高效、全面、及时、准确的评价体系，全方位呈现多维度的评价指数。”③ 总体而言，如何在新的时代语境下重新理解《在延安文艺座谈会上的讲话》以来的“人民”叙述的伟大传统，如何实践习近平总书记在文艺工作座谈会上提出的“坚持以人民为中心的创作导向”，如何表现当代中国的人民之美，都值得正在行进中的当代文学深思熟虑。从这个角度看，“人民”文学叙述的美学再出发，即将打开丰富的维度。

（作者单位：福建社会科学院文学研究所）

① 周立民：《可疑的“个人”——七十年代出生作家作品阅读札记》，何锐主编《把脉70后：新锐作家小说评析》，江苏文艺出版社，2010年，第31页。

② 陈思和：《低谷的一代——关于“70后”作家的断想》，何锐主编《把脉70后：新锐作家再评析》，江苏文艺出版社，2011年，第21页。

③ 向云驹：《互联网时代文艺批评何为》，《求是》，2015年第12期。

历史社会学视野中的"人民"话语：表达与实践

刘　杰　贺东航

一、问题与视角

我们对"人民"这个词并不陌生，但"人民"所指为何，我们似乎并不能对其做出恰如其分的理解与定义。以往的学术研究要么是将"人民"话语的出现作为一种政治正当性问题的提出①，要么强调人民作为一种支配性的政治修辞，将人民塑造为一个代表了历史发展方向因此具有正当性化身的概念，象征着历史前进方向的阶级化②，要么将人民视为一种指导社会行动的话语，并与"群众"概念等同起来，从而赋予群众以现代性品格，使"人民"在权力归属和道德评判上具有不容置疑的正当性③，这在一定程度上也具有自我认知的"阶级性"与排斥敌人的革命性。可见，"人民"话语既具有合法性层面上的政道意涵，也具有权力技艺层面上的治道意义。

---

① 在古典政治学时期，政治思想中的"人民"概念并不具有任何政治合法性或者正当性的含义，因为古典政治学从"自然法""神学"等角度赋予了政治统治与政治共同体以天然的正当性，中国的政治传统也是如此。随着现代政治共同体的诞生，人民主权与社会契约学说逐渐成为现代政治的起点。参见任剑涛：《中国现代思想脉络中的自由主义》，北京大学出版社，2004年，第231页。

② 例如马克思主义者通过主张"人民，只有人民，才是创造世界历史的动力"，将人民塑造为一个具有代表了历史发展方向因此具有正当性化身的概念及象征历史前进方向的阶级化概念。

③ 这与"群众"概念紧密联系在一起。许多西方思想家的观点对"群众"的概念持有鄙夷的态度，从托克维尔到阿伦特，都对"群众"多有批判，可以总结为：缺失独立人格、非理性和情绪化、破坏性和屈从性，以及道德水平低下等。其中最为著名的论断要属勒庞关于"群体是集体无意识的乌合之众"的表达。19世纪中叶之后，随着工人运动与无产阶级的崛起，资本主义带来贫穷、道德败坏，群众观念逐渐摆脱了之前的贬义形象，进入了社会政治理论的核心论域。例如列宁就指出，"数以千百万计的群众——哪里有千百万人，那里才是真正政治的起点"。参见丛日云：《当代中国政治语境中的"群众"概念分析》，《政法论坛》，2005年第2期；李里峰：《"群众"的面孔——基于近代中国情境的概念史考察》，王奇生《新史学：20世纪中国革命的再阐释》，中华书局，2013年，第51页。

若从20世纪的中国历史纵深来看，以“人民”概念为核心建构起来的“人民”话语是理解中国从革命、政权建设到后革命时期改革的重要脉线。我们将“人民”话语界定为一直以来中共革命与建立共社会主义政权所抱持的主导意识形态。然而，鲜有研究从历史社会学的角度来探讨这一话语形态在历次政治时期所扮演的作用，因而本文试图将其放置在革命行动、革命进程与国家政权建设的视野中来考察，考察一种意识形态或修辞表达如何与政治主体（精英）、政治行动与政治结构在历史情境中开展互动。

在历史社会学家那里，意识形态与革命、国家政权建设的关系得到了丰富的阐释，例如以小威廉·H. 休厄尔（William Sewell）、杰克 A. 戈德斯通（Jack Goldstone）等历史社会学者对以西达·斯考切波（Theda Skocpol）为代表的结构主义进路予以了批评，他们认为后者对法国大革命等重大政治进程的分析忽略了意识形态维度，而法国大革命的进程则表明，政治行动不仅仅是客观性社会利益的某种反映，还体现了中产阶级在意识形态方面的兴起，必须关注在其中塑造出革命实践的那些范畴。[①] 同时，戈德斯通指出，在旧制度的崩溃过程中，意识形态扮演着的主要是支持性角色，只有当国家崩溃肇始之后，在权力斗争和国家重建过程中，意识形态和文化因素才能发挥主导作用。[②] 在迈克尔·曼（Michael Mann）那里，意识形态（ideology）是与经济（economy）、军事（military）、政治（politics）相比肩的权力来源之一，于是四者构成了用以分析革命进程、国家建设的IEMP模型。[③]

借助这一理论脉络，本文着力于解决以下三个问题，首先，作为一种意识形态，中国政治语境中的“人民”话语是由哪些分析层次构成的，本文认为存在道德、权力与治理三个分析层次。其次，作为一种意识形态的“人民”话语，分别在中国共产党革命进程、社会主义国家政权建设时期，以及改革时期，如何与政治行动、政治结构产生互动，道德、权力与治理如何产生互构。最后，针对“人民”话语对当前国家治理语境中的启发进行简要讨论。

---

① William Sewell. Ideologies and Social Revolutions: Reflections on the French Case. *Journal of Modern History*, 1985 (1): 57-85; Jack Goldstone. Ideology, Cultural Frameworks, and the Process of Revolution. *Theory & Society*, 1991 (4): 405-453.

② ［美］杰克·戈德斯通：《早期现代世界的革命与反抗》，章延杰，等译，上海世纪出版集团，2015年，第402页。

③ ［英］迈克尔·曼：《社会权力的来源（第一卷）》，刘北成、李少军译，上海世纪出版集团，2013年，第30-37页。

二、“人民”话语的分析层次

“人民”话语多样且丰富，要对其做出周全的定义和分类，定会挂一漏万。然而，任何一种政治修辞，都类似于某种认知范式那样在本体论、认识论与方法论上有所区分。基于此，出于分析的便利，本文将“人民”话语归为三个分析层次①。

1. 道德层次。这是关于“人民”话语的“本体论”问题，关乎生存意义和终极价值的关怀。“人民”话语的道德层次主要是通过其有关群众观点来呈现的，而主张“群众观点”的往往是克里斯玛式人物，他们将信念伦理与责任伦理混合在一起②，并且在改造社会方面抱有强烈的使命感，进而赋予“人民”话语强大的宗教般的使命感。这种道德层面包含两个部分——“专断的”与“疼爱的”。“人民”话语的掌握者宣称自己是其他社会阶层、团体或个人的监护人，必须对“孩子”的成长肩负起职责③，既可以做出惩戒，也可以教化，构成了一种“长老式权力”。正是“人民”话语使革命教化机制与目标群体之间构成了双向生产机制，前者对后者产生支配与规训、后者为前者提供正当性基础，从而在道德与政治之间建立了一种不断强化的循环关系。

2. 权力维度。所谓的权力维度，是一种意识形态经由对历史与现实的阐释与操作继而形成动员、指导、组织一定行为的过程。迈克尔·曼指出，我们不能仅凭直接感受认识世界，需要超越感受的意义概念和范畴，无论是韦伯所称的“掌握基本知识和意义的社会组织对社会生活是必不可少的”，还是涂尔干关于“稳定有效的社会合作需要有对规范的共识”的判断，都在力图证明，旨在强化集体信念的意识形态运动能够增强它们的集体性权力，因此对某种“规范”的垄断也是获得权力的重要路径。④“人民”话语作为在革命进程与国家建设进程中用以构建集体信念网络的意识形态，也获得了巨大的权力。首

---

① 陈明明在对主流意识形态进行分析时，将其分为价值—信仰部分、认知—阐释、行动—策略三个层次，本文受此启发。参见陈明明：《从超越性革命到调适性发展：主流意识形态的演变》，《天津社会科学》，2011 年第 6 期。

② 韦伯指出，一切以伦理为取向的行动，都可归并为两种准则，其一是责任伦理（ethic of responsibility），其二是信念伦理（ethic of conviction），两种标准本质上存在差别和冲突，前者侧重于“信念”——行动者的心情、意向、信念的价值，使行动者有理由拒绝对后果负责，后者侧重于“责任”——行为的后果，行动者要义无旁顾地对后果承担责任。参见苏国勋：《理性化及其限制：韦伯思想引论》，上海人民出版社，1988 年，第 74 页。

③ ［匈］科尔奈：《社会主义体制：共产主义政治经济学》，张安译，中央编译出版社，2008 年，第 52 页。

④ ［英］迈克尔·曼：《社会权力的来源（第一卷）》，刘北成、李少军译，上海世纪出版集团，2013 年，第 28－29 页。

先，“人民”话语导源于阶级史观，因而内含着“人民”（革命者）与“敌人”（反革命者或反动派）的对立。其次，在这种对立之间，划分标准具有很大的自由裁量空间，“人民”与“敌人”的界分处在变动不居的状态中，取决于政治性的需要。① 最后，“人民”中的单个个体无法独立面对国家政权，不能以个体身份与国家展开交涉，由此为革命团体保持忠诚及之后国家提升专断性权力提供了基础。

3. 治理层面。“人民”话语不仅仅是一种道德律令和权力生产机制，还是一种治理技术，表现为以“群众”概念为指称的治理模式。从革命年代开始，“人民”话语担纲着动员、规训、道德生产、阶级识别、精英训练等方面的重任，并在基层治理层面表现为以“群众”为要旨的治理方式，比如马锡五审判方式所代表的政法传统，构成了中共边区治理的重要特征。在国家政权建设时期，政党继续贯彻群众路线，一方面通过发动“忆苦思甜”构建民众对新国家的认同；另一方面还形成社会动员，从而为经济重建乃至之后的“阶级斗争”提供支撑。从某种意义上说，作为一种治理方式的“人民”话语直至当下都保有丰富的遗产。

三、“人民”话语的历史实践

按照前文对“人民”话语分析层次的界定，本文将对“人民”话语在不同历史时期的具体实践予以一一分析。依照通常的历史时期分类，本文也将“人民”话语的历史演化分为革命时期、政权建设时期与改革时期，并从道德、权力、治理等诸层面进行阐释（见下图）。

	革命时期	政权建设时期	改革时期
道德层面	阶级动员	文化领导权	历史合法性
权力层面	革命行动	阶级斗争（继续革命）	维稳政治
治理层面	基层政权实践	总体性治理	动员式治理

（一）革命时期：阶级动员、革命行动与基层政权实践

严格来说，中国共产党作为工人阶级先锋队，并不是一开始就意识到农民运动的重要性。尽管在1923年共产国际给中共三大发出指示称，“全部政策的

① 冯仕政：《人民政治逻辑与社会冲突治理：两类矛盾学说的历史实践》，《学海》，2014年第2期。

中心问题乃是农民问题”，要求中共在进行民族革命和建立反帝战线之际，必须同时进行农民土地革命，但彼时国共两党正处在第一次合作的蜜月期，中共并未立即主张激进的农民运动路线。直至工人运动遭到破坏后的1925年，中共四大才通过《对于农民运动之决议案》，第一次明确指出农民问题在无产阶级革命的世界革命中占有重要地位，中共要领导中国革命至于成功，必须尽可能地、系统地鼓动并组织各地农民逐渐从事经济的和政治的斗争。①

之后，毛泽东在《中国社会各阶级的分析》一文开篇就抛出了“谁是我们的敌人？谁是我们的朋友？这个问题是革命的首要问题”② 的著名论断，明确了敌我划分的重要意义，继而意识到处于国民党城市政权边陲的广袤农村及千千万万的农民才是共产主义事业所需要的联盟，并将原先马克思主义者认为只有共产党才具备的品质赋予了农民。一方面，将人民群众定义为朋友是之后共产党一切革命政治的初始逻辑，在此基础上所坚持农民群众路线是革命政治的认识论与方法论；另一方面，坚持“革命性在农村、在农民”的观点也开始赋予群众以革命性。中国由此进入到了农民革命时代。在这一时期，“人民”话语在道德、权力与治理层次分别表现为阶级动员、开展革命行动与开展基层政权实践等三个方面。

首先，就阶级动员来说，中国共产党意识到农民是无产阶级革命的同盟军，“对于毛来说，‘群众’表示绝大多数中国人民，这些人最终都能推动革命”③，但是要唤醒这一沉睡的力量，必须借助一系列的政治策略与技巧。在国民党政权时期，农村社会与国家政权之间还夹着经纪人群体，传统帝国的没落使经纪人逐渐从“保护型”转向“掠夺型”，农民处在“地税”与“地租”的双重压榨之下，在乡村社会逐渐积累了一定的社会怨恨，这一怨恨与“苦”亟待有人前来纾解。为了实现社会的革命动员，中国共产党需要创造出更易被底层民众所接受的策略性框架，其中最为显著的工作即是将社会结构与社会分层予以“道德化”。共产党员成立工作队进入村庄后，发动贫雇农的思想工作，组织忆苦活动与诉苦大会，开展土地改革。通过这种方式建构农民阶级意识与革命意识，强化对旧社会的仇恨、对原有乡村权威的仇视，对原有社会组

① 王奇生：《中国近代通史（第7卷）》，江苏人民出版社，2006年，第479页。

② 《毛泽东选集（第一卷）》，人民出版社，1991年，第3页。

③ ［美］麦克法夸尔，费正清：《剑桥中华人民共和国史——中国革命内部的革命（1966—1982）》，谢亮生，等译，中国社会科学出版社，1992年，第6页。

织的脱离，土改中的诉苦由此构成了一项动员技术。[①] 中共在阶级动员中所使用的宣传策略是高度“道德化”的，通过把“自然状态的‘苦难’和‘苦难意识’加以凝聚和提炼”，为底层民众带来了全新的意义体系和价值目标。

其次，就革命行动来说，在阶级动员实施成功之后，革命团体面临的议题即是如何在革命行动中保持内部忠诚以此来维系革命行动的问题。中国共产党已经通过土改重新分配了土地，解决了贫苦农民的生计问题，吸引了农民参与革命，收获了农民一定程度上的支持与忠诚，但这显然是不够的。革命团体需要某种全新的意义与价值体系来实现革命过程中的意识形态斗争和控制，而支配机制即是通过“人民”话语来赋予底层民众以“人民群众”的革命性身份，赋权给底层民众，使其获得权力的补偿感，“翻身做主人”。由此，革命的潜在追随者会将真实的抑或被建构出来的压迫感与怨恨转化为自身的认知结构，从而内化为一种持续的忠诚与革命行动力。在这里，“人民”话语充当了中国共产党革命化、阶级化的意识形态生产机制，强化革命团体的内聚性，并鼓舞了以革命行动被导向的内在士气。

最后，就基层政权实践来说，大革命失败后，共产党逐渐明白，要取代国民党，就要真正深入农村的管理，必须建立更为基础性的社会组织结构。这一点连国民党做不到，国民党南京政府是一个城市性政权，它缺乏广泛动员的能力与基层政权基础，这对中国共产党来说更是一个巨大的困难，因此只能把农民本身转化为农村社会的管理者。[②] 农民是传统社会地主乡绅自治和宗法家族之下的被治理者，这种“转化”看起来很艰难。但共产党抓住了以下几个前提：第一，在国民党政权体系下，中心城市与边陲社会存在着空隙，这些空隙削弱了中心国家与边陲社会本来就十分脆弱的联系；[③] 第二，农民必须建立突破家庭且不同于家族的基层组织形态，基层社会中各个层次的管理者要效忠统一的意识形态；第三，通过建立根据地，展开阶级动员与群众识别，发现积极分子，吸收农民入党，建立庞大的农村基层党组织和农会。由此可见，“人民”话语在基层政权实践中也扮演着重要的政治指导作用。通过这一系列方式，中国共产党在组织上极速扩张，实现了基层组织与政权建设的初步实践。

---

① 李里峰：《土改中的诉苦：一种民众动员技术的微观分析》，《南京大学学报》，2007 年第 5 期。

② 据估算，这个社会组织结构大概需要甲长 640 万，保长 77 余万，副保长及保干事 300 余万人。参见张厚安、白益华：《中国农村基层建制的历史演变》，四川人民出版社，1991 年，156 页。

③ 陈明明：《在革命与现代化之间》，《复旦政治学评论（第 1 辑）》，上海辞书出版社，2002 年。

（二）政权建设时期：文化领导权、继续革命与总体性治理

中华人民共和国成立以后，新政权主要面临两个问题：第一，如何尽快实现经济社会重建，巩固社会主义政权；第二，诚如吉登斯所说“任何组织以及任何规训的形成，都依赖于事先存在某种专业化的行政官员”①，国家政权建设自然也不例外，但科层组织具有一种先天性的僵化倾向，因而，如何来平衡“现代国家”与“保持革命底色”的内在紧张迫在眉睫。

如前文所述，由于在革命进程中采取的“人民”话语起到了阶级动员、维系革命行动、凝聚内部团结、开展基层政权实践等作用，为之后到来的国家政权建设提供了一定的操演，包括人群的辨识、利益的分配、权力的释放、开放领导地位吸纳群众等方面，民众已建立与“国家框架”在精神、利益上的联系。② 因而，“人民”话语同样成为在政权建设时期的主导性意识形态，或者说，中国共产党在通过革命战争获得胜利之后获得了“文化领导权”（cultural hegemony）。从文化的角度看，国家政权建设过程实际上也是传统的符号、礼仪和身份标志遭到否定继而被新的形态取代的过程。因而，中国共产党不仅在政治力量对比上，也在道义与伦理上占据了优势，获得了来自历史沿袭的政治合法性。由此，在政权建设中巩固革命政权同时开展社会经济重建之时，“人民”话语也就获得了某种先天话语优势，自然而然进入了新政权的政治语库。

诚如戈德斯通所称，革命后国家重建中的社会活力，并不取决于制度变革的程度，而是取决于制度变革所体现的意识形态结构，国家通过强加文化上的一致性来支配物质生产与社会进步。③ 具体到中国的经验情境中来，这种“文化一致性”实际上是中国共产党在革命时期业已熟谙的“人民”话语与“敌我”矛盾辩证法，即通过对人民群众的再次定义与对敌人的再次指认来完成这项工作，一个奠基性的文件是毛泽东在1957年发表的《关于正确处理人民内部矛盾的问题》，该文扩大了“人民”概念的适用范畴，对“人民”进行了再定义④，

---

① ［英］吉登斯：《民族—国家与暴力》，胡宗译、赵力涛、王铭铭译，生活·读书·新知三联书店，1998年，第16页。

② 张静：《解放区时期的群众路线》，《战略与管理》，2010年第7-8期；孙立平，郭于华：《诉苦：一种农民国家观念形成的中介机制》，杨念群《新史学：多学科对话的图景》，中国人民大学出版社，2003年，第507页。

③ ［美］杰克·戈德斯通：《早期现代世界的革命与反抗》，章延杰，等译，上海世纪出版集团，2015年，第440页。

④ 毛泽东指出，“为了正确地认识敌我之间和人民内部这两类不同的矛盾应该首先弄清楚什么是人民，什么是敌人……一切赞成、拥护和参加社会主义建设事业的阶级、阶层和社会集团，都属于人民的范围；一切反抗社会主义革命和敌视、破坏社会主义建设的社会势力和社会集团，都是人民的敌人”，参见《毛泽东选集（第5卷）》，人民出版社，1977年，第364页。

并将“人民—敌人”的辩证法运用到社会动员与“继续革命”的工作中。

在巩固政权方面，通过采取广泛的忆苦思甜运动、新民歌运动、社会主义教育运动等文化方面的活动来激发民众的热情，建构起民众对国家政权的认知与认同，使得村民的政治身份由家族化转向国家的社区化，由地缘与阶级意识转向国家意识与政党效忠。① 通过提升民众的道德水平和道德修养，强调民众的献身精神和“灵魂深处爆发革命”，用掏心挖肺式的自我解剖和苦行僧般的自我拒绝来彻底否定“小我”，锻造出面向“大我”、符合革命与国家需要的政治个体，即“共产主义新人”②，使民众由“被动的卷入”转向“主动的参与”，实现巩固革命政权、恢复国民经济、改造社会面貌的目的。

在平衡“现代国家”与“保持革命底色”内在紧张方面，毛泽东希望保持党的纯洁性及干部队伍革命性。③ 他试图通过群众运动这样的大民主方式来拓宽群众的政治参与度，他认为只有让群众行动起来，才能防治官僚主义，防止变成修正主义④，因此在经济重建的政权建设过程中，还伴随着以“群众—官僚”对冲为主题的政治议程，要“继续革命”，而这一政治议程仍然是在“人民”话语的指导下铺展开来的，再次操持“人民—敌人”的辩证法，将人民、敌人等概念进行再定义，继而开展相关的政治斗争。因此我们看到，在政权建设时期的经济议程之外，还伴随着反右斗争、“四清”运动乃至“文化大革命”等政治运动，“人民”话语也由此爆发出它最暴烈的能量。

无论是以经济建设为主题的社会动员还是以政治斗争为主题的继续革命，都与“人民”“群众”紧密相关。在历次政治运动熏染中，革命已经通过政治社会化机制内化于心了，乃至形成了某种与“动员型政体”相匹配的集体人格或曰政治文化。“人民”话语担当了开展政治说服和动员的工具，也是将政治道德化的生产机制，而且构成了一种对社会进行治理的方式。当然，这种主

① 吴毅：《村治变迁中的权威与秩序》，中国社会科学出版社，2002 年，第 111－112 页。

② 参见魏沂：《中国新德治论析——改革前中国道德化政治的历史反思》，《战略与管理》，2001 年第 2 期；刘瑜：《因善之名：毛泽东时代群众动员中的道德因素》，王奇生《新史学：20 世纪中国革命的再阐释》，中华书局，2013 年，第 116 页；程映红：《塑造“新人”：苏联、中国和古巴共产党革命的比较研究》，《当代中国研究》，2005 年第 3 期。

③ 对于毛泽东来说，新中国成立后官僚主义制度的发展，他认为导致了一种危险的社会模式和价值取向，加大了知识分子和群众特别是和农民之间的经济文化鸿沟，还加大了城乡之间的差距。参见［美］迈斯纳：《马克思主义、毛泽东主义与乌托邦主义》，张宁，陈铭康，等译，中国人民大学出版社，2013 年，第 83 页。

④ 毛泽东曾指出，像我们这样的国家人民内部的矛盾，如果不是一两年整一次风，是永远也得不到解决的。许多问题的解决，光靠法律不行……大字报一贴，群众一批评，会上一斗争，比什么法律都有效。参见中华人民共和国国史学会：《毛泽东读社会主义政治经济学批注和谈话简本》，2001 年，第 194 页；转引自刘磊《走向法律虚无主义：毛泽东后期法制思想研究》，《山东大学法学评论》，2014 卷。

导性的治理话语也与其他制度安排如城市单位制、农村的人民公社制度、定量供给制等编织构成了总体性的政治治理网络，国家权力对基层社会、个体心智的统摄也是前所未有的，个人与组织乃至与国家之间形成了一种依附关系。

（三）改革时期：历史合法性、维稳体制与动员式治理

众所周知，“继续革命”的政治议程带来了深重的政治社会灾难。改革之后，新一代领导人意识到，“意识形态的激励已经没有效果，中国人寻求的是提高生活水平”①，但与中共革命及社会主义政权建设紧随的“人民”话语并未因此被悬置，“人民”话语不仅关涉社会主义的政治理想，也关涉社会主义道统的来源，勾连着“未来”与“过去”，因此在革命祛魅的改革之后，对“人民”话语进行了再诠释。

首先，强调“人民”仍是合法性的来源，只是这种合法性的获得不能再依仗过去的道德召唤，而要通过实用主义措施来重塑合法性根基；② 其次，“人民”话语的敌我二分法将不再适用于新时期，许多社会群体，尤其是知识分子，已经是工人阶级的一部分，“人民”范畴由新中国成立初期的“工人、农民、小资产阶级和民族资产阶级”、社会主义改造完成以后的“工人、农民和知识分子”扩展为改革年代的“全体社会主义劳动者、拥护社会主义的爱国者和拥护祖国统一的爱国者”。③ 最后，革命激情的退潮与敌我二分的消解并不代表矛盾辩证法的退场，“人民”话语仍然具有某种约束与催化效应，借其形成社会冲突化解机制与动员式的治理风格。

所谓社会冲突化解，是以“人民”话语的矛盾辩证法为指导形成维稳体制。20 世纪 80 年代，面对改革初期带来的社会治安状况，开展了群治群防的动员式治理方式，主要通过“接近群众”“呼应群众要求”和“依靠群众维护治安”等方式，发展了“治安联防”“线人”等专门工作。④ 20 世纪 90 年代末到 2000 年，经济发展带来了极大的利益分化，导致一部分社会群体的不满，出现了集体上访及群体性事件，由于地方政府在社会冲突治理过程中过分倚重强制手段而使得学术界纷纷抛出了“合法性危机”的论断。⑤ 正是在这样的大

---

① 李侃如：《治理中国：从革命到改革》，中国社会科学出版社，2010 年，第 142 页。

② 例如邓小平指出，“社会主义经济政策对不对，归根到底要看生产力否发展，人民收入是否增加。这是压倒一切的标准。空讲社会主义不行，人民不相信”。《邓小平文选（第 2 卷）》，人民出版社，1994 年，第 314 页。

③ 《邓小平文选（第 2 卷）》，人民出版社，1994 年，第 89、203 页。

④ 陈柏峰：《群众路线三十年》，《北大法律评论》，2010 年第 1 辑。

⑤ 肖唐镖：《当代中国的“维稳政治”沿革与特点——以抗争政治中的政府回应为视角》，《学海》，2015 年第 1 期。

背景下，官方主导性话语从2007年开始逐渐提出“以人为本、坚持和尊重人民主体地位”这样的新表述，试图重拾群众路线的传统，在处理社会冲突上，注重矫正以往“泛政治化”的做法，认为群体性事件是一种由利益意识觉醒引发的人民内部矛盾。在此，是国家重新调整人民与敌人的相对范围，将人民的范围扩大到了几乎与公民的范围同等大小的地步①，“人民内部矛盾”由此回归，但这种回归并非这种政治定位的调整，本质上来说，而是重新与延续下来的体制形成“动员式治理”，将人民再次定义，通过“信访”“人民调解”等“政法传统”来规避社会治理风险，在带来经济高速增长的同时也维持了政治与社会稳定。

所谓动员式治理，即通过观念的建构、奖励与惩罚措施的运作、全社会的动员与目标管理体系的设定，最终实现形形色色的政治经济目标，这也是“人民”话语的工具性表现。虽然革命远去，然而“动员依然是中国行政体系运作的根本及永久特征”。② 动员式治理或者说运动式治理的存在表明，在统一体制下，科层制内部权威体制可能存在信息不对称、政治沟通梗阻与政策执行失真等现象，同时以文牍、理性为核心的科层制无法完美适配于当前中国发展主义意识形态下的经济发展需要，因此要通过某种制度遗产，并依靠群众性的参与来克服正常的官僚体制能力的局限。这样一种制度遗产就是深植于政体肌理的人民话语，反过来，动员式治理不仅能够实现既定的经济社会目标，同时还可以作为一种纪律性的训诫力量和政策性的社会学习工具，对官僚体系与民众都实现规训与整合。只是这一后革命时代的人民话语与动员或运动已经演化为一种制度化的动员，从而祛除了继续革命语境下人民话语所裹挟着的暴戾气质。

四、余论

“人民”话语作为一项政治表达，构成了国家的精神气质和制度基础。那么，“人民”话语如何与“国家治理现代化”这一新表述实现良性互动呢？这仍要放置在主导意识形态与国家政权建设的交互关系中来考察。正如邹谠所指出的，“中国革命建国的指导思想是群众观念……群众要求的不是抽象的人权，

---

① 冯仕政：《人民政治逻辑与社会冲突治理：两类矛盾学说的历史实践》，《学海》，2014年第2期。

② 黄冬娅：《比较政治学视野中的国家基础权力发展及其逻辑》，《中大政治学评论》第3辑，2008年。

而是社会经济上的权利。中国革命是从争取社会经济权利开始的，进而要求政治权利，要民主。中国革命和建国的过程是以‘群众’这个概念开始而不是从‘公民’这个概念开始”。① 这样一种以“人民”话语构建政权的方式获得了天然合法性，而“人民”同时又与“先进阶级”“先锋队”“政党”联结在一起，而当前中国现代国家建设的另一个面向——公共性与公民社会，仍存在很大空间，这即孔飞力所称的“根本性议程”——“政治控制”“政治参与”与“政治竞争”，三个议程不可或缺。② 毕竟国家政权是不是真的深入社会基层不取决于它是否在基层建立了它的管治机构，而取决于它在扩张自身权力的同时，是否建构了它的支持力量。③ 只有当国家建设形成了这种新的社会身份，民众才会认同国家的权威，国家自主性与国家能力由此才得以提升，否则会导致国家能力的悖论。

因此，当我们重新回顾20 世纪中国革命及探求国家治理现代化的进程时，应当在考察“人民”这一概念的逻辑圆融性与道德完美性的同时，也将“人民”理解为一个个的社会行动者，继而发现社会中层组织与民间社会的发育，而“社会”的成长作为现代国家建构的重要一环，它的缺席将导致国家迟迟无法完成转型。在中国现代国家的建构中，“人民”国家的诞生是“最先一公里”，而“社会”的发育成长则代表着“最后一公里”。因而，在重新发现人民、发掘其有益遗产的同时，还应将“人民”话语置于按照理性原则构建起来的“公共性”之下，着力培育社会中层组织与个体自主性。

（作者单位：刘杰，华中科技大学社会学院；贺东航，厦门大学马克思主义学院）

① 邹谠：《二十世纪中国政治》，牛津大学出版社，1994 年，第 17 页。

② 参见孔飞力：《中国现代国家的起源》，生活·读书·新知三联书店，2013 年。

③ 张静：《基层政权》，浙江人民出版社，2000 年，第 18 – 46 页；张静：《现代公共规则与乡村社会》，上海书店出版社，2006 年，第 35 页。

汲取传统文化养分　重构当代人民美学

——论文艺人民性与人民美学再出发

杨明刚

重构当代人民美学这一建设性指向，务必从丰富的古代文艺理论遗存资源和华夏审美土壤中汲取养分，以期从中建构出中国特色的当代人民美学统摄下的文艺标准系统和本土话语体系，这不仅是对古代文艺理论现代转型的延展与升华，更是今天重构足堪与西方文艺论对话、交流的当代人民美学开放系统的一条行之有效的本土途径。

一、载体：文艺人民性须借作品体现

文艺的人民性，首先要通过作品来体现。

作品是审美意识的载体和媒介。因此，以作品为中心的“作品中心”论就成为我们展开讨论的逻辑前提和现实需求。

习总书记指出,“推动文艺繁荣发展，最根本的是要创作生产出无愧于我们这个伟大民族、伟大时代的优秀作品。文艺工作者应该牢记，创作是自己的中心任务”。创作是文艺工作者的中心任务，以人民的需要为中心，是对优秀文艺作品的本质要求。只有反映我们这个前所未有的时代，抒写我们这个时代的故事，抒发我们这个时代伟大人民的情感与审美体验的作品，才是无愧于时代的、才是真正优秀的作品。纵观文艺史，能为后人所推崇的优秀作品，都是深刻反映其所处时代的人情人性、文化精神的，都是那个时代的社会关系、生产生活关系在文艺中的集中反映。故而，社会主义文艺应该反映和表达我们这个时代人民的思想情感，以爱国主义为主旋律，以广阔的题材、多种多样的风

格和形式来创作，追求文艺真善美的永恒价值，这就更加凸显了社会主义文艺和文化的意义。如习总书记强调的，社会主义文艺本质上是人民的文艺。

二、主体：文艺人民性须由文艺工作者实现

文艺的人民性，还要通过文艺工作者主体来实现。

习总书记强调，“繁荣文艺创作、推动文艺创新，必须有大批德艺双馨的文艺名家。通过更多有筋骨、有道德、有温度的文艺作品，书写和记录人民的伟大实践、时代的进步要求”，以人民为中心，反映好人民心声，对于文艺工作者来说，并不是能够轻易做到的，因为这不仅仅是一个良知问题、感情问题、责任问题，不仅仅是作为文学家艺术家站在人民的生活之外表达同情之心，而是在根本上要求文艺工作者在思想情感上、在立场上真正地站在人民一边，“自觉与人民同呼吸、共命运、心连心，欢乐着人民的欢乐，忧患着人民的忧患，做人民的孺子牛”。这是对文艺工作者提出的极高的要求，考验着文艺工作者的思想修养、艺术操守和责任意识。

三、标准：文艺人民性有其美学与艺术诉求

文艺的人民性，不仅是对文艺的价值要求、历史要求，也是对文艺的美学要求、艺术要求。

人民的文艺，应该有其独具风格的艺术形式和美学标准，优秀的人民文艺应该是其内在的精神价值与外在表现形式的完美统一。习总书记讲话中要求文艺工作者遵循艺术规律，“以充沛的激情、生动的笔触、优美的旋律、感人的形象创作生产出人民喜闻乐见的优秀作品”，要求艺术“彰显信仰之美、崇高之美”。这是在美学层面为当代中国文艺的发展树立的新理想、新方向、新标准。习总书记强调，“追求真善美是文艺的永恒价值。艺术的最高境界就是让人动心，让人们的灵魂经受洗礼，让人们发现自然的美、生活的美、心灵的美”。他对信仰之美、崇高之美的强调，有着极强的针对性，不能否认，市场经济趋利的特点一定程度上会消解人们对崇高价值的信仰，但真正的文艺家不会放弃对崇高价值的追求。今天，对这一审美理想的重建，是为文艺找到了灵魂，为文化找到了脊梁。

四、根底：重构人民美学须汲取传统文化养分

习近平总书记指出：“中华优秀传统文化是中华民族的精神命脉，是涵养社会主义核心价值观的重要源泉。要结合新的时代条件传承和弘扬中华优秀传统文化，传承和弘扬中华美学精神。”在新的历史时期建设社会主义文化，发展人民的文艺，重构当代人民美学，就不能不重视中华传统优秀文化。

当代人民美学的构建与发展无疑要顺应新的时代文学艺术实践对理论变革和理论创新的内在要求。然而，古代之于当代的价值，常被视为有益的参照，即“以古为鉴”。整体来看，古代文艺理论之于当代人民美学亦可视为一个可以自足且有待发掘和完善的参照系，为我们的当代人民美学的学术自觉、研究视野、学科建设、理论框架、知识体系、研究方法、思维机制乃至发展趋向等奠定坚实的基础。由是观之，从古代文艺理论学科的角度去对文学艺术现象和文学艺术批评、文学艺术史和文学艺术批评史作整体性及系统性的把握，从而深入研究作为一种社会历史现象和文化现象客观存在的人类文学艺术活动，以及其中人民的伟大作用，其意义是巨大的。具体而言，仅从当代人民美学重构的视角，我们就可以重新窥见古代文艺理论在主创队伍涵养、核心观念生成、言说形态选择、思维特质内化、审美精神追求五个方面的重要价值。

（一）主创队伍涵养：当代人民美学重构的人才培育

当代人民美学重构虽不乏闹热景观与海量著述，但总予人以不甚满意的感觉，尤其是在本土文艺理论的理性建构与学术自觉方面，远非理想。之所以出现如此尴尬境况，与我们当代人民美学重构主创队伍的古典涵养不足甚至缺失不无关系。实际上，数千年的古代文艺理论为我们提供了丰厚的中华文艺传统和审美资源，譬如礼乐文化与基本构型、创世神话与伦理性、美文与情采自律、人格化旨趣与逸趣、正变史观等传统文艺母体中的典范思想，足以为当代人民美学重构提供合理合法、更为完整强大且更富理性色彩的理论支撑，促成我们补足当代人民美学重构中人才培育的短板，造就与借鉴西方美学和艺论流派相匹配的、植根民族本土化文艺理论传统的学理阵容。

（二）核心观念生成：当代人民美学奠基的原创根源

诚然，当代人民美学重构需要面对的文艺现实、审美现状，乃至中西交融的复杂情势远超过往，加之西方文艺理论起步较早、发展较快，而古代文艺理论亦因其具体的时空局限、现代转型难免暂时出现“隔”的缺憾，导致一个

时期以来，当代人民美学对西方文艺理论依傍过甚、对民族本土文艺理论资源未能用足用好，以致出现缺少自己骨骼、缺乏民族原创面貌的窘况。凡比种种，不能说与对古代文艺理论重视不够无关。客观地讲，当代人民美学重构中核心观念的生成与原创的源头活水，无不源自中华民族的古代文艺理论在“言志”“缘情”“载道”“文质相胜”等方面的奠基与开掘，其中，“言志”所导出的事功性文艺观念，“缘情”所导出的审美性文艺观念，“载道”所导出的文治性文艺观念，“文质相胜”所导出的为人生的文艺和文艺化人生，等等，均可为当代人民美学重构起足以与西方文艺理论经典相匹、与时代审美风尚相接、与当代文艺实践和大众审美取向相合的理论阵势。

（三）言说形态选择：当代人民美学话语的新创方式

古代文艺理论的言说形态具有鲜明的民族特性，简言之，突出表现在四个方面：一是审美的主体性，二是观照的整体性，三是论说的意会性，四是描述的简要性。这与它的哲学根基与体验特性息息相关，也与它生于斯、长于斯的农耕文明的社会历史环境紧密相连。当代文学艺术的门类、语言、创作方式、功能目标，乃至实践环境与古代有别，文学艺术创作取向与文学艺术理论趋向所关注的内涵发生了深刻的变革，当代人民美学还同时担负着对话西方的重任，亟待在言说形态上主动创新，与时俱进，以求对话的有效性。筑基于对古代文艺理论精华的有效吸收与消化，当代人民美学话语的新创首先应整合散于序、跋、书信、碑记、铭文、题款、游记、札记、笔记等古典文艺理论中的“人本”“民本”思想，重新梳理、甄别、阐释这些弥足珍贵的第一手资料，将之加以理性地提纯、抽象、升华和回溯式地体系化重构，改进语体、创新形态，并依凭当今最为先进的媒介方式，增强与西方、与时代、与大众对话的有效性。

（四）思维特质内化：当代人民美学交流的民族基质

诚然，古代文艺理论有其时代、文化背景、审美对象的特殊规定性，绝对无法涵盖、取代当代人民美学。然而，时空的斗转星移无法扼杀古代文艺理论的现实生命力。古代文艺理论既植根于坚实且深厚的思想哲学历史土壤之中，又富有鲜明独特深刻的审美体验性质，更具有高度的思辨抽象属性，在数千年的踵事增华中形成了“气韵”“风骨”“言意”等流变、开放的重要范畴，以及“意境”“形神”“情景”等丰富、延展的核心体系，古代文艺理论中所潜藏的迥异于西方的“天人合一”“诗性思维”“言象意道”等重要哲思承载了中华民族的民族性格、文化心理、审美取向。总之，古代文艺理论所涵括的深具中华民族哲学基础与民族思维特质的范畴、命题、方法仍有其蓬勃生机与活力。因此，古代文艺理论理应成为当代人民美学学理建构的有机部分；当代人民美学欲建构起独具中华民族特色的理论框架，亦必须从古代文艺理论中汲取思想资源。

（五）审美精神追求：当代人民美学重构的终极价值

古代文艺理论之于当代至为重要的价值，还在其于民族审美精神方面的不懈垦拓，这一追求也将是当代人民美学重构的终极价值所在。从这一角度来讲，古代文艺理论所高扬的归本自然的艺境追求、尚中致和的人文秩序、温柔敦厚的价值美、虚实相生的意境美等美学思想，在当代人民美学重构的语境中更具有强烈的理论与现实、审美与创作的多元价值。古代文艺理论自其诞生便蕴含着时代性、包容性、开放性与持续性，迄今依然生生不息，具有旺盛的生命力。古代文艺理论的核心价值集中体现在文化价值、艺术价值与精神价值三个层面。以文化价值论、古代文艺理论凸显了刚柔并济、自强不息、冲淡平和、和而不同、立足本位的独特民族追求，展示了东方民族文化基因与内在品格之美，昭示着古老文明、诗性文化的成熟睿智；以艺术价值论，古代文艺理论强调内省、注重神韵、心观坐忘、情采合一、诗意自足，主张以自由无待的省思体悟直达文艺本真，并以数千年优秀文艺独造傲视其他文艺理论体系；以精神价值论，古代文艺理论源自三教合一的内敛深度、源出士大夫入世情怀与人文关怀的博大向度、源出智者乐天知命与达观自适的昂扬高度，皆为中华民族深掘、广拓、提振了精神气度，标举着迥异于西方文艺理论、陶铸了生命精神的东方神韵。

五、结语

总之，实现文艺人民性，要求文艺工作者“脚踩坚实的大地”，“扎根人民、扎根生活”，“用现实主义精神和浪漫主义情怀观照现实生活”。这一点，也是古往今来的中国文学家艺术家们坚持的一种创作方法和创作理念。重构当代人民美学，关注社会底层、关注人民的生存状态和情感状态，让文学艺术创作以人民为中心，让人民的文学艺术作品走到人民群众中去，始终是中国历代学者和文学艺术家们的努力方向。为此，有必要汲取中华优秀传统文化养分，实现文艺人民性与人民美学再出发。

（作者单位：中国艺术研究院）

抒情姿态的变化

——现代汉诗与民生关系的一种考察

伍明春

一

由于受到时代特殊的启蒙语境的影响，现代汉诗自发生伊始，就与民生主题密切地联系在一起。这种紧密联系其实是五四新文学的一个特点，正如沈从文曾经描述的那样，“新文学运动的初期，大多数作者受一个流行观念所控制，就是‘人道主义’的观念，新诗作者自然不能例外”。① 早期新诗中不乏高扬人道主义大旗的诗作，胡适、沈尹默的同名诗《人力车夫》、刘半农的《相隔一层纸》《卖萝卜人》、周作人的《画家》、罗家伦的《雪》等，都是一些颇具代表性的例子。

五四初期的北京大学教授胡适，坐在一辆“如飞”的人力车上，却有些突兀地发出这样的慨叹：“客看车夫，忽然中心酸悲。”大概是看那车夫显得稚嫩瘦弱，一打听他的年龄，“今年十六”，果然尚未成年，于是，一种恻隐之情油然而生：“你年纪太小，我不坐你车。我坐你车，我心惨凄。”（胡适《人力车夫》）而刘半农的《相隔一层纸》，则向我们展现了隆冬季节被一张薄纸所隔开的两个世界的巨大反差：屋里的老爷享受着温暖的炉火还嫌太热，屋外的乞丐冻得咬牙切齿，真可谓冷热两重天。不难发现，这些诗作所流露的情感，尽管被包裹上一层人道主义的糖衣，却仍然是一种自上而下（居于社会上层

① 沈从文：《新诗的旧账——并介绍〈诗刊〉》，《沈从文文集》第十二卷，花城出版社、三联书店香港分店，1984 年，第 179 页。

的大学教授面向作为下层平民的人力车夫）的有限怜悯。这种情感可能不失其真诚，不过就实际表达效果而言，显然是十分微薄的。这是中国第一代现代知识分子的一种居高临下的抒情姿态，带着一种鲜明的“知识分子腔”，自然难以真正触及民生主题的内核。早在20世纪30年代，早期新诗的亲历者朱自清就指出其局限性：“初期新诗人大约对于劳苦的人实生活知道的太少，只凭着信仰的理论或主义发挥，所以不免是概念的，空架子，没力量。”①

在此，笔者无意苛责胡适等人的作品，而是试图由此揭示现代汉诗处理民生主题时体现在诗艺层面的某种先天性不足。这种不足，概而言之：眼高手低，有心无力。事实上，这种不足与缺陷在现代汉诗后来的发展历程中不断地重现，一直延续到当下的诗歌写作中。一个典型的例子是，臧克家写于20世纪30年代的诗《洋车夫》②，除语言技巧方面稍有改进之外，在抒情姿态、话语方式上都与胡适的《人力车夫》如出一辙。在更多的情况下，由于某种时代性氛围的强大影响，这种不足还常常成为诸如“多作描写社会实际生活的作品”③“把自己推进了新的生活洪流里去，以人群的悲苦为悲苦，以人群的欢乐为欢乐，使自己的诗的艺术，为受难的不屈的人民而服役，使自己坚决地朝向为这时代所期望的，所爱戴的，所称誉的指标而努力着创造着”④“新诗也有很大缺点，最根本的缺点是还没有和劳动人民很好地结合”⑤之类的非文学性议题张扬其某种理念的口实。

而早期新诗坛聚讼纷纭的所谓诗的平民性与贵族性之争，也从理论的向度说明了现代汉诗与民生问题之间的某种表达困境。譬如，针对康白情所主张的“‘平民的诗’，是理想，是主义；而‘诗是贵族的’却是事实，是真理”⑥这一论调，俞平伯就提出了不同的观点，他认为“新诗”应该是一种平民的诗，即提倡所谓“诗底进化的还原论”。具体到新诗的写作实践，俞氏认为，“新诗不但是材料须探取平民底生活，民间底传说，故事，并且风格也要是平民的方好”。⑦俞平伯的这个观点，与五四时期的大多数理论文本一样，显然是一种

---

① 朱自清：《新诗的进步》，朱自清《新诗杂话》，生活·读书·新知三联书店，1984年，第9页。

② 该诗全诗如下：“一片风啸湍激在林梢/雨从他鼻尖上大起来了/车上一盏可怜的小灯/照不破四周的黑影。//他的心是个古怪的谜/这样的风雨全不在意/呆着像一只水淋鸡/夜深了，还等什么呢?”

③ 邓中夏：《贡献于新诗人之前》，《中国青年》，1923年第10期。

④ 艾青：《论抗战以来的中国新诗》，《文艺阵地》，1942年第4期。

⑤ 周扬：《新民歌开拓了诗歌的新道路》，《诗刊》编辑部编《新诗歌的发展问题》第一集，作家出版社，1959年，第3页。

⑥ 康白情：《新诗底我见》，《少年中国》，1920年第9期。

⑦ 俞平伯：《诗底进化的还原论》，《诗》，1922年第1卷。

姿态性很强的宣言式的话语。事实上，包括他本人在内的早期新诗作者，他们的“新诗”写作都未曾真正实现从内容到风格的“平民化”。因此，这些所谓“新诗”的平民性的谈论，实际上都不同程度地架空了“新诗”和民生问题的有效联系。

现代汉诗与民生主题之间的关联，应该是美学意义上的。换言之，民生主题在诗里不应是一种社会学的存在，而是必须得到一种想象性的、艺术化的呈现。就一首诗的写作而言，民生主题不应仅仅体现为一种内容要素（“写什么”），更需要在语言、形式的支持下诉诸一种美学效果（“怎么写”），否则就可能沦为观念的传声筒，诗歌的本体性特征也就将遭到放逐。现代汉诗对民生问题的介入，必须采取一种诗歌的方式，而非流于某种机械性的现实“再现”或标语口号式的叫喊。换言之，这种介入的旨归，不是社会学或政治学层面的某种意义，而是必须最终落实到诗歌文本的美学效果上。

二

20 世纪 90 年代以来，对民生主题的抒写，构成了现代汉诗写作越来越重要的一个方面。一位学者将之概括为一种“平民化倾向”，认为这种倾向“体现了诗人在经历了八十年代封闭的、高蹈云端式的实验后，对现实的一种回归，是诗人面对现实生存的一种新的探险”。[①] 与其说这是面向现实的一次“回归”，不如说是面对这个时代出现的种种新情况，诗人的话语姿态所做出的一种主动调整。事实上，20 世纪 90 年代之后，中国社会阶层的结构发生了巨大的变化，往昔那种均质化的“同志”关系已经轰然瓦解，新兴的社会阶层不断出现，尤其是从乡村涌向城市的庞大的务工群体，逐渐成为支撑当下中国社会发展的一个坚实基座。在这个大背景之下，现代汉诗必须寻求一种新的语言策略，才可能有效地表述内涵日渐多元化的民生问题。

只要考察当下的诗歌写作状况，我们就不难发现，现代汉诗关于民生主题的抒写，已经发生一些重要的变化，诸如语言形式的丰富与多样化、主题内涵的新开掘、主体言说方式的变化等。这些变化是令人鼓舞的。其中，抒情姿态的变化是最为突出的，即诗人的抒情姿态，由原先居高临下的“代言”变成更贴近表现对象的“立言”，这个变化为现代汉诗的发展带来了新的艺术

① 吴思敬：《转型期的中国社会与当代诗歌主潮》，《江苏行政学院学报》，2001 年第 2 期。

空间。

沈浩波的组诗《文楼村纪事》，一方面延续了其一贯的犀利、尖锐的风格，另一方面又流露出某种终极关怀的温情。这组作品运用一种冷叙述的新闻式笔法，冷静而锐利地向读者呈现了河南省一个艾滋病肆虐的村庄里令人触目惊心的惨象。譬如，《程金山画圈》一诗，不动声色地讲述了一个家族正在遭受的灭顶之灾：

> 金山领我们/去看祖坟前的大石碑//石碑是早几年竖的/刻满了程氏宗族/最近五代子孙的名字//我们让金山/在所有患病的名字上画个圈//金山说/这个容易/上面的太老，下面的太小/十年前，都没卖血//一边念着/一边拿粉笔/在中间那一堆名字上画圈//程国富、程俊富、程俊奎/程春山、程铁梁、程铁成/程铁山、程金山……//他念出了自己的名字/一手撑着石碑/一手笨拙地/在上面画了个白圈//他没有停留/他接着画//那时清明未到/麦苗青青/一丛丛新坟/簇拥着祖坟

一个个鲜活强健的生命，逐渐沦为一个个被艾滋病病魔“圈定”和蚕食的苍白符号。步步逼近的死神，正在无情地切割着一个家族原本茁壮蓬勃的命脉。结尾部分的描写，貌似不经意，实则强化了死亡氛围的浓烈。值得注意的是，在这组诗里，作者并非一味抒发某种廉价的同情，而是窥测到一些隐藏在表象深处的某种意味。这样的抒情，不是直线式的直抒，而是显得更为曲折和丰富。譬如《哑巴说话》，写当地的一个哑巴利用人们的同情心，趁火打劫，向外地来客勒索钱财。作者毫不留情地批判了人性中的这种丑陋一面：“哑巴哑巴/我分明地听到你在说话/那恶狠狠的声音/——‘五百/少他妈讨价还价’”。在诗人笔下，艾滋病不再仅仅是一种肉体上的绝症，从某种意义上说，它也是我们这个时代病入膏肓的文化症候的一个隐喻。这种富有反讽意味的批判话语，既体现了诗人的洞察力和良知，也表明了诗歌介入现实的可能性。不仅如此，这组诗还流露出一种深刻的自省意识。当诗人远赴欧洲参加某个诗会，在欧洲人充满优越感的聒噪声中，诗人却想起了艾滋村，于是反躬自问：“我不知道/我不知道/当我将这一组诗歌写出/我不知道我是否是同样可耻”（《我不知道我是否可耻》）。

与沈浩波诗歌一针见血的锋利不同，杨键是一位“像松树一样生长”的诗人，他曾经是一位下岗工人，过着一种“与蓝天和大地共享清贫的繁荣”的生活，他的诗在朴素的语言里流动着一种博大的悲悯情怀。这样的诗，从

容，不做作，“再也没有造句的惆怅”（《白头翁》），肆意地挥洒生命的歌哭。像《狮子桥》一诗，写的是农民工的日常生活，作者并没有置身于这一表现对象之外，而是将自己融入其中：看着码头上晚归的农民工，“他们在回家去/我痛苦得想蹲下来”。这首诗里人称代词的变化耐人寻味：前半部分用的是“他们”，后半部分则用“我们”，“他们”与“我们”合而为一。从某种意义上说，这也表明抒情主体与表现对象之间的一种身份重合。杨键的笔下还常常出现“夜里的老乞丐”“两颊落满煤灰的乡下妇女”“偷铁的乡下小女孩”等，这些弱势者的形象，都被深深投下诗人主体形象的影子。甚至在一只保护幼崽的母鼠惊惶失措的眼光里，诗人也发现了其中所折射出的“灰暗和贫穷”（《母爱》），这种“灰暗和贫穷”，当然不仅属于老鼠的世界，更属于人世。有论者曾把杨键命名为“草根诗人”，认为在他的诗里，“草根性与悲悯之心是与生俱来的，深入骨髓的”①。这个命名在一定程度上刻意突出了杨键诗歌的某种平民特质，不过，也不可避免地遮蔽了其他一些可能更为重要的艺术特质。杨键诗歌的问题在于，他的表达有时过于急切，情感的流露有时显得太直接，这样，表现对象之间的距离反而被拉得更远。

卢卫平的《玻璃清洁工》和荣荣的《钟点工张喜瓶的又一个春天》，不约而同地以小昆虫来象喻底层小人物。前者把玻璃清洁工比作苍蝇：“比一只蜘蛛小/比一只蚊子大/我只能把他们看成是苍蝇/吸附在摩天大楼上/玻璃的光亮/映衬着他们的黑暗/更准确的说法是/他们的黑暗使玻璃明亮。”在这里，“苍蝇”不再是那种肮脏的昆虫，而是被赋予了某种闪光的人格。这一意象符号的内涵因此得到一种更新。后者则以蚂蚁来比附钟点工低微的幸福：“她仍把自己放得很低很低/比世俗的生活更低/低到不再抽绿　开花/低到尘土里一只跑动的/蚂蚁　追赶着她的温饱，”一个人的幸福，跟一只蚂蚁的温饱相差无几。与谢湘南笔下个性张扬的蟑螂相比，这里的苍蝇和蚂蚁显然弱小得多，他们所指代的底层形象也显得更为卑微。

同样是写小人物，老了的《一个俗人的账目明细表》一诗，将一个“俗人”灰暗、压抑的人生图景，简化成一长串数字。这些原本十分枯燥的数字，经过作者对统计学语言的一种“戏拟”式处理，成为标识困窘的生存境遇的醒目刻度。诗的结尾带着一种无可奈何的否定意味：“除了骨灰盒 200、火葬费 400/请用剩下的 59400 买一片荒地/把一生的痛深深地埋了吧!”字里行间

① 李少君：《草根诗人杨键》，《中华读书报》，2004 年 4 月 7 日。

透露出一种彻骨的悲凉。

对于乡村世界的想象，也是现代汉诗抒写民生主题的一项重要内容。我们注意到，晚近的乡村题材诗歌，在抒情姿态上也发生了明显的变化：不再把乡村设定为一个世外桃源或文化避难所，而是在乡村与自身的过去、乡村与城市、乡村与现代世界等多重关系中，重新塑造一个更为丰满的乡村主体。只要对比 20 世纪 90 年代初期农业题材诗歌的矫情倾向，及其对于乡村生存境遇的表面粉饰，就不难察觉晚近诗歌中乡村想象的深度和有效性。

在庞杂的当下诗歌景观中，批评家王光明敏锐地发现了诗人辰水①。这一发现的意义在于，它表明现代汉诗的乡村经验表达已被提升到一个新的层次。在辰水的诗里，一方面，乡村保持着一些诸如坟墓、马匹、槐棘树、春天的河流等原有的风貌；另一方面，在它那里又出现了一些微妙的变化，比如对都市的向往，一条“通往北京的铁路线”，寄托了民工的希望，也延伸了乡村孩子们想象的快乐(《春夏之交的民工》)。更值得注意的，是诗人的主体观照角度的变化，尤其是关于乡村死亡的思考，显然是有意提升常常被忽略的乡村生命的意义：“此刻我无法关心自己内心的痛苦/母亲和弟弟他们内心的痛苦/我只在乎那些穿堂而过的风/它们从父亲的身上带走了些什么/父亲的灵魂随那些风又去了哪里。”（《穿堂风》）

同样是抒写乡村经验，如果说辰水构筑“纸上的村庄”,“在纸上说出我的村庄/说出那个村庄的大和小”（《纸上的村庄》），所采用的是一种较为沉静、平和的抒情风格，那么，王夫刚的方式就显得有些激烈：“走近大河。在那里我遇到了祖国的问题/支流夺走了它的根系。永恒的大地/在倾斜，诗人们在撒谎/我心里乱极了……不是由于疲倦/而是由于沉默”（《走近大河》），这里抒发的是一种彻骨的大爱大恨，乡村题材的局限性在这里被超越了。撒谎的诗人终将遭到乡村和大地的放逐，真正有良知的诗人应该调整自己的话语姿态，“在广阔的乡村安下我的心——/在广阔的乡村，安下我缓慢的心/死水泛起微澜的心/一览无余的心，像盲肠一样/多余的心……”（《在广阔的乡村安下我的心》），这颗心充满热爱与悲凉，裸露而又秘密，沉默并且黑暗。这样“入乎其内，出乎其外”的抒情姿态，才可能真正切入民生问题的内核。

以辰水、王夫刚等诗人为代表的新写作群体的出现，标志着乡村经验的诗

① 王光明在编选《2002—2003 中国诗歌年选》（花城出版社，2004 年）时，选用了辰水的五首诗作，并在该书前言里对之做了重点评介。

歌想象得到了新的拓展，也意味着底层人物不再仅仅是一种被表现的对象，而且逐渐成长为自我表达的主体。对于现代汉诗写作的这种新现象，王光明从抒情主体的角度给予了较高的评价：

这样的诗歌世界不是文人想像中的田园牧歌世界，“乡下”不是为了对比城市才得到表现的。许多年以来，多少人自以为代表沉默的人民说话，但很少看到这样摇撼心灵、没有矫情的诗作。不是因为他们不同情农民，甚至也不全然因为不了解乡村的生活，而是由于戴着别样的眼镜，因此被小康社会遗忘的农村社会，似乎是理所当然地在文学中被扭曲和遗忘。是的，乡村也在变化，现代化的声浪也席卷、摇撼着沉默的土地，但有多少人能感同身受地理解中国农民在城市化进程中所付出的代价和牺牲?①

此论揭示了现代汉诗在处理民生主题时话语有效性的普遍缺失，因而凸显了调整抒情姿态的重要意义。

三

在论及文学与底层的关系时，批评家南帆辨析了“底层”的表述与被表述之间的悖论，指出，“文学企图表述底层经验，但是，身为知识分子的作家无法进入底层，想象和体验底层，并且运用底层所熟悉的语言形式。……如何弥合知识分子与底层的距离是一种挥之不去的焦虑”。② 就 20 世纪中国文学的整体而言，此论基本上是准确的。不过，如果我们把谈论范围缩小到 20 世纪 90 年代以降的当代文学，这个观点或许就需要做出一定的修正。在这一时段里，一些出身于“底层”的作家（诗人）的出现，使得底层经验获得了一种主动表达的机会。比如，上文提及的谢湘南、杨键、辰水等诗人，莫不如此。

相形之下，另一位论者的描述，可能更切近于本文所讨论的抒情姿态的转变问题：“底层自我表述的有效性有赖于底层知识分子的叙述，以庶民记忆与经验再现的方式真实地呈现出底层意识，从而获得表述自我的话语权力。底层文学必须构建一种‘美学原则’，一种在语言、叙述立场、文化趣味上与中产阶级知识分子迥然不同的底层美学。另一方面，不能否定非底层知识分子底层

① 王光明：《2002—2003 中国诗歌年选 · 前言》，花城出版社，2004 年，第 5 页。
② 南帆：《底层：表述与被表述》，《福建论坛》，2006 年第 2 期。

书写的意义，他们的底层想象有时构成了文学价值世界的一个重要维度。”①这里所说的“底层自我表述”和“非底层知识分子底层书写”，正是我们所期待的诗人转变后的抒情姿态，也就是从上文论述过身居社会上层的知识分子的“代言”和“立言”，变成一种“发言”，真正由底层诗人自主发出声音。诗人郑小琼就是一个典型个案。这位曾经在改革开放以来中国经济最活跃的珠江三角洲地区打工的四川女孩，并不安于被动接受人生的逆境，而是选择以诗歌写作作为某种反抗命运的方式。譬如她的诗歌代表作之一《铁》，就以她独特而敏感的心灵，为我们呈现了青春生命和现代工业之间的张力关系：

> 时光之外，铁的锈质隐密生长/白炽灯下，我的青春似萧萧落木/散落似铁屑，片片坠地，满地斑驳/抬头看见，铁，在肉体里生长/仿佛背对我的荔枝林，有风摇曳/花草弄影，多少铁在图纸间老去/它们随着运货车远去的背影/模糊的不可预知的命运，这些铁/这些人，将要去哪里，这些她，这些你/或者这些我，背着沉重的行李与迷茫/在车站，工业区，她们清晰的面孔/似一块块等待图纸安排的铁，沉默者//她们头顶，有一两只不知名的小鸟飞过/留下低鸣，与我内心起伏不断的惆怅/向南的窗口，我看见她们/在走着，不由自主地，朝着广阔的工业区/她们弯曲的身体，让我想起多少年前/或者多少年后，在时间中缓慢消失的自己/我不知道的命运，像纵横交错的铁栅栏/却找不到它到底要往哪一个方向

在这里，核心意象“铁”和年轻的肉体具有一种同构关系：它们都是坚硬有力的，同时又都是十分脆弱的。这首诗也以飞鸟的低鸣来呼应青春生命本应充沛的浪漫气息和理想情怀，不过，这种微弱的呼应很快就被工业区现代机器巨大的轰鸣所掩盖。郑小琼在这首诗里所流露出的悲悯情怀，不是那种隔了一层的抒写，而是体现了一种“当事人”方可深刻感受的切肤之痛。这种切肤之痛，我们也可以在郑小琼接受一次访谈时说的一句话里清晰地感受到：“珠江三角洲有4万根以上断指，我常想，如果把它们都摆成一条直线会有多长，而我笔下瘦弱的文字却不能将任何一根断指接起来……”②

与郑小琼的经历相仿，谢湘南从一位都市打工者到一位诗人的成长，同样也是反映现代汉诗抒写民生主题的新变化的一个样板。他的诗《一起工伤事

---

① 刘小新语，参见南帆，等：《底层经验的文学表述如何可能?》，《上海文学》，2005年第11期。

② 成希，潘晓凌：《郑小琼：在诗人与打工妹之间》，《南方周末》，2007年6月7日。

故的调查报告》，前两节叙述一个女工的受伤过程，是不加任何主观情感的“调查报告”，第三节的几个“据说”以工友的口吻来描述女工工作条件的恶劣，似乎要引向一种谴责的情感抒发，却又被结尾的转折戛然中止：“事发当时　无人/目睹现场。”如果说谢湘南早期的一些诗作在诗艺上尚嫌单薄，那么，他的《蟑螂》却初步显现出一种成熟与丰富：

蟑螂，你是我的病/你是我食物的链条/你是我从乡村涌入城市的亲戚/你是我坐在飞机上的自卑。//蟑螂，你要和我一起去追谁？/我们的追逐注定要从10000米的高空坠落/我们距离太阳越近我们变成灰烬越快/我们也别想坐在云彩之上谈理想/我们轻轻地飘落，上不了大报的头条。//蟑螂，你和我也别想在一首诗里炒作/春节到了，你也别以跳楼来威胁我/你不给我分担房租，我也没理由给你发工资/你失恋的时候，我同样给你安慰/我恋爱的甜蜜，你也常据为己有。//蟑螂，在这小小的地球上，我们属于非法同居/我从未憎恶过你/因为有时我也自觉喜欢阴暗/从各自的作息时间，我们都喜欢把自己纳入/崇高一族。我在卧室里放圆舞曲/你在厨房里跳华尔兹……

这里的蟑螂，不同于卡夫卡小说《变形记》里的甲虫，诗中的抒情主人公并没有变形为虫，而是与虫同居，与虫共舞，惺惺相惜。人与虫之间相互独立，又相互依存。两者之间不是同质化的叠合关系（这是现代主义文学常用的手法），而是一种平等的对话关系和相互指称的“亲戚”关系。

与小说、散文文类的“写实性”特征不同的是，诗歌表现民生主题，更侧重于一种“象征性”，因此需要特别警惕现代汉诗表现民生主题的非诗化倾向。这里所谓的“非诗化”，是指只注重传达某种观念，而放弃了诗歌的艺术本体要求。诗人西川在20世纪90年代初就曾声称，“从1986年下半年开始，我对用市井口语描写平民生活产生了深深的厌倦，因为如果中国诗歌被12亿大众庸俗无聊的日常生活所吞没，那将是件极其可怕的事”。[①] 尽管此论主要是针对当时“市井口语诗”的泛滥而发的，却也从一个角度提示了现代汉诗处理民生主题的一些潜在的危险，诸如只满足于日常生活场景的罗列而完全忽略了诗艺要求。

---

① 西川：《答鲍夏兰、鲁索四问》，西川《大意如此》，湖南文艺出版社，1997年，第245页。

最后，需要说明的是，本文讨论现代汉诗与民生主题的关系，并非为了彰显某方面力量以对抗另一种力量，而是试图通过这种论述表明，抒情姿态的这种变化，使得抒写民生主题的诗歌写作拓展了自身的艺术空间，获得了艺术上的自足性，从而丰富了现代汉诗的语言、风格等诸方面的可能性。

（作者单位：福建师范大学协和学院）

人民的名义："十七年"史剧论争的谱系学考察

周云龙

1944年1月9日，毛泽东在观看了延安平剧院演出的京剧《逼上梁山》后，连夜给该剧的编导杨绍萱、齐燕铭写信："历史是人民创造的，但在旧戏舞台上（在一切离开人民的旧文学旧艺术上）人民却成了渣滓，由老爷太太少爷小姐们统治着舞台，这种历史的颠倒，现在由你们再颠倒过来，恢复了历史的面目，从此旧剧开了新生面，所以值得庆贺。郭沫若在历史话剧方面做了很好的工作，你们则在旧剧方面做了此种工作。你们这个开端将是旧剧革命的划时期的开端，我想到这一点就十分高兴，希望你们多编多演，蔚成风气，推向全国去。"① 毛泽东对《逼上梁山》的表扬的要点在于这出戏的开创性，即这部戏曲历史剧对于既往历史观念的有力颠覆。在戏剧理论批评"史"的层面上，这封书信有四个方面的问题值得注意：一是，由于戏曲题材的古典性质，毛泽东的评论无意中把戏曲历史剧的"历史"外延扩大到无边，似乎所有戏曲扮演的"非现代"故事都可以视为"历史"；二是，毛泽东对于郭沫若的历史话剧的褒扬，意味着他对既往历史剧创作传统的主动接续，京剧《逼上梁山》就此被纳入这一脉络，同时被赋予了创造性和过渡性，于是，这封信就像一种"蒙太奇"手法，把20世纪上半叶中国历史剧创作与1949年后的历史剧创作进行了跨越时空的剪辑、对接；三是，毛泽东对于戏曲历史剧的遗憾与期望，暗示了"历史"不过是一种"故事"（叙事），其"面目"可以在不同的言说主体之间发生变化；四是，毛泽东对戏曲历史剧的思考正是其"推陈出新"的理论指示的一种具体落实。这四个问题在很大程度上框范了"十七年"关于历史剧的理论批评的题旨。

① 毛泽东：《致杨绍萱、齐燕铭》，中共中央文献研究室编《毛泽东书信选集》，中央文献出版社，2003年，第199页。

一

时隔八年，1951年8月杨绍萱的《新天河配》（又名《牛郎织女》）在全国上演，并在11个以“牛郎织女”为题材的戏曲中成为被关注的剧作。《新天河配》被关注的原因在于其争议性：“大半经过种种不同程度的改编，但其中也发现有不少的缺点或错误。”① 同年8月31日刊出的《人民日报》上发表了艾青的文章《谈〈牛郎织女〉》，这篇文章事实上并非针对杨绍萱的《新天河配》而作，其中涉及了几种改写与整理神话的倾向，杨绍萱的《新天河配》在艾青的文章中只是“重新构造新的情节，借神话影射现实”这种创作倾向的一个例子。艾青发现在《牛郎织女》的演出中，有一类“经过很大的修改，或是全部重写，增加许多情节，或是重新构造新的情节，借神话影射现实，结合目前国内外形势，土地改革，反恶霸斗争，镇压反革命，抗美援朝，保卫世界和平等等。这一类占数目最多。……这些剧本，把原来的神话传说一脚踢开，完全凭各人自己的构思能力来重新创造。”其中，“杨绍萱的剧本里，老黄牛竟唱了鲁迅的诗‘横眉冷对千夫指，俯首甘为孺子牛’；当村民赶走长老时说‘你那老一套，现在用不着’，‘你这个老迷信，现在要打倒’之类的话；剧情里，也贯穿了和平鸽和鸱枭之争，用以影射目前的国际关系，最后是以‘牛郎放牛在山坡，织女手巧能穿梭，织就天罗和地网，捉住鸱枭得平和’为结尾。”② 这种创作倾向的特征是“……杜撰许多情节，把这些情节生硬地掺和在里面，使原有神话的线索完全模糊了，他们喜欢借任何一个人物的嘴，来发表一些危言耸听的所谓‘哲理’。”针对这种倾向，艾青指出：“我们不是一般地反对影射，我们反对完全不根据历史事实和原有传说的情节，随便加以牵强附会的许多所谓‘暗喻’。”③

艾青可能没有意识到，自己的文章竟激怒了杨绍萱，并继续引发了一场关于历史剧的论争。杨绍萱在11月3日刊出的《人民日报》上发表文章《论“为文学而文学，为艺术而艺术”的危害性——评艾青的〈谈“牛郎织女”〉》，在文中杨绍萱对艾青批评道：“你看他标举出的我所写《新天河配》的‘罪证’，有这么四句，‘牛郎放牛在山坡，织女手巧能穿梭，织就天罗和

① 《本社组织〈天河配〉座谈会》，《人民戏剧》，1951年第5期。

② 艾青：《谈〈牛郎织女〉》，《人民日报》，1951年8月31日。

③ 同②。

地网，捉住鸱枭得平和。’按照艾青的逻辑，这都属于‘野蛮行为’，因为他以为这‘鸱枭’是影射了他文章里的那个‘杜鲁门’……他为什么这样深恶痛绝地反对影射呢？艾青自己可以这样说他是为了保卫所谓‘美丽的神话’，另一方面却是坚决地不许动一动帝国主义‘杜鲁门’。”针对艾青关于其扭曲原来故事情节的批评，杨绍萱愤激地反驳道：“历史与革命就是这样无情，它是不管你什么‘为文学而文学，为神话而神话’，文学家们愿意不愿意，它是一股劲儿在那里变，这我们有丰富的经验，就是这样变一定会引起封建主义的士大夫和资产阶级的文学家们的不满，他们以为‘幼稚’‘简陋’而不堪入目，以至痛骂为‘野蛮行为’，只是他们没有办法来阻挠这个变，那么怎么办呢？那就只有由惋惜而痛骂了。”① 杨绍萱的“反批评”文章充满了诸如“为文学而文学，为神话而神话”“封建主义的士大夫”“资产阶级的文学家”等攻击对手的标签。杨绍萱的文章作为一种攻击对手的策略，这种给对手贴标签的做法不失为奏效，直接把艾青划入与“人民”敌对的阵营中了。然而，真正值得注意的是，杨绍萱在反驳艾青时，有一个前提，即他的创作与“历史和革命”保持了一致的步伐，既然“历史和革命”发生了变化，那么，神话故事也应该变化，这正符合毛泽东在1944年对于戏曲颠覆历史“面目”的号召，因此他的改编是不容置疑的。从这个前提出发，那种试图保留神话/历史本来“面目”的批评者，无疑还停留在“为文学而文学”“为艺术而艺术”“为神话而神话”“封建士大夫”“资产阶级文学家”的落后立场上。从这个意义看，杨绍萱为艾青贴的标签也不是刻意为之，从他自身的立场上看，艾青等人确实如此。

艾青对这些标签颇为敏感，迅速在11月12日刊出的《人民日报》上做出回应，“因为我在‘谈《牛郎织女》’一文中，轻微地提到了杨绍萱同志的创作，杨绍萱同志封给我多少的称号啊：‘为文学而文学’‘为艺术而艺术’‘为神话而神话’‘封建士大夫’‘资产阶级文学家’，甚至‘为杜鲁门服务’‘资敌’，真是罪该万死了。这当然只是杨绍萱同志的逻辑，这种逻辑，在革命阵营里是不流行的。在革命阵营里，任何工作都一样需要以批评和自我批评来取得进步。即使批评的人再多么‘低能无知’，也不妨‘倾听’一下”。② 意味深长的是，艾青同样借用了“革命阵营”中的“流行逻辑”，即“任何工作都

---

① 杨绍萱：《论“为文学而文学，为艺术而艺术”的危害性——评艾青的〈谈“牛郎织女”〉》，《人民戏剧》，1951年第6期。

② 艾青：《答杨绍萱同志——我们不是谈群众创作》，《人民日报》，1951年11月12日。

一样需要以批评和自我批评来取得进步”，为自己身上被罗织的罪名开脱。艾青并不反对杨绍萱的改编、立论前提，他指出“杨绍萱同志借鸱枭与和平鸽之间的斗争，来影射帝国主义阵营与和平阵营之间的斗争。这里，无论鸱枭也好，王母娘娘也好，都没有任何可以表现帝国主义性质的凶恶的侵略和压迫，鸱枭不过是受长老的供以神位的条件，到牛郎家去扰乱，使‘家宅不安’（这在舞台上也没有什么具体表现），王母娘娘不过是要织女不下凡嫁给牛郎，如此而已。而这场斗争，是由于长老没有被邀请去喝喜酒所引起的。这斗争不等于是儿戏么？难道帝国主义是这样的么？这个关系全人类命运的斗争，在杨绍萱同志看来，只要织女的一支‘宝箭’，一只‘宝梭’，也就解决了问题。这不是拿政治开玩笑么？杨绍萱同志提出了何等庄严的问题，但这个问题的回答却又是何等滑稽！”① 艾青对于杨绍萱的批评重点似乎在于杨的“影射”不够严肃，把复杂的政治问题简单化了。由此可以看出艾青与杨绍萱事实上分享着同一种戏剧观念，即戏曲应该反映“历史与革命”，影射“帝国主义阵营与和平阵营之间的斗争”，双方的分歧在于如何改编既有的题材以适应当前的需要。换句话说，二人对“推陈出新”中的“推”字有着不同的理解。

艾青也找到了一个批评术语来批评杨绍萱等人的创作倾向，即“反历史主义”，关于这个术语，艾青这样界定：“就是当处理历史题材和古代民间传说的时候，把许多只能产生于一定的历史条件中的人物和事件，拉扯到现代来，加以牵强附会的比拟，或是把只能产生于今天的观念和感情，勉强安放到古代人物的身上去。因此，在我们的戏曲舞台上就出现了似古非古、似今非今的混乱现象。”② “反历史主义”与“历史主义”相对，艾青的提法是有参照背景的。早在 1950 年 12 月 1 日，田汉就在全国戏曲工作会议上做的报告里面指出，“我们对于历史人物应当采取历史主义的看法。……恢复历史的本来面目，找到历史舞台上真正的主人。用历史唯物主义的观点反映历史真实、传达历史教训，表扬历史上英雄人物在当时历史条件下所具有的进步性、人民性和高尚的人民品质，以教育和鼓舞后代儿女。但不应生硬地将历史人物现代化，更不应将历史上自发的农民战争的事迹与现代人民革命斗争的事迹作不适当的对比，因为过去历史上不可能有无产阶级、共产党、毛主席”。③ 除了艾青，

① 艾青：《答杨绍萱同志——我们不是谈群众创作》，《人民日报》，1951 年 11 月 12 日。

② 同①。

③ 田汉：《为爱国主义的人民新戏曲而奋斗——1950 年 12 月 1 日在全国戏曲工作会议上的报告摘要》，《人民日报》，1951 年 1 月 21 日。

阿甲、何其芳也对杨绍萱的“反历史主义”创作方法进行批评。阿甲就杨的《新大名府》批评道：“《新大名府》的创作方法，是把古人当作现代人来写，不是用马克思列宁主义的观点来批判历史。它刻划着这样一套模型：开展统一战线；反对专制独裁；依靠无产阶级；打倒帝国主义。这显然是作者强加到历史上去的主观臆造的内容。”① 何其芳指出，杨绍萱“是用他脑子里面的几个为数甚少的概念来简单地以至牵强附会地解释它们”，“无论写现实剧还是历史剧，都必须采用现实主义的创作方法（对于马克思主义的作家，更必须是社会主义的现实主义）。这就是说，写历史剧也应该按照历史事件、历史人物的本来面貌来描写，使读者和观众得到对于他们的正确认识，这就是历史剧为现实服务”。② 1952年11月14日，周扬在第一届全国戏曲观摩会闭幕会上公开批评道：“反历史主义者，例如杨绍萱同志”，“以为为了主观的宣传革命的目的，可以不顾历史的客观真实而任意地杜撰和捏造历史。”③

二

“反历史主义”作为一种批评话语，是“历史主义”的衍生概念，“历史主义”是其先在的假设，因此我们不能继续沿用“反历史主义”的评价去讨论杨绍萱的创作观念，相反，我们应该首先去检视批评杨绍萱的“历史主义”尺度。值得注意的是，持戏剧改编的“历史主义”观点的人都以不同的方式提及“恢复历史的本来面目”或“历史的客观真实”，那么我们不能不去追问什么是“历史的本来面目”和“历史的客观真实”。但是持“历史主义”观点的批评家们的文章都语焉不详。有趣的是，杨绍萱在其文章《论“为文学而文学，为艺术而艺术”的危害性——评艾青的〈谈“牛郎织女”〉》中，同样提到一种他眼中的“历史的本来面目”：“历史与革命就是这样无情，它是不管你什么‘为文学而文学，为神话而神话’，文学家们愿意不愿意，它是一股劲儿在那里变……”在杨绍萱看来，根本就不存在“历史的本来面目”，或者说“一股劲儿在那里变”就是“历史的本来面目”。由此可见，论争双方的根本问题就在于历史（神话）剧创作中的改编是否符合“历史面目”。这一根本

① 阿甲：《评〈新大名府〉的反历史主义观点》，《人民日报》，1951年11月9日。

② 何其芳：《反对戏曲改革中的主观主义公式主义》，《人民日报》，1951年11月16日。

③ 周扬：《改革后发展民族戏曲艺术——十一月十四日在北京第一届全国戏曲观摩演出大会闭幕会上的总结报告》，《山西政报》，1953年第1期。

问题决定了这场论争的荒诞性，因为“历史面目”是什么样谁都说不清。在杨绍萱看来，“历史的本来面目”就是其当下性，是不断变换的；在“历史主义”者那里，“历史的本来面目”是其真实性，是固定不变的。从操作层面上看，“历史主义”者可能更容易陷入被动，因为“历史的本来面目”没有定论。

杨绍萱的历史剧创作观念很大程度上来自毛泽东在1944年的鼓励。不同的是，毛泽东也在1944年的信件中提到了“历史的面目”，但是，从表面上看，他的信件中存在一个自我解构的逻辑：既然旧戏舞台“由老爷太太少爷小姐们统治着”是一种“历史的颠倒”，《逼上梁山》“再颠倒过来，恢复了历史的面目”，那么这种被“恢复”的“历史面目”就谈不上是“恢复”，因为正是《逼上梁山》这样的历史剧证明了“历史”是可以不断被改写的。杨绍萱创作的《新大名府》《新天河配》正是这种“历史观”在戏剧中的具体实践。而持“历史主义”戏剧观的批评者，如田汉、艾青、光未然、阿甲、何其芳、周扬等人所谓的“历史的本来面目”放置在“十七年”“推陈出新”的论述语境中，亦可追踪到其中的本质性内容。毛泽东在1944年的信件中指出“人民”统治的舞台上搬演的“历史”才符合“历史的面目”，田汉亦有过相近的表述：“恢复历史的本来面目，找到历史舞台上真正的主人。用历史唯物主义的观点反映历史真实、传达历史教训，表扬历史上英雄人物在当时历史条件下所具有的进步性、人民性和高尚的人民品质，以教育和鼓舞后代儿女。”如此，这次“历史主义”论争中的“历史面目”并非一种绝对纯净的“真实”，其内涵的核心概念就是“人民”。然而，谁是“人民”？按照毛泽东在1942年发表的《在延安文艺座谈会上的讲话》中的界定，就是“工人、农民、兵士和城市小资产阶级”。然而，从毛泽东的信件的逻辑来看，“历史”不过是一种叙事，所谓的“人民历史”有赖于政治律令指导下的知识分子去书写，“人民”在“历史”中的面目依然是抽象、模糊的，是一个大而无当的匿名群体。因此，在“十七年”的冷战语境中，“人民（群体）”/无产阶级可以视为用于抵御“（个）人”/资产阶级的话语工具。正如杨绍萱对艾青的反批评那样，艾青的观点是“为文学而文学，为艺术而艺术”。把这一批评放置在20世纪40年代以后开启的反精英论述脉络中，可以明显看出其中的“西方主义”特质。“为文学而文学，为艺术而艺术”令人想起五四时期启蒙主义者（如“创造社”）的“个人主义”话语，杨绍萱给艾青贴的艺术观念标签无疑等同于“资产阶级”的政治身份，这正是冷战政治在文学艺术中的铭写。我们如果在毛泽东信件中有待“恢复”的“历史面目”前面加个“人民”的定语，那么这封信件的意义就是圆满自足的，只是“历史主义”者没有意识到“人民”与“历史”的可改写性，一厢情愿地追寻某种本质化的“人民历史”，这既是对毛泽东的历史观的绝对遵从，也是对其的极大误解。“历史主义”者所追求的“（人民）历史面目”同样来自毛泽东的一系列文艺思想论述，与他们所批评的“反历史主义”的做法所借用的资源没有本质的区别，只是前者吸纳了毛泽东的“人民的历史”思想，后者则借用了毛泽东“历史面目”可以“颠倒”的观念。双方在论争中都抓住毛泽东文艺思想中的一个方面攻击对方，却未能触及对方的逻辑前提，即“历史”的叙事性和“人民”的虚幻性，反而忽视了这些核心概念的建构特质。

“历史造就一个民族。”[①] 正如毛泽东本人在1944年对于郭沫若戏剧的褒扬，以及对于既往历史剧创作传统的主动承接所暗示的那样，关于历史剧中的“历史”的本真性与当下性的对抗或合作是现代民族国家戏剧理论中贯穿性的问题。其实早在晚清时期，历史剧的“真实”与“虚构”问题就已经为知识界觉察。陈独秀就曾主张“以吾侪中国昔时荆轲、聂政、张良、南霁云、岳飞、文天祥、陆秀夫、方孝孺、王阳明、史可法、袁崇焕、黄道周、李定国、瞿式耜等大英雄之事迹，排成新戏，做得忠孝义烈，唱得激昂慷慨，于世道人心极有益”。[②] 到了20世纪20年代，郭沫若的“三个叛逆女性”（《王昭君》《聂荌》《卓文君》），以及欧阳予倩的《潘金莲》等借用历史故事或民间传说高扬其五四精神，顾仲彝对郭沫若等人剧作中“明显的道德和政治的目标”提出批评，建议在“不违背史实”的基础上进行创作，因为“历史剧所描写的是过去的事实：一时代有一时代的思潮，须用考据的功夫找出来”。[③] 关于历史剧相关问题的讨论的真正展开是在抗日战争时期，在上海、重庆等城市演剧中，以历史故事为题材的戏剧创作成为一个重要的现象，诸如抗战期间的三大题材系列，即战国史剧（如《屈原》《卧薪尝胆》《楚灵王》《西施》等）、南明史剧（如《海国英雄》《杨娥传》《明末遗恨》等）和太平天国史剧（如《天国春秋》《石达开的末路》《金田村》《李秀成之死》等）在此时期的城市戏剧舞台上相当活跃。创作的繁荣引发了理论界的思考。郭沫若在1941年12月14日的《新华日报》上发文指出，“剧作家的任务是在把握历史的精神而不

① ［美］乔伊斯·阿普尔比，林恩·亨特，玛格丽特·雅各布：《历史的真相》，刘北成、薛绚译，中央编译出版社，1999年，第77－79页。

② 陈独秀：《论戏曲》，阿英《晚清文学丛钞·小说戏曲研究卷》，中华书局，1960年，第54页。

③ 顾仲彝：《今后的历史剧》，《新月》，1928年第1卷第2号。

必为历史的事实所束缚”。[①] 在另一篇文章中，郭沫若提出历史剧创作的“失事求似”[②] 原则。1942 年 10 月，在《戏剧春秋》杂志社举办的“历史剧问题座谈会”上，胡风、邵荃麟和蔡楚生等人就主张历史剧中的历史要“真实”[③]，而茅盾、柳亚子等人则认为历史剧“不必完全依照史实，但将历史加倍发挥也是可能的”。[④] 陈白尘在 1943 年指出“而所谓历史戏剧，依然是现实的戏剧了”。[⑤] 从这一历史剧创作观念的梳理来看，20 世纪 50 年代初期的“（反）历史主义”论争与倡导中所提出的问题与观点毫不新鲜，“真实”与“虚构”、“历史”与“现实”、过去与当前始终是困扰中国戏剧创作的根本问题。或者说，20 世纪 50 年代初关于“（反）历史主义”的论争是对 20 世纪 40 年代的历史剧问题的承接和延续，其中持“历史真实”论者与“虚构”论者事实上都潜在地假设了同一种历史的虚构性，彼此在表象差异的掩饰下是更为深刻的一致。只是峻急的政治氛围遮蔽了“真实”背后的虚构，并且极其肤浅地支持了“反历史主义”式的虚构而已，因为一旦离开了虚构也就没有了“历史”，这甚至连“历史真实”论者自身也未能察觉，多少有些掩耳盗铃地以为自己真的可能找到某种“本真性”。

到了 20 世纪 60 年代，历史剧创作的难题再度浮现。1960 年，历史学家吴晗在 12 月 25 日刊出的《文汇报》上发文指出，“历史剧必须有历史根据，人物、事实都要有根据。”“人物、事实都是虚构的，绝对不能算历史剧。”“假如历史剧完全和历史一样，没有加以艺术处理，有所突出、集中，那只能算历史，不能算历史剧。……反之，历史剧的剧作家在不违反时代的真实性原则下，不去写这个时代所不可能发生的事情，而写的是这个历史人物所处的时代完全可能发生的事情，在这个原则下，剧作家有充分的虚构的自由……”也正是依据这一原则，吴晗区分了故事剧、神话剧和历史剧。[⑥] 1962 年，《戏剧报》第 2 期刊发李希凡的《“史实”和“虚构”》，这篇文章认为“在不违反历史生活、历史精神的本质真实的准则下，写戏应该有艺术虚构、艺术创造的广阔天地……”[⑦] 吴晗和李希凡的分歧在于前者强调“历史真实”，后者强调

---

① 郭沫若：《我怎样写〈棠棣之花〉》，《新华日报》，1941 年 12 月 4 日。

② 郭沫若：《历史·史剧·现实》，《戏剧月刊》，1943 年第 4 期。这篇文章实际上写就于 1942 年 4 月。

③ 参见《历史剧问题座谈》及邵荃麟的《两点意见——答戏剧春秋社》，《戏剧春秋》，1942 年第 4 期。

④ 田汉，茅盾，胡风，等：《历史剧问题座谈》，《戏剧春秋》，1942 年第 4 期。

⑤ 陈白尘：《历史与现实——〈大渡河〉代序》，《戏剧月报》，1943 年第 4 期。

⑥ 吴晗：《谈历史剧》，《文汇报》，1960 年 12 月 25 日。

⑦ 李希凡：《“史实”和“虚构”——漫谈历史剧创作中的历史真实与艺术真实的统一》，《戏剧报》，1962 年第 2 期。

“艺术虚构”，按照李希凡的观点，吴晗的“故事剧”也应归入“历史剧”。吴晗和李希凡在“真实”与“虚构”统一的观点上没有区别，换句话说，二人的历史剧创作观念都是“历史主义”的。同年，茅盾在《文学评论》上发表长文《关于历史和历史剧》，该文以正在上演的戏剧《卧薪尝胆》的为例，指出“历史剧既应虚构，亦应遵守史实；虚构而外的事实，应尽量遵照历史，不宜随便改动”。“凡属重大历史事件基本上能保存其原来的真相，凡属历史上真有的人物，大都能在不改变其本来面目的条件下进行艺术的加工。”[①] 在茅盾的论述中，“史实”“事实”“真相”“真有的”“本来面目”等词汇，暗示了其观点与20世纪50年代的“历史主义”创作观的一致性。其所谓的“本来面目”可能正是“人民”的“历史面目”的代名词，但是论者对其“本真性”的神话确信不疑。这种内在的悖论为“历史主义”者未来的遭际埋下了伏笔。1959年，吴晗秉持着“历史真实与艺术真实相结合”的信念，创作了京剧《海瑞罢官》，到了1965年，姚文元撰文批评该剧“歪曲历史真实”，它“并不是芬芳的香花，而是一株毒草，它虽然是头几年发表和演出的，但是歌颂的文章连篇累牍，类似的作品和文章大量流传，影响很大，流毒很广，不加以澄清，对人民的事业是十分有害的，需要加以讨论。在这种讨论中，只要用阶级分析观点认真地思考，一定可以得到现实的和历史的阶级斗争的深刻教训”。[②] 看来“历史真实”与“人民的事业”在不同的阐释立场上有着不同的意义，其建构性本质在姚文元的文章中暴露无遗。值得注意的是，姚文元的文章提到了“现实的和历史的”这样一对范畴，它们共同用来修饰“阶级斗争”，如果说“阶级斗争”是一个当下的概念，那么，姚文元的“历史的阶级斗争”就是所谓的“反历史主义”了。吴晗的遭遇表征着“（人民的）历史主义”者对于“（人民的）历史”的本质主义理解所付出的巨大代价。

三

如果把“（反）历史主义”论争放在毛泽东在20世纪50年代提倡的“推陈出新”所划定的论述空间中去观察，就能够清晰地呈现出其悖论的文化根

① 茅盾：《关于历史和历史剧》，《文学评论》，1962年第5期。

② 姚文元：《评新编历史剧〈海瑞罢官〉》，《文汇报》，1965年11月10日。

源。我们在这里似乎首先有必要回顾一下本奈迪克特·安德森（Benedict Anderson）对于民族主义思想的起源及其散播的经典论述，他说："民族所表达的是这样一种理念，它是一种沿着历史向下（或向上）进行稳定运动的坚实的共同体，可以被形象地比喻为一个按照历时的方式穿越同质、空洞的时间的社会有机体。""民族国家可以定义为一个想象的政治共同体。"① 安德森在其著作里面，论证了民族国家借助印刷资本主义、小说和报纸，在某一被划定的领土之内的一群人阅读和想象的过程中，建构起一种抽象的共时性和空间感，以及共时性下的共同生活，从而形成了某种相同的归属感和身份感，这就是民族的想象共同体的胚胎。这一想象的民族共同体与宗教共同体和王朝的组构模式不同，它建构起来的时间感是线性的历时时间（而不是循环的），空间则是疆界明确的领土（而不是边界模糊的垂直秩序）。② 与纸质媒体相比较，戏剧的演出似乎更容易营造出想象的统一时空。戏剧的舞台呈现比纸质媒体（如小说、报纸）更为直接，而且不会受到文字符号区隔的限制，这对于偏远农村不识字的民众而言，是最为适宜的建构媒介。更为重要的是，剧场的观演是以集体而非个人的方式进行的，这一特殊的感知途径对于受众的凝聚力量非同小可。因为戏剧可以为共同的民族国家想象准备其必需的时空想象基础，而一个连续的民族身份所依托的对于"构成民族与众不同遗产的价值观、象征物、记忆、神话和传统模式的持续复制和重新解释，以及对带着那种模式和遗产及其文化成分的个人身份的持续复制和重新解释"③，因此中国古代的故事、神话、传说就被征用在文本之中，构建一种民族记忆，才能有效地将最大多数的民众纳入民族国家话语所极力建构的共同体中。"历史"在这里事实上已经被抽象为民族属性（nationness）的"象征物"和民众的"价值观"的具象依托，经由政治炼金术被整合在现代民族国家的集体合奏之中。

如果说"推陈出新"的"陈"指的是既有的故事、神话、传说，那么它作为一种民族记忆和历史素材出现的时候，其中的循环往复的时间观念（诸如前世今生、因果报应）显然与现代民族国家的线性历时时间观念相抵触，这一悖论决定了"历史剧"中的"陈"必须走向"新"（由"陈"到"新"本身就是一种线性时间观念的形象表述），如此才符合"国家"戏剧制造"同

① Benedict Anderson. Imagined Communities: Reflections on the Origin and Spread of Nationalism. *Verso*, 1991: 26、6.

② 同①，9-36.

③ ［英］安东尼·史密斯：《民族主义：理论，意识形态，历史》，叶江译，上海人民出版社，2006 年，第 18 页。

意”的意识形态目的。于是，麻烦就出现了,“真实”（“陈”）的“历史”必须改造,“虚构”（“新”）的“历史”不被认同。然而，真正的麻烦还在于，“历史主义”者误以为“虚构”（“新”）的“历史”就是“真实”（“陈”）的“历史”，这种误解致使“十七年”期间的“历史剧”与“历史”之间关系非常复杂暧昧：“历史剧”的当下性需求是要以“人民大众”的名义书写“人民”的“历史”，这必然要把自身涉及的“历史”“非历史化”。那么，无论是“历史主义”者还是“反历史主义”者都将陷入一个逻辑怪圈，这个悖论决定了“历史剧”的难题阴魂不散，一再复活。

我们如果把现代革命题材的戏剧也视为“历史剧”，就会发现这一类题材的剧作不会遭遇上述难题，因为现代革命的故事/“历史”可以轻易置换为“人民”的历史。“人民”的“历史”的当下性意味着它对于未来的开放性，因此就可以在剧作中随心所欲地植入现代民族国家的线性时间观念，比如新中国、共产主义、“金光大道”等论述方式，而以古代的“历史”作为题材的“历史剧”一旦出现此类现象，就很容易为人诟病，杨绍萱的作品就是一个例证。值得注意的是,“时间”虽然是“十七年”期间的“（反）历史主义”论争的原初性因素，但“时间”介入“历史”叙述的意义并不仅止于此，它最终服务于一种空间的政治。“人民”的“历史”的当下性又可以置换为一种空间上的对抗性。因为“当下”与过去是一种否弃与被否弃的关系，根据我们在前文已有的论述,“十七年”的历史剧创作对于当下性/未来性的追寻，在叙事策略上需要依赖“虚构”，那么被否弃的“过去”就会被误认为是“真实”。“过去”意味着落后（封建主义）、腐朽（资本主义），于是，谁占有了当下/未来，谁就拥有了先进、文明。在时间上把意识形态的对立面（西方、封建中国）推远，借以构建“冷战”格局中的空间（社会主义国家）的意识形态合法性，这是“十七年”（包括之前）的历史剧创作及其理论批评的根本命题，据此还可以解释负载着时空象征意义的“题材”何以会成为“十七年”文艺创作理论批评的焦点。如果“真实”就是“虚构”,“虚构”亦是“真实”，那么所有争论都是真空中的呐喊。在这个意义上考察1960年的“三并举”① 戏剧政策，它并非真正的“百花齐放”，根据题材划分出来的“传统戏”“现代戏”与“新编历史剧”事实上都捆绑在同一根线性时间轴和意义链

① “三并举”是“十七年”期间一个相当重要的戏剧政策，即在戏剧创作的题材上,“传统戏”“现代戏”与“新编历史剧”要同时并举。

条上，“传统”“现代”“历史”均是当下/未来的别样表述。“三并举”其实是晚清到五四时期的知识分子遗留下的那个原初性的困扰，即戏曲（和话剧）形式本身所寄寓的民族文化属性与它们履行的构筑民族国家使命间的矛盾与纠葛的幽灵再现。同样，“（反）历史主义”论争中的“神话”“故事”与“历史”之间也没有根本区别，都不过是一系列空洞且过剩的能指而已。

（作者单位：福建师范大学文学院）

人民性和“物质”的意义图谱

滕翠钦

一

“物质”和由此引发的“贫困和富裕”构成人生的富足的意义空间，社会分层也就成为社会生活的制度性特征。“增长并非是什么新鲜的经历。现代精神的历史从根本上讲是供给不断增长的历史。”① 在现代中国，“物质昌盛”的雄心被看成这个向往新生的古老民族的正确的历史目标。这个国度正是由于让自己始料不及的落魄，不得不从“天朝大国式自恋”转向了自强。人们将“苦难”逆转成正面因素，“民族”层面的物质贫困而非“个人贫困”，是实现光明未来的资本。“物质”强盛指向实现盛大国族富饶的民族逻辑，因此，“物质”神话无时无刻不塑造着人们的精神形式。当下“底层文学”对于底层苦难的描绘具有强烈的现实色彩，苦难的“悲剧性”成为“底层文学”的根本基调。当“底层”变成新的社会景观，人们开始正视“物质贫乏”赋予这个群体的特殊面相②，“个人贫困”的无力感取代了“集体贫困”的力量感和安全

---

① ［英］拉尔夫·达仁道夫：《现代社会冲突》，林远荣译，中国社会科学出版社，2000年，第126－127页。

② 当下中国对“底层”和“弱势群体”的定义很复杂。很多时候，这些名词用来指代在新型的公共领域——例如网络——内崛起的言说群体。在原有的社会体制中，这些群体展示言论的平台相当有限，如今他们在网络这一新媒介中寻找话语的平等权，通过文化民主弥补他们怀有的某种身份的落差感。正如戴锦华对中国当下身份结构的观察，“较之于今日中国社会的‘个人财富直逼100亿元’的‘新富人’，或‘身价’在‘数千万元至上亿元’的贪官污吏，甚或较之于使昔日春风得意的‘白领’黯然失色的都市‘金领’阶层，中国号称1600万的网民主体无疑是某种‘弱势’；但这所谓的‘弱势’的称谓，却无疑使今日中国另一个远为巨大、无声无助的社会群体——下岗工人、都市打工者、凋敝中的农村的在地农民或大部分退休老人与残疾人（收入下限在60～240元）——陷入更幽暗的不可见之中。”（戴锦华：《绪论》，选自戴锦华主编《书写文化英雄——世纪之交的文化研究》，江苏人民出版社，2000年，第3页。）由此可见，网民“弱势群体”实际上是文化场域内话语层次的薄弱环节，戴锦华的论述强调：话语效力的低下和经济实力紧密相关。但从另一个角度说，这种说法中的网民和“下岗工人、都市打工者、凋敝中的农村的在地农民或大部分退休老人与残疾人”等成为并列的身份，但这种分类相当危险。实际的情况是，网民的身份和社会现实空间的诸种身份界定的前提并不相同，借助网络空间生成的“网民”身份的包容性非常之大，和现实中各个层次的身份必然交叉。由此判断，戴锦华的论述至少涉及两种类型的“弱势”：话语的弱势和经济的弱势（二者尽管有联系，但不能互为因果）。本书中对“底层”的定位是从经济角度出发，而不是立足于话语权和文化、教育享有权。

感。需要（demand）只是满足人生存的微小的愿望，但无限扩张的欲望（desire）充当了现代社会最真实的注脚，成为不可估量的集体意识、一种潜在的社会规则，身份的形成是在对物质背后的符号的夸大使用中实现的。也正是因为这样的理论转向强调社会学意义上的关注，人们开始反思“物质增长”是否是一种绝对正面的价值。正如“人民”时代认为贫困理所应该，当下人们对“贫困”的“愤懑”和“挑剔”也是情有可原。底层文学中的“物质书写”既不洋溢着人民时代的乐观，也不恪守消费时代的物欲膜拜。底层“物质”向往的成败并不归因于底层“生物主义”的群体品性，这就避免为社会制度的病理开脱罪名。更具体地说，当下的“底层文学”将某一群体的物质匮乏视为社会发展进程当中必然出现的历史现象。当然，人们也不会据此驻守“历史进步”危险论，并流连于社会保守主义的情怀中。

文学史上的“穷人”被20世纪80年代知识界的主流重新发现，人们的笔触开始延伸到那些“食不果腹、衣不蔽体”的局促人生，并且，人们发现“物质困乏”不可避免地意味着社会权力的消失。张承志被认为是文学界发现“穷人”的第一人，他在《心灵史》中写道：“穷人，这是个在中国永不绝灭的词。朦胧的贫寒记忆，放浪世界的满目疮痍，一户户一村村的褴褛——使我一直在寻找着。我偏执地坚持，中国的一切都应该记着穷人，记着穷苦的人民。”① 张承志的宣言开始反叛原先固有的常识：灰色的个人“贫困”被传统革命语境中对于集体物质积累的乐观主义所规避。张承志呼唤记住这些“密集的贫穷”，但是记忆的价值不再来源于“穷人”可承担的革命历史重任，这些饥肠辘辘的群体在他的印象里尽管落魄，同时，“安于贫穷”也被说成是认识这个民族的根本。也正是因为如此，我们会发现，张承志所认识的“穷人”和“底层文学”中的“穷人”并不一样。人们在追溯“底层”概念的话语资源时，往往会把张承志提出“穷人”和“富人”概念作为一个重要的文化往事。这是因为人们认为张承志的分类方式脱离了传统的“阶级”论，虽然分类的方式仍旧相当“空疏和浪漫”，但是它从某些方面却带给人们反思社会人群关系的全新角度，使得原先“阶级论”中构想出来的“平等”开始被质疑，人群关系也因此从宏大的政治层面回归到更为日常的生存当中。张承志恢复“贫富”概念，并不是说在一个特定的历史阶段内这一群体在人间蒸发了，它的重现给人们的经验带来了翻天覆地的变化；而是说明在文学领域中，人们重

① 张承志：《心灵史》，花城出版社，1991年，第19页。

新以“贫富”视角体验和构建外在纷繁复杂的世界，人们开始从个人“物质困乏”这个角度组织情节，传达背后隐藏的丰富的文本信息。

在中国，对“人民”最初的运用总是蕴含着某种历史认同的断裂，意味着它要实现对传统的摒弃及实现关于群体关系的新的表达。但“底层”却恰恰相反，它更愿意从历史现象中寻求某种相似性，这种寻求意味着将“底层”看成历史语境持久的结构性因素。蔡翔所用的“复活”① 就将“底层”呈现为具有顽强生命力的历史幽灵，它表明“底层”概念的出现宣布了“人民”对某些历史真相的必然遮蔽，这种“遮蔽”在特定的历史时期具有不可否认的合理性。可以说,“八十年代”和以往的那些年代之间存在着一种张力，这是由生存样式和品质的差异造成的。也正是因为如此，人们往往会忽略“穷人”在相似之外的那些重要区别，人们对“底层”含义的历史性的关注往往过于表面，进而忽视这些术语本身在使用语境中的具体差异性。张承志所持的“穷人”概念的内涵和现在“底层”的内涵之间存在重大差异，甚至在某些方面相互抵触。首先，张承志的“穷人”尽管在物质基础与政治权利上和“底层”一样都是缺失的，但“穷人”概念中却包含着将“贫困”神圣化的宗教色彩，物质贫乏堪称抵达高贵精神的必要前提，所以，这里的“穷人”概念具有浓厚的“反物质主义”的色彩。在张承志这里,“穷人”已经被修饰成为精神的“母体”，人们发现《心灵史》当中的“底层”仍旧离现实相当遥远。《心灵史》这个题目早就暗示人们，穷人不过是要通过穷困和反抗完成心灵的净化，他们最终的目标是心灵，而不是现实中的物质富足和民族强盛,“在这样的天地里，信仰是唯一的出路”。② 所以，张承志的“穷人”概念是超现实的，王安忆的分析非常细腻:“《心灵史》的心灵世界与现实世界的关系是怎样的一种关系，我以为是一个较为单纯的关系。哲合忍耶几乎原封不动地成为创作者的建筑材料，而终因创作者的主观性而远离现实，成为一个不真实的存在。我的‘不真实’里绝对没有贬意，如同以前说过的，它是心灵世界的特质。”③ 和“人民”相比,“贫穷”在“心灵史”中同样占据了重要的正面位置，尽管他们之间的内在含义存在天壤之别。人们不需要惊讶，张承志笔下的“穷人”千辛万苦所要保留的不过是这些“贫穷”,“人间依旧。黄土高原依然

① 参见蔡翔，刘旭：《底层问题和知识分子的使命》，《天涯》，2004 年第 3 期。原话为：“‘穷人’和‘富人’概念的复活，是指我们重新看到了阶级的存在和出现。”

② 蔡翔，刘旭：《底层问题和知识分子的使命》，《天涯》，2004 年第 3 期。

③ 王安忆：《〈心灵史〉的世界》（第二讲），《小说界》，1997 年第 3 期。

是千沟万壑灼人眼瞳的肃杀。日子还是糠菜半年饥饿半年天旱了便毫无办法。但是穷人的心有掩护了，底层民众有了哲合忍耶。穷人的心，变得尊严了。"①

因此，它背后的深层逻辑绝非"底层文学"那样是现代的总体消费逻辑。尽管人们的目的是要通过"底层"反思这种逻辑，但是底层问题还是要从这种逻辑中演变出来，因为现代消费逻辑注重的是个人的物质消耗，从最直接的意义上说，"底层"就是个人拥有物质的不足。而且在"底层"概念中，"物质的缺乏和文化层面的失落"之间被想象成有着必然联系，"底层"着实地拥有物质的实在性，它首先是作为"社会学"术语出现的。所以，不是说所有以"穷人"为描写对象的文本都是"底层文学"，如果是这样，那么这个"术语"的提出就没有独到之处，它不过是某些人喜好玩弄新鲜词语的结果罢了，因为这些对象的背后必定承担着特定的社会逻辑。摩罗曾经相当理智地辨析道："我刚刚写完的长篇小说《大地荒寒》就是以乡村生活为背景的，但是我所提炼的文学主题却与农民的命运无关。我没有从社会正义、国家体制、农民权利这些方面来写，而是从一切生命所必须承受的普世苦难这个角度来写，类似于佛家所讲的生老病死现象，这与农民显然还隔着一层什么东西。"② 在摩罗看来，农民的命运和社会学层次的现实境况密切相关，它召唤的是相对实用、能够切实注意到农民相关现实利益的国家政策，底层并不需要什么高深的哲理，它要的是实实在在地"活着"。所以，如果以这种标准看待"底层文学"，它的所指范围将大大缩小，它必须是发生在人们开始反思"现代化"的社会背景之下。当下的"底层文学"中，"底层"这一群体不再奇特③，所以，他们不再是人们利用来编造有趣而惊险的传奇故事的素材，或者被神化成为英雄的姿态，这一群体的那些行为也不再是阵发性的发烧和历史上的偶然事件，因为他们已经成为一种知识范畴、研究对象和社会的基本层面。在当下生产力的繁华面前，这个群体遭遇的"无能为力的人生"成为文学一个重要面向。即使20世纪80年代的文学是描写日常生活中的"穷人"，它也仍然没有达到"底层文学"的要求，正如本文开头所说的那样，那个年代"贫穷"的原因普遍被

① 张承志：《心灵史》，花城出版社，1991年，第25页。

② 摩罗：《我是农民的儿子》，《天涯》，2004年第4期。

③ 底层的"落后"往往带有神秘的色彩。在某些人的印象当中，这些处于理性之外的时空往往存在着跳大神的巫婆、游离的鬼火等无法解释的灵异现象，人们也乐于沉迷其中，在厌倦了四平八稳的"现实主义"之后，这些竟成了文坛上乘的调味剂。在那时人们大都存在一种偏见，总是认为由于现实主义过于关注具体时空的风土人情，因此它总是无法承载哲学层面上的"超越国家和民族"的全人类的生存意义，非现实主义的作品将为人间"苦难"的持续存在提供相对宽泛的解释。

人认为是因为“个人”无法跟进现代化的发展逻辑。

二

很长一段时间内,“需求”包含了中华民族的光辉形象,“物质的增长”是民族强大的象征，而不是个人消费的对象。这是因为,“以物质生产力为标准的‘社会进步论’一统现代中国人人心。经济基础（生产力）落后决定上层建筑（社会文化政治制度）的落后，成为今天中国人的思维模式。而正是这种‘唯物’的‘进步论’或‘社会进化论’思维方式，导致了今天中国人深重的文化自卑感”。① 物质的积累暗中积蓄了拯救积贫积弱的民族的力量，尽管五四时期的知识分子已经开始反思晚清时期器物层面的改革带有的局限性，认为思想和文化层面的变化具有的影响将是根本性的，但是这并不妨碍人们对“物质”的钟爱，因为“物质”已经被转换成潜在的文化形式。②“物质现代性”的神话在西方语境中逐渐失落，人们发现极盛时期的“物质”也死死地禁锢着人类的自由，而大多数人非但对其中藏有的危险浑然不觉，还都额手相庆。但在中国的历史语境中，物质的强力却具有一种莫名的宏大诱惑，器物层面的因素对于现代民族国家的支撑作用被不断放大。就像梁启超在《物质救国论》里提出的那样：“以中国之地位，为救急之药方，则中国之弱，非有它也，在不知讲物质之学而已。”“夫势者，力也；力者，物质之为多。故方今竞新之世，有物质学者生，无物质学者死……”③“物质之为多”变成一个闪闪发光的词汇，西方语境中关于物质现代化和审美现代化的角力似乎因为时间的缘故还未呈现。“物质的增长”在革命集体叙事中也是一个重要的象征，但人们并不像对待“消费逻辑”那样会对此产生巨大的恐惧。因为这种“增长”是国家力量的现代化阐述，是集体的生产，所以它就带有崇高的气息，甚至焕发出难得的轻盈，人民面对这种实质性物质时获得了对于未来的巨大信心。不可否认，这时候人们对“物质富足”的称赞恰恰是通过正面描述“物质贫乏”实现的，前者成为后者不可缺少的幽灵。或许人们会问，在反思“现代化”

① 河清：《进步论：中国文化复兴的紧箍咒》，曹天予、钟雪萍、廖可斌主编《文化与社会转型》，浙江大学出版社，2006 年，第 264 页。

② 五四时期提出了“科学”与“民主”，实际上这时的“科学”必须在“民主”中得到说明，人们更多不是在“器物”的层面上谈“科学”，例如那个时期的一些知识分子以西方的理性分类方式反观中国的国学，进而来讨论它的合法性。有趣的是，福柯在《词与物》的第一章中却以中国古代的分类方式说明西方科学分类方式的局限性。

③ （清）梁启超：《物质救国论（选录）》，汤志均主编《康有为政论集》，中华书局，1981 年，第 565 页。

的阶段，在这个民族不断实现物质现代化的同时，“物质贫乏”得到了怎样的正视？当物质富足和物质贫乏同样成为实际的社会事实时，人们讨论这些问题又是以什么为参照的？

我们在毛泽东的理论中找到他关于贫困的“乐观阐述”，毛泽东的总结相当振奋人心：“中国六万万人民有两个特点：一是穷、二是白，看起来这是件坏事，但实际上却是件好事。穷则思变，要干，要革命，一张白纸没有负担，好写最新最美的文字，好画最新最美的画图。”① 他甚至将“贫穷”作为民族强盛的必然缘起。当然，这只是“贫穷”的一个方面，在另一个方面，“贫穷”甚至转化成了一种宝贵的认同资源，成为“人民”这一阶级宏大力量的起点。在很长的一段历史时期内，“诉苦”就成为整合国家的重要的社会意象。通过话语的叙述，“苦难”变成了社会转型的仪式，变成意识形态深远的结果。在二十七年文学中，“诉苦”也成为组织情节和展开叙事的重要因素②，成为维系人民感情的新的寓言。当然，这里存在着一个相对严肃的仪式化的过程，人们通过热闹的“诉苦”，认清敌我关系，认清贫困的根源，并从集体当中寻找一种安全感，这种感觉的最大效果在于化解了关于贫困的罪感，人们从中获取了关于革命胜利的精神支柱。这些引人注目的仪式和壮观的场面已经成为革命文明的内在组成部分。“陈先晋年年在半饱的、辛苦的奔忙里打发日子，但他一天也没有断绝发越的心念，总是想买田置地，总想起新屋。他在半生里，受尽了人家的剥削，但又只想去剥削人家。”③ 个人对物质的向往，总是被塑造成个体对权力的欲望，“为富不仁”“游手好闲”和“寄生虫”是这个时期所有作为敌人服务的“有钱阶级”无法摘掉的帽子。这些被视为思想存在缺陷的群体是必须接受改造的对象，二十七年文学中许多故事都是以这些人物回归人民的怀抱为主要的展开方式。进一步说，个人的物质和贪图物质享受是其他敌对阶级的事情，那时的意识形态早已改写了金钱和“勤劳”之间的关系。

具体地说，在这样的意识形态当中，“劳动”创造出的“物质”并不是在消费的层面上实现其最终的意义。正如上文所说的那样，在需求和欲望之间总

---

① 这背后仍然是“进化论”的逻辑，落后者“进化”的速度要比其他的强大国家来得快，人们把这一法则称为“进化潜势法则”，“少年中国”（梁启超）一说饱含了当时中国人对“民族旺盛生命力”的想象。五四时期的知识分子将这种积极的“进化论”视为西方的“进化论”在中国语境的改写，因为进化理论在西方具有很强的“无为”色彩，所以引进“进化论”时实际上回避了“弱肉强食”“适者生存”的普遍规律，强调“以人持天”“与天争胜”，实际上是相当激进的，对此，晚年的严复出于“保守”，甚至后悔自己作此一书。

② 参见郭于华，孙立平：《诉苦：一种农民国家观念形成的中介机制》，杨念群、黄兴涛、毛丹主编《新史学：多学科对话的图景》，中国人民大学出版社，2003 年；蓝爱国：《解构十七年》，华东师范大学出版社，2003 年。

③ 周立波：《山乡巨变》，《周立波文集（第 3 卷）》，上海文艺出版社，1982 年，第 180 页。

是存在着阶级上的绝对区分，后者是“资产阶级”败坏了的“个人主义”的象征，作为一种坏的意义被彻底否定。在革命年代，“需求层面”将使人具有一个宏大的意识形态目标，这时的物质还是在实用的层面上，但这是集体主义的“实用”。一旦进入了消费领域，物质的实用性被“更加主观和更加个人”的象征所取代，对商品附带的意义的消费将使意义多元化，这和当时的意识形式是十分不相符的。劳动和物质在宏大叙事的年代如果要实现其抽象的“文化和政治”的含义，也仍然是一种生产的哲学而非是消费的哲学，因为在马克思主义的生产领域中，这是一个可以理性表述的世界，在表述的背后仍旧是关于一个群体或一个民族对于未来的集体想象。当然这种关于“需要”的哲学并非像泰格所认为的那样，当增加生产的努力受到生物性的“够了”原则制约的时候，人类的发展是比较正常的。一旦追求幸福的努力受到“再多一些”的原则支配，自然的调节就被生产和消费的政治规约所取代。而且这种政治规约是不符合人的本性的。所以照此看来，这种看法取消了“需求”的社会性和政治性，认为人的本性是“反社会”的生物性，因此具有浓厚的“原始主义”色彩。应该说，人民时代强调个人消费的限度问题，这背后毋庸置疑是一种天然的政治愿望。在这里，物质和精神是一体的，但人民“精神”中的“精神”已经不再是关于知识的讲述，而是它的另外一种意思，那就是“意志”。对自我欲望的控制是成为一个“又红又专”革命人民的基本素质，人们必须服从集体理性的命令。毕飞宇《平原》里的“顾先生嘴馋的时候，他就要举起一只鸭蛋，对着阳光提醒自己：这不是一只普通的鸭蛋，它是集体的，是公有制一个椭圆的形式，它所体现出来的是公有制伟大和开阔的精神。一吃，它的‘性质’就变了，成了私有的、可耻的个人财产，变成了糜烂的感官享受。所以不能吃。馋是敌人，身体也是敌人。改造就是和敌人——也就是自己，做坚持不懈的斗争。”① 物质的神圣或是低劣仅仅来自某个人的一念之差，个人的深层欲望被妖魔化。这段文字直白地说出了那些表现人的生理反应的活泼语汇——馋——等怎样被情感化，作为历史进程落后的个体姿态怎样变成了十恶不赦的敌人。所以人民的敌人不仅仅是那些或隐或现的敌对阶级，而且包括那些存在于个人身上的思想“顽疾”，这是一场残酷的自我斗争。“在革命文学的话语中，欲望这个与个人密切相关的词汇似乎销声匿迹；但作为人类的基本内驱力，它不可能也没有消失，它只是改头换面，以一种隐蔽的

① 毕飞宇：《平原》，江苏文艺出版社，2005年，第114页。

方式重新出现。摧毁旧世界、建设新社会便是这一集体主体最大的欲望符码。由此，历史的进程也成了它的欲望符码持续不断地现实化与受挫的过程。"① 尽管这些人承认了人类历史是以恒涯无际的欲望为动力，好像是为"欲望"正了名，但是它却恰恰说明了"个人欲望"在那个年代是何等的卑劣，它简直就成了万恶的渊薮，当真刀真枪的暴力厮杀成为过往的历史姿态时，这些长在人心的欲望恶果将使敌人变得更加隐蔽，防不胜防。

革命年代知识分子视野中的"人民"不可能以"受难者"的形象出现，因为人们根本没有把"个人匮乏"带来的无奈当作一回事。"人民"是创造历史的主体，是寓言，而不是社会形象，所以这种命名的背后要的就是"底层"人物众多的"艰难困苦"怎样成为憧憬美好世界的动力。"在俄罗斯的共产主义革命中，占统治地位的不是经验的无产阶级，而是无产阶级的思想，是关于无产阶级的神话。然而，共产主义革命是现实的革命，是万能的弥赛亚说，它希望给全世界带来幸福并解除压迫。尽管它造成了最大的压迫并取消了任何自由，但是坦诚地想到同时并做到了这一点，这对于实现最高目标来说是必要的暂时的手段。"② 所以，这些盛行的革命和集体的价值观并不是巨大的谎言，而是说它必须借助这样的修辞树立民族的整体感，完成革命的总动员。"土改前乡村社会中的分化与分类和农民感受到的苦难是客观存在，关键是如何把它们转换为阶级概念。分类与归因不仅仅是阶级建构的过程，进而是社会动员的过程，也是农民的国家意识生产的过程，是造就社会主义国家的人民的过程。"③ 在这样的前提下，"苦难"成为一则重要的精神寓言，一堆严峻的社会事实在民族救亡氛围的烘托下支撑起了关于"民族富强"的美好学说。或者说，人们干脆把"苦难"看成革命的必要前提，这种宏大的政治叙事可以不断引发历史结构的深远变化，这种变化意味着社会发展更高、更快、更强的现世乐观主义。悲观主义的一种情绪、一声叹息、一种疑虑都被看成是不可有的退化，历史的规范性力量将带来启示的特权，历史中的挫折不过是路上一个必然要踢飞的小碎石。马克思的名言因此深入人心："前途是光明的，道路是曲折的。"对光辉灿烂的历史结局的想象成了人类前进的首要动力，不断进步是

---

① 王宏图：《都市叙事与欲望书写》，广西师范大学出版社，2005 年，第 80 页。

② ［俄］别尔嘉耶夫：《俄罗斯思想：19 世纪初俄罗斯思想的主要问题》，雷永生、邱守娟译，三联书店，2004 年，第 243 页。

③ 郭于华，孙立平：《诉苦：一种农民国家观念形成的中介机制》，杨念群、黄兴涛、毛丹主编《新史学：多学科对话的图景（上）》，中国人民大学出版社，2003 年，第 517 页。

人类必然的生存事件。面对当下的生存境况，有些人甚至要从那个年代生存意志里获得“活下去”的信心，“忘记了那个年代，就等于背弃了一种人格，唯有这种人格，才能激扬起我们弱化了的世界，使我们像沙子一样涣散了的人群，重新聚集成水泥钢筋一样的人格建筑，在这个风雨如磐的世界中，以求得精神坚强地再生”。①

三

当然，即使个人生存是无奈的，也并不意味着“底层”的“贫困”使得他们陷入了对命运令人沮丧的屈从当中。“底层”是一个社会问题，和个人的精神状态无关，人们关注这个问题的主要目的不是为了揭示“底层”这一群体面对生活是绝对的悲观或是绝对的乐观，人们的目的在于深入复杂的现实，在一个实际的社会语境中思考解决问题的办法。可以肯定，“人民”和“大众”等革命语汇中包含的左翼乐观主义在“底层”这里荡然无存。前者当中由物质财富带来的“贫富”区分是一个群体成为历史主体的关键前提，“贫困”成了创造力和革命意志的代名词，所以个人拥有丰富的物质在这时是邪恶的。“革命”在某种层面上，追求个人的禁欲主义，无论是物质欲望还是身体欲望，超越个人的崇高精神成为塑造一个时代和社会中群体姿态的最根本力量。在葛兰西的论述中，“底层”是作为革命力量出现的，这也就意味着底层是一个追求某种美好未来的有机整体。但在当下的“底层”术语的使用中，个体化和现代化语境中物质消费产生的精英崇拜，使得贫困群体面对物质生存空间产生一种悲惨的无力感。事实上，这种转变背后最根本的原因在于“人民”当中原先宏大的精神语汇被肤浅的物质迅速地覆盖掉了。所以虽然关于“穷人”和“富人”的“底层”意味着“阶级”（更严格地说是“阶层”）概念的复兴，但是这里的阶级已经被消解到“日常”微小的叙事当中，关于革命的宏大景观的想象退居历史幕后。“正是政治向日常生活的转移，使得政治（包括与其相关的各种权力机制）产生了极其复杂的形态和意义的变化。”② 所以人民的崇高形象被解构了，但也正是因为如此，对人民的“叙述”从单一的政治语汇中挣脱出来，有了更多具体的维度。这并不意味着政治对人的影响的

① 谈歌：《天下荒年·题记》，刘恒、章德宁主编《现实一种：中篇小说卷（下）》，同心出版社，2005 年，第 478 页。

② 蔡翔：《日常生活：退守还是出发》，《文学评论》，2003 年第 4 期。

丧失，结果恰恰相反，它使政治更加“无处不在”。

《日光流年》中人们在经过了几代人的奋斗之后①，仍然逃脱不了死亡的莅临。在短暂的生命期限中，所有关于“年老的故事”都成了这个部落高贵的启示。“司马蓝常常端着下巴，坐在院落大门的门槛上，望着面前金灿灿的日光，望着对面山梁上挂的羊群，独自听着日光在树叶上流动的响声，听着羊群在沟那边嚼草的蓝汪汪的吱喳吱喳，想人若能长生不死该多好。想村里男人能长出白的胡子，女人能变成没牙老婆婆该多好。想山坡上的黄土能当粮食吃了该多好，他在转眼之间能长大成人，而后他就停在成年人的样子上，牛高马壮，力大无比，永生永世不老不死该多好。”② 人们总是要在别人的可以“老去的”生存迹象中寻找看得见的“神奇”，寻找延续的力量，比如是油菜籽、翻土、挖渠饮水。一次次失落，“人民”早已经丧失了早期文本中昂扬的面目，陷入命运的怪圈当中，丰富多彩的乡村日常生活的背后泛滥着民众的“苦情”。原先革命文本中缺席的“死亡”这时大行其道，终于让人害怕起来，虽然集体氛围在这个文本中仍然是浓厚的，但也正是“死亡的集体性”是人们忧虑村落衰落的结果，并终于引发了活脱脱的“生存恐惧”。“从此，死就毛茸茸地在司马蓝的心里就生根了，风调雨顺地长起来，到四岁五岁时，想到死他就彻夜不眠了，苦思冥索到天亮，穿好衣服，坐在大门槛上，听着日光在树叶上哗哗哩哩的流动，恐惧在他心里就山山野野了，死亡给他带来的惊颤，像冰粒一样，在他猛然的一个哆嗦中，劈里啪啦，从身上抖落下来，就滚得满世界都是了。”③ 死几乎伴随着生到来，人民“战无不胜”的神话被生存的失落感取代，“城市的脏水”到来、司马蓝的死去和杜柏的即将死去，特别是杜流的自杀，使曾经是“汪洋大海的人民”丢失了生命延续感，人民叙事中“令人愉快的风格”消失了。当然，这种“悲惨”只是一种隐喻，但却不乏真实。文本之中隐藏了现存社会的“政治无意识”，“死亡的威力”让“物质的魅力”迅速消失，现代社会隐含的弊端开始渗透社会的每一个细节，即使人们并没有意识到社会物质发展的程度已经如何的惊人，但他们已经开始分担社会发展的后果。《日光流年》中的“生和死”暗示着反思“现代化”不是几个人简简单

① 有人也许会问，《日光流年》中的非现实主义色彩太浓，是否会不符合本人在导论中说到的关于“底层文学”的具体规定。《日光流年》根本上还是表达物质文明对于“乡村人”生存的冲击，这实际上是隐含在种种奇幻情节背后。而且极富意味的是，《日光流年》中将这个村落里寻求“长寿”的历程推到了中华民族的整个现代化阶段，这就意味着现代化框架中“底层”早就存在，只不过在特定的历史时期，他们未被纳入人们的视野。

② 阎连科：《日光流年》，春风文艺出版社，2004 年，第 465－466 页。

③ 同②，第 467 页。

单地要要嘴皮子的事，而是关乎“民生大计”的社会大行动。

“人民”和道德伦理紧密相关。作为中华人民共和国建国史上重要的“思想规范”的事件，“延安整风的革命性意义就在于它在中国重新开启了道德政治的道路。中国共产党在延安整风中一方面吸纳了儒家有关德治、内圣和修身等若干思想，另一方面其所确立的伦理又是在现代大众动员的基础上，由现代政党来推行的伦理。所以我们可以将其开启的道德政治称之为‘新德治’，这种新德治的核心内容是阶级斗争话语以及与之紧密相连的阶级斗争技术，身体的意义和价值完全被阶级伦理和政党伦理所赋予。由此，人的自然身体和政治身体发生了分离”。① 这种刻意的分离彻底否弃了个人物质的合法性，其中包括“身体”这一最为基本的物质本身。由道德包裹起来的人民本身从根本上框正了赤裸裸的集体疯狂和源自精神无所寄托的愤怒，这一集体形象是纯粹正面的。所有堕落的种子都是对人民道德规范的偏离，或者就此被抛入“敌人”的行列，道德冲突不是人民内部事件。但是在“底层”中，人们却勇于承认，“圣化小人物与关注小人物貌合神离。圣化将制造一个空洞的偶像——底层大众的真正疾苦将消失在这个偶像背后……韩少功清楚地看到，底层大众多半是质朴、宽厚与猥亵、呆滞、可笑而又固执的混杂；某些时候，韩少功也曾经亲历底层大众的出卖和陷害”。②“底层”更多时候具有社会学的色彩，注重的是社会中人的多样性问题。在革命年代，人民作为一个集体话语的重要意象存在着强烈的道德倾向，甚至形成了一种枯燥的单一印象，但这又是一种意识形态的需要。这种政治的看法是这样的：“至于人民，他是好的，甚至其本质也是好的，因为人民的本性是好的，至少因为他有劳动的品质。人民是劳动者，无论从本体论的意义上来讲，还是从绝对意义上来讲，人民这个定义表明，他是通过生产劳动来塑造自己的，同时又是同创造性密不可分的。一种完美的道德支持完美的、绝对的政治并且作为这种政治的论据。”③ 这样“有闲的”阶级就自然成了人民的对立面。事实上“无产阶级”这个术语本身就有意识地对体力劳动和脑力劳动的优先性进行了界定，“体力劳动”成为无产阶级的标志性特征，所以“智识”和“富人”等阶层的地位是不高的。

---

① 应星：《身体政治与现代性问题》，杨念群、黄兴涛、毛丹主编《新史学：多学科对话的图景（下）》，中国人民大学出版社，2003 年，第 702 页。

② 南帆：《诗意之源——以韩少功二十世纪九十年代的散文为中心》，《当代作家评论》，2005 年第 5 期。

③［法］亨利·列菲伏尔：《论国家——从黑格尔到斯大林和毛泽东》，李青宜，等译，重庆出版社，1988 年，第 215 页。

“底层”概念更关注的是社会人群的分化和差异，人们不会先验地对底层的道德品质做出预先判断。当然，人们还是会审视在特定的历史时期外在的社会风格将会对底层的道德产生怎样的影响。“九十年代依赖大众传媒对中国劳动者的再‘启蒙’，给老百姓带来的不是更加健康的理性，而是他们对获得‘奖金’奇迹的信仰。故乡已经不再是以前的故乡，这不只说，故乡在经济上被剥夺而变得更加贫穷，更让人心痛的是，故乡在社会不公的现实中、在现代文化工业的‘启蒙’下，接受了贫穷强加于她的毒素，她失去了往日的美德，失去了她的健康的活力。人们不愿去参加劳动而是夜以继日地赌博，同时用赌博的心态来看待世上的一切。”① 可见，人们还是习惯认定，对物质快乐的向往及更深层次上对浅薄的商业逻辑的信仰使原来存在于人民当中的那些美好的德行逐渐消失，劳动作为生产的开端代表了踏实的人生，而消费总是被认为是可耻的不劳而获，尽管人们已经不用阶级的标准规范一切事物。陈应松的《马嘶岭血案》就把“底层道德性”问题推向了极致②，但是面对这样的叙事情节，人们仅仅是在描述一个现象，而不是做出一个论断，底层并没有特定的道德状态。

但在当下的底层文学中，“物质”并不总是以巨大的精神邪恶这样的形象出现的，人们更多注意到，物质匮乏对于“底层”这个群体的本质意义。③“道德的口号”尽管响亮，但“作为从道德上改造全人类的方案，它（乌托邦）缺少能消除它所强烈谴责的物质苦难巨大压力的历史的‘执行者’。正因为它寻求全人类‘同时’从奴役的绳索中解脱出来，因而能像讨论阶级问题那样大量探讨性的问题，甚至比前者探索得更多；但由于同样的原因，它无法在人类内部确定能导致新文明的分界线。”④ 关注底层的知识分子很容易在底层中发现“泥沙俱下”的道德状况，但这并不影响知识分子关注“底层”。人们不会因为这个群体中一部分人的道德缺陷而确定他们遭受的“贫困”不过是罪有应得。人们也不会死心塌地地承认，“先要吃饱，才有道德”⑤，也就是

---

① 吴志峰：《故乡、底层、知识分子及其它》，《天涯》，2004 年第 4 期。

② 参见陈应松：《马嘶岭血案》，《小说选刊》选编《2004 中国年度中篇小说》，漓江出版社，2005 年。

③ 有些观点认为，生活中“穷与富”反差并不是恐怖的现象，因为这种“对比”是社会进步的基础。正是安逸奢华的富人和勤俭节约的穷人两个群体的共同存在，才促发了社会在理性和感性上的进步，完善了社会文明程度。

④ ［英］佩里·安德森：《当代西方马克思主义》，余文烈译，东方出版社，1989 年，第 132 页。

⑤ ［德］贝托尔特·布莱希特：《三角钱歌剧》，高士彦译，选自《布莱希特戏剧选（上）》，人民文学出版社，1980 年，第 70 页。需要指出的是，笔者分析这句话不是从这部戏剧的语境出发，而是立足于现实的社会情况审视这种说法可能存在的偏差；在布莱希特的笔下，这部戏本来就是非现实的（布莱希特的“间离说”），不能用现实的逻辑来解释。

说,“我们应该善良而不是粗鲁，只要条件不是像现在这样”。如果真就这样，那么人心的善恶就只是外在世界的纯粹反应。这句话不仅是为人类道德上的失落推卸责任，而且具有强烈的神秘宿命论色彩。人在强大的外在世界面前无能为力，由此，人类在世的姿态和精神毫无优越性可言，于是，人的实践主体性也就荡然无存了。反过来说也是成立的，人类的物质状况和道德状况没有直接联系。前者的各种说法，无论是穷人的高尚道德还是富人的高洁情操都距离世俗复杂的社会条件甚远，而当下“底层问题”开始回避此类偏激。

（作者单位：福建师范大学文学院）

论伊格尔顿的“革命批评”

王　伟

一

一直以来，本雅明论述文艺与社会的一系列著作都是后来的文化批评者汲取灵感的重要源泉之一。譬如，伊格尔顿就经由解读本雅明的思想而完成了批评观念的范式转换。此前，由于受阿尔都塞“科学的”马克思主义思想的影响，他在《批评与意识形态》一书中着力构建批评理论的“文本科学”，意识形态理论为其迥异时论的批评利器。尽管如此，“文本科学”很大程度上仍然囿于文本分析而与男男女女的日常生活相距遥远。他认为，随着社会生活的深刻变迁——全球资本主义危机重重、撒切尔主义的登场与社会主义内部的新气象，“文化研究所关注的重心，已从狭隘的纯文本或概念分析转移到了文化产生问题和艺术品在政治中的运用”。[①] 如果说，伊格尔顿的《布莱希特及其同伴》以戏剧作品的形式贯彻了上述转向的精神旨趣，那么，其《沃尔特·本雅明》一书则从理论上实践并确立了这种转变，而“革命批评”的提出是其显著标志。他指出：“促使笔者写作此书的动机也是政治性的，而非单纯为了学术研究。通过写作此书，我想我可以发现本雅明是如何在其著作中阐释‘革命批评’目前正面临的某些关键问题的。”[②] 换句话说，革命批评可谓是这部书的核心内容，而本雅明的批评文字既是这种批评方式的示例，同时也留下了进一步探讨的空间。

① ［英］特里·伊格尔顿：《沃尔特·本雅明》，郭国良、陆汉臻译，译林出版社，2005年，序言，第2页。
② 同①，第1-2页。

本雅明高度赞扬弥尔顿“不可简约的表意的过剩”的寓言式语言风格①，这与艾略特、利维斯两位批评家对它的竭力贬抑形成了鲜明的对比。前者认为活力四射、放浪不羁的符号在后者眼里显得啰里啰唆、冒冒失失，因为它们严重威胁甚至破坏了整体的和谐，而后者钟爱的绳趋尺步的措辞对前者来说则意味着沉沉死气。伊格尔顿一针见血地指出，这是两种不同的审美意识形态的对峙，是寓言与象征的抗衡。“象征必然要理想化，必然要使物质客体服从于一种从内部启迪和救赎它的精神激流。在那理想化的闪现中，意义和物质性调和为一；在这脆弱、非理性的一瞬间，存在和意味和谐地整合成了一体。”② 如若象征是有序的、有机的、总体的、浪漫主义的，那么，本雅明极力推崇的巴罗克悲苦剧中的寓言恰恰是张扬无序、脱节、碎片与现代主义的。耐人寻味的是，虽然艾略特与利维斯都隐约地真切感受到了弥尔顿修辞中潜藏的意识形态危险，但他们都是从形式上讨伐弥尔顿，不愿直面弥尔顿作品之中的神学与政治内容，更不会大大方方地承认这种形式主义背后的经验主义与非理性主义标准实际上是一种意识形态建构。有意思的是，就算面对自己十分喜爱的作品，譬如多恩的《诗歌和十四行诗》等，他们依然有意无意地回避其中的意识形态，从而不免造成褒贬的错位。相反，本雅明对悲苦剧的分析则超越了这一形式主义路径，这充分体现在他对悲苦剧的形式与其时神学大背景下各种思潮的隐秘关联、悲苦剧对君主的影响、悲苦剧中的堕落与救赎、罪孽与惩罚主题等方面的研讨。伊格尔顿赞赏本雅明对形式主义的超克，这自然也为其意识形态批评奠定了坚实基础。正是在这个意义上，很多研究者断言《沃尔特·本雅明》的出版标志着伊格尔顿政治批评、意识形态批评的确立。对伊格尔顿而言，这两种批评虽名异而实同。因为他在那本声名远扬的《二十世纪西方文学理论》的“结论：政治批评”部分直言：“我用政治的（the political）这个词所指的仅仅是我们把自己的社会生活组织在一起的方式，及其所涉及的种种权力关系；在本书中，我从头至尾都在试图表明的就是，现代文学理论的历史乃是我们时代的政治和意识形态的历史的一部分。”③ 应该说，从批判形式主义的角度来讲，研究者对伊格尔顿的上述断言真实有效。问题在于，政治或意识形态批评还只是革命批评的必备条件，并未真正到达革命批评所要求的境地。关于这一点，可以从本雅明的批评实践、伊格尔顿对布鲁姆的指责及对革

① ［英］特里·伊格尔顿：《沃尔特·本雅明》，郭国良、陆汉臻译，译林出版社，2005年，第5页。
② 同①，第7页。
③ ［英］特里·伊格尔顿：《沃尔特·本雅明》，郭国良、陆汉臻译，译林出版社，2005年，第196页。

命文学批评的构想中得到有力的证明。

本雅明宠爱的巴罗克寓言击破了象征主义的逻各斯中心主义，“悲悼剧的形象粗鲁地解构人体，来将他的各个部分寓言化，撕裂它的有机整体（以一种类似弗洛伊德的风格），以便能从它零落的碎片中拯救某些意义。和本雅明本人后期的历史哲学一样，沉溺于现时的稍纵即逝及拯救它以赢得永恒之需要的悲苦剧，炸开了一致性，以挽救处于原始给定性中的它们”。① 换言之，本雅明的历史哲学把悲苦剧的批评精神理论化、抽象化了，而“在行动的当儿意识到自己是在打破历史的连续统一体是革命阶级的特征”。② 毫无疑问，对这群拥有“破坏型人格”的革命者而言，革命批评绝非仅是遏止枯燥乏味的资产阶级美学、代之以新的审美意识形态那么简单、轻松，它更关联着如何理解历史、如何摧毁那种僵化的历史主义并在此基础上重构历史、现实与未来的重任，而马克思的历史唯物主义在这方面给予本雅明以强大的理论支援。他指出，其《拱廊计划》“这个项目的方法论的目的之一就是展现一种历史唯物主义，它从自身内部取消了关于进步的观念。正是在这点上，历史唯物主义有足够的理由把自己与资产阶级的思维习惯截然划清界限。它的基本概念不是进步，而是现实化”。③ 在伊格尔顿看来，本雅明的这一方法论有着革命性的意义：“假如说法西斯主义通过自己的形象重新书写历史而抹煞历史，那么历史唯物主义重书过去，是为了革命合法性而救赎过去。”④ 当然，本雅明的革命救赎是弥赛亚式的，它期望彻底中断历史的连续体，为了被压迫的过去而努力战斗，以伟大的革命开启历史的新篇章。每一时代的男男女女要想有所作为，都必须不断重演这种竭力拯救过去的革命批评行动，因为墨守成规的历史态度总是试图牢牢掌控过往与现时。

伊格尔顿认为，布鲁姆的焦虑美学可以充作本雅明这一历史观的生动注释。然而，在本雅明政纲的映照下，布鲁姆的美学存在致命的缺陷。因为他把“先驱的观念中革命的部分倾倒一空，用无力而花哨的文学史取而代之。布鲁姆的历史是孤寂的儿子和父亲之间的一场文学之争；但是，在本雅明看来，每个‘后来的’现在都有两大对抗性的前辈，它们是‘历史’和‘传统’复杂对接的产物。历史是统治阶级的同质的时间；而传统则属于被压迫和被剥削阶

① ［英］特里·伊格尔顿：《沃尔特·本雅明》，郭国良、陆汉臻译，译林出版社，2005年，第30页。

② ［德］阿伦特编：《启迪：本雅明文选》，张旭东、王斑译，生活·读书·新知三联书店，2008年，第274页。

③ ［德］本雅明：《作为生产者的作者》，王炳钧，等译，河南大学出版社，2014年，第116页。

④ 同①，第66页。

级的——这个阶级具备统治阶级所不具备的常识，即紧急状态并非例外，而是普遍规律”。[①] 需要特别注意的是，本雅明大刀阔斧地把“历史”与“传统”分别派给了两个相互对抗的阶级。不言而喻，在这个二元结构中，涓涓细流般的革命能量日积月累。到了一定程度，“传统的力量会聚合起来，把现时砸个粉碎。那一震惊的瞬间就是社会主义革命”。[②] 而随着革命的或者具有革命潜力的阶级坚持不懈地书写迥异于所谓“历史”的斗争“小说”，在表述自我中创造“传统”，文化革命便在悄然之中一步步展开。其实，在《马克思主义与文学批评》这本小册子里，伊格尔顿就对本雅明关于文化革命的言辞赞誉有加。他认为本雅明《作为生产者的作家》一文富有创造性，因为它把马克思生产力与生产关系发生矛盾从而引爆革命的观点运用到艺术之上。于是，本雅明就在艺术家与群众之间建立了新的社会关系——为了打破少数人对艺术的垄断，使男男女女也能享用艺术，革命的艺术家不能满足于利用现有的工具传播革命的理念，而必须重塑新的革命化的艺术生产方式。到了《沃尔特·本雅明》一书，伊格尔顿则明确列出了革命文化工作者面临的三大基本任务：“第一，投身到作品和事件的制作中去，这些作品和事件在改造过的‘文化’媒介范围内大力虚构‘现实’，以取得有益于社会主义获胜的种种效果；第二，作为‘批评家’，要提示那些非社会主义作品用来制造政治上不可取的效果的修辞结构，以作为抗击假意识（这样的称呼现在已不合时宜）的一种手段；第三，尽量‘独辟蹊径’地阐述这些作品，以便从中攫取任何对社会主义有价值的东西。”[③] 不难看出，这些任务实际上都是为了社会主义文化、为了男男女女文化解放的革命批评，差别在于有的偏于负面揭露而有的偏于正面阐述。另外，革命文学“批评”作为革命批评的重要组成部分，伊格尔顿还明确指出了它在革命文化蓝图中应该扮演的角色：“它将拆解‘文学’的统治观念，在文化实践的整个领域中重新插入‘文学’文本。它将努力地把这种‘文化’实践与其他形式的社会活动联系起来，努力改造文化机器本身。它将把它的‘文化’分析与一贯的政治干涉有机地糅合成一体。它将解构现存的‘文学’等级制度，重新估价现有的判断和假定；与文学文本的语言和‘无意识’打交道，以揭示文本在主体的意识形态建构中的作用；调动这些文本——如有必要，可采取解释的‘暴力’——力争在更广阔的政治环境之中

① ［英］特里·伊格尔顿：《沃尔特·本雅明》，郭国良、陆汉臻译，译林出版社，2005年，第62页。
② 同①，第104页。
③ 同①，第149页。

改造这些主体。”[1] 显然，文学的革命批评并非在意识形态批评之后就裹足不前，它还须把文学的文化实践与形式多样的社会活动密切结合，履行重塑文化生产机制、打造社会主义新人的历史使命。这也再一次证明革命批评所蕴含的革命性能量不容小觑抑或忽视。

二

面对后结构主义对人文社会科学诸领域的汹涌冲击，伊格尔顿指出：本雅明“在其著作中令人瞩目地预言了后结构主义的许多当代主题。因此，本书除研究本雅明的其他方面外，也旨在介入那些争论”。[2] 即是说，在伊格尔顿眼里，本雅明既是后结构主义诸多主题的先行者，又与之保持着清晰的畛域。就两者可以共鸣的地方而论，譬如，本雅明对历史同质性的解构就与福柯的考古学较为神似。在某种意义上甚至可以说，他的这种解构预示了当代解构主义批评实践的大潮。关键在于，两种解构的视野有别、关怀不一，因而有着质的差别。具体说来，本雅明的解构属于革命批评，它在建造新文化、形塑新人的过程中起着破除形形色色障碍的功效。换句话说，本雅明的解构不仅仅是文本的革命，更是文化革命、社会革命的组成部分。相比之下，解构批评不单没有那么大的政治抱负，反而刻意回避意识形态，在政治上显得淡泊无为乃至无能为力。“后结构主义是从兴奋与幻灭、解放与纵情、狂欢与灾难——这就是1968年——的混合中产生出来的。尽管无力打碎国家权力的种种机构，后结构主义发现还是有可能去颠覆语言的种种结构的”，“学生运动被从街上冲入地下，从而被驱入话语之中”。[3] 轰轰烈烈的政治运动归于沉寂，之前激情四射的革命主体杳然无踪，而被压抑的革命巨能则以扭曲的形式入驻文本的狭小天地。这种场景着实令人悲哀，更可悲的是看似激进的解构主义执迷于自己的解构游戏中难以自拔，甚至时有让人瞠目的观点。伊格尔顿辛辣地嘲讽说，后结构主义把“总体结构”视为死敌，而无论是垄断资本主义还是斯大林主义政治都是特定历史阶段的产物。早在后结构主义诞生之前，一代代社会主义者就一直与之战斗。“但是他们，以及危地马拉（Guatemala）的游击队员们，却都忽略了这样一种可能性，即阅读所产生的色情的 frissons（身体震颤），甚至那

---

① ［英］特里·伊格尔顿：《沃尔特·本雅明》，郭国良、陆汉臻译，译林出版社，2005年，第129页。

② 同①，序言，第3页。

③ ［英］特里·伊格尔顿：《二十世纪西方文学理论》，伍晓明译，北京大学出版社，2007年，第139页。

种仅限于那些被称为可悲地神志不清的作品，竟是对此问题的适当解决。”① 解构主义对实际斗争领域的漠然相向由此可见一斑。如果立于这个角度来重审巴特的《S/Z》，那么，无论它如何努力拒绝结构主义封闭的结构，如何自由地拼接种种代码，以显示出文本多么诱人的开放性，它依然处于一个与外界隔断的批评文本之内，而且对此心满意足。这是解构批评与生俱来的缺陷。当我们为伊格尔顿对解构主义到位的批评由衷喝彩时，还需注意他对解构主义的另一些漫画式的描述或简单化的判断。

首先，与革命批评锐不可当的气势相较，后结构主义显然望尘莫及。正因缺乏前者直接的革命能量，伊格尔顿嘲讽它是不能伤人的“空弹”，没有杀伤力。然而，这绝不意味着解构批评没有间接的革命潜能。一方面，伊格尔顿承认，解构批评抓住了经典结构主义二元对立的典型认知模式这个要害，将其中的压抑机制暴露于世。另一方面，伊格尔顿又认为“解构主义者坚信形而上学封闭圈的不可突破性”②，这个有些自相矛盾的断言对解构主义并不公允。众所周知，任何具有优势的概念都以对他者或暗或明的贬低为代价，譬如，男人与女人，西方与东方，中心与边缘，理智与疯狂，如此等等。不言而喻，概念的优劣或者话语权力的有无跟特定的政治利益之间有着千丝万缕的纠葛。虽然后结构主义明确驱逐主体、拒绝社会行动，然而，它仍然与两者有着藕断丝连的曲折关联。因为一旦解构主义把概念构建的历史和盘托出，把其中逻各斯中心主义的把戏公之于众，就会刷新男男女女的世界观、人生观，重塑错综复杂的权力关系，进而或慢或快地重塑他们身临其境的红尘俗世。当今世界，大规模的政治斗争早已成为过眼烟云，但小型的斗争实践仍然不绝如缕。无论是反对男性至上主义、种族主义，还是抵制地区歧视、环境污染等活动，其实都从解构主义思想中汲取了宝贵的理论营养。值得关注的是，在指责后结构主义是“空弹”的同时，伊格尔顿也一转身又肯定了它与女权主义、妇女解放运的关系。总之，解构主义使过去社会性地被排除的他者浮出地表，催生了拉克劳与墨菲式的多元主义与差异政治。可以乐观地预期，解构主义在社会领域与政治领域的后续影响将会连绵不绝。

其次，伊格尔顿眼里的解构近于疯狂，它“不停地击打脚下将要崩塌的悬崖，准备一起坠入无穷无尽的指号过程和精神分裂症的汪洋大海中”。③ 即

① ［英］特里·伊格尔顿：《二十世纪西方文学理论》，伍晓明译，北京大学出版社，2007年，第141页。

② ［英］特里·伊格尔顿：《沃尔特·本雅明》，郭国良、陆汉臻译，译林出版社，2005年，第177页。

③ 同②。

便解构主义难以解构自身，它的确使能指的嬉戏达到无以复加的地步。问题在于，一路酣畅淋漓的解构之后，还是否有整体存在的可能？我们又该如何理解整体与局部？伊格尔顿认为解构主义并不操心这些扰人的问题，而本雅明则给出了有益的启示。“正当我们在消解独断专横的联合体的时候，我们该如何完整地理解总体性和具体性，坚决避免一种自我沉溺式的游戏片段呢？至少可以说的是，如果本雅明是一个原解构主义者并致力于对那些摆脱概念束缚的事物进行细枝末节的微处理，那么他并不止于此：因为正是从这些无常、极端和矛盾的元素中，一个积极的构造将应运而生。”① 换言之，本雅明在解构形而上学与总体性的同时，又借助以往被忽略或轻视的元素实现了新的整体性建构。因此，伊格尔顿盛赞本雅明“非形而上学的形而上学”是对上述问题的独创性回答。应予指出的是，伊格尔顿薄彼厚此的态度陷入了流行的窠臼之中：只是看到后结构主义、后现代主义——需要补充的是，一般认为后结构主义是后现代主义内部的诸多学派之一——的解构与否定向度，而对其丰富性、多样性尤其是建设性向度沉默不语。伊格尔顿的《后现代主义的幻象》一书亦是如此。为了改变这种盛行至今的刻板印象，格里芬尤为强调“建设性后现代主义”。其建设性具体表现在以下几个方面：一是倡导创造性，这一创造既尊重无序也尊重有序；二是鼓励多元思维，推重对话；三是提倡对世界的关心爱护，重建人与自然、人与人之间的关系。② 如此说来，后结构主义就不是一味面色阴郁地解构、否定、怀疑，甚至堕入虚无主义、悲观主义的囚牢，而是有着较为积极向上的建构一面。

再次，由于无视后结构主义的建设性，伊格尔顿才对解构主义场域内意义的稳定性问题疑虑重重：“如果说意义，即所指，只是词语或能指的暂时产物，并因而始终变动不居，半现半隐，那又怎么能有任何确定的意义或真理?”另外，“主张有关现实、历史或文学文本的一种解释‘好于’另一种又有何意义”?③ 换句话说，解构主义重新召回了可怖的相对主义幽灵。于是，意义在解构的链条上无法驻足，而且导致一种此亦一是非、彼亦一是非的尴尬局面。很多学者每每据此义正词严地指斥后结构主义，问题是，让人恐惧与担忧的相对主义不过是“作为一种被想象出来吓唬人而实际上根本就不存在的虚

① ［英］特里·伊格尔顿：《沃尔特·本雅明》，郭国良、陆汉臻译，译林出版社，2005 年，第 155 页。

② ［美］大卫·格里芬编：《后现代精神》，王成兵译，中央编译出版社，1997 年，代序，第 3 –8 页。

③ ［英］特里·伊格尔顿：《二十世纪西方文学理论》，伍晓明译，北京大学出版社，2007 年，第 141 页。

构”。[①] 试想一下，男男女女无不处于特定的时空之中，无不受到诸多特定历史与现实条件的制约，谁人的话语又能无所依凭地随心所欲呢？而且，只要回到具体语境，“怎么都行” 的忧虑便会迎刃而解。按照罗蒂的说法，“除了一个极为庞大的、永远可以扩张的相对于其他客体的关系网络以外，不存在关于它们的任何东西有待于被我们所认识”。[②] 换言之，解构了本质性的意义并非是说事物就失去了稳定性，因为一切都需要也都能在关系网络中进行定位——在与周边多种关系项的相互勾连、相互衡量中，客观性得以暂时锁定。关于意义或真理问题，建设性后现代主义表示：“希望保留对现代性至关重要的人类自我观念、历史意义和一致真理的积极意义，” 甚至 “愿意从曾被现代性独断地拒斥的各种形式的前现代思想和实践中恢复真理和价值观”。[③] 既然如此，我们以后就不应再被相对主义这个 “稻草人” 吓得两股战战。

最后，伊格尔顿讽刺德・曼等人的解构批评尊奉德里达文本之外无一物的理念，“将种种饥馑、革命、足球比赛和雪莉甜食（sherry trifle）皆视为不可决定的‘文本’”，这不啻是对旧的新批评形式主义的强势复归。[④] 如果说后者还能以间接的方式触及现实，那么，前者则始终未能走出政治失败的阴影。伊格尔顿以为把真实的东西变成游弋的文本实属荒谬，但他的这一政治正确的批评意见未能正视德曼们究竟要表达何意。必须予以澄清的是，易于诱发误解的 “文本之外无一物” 并不否认文本之外事物的真实存在，更不是劝导男男女女埋首文本而不顾喧嚷的现实，而是强调任何事物都不能彻底逃离文本性，强调文本或修辞对建构真实世界不可或缺的作用。麦克奎兰敏锐地指出：当伊格尔顿列出那一连串的真实事物时，是要求助于它们的表面意义，但归根结底它们都是修辞性的。“伊格尔顿的文本和其中所代表的传统政治思想模式认为可以走出语言而进入现实。然而，伊格尔顿在文本中所能成功展示出来东西是这种政治依赖于比喻（trope）的事实，它成功地抹除了自身的隐喻的状态。因此，伊格尔顿求助于字面的意义，想成功地将语言带走，将它转移到真实的世界中（好像语言并不总是已经存在于世界之中一样）。这种转移自身就是一个隐喻，它是语言的次要的运作——伊格尔顿通过语言而去批判语言。”[⑤]

---

① ［加拿大］让・格朗丹：《哲学解释学导论》，何卫平译，商务印书馆，2009 年，第 222 页。

② ［美］理查德・罗蒂：《后形而上学希望》，张国清译，上海译文出版社，2003 年，第 34 页。

③ ［美］大卫・格里芬编：《后现代精神》，王成兵译，中央编译出版社，1997 年，第 237 页。

④ ［英］特里・伊格尔顿：《二十世纪西方文学理论》，伍晓明译，北京大学出版社，2007 年，第 143 页。

⑤ ［英］马丁・麦克奎兰：《导读德曼》，孔锐才译，重庆大学出版社，2015 年，第 102 页。

三

在《沃尔特·本雅明》一书的序言中，伊格尔顿坦陈自己“是为了抢在反对者之前去理解他”，才撰写这部研究本雅明的第一本英语专著。[①] 正因如此，他斥责弗兰克·克莫德、乔治·斯坦纳的言论简直是对本雅明的侮辱，严词指责批评界对本雅明的僭用，譬如，把本雅明的马克思主义视为偶然过失，或者尽力调和本雅明启示论与其马克思主义，以为本雅明如果仍然健在就会怀疑任何形式的新左派等。对伊格尔顿来说，向本雅明表达敬意的方式倒不是绞尽脑汁地从其著作中把唯心主义与唯物主义分开，而首先是怎样理解它们何以竟能奇异地混为一体。有学者认为，“革命批评”是伊格尔顿理想中的批评取向，这同样不免忽视了本雅明“革命批评”的混杂性，忽视了其中存在的唯心主义缺陷问题。实际上，这是西方马克思主义美学的通病。“因为‘革命批评’的问题不在于有被纳入资产阶级学院的危险，而在于从一开始就总是部分地已被纳入其中。佩里·安德森注意到了‘西方马克思主义’是如何突然退回到哺育它的唯心主义源泉的；这种回退表现最明显的也许莫过于西方马克思主义的主导支脉，即其种种艺术理论。这不仅是西方马克思主义一家的失败。从马克思到马尔库塞，从普列汉诺夫到德拉·沃尔佩，‘马克思主义美学’大体上是唯心主义的混合体。这种‘不纯性’，尤其在后布尔什维克发展中是有其历史背景的。西方马克思主义具有易受唯心主义歪曲的脆弱性，这种脆弱性首先就在于它相对地脱离了大众的革命实践；大多数‘马克思主义美学’的命运就是在一个特定的层次上重构这种状况。”[②] 换言之，与解构主义在政治上先天的乏力相似，西方马克思主义批评生来就在政治上孱弱，因为大体说来它发轫于阶级斗争日趋衰落、无产阶级被部分收编的时期。由于远离现实的革命实践，因此，很多西方马克思主义美学就十分容易返回其唯心主义的“安乐窝”。接下来，伊格尔顿就特别从这一角度梳理了马克思主义批评的历史。譬如，普列汉诺夫在无法解释“美”时就不得不求助于康德美学；托洛茨基解释艺术起源与意识形态的内容时采用历史唯物主义，触及形式问题时则无奈地交给美学家去处理；卢卡奇耗费了后半生的光阴，力图使斯大林主义与

---

① ［英］特里·伊格尔顿：《沃尔特·本雅明》，郭国良、陆汉臻译，译林出版社，2005年，序言，第3页。

② 同①，第108－109页。

资产阶级人道主义能够互敬互爱；而布莱希特干脆不愿驱散所谓“虚假意识”的迷雾，不愿在理性与怀疑主义之间一刀两断；如此等等。当然，不应遗忘的是，还有一些马克思主义美学家已在马克思主义与形式主义之间架起了桥梁，不再僵化的非此即彼，而是亦此亦彼。譬如，巴赫金“被赋形的意识形态”，杰姆逊“社会形式的诗学”，伊格尔顿本人的“形式的意识形态”等，均是如此。

回到本雅明的唯心主义问题，伊格尔顿认为他是“马克思主义美学”唯物主义与唯心主义奇异杂交的最典型代表。具体而言，它表现在如下几个方面。一是技术主义与文化主义的携手并进，两者分别将历史确定性归结于技术力量与文化力量，“本雅明意图把经济基础客观化，又把上层建筑主观化，并以最小量的协调在‘物质力量’和‘经验’之间摇摆。有时候，技术力量被唯心化，正如上层建筑的物质性有时有融入‘经验’本身的‘直接性’之中的危险”。① 二是本雅明的历史想象带有挥之不去的唯心主义意味。伊格尔顿指出，尽管其《历史哲学论纲》是一份杰出的革命文件，但由于本雅明受困于时代的政治特点，受困于社会民主主义与斯大林主义之间，因此，他在描述阶级斗争时一直使用的都是意识、意象、记忆与经验等词语，所以实际上并未对政治形式问题有所发言。如此一来，催人奋进的革命就不过是纸上谈兵，只是一场畅快的文字演习。更为严重的问题是，在本雅明的历史哲学中，他“将历史唯物主义与弥赛亚主义这两个水火不容的极端结合在一起讨论历史是很可怪异的。因为，弥赛亚的突然降临来自于历史的外部，它不受历史进程本身因果关系的影响而干预历史的进程；而历史唯物主义坚持的阶级斗争则必须借助于历史自身的主体即无产阶级才能实现。但本雅明认为，政治行动本身就意味着弥赛亚的神启。”② 换句话说，腥风血雨的阶级斗争不是不需要，而是说它和所有其他事物到最后都必须通过弥赛亚才能完成救赎。否则，男男女女就无从迎接上帝之国的降临。于是，马克思的革命与弥赛亚主义的救赎亲密无间，就此融为一体。伊格尔顿强调，本雅明这一洋溢着消极神学色彩的历史唯物主义应该归咎于革命政党的缺失。某种程度上，这也充分解释了伊格尔顿何以不因唯心主义问题而责怪本雅明，反而每每由此提醒人们注意其历史唯物主义的一面。譬如，本雅明的历史启示论有唯心主义色彩，但却已经跟历史唯物

---

① ［英］特里·伊格尔顿：《沃尔特·本雅明》，郭国良、陆汉臻译，译林出版社，2005 年，第 234 页。

② 朱国华：《纯粹语言、经验、理念与弥赛亚时间——本雅明哲学的几个主题》，《华东师范大学学报（社会科学版）》，2006 年第 5 期。

主义的悲观方面较为接近；他的语言学因带有神秘的原始主义而是唯心主义的，但“对于词语和身体的表达统一性的犹太信仰，由于辩证法的扭曲，却可以轻易地作为对社会实践内部的话语进行唯物主义重新定位的基础而重新出现”①；虽然本雅明的弥赛亚信念是其唯心主义的力证，但它也是其革命思想的强大源泉之一；如此等等。

另外，讨论理想的批评模式时，不应忽视伊格尔顿对本雅明“星座化”观念的激赏与心仪：“尽管它有许多问题，确凿无言，在今天，星座化观念仍然是最耐用的和富有建设性的。”② 在《德意志悲苦剧的起源》一书的序言“认识论批判”中，本雅明详细阐述了何谓星座化。它既是哲学的认识论，也是本雅明分析悲苦剧的方法论与身体力行的批评范式。本雅明开篇即强调，表达问题是哲学文字特有的现象。他认为哲学研究的对象是各种理念，认识是一种占有，真理在被表达的理念的往复交替中自我展示，而概念的区分建立在拯救现象的基础之上，现象唯有以其元素在得到拯救的情况下方能进入理念王国。不难看出，本雅明的上述架构在认识迥异于真理、拯救现象等方面沿袭了柏拉图的理念论。本雅明的新创在于阐释理念的意义方面：“理念与物的关系就如同星丛与群星之间的关系。这首先意味着：理念既不是物的概念也不是物的法则。它不是用来认识现象的，这也绝不会成为对理念是否存在的判断标准。毋宁说，现象对于理念的意义仅仅限于作为理念的概念元素。诸现象以其存在、其共同点、其差异来决定那些涵盖诸现象的概念的范围和内容，而对于理念来说，这一关系颠倒过来，是理念作为对诸现象的客观化阐释（更确切地说是对现象元素的阐释）来决定诸现象彼此相连的。理念是永恒的聚阵结构，包含着作为这样一个结构之连接点的现象元素，由此现象既被分解又得到拯救。而那些元素，将其从现象中抽离出来就是概念的任务。”③ 换句话说，理念如同运动不息的恒星，在跟其他恒星的动态关系中组成了和谐的体系。理念无意于占有现象，抓取现象背后的不变本质，而是更注重拯救或解放现象，展示其中的丰富性与复杂性。这显然是对那种体系化、总体化式哲学认识论的直接批判。正因如此，伊格尔顿赞扬星座化击中了传统美学的要害，因为在传统美学那里，原本熙来攘往的细节从来都是温顺地臣服于整体性、统一性，而

---

① ［英］特里·伊格尔顿：《沃尔特·本雅明》，郭国良、陆汉臻译，译林出版社，2005 年，第 202 页。

② ［英］特里·伊格尔顿：《美学意识形态》，王杰、付德根、麦永雄译，中央编译出版社，2013 年，第 317－318 页。

③ ［德］沃尔特·本雅明：《德意志悲苦剧的起源》，李双志、苏伟译，北京师范大学出版社，2013 年，第 11 页。

非成为不懈抵抗的生力军。把这种星座化的理念运用至悲苦剧的分析中，本雅明打破了艺术哲学领域积习已久的陈规，开辟出一条崭新的道路。他批评美学研究中的归纳与演绎法，如果说前者“放弃了对理念的划分与整理，从而让理念降格为概念”，那么，后者则“通过将理念投射到一种准逻各斯的连续体做了同一件事”。① 无论是归纳还是演绎，实际上都无视理念与概念之间的差别，罔顾对现象的回溯或拯救，丢弃了艺术形式赖以生存的特定历史条件，只是执迷于寻求它们的共同点或统一性。本雅明奚落这种求取普遍艺术规律的做法把艺术形式实体化了，从骨子里透着无效、肤浅与庸俗。与此截然相反，本雅明研究悲苦剧的星座化方法极力反对本质主义思维，主张返回历史的现场，而这也正是本雅明所用“起源”一词的要义：“起源尽管完全是历史的范畴，却与形成毫无共同之处。起源所指的不是已生成者的变化，而是在变化和消逝中正待生成者。”② 我们知道，伊格尔顿《二十世纪西方文学理论》一书的“导言”部分坚决否弃了文学的不变本质，而第一章“英国文学的兴起”则讨论了文学如何替代宗教的角色去发挥意识形态的作用，如何成为一门最初仅适于社会低贱阶层者的学科，然后又经过漫长的革命才进入牛津和剑桥等高等学府等问题。不妨说，这些即本雅明星座化思想的生动演练。

（作者单位：福建社会科学院）

---

① ［德］沃尔特·本雅明：《德意志悲苦剧的起源》，李双志、苏伟译，北京师范大学出版社，2013年，第23页。

② 同①，第26页。

论卢卡奇《历史小说》中的人民美学思想

卞友江

一、《历史小说》的写作背景

卢卡奇的人民性思想主要体现在他于20世纪30年代中后期写就的《历史小说》一书中。尽管这一著作是卢卡奇在苏联时期完成的，但这本著作的主要对话对象则却指向了当时的欧洲文学界。在这一时期，欧洲的政治局势大致是这样的：一方面西方的资本主义进入了帝国主义阶段，以希特勒和墨索里尼为首的法西斯政权已经得到进一步的巩固，并即将对外实施侵略政策；另一方面，出于对英法等国“绥靖政策”的不满，同时也为了反抗法西斯政权的独裁统治，欧洲各个国家的各个党派或组织（主要代表工人阶级和小资产阶级）与国际性的政党组织即第三国际结成了统一的“人民阵线”（在法国和西班牙体现得尤为明显）。从表面上看，这一时期的政治局势似乎显得非常明朗，无非就是法西斯政权与反法西斯政权之间的对立。然而，实际上来看，当时的政治局势并没有那么简单。在卢卡奇看来，尽管这一时期欧洲很多国家的“无产阶级”政党因为相同的敌人而结成了统一的“人民阵线”，但这一“人民阵线”并不是一个向心力十足的联盟。在“人民阵线”内部其实存在着很多反民主的主张，而且这些主张不仅受到了帝国主义思想的影响，还受到了资产阶级自由主义思想的侵蚀。

与当时的政治背景相对应，欧洲文学界同时也出现了两股相反的文学潮流，即以超现实主义为主的现代主义文学潮流和以德国新历史小说为主的批判现实主义文学潮流。在卢卡奇看来，虽然这两股文学潮流都对帝国主义时期的资本主义现实和法西斯政权表示出了明显的憎恨与不满，但它们在对当时人的异化问题的认识上却存在着明显的不同。对于当时的现代主义文学来说，主要不是由资本主义体制或者物质问题所导致的，而是由现代社会以来形成的理性和文化传统所导致的；而对当时的新历史小说来说，他们认为当下人的异化问题，主要不是由现代社会以来形成的理性和文化传统导致的，而恰恰是资本主义体制的不合理所造成的。也正是因为对当下人的异化问题有着不同的认识，所以这两种文学潮流在对现实进行批判时，采用了完全不同的表现形式。对于当时的超现实主义文学来说，由于它们认为导致人异化的主要因素在于现代社会的理性和文化传统，因此它们秉承了之前表现主义和达达主义的遗产，主张通过"非理性"的文学形式（主要是蒙太奇的表现手法）来批判当时的异化现实；而对于当时的新历史小说来说，因为它们认为导致人异化的主要因素在于资本主义体制的不合理，所以它们复兴了古典现实主义和启蒙文学的遗产，主张通过"总体性"（民族）的方式（主要是通过塑造典型人物的方式）来批判当时的资本主义现实。作为批判现实主义传统的坚守者，在这两股文学潮流之间，卢卡奇无疑更倾向于后者，即新历史小说。不过，考虑到当时的政治形势，卢卡奇在评判二者优劣的时候首先看重的并不是它们的艺术性，而是看它们是否与广大人民的生活形成密切联系。

在卢卡奇看来，衡量文学进步与反动的最终标准在于它是否与人民的生活构成了密切的联系。他在评价德语文学时曾说过这么一句话，即"凡是向德国的苦难做斗争的就是进步的，凡是旨在以任何一种方式使鄙陋状态永久化的努力，我们一律称之为反动"。① 因此，对于卢卡奇来说，一部文学作品，不管它在艺术层面有着多高的造诣，如果它没有与广大人民的生活发生联系，那么这部作品也只能是一部失败的作品。卢卡奇之所以会有这样的看法，是出于他对艺术在现代社会中的处境和人民在现代社会历史中的作用这两个问题的思考。卢卡奇认为，在现代社会根本就不存在纯粹的艺术形式，任何一种艺术形式都是一定民族社会历史现实的反映（反映有正确和错误之分），而且这种社会历史现实都是由广大人民所创造的。因此，一部现代艺术作品，如果里面没有人民大众，"那我们就永远不会有观众和读者，永远不会有民族，也永远不

① ［匈］卢卡奇：《德语文学中的进步与反动》，范大灿译，范大灿主编《卢卡奇文学论文选——第1卷：论德语文学》，人民文学出版社，1986年，第6页。

会有我们自己的、在我们中间获得生命并在我们中间发生影响的文学和语言”。[①] 根据这一人民性的观点，卢卡奇认为，当时欧洲出现的以表现主义文学和超现实主义文学为主的现代主义文学无疑是一种反动的文学，因为它们对现实的批判并没有与当时广大人民的生活联系在一起；而当时出现的以描写历史题材为主的新历史小说则无疑是一种进步的文学，因为它们借古讽今的批判形式始终是与当时的反法西斯“人民阵线”紧密联系在一起的。

二、卢卡奇人民性思想与苏联阶级性思想的区别

当然，对于卢卡奇这种以人民角色的有无来划分文学优劣的做法，很多人表示出了不满。正如布洛赫所说：“在人民阵线时期，继续坚持这种‘黑白划分技巧’看来比任何时候更不相宜，因为这种观点是机械的，不是辩证的。”[②] 的确，单纯以人民角色的有无来作为划分文学进步与否的标准无疑是一种过于草率的行为，卢卡奇本人其实也深刻地意识到了这一点。卢卡奇明白，很多人之所以对其“人民性”的观点表示出强烈的不满，主要是因为他将“人民”这个概念的内涵与“无产阶级”这个概念的内涵等同在了一起。正如布洛赫所说：“持这种观点者，把所有反对统治阶级的反对派，只要一开始就不是共产主义的，几乎统统归入到统治阶级的行列；即使如卢卡奇对表现主义特别予以承认，反对者主观意图是好的，在感情、绘画和写作方面已与后来的法西斯主义倾向相对抗，那也要把他们列入统治阶级的行列。”[③] 不可否认的一点是，卢卡奇的“人民”内涵的确是与无产阶级有着密切联系的，这一点我们可以在其经典著作，即《历史与阶级意识》中找到。而卢卡奇之所以对当时德国的“表现主义”文学表示出深深的不满，就是因为这种文学没有把广大人民的生活纳入视线。不过，仅仅因为这一点就将卢卡奇的人民性观点等同为一种庸俗的阶级论观点未免有些武断。虽然卢卡奇根据他的人民性思想将这一时期的现代主义文学和新历史文学分别划归到了反动和进步的阵营，但这并不意味着卢卡奇就是一位庸俗的阶级论者。凡是对这一时期的新历史文学有所了解的

---

① ［匈］赫尔德：《论语言的起源》，转引自［匈］卢卡奇：《德语文学中的进步与反动》，范大灿译，范大灿主编《卢卡奇文学论文选——第1卷：论德语文学》，人民文学出版社，1986年，第1页。

② ［德］恩斯特·布洛赫：《关于表现主义的讨论》，包智星译，张黎主编《表现主义论争》，华东师范大学出版社，1992年，第143页。

③ 同②。

读者都知道，虽然这些新历史文学对广大人民即无产阶级投注了积极的目光，但是它们作品的主人公依然来自于上层社会，特别是封建贵族阶层。单凭这一点，我们就不能简单地将卢卡奇的人民性观点界定为庸俗的阶级论。

事实上，纵观卢卡奇这一时期写下的一系列有关文学人民性观点的论述，我们也可以看出卢卡奇对那种（事实上是指当时苏联文学的评价标准）以简单的阶级二元论来界定文学进步与否的评价标准是相当反感的。正如他在《帝国主义时期人道主义的抗议文学的一般特征》一文中所说："如果把革命的进步力量阵营和愈来愈变得野蛮的反动派阵营之间的斗争简单而机械地约简为无产阶级和资产阶级间一成不变的敌对，那将是一种非常肤浅的、眼光特别狭窄的看法。"[①] 与当时的苏联文艺界对当时欧洲形势的判断不同，卢卡奇是把欧洲的帝国主义作为一个过渡时期来看待的。正如他所说："帝国主义时期不仅是资本主义腐朽的时期，同时也是人类历史上最伟大的革命——无产阶级革命——的时期、资本主义和社会主义进行决战的时期。"[②] 也正是因为帝国主义的这一过渡特征，卢卡奇认为，当时的欧洲作家（不管是现代主义作家，还是新历史文学方面的作家）在对过去、现实和未来的认识方面都没有表现出像当时苏联作家那样明确的历史意识，他们中多数人都对过去、现在和未来持一种怀疑主义的立场。这一怀疑主义的立场体现在"许多重要作家没有能在他们真正要求民主的努力和本阶级腐朽的和妥协的自由主义两者之间划出明显的界线"。[③]

当然，因为当时苏联已经进入了社会主义建设阶段（其实卢卡奇并不这么认为，这也只是处于当时政治形势所做的论断），而此刻的欧洲特别是新历史文学（主要是一些流亡作家）的发源地德国还尚未经历民主革命的阶段，所以，在意识到当时很多作家都对"民主立场"持怀疑态度的同时，卢卡奇也没有像当时的苏联文艺界那样急于给这些作家扣上资产阶级的帽子。在这种前提下，卢卡奇认为，"如果要用德国文学重要代表向作为世界观的马克思主义、作为政治纲领的共产主义有意识地靠拢程度，来衡量当时德国文学社会的、世界观水平的提高，那是一种偏窄的、宗派的观点（这里的批评实际上

① ［匈］卢卡奇：《帝国主义时期人道主义的抗议文学的一般特征》，叶逢植译，中国社会科学院外文研究所编译《卢卡奇文学论文集（第1卷）》，中国社会科学出版社，1980年，第87页。

② Lukács G. *The historical novel*. University of Nebraska Press，1983：253.

③ 同②，255.

是暗指当时受苏联操控的第三国际）”。[①] 因此，为了正确地评价当时欧洲的文学局势，也为了不与当时苏联的文艺观产生冲突，卢卡奇借用了之前列宁对欧洲两种怀疑主义思想的区分。根据列宁的观点，卢卡奇认为，对于当时欧洲很多作家对“民主立场”所持的怀疑主义态度不能一概而论，“而要不断地仔细研究这些怀疑是针对什么，怀疑主义的潮流是从哪里来的，引向哪里去的”。[②] 在这种区分方法的指引下，卢卡奇划分出了两种怀疑主义的立场。这两种怀疑主义立场分别是：“一方面有一种在世界观上伴随和促使资产阶级从革命的民主主义过渡到腐朽的、背信弃义的自由主义去的怀疑主义。另一方面也有一种从资产阶级民主朝向社会主义的方向运动着的批判资产阶级社会的怀疑。”[③] 根据卢卡奇对欧洲当时两种怀疑主义思潮的区分，我们可以判定，卢卡奇所说的当时欧洲以超现实主义和表现主义为主的现代主义文学无疑是属于前者，而以新历史小说为主的批判现实主义文学则无疑是属于后者。

对于卢卡奇来说，尽管当时的表现主义文学和超现实主义文学也对帝国主义时代的“非人性”现实进行了激烈的批判，但是由于它们只专注于对私人化、碎片化、图式化和非理性事实的描写，因此它们与变动的历史及广大人民的生活太过疏远；至于当时的新历史小说，尽管它们是从过去上流社会的视角来讽喻当下现实的，但它们还是“断绝了使历史闲居起来的倾向”，把历史上英雄人物的命运与“人民的命运深深地联结”在了一起。[④] 由此，卢卡奇认为，判断文学进步与否的主要标准并不在于它是否把人民作为主要的描写对象，而在于它是否从历史的视角关注了人民。而新历史小说的进步之处就在于它们都从总体的历史语境出发，把历史上上层英雄人物的命运与广大人民的命运联系在了一起。这一点也正是恩格斯当年称赞莎士比亚《亨利四世》的原因。由此可以看出，卢卡奇的人民性观点与当时苏联文艺界的阶级性言论是有区别的。对于卢卡奇来说，一部历史小说，如果里面塑造的人物（无论这个人物属于哪个阶级）及其命运能够体现“一个时代的重要社会人性内容、问题、潮流等等，那么他就能从‘下层’、从人民的生活出发来表现历史”。[⑤]

---

① Lukács G. *The historical novel*. University of Nebraska Press，1983：262.

② 同①，256.

③ 同①，256.

④ ［匈］卢卡奇：《人民性和真实的历史精神》，叶逢植译，中国社会科学院外文研究所编译《卢卡奇文学论文集（第1卷）》，中国社会科学出版社，1980年，第127页。

⑤ 同④，第129页。

三、借古修今——对“今日”历史小说抽象人民性的批评

当然，在澄清了文学的人民性与苏联文艺界的阶级性言论区别以后，卢卡奇并没有急于对当时的新历史文学做出过高的评价。在卢卡奇看来，尽管当时的新历史文学具备了鲜明的人民性倾向，但是这些作品在表现人民性的时候却依然存在一个严重的不足，即这些作品“虽然为了人民描写人民的命运，可是人民本身在他们的小说中只占次要地位，只是作为艺术地展示人道主义理想（其内容还是跟人民生活的重要问题紧密联系的）的对象”。[①] 卢卡奇之所以会有这样的看法，是与其对古典历史小说的赞赏分不开的。

对于卢卡奇来说，尽管这一时期的历史小说与古典的历史小说一样都特别强调历史与人民之间的关系，但二者在表现人民的时候却存在着明显的区别。这种区别表现在，古典历史小说是真正客观地为人民写作，而现代历史小说则只是主观地为人民写作。在《历史小说》的开篇，卢卡奇把历史小说的开端追溯到了司各特。[②] 卢卡奇之所以这样做，主要是因为司各特是历史上第一个把伟大历史变革描绘成人民生活变革的作家。正如他所说：“他一开始总是描写重要的历史变化如何影响日常生活，描写物质和心理的变化在人民身上所产生的影响，人民虽然不理解这种变化的原因，但却马上作出了强烈的反应。他只是在这种基础上继续进行工作，才描绘出了这种变化所必然导致的复杂的思想、政治和道德的运动。”[③] 卢卡奇认为，在司各特的第一部历史小说《威弗利》（1814）诞生之前，欧洲文学界其实也存在很多富有人民性的作品，比如文艺复兴时期和启蒙运动时期的历史戏剧及英国18世纪的哥特式历史小说等，但这些作品往往都是从抽象的人道主义立场出发来表现人民的，它们并没有把

① ［匈］卢卡奇：《人民性和真实的历史精神》，叶逢植译，中国社会科学院外文研究所编译《卢卡奇文学论文集（第1卷）》，中国社会科学出版社，1980年，第125页。

② 按照当时苏联文艺界的看法，最早提出文学人民性观点的应该是普希金。这里，卢卡奇对苏联文艺界文学史的常识进行了纠正，他将文学人民性的起源追溯到了19世纪初的司各特。尽管司各特并没有正式提出文学人民性的观点，但是，卢卡奇认为，司各特是历史上第一个客观地站在人民立场并为人民写作的作家。司各特富有人民性的作品诞生之后，巴尔扎克、雨果、普希金和巴尔斯泰，以及曼·佐尼等人的历史小说都受到了司各特历史小说的影响。

③ Lukács G. *The historical novel*. University of Nebraska Press, 1983: 49.

人民当作社会历史变革的真正主体。[①] 而自司各特的历史小说出现之后，人民就不再是仅仅作为历史变革的抽象客体而存在，而是成功取代了上流社会的英雄人物成为历史变革的真正主体。正如卢卡奇在分析《威弗利》这部历史小说时所说：

> 显然，《威弗利》中的维希·伊恩·伏尔是个悲剧主人公，他对斯图亚特王朝的忠诚把他送上了绞架。然而，我们在这个终究显得模糊不清的冒险者人物身上，并没有找到真正的、具有个性感染力的、毫无疑问的英雄主义，而在他的苏格兰氏族的拥护者中间却找到了这种品质。其中描绘得最为伟大的一件单纯而默默无言的英雄行为是维希·伊恩·伏尔的同族人埃文·杜在他们两人都被宣判死刑的那次审判中所提出的建议。法庭本来很愿意赦免埃文·杜的，但他却建议法庭释放他们的氏族领袖，而以处决他和另外几个氏族成员作为代替。[②]

相对于司各特历史小说中的人民形象，卢卡奇认为，这一时期历史小说对人民形象的塑造很大程度上也只是继承了启蒙运动的遗产。很多作品都是把人民当作一个抽象的符号看待的，它们并没有把人民塑造成历史变革的真正主体，而只是把他们作为历史英雄人物思想、情感和行动的点缀。正如卢卡奇所说，“今日历史小说发展阶段的最重要的局限可以简短地说成这样一句话：人民在小说中还一直只是个客体，不是行动的主体、不是主要人物”。[③] 接着，卢卡奇以当时颇有名气的历史小说作家古斯塔夫·雷格勒的历史小说《种子》为例，进一步说明了今日历史小说在表现人民性上的局限。这部历史小说主要描写了德国16世纪的一场农民起义，卢卡奇对此做了这样的解析：

> 在这本小说里当然不断地出现着德国的农民阶级。可是尽管这样，情况却显示得反过来了。其中心人物是起义的准备者兼领导者弗理兹·约斯特，以及他的亲密的合作者。他们作为宣传家和领袖不断

---

① 的确，不可否认的一点，这种人道主义思想在历史上也曾发挥过很大的作用，它曾因为反对封建神权观念赢得了当时广大人民的认同，但是它毕竟只是代表了资产阶级的一种理想。随着封建体制的瓦解及资本主义秩序的逐渐确立，作为昔日与广大人民共存亡的资产阶级开始背离了它原来的初衷，他们不再把人道主义理想作为解放全人类的目标，而是将其作为维系自身统治秩序的一种意识形态工具。而卢卡奇之所以对这一时期出现的新历史小说表现出了一定程度上的认同，是因为这种人道主义文学，相对于当时的表现主义文学和超现实主义文学，它们是与当时反法西斯“人民阵线”的目标是一致的，即它们都号召反对法西斯的独裁统治。

② Lukács G. *The historical novel*. University of Nebraska Press，1983：49－50.

③ 同②，296.

地和农民接触。农民生活的一切疾苦都在接触的过程中涌现出来，可是它们总是作为革命宣传的对象，作为革命策略的问题出现的。不是宣传与策略从被压迫被剥削的农民阶级的生活中成长出来，跟这生活的其他倾向做斗争，为了夺取领导权，而是宣传与策略被带进这个生活中去，用它来试验，而这时一切生活中来的东西都是作为这种宣传与策略的正面和反面的例子、作为其正确性的说明材料、补充需要等等出现的。这样一来，十六世纪的农民生活的这幅画像受到特别的约束，甚至直接被歪曲了，一切都集中在这中心革命表现上，没有附带的潮流，没有错综复杂，没有旁观等等。①

对于卢卡奇来说，“今日”历史小说与古典历史小说在表现人民性方面之所以存在着如此大的区别，与二者所采用的不同人物布局结构是密切关联的。卢卡奇认为，虽然“今日”历史小说和古典历史小说都喜欢从上流社会的视角来表现人民，但是它们在表现上流社会与人民的关系时，却采用了迥然不同的人物配置架构。在“今日”历史小说中，作家往往是把历史上与人民有着密切联系的伟大人物或者英雄人物作为唯一的主人公来书写（也就是以历史传记的形式来塑造）；而在古典历史小说中——特别是在司各特、普希金和托尔斯泰的作品中——我们可以看出，他们很少会把历史上的伟大人物或英雄人物作为主角来书写，而往往是选择一个或几个与下层人物有所交集的上流社会中的普通人物（也叫中间人物）作为主角，而把历史上的伟大人物和底层人物一样安排在配角的位置上。正如卢卡奇在评价司各特的作品时所说：“司各特小说中的‘主人公’永远是一个多少有些平庸的普通的英国绅士，他常常具有一定程度的实际才智，但又并非十分出色；他有一定的坚毅的道德精神和正直品德，甚至能作出某些自我牺牲，但从来也不会发展成一种压倒一切的人类激情，从来也不会有那种对伟大事业的狂热的献身精神。”②

卢卡奇认为，“今日”历史小说选择将历史上的伟大人物作为主人公，这种人物布局模式有一个显著的优点，即它能够体现出鲜明的历史倾向和人民性倾向。正如当年恩格斯在评价拉萨尔的历史剧《济金根》时所说：“您的《济金根》完全是在正路上；主要人物是一定的阶级和倾向的代表，因而也是他

① ［匈］卢卡奇：《人民性和真实的历史精神》，叶逢植译，中国社会科学院外文研究所编译《卢卡奇文学论文集（第1卷）》，中国社会科学出版社，1980年，第125页。

② Lukács G. *The historical novel*. University of Nebraska Press，1983：33.

们时代的一定思想的代表，他们的动机不是从琐碎的个人欲望中，而正是从他们所处的历史潮流中得来的。"[①] 尽管如此，卢卡奇认为，选择历史上的伟大人物作为历史小说的主人公，这种人物布局模式同时也面临不可避免的困境。正如他在评价"今日"历史小说家时所说："这个流派的最重要的代表，从头起就在一个非常高的抽象高度上去领会他们的材料。他们按照这种思想选择历史大人物来作能够合乎情感，思想适当地体现作家所为之斗争的那种伟大的人道主义思想和理想的主角。可是这样一来，历史事件的直接性就丧失了，或者至少有丧失的危险。因为历史的重要人物之所以重要，正在于他们把散布在生活本身中间的、以纯粹个人的形式、纯粹私人命运的形态出现的问题，提高到想象的高度，加以一般化。"[②] 显然，在卢卡奇看来，"今日"历史小说将一段历史的整个发展过程集中在一个人身上的做法显得过于直接和抽象了。尽管这些作品也塑造出了性格鲜明的典型人物，但这些人物的命运却很少能够与时代历史及人民的命运发生有机的关联。这也难怪当年马克思批评拉萨尔，认为他的"最大缺点就是席勒式地把个人变成时代精神的单纯的传声筒"。[③] 而古典历史小说之所以受到了卢卡奇的称赞，就是因为它在人物布局上克服了"今日"历史小说在人物设置上的缺陷。

对于卢卡奇来说，古典历史小说选择将上流社会的一些普通人物作为小说的主人公，这种人物布局模式存在着两个优点。它一方面使历史本身具有了浓浓的日常生活气息，从而避免了以往历史剧中的浪漫主义和英雄主义的倾向，正如普希金在评价司各特的小说时所说："瓦尔特·司各特的小说魅力在于，它们使我们熟悉过去的时代，不是通过法国悲剧的夸张笔调，不是通过感伤小说的扭捏作态，也不是通过历史的庄严荒唐，而是以现实感、家常的方式，使我们熟悉过去的时代"；[④] 另一方面，它使上层社会与底层人民之间的联系显得不再那么突兀或偶然，而是具有了"自然而然"的因果联系。正如卢卡奇在评价司各特时所说："司各特总是挑选一些由于性格或者家世的原因而和两个阵营都有着人与人之间的接触的主要人物。这样一个并不热情地站在他那个

① 中共中央马克思恩格斯列宁斯大林著作编译局编：《马克思恩格斯选集（第4卷）》，人民出版社，1972年，第343－344页。

② ［匈］卢卡奇：《人民性和真实的历史精神》，叶逢植译，中国社会科学院外文研究所编译《卢卡奇文学论文集（第1卷）》，中国社会科学出版社，1980年，第129页。

③ 同①，第340页。

④ 文美惠编选：《司各特研究》，外语教学与研究出版社，1982年，第20页。

时代巨大危机中的相互敌对阵营的任何一边的平庸英雄，由于他那恰如其分的命运，是能够提供这种联系，而又不至于在结构上显得牵强附会。”① 对于卢卡奇来说，由于中间人物的存在，古典历史小说就把一定历史时期和一定民族背景下的广阔而又多方面的日常生活画面呈现了出来。而且，古典历史小说所塑造的中间人物，虽然主要生活在上层社会，但是他们并没有因为这些人物的阶级出身而对上层社会腐朽的生活做各种形式的辩护，相反，他们往往站在人民的立场上并通过各种人物实践的方式揭示了上流社会必然灭亡的历史趋势。当然，在歌颂下层人物高尚品行的同时，古典历史小说也并没有回避下层人物身上的愚昧、保守和野蛮的一面，它们甚至还呈现出了下层人物和中间人物（小说主人公）对时代历史冷漠或犹疑的一面。然而，一旦到了时代历史发生转折的时刻（比如革命或战争），古典历史小说总是能够通过与上层人物言行的比较将下层人物身上伟大人性的一面真实地揭示出来。因此，卢卡奇认为，古典历史小说在表现人民性上优于“今日”历史小说的地方在于，古典历史小说中的人民性是从上层人物和下层人物日常生活的对比中自然地成长出来的，而“今日”历史小说中的人民性则更多地是由作家本人或历史上的伟大人物赋予的。这也正是当年马克思和恩格斯批评拉萨尔《济金根》原因，马克思和恩格斯认为，济金根所领导的反对诸侯叛乱的运动之所以会走向失败，根本原因不在于济金根本人“狡诈”的性格，而在于他“没有对非官方的平民分子和农民分子，以及他们随之而来的理论上的代表人物给予应有的注意”。②

四、个人、人民与历史之间的有机统一

通过卢卡奇以上对“今日”历史小说和古典历史小说人物布局形式的区分，我们可以明白卢卡奇为什么没有对“今日”历史小说的人民性倾向表示完全认同。这其中一个很重要的原因就是“今日”历史小说没有像古典历史小说那样把历史伟大人物的命运与人民的命运通过“中间人物”有机地联系在一起。当然，针对卢卡奇站在古典历史小说的立场对“今日”历史小说所做的批评，当时欧洲的一些作家和批评者很是不满。他们认为，“今日”历史

① Lukács G. *The historical novel*. University of Nebraska Press, 1983: 36 – 37.

② 中共中央马克思恩格斯列宁斯大林著作编译局编：《马克思恩格斯选集（第4卷）》，人民出版社，1972年，第345页。

小说和古典历史小说在如何表现人民这个问题上之所以会出现这么大分歧，都是由各自所处的历史语境决定的，因此，卢卡奇不应该以过去的标准来要求当下的历史写作。正如卢卡奇前文所说，“今日”历史小说诞生于帝国主义时期，它们是为了响应反法西斯“人民阵线”而作的，而且，由于“今日”历史小说作家都不可避免地受到了资本主义社会分工形式的影响，所以，他们就不可能像古典小说作家那样对人民生活那么熟悉，他们只能选择将历史的伟大人物作为其作品的主人公。针对这样的辩解，卢卡奇做了如下的回应。对于卢卡奇来说，今天关于“今日”历史小说和人民性问题的探讨，其实并不仅仅是一场关于纯文学问题的讨论，也是一场关于作家如何正确对待历史和人民问题的讨论。因此，卢卡奇之所以不断地以古典历史小说的标准来衡量“今日”历史小说，并不是要求“今日”历史小说作家在形式上因袭古人，而是希望“今日”历史小说作家能够像古典历史小说作家一样在对待历史和人民的问题上拥有一个客观的历史态度。正如他在讨论“今日”历史小说继承古典历史小说遗产问题时所说：

> 继承古典历史小说的传统不是狭隘的、行会意义中的美学问题。问题不在于瓦尔特·司各特或者曼佐尼在美学上例如比亨利希·曼站得高，或者说，至少重点不在于此；问题在于司各特和曼佐尼，普希金和列夫·托尔斯泰曾经用比我们时代最重要的作家所用的更深刻和更真实、更人性和具体的历史方法，理解与描写了人民生活，同样，问题在于历史小说的古典形式是适合于它的作者们的生活感受的表现方法，布局和结构的古典形式恰好是为了把人民生活的本质、丰富性和复杂性明确地表现为历史上变迁的基础。[①]

显然，对于卢卡奇来说，虽然“今日”历史小说和古典历史小说的产生都有其社会的、历史的必然性，但是“今日”历史小说作家不应该以此而为自己所选择的表现人民的美学形式做辩护。诚然，相对于“今日”历史小说作家所处的历史语境（帝国主义时期，在这一时期，多数作家都因资本主义社会分工的深化而成了专业的作家，他们对人民的生活缺乏真正的了解），古典历史小说作家所处的历史环境优越很多（他们还没有完全成为资本主义社会分工意义上的作家，还和广大人民的生活保持着密切的联系）。但是，那些

① ［匈］卢卡奇：《历史小说中新人道主义发展的远景》，张黎译，中国社会科学院外文研究所编译《卢卡奇文学论文集（第1卷）》，中国社会科学出版社，1980年，第149－150页。

为“今日”历史小说做辩护的作家和批评家有没有考虑到这样一个问题，即古典历史小说的作家大多数出身于封建贵族阶层，而且他们的世界观要比“今日”历史小说的作家保守得多，可是他们的作品为什么比“今日”历史小说更能接近真正的人民生活呢？这难道不是因为他们拥有了一种能够超越本阶级立场的、能够历史地对待人民的态度吗？在卢卡奇看来，古典历史小说之所以比“今日”历史小说更富有人民性，就是因为古典历史小说能够把真正的现实主义精神和人道主义精神有机地结合在一起。然而，也正是因为这一点，卢卡奇对“今日”历史小说作家产生了深深的疑惑。卢卡奇认为，虽说“今日”历史小说作家在对“民主”立场的认识上要比古典历史小说作家激进的多，但是，为什么他们的作品所呈现出来的人民生活的样子却没有古典历史小说那么具体呢？这恰恰是因为它们缺少了历史的立场。

“不是从存在出发，而是从想象出发”，卢卡奇认为，“今日”的历史小说最大的缺陷在于它总是根据当下来反思过去，而很少从过去来反思当下。诚然，正如克罗齐在其《历史学的理论和实际》中所说：“一切历史都是当代史”，任何作家在叙述历史的时候都避免不了当下条件的限制，但是这一点是否足以成为作家随意想象历史的理由呢？从某种程度上来说，卢卡奇认为，“今日”历史小说其实并没有完全从它们所反对的“个人化”和“主观化”的写作模式中走出来。的确，“今日”历史小说在思想层面确实要比当时的表现主义文学和超现实主义文学进步很多，正如卢卡奇所说“反法西斯文学的生命力在于，它重新唤醒了人道主义”①，但是它们在表现形式上却并没有使历史与个人、人民生活与英雄人物有机地联系在一起，二者之间依然停留在偶然性的水平上。正如卢卡奇所说，“今日”历史小说“虽然在个人心理和人道方面表现出很典型的个人命运，但是这种个人命运跟人民生活的历史的问题、跟该时期社会历史基本内容却不是有机地结合的，它们仍然是私人遭遇，历史降低为纯粹背景、装潢布景的作用”。② 因此，“今日”历史小说中所呈现给我们的历史与人民，与其说是真实的历史与人民，不如说是作家根据个人的当下经

---

① ［匈］卢卡奇：《资产阶级美学中关于和谐的人的理想》，章国峰译，张黎主编《表现主义论争》，华东师范大学出版社，1992 年，第 245 页。

② ［匈］卢卡奇：《人民性和真实的历史精神》，叶逢植译，中国社会科学院外文研究所编译《卢卡奇文学论文集（第 1 卷）》，中国社会科学出版社，1980 年，第 129 页。

验想象出来的历史与人民。[①]

对于卢卡奇来说，一部成功的人民性作品主要不在于它的题材，而是在于它的表现形式，即它要将其内部人物的个人经历与历史的语境及人民的命运有机地联系在一起。正如他在总结古典历史小说的成功经验时所说，构思的真正的历史精神和人民精神在于："这些个人经历在不失去他们的性格、不超越这生活的直接性的情形下，接触到时代的一切巨大问题，跟它们有机地结合，必然地从它们里面生长出来。"[②] 为了更具体地说明历史、人民与个人之间的有机统一关系，卢卡奇在其《历史小说》中经常援引托尔斯泰的历史小说《战争与和平》作为例证。他在《人民性和真实的历史精神》一文中曾这样评价《战争与和平》对战争事实的描写："对于法国侵入俄国。各式各样的人物有着各式各样的反映。可是他们到处有直接的和人情的反应，到处是这样，以致他们的生活由于战争而引起的改变在他们改变了的体会和经历中表达出来。这些人物中不管是安德烈·包尔康斯基还是劳斯托夫兄弟之中的一个还是捷尼索夫或是其他等等，没有一个在构思上承担有给予他们的经历以一个另外的一般化的高度的人物，除了适应他们一时的心绪之外"，"这样他就创造了人物和命运，在这里正是这战争的影响直接在人的私人命运上，在生活的外部变化上和社会道德关系的内部变化上起着作用"。[③]

凡是对托尔斯泰《战争与和平》有所了解的读者都知道，这部作品其实并没有呈现多少底层人物的命运，它主要呈现的是拿破仑侵略战争前后俄国上流社会各种人物的命运。尽管如此，卢卡奇却把它界定为一部富有伟大人民性

---

① "今日"历史小说身上的这一缺陷，卢卡奇认为，其实在当时（20世纪30年代）苏联文学界的历史小说写作中也有明显的体现。与"今日"历史小说不同，30年代苏联文学界的历史小说大都是以"底层"人民的生活为主要描写对象的，尽管如此，它们似乎也并没有将个人的私生活与社会历史生活有机联系在一起。正如卢卡奇所说："在我们的文学上，人物的个人的私生活与公共生活之间的联系，依然常常是偶然的，常常是图式的、抽象的和直线的。"之所以会出现这样的局面，卢卡奇认为，主要是因为当时的苏联文艺界过分割裂了过去历史与"现在"的联系，将过去的历史作了"现代化"的理解。正如卢卡奇在评价苏联文艺界于1934年关于历史小说的讨论中所说，"在苏联1934年关于历史小说的讨论中，一系列庸俗社会学的观念被提了出来，这些庸俗社会学观念的实质在于把历史整个地与现在分离开来"。卢卡奇之所以持这样的看法与其对当时苏联的现实状况的认识有着密切联系。在卢卡奇看来，虽然30年代的苏联已经建立起社会主义体制，但是这并不意味着苏联已经完全摆脱了资本主义社会因素的影响，正如他所说："我们还不能把资本主义的日常琐事当作完全过时的，真正属于过去的人类发展的东西来看待。在经济领域和思想领域克服资本主义的残余，形成苏联内部政策的中心任务这一事实表明，资本主义的日常琐事在社会主义现实中还是一个尽管失败了的，被宣告崩溃了的，但暂时还存在的一种现实。"正因为如此，卢卡奇认为，苏联文艺界这种将历史与现在割裂开来的做法，很容易会将过去的历史与个人的关系像今日历史小说那样做简单化和抽象化的处理，从而也会简化对当下社会与个人复杂关系的理解。

② ［匈］卢卡奇：《人民性和真实的历史精神》，叶逢植译，中国社会科学院外文研究所编译《卢卡奇文学论文集（第1卷）》，中国社会科学出版社，1980年，第128页。

③ 同②，第130、128页。

的作品，这究竟是为什么呢？显然，根据卢卡奇前文的分析我们可以看出，这主要是因为这部作品将上流社会人物的个人命运与当时的社会—历史现实有机地联系在了一起。这部作品告诉读者，人民性并非一个抽象的政治概念，它始终是与当时社会历史现实及每个人的命运紧密联系在一起的。在《战争与和平》这部著作中，里面的人物虽然对当时的历史发展方向并没有明确的意识，但他们每个人的命运无不是与当时的民族历史有机地联系在一起，无不是具体人情世故的体现。所以，在卢卡奇看来，一部作品，无论它的主要描写对象是上层人物还是下层人物，只要它能够将个人的命运与民族历史有机地联系在一起，它就是一部真正富有人民性的作品。

五、卢卡奇人民性思想的时代价值

卢卡奇写于斯大林时期的《历史小说》，表面上看来是为了纠正当时欧洲新历史小说对人民的错误理解，而实际则是为了批判当时苏联社会主义文学对人民的歪曲反映。卢卡奇认为，斯大林时期所执行的社会主义民主观念过分强调了社会主义民主与资本主义民主之间的对立。由于这种对立，斯大林时期的苏联不仅没有扬弃过去资产阶级时代的意识形态残余，还重新建立起了各种伪二元对立结构。20 世纪 60 年代末，卢卡奇对斯大林时期的民主形式做了彻底的反思。这一反思集中体现在他的《民主化进程》一书当中。在这本著作里，卢卡奇认为斯大林时期苏联社会主义民主失败的主要原因不在于“个人崇拜”，而在于当时的苏联在政治和文化层面没有真正践行社会主义民主，而这一民主形式恰恰在资本主义社会得到了实施。因此，卢卡奇认为，不应该“在武断命令的意义上提出社会主义是民主的极端对立面”[①]，社会主义民主要在斯大林之后重新恢复形象，就必须“涉及作为统治的相应形式的基础的当代资本主义经济的现实”。[②] 显然，在卢卡奇看来，如果社会主义对资本主义民主进步性和反动性的两面没有清醒的认识，那么社会主义就不可能建立起真正的民主形式。社会主义民主应该在政治（舆论监督）和文化层面（基础教育和美学教育）适当地吸收资本主义社会民主的形式。只有这样，社会主义民主才能避免演变成极权主义。关于民主问题，2008 年金融危机以后，西方

① ［匈］卢卡奇：《民主化的进程》，寇鸿顺译，广东人民出版社，2013 年，第 127 页。

② 同①，第 114 页。

几位著名的当代马克思主义学者又重新对资本主义民主形式做了反思。虽然他们认为民主这个徽章已经被资本主义社会无数谎言和暴力行为所出卖，但是他们还是与卢卡奇的观点相一致，即对资本主义民主批判并不意味着对资本主义民主的完全否定。正如巴迪欧所说：

> 如果我们想谈的是民主学说的对立面而非漫画式的歪曲，要谈论一种富有创建的信念，这种信念将所有徒有其表的东西一扫而空，那么，当资本主义—议会主义式的民主日渐式微之时，究其本义，民主的反面并非集权，也不是专制，而是共产主义，这是不言自明的。如黑格尔所言，共产主义吸收并且超越了局限的、民主的形式主义。①

新千年以来，随着改革开放的深入和社会贫富分化现象的不断加剧，中国文学界也开始出现了大量的关注底层人民生活的作品。由于底层文学的大量出现，文艺界也开始重新关注起了“人民性”这个话题。按照马建辉的梳理，当下文艺界关于“人民性”这一话题的讨论主要存在三种倾向②，这三种倾向分别是：（1）对人民性意义窄化理解的倾向；（2）对人民性意义泛化理解的倾向；（3）对人民性意义虚化理解的倾向。在阅读了马建辉对当下文艺界以上三种倾向的分析之后，笔者发现一个问题：当下文艺界关于“人民性”话题的讨论基本上还处于过去的理论框架之内，很多学者在讨论这个话题时都在借鉴以往的理论资源（比如俄罗斯别车杜的人民性观点、苏联时期的人民性观点、毛泽东的人民性观点、存在主义的人性论观点等），很少有人能够根据当下的历史现状来提出有关“人民性”话题的真知灼见。即使有些学者能够从“后革命”或“后人民性”的语境出发提出一些关于“人民性”讨论存在的问题，他们也只是在消解“人民性”这个概念的合法性。

的确，按照很多后现代理论的观点，在当下愈加复杂的历史环境（民族、阶级、性别、地域等问题复杂纠葛）当中，根本就不存在一种纯粹的“人民性”内涵，但这并不意味着“人民性”这个概念是不合法的。通过马建辉对当下文艺界关于“人民性”话题讨论的梳理，我们可以看出，当下文艺界之所以提出“人民性”这个概念主要是出于两点理由：首先，这是为了呼应和反思当下的底层文学写作；其次，则是为了批判当下文学界出现的各种“纯

① ［法］阿兰·巴迪欧：《民主的徽章》，王文菲译，［法］阿甘本主编《好民主，坏民主》，王文菲，等译，上海社会科学院出版社，2014 年，第 27 页。

② 马建辉：《新世纪文艺人民性研究的三种倾向及其辨析》，《文艺理论与批判》，2013 年第 6 期。

文学”写作倾向（比如私人化、个人化和身体化等写作倾向）。从对底层人民悲惨生活的关注这一层面来说，当下文艺界提出“人民性”这个话题无疑是有其重要理论意义的。但是，当下文艺界关于“人民性”话题的探讨不应该仅仅拘泥于过去的理论传统之中，应该正视当下人民生活的多元存在形态。事实上，当下的“底层文学”和“纯文学”之间并不存在截然对立的关系。虽然二者在选材上有较大的差异，但二者在形式方面却存在很多相似的缺陷。这其中很重要的一个相似缺陷体现为当下很多“底层文学”和“纯文学”在处理个人与外部环境关系的时候，正如卢卡奇在批判自然主义文学和现代主义文学时所说，“依然常常是偶然的，常常是图式的、抽象的和直线的”。① 既然当下的很多“底层文学”在处理个人和外部环境关系时依然处在“偶然性”的水准上，那么它们当下的底层文学写作就没有真正从“纯文学”的写作陷阱中走出来，它们所呈现给我们的底层人民形象，要么是一个图式化的个人，要么是一个分裂的个人。笔者认为，在这种情况下，重温卢卡奇的人民性思想有着重要的时代意义。② 如果说19世纪的俄罗斯和20世纪的苏联是文学人民性观点的发源地和集结地，那么，笔者认为，卢卡奇的人民性思想则是现代人民性思想的集大成者。卢卡奇的人民性思想不仅借鉴了19世纪俄国民主批评家（别、车、杜）和苏联文艺界的人民性思想，同时也吸收了欧洲20世纪现代主义文学中的人民性观念。因此，当下文艺界应该重视卢卡奇人民性思想对关于“人民性”话题讨论的价值。

（作者单位：临沂大学文学院）

---

① ［匈］卢卡奇：《论艺术形象的智慧风貌》，周行译，中国社会科学院外文研究所编译《卢卡奇文学论文集》（第1卷），中国社会科学出版社，1980年，第218页。

② 此外，习近平总书记在2015年10月15日文艺座谈会上的讲话也重点强调了文艺创作的人民性取向。在习主席看来，“人民不是抽象的符号，而是一个一个具体的人，有血有肉，有情感，有爱恨，有梦想，也有内心的冲突和挣扎。不能以自己的个人感受代替人民的感受，而是要虚心向人民学习、向生活学习，从人民的伟大实践和丰富多彩的生活中汲取营养，不断进行生活和艺术的积累，不断进行美的发现和美的创造。要始终把人民的冷暖、人民的幸福放在心中，把人民的喜怒哀乐倾注在自己的笔端，讴歌奋斗人生，刻画最美人物，坚定人们对美好生活的憧憬和信心”。显然，在习近平看来，文艺作品的人民性不仅仅体现在文艺的取材上，更体现在它的表现形式方面。换句话说，文艺的人民性并不单单是通过为人民写作的方式体现出来，而且要抛弃个人主观感受，真正站在人民的立场上来表现人民的生活状态。而这一点也正是卢卡奇的人民性思想中一再强调的。所以，重温卢卡奇的人民性思想，对于更加完整地理解习近平总书记在文艺座谈会上的讲话也具有积极的指导意义。

数字美学的语言形式

——论新世纪中国特色社会主义人民美学的时代形态

孙恒存

一、人民美学的时代形态

“人民美学”是一百年以来中国左翼思想的重要武器，是中国特色社会主义美学与文艺理论的根基。“人民美学”是一股红绳，考辨这个专有名词的来源可以揭示诸多人民美学思想如何历史地拧成这股绳。据中国知网文献的大数据分析，新中国成立后的学者多使用“人民的美学”这个词汇来言说人民美学思想，这其中既有苏联文艺思想的影响①，又有本土经验的总结。②“人民的美学”显然迥异于“人民美学”，这就如同“毛泽东的思想”不同于“毛泽东思想”。“人民的美学”因中间的“的”而使得“人民”与“美学”相互疏离而未形成高度黏合和附着的一体化现代汉语词汇，这使得该词汇显得不够凝练、庄重，不足以托起人民美学思想的巨塔。在王瑶之前，虽然许多学者的论文已经把“人民”与“美学”在文字形式上连在一起，但是这些学者文中的“人民”与“美学”在具体的语境和意义上是分开的，即“人民”黏合于前面的词语而“美学”附着于后面的词语。③

据笔者考查，王瑶在1982年首先提出了“人民美学”这个学术范畴。王瑶在《鲁迅〈故事新编〉散论》④中说：“一个严肃的重视人民美学爱好的作

① ［苏］波尔沙科夫：《一九五二年的苏联电影事业》，《电影艺术·资料丛刊》，1952年第2期，第1页。

② 《继承聂耳、冼星海的遗产，为社会主义现实主义的音乐艺术的繁荣而努力》，《人民音乐》，1955年第10期。

③ 布仁赛音：《蒙古族人民美学理想的象征》，《内蒙古大学学报（社会科学版）》，1982年第4期。

④ 《鲁迅研究·第六辑》，中国社会科学出版社，1982年。

家，是会注意到这种文艺现象的价值和它的意义的。”难能可贵的是，王瑶先生是从本土作家的文学遗产中概括总结出的范畴，同时该范畴中的“人民”与“美学”严丝合缝地卯榫在一起。因此，“人民美学”是中国当代学者从本土现代作家的思想中挖掘出的一个高度概括和科学凝练的左翼思想范畴，历史上的一切人民美学思想都可以汇聚在这个学术范畴中进行谈论和指称，人民美学思想在学术研究上拧成了一股绳。

中国左翼期刊的阵地首先认领了这个术语，并在话题讨论、专栏推广中积极丰满这个学术范畴，从而导致学术研讨会、学术论文不断地给该术语生产了大量的注脚。

首先，左翼电子杂志《音乐大字报》在2000年第1期的《文艺理论与批评》上明确提出要探讨“人民美学”的话题：“《音乐大字报》是一份继承发扬左翼文艺传统，以介绍当代民间音乐为主，并涉及相关文化思想讨论的电子刊物，设有‘工业化时代的游吟诗人’‘论文’‘剧本’‘大辩论’‘远望’等多个栏目，目前主要讨论的话题是：民间音乐的现代化问题，样板戏的艺术成就，人民美学，以及毛泽东思想对新时期文艺工作的指导意义。”[①] 左翼电子期刊《音乐大字报》首先使用“人民美学”的范畴，以话题讨论的形式来聚焦人民美学思想。

其次，左翼文艺杂志《文艺理论与批评》在2001年第1期以本刊编辑部为名发文《世纪引言》首先提出“人民美学的再出发”问题：“21世纪初叶必将是多事之秋，也必将是进步的、左翼的文艺和思想重返人间，赢得读者和群众的时代。本刊将为左翼文艺及其人民美学的再出发奠基筑路，同时，将面对全球化的进程，抗击新殖民主义的文化霸权，清理和批判80年代中期以来作为这种新殖民文化霸权之一翼的新潮话语，以建立中国的、第三世界的文艺理论与批评。”[②] 随后，《文艺理论与批评》杂志在2001年第6期以张广天的《恒春有个陈达》一文介绍了民间流浪歌手陈达[③]，同时在该文前面添了“编者按”：“‘人民’以匿名的广大劳动者阶级为主体，作为历史的最终创造者而有着悠久的历史。然而，他们的哲学、伦理和情感却一向处于学院派显学的视野之外。发掘、阐释这份深厚的思想资源，是人民学术的分内之责。为此，本期开设‘人民美学’专栏，刊发张广天同志的论文。作者以民间流浪歌手陈

---

① 《文艺理论与批评·文坛信息》，2000年第1期，第8页。

② 本刊编辑部：《世纪引言》，《文艺理论与批评》，2001年第1期，第5页

③ 张广天：《恒春有个陈达》，《文艺理论与批评》，2001年第6期，第31页。

达为案例，阐发了人民美学的一些原则，视角独特，发人深省。‘人民美学’将作为本刊的常设栏目，希望能引起学界和广大读者的关注。”《文艺理论与批评》作为中国左翼的重要阵地，在提出“人民美学的再出发”命题后行之有效地组织专文和专栏进行奠基筑路。

再次，人民美学的学术研讨会召开。以“人民美学与现代性问题”为主题的学术研讨会在 2002 年 10 月 10 日和 11 日于重庆召开，该研讨会就人民美学的意义、建构、发展等问题及其与现代性的关系的问题展开了讨论。该研讨会的会议综述刊发于 2002 年第 6 期的《文艺理论与批评》杂志。这是该左翼杂志在学术会议层面对人民美学研究的一次推动。2017 年 10 月 13 日到 15 日，以“文艺的人民性与人民美学的再出发”为主题的学术研讨会在福建福州举行。一方面，在新世纪西方马克思回归的背景下，这显然是受到巴迪欧等左翼学者重燃“人民”概念的魔力的影响；另一方面更是对习近平《在文艺工作座谈会上的讲话》的学习。某种意义上，本次会议回望并应答了世纪初人民美学的重庆研讨会，是对 21 世纪初中国本土近 20 年的人民美学实践和研究的总结和展望。

最后，以“人民美学”为主题的期刊论文与学位论文在时代氛围的渲染下应声落墨。冯宪光较早梳理了中国本土的人民美学思想。该梳理目前来看在理论体系的完备上、学术观点的深刻上、思想脉络的辨识上都极具参考价值。冯宪光首先从理论上阐述了何谓“人民美学再出发”问题。冯宪光认为，20 世纪中国美学的现代化大体经历了三个阶段：第一个阶段是 20 世纪初王国维、朱光潜的西方现代化美学，第二个阶段是 20 世纪 40 年代至 70 年代毛泽东的人民美学思想，第三个阶段是 20 世纪 80 年代李泽厚的西方现代化美学。王国维、朱光潜、李泽厚的审美主义美学思想源自康德美学，而康德美学在意识形态上属于资产阶级的感性学、感官学、欲望学。显然，“20 世纪中国美学的现代化进程，到了 80 年代，从王国维到李泽厚，是从康德开始，又走回到康德。其间，否定王国维、朱光潜美学的毛泽东的人民美学，在又一次回到康德的时候，遭到消解”。[①] 20 世纪八九十年代，李泽厚的主体性美学跟感官享乐、消费欲望合谋把毛泽东的人民美学思想驱赶到边缘地带，正是在这个意义上，冯宪光呼吁：告别以康德美学为基底的自由主义美学，人民美学才能再出发。人民美学在新世纪的再出发就是为了建设中国特色社会主义的现代性美学。魏

① 冯宪光：《人民美学与现代性问题》，《文艺理论与批评》，2002 年第 6 期，第 10 页。

然、刘小新《邓小平的人民美学与当代文艺思潮》(《福建论坛》,2008 年第 S2 期》)、范玉刚《人民美学的尊崇与崇高风格的凸显——“十七年”文艺创作的审美思想史研究之一》(《中国文学批评》,2015 年第 2 期)分别以新时期人民美学、“十七年”人民美学“打捞”了冯宪光在梳理人民美学历史脉络中的漏网之鱼。东北石油大学的硕士学位论文《中国特色社会主义“人民美学”文艺观研究》(高宇晗,2016 年 5 月)阐述了中国特色社会主义“人民美学”文艺观的形成过程、基本内容、基本特征、构建原则、当代价值等问题。人民美学研究已经从期刊阵地和研讨会议、话题和专栏、期刊论文等扩展到高等学校的学位论文。这意味着人民美学已经成为当今人文社科学术研究的重要对象。

毋庸置疑,人民美学思想显然并不始自“人民美学”这个学术范畴,人民美学在时代发展中各具历史形态,这就是人民美学的时代形态。众所周知,人民美学的思想历经 20 世纪初五四文学革命的“国民文学”“平民文学”等白话文学观、20 年代太阳社和创造社的“革命文学”观、30 年代左联的“文艺大众化”观、40 年代毛泽东《在延安文艺座谈会上的讲话》的“工农兵的文艺”观、“十七年”的“双百方针”观、新时期邓小平“为人民服务、为社会主义服务”的“二为”观。[①] 这些理论巨石在人民的社会实践和历史发展中逐步构筑了人民美学的思想大厦。人民美学思想开始于中国人民的革命斗争、开展于中国人民的劳动建设中,每个时代的人民美学观念都代表了那个时代的人民所肩负着的社会文化实践的主要形态。“文章合为时而著,歌诗合为事而作”。因此,人民美学思想因时代不同而形态各异,换言之,人民美学有着“时代形态”的深刻烙印。总之,人民美学与人民的日常生活密切相关,具有世俗性;人民美学与人民的社会实践直接相关,具有实践性;人民美学与人民的时代精神息息相关,具有时代性。目前,人民美学的再出发就是总结新世纪以来人民美学的时代形态。

那么问题是,中国特色社会主义的文化实践在 21 世纪初期的美学孵化中孕育了何种时代形态的人民美学,这就是中国特色社会主义人民美学的时代形态问题。笔者认为,数字美学是人民美学在当今的重要形态,是新世纪中国特色社会主义人民美学的时代形态。习近平在 2014 年 10 月 15 日在说:“互联网

① 王瑶:《从现代文学的发展看〈在延安文艺座谈会上的讲话〉的历史意义》,《社会科学战线》,1982 年第 4 期;冯宪光:《人民美学与现代性问题》,《文艺理论与批评》,2002 年第 6 期。

技术和新媒体改变了文艺形态，催生了一大批新的文艺类型，也带来文艺观念和文艺实践的深刻变化。由于文字数码化、书籍图像化、阅读网络化等发展，文艺乃至社会文化面临着重大变革。要适应形势发展，抓好网络文艺创作生产，加强正面引导力度。”“现在，文艺工作的对象、方式、手段、机制出现了许多新情况、新特点，文艺创作生产的格局、人民群众的审美要求发生了很大变化，文艺产品传播方式和群众接受欣赏习惯发生了很大变化。对传统文艺创作生产和传播，我们有一套相对成熟的体制机制和管理措施，而对新的文艺形态，我们还缺乏有效的管理方式方法。这方面，我们必须跟上节拍，下功夫研究解决。要通过深化改革、完善政策、健全体制，形成不断出精品、出人才的生动局面。”① 习近平《在文艺工作座谈会上的讲话》中以“创作无愧于时代的优秀作品”和“坚持以人民为中心的创作导向”阐述了中国特色社会主义人民美学在新世纪的时代形态——数字美学。新世纪以来，人民美学的再出发就是立足时代潮流、把握人民脉动，从习近平《在文艺工作座谈会上的讲话》里的人民美学思想出发，深化与细化人民的数字审美实践，提高人民的美学自信，展示中华美学精神。

二、数据库里的囚徒：从生产方式到信息方式

我们并不忌讳在这里就指出，“数据库里的囚徒”这个花边新闻式的称呼首先源自詹姆逊“语言的牢笼”，二者事实上也的确具有相似的隐喻意义。无独有偶，麦克卢汉在《理解媒介》中这样表述：“对媒介影响潜意识的温顺的接受，使媒介成为囚禁其使用者的无墙的监狱。”② 因此，熟悉詹姆逊或麦克卢汉这个隐喻的读者可以稍稍提前进入到我们论述的预设和主题中。

人们或许能从武侠小说及影视剧的回忆中轻松开启一个经典桥段：一名疾恶如仇而身怀绝技的侠客，往往在用属于自己的独一无二的兵器或武功如梅花镖、一阳指等进行惩恶除奸、赏善罚恶、劫富济贫后，都必然会留下标示着侠客身份的犯罪记录，伴随悬念的故事情节就从这些犯罪记录开始被娓娓道来。“数字审美”③ 的全媒体时代，人们进行的各色消费如同侠客的犯罪一样，都

① 习近平：《在文艺工作座谈会上的讲话》，《人民日报》，2015 年 10 月 15 日。

② ［加］马歇尔·麦克卢汉：《理解媒介》，何道宽译，商务印书馆，2005 年，第 49 页。

③ 孙恒存：《论数字审美的符号原理与美学原则》，朱志荣主编《中国美学研究（第六辑）》，商务印书馆，2015 年，第 49－62 页。

留下了可资查证的密密麻麻而又条分缕析的消费记录。这些消费记录被自动备案后存储在数据库中，数据库开始监视消费者的日常生活。这使身处其中的消费者变成了超级全景监狱里的罪犯，抑或数据库里的“囚徒”。

我们可以肯定的是，人类由此产生的恐惧不是因为身处数据库监狱中而是来自这么一个简单疑问：如果作为一种语言形式的数据库在监视大众，那谁来负责监视数据库呢？虽然“监视语言”① 是德里达早已提出的命题，但这并未引起学者的研究兴趣，而这个命题在新世纪“数字美学”② 中又显得格外醒目，成为当今亟须解决的一个问题。如此这般，商场购物、网络交易、刷卡转账、观看电视节目、浏览网页地址（包括网络新闻、网络博客、空间日志）、点击网络视频、朋友圈点赞等诸如此类已经因日常化而被人们习惯的消费行为就不应该再被看作理所应当，而遭到理性沉思的放逐。一系列引人关注的社会问题和大众话题的反复出现或许暗示，对掩藏在这些消费行为背后的数字审美范式进行思考的时机已然迫近，而数字美学的语言形式则是这个思考的首选话题。

评述马克·波斯特的数据库理论应该从对卡尔·马克思的致敬开始。很多从事生产、消费和传媒研究的学者都对马克思怀有一种绅士般的敬意，马克·波斯特也不例外。这是因为马克思贡献了一个可以让这些学者作为思考起点而被反复征引的思想：“生产直接是消费，消费直接是生产，每一方直接是它的对方。可是同时在两者之间存在着一种媒介运动。生产媒介着消费，它创造出消费的材料，没有生产，消费就没有对象。但是消费也媒介着生产，因为正是消费替产品创造了主体，产品对这个主体才是产品，产品在消费中才得到最后完成。”③ 这里，马克思的“媒介运动”是就生产和消费的同一性而言，即生产是消费的媒介而消费是生产的媒介，“每一方表现为对方的手段；以对方为媒介；这表现为他们的相互依存；这是一个运动，它们通过这个运动彼此发生关系，表现为互不可缺，但又各自处于对方之外”。④ 消费决定着生产，生产是通过消费来实现的。消费一方面使生产的产品成为现实的产品，另一方面为生产提供了想象的对象。近几年在中国一线、二线城市的房地产中，诸多商品

---

① ［法］雅克·德里达：《论文字学》，汪堂家译，上海译文出版社，1999 年，第 8 页。

② ［新西兰］肖恩·库比特：《数字美学》，赵文书，等译，商务印书馆，2007 年。

③ ［德］马克思：《〈政治经济学批判〉导言》，《马克思恩格斯全集（第 12 卷）》，人民出版社，1962 年，第 741 页。

④ 同③，第 743 页。

房由房价的居高不下而使居民无力购买被迫大量闲置，这些没有被居住使用的闲置商品房不能称其为现实的房屋。而消费者寄予房屋别墅豪宅式、居家生活式的想象为生产提供了乡村别墅、保障房、经适房的生产对象；生产决定着消费，消费是通过生产来实现的。生产提供了消费的外在对象、消费的方式和消费的主体动力需要。保障房、廉租房等房屋如果不被建造装修就没有这类消费对象，人们只能望房价如楼高的商品房而摇头叹气。别墅豪宅的房屋生产除了为消费者提供一种尊贵典雅或豪华奢侈的消费方式外，同时也为消费提供了一批王孙贵族、资产阶级暴发户和贪污腐败官员，当然，贫民窟和棚户区为消费提供的是一批底层大众或弱势群体。马克思将这个“媒介运动”放在分配和交换中来完成。分配和交换使生产和消费彼此互为媒介且各自又处于对方之外。马克思的“媒介运动”过于黏合在生产和消费的环节上，生产与消费的直接同一性使媒介运动不具有一定的独立性。我们愿意指出，不仅生产作为媒介影响了消费或消费作为媒介影响了生产，而且作为独立于生产和消费的媒介本身在传播层面也深深影响了生产和消费。

马克·波斯特以“信息方式”向前辈马克思的“生产方式”致敬。马克·波斯特将马克思的“媒介运动”从其生产和消费的“生产方式”中解放出来，并在“第二媒介时代”以“信息方式”的思维考察了电子媒介与主体构建、社会批判的关系，这无疑是马克·波斯特在后结构主义、后现代性、文化研究的氛围下启动的思考。马克·波斯特认为，电子媒介因其电子化的特点在某种程度上形成一种新的语言经验。数字编码、信息转换、0 和 1 组成的二进制组合代码、电子脉冲、物质/非物质性等一系列的电子语言的 DNA 图谱强烈震撼着马克·波斯特的神经。马克·波斯特认为，口语是在戏剧化行动的时/空坐标中开展，而书写则是在书籍与纸张的时/空坐标中蔓延。但是，电子语言则不适用上述两种时空框架。它既无处不在又处处不在，既永远存在又从未存在，是物质/非物质的统一体。马克·波斯特透过这些新奇的 DNA 代码敏锐地察觉到，新的语言形成至关重要，它们在相当程度上正改变社会关系网络，并重新组装它们所构成的社会关系及主体。① 马克·波斯特延续结构主义和后结构主义的语言学理论，极力反对将语言工具化，在电子时代承续了“话说人”而非“人说话”的令人匪夷所思的奇幻认识。马克·波斯特带着不无揶揄的口吻打趣秉持语言工具论者，认为语言在构建主体自我和重组社会关

① ［美］马克·波斯特：《信息方式》，范静哗译，商务印书馆，2000 年，第 17 页。

系方面具有能动性，当语言从口传包装和印刷包装转换到电子包装时，主体与世界的关系自然就被重新构型。因此，马克·波斯特以近乎呼吁的语气说，对新的语言形式的研究势在必行，但是，科学地描述这种新的语言形式需要一种全新的理论。“要想恰如其分地描述电子化交流方式，便要有一种理论，能够对社会互动新形式中的语言学层面进行解码。作为向这一目标迈进的一步，我在此提出信息方式这一概念，‘信息方式’（the mode of information）这一术语借用了马克思的‘生产方式’（the mode of production）理论。在《德意志意识形态》及其他著作中，马克思赋予生产方式以两方面的含义：（1）作为一个历史范畴，它按照生产方式的变化对过去进行区分和分期（区别不同的生产手段与生产关系的组合）；（2）作为对资本主义时期的隐喻，它强调经济活动，把它看作是正如阿尔都塞所说的‘终极的决定因素’。我所谓的信息方式也同样暗示，历史可能按符号交换情形中的结构变化被区分为不同时期，而且当今文化也使‘信息’具有某种重要的拜物教意义。”① 马克思在《〈政治经济学批判〉序言》中按照生产方式划分历史时代：“大体说来，亚细亚的、古代的、封建的和现代资产阶级的生产方式可以看做是社会经济形态演进的几个时代。”② 马克·波斯特依照信息方式的不同将历史分为三个阶段：面对面的口头媒介符号的交换特点是符号的互应，印刷的书写媒介则是意符的再现，而电子媒介是信息的模拟。第一阶段是口头传播阶段，自我处于面对面关系的总体性之中；第二阶段是印刷传播阶段，自我处于自律性的中心；第三阶段是电子传播阶段，自我被去中心化、分散化和多元化。③ 乔纳森·卡勒这样理解“去中心化”：“如果思维和行动的可能性是由主体不能控制的，甚至不能理解的一系列机制决定的，那么这个主体从它不能在解释事件时成为可以引证的根源或中心这个意义上说就是‘失去了中心地位’。”④ 可见，马克思的生产方式与生产性和消费性的经济形态挂钩，而马克·波斯特的信息方式则与传播媒介相连。在马克·波斯特媒介运动的理论认识中，人类理解世界和自我的思考前提自然而然地从生产方式升级换代到信息方式。

---

① ［美］马克·波斯特：《信息方式》，范静哗译，商务印书馆，2000 年，第 13 页。

② ［德］马克思：《〈政治经济学批判〉序言》，北京大学中文系文艺理论教研室编《马克思、恩格斯、列宁、斯大林论文艺》，人民文学出版社，1980 年，第 86 页。

③ 同①。

④ ［美］乔纳森·卡勒：《文学理论入门》，李平译，译林出版社，2008 年，第 114 页。

三、数据库是数字美学的语言形式

在整个20世纪里，从俄国形式主义、英美新批评到法国结构主义、后结构主义，语言形式在纸质印刷书写时代获得了最为辉煌的发展和成就。但随着"作者死了"和"人死了"的来临，作为"人类存在之家"的语言又该何去何从？令人不无悲哀的是德里达的解构理论把语言变成一种永不稳定的符号游戏，如果说在马克思那里因生产过剩而又无力消费导致的经济危机致使商品经济的市场崩溃，那么在德里达这里因能指的过剩而使所指无限延宕导致的表征危机则引发了语言的崩溃。此时，马克·波斯特毅然冲向这个被德里达的理论炮火所狂轰滥炸过的语言废墟，信念和勇气使他发现了在电子时代一直被人类使用但却被人们忽视的语言形式——电子语言。在马克·波斯特那里，这种电子语言形式包括电视广告、数据库、电子书写等。

马克·波斯特认为，在信息方式的思维下历史上出现的所有语言形式都必然重新获得再思考的机会，只有这样才能恰当理解此前的语言形式和新的语言形式间的迥异，突出语言经验的新质。当然，马克·波斯特的这番论述是在马克思的理论掩护下的攻城略地。众所周知，马克思在《〈政治经济学批判〉导言》中提出了那个著名的历史研究方法论："资产阶级社会是历史上最发达和最复杂的生产组织。因此，那些表现它的各种关系的范畴以及对于它的结构的理解，同时也能使我们透视一切已经覆灭的社会形式的结构和生产关系，资产阶级社会借这些社会形式的残片和因素建立起来，其中一部分是还未克服的遗物，继续在这里存留着，一部分原来只是征兆的东西，发展到具有充分意义，等等。人体解剖对于猴体解剖是一把钥匙。低等动物身上表露的高等动物的征兆，反而只有在高等动物本身已被认识之后才能理解。"① 马克·波斯特在"人体解剖对于猴体解剖是一把钥匙"的佐证下大胆宣言："信息方式开始了对以前的所有语言形式的再思考。就如同在马克思看来，猿的解剖只有在人类进化演变之后才可理解一样，语言的回溯性重构要从信息方式这个制高点进行。"② 因此，解剖电子化信息方式必然会使口头传播和印刷传播的解剖更加容易被人理解。如此，在马克·波斯特信息方式的标尺下，历史上曾经发生的

① ［德］马克思：《〈政治经济学批判〉导言》，《马克思恩格斯全集（第12卷）》，人民出版社，1962年，第756页。

② ［美］马克·波斯特：《信息方式》，范静哗译，商务印书馆，2000年，第117页。

一些意义非凡的文学和文化事件将会得到全新的测量数据和刻度：语言并未随着人的“死”去而消亡，面临消亡的是旧有的语言形式即印刷语言，具有机器人性质的电子语言以超强的流行势头正畅销市场。因德里达的具有恶作剧性质的解构理论，印刷书写时代的语言形式在电子媒介时代正从理论家的视角中迅速消失。而雪上加霜的是，印刷语言不仅在理论家那里失宠，而且面临着急速恶化的生存困境。面对电子语言的挑战，印刷语言倍感压力但仍然拼死挣扎。但是，基于印刷语言所形成的现存社会体制和法律机制暂时地维护着印刷语言的权利，这使新旧两种语言形式可以在相当长的一段时间内相互抗衡并存，大众面对这种拉锯战式的反复对抗早已失去耐心，自觉地以一种焦躁式公共辩论纷纷加入这场相持不下的对抗。在文学领域，大众的这种焦躁情绪在一种激进思潮的鼓舞下更是屡屡冒进，而争论亦是热闹非凡。网络文学与纸质作品、电子书写与印刷书写等之间的矛盾冲突持续不断，两家的战火升级也一再印证了大众的担心和焦虑并非平白无故，由此引发的新闻报道也时常占据头版头条的显赫位置。文学作品的这种纠结在理论作品上也丝毫不差地被复制。一位很有名望的学者除了把文章投寄给约稿的杂志社外，还把文章上传到自己的博客。这位学者开始并未注意两个刊发平台的矛盾。为了教学的目的和应广大忠实读者的要求，他一般都会把即将刊发在纸质期刊的文章先挂到博客，但这引起了刊发这些文章的纸质期刊编辑的不满，这些编辑请求这位学者迟些时候再把文章挂到博客，否则读者都去博客阅读文章会影响期刊的销售量。在现有的大学学术科研工作量的计算标准、稿费版权制度甚或单位的奖金奖励机制等体制面前，这位学者深得马克思的教诲不得不向那些编辑迂回妥协，而没有进入这场潜在的口舌之争中。他在课堂上向学生解释为什么有些文章不能及时挂到博客时表露了这种无奈的尴尬。此时，重温马克思的教诲或许可以使我们少安勿躁：“无论哪一个社会形态，在它们所能容纳的全部生产力发挥出来以前，是决不会灭亡的；而新的更高的生产关系，在它存在的物质条件在旧社会的胞胎里成熟以前，是决不会出现的。”① 我们可以从马克思这里接着说，构建这种社会形态的语言形式亦是需要历史地积聚和成长。某种意义上，法国巴士底狱的推翻是从那些暴动者出生后的抚养和教育开始的，新中国的缔造也是从每一个红军战士的襁褓中起步的，电子语言这种新兴的语言形式此时正在破

① ［德］马克思：《〈政治经济学批判〉序言》，北京大学中文系文艺理论教研室编《马克思、恩格斯、列宁、斯大林论文艺》，人民文学出版社，1980年，第86页。

土抽芽。

因此，为了突出数据库这种电子语言形式的特点，我们有必要在分析数据库之前以信息方式的思维回溯口头和书面的语言形式。马克·波斯特说："要在信息方式下对数据库进行分析，便要对口头文化与印刷文化的讨论中一些极其关键的论题有所理解。如果要求社会理论及历史从此认真对待数据库的扩散及其对社会的影响，那么必须质疑对语言的口头形式和书面形式所做的刻板区分。口头/书面这种二分法把电子语言纳入书写范畴，从而模糊了电子语言的独特性。"① 或许,"电子书写"这个曾经时髦的术语词汇印证了马克·波斯特不无原因的顾虑。吉登斯以"言谈"（talk）代替"言说"（speech），认为书写缺乏具体情境下的言谈所具有的复杂性。而德里达以"延异"（différance）代替"差异"（difference），批判了语音中心主义。马克·波斯特继而指出"言谈学家"和"书写学家"两派争论的缺憾。两派争论在选择语言经验的关键层面时都严重偏离目标。而电子介入的新型语言经验的出现标志着20世纪发达社会的特点，电子语言形式不会与言说或书写的特征相吻合。马克·波斯特以1968年法国的"五月风暴"为例论述言谈学家的落伍："1968年的'五月风暴'以其特殊的性质表明了信息方式的力量，表明了电子媒介语言的力量，这种力量抑制了社会变革语境中，亦即哈贝马斯所谓的'公众领域'中的集体交谈。……工厂及其众多的贫苦工人已不能再为革命性言谈带来什么机会。如果竞争性语言要在今天出现的话，它也肯定出现在电视广告和数据库的语境中，出现在电脑和通信卫星的语境中，而不会出现在共同在场的言谈或为了共识进行辩论这样的文化中。"② 马克·波斯特对书写学家的批判结论是："后结构主义奇怪的地方是，在印刷正被电子语言所取代或起码被它所补充的时代，它还维护一种植根于书写的阐释形式，并且以非线性、非同一性的术语对阐释进行定性，而促成这些术语的是电子语言而非印刷媒介。……与后结构主义观点的长处相对应的，并不是书写压倒言说的力量，而是电子媒介语言对日常生活世界的渗透。后结构主义理论的价值在于，它非常适合于分析被电子媒介的独特语言特质所浸透的文化。"③ 因此，在信息方式下对语言形式的新的考量使我们能够认清当代作为电子语言形式之一的数据库所带来的新经验。这里，我们乐意分享、梳理和补充马克·波斯特信息方式下的一种后结构主义

---

① ［美］马克·波斯特：《信息方式》，范静哗译，商务印书馆，2000年，第105页。
② 同①，第109－110页。
③ 同①，第113页。

理论图景中的电子语言形式——数据库。

马克·波斯特基于语言形式赋予数据库各式各样的定义。毋庸置疑，马克·波斯特在信息传媒时代继承了形式主义和结构主义语言形式的衣钵，提出作为电子语言形式的数据库理论，把语言形式理论从印刷书写时代推向当下电子媒介时代。概言之，马克·波斯特将数据库定义为三种形式：语言符号形式、话语形式、监狱形式。首先，数据库是一种语言符号形式。数据库具有符号的表征作用和语言的社会效果，同时还是一种非物质的虚拟符码，是收集日常生活某方面数据的信息库。马克·波斯特说："数据库是由符号组成的；它们首先是某种东西的表征。人们不会吃它们，不会拿它们，不会踢它们，起码人们希望如此，数据库是语言的不同构型；如果要对它们加以探讨，任何理论姿态都必须起码考虑到这一总体论事实。作为一种语言形式，数据库产生的社会效果必将与语言所产生的效果相应，尽管它们肯定还会与不同的行动形式有不同的关系。"① 从某种意义上讲，数据库不过是信息的贮存仓库。数据库作为语言的一种形式与书写的最早用途很相像——都是日常生活某方面数据的贮存。其次，数据库是一种话语形式。数据库作为话语形式可以进行主体构建，因此它被权力机构当作私人财产，而这种私人财产反过来又强化了拥有者的权力。"数据库首先是话语，因为它们导致一种主体构建。……数据库不是任何人的却又是每个人的，但它还是属于某人，属于把它作为财产拥有的社会机构，属于公司、国家、军队、医院、图书馆和大学。数据库是纯书写的话语，直接增强其所有人/使用人的权力。"② 这里需要注意的是，马克·波斯特在正文后面的注释中提醒我们，他所关注的数据库将只限于有个人域的数据库而非所有数据库，如编目数据库就被排除在他的讨论范围之外。③ 何谓"有个人域的数据库"？按照这个注释所解释的原文来看，马克·波斯特是指作为话语可以构建主体的数据库。注释所解释的原文为："我在本章将着重探讨电脑数据库以何种方式发挥着福柯所说的话语这一术语的作用，亦即数据库是如何在意识直接范围之外构建主体的。"④ 最后，数据库是一种监狱形式。数据库的这种监狱形式是指作为话语/实践和权力形式的超级全景监狱，而非由围墙、电网、塔楼、狱卒等组成的实体性监狱，这里如同"数据库里的囚徒"是一种

① ［美］马克·波斯特：《第二媒介时代》，范静哗译，南京大学出版社，2005年，第80页。
② 同①，第85页。
③ 同①，第92页。
④ 同①，第79页。

隐喻性指涉。今天的信息环路及它们产生的数据库构成了一座超级全景监狱，这是一套没有钢筋水泥、警察电网的监督系统。

四、数据库的结构和存取（读写）

正如马克·波斯特所言，“数据库”是一个计算机专业的术语。因此，懂得计算机语言程序（如VFP程序、Access程序、C语言等软件程序）的读者对数据库是一种结构性语言的阐述不难接受。或许我们的阐述对那些熟悉者来说是多此一举，但是我们仍然坚持尽可能以通俗易懂的方式回溯这些知识。数据库显然依靠一些软件程序如VFP程序、Excel表格等在计算机上进行驱动、显示、编码、转换、存储、复制等操作，而数据库本身及其操作的背后都是以0和1组成的二进制组合代码。当声音、图像及语言文字被数字编码时，它们就被从物质存在域中抽取出来。惯性法则和能量守恒定律不再有效而被弃置一边。信息转换的方式从仿真模拟转变为数字编码，这就使信息转换的载体从自然实物转化为可控电子。此时，语言文字、图像照片、音频视频等都被缩约为一套以0和1组成的二进制组合代码。口头和书面语言的自然实物的限制对数据库这种语言形式不再有效。因此，数据库的驱动及其二进制代码的存取必然依靠计算机硬件和软件程序来实现。

数据库的结构包括列表、记录、域、信息环路等要素。数据库由“列表”组成。简单的数据库可以由几个列表组成，而复杂的则需要成千上万个列表组成。含有一个Sheet的简单的Excel表格即为一个列表。列表通常由“域”和“记录”组成。“域”是纵向分隔列表的结果，“记录”是横向分隔列表的结果。在Excel表格中，水平的A、B、C、D、E……每一个即为一个“域”，垂直的1、2、3、4、5……每一个即为一条“记录”。马克·波斯特说：“纵向分隔这些列表就生成不同的‘域’，具有诸如名字、地址、年龄和性别等项，横向分隔就成为‘记录’，标注着每一条目。”① “域”中的“级别值”与材料对象本身的关系是约定俗成的，二者间的关联涉及数字编码和信息转换。马克·波斯特说：“正如字母K与联系着它的英语声音之间的关系只是任意的或约定俗成的，数字编码与它的材料对象之间的关系也是如此。”② 如果书刊的名称也收

① ［美］马克·波斯特：《第二媒介时代》，范静哗译，南京大学出版社，2005年，第87页。

② ［美］马克·波斯特：《信息方式》，范静哗译，商务印书馆，2000年，第128－129页。

入这个域，那书刊的名称就会被编码为数字作为级别值填入域中，例如《红楼梦》可以被标为“0”，《文学评论》可以被标为“1”。这里，书刊与级别值的关系虽然是任意的，但数据库中这个域里的数字却毫不含糊地指向固定单一的书刊。在书刊没有被预先编码的情形中，录入该域中值的变化将因录入人员的意志而定。无疑，“域”中的“级别值”在约定俗成的前提下，对材料对象本身进行数字编码和信息转换会大大提高存取级别值的效率。而且，除了文字之外，现代科技使得语音、图像也能轻松实现数字的编码和转换。数据库除了范围变得更广，还增加了一些能力。图文记录的数据编码发展迅速。现在的数据库可以兼容彩色图片和文字内容，因此更加容易辨别人和事物。这些以数据库为形式的数字编码可以转换、刻录、复制到永久存储的磁盘、光盘和移动硬盘。数字编码和电子操作使信息准确、迅速、恒久地存储于数据库中：“语言、图像及声音的数字编码及电子操作使得交流的时空限制失效了。信息的复制精确无误，传输瞬间即得，贮存持久永恒，提取易如反掌。……人类历史新的一天无疑已经破晓，但这一天所预示的是什么还远未清晰。”① 因此，正是数字编码和信息转换使得数据库可以轻而易举地存取全民信息，数据库成为阳间的一本“生死簿”，因此手拿这本“生死簿”的人将通过判官笔的勾画来裁夺他人的“生命”。被编码和转换的数据库通过信息环路使输入者和输出者即使在天涯海角仅是挥洒指尖就能存取数据信息，在信息环路下数据库可以根据列表中具有相同级别值的域或记录实现链接，建立某种信息关系：“如果两个数据库有一个相同的域，那么这两个域的功能也就一致。……关系数据库已经在它们的结构中内置了与其他数据库结合的能力，它们形成了巨大的信息储量，几乎把社会中的每一个个体都构建成一个对象，并且原则上能够包括该个体的几乎所有信息。”② 因此，一方面，庞大的数据库让消费者在家里就能方便地获得信息；另一方面，消费者每订购一次日常生活用品就会为相应的公司提供该消费者的详细个人信息，从而又产生新的数据库。“家庭联网为消费者提供产品的图文化信息，并且使得人们能够只通过电脑就能订购那些产品。自80年代中期以来，法国就有了这些服务，而美国正在开发。……90年代开始之初，电脑仍然还没在美国家庭广泛使用。然而，在法国，电话公司给装了电话的家庭提供的不是电话号码簿而是电脑，从而解决了电脑不普及这个问题。

① ［美］马克·波斯特：《信息方式》，范静哗译，商务印书馆，2000年，第100页。
② ［美］马克·波斯特：《第二媒介时代》，范静哗译，南京大学出版社，2005年，第88页。

从长远角度看，这种政策是经济实惠的，而更有意义的是，它因此能够为别人提供消费者信息或家庭联网这一极其有利可图的服务。”① 在家庭联网的信息环路中，含有产品信息的数据库产生了含有消费者信息的数据库，该数据库又产生了一个需求信息的数据库，而此数据库则为生产过程提供馈给。可见，数据库就是在信息环路中实现无限链接和超强繁殖。

如今，数据库的复制、存取、读写大多涉及以下几种硬件设备和软件程序：计算机、复印机、打印机、扫描仪、媒体播放器、录像机、刻录机、数码相机、视频音频和图像制作软件等。数据库中信息复制技术的发展使人们的消费对象从信息本身转向制作形式。从小农经济转向市场经济，无论是衣服、家具和轿车，还是印刷品、音像制品，消费者都无法自产自销。印刷书写时代，购买报纸杂志主要是进行信息和意义消费，当然，这也存在制作形式的消费，而且仅当你能在公共图书馆或马路报刊阅读栏里获得信息但依然去购买书籍报刊时才会出现。但是，在电子媒介时代，制作形式的消费得到空前的高涨。“书籍本应是与某个特定的工人群体相关的一种产品，如今这层意义丧失了。……例如，当《圣经》被电子编码后，它可以通过调制解调器被复制成软盘中的文件肉身或阴极射线管上的像素肉身；那些曾经使一页页上等纸为之增辉的字母符号，如今虽然顺序依旧，却在新媒介的化身中失去了一层意义。”② 电子媒介下，书籍丧失的一层意义即为信息的意义本身。特别是，当我们可以独立自主地进行生产、制作甚至包装印刷品、音像制品时，我们去书店购买书籍杂志、去大剧院听音乐会、去电影院看美国大片主要是消费信息的方式而非信息的意义本身。如今，消费者付钱购买的是书籍的形体而非书中的信息。其实，书中的信息不必花钱消费便可在公共图书馆里获取。打印机、复印机、录音录像机、光盘驱动器，以及卫星接收器等使得每一个消费者都成为制作人。任何人都能复制信息，并对信息进行商业包装。“在信息方式下，消费者往往以最少的花费，制作出比生产者制造的产品还要好。于是，信息方式以另一种方式破坏了工业资本主义社会的种种实践。”③ 因此，电子信息时代，购买纸质书籍、分发课堂讲义、拍摄艺术照片等消费行为将会得到重新的理解和观照。数据库的存储设备和技术无疑也深刻影响了人们的消费行为。“新的传播技术使得人们既可控制信息的再生产又可控制其分配。当一个人第一次观

---

① ［美］马克·波斯特：《信息方式》，范静哗译，商务印书馆，2000 年，第 103－104 页。

② 同①，第 130 页。

③ 同①，第 102 页。

看他录在录像带上的电视节目时，他（她）被自己对节目的控制所迷惑。复录到录像带上的节目可以随观看者的方便，停止、快进、倒放、重放、满放、剪辑。每当此时，该消费者便会意识到他或她过去多么依赖节目播放时间表。……这一诉讼揭示，资本家不仅想控制电波以及电波所发送的内容，而且还要控制观众，控制他或她何时观看，观看什么，观看的顺序，以及所看图像的速度。录像机并没有真正改变所观看的内容，它们只是从根本上瓦解了播放者对观众的控制及约束。”[①] 马克·波斯特给予录像机这种新兴媒介设备以革命力量的使命，认为它改变了大众传媒对消费者的控制，使受众从法西斯式的舆论控制中得到解放。于是，新的消费方式承担了新的革命形式的解放任务。在科学技术是第一生产力的年代，暴力革命和游行示威或许已经过时，对新的革命形式的探索成为摆在马克思主义者面前的首当其冲又不可避免的命题，许多致力于这方面的学者信心饱满地转向了网络领域，尽管网络中的乌烟瘴气和众声喧哗并未使得新的革命形式趋于明朗化。政府对网络不断升级的有效监管、主席和总理的网上问政、多位政府官员因网络曝光贪污腐败而落马等无不显示着网络中潜在的力量正润物细无声般悄悄发生作用。

马克·波斯特通过福柯的话语理论，把对数据库结构的探讨引申过渡到对社会的批判和分析。马克·波斯特参照福柯的著作，尤其是福柯对话语的分析，准确地揭示了数据库的结构及数据库与社会的关系。马克·波斯特认为，数据库作为一种语言符号形式，它的结构有参与社会、构建主体的内在机制。詹姆斯·鲁尔（James B. Rule）在1974年对美国主要机构的数据库档案的研究结论是：数据库可以对任何人的日常生活行为进行详细的重构。[②] 在数据库中，域通常构建群体身份，如域中的某个“邮政编码”构建出的是居住在这个地域的所有人的群体身份；而记录、列表和数据库则通常构建个体身份。如记录、列表和数据库等里面的信息可以构建出个体的逃税者、色情狂、购物狂、贪污犯等多重化身份。马克·波斯特说：“数据库在现有语言之上强加了一种新语言，一种贫穷的有限的语言，这种语言利用规范来构建个体，并界定不随众的人。数据库在严格界定的范畴或领域内排列信息。……一个数据库可能以下列种种域组成：一个人的姓和名，社会保障号码，街道地址，市，州，邮政编码，电话号码，年龄，性别，种族，未付的违规停车费，租看成人录像

① ［美］马克·波斯特：《信息方式》，范静哗译，商务印书馆，2000年，第101－102页。

② James B. *Rule*: *Private Lives and Public Surveillance*. Schocken, 1974: 273.

次数，订阅共产主义刊物次数。为这一数据库收集信息的机构根据这些参数构建个人。”① 人们从超市门口出来都会手拿着已经盖着“谢谢惠顾”字样的购物收银小票。收银小票包含着丰富的信息：购物日期、收银员代码、购买商品、购物金额、收款现金、刷卡银行账号、会员账号，等等。购物中心通过电脑的信息环路自动收集整理这些收银小票并累积出了海量的数据库。“零售商的数据库有不同的域，记录一个人每次所购的物品，随着时间的推移就能描绘出该顾客的购物习惯图，这种描绘可以立即进入并与该顾客的其他信息（如地址等）相互参照。结果，这些电子列表变成了每个人为电脑而构建的额外的社会身份，他们还会因为具体的数据库而被构建为社会行动者。我们把数据库理解为一种按照数据库的形成规则铭写主体位置性的话语生产……”② 因此，数据库结构能够通过创造信息关系来构建主体自我：“数据库的结构或语法创造了不同信息之间的诸种关系，这些关系在数据库之外的原有关系中并不存在。从这意义上讲，数据库通过操纵不同信息单位之间的关系构建个体。使数据库具有效率的，不仅是它们的非歧义的语法结构，而且还有它们电子化编码方式和电脑化贮存方式。”③ 无疑，数据库的结构或语法为其作为话语形式参与社会、构建主体的话语功能提供了有效的内在机制。至此，有必要引进话语和监狱的概念，进一步认识作为一种电子语言符号形式的数据库。

总之，马克·波斯特的数据库理论从信息方式的维度阐述了数字美学的基础概念和核心命题。数字美学是新世纪中国特色社会主义人民美学的时代形态。中国人民在新世纪顺应时代潮流、敢于探索各种形式的数字美学实践，而中国网络小说作为数字美学实践的代表在世界文艺舞台的炙手可热标志着中国文化自信和中华美学自信。如此，我们可以大胆地说，人民美学在新世纪的再出发从数字美学的时代形态中立稳了潮流、把握了脉动，中国左翼思想的美学武器已经开刃露寒、箭在弦上。

（作者单位：内蒙古大学文学与新闻传播学院）

---

① ［美］马克·波斯特：《信息方式》，范静哗译，商务印书馆，2000 年，第 130 页。

② ［美］马克·波斯特：《第二媒介时代》，范静哗译，南京大学出版社，2005 年，第 87 页。

③ 同①，第 131 页。

《人间》杂志的人民美学：宗教情怀、民众立场与阶级视野

陈美霞

“我八十年代末（1987 年）吧，我在美国见到陈映真，他那时在台湾编《人间》，《人间》杂志的百姓生活照片拍得很好，过了十年，大陆才开始有很多人拍类似的照片了。我记得陈映真问我作为一个知识分子，怎么看人民，也就是工人农民？这正是我七十年代在乡下想过的问题，所以随口就说，我就是人民，我就是农民啊。”陈映真不说话，阿城感觉到气氛尴尬就离开了，后来在场的朋友告诉阿城他离开后陈映真大怒。阿城说：“陈映真是我尊重的作家，他怒什么呢？……在我看来人民就是所有的人啊，等于没说啊。……在我看来‘人民’是一个伪概念，所以在它前面加上任何美好的修饰，都显出矫情。”①

阿城与陈映真对“人民”的理解完全不一样。陈映真的“人民”是指的毛泽东“人民美学”意义上的人民大众，是从阶级性维度理解的。阿城则混淆了“人民”与“人”二者的概念与内涵，混淆了“知识分子”与“人民”的同与异。

20 世纪 80 年代的祖国大陆知识界，刚刚从“文革”中出来，对“左”的甚至对马克思主义有着一种本能的抗拒。阿城是在“个人”意义上看待人的，把“人民”视为单独的个体的人。而陈映真有着马克思主义阶级视野，他的“人民”主要指的是底层劳动者，尤其是物质劳动者。这也是《人间》杂志的表现主体。陈映真看重的是知识分子的社会责任感、使命感，他有着传统知识

① 查建英编：《八十年代访谈录》，生活·读书·新知三联书店，2006 年，第 19 页。

分子“感时忧国”的淑世情怀。表现在文艺上，则是为社会为人生的。相比怎么写，陈映真更为关注写什么、为谁写的问题。这是阿城、张贤亮、陈丹青所缺乏的，“文革”中走出来的他们，对“左”有着本能的排斥，对左翼视野中的“人民”“国家”等情怀一并抗拒。

陈映真经过20世纪五六十年代阅读大量左翼书籍及八年牢狱生涯与白色恐怖刑余政治犯的相遇，对台湾社会高速发展过程中环境、人性的代价有着清醒的认识。富裕饱食的社会沉浸在媒体营造的安逸幸福之中，有意无意地漠视人间苦难。面对20世纪80年代“台湾钱淹脚目”的消费社会繁荣与精神生活贫困，1985—1989年陈映真创办了结合报告摄影和报告文学的深度报道的月刊《人间》。《人间》以纪实摄影与报告文学提醒日渐麻木的心灵，跳出自我的私利与享乐，引导人们关注弱势群体与贫困群体。《人间》的“民众”视野、“民众”立场与马克思主义文论中的“人民性”“人民美学”一脉相承。《人间》从“民众立场”出发，以“因为我们相信，我们希望，我们爱……”为宗旨期待社会文化精神生活的重建。《人间》的左翼视野与其说体现在选题上，毋宁说杂志充满悲悯与大爱的报道方式更显左翼本色。

一、报道方式：充满宗教情怀的左翼人道主义

陈映真谈到文学的根本性质时说：“我非常希望我的作品能给予失望的人以希望，给遭到羞辱的人捡回尊严，使被压抑者得到解放，使仆倒在地上爬不起来的人有勇气用自己的力量再站起来，和恋爱快乐的人一同快乐，给予受挫折、受辱、受伤的人以力量，那样的文学才有意义。”① 文学具有社会建设、人性改造、宗教式关怀等功能，这与宗教的救赎情怀、抚慰功能相一致。同时，陈映真始终关注文艺之于民众的力量，又与毛泽东1942年《在延安文艺座谈会上的讲话》相通，认为背后是文艺的“人民性”视野。

除了左翼马克思主义的思想资源，陈映真的“人民性”视野背后还有“神爱世人”的情怀，有基督教“解放神学”的影子。《人间》的创刊宗旨是“因为我们相信，我们希望，我们爱……”②《人间》杂志与陈映真的基督教家

① 陈映真：《我的文学创作与思想》，《上海文学》，2004年第1期。林怀民“云门舞集”公演《陈映真·风景》前，陈映真写的“文学为的是使丧志的人重新燃起希望；使受辱的人找回尊严；使悲伤的人得着安慰；使沮丧的人恢复勇气……”更是广为传播。

② 陈映真：《创刊的话——因为我们相信，我们希望，我们爱……》，《人间》创刊号，1985年11月。

庭背景有关，他的左翼视野有着耶稣的影子。陈映真坦言："曾有一个时候，面目黧黑的，饱受风霜的，贫穷的，忧愁的，愤怒的，经常和罪人、穷人和被凌辱的人们为伍的，温柔的耶稣，以及那位对生命怀着肃穆的敬意的，对于周遭世界的不幸，怀有苦痛的同情，并在原始的非洲建造兰巴仑医院的史怀哲医生，成了我青少年时代的偶像。"[①] 耶稣、史怀哲的实践对素来关心弱势群体的左翼理想主义者无疑有着巨大的吸引力。陈映真心中的耶稣，并非高高在上的"上帝之子"，而是与受轻贱者同在的异议分子。

除了《长老教会的歧路》对基督教与权力合谋、支持"台独"态度的批判，在《人间》中同样不乏基督教、神父、修女等相关题材。陈映真一方面对马赫俊神父等深入劳动者中重建工人自尊表示尊重与声援，也认为台湾教会对冷战结构下以人与自然为代价的"专制下的成长"缺乏反省和批评。同时，陈映真认为明代以降来华传教士不乏忠于基督的传道者，却也有一些教会、传教士和封建的、法西斯的、帝国主义的权力合谋，荼毒中国人民，深刻伤害基督。他更批判了台湾神职人员忽视基督，怀抱被压迫者的情怀，更指出，"台湾的某一个教会，把'中国民族'（外省人）而不是把美日新殖民主义和它们的代理人看成压迫者，在他们组训的结业证书上，鲜明地印着'人人有主张台湾独立的自由'"。[②] 陈映真的基督信仰并非教条的，他景仰"神爱世人"，景仰耶稣与罪人、穷人同在的情怀，也批判某些教会与帝国主义合谋，扩大国家分断、民族分裂的伤痕。《人间》报道了韩国、菲律宾民主化运动中的教会、信徒。《耶稣在穷人中兴起教会》[③] 采访韩国民众神学创始人安炳庆，文末引《路加福音》："你们以为来，是要叫地上太平吗？我告诉你们：不是，乃是叫人纷争……"这预示着底层的觉醒与反抗。人道主义的耶稣，是与穷人、罪人同在的反抗者耶稣。耶稣贵为上帝之子、救赎者，其肉身存在形式：木匠、罪人、刑杀、被钉上十字架。

《人间》采写的基督教、佛教的教职人员都是深入劳动者中间、充满民众性与实践性的。"人间像"报道了马赫俊神父在劳动者中传道[④]，"人间封面报道"《特蕾莎姆姆，和她在台湾的修士·修女们》[⑤] 所选的特蕾莎姆姆的照片

---

① 陈映真：《关于陈映真》（鞭子与提灯），《陈映真文选》，生活·读书·新知三联书店，2009年，第16页。
② 陈映真：《发行人的话》，《人间》第42期，1989年4月。
③ 陈映真：《耶稣在穷人中兴起新教会》，《人间》第44期，1989年6月。
④ 廖嘉展，曾淑美：《马赫俊神父》，《人间》第26期，1987年12月。
⑤ 李明（陈映真）：《特蕾莎姆姆，和她在台湾的修士·修女们》，《人间》第3期，1986年1月。

是背面的，如同扫地的底层妇女。《证严法师的兰巴仑》[①] 中，介绍证严法师以一年三万元不到的善款，为医疗落后的花莲，兴建“慈济功德会”六亿余元的现代化医院。民众的、实践的信仰，几乎完成佛教信仰和实践的巨大革命，把佛教从关注个人前世今生、生死解脱引向更为广泛的社会的、大众的、现世的大爱与实践。

《人间》报道了诸多底层人物的艰辛挣扎与努力奋发，底层生存困境之外，展现了底层的互助友爱、勃勃生机与微小的希望之光。“我们盼望通过《人间》，使彼此陌生的人重新热络起来；使彼此冷漠的社会，重新互相关怀；使相互生疏的人，重新建立对彼此生活与情感的理解；使尘封的心，能够重新去相信、希望、爱和感动，共同重新建造更适合人所居住的世界；为了再造一个新的、优美的、崇高的精神文明，和睦团结，热情地生活。”[②] 充满“相信、希望、爱和感动”的人际关系与精神文明的重建，并非只是口号，而是切实贯穿《人间》杂志的诸多栏目设置与专题策划。“人间灯火”等栏目及图片文字的温情呈现颇可见创刊号精神。《人间》采写了诸多游离主流社会之外的人群，如捡垃圾者、残障群体、智障儿童、少年犯、同性恋者等。《人间》的笔调，既不是高高在上的优越，也不是滥施同情，而是温暖节制地呈现他们多维度的生活，他们的艰辛、他们的挣扎、他们的奋斗、他们的希望。例如，猪公阿旭，在海滩捡到一颗手榴弹，爱钻研的他回家折腾着想做个灯罩，却被炮弹炸伤，双眼失明且只剩下两个手指。儿子的出生激发了他重新生活的希望，他开始艰难恢复之路，且通过养猪等各种途径自救。同时，阿旭擅长“相褒”（一种即兴对歌方式），“相褒”需要反应迅捷且懂音律协调，阿旭登场每每获得满堂彩。阿旭历经生活磨难，熬过无处借米的艰辛，老来的阿旭信用爆棚，他自谓这是通过不间断的挣扎获得的。幸运的是，儿女继承了阿旭积极乐观的生活态度。[③] 少年犯阿德犯罪入狱遭到家人放弃，打工断掌却遇上对他不离不弃的阿秀，阿德发誓要给女儿“最好的”亲子爱。[④]

“汤英伸案”报道最能体现左翼人道主义与耶稣式的宽恕、大爱、和解。《人间》通过“不孝儿英伸”呈现一个正派山地孩子走上犯罪之路的偶然与必然，此后的追踪报道呈现都市黑中介的噬人，呈现受害者苦主家庭，成为孤儿

① 陈列撰文，钟俊升摄影：《证严法师的兰巴仑》，《人间》第38期，1988年12月。
② 陈映真：《创刊的话——因为我们相信，我们希望，我们爱……》，《人间》创刊号，1985年11月。
③ 廖嘉展：《“猪师父”阿旭》，《人间》第11期，1986年9月。
④ 王思茗：《阿德，加油啊！》，《人间》第4期，1986年2月。

的孩子获得婶母的善待，两家人和解，苦主家庭对汤英伸父亲说“请到家里来奉茶”的和解。毋庸置疑，和解背后，素来关注台湾少数民族问题的《人间》杂志，从各个角度分析案件，呈现少数民族弱势位置的历史与现实因素。此外，《人间》对劳工、少数民族、环保、学生、民俗艺人的报道，都散发着耶稣基督的大爱与人道主义的关怀。

二、“民众立场”与“人民性”：普通人的苦难生活与人生尊严

在别林斯基看来，人民性在于看到“人民的意识”“人民的精神”“人民的使命”。杜勃罗留波夫指出：“人民性不是一个形式问题，不是描写人民的风俗、仪式，摹仿民间的用语，而是在作品中‘必须渗透着人民的精神，体验他们的生活，跟他们站在同一水平……去感受人民所拥有的一切质朴的感情。’”杜勃罗留波夫把现实主义同人民性联系了起来。他认为，一个作品愈是具有深刻的现实意义，就愈是渗透着深刻的人民性。①

《人间》富有“民众”视野，用现实主义手法，以图片与文字见证底层群体艰辛却富有尊严、光彩的生命。《人间》引导读者把目光投向面目模糊、默默付出、辛勤劳动的底层大众和平民阶层，引导繁荣饱食的台湾社会关注被忽视的诸多人间世相。《人间》以关爱的态度呈现民众的尊严、奋斗与生机。拓展社会的关怀视野与精神品质：底层艰辛而奋发有爱的生活，勤勉、坚韧、知命的生存哲学，底层悲欢及社会结构的不合理。《人间》的“民众视野”“民众立场”与毛泽东《在延安文艺座谈会上的讲话》息息相通，也就是强调文艺的“人民性”及“人民美学”。

《人间》杂志聚焦普通百姓的喜怒哀乐，发现民众生活虽然苦难重重，却有着顽强生机与坚韧尊严。“人间灯火”栏目中，《我的朋友范泽开》② 讲述了一个底层外省老兵老婆七次出走，他自己一个人艰难抚养四个孩子的故事，最后受伤的岳父带着岳母、老婆带着一个六个月大的孩子回来，范泽开坦然接受，只是希望老婆安心过日子、不要再离家出走。《人间》对底层百姓的书写，不是异国情调式的猎奇，也并非居高临下的同情怜悯，而是难能可贵地呈现出底层百姓富有尊严、光彩的精神世界与艰辛坚韧的生命力，以底层百姓的

① 吴元迈：《略论文艺的人民性》，《文学评论》，1979 年第 3 期。

② 李文吉：《我的朋友范泽开》，《人间》 第 2 期，1985 年 12 月。

艰辛生活唤醒日渐麻木的中产阶级的心灵。《断臂中升起的圣歌：要让命运低头的苏守千》讲述一家三代的经历：祖父原是客家人，后为泰雅人俘虏；父亲为泰雅人勇士；主人公自己因“八二三炮战”毁掉双手。主人公少年时期就进入基督教会，圣经是他每天必读的，他失去双臂后仍顽强坚韧地生活着奋斗着，如今面对高银化工厂的污染顽强斗争，不曾表现出自怨自艾。以身残志坚的生命历程，对残障者“为他们活出了一种尊仰”，对四肢健全者“也让他们看到一种真正‘人’的风格与力量”。①

《阿德，加油啊!》② 写的是底层夫妻的相濡以沫，丈母娘不认女婿，阿德的太太阿秀却说：“我不在乎他过去是不是犯过什么罪，至少他现在已经改过了。”阿德从小丧母，父亲要求严厉，阿德十岁开始抽烟，初中分班教育后自甘沉沦，打架滋事。母亲节时，未满十八岁的阿德被关进拘留所。三年励友中心教化后，父亲却对他彻底失望，不去面对与理解改变后的阿德。在工厂被机器压断右手掌后，阿德靠卖菜为女儿赚奶粉钱。

底层群体物质贫困、生活艰辛，《人间》努力发现他们自身特有的价值与尊严。“从事初级劳动者，在台湾的产业结构中反而被剥削得最厉害，作为报道摄影者，去反映老百姓的喜怒哀乐、劳苦状态和较悲惨的一面，主要是感动于这些寻常百姓较具完整人格。”③ 底层劳动者并没有被资本主义社会异化，也没有被艰难生活磨灭心性，反而保持着健康自然的天性。在饱食、富裕的台湾社会，这种富有“人民性”的摄影报道，有着唤醒社会、唤醒中产阶级麻木心灵的作用。《人间》杂志视“人民美学”为精神贫困、道德堕落的饱食世界的救赎良药。

三、苦难根源：政治经济学与社会分析

从《人间》关于20世纪50年代“反共肃清”的报道文学中，我们可以看出白色恐怖的残酷性。国民党政府撤退台湾后的策略是“你们一心赚钱，政治的事情我们来管”。相当长的时间内，台湾民众犯有“政治冷漠症”，大家蒙头发财。《人间》第47期“台湾钱淹脚目”的报道，揭示了台湾社会政治与经济的疏离、区隔，揭示了“台湾经济奇迹”“台湾经验”背后的政治冷

① 王墨林撰文，蔡明德摄影：《断臂中升起的圣歌：要让命运低头的苏守千》，《人间》第5期，1986年3月。
② 王思著：《阿德，加油啊!》，《人间》第4期，1986年2月。
③ 李文吉摄影，编辑部撰文的访谈：《李文吉看》，《人间》第33期，1988年7月。

漠、底层劳动者的代价、革命者的牺牲，等等。

《人间》从马克思主义政治经济学的角度，揭示了台湾 40 年的高速发展是“独裁下的成长”。工人、农民为台湾现代转型付出巨大的代价，城乡差异使农村、农民在富裕饱食的大众消费社会犹如“国境内的异国”。[①] 不同于商业摄影的贩卖青春、甜蜜、现代、成功等幸福哲学，《人间》杂志聚焦被大众消费社会所忽视的面目模糊的被侮辱者与被损害者。《人间》的底层关怀，除却呈现劳动者的尊严，也从马克思主义政治经济学角度揭示底层被剥削被掠夺的一面。

《人间》第 37 期是针对财经杂志《远见》的“走过从前，回到未来”专题制作的，从民众视野与左翼政治经济学观点看待战后台湾历史，民众为台湾 40 年的经济奇迹付出巨大代价。这期专题缘起对于 40 年来台湾发展历史的不同解读与阐释，“幸福的人、有力量的人，在时代中受惠的人、坐食别人劳动的果实的人……对历史自有他们的写法和谈法。但没有力量、有口难言、有笔难书的人，无法分享社会进步的福祉的人，勤劳一生却只能求一身一时温饱的人们，他们对同一段历史的理解、记载和读法，和前面一类人者，就完全不一样”。[②] 不同于国民党官方的历史叙述与主流中产阶级杂志的历史叙述，《人间》第 37 期主题与致敬对象是：“让历史指引未来！溯走台湾民众 40 年来艰辛伟大的脚踪；献给 1950 年代初叶，那一段为人湮灭、遗忘的历史；献给 40 年来为台湾社会的发展付出了生命和青春，献上了劳力与血汗的无数民众；也献给决心探究历史的真实，丰富历史更为深广的向度，从而知所感恩，深受激励，进一步创造和改变历史的人们。”[③] “《人间》杂志的宗旨之一，是从大多数居于社会底层的勤劳、勇敢，却无口宣说、无笔特书的民众立场，去看、去诠释人和他们的生活；看人和他们的历史；去思考人和他们的自然与环境；去究明人和他们的生命……的杂志。”[④]《人间》此次“溯走四十年民众的脚踪”特辑，从民众史的视野，去“回顾”“记忆”和书写战后 40 年台湾社会发展经过，从而解释与瞭望官方说辞、其他杂志无从解释或者有意无意忽略的历史，从而发现唯发展主义背后的土地、资源、人性、公害等代价，发现疯狂逐利背后底层无法言说无权言说的生命困境。

---

① 陈映真《走出国境内的异国》，《人间》第 16 期，1987 年 2 月。

② 编辑部：《序曲：从民众的观点出发》，《人间》第 37 期，1988 年 11 月。

③ “让历史指引未来”专题：《人间》第 37 期，1988 年 11 月，“专辑主题”。

④ 同②。

《人间》揭示社会政治经济结构的不合理。阮义忠《人与土地》之一讲述自我的成长故事与摄影经历，低微的身份阶级、艰难的童年生活曾经是他极力想要摆脱的。后来机缘巧合，他通过摄影重新认识“人与土地”的关系，实现自我救赎。“大众消费的、行销的图像文化，使他自己的土地和人民成为异国。”[①] 阮义忠聚焦农村、农民、山地少数民族，“人与土地”的摄影透露出台湾的现代化与进步恰恰是占人口三分之一的农民和工人双手缔造，或付出代价的结果。

《人间》的人民美学表现为题材与立场的“人民性”，即看到繁荣的“后街”，看到农民、工人等底层劳工者为高速发展的经济奇迹付出的巨大代价。因此，《人间》的报道充满了写实主义，充满对生活、劳动、人的关怀，同时关注历史剧变中人的解放、生活的解放。

四、《人间》的阶级视野与底层抗争

受限于出身、教育程度与发表环境，底层在表述自身上一向是被动的。《人间》杂志以采访、报道的方式呈现底层世界的尊严与生机，为底层代言。同时，《人间》的视角并非仅仅让“底层”说话，而是深究底层艰难生活背后的社会因素、人的因素等结构性的政治经济问题，如“汤英伸事件”“关晓荣的兰屿事件系列”“八尺门连作”。《人间》的诸多报道呈现了被侮辱与被损害者，揭发了社会的不公不义，揭开不同于歌舞升平、浮华饱食社会的另一种世相。

在撒娇、撒野、含着棒棒糖的年纪，小学二年级的宋文章置身于钳子、起子、锤子中，帮助大人讨生活。该文同时记录从贫困家乡向台北流动的宋家努力坚韧的生活情态，他们历尽辛苦，终于在台北贷款买了小小的房子。五年后，中学的宋文章怀着卑微却又有尊严的梦想（电器行学徒—创业）跋涉向前。“我们的社会在迈向进步、富裕的过程里，是否也曾牺牲了、忽视了若干贫弱者的保障和福利呢？而我们的教育陷溺在竞争的、功利的、升学主义的……种种歧路上的教育，又该怎样照顾、培育这些贫弱者的子女？”[②]《人间》始终关心贫弱阶层是否得到公正公平的对待，关心社会如何为底层提供

① 陈映真：《走出国境内的异国》，《人间》第16期，1987年2月。

② 陈炳勋摄影，纪惠容、陈炳勋撰文：《焊枪·电钻·脚踏车……小小街头工宋文章》，《人间》第6期，1986年4月。

政治、经济等方面的上升机会。《老邱想哭的时候》的主人公老邱，在小学代过课，干过邮差、货车司机，最终到八尺门做了一个讨海捕鱼的渔人。文章从捕鱼归来欢聚的快乐写起，涉及妻儿的生活、婆媳矛盾、老邱因长期出海对孩子的歉疚、醉酒导致夫妻纠纷，以及老邱生活艰辛中的纵酒、呕吐与悔忏。老邱自言："我不是不会流泪的，但现在不是时候，将来儿子不长进再哭吧！"虽老邱努力工作，但其一家生活依然艰辛，文末尤其令人心酸："我感到人生的晦暗，不仅穿透邱的命运，同时也缓慢险恶地拨弄他的下一代。"① 阶级困境的代际传递，阶层上升通道不顺畅，底层翻身似乎遥遥无期。

《人间》既报道教师工会的筹组、教师人权的被侵夺②、云林农民抗缴水租的省思③，也介绍高雄"平民化"卡拉OK餐厅里"没有脸的人"——工人借着音乐、歌词，相互沟通、抚慰，自我肯定。④《人间》更呈现中产阶级主流价值下，叛逆、暴烈、反抗的工人次文化。工人们用死亡包围警局、反抗法律宣泄工人阶级集体的"悲剧性挫败"。其中引人注目的是深夜街头的飙车族工人，他们在生死之道上，寻求尊严与荣誉，寻求与社会的对话。《迈向工运之路》书写的就是一个工人如何与王永庆企业集团抗争劳动人权的故事。⑤

《共产党宣言》提到交通工具的便利，使得无产者的联系较容易达成。"只要有了这种联系，就能把许多性质相同的地方性的斗争汇合成全国性的斗争，汇合成阶级斗争。而一切阶级斗争都是政治斗争。"⑥ "随着工业的发展，无产阶级不仅人数增加了，而且结合成更大的集体，它的力量日益增长，而且它越来越感觉到自己的力量。机器使劳动的差别越来越小，使工资几乎到处都降到同样低的水平，因而无产阶级内部的利益、生活状况也越来越趋于一致。资产者彼此间日益加剧的竞争以及由此引起的商业危机，使工人的工资越来越不稳定；机器的日益迅速的和继续不断的改良，使工人的整个生活地位越来越没有保障；单个工人和单个资产者之间的冲突越来越具有两个阶级的冲突的性质。工人开始成立反对资产者的同盟；他们联合起来保卫自己的工资。"⑦

"人间劳工"栏目的《不开车，上街头》，以张俊明、蔡鸿福两位工人运

---

① 关晓荣：《老邱想哭的时候》，《人间》第3期，1986年1月。

② 李文吉、侯聪慧摄影，官鸿志撰文：《挺举"教师工会"的火炬》，《人间》第21期，1987年6月。

③ 颜新珠摄影，廖嘉展撰文：《一只牛能剥几层皮啊！云林农民抗缴水租的省思》，《水间》第22期，1987年7月。

④ 侯聪慧撰文、摄影，李明改写：《漂泊者之歌》，《人间》第5期，1986年3月。

⑤ 蔡明德摄影，陈之峻撰文：《迈向工运之路》，《人间》第23期，1987年8月。

⑥《共产党宣言》，《马克思恩格斯选集》第一卷，人民出版社，2012年，第409页。

⑦ 同⑥。

动领袖为中心，展现苗客工人罢工抗争的血泪奋斗。历经 28 天的漫长抗议，工人运动经历高潮、低谷与再起。工人们在县政府、劳委会等抗议现场高歌《团结就是力量》《爱拼才会赢》鼓舞自己。在运动低潮期，无力感弥漫。“谁没有父母、没有妻小？谁愿意放下工作，每天来抗议？……实在是为了生活……”工人疲累地睡在苗栗县政府抗议现场的照片如是配文。抗争第 15 天，劳委会站在公权机关的立场，不但没能强制公司落实劳基法，主委郑水枝反而在晚间新闻宣布苗栗客运公司解雇 244 名苗客罢驶工人“完全合法”。从政府机关、大众媒体到苗客资方，整个形势对工人极为不利。劳委会的官商勾结、致命打击反而把整个工会从崩溃边缘拉回，抗议再次进入高潮，同时全省其他工会团体也开始给予声援与关怀。“分散在台湾各地的劳工们，第一次这样紧密地聚在一起，像兄弟姐妹一样，彼此分享着长久以来的辛酸、苦痛和委屈。相互地关照、扶持，如同一家人般地相聚一堂，当他们布满厚茧的双手，彼此紧握的那一刹那，似乎台湾工运也同时进入了另一个阶段，所有劳工的血汗、泪水将化成一股共同的力量，为自己的权益和尊严，勇敢地往前迈进。”持续抗争终于令各界意识到“这不只是一件单纯的劳资纠纷，更是一场台湾资本家与劳工的整体战”。[①] 迟来的关怀亦令工人意识到唯有坚持与勇敢，才会赢得尊严与权益。在台湾的工人运动史上，苗客工人创造了历史性的辉煌纪录。苗客工人罢工的坚持，使得单独分散的斗争获得各地声援。

《不开车，上街头》与陈映真小说《云》的题材相似，幸运的是苗客工人罢工最终成功，而《云》中的罢工则是失败的。《云》源自陈映真 1979 年被逮捕归来，看到《夏潮》工作时采访笔记上记载的一个被压杀的工会运动的始末。“他突然悟解，当他生活在随时可能被逮捕的日月中，写作竟是惟一的抵抗和自卫。他把采访笔记的材料小说化，就是八零年发表的《云》。”[②]

五、新左翼视域下的同性恋、台湾少数民族、残障群体

《人间》是以弱小者的眼光去看人、看生活、看自然与世界的杂志。[③] 除却传统左翼的阶级视野与底层关怀，《人间》也延续新左翼对同性恋、台湾少数民族、残障群体等问题的关注。台湾少数民族族群对平地汉人资本的依赖，

① 方仰忠：《不开车，上街头》，《人间》第 36 期，1988 年 1 月。
② 陈映真：《后街》，薛毅编《陈映真文选》，生活·读书·新知三联书店，2009 年，第 25 页。
③ 参见《编辑室报告》，《人间》第 16 期，1987 年 2 月；《编辑室手札》，《人间》第 22 期，1987 年 8 月。

台湾弱势族群、残障群体的社会歧视等都是20世纪80年代台湾社会普遍存在的问题。《人间》关心台湾少数民族群体、残障群体、疾病群体、底层劳工、同性恋等弱势群体，关怀祖国大陆少数民族与边疆地区。“在世界摄影名作选读”中无论是美国流民、日本公害还是孟买妓女，《人间》的聚焦点始终是弱势群体，始终是被侮辱与被损害者。从Dorothea Lange摄影，郭力昕撰文的《离乡的母亲——逃乐西亚·莲恩与她的摄影观》中可见，1932年美国大萧条，莲恩投入失业者、受难者群众，用相机描绘出史诗般的“美国流亡图”，被誉为“贫困时代的良心、萧条人间的救赎”。

《雏妓奴隶呼天录》讲述了6个从火坑逃出的妓女对饱食社会的抗议。①这些雏妓多是来自贫困的汉人家庭或者山地少数民族家庭，家境贫困或者被骗被卖入娼寮，在地下室过着日夜被蹂躏的暗无天日的生活。作品揭示山地少数民族群体对平地汉人资本的依赖，如同台湾对美国等发达国家的依赖。汤英伸案同样呈现出平地资本对山地少数民族的压迫与欺诈。田雅各的小说《忏悔之死》② 揭示了台湾少数民族族群对汉人资本的依赖关系，揭示台湾少数民族生活日益贫困化、无尊严化的结构性因素。

关晓荣“八尺门连作”与“兰屿系列报道”展示了台湾少数民族艰难尊严的生活，以及现代资本主义对台湾少数民族传统文化的破坏，揭示汉人资本对少数民族的压榨。《关晓荣八尺门连作船东·海蟑螂和八尺门打渔的汉子们》讲述阿眉（美）人从自主航海者沦落为雇佣劳动者，他们在各方盘剥中艰难讨生活却不失做人尊严。

《人间》呈现讨海人、拾荒者、白血病者、残障者、同性恋、受虐儿童等弱小者、底层者、被损害者的尊严与力量。《人间》关怀弱势群体，关怀底层劳工，关怀老幼妇孺。“阮义忠速写簿”体现对残障人士、底层劳动者、失落的传统文明的关注。③“残障人权系列”之《别让这孩子失去失望》，介绍了“白化症”患者遭外界轻视、疑惧、挫折。④《禁忌的告白》⑤ 写同性恋的社会困惑。除却摄影报道与文字讲述，《人间》还通过座谈会、讲座等方式为同性

---

① 钟俊升，等摄影，曾淑美，等撰文：《雏妓奴隶呼天录》，《人间》第17期，1987年3月。
② 田雅各：《忏悔之死》，《人间》第24期，1987年10月。
③ “阮义忠速写簿”，详见《人间》系列报道。
④ 颜新珠、廖嘉展摄影，廖嘉展撰文：《别让这孩子失去希望》，《人间》第23期，1987年9月。
⑤ 颜新珠摄影，曾淑美撰文：《禁忌的告白》，《人间》第33期，1988年7月。

恋群体发声，《不可儿戏：真诚之必要——“青少年同性恋现象讨论会”纪实》[1] 就是座谈会的纪要。《和痛苦的人一起流泪》是“6万个孩子的声音”特别报道之一，关注的是残障儿童的痛苦、尊严，并呼吁大众与社会的关怀。[2]

综上所述，《人间》杂志是陈映真表达思想与文化实践的重要渠道，延续了陈映真对社会边缘弱势群体的关注，充满左翼人道主义与宽阔现实主义风格。《人间》的左翼并非抽象理念，而是通过宗教情怀与社会分析显影原生态的民众现场。《人间》杂志的创刊，是陈映真为“左翼乡土”另辟的一个战场，杂志的左翼底色是毋庸置疑的，同时陈映真的基督情怀也使《人间》充满疗伤救赎的“大爱”。

（作者单位：福建社会科学院文学研究所）

---

① 李瑞记录/整理，潘庭松摄影：《不可儿戏：真诚之必要——“青少年同性恋现象讨论会”纪实》，《人间》第8期，1986年6月。

② 余小民撰文，潘庭松、郭力昕摄影：《和痛苦的人一起流泪》，《人间》第8期，1986年6月。

人民性、底层视域与边缘意识

——论“第六代”电影的主题书写

刘桂茹

20世纪90年代以来，当代文学和文艺创作在市场经济大潮中沉浮，一些作品被“唯金钱论”的评价体系绑架，“作家富豪榜”“高票房”“高收视率”成了文艺创作的动力和风向标。而一些赚得盆满钵满的文艺作品却不能令人满意，其题材内容脱离现实生活，鲜有表现人民群众的日常生活，以及他们在时代变迁中独特心路历程的视角和立场。这样的现象和风气显然是不正常的，离开人民群众生活万象的文艺创作缺乏丰厚的底蕴，不可避免地会成为干瘪空虚的“无病呻吟”。因此，文艺创作亟须思考和回答的问题是，当代社会主义文艺该为谁创作？表现的主体是谁？要怎样体现人民性？这些问题也在拷问着每个文艺创作者的灵魂，考量着每一部作品的价值。

反观近年来涌现出的一大批来自底层的调查报告、一系列描写底层的文学作品、一组组捕捉底层的数字镜头、一长串研究底层的学术课题，我们发现，一批坚守现实立场和道德关怀的知识分子正试图用文字、影像、数据、图片等方式再现底层的面貌、生活、情感，揭开那些过去被遮蔽的底层问题，突显底层在当下社会的真实存在。越来越多的人开始自觉切进时代脉络，书写“底层”，表达对社会现实生活的关注和思考。关于“底层”的书写和表达是社会主义文艺创作的重要维度，也是“人民性和人民美学”课题中一个值得探讨和研究的内容，其重要性不言而喻。

事实上，自从“底层”问题引起人们广泛关注之后，相关的文学创作、学术研究层出不穷，人们尝试从各自的角度和立场来想象、分析关于“底层”的一切。然而，“底层”本身并不是一个单纯的存在，“底层历史是碎片化的、不连续的、不完整的”。[①] 对“底层”的命名本身就是一项艰巨的任务，人们对于“何为底层”就争论良久。马克思主义学派主要根据对生产资料的占有程度来划分社会阶层，在韦伯的分层理论中，人们在追求财富、声望和权力时，不同的职业阶层有不同标准，为社会分层理论提供了新的视角。蔡翔在《底层问题与知识分子的使命》一文中认为，划分社会阶层的依据是经济资源、文化资源、组织资源的占有程度，而底层“就是基本不占有这三种资源的社会群体”。[②] 这个数目巨大的阶层拥有着众多的所指，他们以相似的群体特征和社会身份而得到可能的统一命名。于是，社会学家、经济学家、人文知识分子等，他们的底层表述维度存在着较大的差异，也使得底层常常呈现为各种不同的面貌。

随着对“底层”的深入关注，人们对“底层”的讨论已经由“何谓底层”转向“底层如何被表述”或“站在什么立场来表述底层”。由于底层缺乏可以自我表述的条件，没有话语权的底层终将不能逃脱被表述的宿命。在各种关注底层的载体中，电影这一表现形式由于其影像的直观性与叙述的当下性，在建构底层符码的尝试中能够以强有力的视觉冲击揭开底层的视域。其中尤以中国“第六代”导演的电影作品最为突出，他们以电影的语言对底层弱势群体投以深切的注视，引起了学界的关注和讨论。

“第六代”的概念使用本身是有争议的，每一位导演的每一部作品都不可能被纳入这个概念进行打包评判。而鉴于学术界对“第六代”的概念使用比较普遍，本文讨论观照的正是这样一个创作群体，因此也暂时借用这个概念进行论述。这些创作者大多是20世纪60年代或70年代出生，80年代在北京电影学院、中央戏剧学院完成学业，并于90年代后崭露头角的电影人。学术评论界习惯将这一拨电影人称为“第六代”。自1990年张元的《妈妈》肇始，胡雪杨的《留守女士》、张元的《北京杂种》、管虎的《头发乱了》、王小帅的《冬春的日子》、路学长的《长大成人》、娄烨的《周末情人》等作品相继问世，成为“第六代”的代表作品。此外，还有张元的《北京杂种》、何建军的《邮差》、娄烨的《苏州河》、王小帅的《十七岁的单车》《冬春的日子》，贾樟柯的《小武》《站台》《任逍遥》《世界》，路学长的《卡拉是条狗》，等等。

在大多数观众看来，“第六代”是一个文化姿态、创作风格相对一致，带

---

① 查特吉：《关注底层》，《读书》，2001年第8期。

② 蔡翔，刘旭：《底层问题与知识分子的使命》，《天涯》，2004年第3期。

有先锋性、前卫性、青春性的创作群体。他们的作品在当代中国影坛形成了一种引人注目的电影美学。与中国“第五代”电影相比,“第六代”电影往往回避历史或遗忘历史。“第五代”电影以波澜壮阔的历史、风云变化的时代、幅员辽阔的黄土地、旷达爽性的人物书写国家、民族神话，征服并赢得了国内外许许多多的观众，并在中国电影史上成就了里程碑式的辉煌。而到了“第六代”电影出现的时候，却恰逢中国电影工业的危机期。他们没有“第五代”成长的温室，国内票房的急剧下滑使他们难以获得充足的资金和拍摄条件。种种窘境让执着于电影梦想的“第六代”不得不以影圈边缘人的身份在北京流浪。因此，相比于“第五代”导演遥望历史土地、编织民族寓言的美学追求，“第六代”导演更注重对个人生命经历的体验，更多指向都市及当下生活。他们提供了一种“个人电影”，以极其个人化的叙事风格，客观冷静地描绘生活在急速现代化都市边缘的人们。艺术家、同性恋、小偷、妓女、农民工、小市民……一群以往不被关注的边缘人进入他们的视野，在混乱的情感纠葛、迷茫的追求、琐碎的细节描写和俚语脏话式的台词包装下谱写青春残酷物语，描摹一幅幅颓废的城市图谱，讲述当代城市青年成长的故事。可以说,“第六代”电影最引人注目的特征“就是以边缘人出现的对于中国底层生活的高度关注，就是企图通过影像建构关于中国现代化过程中普通人生存状态的记录历史”。[①]叙述底层人物的生活、情感和遭遇是“第六代”电影的共同主题。这使得他们的作品总体上呈现了一种可以称为写实主义的风格，与“第五代”相比更多地表现为一种微观的对真实的注视。如果说“第五代”的落脚点是历史的边缘，那么“第六代”则是从现实的边缘起步的。

在“第六代”影像话语的底层经验中，那些永远拿不到城市户口的民工们似乎在城市边缘的一个角落里窥探着城市，然而又似乎与城市格格不入；那些城市中收入较少、生活水平较差的常住居民，尽管生活在城市却没有城里人的优越感；至于那些游离于城市的年轻人，他们或是心怀艺术梦想或是茫然游走于各种职业之间。上述这些人，再加上很多城市中的“异类”，共同组成所谓的“城市边缘人”。在这样的底层视域中,“第六代”电影以什么样的审美姿态来表述底层？又如何表述底层呢？

首先，表现底层的生活困境及底层与社会主流的断裂。在贫富分化日益悬殊、社会分层日益剧烈的当代社会，这种把社会大多数群体，而且是常常被遮

① 蓝爱国:《后好莱坞时代的中国电影》，广西师范大学出版社，2004年，第153页。

盖的群体生活苦难现状加以呈现的底层视域是“第六代”电影“道德关怀”的有力凸现。影片触及当下社会底层普通民众、弱势群体的个人性生存状况，表达对个体生命的关注和怜悯，以及对被遮蔽的社会现实的掘进。路学长《卡拉是条狗》讲述了城市普通工人老二家里养的狗卡拉被警察带走后老二的一系列遭遇。影片把老二这么一个都市边缘人物置于城市拆迁、建设的一片混乱嘈杂的环境当中。不仅如此，老二在单位得看领导脸色，回家得忍受老婆、儿子的抱怨。家庭的拮据及生活的窘迫使得这个有些落魄的中年男子选择了养狗来拾回自己的一点自尊。这就是底层人物生活状况的真实写照。然而，卡拉被带走以后，老二在试图救出卡拉的一切努力中更显出了底层民众的辛酸与无奈。这是影片建置小人物生存境遇的有力场景。老二与警察的交涉，人物间一系列迂回的对话凸显了底层民众的卑微。而在王小帅《十七岁的单车》中，底层的困境与青春期少年的焦虑、叛逆相互交织，更是直逼城市边缘人的生存现状。一辆单车联系着两个十七岁少年的生活、情感与命运。郭连贵是来北京打工的农村少年，为了挣得一辆单车努力地在快递公司工作着，就在他快要挣回那一辆单车时，车竟然被偷了。而小坚则是一个中学生，生活在北京小胡同里一个重组的家庭里，家境贫寒。为了在同学、在喜欢的女生面前赢得自尊，他花钱买了一辆二手车。但是这正是郭连贵被偷的车。于是围绕着这辆单车，我们看到了两个出身不同、理想各异的少年相同的压抑和挣扎。影片用郭连贵来浓缩城市外来者的艰辛生存之路（郭连贵不仅干最底层的工作，而且在城市中无法获得身份和命名），用小坚来表现城市少年成长中的焦灼和迷惘。可以说，这部影片是底层生活图景的真实记录。影片选择两个处于城市边缘的少年进行关照，体现了一种人道主义的关怀和社会批判的姿态。从老二的小市民处境、郭连贵的打工者辛酸及小坚的边缘生活，我们可以体味到这些底层人物的边缘感，他们的生活与主流生活形态呈现为一种断裂态式。

然而，这两部影片也并非仅仅停留于对底层生存苦难的表层叙述。面对现实生活的痛苦与无奈，老二、郭连贵、小坚尽管都无力抛开自己的底层角色，但他们在继续扮演这一角色的过程中也在寻找消解困境的道路，也即能够意识到自身状态，并直面困境、表示不满、极力抗争。当然，他们反抗的方式并非以苦为乐，将之淡化并化为虚有。当自身的底层处境威胁到个人的尊严时，他们极力把挽回尊严作为挣扎的筹码。老二坚持不懈地和警察交涉，托人找了各种关系，还受尽了嘲笑和鄙夷，但为了能把卡拉要回来他一直忍气吞声。事实上，卡拉的重要并不是它身价不菲，而是因为它可以让老二暂时忘记身处底层的悲凉。老二向昔日情人诉说苦恼时说，“从单位到家里，全都算上，我每天是变着法子让人家高兴。只有在卡拉那儿，它每天变着法子让我高兴。说白了，就是说，只有在卡拉那儿，我才觉得自己有人样”。因此，老二养卡拉虽说是一种“底层小资生活”①，但却是人物寻找个体自尊的寄托，某种意义来说是他反抗生存压力的方式。相比之下，郭连贵与小坚反抗自身认同的努力要显得稚嫩一些。作为一名外来务工者，郭连贵原本拼命寻找的是在城市的立足之处。发生丢车事件以后，无论是公司的责备、不满还是小坚一帮同学的纠缠，都让这个少年尝到了失去自尊的滋味。因此，找到单车并一直拥有着这辆单车一方面意味着他重新得到了工作，另一方面也一定程度上消解了他内心受到的伤害。而小坚消解压抑寻找自尊的途径则是围殴郭连贵，把单车抢回来，以此对抗家庭的冷漠和“女友”的背叛。可见，底层一方面忍受着卑微的现状，同时也试图反抗和表达，追求个人尊严。

然而，底层仍然是“失语”的阶层。由于像老二这样的底层人物首先是物质匮乏的底层，他们的反抗只能局限于对物质的争取。老二只能养狗来缓解不满情绪，两个十七岁的少年只能为争得一辆漂亮的单车来排遣自己的微不足道。从影片来看，这些边缘人物并没有认识到他们的底层状态可能来源于体制的不公或上层的优越。无论是老二养狗还是少年买车，他们摆脱底层的办法或者说他们的生活动力就是拉近与“上层”的距离，朝着“上层”所编织的理想和生活模式而努力，希望能够挺进“上层”。

其次，挖掘底层的情感压抑及底层与主流价值观念的断裂。“第六代”电影中的主体形象大都是没有远大理想的个体生存者，是一些整日里为自己的衣食住行这些最基本的生存问题劳累奔波的个体人。底层的生活苦难在日常的个人空间得以展示，给人以一种坚硬、沉重的感觉。然而透过底层的生活表面，许多影片更致力于探索底层“失势”群体的情感空间。这一群体有一个基本的特征，即游离于社会体制，按自己的无所谓的生活态度生活着，然而在冷漠的外表下也有着极度的内心焦虑。尤其是在历史转型的社会图谱中，经济、体制、价值观念、文化、习俗等全方位的变化和转型，使得生活于这一特定时空下的人们呈现出前所未有的复杂性：价值的混乱和重建、意义的丧失和追求。因此，影片极力传达他们动荡不安、迷离驳杂然而却真实感性的生存体验，注重挖掘人物迷乱、困惑、无奈等受压抑的情感。

① 王一川：《中国底层小资生活的错位修辞》，《当代电影》，2003 年第 3 期。

贾樟柯的“故乡三部曲”（《小武》《站台》《任逍遥》）正是把镜头对准这个群体的影片。正如他本人所说的，“我愿意做一个目击者，和摄像机站在一起，观看眼前的一切”。这三部影片采取的就是对于平民生活状态的纪实路线，讲述了青年人在社会变迁中的情感历程及他们的价值观念与社会主流价值的冲突。为了营造普通草根人物如县文工团的演员小武、小济们的活动环境，影片常常把镜头锁定于一系列琐碎的生活现实，包括随处可见的楼盘、道路的施工现场、街道上法制宣传的广播、卡拉 OK 中的流行歌曲、简陋的台球室、萧条冷清的商店等，而且喜欢使用长镜头来刻画生活的无聊感。《站台》讲述了山西汾阳穷乡僻壤里的一个文工团，从国家单位变成跑野台的“群星摇滚霹雳歌舞团”的旅程，重现中国近 20 年来的社会经济变化和小人物的沧桑。文工团的演员是一群充满激情的青年，影片用一种深沉缓慢的镜头，用充满深情的眼光注视这些在历史变革时期最容易被忽略的一群人。

某种程度上说，这些底层文艺工作者物质上相对并不十分匮乏，但他们充沛的情感、浪漫的追求、漂泊不定的流浪在历史变革时期正被庸俗与无聊的现实一点一点地逼退。于是，时代的变动与内心的躁动不安相互萦绕，崔明亮的晦涩爱情、浅薄亲情，以及张军破碎的恋爱使得这群情感脆弱的年轻人彻底感受到了生存与情感的压抑。影片还用一些政治歌曲和流行歌曲来表现几对苦闷男女的悲欢离合，包括邓丽君的《美酒加咖啡》、苏芮的《是否》，还有《我的中国心》《成吉思汗》，等等。事实上，对于这群青年而言，历史是不堪重负的浪漫谎言，而现实生存的困境与内心的煎熬，才是他们当下所真正经历且无以挣脱的宿命。《小武》更是对主人公小武——一个惯偷的情感世界的深入挖掘。对于小偷这样一个与主流社会格格不入的边缘人物来说，亲情、友情、爱情是小武聊以解脱的重要砝码。然而，影片却在这三方面斩断了小武的情感线，昔日好友对小武敬而远之，小武追求爱情而不得，父亲更是一棍子把他赶出家门，最终小武陷入了孤独无助的困境和情感的孤岛。与小武曾经的同事小勇相比，小武是一种底层的罪犯，是“人人喊打”的社会渣滓，而小勇却成了县里的模范企业家。于是，在无力改变生活现状，无力挽回缺失的情感，更无力摧毁不公正的社会机制的情况下，小武选择了继续堕落，并最终被警察抓获。同样的情感压抑还发生在小济、彬彬（《任逍遥》）身上，两个无所事事的青年人一边追逐着爱情，一边追逐着金钱，并以此来消解无聊与苦闷的情绪。

总之，在贾樟柯的这一系列影片中，底层草根人物均生活于破败与萧条的空间，这是影片有意营造的一种与主流社会若即若离的感觉，既烘托人物处境的边缘，也展示了人物内心情感的空洞与颓废。在有限的认知时空，在人情冷漠的当代社会，底层都是无根的漂泊者。这注定了他们无论在价值认同还是在情感追寻方面都处于“主流”之外。于是，在压抑与断裂的双重痛苦中，张军失恋、小武被抛弃、小济逃跑、彬彬被抓……

而在《世界》这部影片中，贾樟柯把一批来自山西汾阳的老乡安排在北京的一个世界公园里。这是一个浓缩了世界各大城市标志性建筑的人造“世界”。可以说，人物活动的场景比之前的三部曲繁华、开阔得多。然而，几乎难以改变的乡音似乎也暗示了这群“北漂”一族最终的命运。无论是赵小桃与成太生的爱情，还是二姑娘的死亡，都揭示了在全球化想象中现实生活的棱角对人物情感、生存的无情撞击。这群底层的漂泊者承受着城市浮华与虚幻对其情感的创伤，更为重要的是，“世界公园”的全球化假想使“北漂”一族更加陷入了情感的边缘。也许经济、文化都可能全球化，唯独现实生活中的底层情感不可能共享。这个意义上来说，底层受压抑的情感处于悬空的断裂状态。

张元《北京杂种》同样也表达了城市青年焦虑、躁动、愤懑、抑郁的情绪。影片由生活中的几个琐碎片断构成，主题集中在一批情感复杂、生活无序的年轻北京人身上。这部影片中的人物及素材采取的是社会纪实的视角，然而在叙述手法上却是采用碎片拼贴式，这样的处理方式除了暗示生活的混乱状态外，同时也突出了后现代生存空间下人们的空虚与无序感。喧嚣的都市中这些失去目标、处于社会边缘位置的人们显得那么无足轻重，而他们飘荡的个体生命体验更使得存在的意义变得无比空洞。于是极端自闭与孤独的情感世界里，他们迷恋、沉醉在虚无中不能自拔。可以说，现实的坚硬把这些无所事事的人们放逐于虚无与流浪之中，在他们的自我空间中苦闷的情感无以释放，空虚感加剧了他们与社会主流价值的决裂。影片中多次出现摇滚歌手的演唱，而事实上他们表面的狂欢与放任，让观众感受到的不是歌手酣畅淋漓的宣泄，反而是他们虚弱乏力的内心表征。于是，摇滚的颠覆与破坏力量完全被架空、消解，只剩下摇滚的痛快氛围下沉重的虚无。

底层的情感空间并不因为底层的困顿而消失，但却可能因为底层的边缘状态而受压抑、被忽视甚至被剥夺。从这些影片可以看出，不管底层是不是相信现代化都市的爱情，底层终归得不到纯粹的爱情。一方面因为影片中的底层人物的情感状态与主流社会相悖甚至断裂；另一方面，在都市商品经济的洗礼中，底层的爱情神话由于缺少坚实的物质基础而最终宣告破灭。为了突出底层受压抑的处境，影片常常把镜头锁定于令人窒息的环境、冷漠的人情、尖锐的矛盾及现实的冲突等，消解了“第五代”电影历史寓言再现的神话，直逼中国当代社会现代化进程中各种急遽变化的现实。

最后，书写底层的精神扭曲及底层内心情感理念的分裂。把底层归类为“边缘人”，还应从精神层面来看。“第六代”影片中的底层主要生活在城市，但是他们并没有真正享受到城市的主流文化，他们的精神世界很难真正与城市人沟通。有些人完全生活在自我的个人空间，拒绝与任何人来往，更不愿意与人沟通；也有一部分人的价值理念已经在善与恶、高尚与低下、自我与他者等方面表现出精神扭曲，甚至是人格分裂。

《苏州河》里就塑造了这样一群“边缘人”。无论是马达还是牡丹、美美，他们在现实生活中无限漂泊，既不和别人交流，也拒绝把自己的感受告诉别人。在介绍马达这个人物时，影片旁白说马达的生活方式是白天送货、晚上看一整晚的盗版 VCD。他们的生活里根本不需要和他人交流。就像《小武》中小武不会唱流行歌曲，与歌厅女子“压马路”一路无语等场景也证明了小武精神世界的苍白。苦涩的生活体验，人生的无序、无奈和无可把握，以及城市的浮华与喧哗都使小武无力招架，继续迷失自我。另外，张元的《东宫西宫》把视角转向了城市另一种“地下人”的生活形态——同性恋，何建军的《邮差》则深入到潜意识、隐意识的层面来探索一个“偷窥者”敏感、焦虑及自闭的精神状态，贾樟柯的《任逍遥》也突显了小济、彬彬承担爱情的无力感及身处喧闹县城的骚动与不安，结果居然受一案件的启发去抢劫银行。王小帅《冬春的日子》则是一部探问画家内心和灵魂状态的电影，艺术上不被理解和爱的失落导致了主人公的烦恼和精神分裂。晓东炽烈、执拗而又近乎病态的眼神特写，揭示了画家人生中确如其状的执着、失落和崩溃。以性爱的炽烈、升腾，合体为一作为电影的开端，以镜像中的晓东脱掉画裙，戴上解放帽穿上中山装，在角色变换中象征着一人两貌的人格分裂为结尾，影片不露痕迹地完成了对于人物精神分裂的投射与书写。

这些影片用迷离的色彩、跳动的结构、摇滚的节奏，来完成这群情绪化的人物精神被扭曲的过程。光怪陆离的都市浮华和来去无归的生存体验，使得这些生活于社会夹缝中的边缘人物倍感压抑的痛苦。在他们看来，在无力改变现状的情况下，与其做无谓的挣扎，还不如退回到自我的精神世界。于是，封闭的、自恋的情绪成了这些底层人物寻求发泄、试图解脱的途径，最终导致他们的自我迷失。在这里，迷失的已经不是个人追求的价值与意义的维度，而是个体精神世界的迷离。在自我与本我的冲突中，底层自身的价值理念已经蜕变、分裂、缺失，其精神空间是一个失衡的、变形的、被扭曲的存在。在这些影片中，那些在底层挣扎的人们承受的不仅仅是情欲和日常生存的煎熬，他们感受更深的是外部环境与内在情感冲突、撕扯之下的疼痛。

总体而言，“第六代”电影以纪实风格、平民视角呈现了一种朴实自然的美学形态和平平淡淡的叙述节奏。它们叙述普通人特别是社会边缘人的日常人生、喜怒哀乐、生老病死，表达对苦涩生命形态的描摹与思考。在底层苦难中写出他们的倔强，写出他们丰富而复杂的内心世界，给予他们的存在以完整性的审美观照，呈现出了多角度的底层视域，直面社会现实，给观众以强烈的视觉冲击及心灵震撼。无论这些“苦难”是“第六代”导演本身的边缘体验还是他们对底层断零感的想象，都显示出他们强有力的价值关怀和现实视角，同时也彰显了“第六代”导演为底层代言的立场。只是从大部分影片的主题、情节、人物、场景等设置来看，大多数也只停留于表述底层、再现底层困顿这一维度，而底层的出路及底层如何改变现状等问题还没能得到更深入的探讨。当然，这是一个更为复杂的命题，也需要一个漫长的过程。

（作者单位：福建社会科学院文学研究所）

文学介入理论：研究现状及其可能性空间

郑海婷

一、研究现状

谋求人类的自由与解放是马克思主义的永恒信念，而时代和社会的变化发展不断对革命实践提出新的要求；同时，左翼思想中颠覆现状的渴望也不断激发着艺术家的想象力，改变了艺术的创作、消费和分配。就文学领域而言，文学与现实、审美与政治的关系向来是文学理论关注的核心命题，对这一问题的不同回答往往标示出不同体系文学理论的知识立场。“文学介入论”即对文学与现实、审美与政治关系的一种阐释。围绕这个问题，现代文论史上形成两大倾向：主张文学的政治和教化作用的文学介入论和主张文学的自律性和艺术性的审美超越论。前者认为人文知识分子要对时代发言，要以文学为手段介入政治；后者则强调文学的自律性和审美特性。但由介入论与超越论构成的话语光谱则要复杂得多：什么是“介入”？文学的介入是什么？我们时代的文学如何介入？审美形式在介入中又扮演了何种角色？这一系列的问题必须放在当代理论和美学实践相结合的视域中重新予以审视和考辨。

在西方理论史上，文学介入问题一直是理论家们争执不休的话题，在马克思主义的脉络上则体现得更为明显，近年来这一问题已然成为显学。在解构主义逐渐式微之后，随之兴起的文化研究重新打开了文学和社会的连结通路，在哲学和社会科学领域都出现了文化转向，而近年来大热的理论家们，从德勒兹到巴迪欧、朗西埃和阿甘本都不约而同地关注了文学艺术的政治性和介入问题。由弗·詹姆逊主编、杜克大学出版社出版的“后当代介入”丛书从 1989

年至今已经出版了130多种，从文化研究和后现代主义的视角探讨了一系列深度关切历史和现实的理论问题：包括《帝国修辞学：新闻、游记和政府的殖民地论述》《共产主义之后的卢卡奇：当代知识分子访谈》《符号的交易：全球流通中的翻译问题》《米老鼠内部：在迪士尼世界工作和游玩》《资本主义阴影下的文化政治》《晚期资本主义美国的身体》，等等，涉及的论述范围十分广泛。这套丛书20多年来几乎每年都有新著出现，西方理论界对介入问题的理论兴趣之长久可见一斑。而近年来，随着马克思主义和泛左翼文学理论的复兴，文学介入问题更是再次成为西方人文学界关注的热点之一。在新自由主义盛行的语境下，文学介入的意义进一步凸显出来，介入主体的重构命题开始进入人文知识界的思想视野。诸如：在快速遗忘的消费社会里，许多人已经放弃了叙述自我的权利，那么，艺术家和理论家是否应该站出来，更加激烈地加入全球性思考，记录被遗忘的和被孤立的部分，从而为新的政治空间提供具体经验？这样的问题被提上了议程。美国加州大学多次召开“今天的介入理论工作坊”，邀请文化学、社会学、人类学和文学艺术研究者共同参与讨论当前时代的介入问题，历年来探讨的主题涉及行为艺术的介入与暂时性的承诺，公共知识分子的角色与公共空间的消退，介入、超越与共同体的悖论，介入的身份与后殖民社群，作为审美选择的政治介入，作为政治选择的审美介入，等等。可见介入问题已经成为西方人文学界各学科领域共同关注的一个热点。

就中国文论而言，现当代中国文论也在介入和超越的两极之间不断摆荡，此消彼长，并阶段性地达到某种平衡。现代文论存在“为人生而艺术”和“为艺术而艺术”的分歧，代表有梁启超的“群治”说和王国维坚持文学自主的超越说，还有鲁迅对介入和超越关系的复杂思考。当代文论同样存在介入论和超越论的张力。进入21世纪以后，学界开始反思“纯文学”话语，“底层话语”的出场和“文学现场”的回返，以及“文化研究”的兴起，表明文学介入理论又重新回到文论场域。这些讨论涉及20世纪90年代整个文艺理论与批评的转型问题，涉及对纯文学与纯审美主义的反思与批判课题。介入论的复苏衔接了文学入世的传统，与干预论文学思想一脉相承，但新的理论资源的导入，进一步打开了文学介入论的空间，文学介入论变得逐渐丰富复杂起来。21世纪以来涉及文学介入问题的学术论文数量逐年上升，集中讨论以下问题：一是当代文学如何介入变化了的社会现实，二是萨特的文学“介入”理论与知识分子的社会责任，三是文学批评如何介入文学现场和文化场域。

综上所述，近年来中西方理论界都同样表现出对文学介入理论的重新关注，有必要回返历史脉络和文化场域重新思考文学介入理论的重要性和复杂性，找出前人对文学介入论研究的盲点和误区，重新思考文学与社会的联系，为文学介入当代现实提供一种理论参照。

迄今为止，当代中国文学理论对介入问题的研究主要存在两个问题。

一是理论资源上以萨特为中心，多数讨论聚焦于萨特的介入理论与知识分子实践，对西方文学介入理论缺乏整体性和脉络化的考察。学术界围绕萨特介入论的考察，一般只关注到与萨特来往较密或与萨特发生过论战的梅洛—庞蒂、加缪、罗伯—格里耶、罗兰·巴特等人，视野相对集中。这导致了目前的研究大多是像空中楼阁一般的无根无系或者萨特一家独大、一叶障目的情况。事实上，文学理论的超越和介入的两极所组成的话语光谱十分复杂，二者并不是非此即彼或非黑即白的关系，这个场域之内还存在暧昧和幽微不明的区域，例如鲁迅对文学与政治关系的思考就极为复杂，不容易一语定论；这个场域之内也存在大量以往被忽视的区域，例如阿多诺虽然认为审美是超越的，但是他又同时指出艺术正是通过审美的超越到达理想的彼岸，实现政治解放的承诺，从而也就完成了介入。所以，必须同时考虑到这些以往不被计算在内的部分。从这样的视野出发，我们发现，术语的流徙也对汉语理论界造成了一定的遮蔽。萨特所使用的法语单词“engagé”没有直接对应的英文，而英语学界一般用“committed”来对应它，后者进入汉语学界又衍生出多种不同的译法，这种多义含混的情况很容易形成遮蔽。阿多诺在20世纪60年代曾经发表了《论介入》一文质疑萨特的介入理论并提出了自己的介入观，与他在《美学理论》中的“义务/介入”一节互相补充，这些方面都是探讨文学介入论的重要文本，但是目前对介入的讨论中却几乎没有涉及。

二是对文学与政治关系谈论较多，对文学介入现实的中介谈论较少。一种情况是，跟随萨特的思路，将文学介入问题归为人文知识分子的社会责任问题。谈论介入的时候不谈论文学，而谈论知识分子与社会。另一种情况是，回到文学介入本身之后，简单化地将文学和现实联系起来，认为描写了现实就是介入，不考虑文学介入现实的桥梁或者中介。还有的学者已经注意到了审美形式的中介作用，但是往往一语带过或流于表面分析，并未深入思考文学介入的形式策略问题。

针对这些不足，对文学介入理论的考察需要重回起点，将文学应当介入作为理论预设，进而进行自问：文学如何介入？文学介入现实的中介是什么？回到文学，抓住文学的独特性，雅各布森说那个使文学之为文学的东西——文学性，也就是文学形式——这就是文学介入的中介。于是，一个可能性的空间被打开了：在重新梳理当代文学介入理论的基础上，寻找到审美形式作为文学介入现实的中介，并由这个角度切入对20世纪西方文论史上的几种文学介入理论的反思。

二、可能性的空间

目前为止，在西方文学理论史上关于文学介入的理论思考有许多，以下三个路径尤其具有代表性。

其一是以文学手段直接介入社会，认为文学可以而且应该干预现实，强调文学的宣传和教育功用，最著名的就是萨特在《什么是文学?》中提出的知识分子的职责和担当，使其成为战后法国文坛左翼行动主义的执牛耳者，我们可以称之为“行动的文学介入”。目前国内学界对文学介入理论的探讨一般都集中在这个思路上。但是，这大量的探讨仍然有所偏颇。首先，把萨特的文学介入局限于他早年发表的《什么是文学?》，没有看到萨特晚年对介入理论的修正；其次，以单一的文本来定义萨特的介入理论，没有把萨特的哲学思考和文学介入的深层关系理清楚；再次，过于简单化地定义了萨特的介入理论，没有结合萨特本人的介入式的文学批评来考察介入理论对文学批评所产生的影响；最后，只看到结构主义和后结构主义者们对萨特的简单批评，以为萨特是一个很轻易就能驳倒的对手，却没有深入考察萨特在左翼理论中所开拓的有价值的方向，这些方向至少包括：马克思化的海德格尔及引进第三项打破结构主义二元对立的结构。从以上四个当前研究的薄弱环节进入，我们可以发现萨特的存在主义现象学为文学介入理论带来的诸多洞见。

其二是“不介入的文学介入”，这个思路尤为强调艺术的批判力量，认为艺术对社会的拒绝和否定就是艺术的介入。而艺术的介入是通过对艺术形式的精心塑造来达成的，是内在于艺术之中的，这种介入是远离社会的，是隐蔽的而不是显豁的。这一思路认为文学可以对社会发生作用，但是这种作用只能以幽微曲折的方式改变意识来间接达到，持此观点的最有代表性的理论家是法兰克福学派的主将阿多诺。从这种不介入的方向来考察介入问题，目前国内学界的讨论相较第一种所见不多。我们看到的零星几篇文章一般只对阿多诺不介入的介入做描述式的介绍，而没有深入的解释，诸如为什么不介入的介入也是介入？不介入的介入如何介入？文学形式如何承担文学介入？文学的自律性和社会性的辩证关系如何建立？这些非常有价值的问题都还需要进一步的研究。对这些问题梳理过后，我们可以发现阿多诺的冬眠战略的实用主义面向，那么，这种冬眠战略是否如齐泽克所说是当前左翼文学唯一可行的介入？这背后的问题是阿多诺的救赎本体论所提供的具体化的乌托邦图景是否仍然可以激发今日革命的热情？这些问题，都可以进一步探索。

其三则来自法国理论家雅克·朗西埃，他提出了作为感性分配的艺术介入观，笔者称之为“感性分配的介入”。朗西埃不再满足于阿多诺遁入艺术中的策略，主张打破艺术的边界，引入生命的维度，以此激发出一种元政治：通过实现感性的重新分配和分享，艺术介入了。这样，做艺术就是做政治。这个思路打破了政治外在于艺术的传统构想，为我们打开了新的思考空间。从感性的微观角度切入来关注分配问题，在大卫·哈维的正义分配之外提示了另一种分配政治的可能——感性分配。这是当前国际上左翼理论的一个重要发展方向，但目前国内学界对朗西埃还处于译介阶段，尤其是文学研究界对其进行的相关理论探讨尚处于起步阶段。朗西埃和“作为感性分配的文学介入观”仍然有待进一步的倾听。

选择以上这三位理论家并以这种顺序前后串联也有必然的原因。他们通过文学和艺术来想象着另一种社会关系系统，在不同的时空背景下，分别将艺术介入的信念诉诸行动、批判和感性。具体说来，萨特的介入是行动性的、乐观主义的和肯定性的，也是情感式的。他以饱满的热情用艺术呼应了当时热火朝天的革命形势，用他的理论拥抱沸腾的大众渴望改变的心声。阿多诺的介入是否定性的，也是理智式的，他从对萨特的批评开始构建自己的介入观，指出萨特的艺术正面介入现实是不可能的，艺术的介入要在艺术内部进行，一出离艺术的范围，就容易被行政化世界的虚假意识形态捆绑。阿多诺认为，艺术对现实的介入是否定性和间接性的，艺术为什么不能像萨特“介入文学”的口号所声称的那样对现实进行直接介入呢？因为正如福柯所说，我们生活于其中的现实是管控严密的监视社会，并且随着文明的发展，这种监控也日益严密，这张巨大的监控之网密不透风地包裹住人们，同样也包括艺术；在这种情况下，肯定性和直接性的介入是不可能的，其结局不是立刻被取缔就是轻易被收编。所以，在监控社会里，艺术否定的、隐晦的表达方式是自身的保护色。这确实是艺术的弱点，却也是艺术不得已的生存策略。在阿多诺之后，朗西埃提出作为感性分配的介入，这代表了艺术介入的务实一面，与萨特的集体主义观点不同，是立足于个体的介入。朗西埃同时反驳了阿多诺，他认为阿多诺将介入困于艺术内部的做法已然行不通，艺术要与工人运动结合起来，60 年代后期以来左翼艺术往参与式方向的发展也给了他这个想法更多信心。朗西埃首先肯定了左翼革命的基本诉求——平等，那么，什么是人人平等的呢？他认为要到艺术内来寻找——审美感性，人人皆有的感性可以重新开启平等的革命。所以，目前的革命还是要从艺术领域开始，做艺术就是做政治。综上所述，我们可以发现，这三个人，每一个都是从前一个停止的地方出发，不断延续关于艺术在左翼运动中的介入的思考。

（作者单位：福建社会科学院文学研究所）

人民美学建构与民间戏曲转型

——“海丝舆论场”中的百年歌仔戏①

王　伟

一、听觉与认同：两岸歌仔戏的文化地形与历史记忆

（一）视野与方法：新旧之交的民间戏曲

美籍印裔学者杜赞奇（Prasenjit Duara）曾经意味深长地指出：“历史就像打给我们的电话，我们必须大体在其框架之内对之做出答复。这样现在的我们与来自过去的打电话者共同成为创作过去者。我们这样回电话，回电话时相互之间有多大差别，反映出我们现在的处境与创造性”。② 诚哉斯言，在海峡两岸出版的闽南戏剧论著所确立的阐释框架下，多源复合的歌仔戏形成并崛起于现代性风起云涌的大变革时代，却又悖谬式地与闽南地区其他古老剧种（如享有“宋元南戏活化石”之美誉的梨园戏）共同分享“非物质文化遗产”的隆重声誉。若以今人的“后见之明”来追忆这一东西汇通、古今交融的转型岁月，其时就社会历史层面而言，东亚地区（已然被刻画为“儒家文化圈”的影响区域）以空前的焦灼与未有的热忱，拥抱据说表征现代、隐喻未来的世界文明，毅然决然地返身加快社会现代性的步伐进程；就个体生命向度而论，和缓自然却又内向保守的农耕生存状态，以始料未及的加速度隐退幕后，其典型表征便是日出而作、日落而息的生存方式，周而复始、循环往复的体验

---

① 基金项目：中国博士后科学基金面上资助项目（2015M570554）；福建省社会科学规划项目（FJ2016C120）；泉州师范学院国家级和各部委项目预研基金（2016YYSK17）。

② ［美］杜赞奇：《从民族国家拯救历史》，王宪明译，社会科学文献出版社，2003 年，第 63 页。

方式，忽然间被理性规划、线性进步的现代时间观所消解与取代。正是在此意义上，时间作为现代性的新近发明，渗入空间的文化意涵，前现代性/现代性的现实并置，在未加反思的具体陈述当中，悄然置换为东方/西方的想象对举。这一思维扩展到戏剧领域，就表现为现代性语境中新剧/旧剧的二元对立，缘此在上两个世纪之交甚至20世纪之初才应时而生的一系列地方剧种（如歌仔戏等），便在进化论戏剧史观的支配下，被时人合乎逻辑地归入“旧剧”范畴中，进而不无吊诡地操控今人的研究倾向。大而观之，戏剧学人似乎更加重视在主体/他者、核心/边陲、传统/现代等多项二分框架中努力开掘其兼收并蓄、杂交而生的美学特质，以及其所存留之大时代中的历史文化记忆。

“重要的不是故事讲述的年代，而是讲述故事的年代。”如果说此前“以史论戏、戏以证史”的互文讨论，或许还局限为学院中人自说自话般的自娱自乐，只是流行于负笈欧美学府，以及穿梭海峡两岸及香港、澳门的海外华裔学者群，与表面痴迷神秘东方、实则不无自恋的西方汉学家中。然而，随着法国社会心理学者莫里斯·哈布瓦赫（Maurice Halbwachs）的扛鼎之作《论集体记忆》译成中文而播撒开来，困厄于皓首穷经之案牍爬梳、惶惑于往来颠簸之田野调查的历史学者，首先欢欣鼓舞、雀跃不已，似乎瞥见颠覆“元理论”、解构“元历史”之后范式转换的一缕曙光。是故，在“重写某某史”的呼吁声中，戏剧性地挪用舶来的人类文化记忆的时尚话语，重启本土文化的知识生产，日渐成为历史学、民俗学、人类学界津津乐道的热点话题。向来就有关怀人生、介入现实之浪漫情怀的国内戏剧学界，自然未能置身其外，格外关注这个曾被忽略而又亟待反思的关键课题，有些专治现代戏剧的新锐学者，参照日本学者柄谷行人、沟口雄三等人的卓越阐释，以“本土立场、东亚视点”来重新诠释戏剧记忆。稍加检视记忆话语在华语学界的学术旅行，仅就戏剧这一现代文学的经典主部而言，无论科班出身之学院精英循规蹈矩、立场客观的严谨之论，抑或客串其间之戏迷粉丝有一说一、感同身受的印象之议，见诸各路各式新旧媒体，一时间蔚为话语大观。有鉴于百年华语戏剧的文化地形，存有一以贯之的问题脉络，其直接联系着以古老中国为代表的东亚地区索求现代性的历史进程，不少专家以为，华语戏剧的新近版图勘定，必须结合现代性（具有相辅相成甚至相反相成的多幅面孔）的东方旅行而做整体考量，缘此观/演互渗、文本新释、空间重构等戏剧问题，便顺理成章地转入东亚现代性的学术寻绎。具体到闽南戏剧的研究论域，处在象牙塔内的学院中人，在研究民俗曲艺的现代性转型问题时，似乎特别青睐歌仔戏这一意义缠绕、兼纳众源的繁复文本，常以这一既遥远又接近之地方剧种的百年传播作为言谈对象，于不经意间将之幻化为林林总总之新学旧说的理论演武场。

“任何一项研究都分享了其所处时代的知识关切。”[①] 借由探勘歌仔戏（曾经处在有效的叙述语词之外）与文化记忆的联结网络，其研究范式大体可以化约为现代性问题意识烛照下的两种论说方式，“一是渐次细化、日趋精进之显微镜中的内部研究，二是境界始大、眼界开阔的望远镜下的外向研究”。[②] 不言而喻，作为侧重戏剧本体演进与艺师个体记忆之深层辩证的前者，受惠于人文学界与艺能界的热络联系与频繁互动，而以“文献、文本、田野”三重证据法，全面呈现戏曲“真嗓/假嗓”的优劣论断、“男女班”／“全女班”的高低评判、“幕表制”／“剧本制”的短长对比、程式化/生活化的去留相较、“大众化”／“精致化”[③] 的得失解析。与之相映成趣，私淑社会学理论与文化批评实践的后者，得益于宏大理论背景下文本细读法的会心妙用，以新历史主义与（后）结构主义两相结合的言说方式言前人所未发。其超越审美本质主义（戏剧自律论）的思维桎梏，从“歌仔戏作为闽南族群之记忆场域”的角度切入，探究当中所显影之身份认同的时代议题，在更高层面恢复了中断已久之戏剧研究与公共领域的对话关联。进而思之，上述各有侧重、各擅胜场的研究旨趣，在不期然间开启了一种以关系主义、建构主义为内核的思维进路，不约而同地指向以歌仔戏为代表的民俗曲艺与现代公共文化空间的互动关系，从而在一定程度上消解了实务界与理论界偏执一端的对话障碍。别具意味的是，厦门大学中文系陈世雄教授在《闽南戏剧》一书中提出“闽南戏曲文化圈”，认为这一以方言为主要尺度划分的圈层概念，包括闽南与潮汕地区（核心地带）、台湾地区（次核心区）、东南亚各国的闽南人聚居区（外围地带）。在其看来，“制约该文化圈的历史发展、使戏剧发生变异的重要因素，还有人口迁徙、宗教信仰与民俗、政治环境与行政干预、社会舆论与戏剧评论、外来文化影响等等；方言话剧和方言歌剧的成功标志着闽南戏剧文化圈的体系化与现代化”。[④] 陈世雄教授的同事周宁先生亦在《话语百年：从中国话剧到世界华语话剧》中不无深意地阐释“全球本土化”（glocalization）术语，发人深省地指

① 周云龙：《呈述中国：戏剧演绎与跨文化重访》，生活·读书·新知三联书店，2012 年，第 1 页。

② 王伟：《表征闽南：歌仔戏研究的现代性寻绎》，《齐齐哈尔大学学报》，2013 年第 6 期。

③ 陈世雄：《论闽南戏剧文化圈》，《文艺研究》，2008 年第 7 期。

④ 陈世雄：《海峡歌仔戏研究的两岸几个问题》，《中国戏剧》，2001 年第 11 期。

出，“我们应该在跨文化、跨国境语境中讨论话剧的历史问题”。[①] 受之启发，近年来闽地高校的戏剧研究者，有意识地在跨文化比较戏剧学的论述框架下，探讨“闽南戏剧在海外的传播”与“海外戏剧在闽南的传播”，初步构建东亚文化格局中的闽南戏剧地形图。

（二）风景的发现：跨界想象的庶民狂欢

作为周宁与陈世雄两位先生的高足，福建师范大学文学院的周云龙副教授，在其《跨界想象：跨文化戏剧研究（中国，1895—1949）》与《呈述中国：戏剧演绎与跨文化重访》中，别出心裁地发明“公共观演域”这一名词，希冀这一具有关系主义视角、建构主义色调的戏剧人类学概念，能超越当前学界关于东亚戏剧的理解误区，透视中国戏剧的传统性/现代性/后现代性。显而易见，这一概念的引入意味深长，其能够在偏重戏剧本体的内在研究与着眼社会环境的外部研究之间，建造起一座往来互通、可供涉渡的思想浮桥，从而有效勾连戏剧现代性的原型层面、现实状况与审美维度，最终在原有戏文史料的重新释义与跨文化交往的间性系谱中，敞亮地方戏剧活动的文化记忆与现代经验，图绘东亚语境中闽台戏剧的演进轨迹与交流图谱。在笔者看来，“公共观演域”这一繁复驳杂、经纬交织的哲学语汇其来有自，其后承袭的是法国社会学者布迪厄的“场域理论”，后现代哲学家米歇尔·福柯关于话语运作之权力机制的深邃洞见，以及当代对话主义领军人物哈贝马斯之“重建公共空间”思想论述等西方谱系。但其更为内在地体现着另外一条线索，即从“现象学运动”开创者胡塞尔到现象学存在主义思想家大师海德格尔，以及哲学诠释学家伽达默尔、接受美学创始人姚斯的德国哲学发展脉络。有鉴于此，以之具象化地观察闽台戏剧的现代性历史演进，真切还原其潜隐深埋的话语结构场，重建其在东亚情境中的在地化论述，必然要对“戏剧闽南”做深层考掘，于“闽南戏剧”予双重辩证。

首先，依据从“逻辑到历史、由问题而方法”的致思路径遐想开来，歌仔戏的观/演活动并非与现实无涉、静止孤立之本质化的实体存在，其与特定的“表演场域”（作为演剧空间的诗性隐喻）联系紧密，因而是存于特定时间与具体空间的意义建构与传播活动，呈现出多元性、动态性、开放性与未完成性。进而言之，在主客不分、身心一体之戏曲狂欢的交往过程中，“美视美听”

① 周宁：《话语百年：从中国话剧到世界华语话剧》，周云龙《天地大舞台：周宁戏剧研究文选》，厦门大学出版社，2011 年，第 235 页。

的虚拟意象与视若无睹的周遭现实，在观众与演员两相凝望、彼此对视的戏剧仪式中耦合同一，镜像式地询唤出歌仔戏汇融百家的剧种品性和与时俱进的戏剧意涵。是以，生于斯、长于斯之闽南地区的升斗小民，并没有被隔绝在锣鼓喧天、曲韵悠扬的剧场风云之外，其日常生活与梦想憧憬，亦步亦趋地模仿本地戏剧（作为媒介）所精心营构的审美乌托邦世界。由“自我角色”转变为“戏剧角色”，再延展到“社会角色”的“观/演主体”，在“戏内/外”的公共空间中互相映衬，通过主体之间的对话协商形成关于历史的记忆框架，而这种源自内心、鲜活生动的个体体悟与民间经验，乃是理性客观的真实认知与浪漫主观的戏剧想象，在主体间性的仪式迷狂中融合重叠，显然有别于体系化、整一化、本质化之叙事逻辑支配下的主流记忆话语。

其次，以庶民阶层为目标受众的歌仔戏，无论是在登台入室之“内台商演”的鼎盛阶段，抑或近来呈现搞笑特质的电视综艺歌仔戏，表现手法上往往转益多师、不拘一格，因时因地而变通制宜，甚至在利润最大化之商业逻辑的牵引之下，为了急切迎合观众日新月异、喜新厌旧的欣赏口味，而毫不犹豫地披上摩登都市的时尚外衣。然而万变不离其宗，其基本内核依然是那些在闽南地区口耳相传、妇孺皆知的民间故事，尽管两岸近来创作的歌仔戏新剧本，不乏呈现现代人的喜怒哀乐与悲欢人生，似乎带有都市情节剧的时下味道，但无须讳言，其不过是闽南民间传奇之同质同构的新近变体。从主题学的比较视域上看，在假戏真做、以假乱真的戏剧搬演中，民间立场的传奇叙事与都市欲望的经验传达一脉相承，其深层原型是闽南族裔生存惯习与生命体验之舞台化视听呈现。因此传统闽地先民在节日演戏与观戏的盛大仪式中，日趋形成并且逐步强化了闽南族群的记忆表述，进而建构了同心圆式的“共体化”向心经验，也使之获得对故乡之外、光怪陆离大千世界的感性认知与诗意建构。需要指出的是，这一戏剧经验的有效性与共鸣性，其根源在于素朴可爱、挥之不去的原始意识，尽管其肇始于懵懂质朴的传统民间社会，却不被那声势浩大、摧枯拉朽之启蒙现代性所埋汰湮没，而是退入无意识领域转化生成为审美意识（准确来讲是审美无意识），只要触碰到恰切机缘，特别是物我两忘、群体迷狂的戏曲活动，便会以各种改头换面的变奏形式，重新莅临、再度凯旋。

再次，倘若悉心考辨一系列具有指标性意义的戏剧史乃至文化史事件，诸如源于漳州的“歌仔”在台湾生根并茁壮成长为歌仔戏，“矮仔宝”[①]“赛月金”[②]“月中娥”[③]等台湾艺人跨海教戏、演戏而让台湾歌仔戏在厦、漳、泉盛行流布，闽南“都马班”因缘际会滞留台岛促使“都马调”（“改良调”）风靡台湾，以及闽台歌仔戏班透过多重管道远赴东南亚等地搬演的跨文化交往案例，不难从中读解出闽台之间、闽南地区与南洋诸岛之间戏剧交流的辩证法。统而论之，若就历时性的主体间传播维度而言，戏剧仪式作为观剧个体体验与群体记忆的深层积淀，借由边缘放逐之外的文化主体性担当，影响穿梭其间之时人的思维方式和道德品性，进而形塑光彩无限、丰富驳杂的心灵镜城。与此同时，基于歌仔戏班走街串巷、“冲州撞府”（类似于波德莱尔式的“浪荡子”）而生发之现代性意义的瞬间经验，也反过来建构本地精神的重新认知，二者在主体间性的戏剧交往中达到“视域融合”。倘若就跨文化传播来说，地方乡土文化参与域外城市文化的他异性建构，另一方面异域文化也参与区域文化的一体化建构，二者相互托举、“互孕共生”。由是观之，以“公共观演域”来透析歌仔戏的观演文化，能够清晰展现“狂欢化的民间草根话语、寓教于乐的主流官方话语，启蒙为旨归的知识分子精英话语，唯利是图的商业资本话语之间的‘场域’争夺”[④]，全景式、多层次地绘制闽南戏剧的现代性图谱。

（三）匿名的拼接：交光互影的粉墨闽南

众所周知，“文以载道”的诗教传统千百年来恒久不变，在戏曲领域更是衍化为历久弥新的“戏以载道”，其不仅是沐浴儒家道统之文人墨客的论戏基点，亦是“宅兹闽南”之本地族群的评戏主轴。时至今日，如果戏曲论者的关注目光，不只是逡巡在舞台布景美轮美奂、声光电色一应俱全的现代化都市剧院（如各县市的文化中心与社教馆），渐次置换“除地为场”、杂陈简陋的乡间草台，成为以精致化为艺术诉求之“剧场歌仔戏”的主要演出场所；而是在“心之真”与“理之辩”的微妙平衡中，切实考虑到民俗曲艺的观演“场域”，作为客体性、物质化的形下媒介，在所处时空的阈限范围内相对稳定，其间变动不居的是精神层面的主体间性之“道说”（类似于黑格尔所言的

---

① “矮仔宝”，原名戴水宝，台湾歌仔戏艺人，于1925年受聘到厦门梨园戏班“双珠凤”教授歌仔戏。自此，“双珠凤”改唱歌仔戏，成为闽南第一个歌仔戏班。

② “赛月金”，原名简招治，台湾知名歌仔戏艺人，以小生见长，曾被厦门观众赞誉为“歌仔戏四大柱”之一。1926年首次随“玉兰社”戏班到厦门演出，声名鹊起、引起轰动。1938年又随台湾歌仔戏班“爱莲社”再次来到厦门，并在闽南一带演出长达10年。1947年回台，翌年又随“霓光社”返厦，并留居于此。

③ “月中娥”，台湾知名歌仔戏艺人，后留居闽南。其以旦角见长，曾被厦门观众赞誉为“戏状元”。

④ 王伟：《从文本性到事件化——接受视阈下的戏剧史论》，《山东理工大学学报》，2013年第1期。

“理念的感性显现”），庶几窥见“戏如人生”与“人生如戏”的辩证记忆。

现实作为多重时空的汇集，而非线性历史的节点，粘连着过去、当代与未来，与其说是“过去的未来”，毋宁说是“未来的过去”。勘探从古至今闽台地区甚至东亚区域内关于“禁戏”的所谓理据，不难发现提议人所援引的“道”，乃是正史记忆中的儒学道统（理性化、实用化的伦理纲常）。例如20世纪前期，《台湾民报》就刊发了一篇题为《歌仔戏为什么要禁?》的鸿篇大论。这篇气势汹汹、咄咄逼人的文章，条分缕析、纲举目张地概括了如下理由：“1. 演员的人格卑劣，所以虽是材料取自二度梅忠孝节义，但是所表演的人员的人格没有修养，不能够发表真的意义，倒反利用好剧目而演出伤风败俗的内容。2. 歌调很淫荡，所用的乐器是很低级，调子也是淫荡，使一般男女听之会挑拨邪情，又且所唱的歌词也是淫邪的，失去本来演剧的本义，反使青年男女受恶感化。3. 表情很猥亵，在表演中每逢男女谈话等表情过于猥亵，所用的科白也多淫词，所以诱引挑动邪情的尤更直接，所以弊害是更甚的。4. 在演员中的男优多是不良的份子，常有引诱挑发女观客陷入迷途，而女优多行蜜淫迷惑男观客的很多。”① 类似言论充斥坊间，源远流长，不绝于耳。

然而东亚地区追求现代性的进程中，“道”则外化为横向移植启蒙理性的两套经典话语，即源自伏尔泰、卢梭等法国思想家关于“自由解放”的宏大叙事和以康德、黑格尔为代表的德国古典哲学之抽象思辨的堂皇论述。由此观照媒介场中关于这一草根戏曲的各式话语，不难体悟其中暧昧不清的吊诡面向。君不见，歌仔戏起身微末、流传乡间，原本就充溢着土腔土调而晦涩难懂的在地方言，其凭借妙趣俚俗、喜闻乐见的剧艺风貌，赢得念兹在兹的底层民众的真心喜欢。然而在那些旨在除旧布新、启蒙民众之新知识者的笔下，其却一度被刻画为不登大雅、不入中心的民俗曲艺形式。其原因无他，无外乎启蒙知识者在反思外源现代性之文化植入的同时，常常不由自主地转身回头找寻本土的文化根须，只是转了一圈又到原点的他们，往往颇有挫折感地觉察到，“某些本土文化并不能当作抵抗行动的利器时，他们对这些本土文化的批判力度其实是强烈的，因为他们深恐落后的本土文化变成了社会提升、进步的障碍。对‘闲人把玩’的旧诗如此，对发展自‘下流社会’的歌仔戏亦复如此”。②

---

① 邱坤良：《日据时期台湾戏剧之研究》，台北自立晚报文化出版社，1992年，第208－209页。

② 徐亚湘：《“日治”时期台湾戏曲史论》，台北南天书局，2006年，第29页。

不无反讽意味的是，其在新旧杂陈的现代性自反语境中，却在不期然间得到另类发挥。一方面在其他“场域”话语力量的推波助澜之下，新创作的歌仔戏或显或隐地投射现代性观念形态对其主体性的历史征召，或明或暗地参与到共同体想象的时代大合唱，成为闽南族群想象现代性的重要资源。比如在1965年，“龙溪地区芗剧团以《碧水赞》参加上海举办的‘华东地区戏曲现代戏汇报演出’。回来后又移植改编了《奇袭白虎团》、《智取威虎山》等现代戏”。①漳州龙海县文宣队在特定年代使用共同语（普通话），排演一出反映石马镇渔业队先进事迹的《东海渔歌》。在另一向度，类似于歌仔戏这类蕴藏着丰沛社会心理能量的“旧剧”，借由具有革新意识之新知识者（如有别于传统文人雅士的人文知识分子）的妙手改变与有效征引，也能抹上一缕由远方舶来的现代性光辉，从而具有东西互文、内外相生的“间性意义”。比如，晚近歌仔戏亦对域外名剧（如莎士比亚、果戈理等人的经典佳作），进行跨区域、跨文化、跨语际的改编尝试，其大都是“撷取原剧的精神旨趣，而将时空背景予以转换，融入闽台社会的脉动中，或启迪哲思以深化主题内涵，或交互思辨以透视永恒人性，或突破行当以创新表演样式”。②

总的来说，当时代脚步行进到多元娱乐格局并起的后现代文化消费社会，无论是新剧抑或旧戏，均已失去组织公共生活的显赫地位，而且也淡化了其娱情遣兴的休闲功能。具体到歌仔戏这一曾经打败梨园戏、高甲戏、乱弹戏等强劲对手而在闽台两地风行一时的地方剧种，从万众瞩目的昔日繁华走向乏人问津的今朝落寞，从呼风唤雨的时代中心退往悄无声息的历史边缘，其间几经起伏、度尽波折，当中冷暖纵然令人唏嘘不已，然而其在不经意间敞开了久被遮蔽的晦暗所在，乃是意料之外、却在情理之中的别样收获。毫不夸张地说，正是与现实保持应有的审美距离，处在工具理性之权力话语轭下的“戏剧之道”，才失去原有基于独断论的整一逻辑。进而论之，远离时代旋涡而产生的歌仔戏文本，真正显现为多声部交响诗，映射了主体意识的他者镜像，从而为公共领域的自由论争与文化记忆的本真书写开辟空间。

综上所述，若在文化间性的阐释框架中，从共时性与历时性两个维度，重述东亚文化语境中百余年来歌仔戏的现代性流变，图绘公共观演进程与时代精神变迁的互文关系，能够解析其潜藏的社会心理密码与历史文化地层，寻绎区

---

① 李晖：《歌仔戏》，浙江人民出版社，2014年，第53页。

② 董健：《中国当代戏剧史稿》，中国戏剧出版社，2008年，第610页。

域力量与资本逻辑对民间社会的渗透轨迹，揭橥权力意志对文化记忆之书写“场域”的激烈争夺与控制冲动。跨文化交往语境中的闽台歌仔戏，作为公共记忆的重要媒介，本身亦构成文化记忆之所在。其通过戏剧符号所贮存之巨大心理能量的审美激活，在群体狂欢的原型层面，恢复个体化与身体性兼具的民间记忆，契合闽南族群之伦理道德的价值评判与原乡情结的情感归宿；在时新又新、斑驳酷烈的社会现代性层面，映现自我想象与身份认同的现实焦虑，于版图边缘解构占据中心的主流叙事，参与现代公共论述空间的整体建构；在体验自由的审美现代性层面，以批判性的诗性话语抵抗历史遗忘，超克观念形态的话语迷思与资本逻辑的消费欲求。

二、错置的逻辑：公共空间与文人论戏

承前所言，歌仔戏在公共观演空间播撒的百余年历史，同时亦是中国戏剧在跨文化的交往情境中，超越传统性而获取现代性并最终走向后现代性的演进历程，缘此历时性地绘制歌仔戏的传播图谱，其理论价值毋庸置疑、实践意义自不待言。基于此，目光敏锐的民俗研究者与戏曲评论者，有感于其在草根阶层后来居上的社会影响力，在戏剧关系网络中与时俱进的艺术感染力，适时将之纳为论说对象。然而，倘若我们在时隔多年之后重新审视 20 世纪之初的报刊媒体（彼时彼处作为重要的公共言说空间），不难发现当中充斥着新旧文人之连篇累牍、铺天盖地的戏评文章，尽管当中不乏对这一新兴民间戏剧之理解同情的理性声音，但终究难敌“抨击议禁”的时代合唱，当中原因何在？其次，无论是抱残守缺的旧营垒骚客，抑或是开明时尚的新阵营人物，两个貌似立场迥异、水火不容的文化集团，却不约而同、殊途同归地欲将歌仔戏禁止而后快，其动机何在？再次，言辞凿凿、大声疾呼的禁戏言论，表面之“同”是否存有深层的“异”，其对以歌仔戏为代表之地方剧种的历史走向影响若何？最后，在视听传媒蓬勃兴起而传统戏曲日薄西山的后现代文化情境中，学院派凌空高蹈的美学思辨，是否与实务界真刀真枪的具体操作形成良性互动？

显然，上述问题的辩证解决，必须重返历史生产语境、回到戏曲活动现场，以“公共观演场域”的建构视角，透析大众传媒中文人论戏的复调话语，还原闽南戏曲的现代性张力结构。正是在此意义上，我们可以将新旧知识者在跨文化交往的历史语境中关于歌仔戏的接受论述，归纳为古典型道德主义的伦理评判、启蒙现代性的族群想象、审美现代性的批判话语，以及后现代消费主

义的欲望诉求等类型。各式理论范型在深刻反映文人论戏之古老传统的同时，有效表征公共空间的批判性开创，逆向折射民俗曲艺知识生产的话语权力运作机制。

（一）传统到现代：道德启蒙的交错叠加

从古至今、由西到东，掌控丰沛政治经济资源、握有绝对话语霸权的统治阶层，在道德理想主义的大纛之下，恣意挥舞伦理大棒的禁戏传统，绵延不断，未曾消歇。毫不夸张地说，戏曲观演的发展史与被禁史，在现实层面相应而生、密不可分，在审美层面则讽喻性地见证剧种影响与禁止声浪的正向关联。而从另一向度进行反面读解，识者不难发现，以“歌舞而演故事”的戏曲活动，若遭到御用文人的声讨禁令，其实乃是一种莫大殊荣与政治礼遇，能够想象的是，如果戏曲观演已然式微、无人问津，他们何须多此一举地大放禁戏之空疏厥词？缘此，重新检视历朝历代的禁戏倡议，似可逆向证明民间社会的戏曲观/演，是以“随风潜入夜，润物细无声”的审美感召力，于不期然间超越感性层次的休闲娱乐，而在组织乡民积极参与公共生活、构建庶民属己的观念形态话语体系，以及提供民众认知世界之百科全书等诸多领域发挥作用。进而论之，正是惶恐于此，作为统治阶层代言人之知识精英的禁戏主张，往往以道德化的高尚修辞策略为表，其真实内核则是政治性的切身利益诉求，其力图以“发乎情、止乎礼”的中和之美，调和或曰规避戏曲兴发之“情”对社会规训之“理”的遽然冲击与悄然解构，勉力维系业已摇摇欲坠的社会文化心理结构。正是在此意义上，不难理解如下戏曲接受的悖谬图景，即一方面底层民众流连忘返于戏曲典仪所营造的幻觉世界，丝毫不睬劝善惩恶、匡扶正义的高台教化；而另一方面饱读诗书、满腹经纶的正统士人，不仅对普罗大众喜闻乐见的艺文形式嗤之以鼻，而且自居为前者的天然保护者，在对之深感改造无望、劝说不得的同时，将之视为“挑逗春情”“诱人淫奔”的洪水猛兽，急不可待地一禁了事、免生事端。

既然其他剧种一向如此，那么歌仔戏自然未能幸免，甚至因其诞生于一个愁云惨雾、风雨如晦的转型空间，印刷媒体之议程设置功能被各个阶层广为重视的全新年代，以及其与生俱来之以苦为美、以悲动人的艺术特质，而成为那些以赓续封建道统为己任、沉湎于“厚人伦、美教化”戏曲美学之卫道士的攻击靶心。比如20世纪30年代初的《厦门时报》，就曾刊登如下冠冕堂皇、道义凛然的鞭挞文字，“歌仔戏是一种诲淫诲盗的戏剧，其直接间接，贻害社会影响道德很大……无论妇女儿童，都时时在唱这种淫亵的词句，甚至做出种种不正的勾当，伤风败俗，真是怪谬极了……这种淫戏不禁止，淫词不禁唱，社会定必趋入坑陷淫靡之态”。[①] 《民报》亦云，“似此伤风败俗之台湾歌仔戏……何以对此未闻设法制止，在‘禁’字也没，怪哉！怪哉！”[②] 至于《商学时报》则以“歌仔戏——商女不知亡国恨，隔江犹唱后庭花”为题，痛陈其趣味低级。如果说西岸文人的禁戏之议，体现为将之命名为“亡国调”的语言暴力，其立场先行的感性宣泄多于剧艺规律的知性分析，因而流于表象、止于情绪，显得色厉内荏、卑弱无力，难以唤起社会公众的普遍共鸣；那么东岸墨客的禁戏之谈，则涉及音乐曲词、演员表演、剧目内容等诸多维面，显得全面深入而更有所谓的学理色彩。依据徐亚湘先生对《台南新报》《台湾日日新报》（二者均为彼时台湾旧文人的大本营、旧文坛的根据地）的细腻梳理，在波谲云诡、矛盾错综的日据时期，上述报刊的禁戏言论此起彼伏。兹举数例，管中窥豹。反感唱腔曲调者痛心疾首说：“歌仔戏之调，卑卑靡靡……狭亵词句，故无知男女，趋之若狂。”愤慨表演丑陋者理直气壮道：“表演中每逢男女谈话等表情过于猥亵、所用科白也多淫词，所以引诱挑逗邪情的尤更直接。”不齿剧目庸俗者义正词严曰：“秽亵不堪寓目，因之人家妇女，被蛊惑者颇多。”痛惜艺师品质低劣者气势汹汹讲：“男多属无来者流，女亦有淫奔之辈，故每扮演台上，笙歌无非艳曲，弹唱尽是淫词，翩翩舞袖，媚态百端，必使观众目眩心迷。”[③] 凡此种种，不一而足，但大体可归于朱子后学禁戏言论的当代回响，激烈有余、新意阙如。

如果说脱胎于地方士绅的旧式文人，受到传统私塾教育背景的牵引宰制，难以割舍“美善同一”的戏曲经验，服膺膜拜孔孟以降“戏以载道”的文化道统，念兹在兹的是以“正音雅部”为代表的诗乐传承，在求新思变、否定传统的激进浪潮中，显得如此格格不入、陈腐迂阔，而渐次丧失其所赖以维系的道德制高点与阐释有效性，在无可奈何花落去的悲怆苍凉中，拱手让渡“媒介场域”中的优势地位。那么与保守主义相对的是，意气风发的新派知识者，则大都有负笈欧美抑或东渡扶桑的海外求学经历，其境界始大、眼界始宽，加之令人耳目一新之西学理论的资源加持，在报刊论戏中渐占上风。借由考查《台湾民报》《台湾新民报》（新文学阵营机关报）盈溢着现代性焦虑的

① 曾学文：《厦门戏曲》，鹭江出版社，1996 年，第 96 页。

② 陈志亮：《漳州芗剧与台湾歌仔戏》，厦门大学出版社，2011 年，第 156 页。

③ 海峡两岸歌仔戏艺术节组委会：《歌仔戏的生存与发展：海峡两岸歌仔戏艺术节学术研讨会论文汇编》，厦门大学出版社，2006 年，第 527 页。

相关论述，可以见出具有强烈历史使命感的新文化人，不假思索地笃信单一线性进步史观，亦步亦趋地操持着从西方习得、不甚熟练的批判话语，从启蒙现代性（实质为异域话语的本土变体）的思想视阈，多维读解歌仔戏这一发轫于下流社会且尚未成熟之地方剧种的诸多不足。在存有文化自卑而对外来话语资源未做反思的书生眼中，似乎只有西方舶来的新式话剧，方可承载改良社会、国族想象的宏大论述，才能担负除旧布新、启迪新知的现实重任，而落后乡土的俚俗小调，不仅不能充任抵御殖民现代性的有力武器，而且恰恰成为历史进步、社会提升的文化障碍。在这种二元对立、非此即彼的本质主义思维之下，他们不知不觉地成为西学（以普适性的面孔呈现）的代理人，一方面以极大热情排演具有启蒙导向却吊诡式的远离群众的欧化戏剧，以之作为社会理想的具象传声筒；另一方面则豪情满怀进而不无悲壮地着手改造与时代脱节的旧时戏曲，使之适应激情年代的功利需求。然而令人莞尔的是，后续结果一再表明，在地戏曲作为积淀下来的集体记忆，构成闽南族群的文化根须与精神纽带，顽强抵抗着帝国主义的文化侵略；而知识者费尽心思的新剧运动，因其违背了粗通或者不通文墨之庶民阶层的审美惯习与心理诉求，终于陷入身份认同暧昧不清的观念雾障，沦为闭门造车、脱离实际的一厢情愿。

由是观之，无论是沐浴浸润欧风美雨的左翼知识分子，基于启蒙民众、救亡图存的崇高理想，而对歌仔戏作为旧式道德的媒介载体颇有微词，抑或是魂牵梦萦华夏美学的士大夫文人，站在道德理想主义的强硬立场，而对歌仔戏这一异已之物心存不满，但曲同调殊的新旧二者，在思想根源上分享相同的评述逻辑，即在功利主义戏曲工具论的直接驱使下，以外在目的僭越戏曲本身的艺术规律。不言而喻，时代使然的论述偏颇影响深远（战后吕诉上等人的戏曲改良亦在此列），而走出迂回的纠偏补敝，却是在民间戏曲已然落寞的多年之后。

（二）民间的浮沉：审美消费的借重改写

时过境迁，事易时往。随着现代生产社会向后现代消费社会加速过渡，由乡间草台而进军都市剧院的歌仔戏，尚无暇回味历经风雨、屡受磨难而来的胜利喜悦，便面临着前所未有的剧烈挑战甚或无解的生存危机。最为明显的例证，便是在1960年前后，“歌仔戏剧团淘汰近三分之二，一年之内因经营艰难而散班的达77团之多”①，而苟延残喘的多数剧团知难而退，不得不返回外台

① 陈耕：《闽台民间戏曲的传承与变迁》，福建人民出版社，2003年，第198页。

惨淡经营。由此可知，在现有媒介的竞逐格局中，不仅本土戏曲在“公共观演场域”称雄独霸的黄金年代已然落幕，而且戏剧仪式亦非大众参与公共事务的主要交往方式。从时代中心而走向历史边缘，沦为供人瞻仰的博物馆艺术，的确让业界人士扼腕不已，然而从另一面向观照，这对于耐住寂寞、苦心孤诣的戏曲学者来说，未尝不是件好事，毕竟在其政治底色退却之后，可以排除实用理性与外部杂音纷扰，专注曲艺规律的生命体验与审美探究。其实根据学术史的已往惯例，当一门艺术处在风光无限、声势正隆的兴盛时期，象牙塔里的学院中人，为了避免跟风追逐的趋时嫌疑，往往刻意与之保持距离，待到其热潮消退、回归寻常的平缓阶段，才将其纳入大学的学科建制，加以客观冷静的系统研究。当然具体歌仔戏的研究论域，两岸学者多年以来的往来奔走、身体力行，绝非简单地发思古幽情而做民俗缅怀，乃是切中肯綮、充满情怀的美学研讨。其因应路径有二，一是精致化，二是影视化，现分别论说如下。

先说立意高远、持论公允的精致化论述。作为戏曲界巨擘的曾永义教授，登高一呼、应者甚众，其所提之“精致歌仔戏”的美学论述，不仅在学理上振聋发聩、发人深省，在实践中更为业界所广泛采纳，“河洛”等歌仔剧团的不懈努力是为明证。众所周知，曾永义先生在与游宗蓉、林明德合著的《台湾传统戏曲之美》一书中，基于精英主义的戏曲美学立场，从审美现代性的自反角度出发，指陈精致歌仔戏之环环相扣、有机统一的六个质素。具体来讲，就是在主题上“讲求深刻不俗的主题与丰富多元的思想内涵，突破传统忠孝节义的刻板说教，以满足现代人注重思考的观剧心理”；在情节上“紧凑明快，关目血脉相连，针线紧密，架构完整，以符合现代观众快速的生活节奏与观剧要求”；在排场上“醒目可观”；在语言上“力求肖似人物口吻、机趣横生，并发挥歌仔戏的乡土特色”；在音乐上“注重曲调的多元性……呈现音乐之美”；上述几点最终要落实到“加强演员技艺与学养的修为”之上。[①] 显而易见，上述言论旨在将清新自然、源自民间的地方剧种加以艺术提纯，使之适应中产阶层（文化消费的主力军）的审美需求，为其提供诗意栖居的灵魂救赎及原乡情结的替代补偿。

如前所述，“后舞台化”的歌仔戏，走过闻声不见人的广播时期、声形兼备的电影演绎，以及轰动一时、蔚为大观的电视再造，当中以狄珊的“改良电视歌仔戏运动”，尤其引人注目而成焦点。鉴于此，以蔡欣欣女士（曾永义

① 曾永义，等：《台湾传统戏曲之美》，台北晨星出版有限公司，2003 年，第 36 – 37 页。

先生的高足）为代表的台湾年轻学人及闽南高校文学艺术院系的硕博士们，在法兰克福学派文化工业理论和伯明翰学派文化研究范式影响之下，从多学科的整合视域重访歌仔戏的跨界联姻。上述学者的清醒著述提示世人，日渐凋零的舞台歌仔戏，无奈选择新兴媒体作为依附对象，乃是以失却部分剧场特质为代价而来。作为现代媒介与传统戏曲的结合之物，电影/电视歌仔戏在改变“朝生暮殁”之前定宿命的同时，直接勾连媒介到达率，不免放下身段刻意逢迎目标受众，沦为无孔不入之资本话语牵引下身体欲望的视听成品，以及文化工业量产而出的“平面化、标准化、伪个性化的时尚潮流”。[①] 君不见，动人心魄、历久弥新的传统“哭调”，因不符合收看群体喜新厌旧的消费惯习而遭弃用冷藏；含蓄蕴藉、意境悠长的程式动作，因难以适应镜头语法而销声匿迹；涤荡心胸、优游自在的反复涵咏，也在声光电色之特效技术的狂轰滥炸下，成为过眼云烟、求之不得的审美奢侈。于是乎，当荒腔走板、良莠不齐的流行歌曲，替换原汁原味、感人肺腑的歌仔曲调；有板有眼、中规中矩的写实镜头，置换驰骋想象、天马行空的象征写意；按部就班、毫无灵性的流水作业，取代心骛八极、放飞心灵的间性交流；徒有英俊扮相、曼妙身姿而唱功不佳的包装明星，压倒“唱念做打”[②] 稔熟精通却外形一般的资深艺员；遍览无遗、直接给定的视像奇观，遮蔽“望文生义”、含英咀华的曲词联想；所向披靡、无处不在的资本话语一家独大，终结歧义迭生、杂语共存的观演景观。[③] 真心爱护这一剧种的戏曲学人不禁要问，歌仔戏的“触电”，究竟是观演空间的逆势开拓，抑或是主动臣服的陷落溃散？

“舞袖落地扫，宝岛心曲传。”从民间性的集体狂欢到精致化的审美交往，从主体间性的舞台搬演到主客分离的影视重构，歌仔戏作为杂交而生、博采而存的曲艺文本，自始至终与风起云涌的现实文本保持对话关系，其作为表征闽南的历史镜像，揭橥时代精神对民间戏文的征召询唤。取其节点，分而论之。20 世纪初所开创的启蒙现代性建构，与世纪末而萌发的后现代解构，堪为歌仔戏发展历程中颇具症候性的两个阶段，当中潜隐深藏之论戏话语的运行机制，真实显影“狂欢化的民间草根话语、寓教于乐的主流官方话语，启蒙为旨归的知识分子精英话语，唯利是图的商业资本话语之间的‘场域’争夺”[④]，值得深思。

---

① 王伟：《从前现代性到后现代性——“公共观演场域”中的闽南戏曲》，《戏剧文学》，2012 年第 3 期。

② 陈世雄，等：《闽南戏剧》，福建人民出版社，2008 年，第 234 页。

③ 王伟：《〈陈三五娘〉的当代传播及其意义》，《兰台世界》，2012 年第 17 期。

④ 王伟：《从文本性到事件化——接受视阈下的戏剧史论》，《山东理工大学学报》，2013 年第 1 期。

三、拯救的记忆：百年传播及其现代性

（一）“在”与“不在”：两岸戏缘与“闽调台腔”

“一百年来，歌仔戏在海峡两岸往返，历尽苦难坎坷，终于成为所有闽南人喜闻乐见的剧种，成为维系分居于两岸和海外的闽南人一条重要的情感纽带。一部歌仔戏的历史，可以说是两岸文化传承和交流的历史。”① 是故，全方位、深层次地绘制歌仔戏的传播景观与演变图谱，之于“闽南戏曲文化圈”② 的设想构建，具有难以估量的理论价值与实践意义。若说念兹在兹的前辈学者，虽有为歌仔戏树碑立传的时代担当与学术情怀，但囿于戏曲史料与古典史观的方枘圆凿，而将眼界逡巡在钩沉补白之形下层面的一隅之地（诸如艺人生命纪实、舞台表演回顾、曲牌唱腔概观、演出剧目整理等）。因之，其假借生命体验的个性书写为名，巧妙规避群体记忆的厚重积淀与历史深处的询唤征召，刻意绕开地方戏曲现代性转型的异质性句段，终于“流于段落性的细碎描摹与凝滞化的静止讨论”。③

还看今朝的知识状况，坐拥丰厚田野调查材料与西方时尚新学工具的当代学者，在这一庶民戏曲已然平淡的当下语境中为其撰史，庶几能有深耕细耘的研究品质，而比草莱初辟的学界先贤，清澄透彻地道出其发展之道。是以，海峡两岸的剧坛与学界在近年来，或流连于戏曲本体的流光溢彩，或立足于原乡想象的身份认同，或着眼于族群记忆的现实焦虑，或植根于“表演场域”的美学回溯，或惶惑于娱乐格局的另辟苍穹，编撰多部别有会心、曲尽其致的歌仔戏史。细而思之，当推厦门市台湾艺术研究院、闽南文化研究会陈耕研究员倾力撰写之史论结合、论证周延的《闽台民间戏曲的传承与变迁》（《闽台文化关系研究丛书》中的一册），图文并茂、趣味盎然的《海峡悲歌：风雨沧桑歌仔戏》（《福建戏剧丛书》中的一册），及其与同仁戮力编著的《歌仔戏史》（《歌仔戏艺术研究丛书》中的一册）。与之相对应，李晖、林志杰与林秀玲三位青年学者，在新近出版的《歌仔戏》一书中，以诗性笔调重述或曰浪漫美化这一既新且旧的“非物质文化遗产”，借以达到自我砥砺与反思当下的潜在目的。除此之外，漳州芗剧知名编剧陈志亮先生应时编著的《漳州芗剧与台

① 陈耕：《海峡悲歌：风雨沧桑歌仔戏》，海潮摄影艺术出版社，2005 年，第 5 页。

② 陈世雄：《论闽南戏剧文化圈》，《文艺研究》，2008 年第 7 期。

③ 王伟：《文人论戏：歌仔戏在公共空间中的接受范式研究》，《南方论刊》，2013 年第 5 期。

湾歌仔戏》(《漳州与台湾关系丛书》中的一册)等风格化著述,希冀以戏曲生态的阐释框架来分析问题,颇见功力地考证两地戏曲“同根共源、互孕共生”的亲缘关系,让历史记忆照亮时代书写。

较之海峡西岸偏向戏曲社会学之中规中矩的史论著述,东岸台湾之于本地剧种的记述热情更加炙热,其“结合史料收集、田野访谈、文物解读与演出记录等研究途径”,不仅量上丰硕可观,而且质上亦显精进。比如,台湾戏剧学界巨擘曾永义教授的《台湾歌仔戏的发展与变迁》,以及其叙述架构影响之下刘美菁女士之深入浅出、多方观照的《歌仔戏概论》,林鹤宜教授之系统完整、不乏洞见的《台湾歌仔戏》,杨馥菱博士之深文隐蔚、余味曲包的《台闽歌仔戏之比较研究》,蔡欣欣博士之文辞华丽、暗藏机锋的《台湾歌仔戏史论与演出评述》,以及陈玟惠博士之通俗晓畅、言简意赅的《曲韵悠扬:台湾传统戏曲歌仔戏》等专著。不言而喻,诸位学者有意无意地在戏曲美学的接受框架中,返本开新地系统探勘这一剧种的流变脉络,身体性与主体性并重地测绘歌仔戏传播地形图,从而内在而又深刻地改写剧种历史的文化坐标与具体参数。然而无须讳言,在美学激情和道德价值的强势主导之下,上述谈文论戏的皇皇著述,将本质主义的“元历史观”作为预设前提,裁剪戏剧历史以迎合学院体制的评判偏好而不顾内中皱褶,于不期然间把剧种发展当作社会进步的最好背书,实现艺术世界与公共生活在“历史记忆场域”的表象和解。据此撰史范式,其在揭橥剧种史二律背反的一个维面(关注其逆势成长、百年坎坷的历史性),同时隐含与生俱来的言说盲区,淡化歌仔戏审美价值的超历史性,滑向平板化与定型化的论述迷思。总之,私淑于历史进步主义的学院中人,喟叹于版图边缘之处思考中心主流,不无悲情地耽溺在线性时间的叙述结构,而非循环往复的空间图式,独断论式地将歌仔戏等地方剧种的艺术价值,简单化约为社会学视域下的旨趣问题,从而编织出“以戏为文、文史互证”的总体性神话。

(二)“说戏”与“戏说”:古韵新声的小戏大道

根据后现代的建构主义历史观,作为审美交往活动的戏剧传播,区别于社会历史的他异性自不待言,其乃是置身历史与超越历史的辩证统一。质而言之,多元交叠、动态流变的剧种史,作为具有审美生存意义与专属诗性逻辑的特殊历史,有别于一般意义的现实历史想象,因而不能想当然地横向移植学术史修辞术,以建立档案、抵抗遗忘为名,开启确证同一性所必需的筛选程序与删除机制。诚如国内后实践美学家杨春时教授对“审美史悖论”的新近解读,历史书写的合法性命名，需具备不可或缺的四个要素。首先，时间性与空间性。人类交往是生发在时间之流与空间之维，缘此戏剧的观/演活动，必然发生于具体的“演出场域”与特定的搬演时间。正是在此意义上，著名戏剧学者傅谨先生发人深省地指出戏剧史，“既是作家、作品与艺术事件空间性的有机集合，也是一个时间性的过程；而所有作家、作品以及艺术事件，都只有通过它在这个时间与空间相统一的有机集合过程中的位置，才能获得对它的价值的界定”。①其次，联系性和延续性。正如接受美学家所言，杂乱无章之史实文物的编排集合，尽管具有资料意义上的原始性，但显然不符戏剧历史的严肃称谓。由此，真正合格、历练精魂的歌仔戏史，必须覆盖剧种从“形成、发展、转型、现状，次及今日应有的因应之道”②，呈现其由“简单到复杂、低层到高阶”的有序演化。再次乃是第二点的延展深化，即发展性与流动性。戏剧活动作为主体间的相互交往，其历史嬗变并非往复循环的原地踏步，而是寓言性地意指主体价值的螺旋提升，尽管其间不可能一帆风顺、单向前进，也需历尽坎坷、历经波折。最后也是至关重要的规律性与目的性。毋庸置疑，像歌仔戏这类土生土长却又汇融百艺的杂交剧种，其由稚嫩朴拙，臻于成熟完善，走向衰败倾颓，绝非纯属偶发的变动异迁。其与族群意识的整合机制、急遽重组的社会脉动之间绵密的互本文关系，是有规律可循与脉理可溯。耐人寻味的是，以之观照歌仔戏史论的叙述肌理与记忆机制，其作为人类审美交往历程的知识陈述与文化记忆，是实至名归抑或名不符实？进而言之，强行刻画歌仔戏史的实践困窘，在于艺术本源意义的双面属性，即其既在历史长河中延展进化，但并不宿命性地的契合一般准则，以审美之维的不经意曝光，黯淡了进步主义的神圣光冕。有鉴于此，下文就在审美历史主义的理论视域下，对这一悬而未决的学术提案，进行抽丝剥茧的比照分析，真正超克基于观念形态与消费学术而导致的历史虚无论。

其一，戏如人生，人生如戏。作为审美交往的歌仔戏观演活动，乃是在时空进程中次第展开，因而理论表象上符合这一设定。吊诡的是，在“以歌舞而演故事”的戏曲狂欢之中，原本连绵流逝的现实时间悄然中止，观赏者与表演者不约而同地进入超脱时间与跨越空间的审美状态，自由共在地栖居而与现实时空无涉。

---

① 傅谨：《二十世纪中国戏剧的现代性与本土化》，台北“国家”出版社，2005 年，第 45 页。
② 蔡欣欣：《台湾歌仔戏史论与演出评述》，台北里仁书局，2005 年，第 1 页。

其二，正如服膺文化累积论的歌仔戏论者所言，身为后起之秀的新兴地方草根剧种，歌仔戏由“行歌互答”的说唱小戏晋升为“大戏”，乃是兼收并蓄其他剧种（如南管戏、北管戏、京剧等）的众多养料，或曰“还原拼贴”与“解构重整”此前世代的积淀质料而成，似乎喻示不容分说的历史延续性和理所当然的内在关联性。但从另一度向而做深层辩证，“歌仔戏成长茁壮的过程中，共有外台歌仔戏、内台歌仔戏、媒体歌仔戏及现代剧场歌仔戏等表演类型”[①]，其独立自足又相互叠合为超历史性的互涉文本，都可作为非连续性审美文化的典范存在。

其三，在“戏以人传”与“戏以传人”的文化人类学意义上，类似歌仔戏这种源自乡间的民间戏剧，一路见证闽台乡民告别混沌质朴、和谐安逸的农耕文明，进入日新月异、竞争激烈的现代性文明，亲炙主体价值的萌发突显与自我意识的提升进步，最终在后现代媒介文化转向的历史语境中，遭到“爱深责切”的质疑考问与价值重估后的涅槃重生。诚然在体现“人之价值”的交往方式上，早期野台歌仔戏之“幕表制”的即兴表演，的确不如当下精致歌仔戏的精雕细琢。毕竟后者来回打磨得精致绝伦的定型剧本，“讲求深刻不俗的主题思想”[②]，得到当代知识者（文化资本的定义者）的热情参与；其内生外引的审美意义与思想价值，亦在各式各类官方竞赛中赢得精英阶层（话语权力的掌控者）的鼓吹呐喊。只不过倘若摒弃先入为主的刻板印象，“发觉真正的问题不在于命名的先来后到，而在于命名主体的言说效力”[③]，上述所谓的戏曲发展，在美学上则无从谈起。何哉？诚如接受美学所论证，历时性出场的剧艺风貌，各有其难以通约的艺术标准和美学价值，也在属于自身的历史阶段，分别达到令后人叹为观止的巅峰状态，岂能信手拈来而做对比？具体到歌仔戏本身来说，即使是正统学院派不屑一顾的“胡撇子戏”（似乎已成为乱来一气的生动象喻），其“做活戏”所释放的主体间性美学能量，难道不具备“精致歌仔戏”（大多执着于主客二分的封闭结构）所遮翳的灵动光彩与风趣俚俗吗？

其四，戏曲在公共观演空间之跌宕起伏的繁衍流播，与庙会庆典的此起彼伏、文化政策的拟制执行、大众传媒的崛起开放、艺文活动的推陈出新等社会事件，有着千丝万缕、暧昧难言的互动联系，深受不断变革异动之历史规律的

---

① 陈玟惠：《曲韵悠扬：台湾传统戏曲歌仔戏》，台北丽文文化事业有限公司，2010 年，第 6 页。

② 曾永义：《台湾歌仔戏的发展与变迁》，台北联经出版社，1988 年，第 81 页。

③ 周云龙：《越界的想象：跨文化戏剧研究》，厦门大学出版社，2010 年，第 1 页。

制约影响，折射政经社会的多元变迁，因而有章可循、有法可依。但从“戏以载道”与“道以戏显”的诗学角度来看，戏剧记忆并非符号化的空洞客体，而是人类成长历程的“内在的他者”，其自古而今、由内而外，作为人与自然、人与人、人内在自我之间想象性的交往方式，彰显着生于斯、长于斯的民系族群，对彼岸世界的超越性追求；但这一恒定信念的感性显现与外化形式，或许存在论式的偶然性多于正反合式的规律性。

（三）历史之脚踪：戏剧记忆的召回唤醒

首先，就一时一地的歌仔戏观/演活动而言，其具有现实时空性，乃是众所周知的基本常识。如前所述，时空性作为构成历史性的基本要素，集中表现为现实历史直接呈现为时间与空间的社会形式。事实上，无论是艺人之舞影歌衫的忘情表演，还是观众之神志恍惚的痴迷欣赏，无疑都是在时间之流中生发延展，且在某种专属的媒介空间中有始有终地绵延持续，而不能从其所处的历史时空中抽离而出。职是之故，歌仔戏的传播主体、传播客体、传播媒介、传播内容与传播效果，这五要素无可规避地经受现实条件的约束掣肘，而这就是传统戏曲史家乃至新近左翼文化学者（占据历史叙述者的结构位置）心所系萦、无时或忘的历史实相。然而戏曲活动所营造的与现实世界相互平行的乌托邦世界，“是在虚构的想象中实现对日常经验的诗意补足”①，其作为自我体悟与体认他者的交往活动，实现对现实交往的审美超越，具有神秘化的超时空性。这一身心一体、浑融虚实的戏曲交往，将一个瞬息即逝、一去不回的时空点簇，转化为吞并八荒、涵纳古今的诗性存在。进而言之，戏曲活动是“在看别人故事的同时，体味自己的经验”②，观演者尽可能在戏曲时空中搜寻思想矿藏与价值资源，甚至再度激活戏文当中的典型人物，将之以各种方式引入当下生活来构造集体性自我，从而塑造一种个体命运与戏曲世界和谐共振的共同体意识。君不见，无论是因陋就简的“除地为场”，还是美轮美奂、声光电色的精致剧场，歌仔戏以“声”塑“形”的细腻演绎，一开始自然是在物理时空中，按部就班地循序行进；但是随着曲韵悠扬、热闹滚滚的戏曲仪典，涉渡到气韵生动、物我两忘的审美境界，沉浸其中、陶醉于里的观/演主体，无法一如平时，知性感知时空存在。因为其在戏曲所构造的审美幻觉之中，体验到永恒无限的自由境界，仿佛日常时间已然凝固。有鉴于此，“建立在相对时

---

① 王伟：《戏剧仪式的跨界想象》，《河南科技大学学报》，2013 年第 1 期。

② 韩晓莉：《被改造的民间戏曲》，北京大学出版社，2012 年，第 56 页。

空观念上的戏曲时空结构，摆脱了绝对物理时空的局限”①，而如梦似幻、虚实相生的戏曲活动，是在时空之中实现对时空本身的审美超越，深刻隐喻了时空性和超时空性的辩证统一。

其次，歌仔戏风雨沧桑的现实传播，尽管在不同场域中进行，但都展现或可言说的历史连续性。纵观歌仔戏百余年春秋，无论是因应现代都市剧院的建设风潮，而跃入内台之观者如潮的全盛图景，还是其后退守外台之凄风苦雨的惨淡经营，抑或是借由在地想象之本土思潮的卷土重来，其或多或少和其他社会事件产生交集甚至互为表里，有机镶嵌在人类社会历史的连续链条中。然而回眸往事，歌仔戏的观演活动作为审美交往方式，就其内在本质而言，又秉有艺术自律性和审美特殊性，自是不依傍他者而存在的主体间交往活动。基于此，后舞台时代的歌仔戏和未与新兴电子媒体联姻的歌仔戏类型，在传播介质存在差异，在表演风格产生跳跃，在观剧经验出现断裂，并不存在历史光谱的连续症候。进而言之，剧种演进的历时性和共时性统一，乃是传播史的连续性和非连续性的统一的具象表达。诚如结构主义者符号学所指，事物深层结构的稳定性，维持着其超越时间的平稳性；而表层结构的漂浮流动性，则导致其在时间之流中变动不居，由此前者谓之共时性，后者称之为历时性。只需检视台湾歌仔戏的几个特别阶段作为观察指标，如“日据皇民化”阶段之“穿上现代时装，改文武场为留声机”②，光复之初喧嚣一时、风靡台岛的内台商演，“80年代随着现代化剧场的兴建，‘现代剧场歌仔戏’以艺术部门的专业分工，在舞台设备、剧场技术与剧艺内容上都逐渐趋向‘现代化’整体呈现出精致创新的艺术风格”。③ 不难得出，台湾歌仔戏在内容观念与形式类型的历史变迁，指陈了剧种历史既被结构类型与文化传统所分割中断，又因之得以吐故纳新、延续转化。流动多变的戏曲内容和相对稳定的戏曲结构，一方面意味着剧种的发展历程，只能在特定样式与类型架构内进行；另一方面也表明剧种发展有可能因“文学地理、社会气候、媒介更迭、制作生态、经营策略”而被切割中断。值得一提的是，剧种历史特别会被地方风俗与人文思潮所异化与拓展。比如，“一九四九年两岸相对隔离绝后，歌仔戏在不同环境背景之下，各自有着不同的发展与艺术特质”，“台湾歌仔戏共发展出歌仔阵、丑扮落地扫、

① 周宁：《中西戏剧的时空与剧场经验》，周云龙编《天地大舞台：周宁戏剧研究文选》，厦门大学出版社，2011年，第123页。

② 陈芳：《台湾的传统戏曲》，台北学生书局，2004年，第98页。

③ 蔡欣欣：《台湾戏曲研究成果述论》，台北“国家”出版社，2005年，第375页。

老歌仔戏、野台歌仔戏、内台歌仔戏、广播歌仔戏、电影歌仔戏、电视歌仔戏、现代剧场歌仔戏九种类型，而闽南歌仔戏则有公园老人聚会、野台演出、内台演出三种类型，虽然也曾经结合电影与电视，然而只是昙花一现，未能真正成为气候”。[①] 由此观之，歌仔戏不同类型之间的移位转换与冲突反拨，存在着非直线的、跳跃式的承续连继、兴替往来，当中的突变性、偶发性、断裂性，清晰显影地方剧种发展的连续性与超连续性。

再有，根据历史唯物论的科学诠释，社会生产力的进步发展，让建筑其上的生产关系因之得以调整改善，生活其间的人也随之获得提升完善，而“人的发展”亦使得艺术交往的现实基础得以发展。据此，似可放心得出戏剧传播亦被卷入人类社会的前进浪潮。根据屡试不爽的现实经验，剧种演出受到社会现实的条件宰制，如声光电色等现代技术悉心营造的视听奇观，使得歌仔戏的现场演出更加炫目动人。但是若细加考辨，则会省思这一媒介决定论、技术决定论的庸俗思想，追索戏曲飨宴所指涉的审美价值。既然戏曲活动所负荷的审美理想，乃是超越性的最高理想，那么戏剧本身的审美价值就是最高价值，由此显然就不存在审美理想的进步与发展。花开两枝，分而言之。“歌仔戏作为唯一发源于台湾而又影响海西乃至南洋各地的地方剧种，其在‘公共观演场域’播撒的百年历史，同时也是中国戏剧在跨文化的交往情境中，超越传统而获取现代性并最终走向后现代性的演进历程。”[②] 但是，非主体性的后现代性艺术理念，未必高于崇尚主体性的现代性审美价值，也难说超过遵循天人合一的前现代审美理想，反之亦然。质而言之，源自不同世代的演剧文化，“各美其美，美美与共”，都拥有不随时间推移而黯淡消沉的美学价值，其相互之间更是难辨高低地各擅胜场。概而论之，在现实基础层面，戏剧活动伴随历史进步而别求新生，浮露观念形态运作与文化主导权的位移痕迹，但在超历史性的审美轴线上，并不存在通常意义的阶梯发展，即戏剧在现实时空中不断发展自身的物质基础，与此同时也在不停改变想象世界的方法，而这一轨迹的精神档案与记忆方式，构成戏剧活动的历史讲述。

有道是，“纵情恣意滚歌仔，车骨采茶杂锦歌，菜瓜棚葵笠仔班，登堂入室上荧幕”。[③] 歌仔戏传播史上或风光或失意的多番进退，或成功或失败的数次改良，具有鲜明目的性与暗含规律性。仅举一例，一窥全豹。在 20 世纪 50

① 杨馥菱：《台闽歌仔戏之比较研究》，台北学海出版社，2001 年，第 3 页。
② 王伟：《表征闽南：歌仔戏研究的现代性寻绎》，《齐齐哈尔大学学报》，2013 年第 6 期。
③ 陈正之：《草台高歌：台湾的传统戏剧》，台湾省府新闻处，1993 年，第 197 页。

年代，戏剧大家吕诉上调用多方政经资源，奉命编导的三出示范大戏《女匪干》《延平王复国》《鉴湖女侠》，可谓“剧本以配合政策为主旨”的时代产物。然而这些金元挹注、精心构思的遵命戏文，在其时不受待见、应者寥寥，过后更是随风而逝、了无痕迹。由此稍加思索便可得知，就歌仔戏传播的审美层面而言，剧种改良的得失成败，具有众声喧哗的复调性与难以操控的不定性，审美的个别“例外”或许比历史的基本“常态”更加富有意味深长的弦外之音。其实，戏剧观/演的审美经验作为诗意个性的自由创造、交互主体之间的心灵对话，必然要在超越现实审美理想的牵引诱导下，克服现实规律与观念形态的诸多禁锢。缘此，戏剧和现实的所谓关联，乃是非决定论的超因果想象。换而言之，作为自由个性创造的戏剧交往，内含突破总体性规划的欲望冲动，而不可能毕恭毕敬地匍匐在清规戒律之下。合而观之，歌仔戏跌宕起伏、潮起潮落的百余年传播史，在其现实基础层面，存有规律可供技术主义式的学理探求；但在超越性的审美理想层面，并不存有固定程式的编码/解码。

（四）时间的划痕：民俗曲艺的精英阐释

如前所述，以裂隙纵横与布满空白的歌仔戏史论为切入点，整合“自上而下的总体性研究”“从下到上的经验性研究”和“由里而外的非学科化研究”，勘察戏剧史的动态建构与论述疆界；识者不难发现，戏剧作为文化记忆的媒介与其之所在，若无戏剧经验所生发促动之剧艺类型间的代际连带感，以及由此而生之追索族群认同与社会现实的本真渴望，公共论述空间中的历史整体性想象，就无法真正矗立在坚实可靠的接受美学地平线上。归根结底，当下林林总总、层出不穷的戏曲话语，大都旨在运用一种融入个体生命经验的诗性陈述方式（以私人性与民间化作为学术装扮），另辟一道迥异于主导性记忆中的社会史图景，进而打开一条通往现实多样性与历史复杂性的审美渠道。在平心静气的为文基调中，使聚讼纷纭、争执不下的历史言说得以自然生长，让板结一块、环环相扣的单向诠释产生晃动摇摆，令约定俗成、习以为常的情感伦理在审美公共空间中重新问题化。细致到歌仔戏史的叙事模式，及其表征的“戏剧史悖论”，形成根由乃是艺术活动的双重属性（现实历史性与审美超现实性）。从知识学与方法论意义上看，述史当中的同一性诉求与断裂性事实，并非无从破解的思维谬误抑或自我解构的逻辑悖谬，因为戏剧活动的“现实性与超现实性并不在一个层面上，现实层面仅为基础层面，审美层面方是主导层面”。[①] 管见以为，戏剧艺术在现实之维有历史，在审美层面无历史，必须借由系统辩证的思维进路，解析浮夸虚妄的全称命题，在本体论意义上重述戏剧传播作为历时性/共时性、发展性/超越性、规律性/偶然性的有机统一，进而恢复写作历史的道德共通感与最大公约数。

（作者单位：泉州师范学院文学与传播学院，厦门大学中国语言文学博士后科研流动站）

① 杨春时：《文学理论新编》，北京大学出版社，2007年，第100页。

潜在“民间”立场的诗歌写作

许陈颖

一、“民间”概念的提出

“中国当代诗歌的文化地理特性是在体制外的民间诗歌群落中发育和体现的。”① 文学的形成与时代有关，也与地域有关。诗歌亦如此，优秀的诗作总与诗人的生命体验和日常感悟息息相关。不同的地域靠着“集体无意识”把不同的文化节脉络和文化属性代代传承，闽东诗群作为地域性的诗歌方阵，他们的写作在整体上呈现出一种自由、独立、包容的审美维度，而这种维度正是“民间”立场的重要体现。“民间”这个概念一直辗转在各个文学文本中，但作为文学研究和批评的概念，却是在20世纪90年代，由陈思和在《民间的沉浮》和《民间的还原》两篇论文中正式提出并做了系统的阐述，随后，学者王光东做了进一步的梳理，引起了学术界的广泛注意及强烈的争鸣。他们所界定的“民间”是在文学史范围内的，“这个‘民间’既联系着现实的民间文化空间，又包含着知识分子的民间价值立场，以及由此所认同的民间审美原则”。②

“自由”不仅仅是指书写的自由，同时也是指他们对故乡、包括生活在这片土地上每个生命的理解自由。“独立”是一种生存状态，闽东诗群里的大部分诗人都是出自乡间，在步入诗坛之际，几乎都从事着与文学毫无关联的职业，完全是出于热爱自发地进行写作，这就决定了他们的诗歌更多地保留民间

---

① 张清华主编：《中国当代民间诗歌地理（上）》，东方出版社，2015年。

② 王光东：《民间的意义》，吉林出版集团有限公司，2009年，第7页。

传统里的原始生命力对生活更直接、更本能的理解，使他们在观察表达的时候有着自己独立的视域与思考。同时，诗人在创作的过程中，不可避免地要面对民间里藏污纳垢的生活现象，他们切肤理解，并依据民间自身的价值标准去衡量与思考，最终转化成诗意地表达，这是知识分子在民间立场上所呈现出的“宽容”。

二、立足于故乡情结的自由书写

邱景华等一批曾专注于闽东诗群研究的学者对诗群的成员有着精微独到的了解，认为闽东诗群的优势在于“求异，存异和崇异”，很难为他们找到一个共同的面貌，然而，这不正是“自由”的体现？三十几年来，闽东诗群的成员们从青年迈向中年，他们的世界从单纯变得丰厚，诗歌的情感线条也从单一变得摇曳生姿，呈现出语言多元化的局面。他们当中，有一部分以启蒙的状态从民间立场理解民间的各种生活及情感表达，另一部分则以知识分子的民间立场构建诗歌的新品格。维特根斯坦说：“想象一种语言意味着想象一种生活形式。”闽东诗群自由表达及表达自由，同时，也是建立在一定的文化认同的基础上，换句话来说，它的存在是有根可循的，否则就可能因为空洞而流于凌虚蹈空的抒情。

海德格尔的“诗意的栖居”是人类的理想生存状态，可是，诗意在哪里呢？远方有诗意，但诗意同样与我们脚下的这片故乡、与我们民间的日常生活息息相关。汤养宗找到了海，叶玉琳寄情于充满母性的故乡大地，同时执着于与海洋的对话，谢宜兴与伊路用乡村赋予的眼睛打量世界，刘伟雄在乡村与西洋岛的美好中徜徉，他们生活、观察、表达、写作，从民间的生活中获得灵魂上的滋养，并通过各自的话语实践，找到属于自己的诗歌路径。

汤养宗的诗歌一直在求变中，作为一个充满观念自信和拥有哲学视野的诗者，他的诗歌世界是以语言为起点的。对进入写作视域的民间，他综合、交替运用了多语音、文化法、辞格和语体手段多方面和立体地表现错综复杂的当代生活与生命体验。他对民间的批判或歌颂都与诗人已有的深度的哲思密切相连，使他直接进入哲学的内部，坚持语言创造意义，“中国最曲折迷幻的一段海岸线，是我的海/小时我随便在这里撒尿/估算，一座海与一个男人尿囊的比例/现在名声大噪，被拥戴，成为国内海岸与滩涂摄影/最佳选择地。这让我惊讶，还尿憋/证明什么在条件反射，证明我小时尿尿的地方都很美/现在他们要搬走它，大量涌进的车辆与三脚架/占据了我撒野的地盘/我像被人翻出陈年老账，翻出身体的这一头/与那一头。说，这江山，我再不能做主。”在《我的海》中，面对着故乡在历史的车轮面前陷入沸腾无序的状态，诗人以语言游戏的形式进行调侃，但这背后，却是对生活隐秘而锐利的介入，把这种因受了惊扰而无奈的情绪天真而固执地敛聚起来，饱含着对故乡昔日宁静的深情凝视。在《寄往天堂的十一封家书》中诗人的语言呈现出难以复制的创造性。他借助语言的调达，把现实世界中面对各种事物瞬间生成的直觉传达出来，把人间最朴素的情感演绎成为一种令人战栗的美学。正如他诗中说的“书写者，把写字当成真正的生活”（《在白银时代》）。汤养宗一次又一次地在语言的世界里突破旧有的自我，每一次完美的突破，他的诗歌都会伸展出一个新的空间。

另一个语言上拥有“深思熟虑”特征的诗人则为伊路，她的诗歌早年几乎是单一的纯抒情，在30多年的诗歌进程中，她也对自己语言的惯性产生了警惕。并自觉地寻求突破的途径，从而渐渐形成了现在这种节制、干净，拥有沉静的面貌的语言风格。“沉静是自己压着自己/不知不觉镇住许多东西”（《再说湖》），她内在的一双眼睛是从童年贫穷而辛苦的生活中长出来的，这使得她即使在后来城市化的过程中，依然能坚定而理性地守护着一个清醒的内心世界，并以此为基点向外眺望，在自己的节奏里，调整着世界的速度，正如她说的：“我经历了两个海，一个是形而上……另一个是世俗中的，有点浑浊。”她对民间的同情远远多于批判，从早期的《看不见的限制》《早春》等她在一个适度开放的敏感空间里书写着一切进入她眼光的民间事物，包括后期的《民间工地》等一系列在诗坛引起强大反响的作品，不仅焕发着诗人内在灵魂的光明，同时也是女性诗人独特、在场的民间生命体验的自我表达。

另一位女性，叶玉琳的诗则拥有一种自然、感性的神采，以及温婉细腻且落落大方的文字品格。作为“大地的女儿”，虽然“上帝只给了我一件特殊的礼物/一个又低又潮的家，四面通风/但是/厄运，从不眷顾/我的父母又黑又瘦，没有工作/他们馈赠了我的——/贫穷是第一笔财富”（《故乡》）。这片乡间土地是诗人审美理想和意义追寻的温暖源头，她笔下大量描写民间生活的诗篇，超越传统对苦难的理解，上升为新鲜的个体生命经验。同时，她的诗篇也追随海洋，博大、深厚且有民间的野性、质朴，同时还带着优雅、神秘的光芒，光芒的源头则来自于诗人善感的心灵，“海苏醒。而我一生落在纸上/比海更深的水、比语言更诱人的语言/它们一层一层往上砌。所有的架构/都来源于禀赋：通透，自然”。《海边书》系列，诗人用新奇的眼光去看民间的海，文辞华美但不虚浮，她在物像与感觉的处理上显示出令人赞叹的技艺。

从农村深处走出来的诗人谢宜兴，他的诗集从早年《银花》的脉脉温情到中期《呼吸》《梦游》等智性的轻盈书写，再到近年《熊样子》《西北风》的睿智犀利，长久的农村经历，与生俱来的敏锐与善良，使他的诗歌始终怀着一颗赤子之心，并对周遭保持一种清醒的探微意识。“而我是最后回家的清道夫/哪里的落尘还能筛出金蔷薇”（《南方城市》），站在启蒙知识分子的立场上，诗人对故乡不仅有着深切的关怀，同时下意识地把那些在民间的生活者们内化成“自己”，所以他对民间所呈现出来的麻木、呆滞、残酷的文化形态是有警觉的，“迁徙是不是一种遗传/和季节一道赶春叫不叫/背井离乡”（《城市候鸟》），在这些打工者的身上，诗人能发现民间潜在的对自由的向往，只是受限于恶劣的生存环境无法实现这种对生命自由的渴望。但不论当年的轻盈、忧伤还是如今对假恶丑的鞭笞，都是因了诗人对真善美的向往，从而走向民间世界里对人性的深究。

刘伟雄诗风稳健，语言精致温润，不刻意雕饰。在早年的诗集《苍茫时分》《平原上的一棵树》中，他坚守着本色的流露，不为狭小的个人空间所羁绊，始终坚持着自我灵魂的视角观察世界。在城乡文化的对峙中，他那颗浸润着乡土民间精神的心灵能强烈感受都市文化和现代文明所造成的精神上的不合拍，故而，他站在诗意的民间立场，对西洋岛再三的缅怀、对乡村无比的眷恋，在每一个感动的瞬间维护着诗者与家园水乳交融的美好关系，“在故乡你随便走一走/就走进了古代　生物之间/美丽和繁茂的根系/存在于我们视野忽略的现实/演化了几千年　在村庄/还不是村庄的时候来来往往的/眼神　就已经被叫作诗歌”。诗人努力聚焦心灵光芒，让它们能有力量穿透红尘中名缰利锁的种种遮蔽，让一切还原到最初的本相。这种探究使得他的诗歌具备了更多的旷达与洞悉，使其诗歌有着智慧的呢喃之声。

诗歌的存在照见了人心的存在，闽东这五位诗人在语言上各具特色的自由态势，恰恰证明了这个世界的差异性与丰富性。但是，不可否认的是，他们早年所拥有的底层的民间生活经验，是闽东这块地域对他们共同的滋养，并在他们的灵魂深处扎下了深深的根基。正如叶玉琳在《海边书》的前言中所说：“家乡那被我一再书写的海以及金色的田野、明亮宽阔的溪流、亲切朴素的人群、那比大海更辽阔的细微，日夜滋养着我的乡情，我的心有着恒久歌唱的理由。”

三、超越日常状态的独立思考

闽东诗群的诗歌写作呈现的是非主流的民间写作状态，他们在思考的方式、伦理法则的判断、审美趣味的呈现上都表现出独立的特点。以五位代表诗人为例，他们在步入诗坛的时候，都没有受过文学的专业训练，并且从事着与文学毫无干系的工作。汤养宗是个水手，叶玉琳是乡村小学教师，刘伟雄从事税务工作，谢宜兴是记者，伊路是个舞美设计师，他们的写作完全是遵从于内心的需要，关注当下，关注身边细碎的日常生活，关注脚下这块日新月异的土地，渴望还原生活被裹挟之前生活与内心的真实面貌。

汤养宗以他知识分子的清醒的理性自觉，在沉入民间时始终有现代人的立场。由于民间蕴含的巨大的活力，给予他丰富的启示，使得汤的诗歌里洋溢着对人的生命、文化与语言的思考。如《不规则的快乐》，海盗与贵妇在与世俗相悖中获得快乐，猴子的温驯，少男少女的无聊，有点拉美的魔幻现实主义，使读者在阅读中反复思考，效果上有点迷离，隐约感受到规则世界对自由人性的束缚；生命对人而言是内在的，是属于自我的，所以他的诗歌较少触及与人相关的各种社会关系及生活方式，更多的是自我瞬间里幽微深隐的哲学式片段。《坐拥十城》中十城是一个意味深长的隐喻形象，诗人通过对十座城的具体现况的描绘，调动着读者的想象，使人在感受到即使是勤勉但偶尔也会失控的生存现状。

同为知识分子立场的民间写作，伊路则表现出与汤完全不同的状态，她渴望的是从生存的层面上看出民间存在的整体意义，探及的是与人相关的社会关系，从初入诗坛纯粹的情感抒发到后期的理性书写，她的这种立场，不是为了迎合世俗，而是更加彰显了知识分子思考的独立性。在“人间工地”系列组诗中，诗人带着深深的悲悯，对处于社会底层的民工的生存需要和生命欲望而衍生的行为都表达了自己的理解与同情。“满身的灰尘是一样的/汗水是一样的/眼神是不一样的/以为去了大地方/其实只是一个工地/从一个工地走向另一个工地/人间真大　生命真小”（《民间工地》）。诗人的理性只是对情感的节制，这种理性不仅来自于头脑的思索，更多是诗人来自人生的体验与感悟外化而成的修养的力量。

叶玉琳在诗中对民生疾苦有着切肤的体验与关切。她这样写《小木匠的一天》：“小木匠一开始就控制了这个清晨/在他身子的推移中/我看到了原木金黄的一面/生活金黄的一面/他的手上有神秘的力量/像一位乐圣/快活打理随身携带的乐器/刨好的每一木头/准确找到自己位置/就像我在新居里将要扮演的角色/痴迷于驾驶未来的秘密/而他乡下的妻子正衣着光鲜地陪伴在他身边，目光专注/欣赏自己的男人像欣赏一件美妙的家具/阳光密密地绕着/木屑吹过去又吹过来/我想一定会有什么在上面堆积/比如年轮，爱情。”诗人立足她的艺术经验使得民间的资源得以创造性地转化，这才有了如此生动、新鲜的艺术形象的诞生。《卖水果的老妇人》《安宁》《他们》《我始终能望见工地上的人和尘土》同样都是关注民间底层的诗歌，叶玉琳具有一双敏锐的眼睛，能抓住让人感动的生活细节，不用强硬的字眼，也不用快疾的节奏，但她独特而潜在的民间文化意蕴使笔下的形象具体明晰，使情感的矿藏表达得新奇、温柔而又美好，这个世界的虚与实在她的诗歌中相得益彰，相映成趣。

在面对城乡差异时，这批来自乡村同时又走出乡村的诗人们，他们的思想情感是极为复杂的，他们不仅会自觉地用乡村过来人的视角去审视民间社会，而且会不自觉地去思考来自民间的纯朴人性在日益变化的社会中出现的堕落的趋势。谢宜兴的民间立场，使他对被城市文明所遮蔽的地方有着自觉的审视与发现，他的《候鸟》《我一眼就认出那些葡萄》等诗篇里依据民间普通老百姓的生活逻辑和思维逻辑去考量现实，并设身处地为他们的遭遇代言，在“水晶”“葡萄”“干红”等意象的转换过程中，一代又一代乡村女孩在社会转型期以青春换明天的牺牲被展示得一览无遗，读者在感受到诗人悲悯情怀的同时也生成了诗歌在文学上的审美意义，包括他后期的一系列作品，都是对民间所发生的各类事件，通过知识分子的中介，转化为一个带有谢宜兴批判情怀的诗情世界，这种转化过程包含着知识分子的独立精神自觉或不自觉地投射。

作为一个有着丰富的乡村生活体验的诗人，刘伟雄的精神起点就是民间大地，他坚守着这个起点，并努力使其思想品性获得更广阔、深刻的精神成长空间。“那绺线和阳光搓在一起/万水千山的诱惑/都没这么真实地享受过/我的鞋　我的伤口”（《阳光下的修鞋铺》），“北方的一个秋夜呵/向往被无穷地放大/欢乐的日子/总是那样短暂和稀少/像我的影子　比我活得艰辛”（《北方的一个秋夜》），他的诗歌里没有太多的理性介入，而是凭着一份忧伤真切的赤子情怀去穿透生活的表象。刘伟雄有着大量通过写景或物来关注普通人生存状态的诗歌，如《平原上的一棵树》《对一块空间的缅想》《泊在岸上的卵石》等，诗人无法拥抱自己，但通过拥抱民间的种种细琐之物，间接拥抱了内在的自我。

写作思维与工作思维的明显区分是闽东诗群一个很大的特色，写作时，日常的职业就远离了他们，这使得他们的表达可以不受主流意识形态的绝对控制，用自己的视角在民间大地上发现未曾发现的精神动力，把民间的精神资源转化为诗意的世界。

四、对“藏污纳垢”民间文化的包容性审美

曾经的乡村生活与不停地向外行走的生活状态，是这些诗人获得潜在“民间”立场的前提，而内在灵魂视角的差别，又使他们的创作呈现出摇曳多姿的自由姿态与独立思考的精神面貌，从而对人的生存状态产生诗意的关怀，这种关怀是包容性：即不仅仅只是针对那些美好的生活现象，即使是藏污纳垢的民间生活现象，也能有诗性的诉说。这种包容性的审美使闽东诗群的创作有了更动人心魂的魅力。正如罗振亚在闽东诗群研讨会上所说：从日常生活海洋中去打捞人间真魅，有浓郁的人间烟火气……诗歌内容里有情绪的喧哗，有性灵的舞蹈，也有思想和智慧的闪光，甚至有不少已经走向形而上内涵的敞开。”

陈思和先生说：“藏污纳垢是一个中性词，所指的是一种状态，是民间世界丰富、驳杂景观的真切描绘。”诗人若能在藏污纳垢的民间世界里看到生命自身的光辉，以审美的情怀去审视民间生活，就会形成包容的诗性世界。这个特点在刘伟雄、谢宜兴、叶玉琳、伊路的诗歌里表现得特别明显。

刘伟雄的童年生活相当艰辛，这使得他对底层民间的生存状态特别关注，他在与邱景华的对话录中说：“渔民在海上讨生活很艰难，非常非常难！时不时击碎了我诗歌中非常美好的内核。”他写的《沉船　在静静的海上》一方面描写着海的美好“风清月白的美丽的大海呵/笼罩四周的沉静是多么富有诗意”，可是“八位渔民与一艘小船/在夜的注视里情无声息/我在时空里无数次地打捞他们/却已经找不到他们沉没的位置”。传统文化中海洋被赋予的“自由、美好、安逸”等元素与底层讨海人的不幸遭遇之间，产生了巨大的冲突，给人以强烈的冲击性。藏污纳垢的民间文化并不属于主流意识形态领域，常常会被忽略，所以诗人对民间这些被遮蔽了的现象的审美提取需要有个过程，并进行有效的表达。如刘伟雄的《乡村》：“演化了几千年在村庄/还不是村庄的时候/来来往往的/眼神/就已经被叫作诗歌了。”诗人发现了生命力在都市中的萎缩，转而回到乡土村庄里找到那份坦荡、真实、充盈的生命精气。他的价值观更多受到民间价值系统的影响，有着更多的贴近与体贴，正如他说的

“好名声是民间的最高奖赏/从不发钞票与文件证书/老百姓茶余饭后的龙门阵/好名声最常见的颁奖仪式/好名声如最初的诗歌经典/民间情感孕育的珍珠”（《民间的奖赏》）。

“爹看了她一眼/娘轻轻叹息一声/唢呐就吹到门前/她，成了她嫂嫂的/嫂嫂”。这是谢宜兴早期的代表作《银花》，写的是农村的姑换嫂现象。姑换嫂指旧时穷人家无力婚娶，将自家女儿许别人为妻，换回那家女儿为媳，常常造成悲剧的婚姻。通过对出嫁女儿这一画面的描绘，无奈又忧伤的绝望弥漫开来，诗人对民间世界里生死相依的气息提取得生动又迷人，饱蘸深切的同情。还有他的《苦妹出嫁》《叶华太的小土屋》《苦竹》等，对民间苦难深刻的了解成就了诗人悲悯的批判情怀，即使身处灯红酒绿的都市街头，他也能保持清醒，在内在民间视角下，写下《我一眼就认出那些葡萄》等一系列名篇。

作为女性诗人，叶玉琳同样也有大量诗歌关注底层的不幸的生存状态，但与男性诗人“爱之深，责之切”不同的是，她传递了更多温暖而忧伤的爱。“她多想好好照顾自己/不再为自己的小感到羞耻/她太轻了，她的勇敢还不足以堵截一扇门/让它铺开一个香甜的梦”（《天空中洒满幼小的花瓣》），叶玉琳娓娓道出了一个留守儿童的艰辛、无助及向往，读来令人心酸，她在《十字街头》《塌方》《生活》《乡村钢铁厂》等一系列的诗作中，这个已经走进都市的女诗人依然把民间世界作为自己灵魂的栖息地，即使是面对乡村那些不太光彩的事件，她抽离的同时依然秉有着深切的同情，并鄙夷着不事稼穑的都市人“对这一切，城里人一无所知，他们只会徒然地抱怨：上帝啊，我们做错什么”（《生活》）。

民间有着较多的维度与丰富的层面，即使是那些藏污纳垢的动态，倘若能赋予它们新的内涵，以知识分子的心灵为镜面，也会折射出新的光芒与活力。伊路的童年是在乡村度过的，她的家庭一共三个姐妹，在农村，没有劳动力的家庭倍加辛苦，暴风雨夜，几个小女孩背着米袋翻山岭，挑柴过悬崖，“多么危险/摇晃的柴担如果碰到岩壁/就会连同我弹下悬崖/妈妈你不知道呀/那山谷在和你争夺我呢”。《也是这尘世的》《再固定一遍》《滔滔江水》这不仅仅是诗人自己的人生体验，同时也是壮劳力缺乏的家庭在乡村难言的辛酸与苦难。诗人的心灵在民间得以塑造，并内化为坚定的自我视野，这是《民间工地》系列诞生的必然前提。

汤养宗前期的《船舱洞房》等诗歌同样也是对底层生活里难言尴尬的诗意提取，但随着他对旧有语言秩序的突破，在中后期的诗歌中，这种关注不再像原来那么直接，他更多是找到语言与生活本身的色泽、光亮、气息之间的承接性，把人们熟悉的一些民间生活的片段挤压在短短的诗篇中，形成诡异的戏剧效果和张力。比如《盐》，很短的一首诗，牧师与《圣经》突然与盐与味觉联系起来，再加上村庄的村妇用盐煮妖，东方与西方，高雅与世俗，宗教的慈悲与世俗的残忍，物质的与精神的，几行话语像蒙太奇的镜头一样，把那些对立的与不对立的因素都汇集在一起，而当涉及煮白猴的片段时，“某妇煮白猴在锅里/本地叫妖/妖不肯死/在沸水中叫”语速疾驰，阅读者紧张，人类的虚伪与残忍落声而出。在这些词语的运动中，往往隐藏着诗人自己内心的挣扎，但这种挣扎却是在词语的拼撞中得以流动，耐人回味。

五、结语

张清华教授在《当代民间诗歌地理》上说：“中国当代先锋诗歌运动的发育是从南方城市和偏远的山区兴起来的。”闽东的山海、诗人各自的经历及眼界、修养使这五位诗人以各自的方式选择了“民间”写作立场，但这并不意味着他们对知识分子精神的放弃，相反，这种内在的视野使知识分子精神获得更有意义的一种存在。这五位诗人至今都不是职业作家，但他们一直都把诗歌放在较神圣的位置，在这个前提下他们与民间精神发生碰撞、交流与沟通，保持着自由、独立、包容的审美追求，并在知识分子与乡村民间之中寻找最佳契合点，这使他们几十年来保持着旺盛的生命力并能深刻地进入当下不断变化着的现实生活中人们的灵魂，从而让诗歌依然有进入生活和美化人心的能力，让读者发现一个现实生活中潜藏着的那个诗意而美好的世界。

（作者单位：宁德师范学院语言与文化学院）

新时期理想信念的人本向度[①]

林宇晖

“‘理想’是人的存在方式、活动方式。”[②] 现实中的个人是理想与现实的统一体，他既是一种现实的存在，也是一种理想的存在。“信念”是人在现实发展过程中自我超越的价值性追求。理想信念是意识形态教育中人生观、政治观教育的重要内容。在习近平总书记系列讲话中，理想信念教育是一以贯之的一条红线，习总书记多次谈到理想信念对于国家、个人及社会实践等方面的重要性，充分体现了马克思主体的人学观点。“人是由思想和行动构成的。不见诸行动的思想，只不过是人的影子；不受思想指导和推崇的行动，只不过是行尸走肉——没有灵魂的躯体。”[③] 改革开放以来，发展的加速度累进式递增，这不仅为社会带来快速增长的物质财富，也推动着精神家园的分野和重构。个体意义的构建和反思在整体社会的发展中越发凸显且具有长远影响力。已嵌入社会群体意识中的理想信念在代际更替和时代变迁过程中被逐步剥离，一成不变的理想信念教育如今已无法保持其有效指引性，实现理想信念的再嵌入，对当前的意识形态教育工作提出与时俱进的要求。意识形态工作不仅教导人要有所作为，需更进一步回答人如何作为的追问。

一、中国梦思想深化了理想信念的人本理念

理想信念教育是时代的产物，也必然为时代发展服务。长期以来，“实现

---

① 本文系江苏省社科基金重大项目“思想政治教育的内容结构与理论基础研究”（项目号：142D002）；江苏省研究生科研与实践创新计划项目“我国共享发展理念的生成逻辑与实现理路研究”（编号：KYCX17_ 0542）的阶段性成果。

② 孙正聿：《哲学修养十五讲》，北京大学出版社，2004 年，第 159 页。

③ 中共中央马克思、恩格斯、列宁、斯大林著作编译局编：《马克思恩格斯全集（第 12 卷）》，人民出版社，1962 年，第 618 页。

共产主义，为共产主义事业奋斗终生”是共产党人的最高理想和信念。该理想是对社会发展的整体规划和长远指导，因此具有整体性和长期性。2012年11月29日，习近平总书记在参观《复兴之路》展览时就指出：“每个人都有理想和追求，都有自己的梦想。”“我认为，实现中华民族伟大复兴，就是中华民族近代以来最伟大的梦想。”① 中国梦思想作为当前国家发展的奋斗目标，实现了理想信念内容更为具象的表述，进一步发挥了引领国人为之奋斗的指导价值。

理想信念教育从“为共产主义事业奋斗终生”到“坚定共产主义理想和中国特色社会主义信念，实现中华民族伟大复兴的中国梦”是一个从整体到局部的具体细化过程，二者的思想灵魂都是马克思主义理论，中国梦思想是共产主义事业奋斗终身的伟大理想在特定历史时期的具体诠释。它是共产主义事业在社会主义初级阶段目标的具体表现，是在理想信念层面上切合国情的自我更新和超越。如果说“为共产主义事业奋斗终生”生成于“天下兴亡匹夫有责”的历史情境中，那么“高举中国特色社会主义伟大旗帜，实现中华民族伟大复兴”则进一步阐明了匹夫之责立于何处的问题。二者是本与木、源与流的关系。

为共产主义事业奋斗终生作为马克思主义理论所追寻的终极愿景，是历代共产主义革命先烈忠贞不渝的历史使命。如此宏大叙事的理想信念起源于世界资产阶级与无产阶级矛盾突显期，起源于中国人民救亡图存的革命战争年代。中国社会变迁带来的理想真空导致了社会心理的涣散和沉沦，共产主义理想信念的嵌入，正契合了当时国人急需重建时代精神的内在价值取向和深层文化心态。在国家兴亡、匹夫有责的时代背景下，个体利益“主要且必须侧重于无私奉献的崇高革命精神，旨在革命目标的实现，体现出阶级整体利益至上性”。② 人民利益与国家命运唇齿相依，为国家民族事业牺牲自我的理想信念正是革命战争年代下个体利益依附集体利益、救亡图存的精神指引和形势所需的思想保障。

时过境迁，世情、国情的变化赋予了理想信念不同的现实土壤，决定着处于不同历史条件和现实关系中的社会个体所秉持的理想信念适时适度的转变和相应延伸。在现代化的发展过程中作为“小我”的个体利益逐步从对社会正

① 习近平：《谈治国理政》，外文出版社，2014年，第36页。

② 黄明理：《论习近平关于理想信念思想的创新》，《江海学刊》，2015年第2期。

义这个“大我”的绝对依附中独立出来，寻求自我发展。共产主义作为一个整体性的社会理想，其本质目标就在于实现个体的独立性，即人的自由全面发展。但是，个体的独立性是建立在对社会发展依存基础之上的独立，否则社会发展将变成一种虚设性的存在陷入混乱无序。因此，新时期的理想信念要进一步深化其人本理念，强调“小我”与“大我”的依附性与独立性的辩证关系，而该辩证关系需要对具体的理想信念加以诠释才能得以体现。

就当下社会发展而言，“为共产主义事业奋斗终生”的理想信念虽然是一种科学理想的构想，但从历史唯物主义视角出发，马克思、恩格斯并未能对共产主义这一理想状态的实现提出预设性的历史期限，而是对实现此理想信念的历史条件做出了前提性的阐释，即生产力的高度发达，社会财富的极大涌流等。作为科学理想的萌发，在共产国际运动兴起和高涨时期，为全世界受压迫阶级的革命斗争开辟了新的路径。然而，共产主义事业不仅是一个革命斗争理论，更属于一个社会建设理论，社会发展的历史进路远要比革命斗争更为漫长和复杂，“共产主义不是应当确立的状况”“它是人的解放和复原的一个现实的、对下一段历史发展来说是必然的环节”。因此，若无具体的时代理想逐步充实共产主义事业的历史性规划，那么共产主义理想信念的引领价值对新时期个体而言，易于停留在理论层面的应然，甚至是对遥远预期的抽象想象之中。理想信念若仅停留于该层面的说教，则容易陷入教条的理想主义，从而导致主体行为的偏离。理想信念要具有说服力，就要增进其理论的彻底性和具体化。“理论只要彻底就能说服人”。①

习近平总书记提出的中国梦思想在实然层面对共产主义理想做出了具体有效的补充。“高举中国特色社会主义伟大旗帜，实现中华民族伟大复兴”不仅是现阶段我国人民奋斗的阶段性目标，它更有着明确的时间节点和具体化的奋斗目标。中华民族的伟大复兴这一伟大梦想是相对于近代以来这一时间节点而言的，近代以来的中国是“雄关漫道”和“正道沧桑”的现实背景，民族独立和复兴是这个时代无法规避的历史使命，若无民族独立则无民族复兴，若无民族复兴，共产主义就无从谈起。从民族独立到民族复兴，是经几代国人努力，切实可见的发展状态，在现阶段具体的目标维度上，将一元化的理想信念转化为多元的理想维度，即“国家富强，民族振兴，人民幸福”，不仅强调富

① 中共中央马克思、恩格斯、列宁、斯大林著作编译局编：《马克思恩格斯选集（第1卷）》，人民出版社，1995年，第9页。

强、振兴的集体目标，也体现了幸福理想的个体目标，鲜明地体现了国家、民族的“大我”与个体“小我”之间的辩证统一。“中国梦是国家的、民族的，也是每一个中国人的。国家好、民族好，大家才会好。只有每个人都为美好梦想而奋斗，才能汇聚起实现中国梦的磅礴力量。”① 既体现了国家这个“大我”的整体性，以“大我”的整体发展实现“小我”的独立与幸福，同时也要求个体这个“小我”的自我超越与发展应融于“大我”的进步当中，进而发挥“大我”的引领价值。

“中国梦”思想不仅将“小我”与“大我”的辩证理念培植于民心，更将未来的社会图景根植于现实。全面建成小康社会的规划指标，是理想信念目标参数，“全面”体现了理想信念的共有性，指涉全部区域和全体人民，“建成”体现预期目标的指日可待，让人可期可盼。“共享发展”是理想信念的思想保障，发展成果由人民共享，为理想信念的实现增进思想动力。“两个一百年”是该理想信念的时间预期。这些作为中国梦思想的具体举措，是共产主义理想信念在我国社会主义初级阶段的具象表征和精神动力，它符合当下国人对国家发展的期盼，易于实现对该理想信念的情感认同。习近平指出，“中国特色社会主义，承载着几代中国共产党人的理想和探索，寄托着无数仁人志士的意愿和期盼”②，因此，中国梦思想进一步深化了理想信念人本理念，且富有现实感，可亲可近。

二、精神之钙思想强化了理想信念的人本自觉

在意识形态教育本位论的问题上，曾有过“个体本位论”和“社会本位论”两种观点。前者以个人需要为原则，后者以社会发展为中心。二者均有其理性的原则，也有其片面的观点。从时代背景来看，“社会本位论”盛行于改革开放之前，尤其在“文革”期间，最为显著。由于发展理念和体制诱因，人民公社式的集体主义理想信念在人民的精神世界中具有唯一性和至上性，个体理想被社会理想“他由”“他觉”的附加，仅作为一种社会发展的手段而存在，突出强调了理想信念的政治性和社会性，旨在激发人民群众的集体意识和政治自觉。改革开放后，人们对个体能动性及自我发展的认知大为改观并颇为

① 习近平：《谈治国理政》，外文出版社，2014 年，第 49 页。

② 习近平：《实现中国梦必须走中国道路》，http://theory.people.com.cn/n/2014/0902/c40531-25585510.html.

重视，“个体本位论”开始受到相关学者的关注，因其过度强调人的需要易于偏离理想信念的社会性，从而导致个体本位论的片面化。但以人为本的理念在理想信念的教育中逐步得到认同。理想信念教育是在人的思想层面开展的实践活动，以现实社会中的具体个人为出发点，对个体精神层面的塑造和理想信念的根植。脱离现实的人谈理想信念教育，只能是理论的苍白呐喊。新时期，习近平总书记在谈到宣传思想工作时强调：所有宣传思想战线上的党员、干部都要“坚持人民性，就是要把实现好、维护好、发展好最广大人民根本利益作为出发点和落脚点，坚持以民为本、以人为本”。[①] 明确了思想宣传工作以人为本的原则立场。

理想信念作为社会发展的未来预期，具有一定的指向性，习总书记指出：“理想指引人生方向，信念决定事业成败。没有理想信念，就会导致精神上‘缺钙’。”[②] 首先，理想信念是社会个体发展不可或缺的精神元素。现代意义上的理想信念教育改变以往由社会思想灌输于人的单向度发展，而成为人与社会之间互为权利义务主体的双向互动关系。改革开放以来，随着社会财富的不断积累和物质生活的满足，社会个体的发展由一元走向多元，由被动转向主动。在思想宣传工作中，理想信念教育在强调社会效应的同时也重视人本价值的实现。“如果思想政治教育内容只强调社会价值，而扼杀个体价值，那么这种教育就可能长期在一个水平上简单重复。”[③] 理想信念作为精神世界的产物，是当人们物质需求得到满足之后人自主自觉的需求方向。正确的理想信念是社会个体对生活意义的主动追求，是人自由发展的本质体现。在物质生活日益富庶的今天，自由全面发展对个体健康发展的要求不仅表现在物质层面，还表现在精神文化层面，理想信念的内化与践行是个体需求层次的晋升及对人本质复归的显性表现。独立人格的塑造和伟大事业的成就都离不开理想信念的精神支撑。

其次，作为精神之“钙”的理想信念，是社会个体发展不可替代的精神元素。在唯物史观看来，社会历史发展的不同阶段都应有与之相匹配的理想信念作为当下社会发展美好愿景的指引，推动着那个时代的社会成员积极开拓。处于现实社会中的个人发展并非一元和绝对正面的，生存环境的复杂性决定了个人精神生活的多元化和易变性，使得个体发展存在着多维的可能空间。理想

① 习近平：《谈治国理政》，外文出版社，2014 年，第 154 页。

② 同①，第 15 页。

③ 孙其昂，黄世虎：《思想政治教育学基本原理》，河海大学出版社，2015 年，第 178 页。

信念是对一定发展阶段的期盼和规划，它的实现大多需要时间的积累和发展在质上的飞越，因此在一定时期内理想信念有别于其他精神产物，具有相对的稳定性和不可替代性。同时，相对于其他精神产物的消费价值而言，理想信念的不可替代性还体现在理想信念具有生产价值，一旦理想信念根植于人的头脑中，将不断生产出人奋斗拼搏的动力。“理想信念就是人的志向”①，志存高远才能勇往直前，有所获益。这是对高尚人格的积极塑造和对主体个性的适度张扬，只有具备高尚的人格才可能有高尚的奉献，这是社会个体实现自我肯定和社会认同的必要前提。相反，科学理想信念的缺失容易使个体陷入狭隘的个人主义。

再次，作为精神之“钙”的理想信念，应遵循党性和人民性的统一。现实的个人不可能脱离他所生活的政治和社会孤立存在，在谈论理想信念对人自由自觉价值的问题时，不能把人理解为将社会排除在外的抽象的类。人既是“个人的存在”，同时又是“社会存在物”②，因此，当个体张力扩展到一定程度之后，必然要有公共性的回归。习总书记强调，“党性和人民性从来都是一致的，统一的”。理想信念的产生并非个人与生俱来，它是历史的产物。“思想政治教育的主旨是育人，根据时代的需要培养那个时代所需要的合格公民”③，“合格”的重要标志之一在于个体具备符合时代需求的科学理想信念。这就意味着社会个体的理想信念应结合时代发展所需，有坚定的政治立场和正确的政治方向，在时代发展中体现个体价值。因为“人的本质不是单个人所固有的抽象物，在其现实性上，它是一切社会关系的总和”。④ 因此，理想信念教育是建立在对历史规律和基本国情的认识和把握之上，强化个人发展中合乎时代的价值选择，指引社会个体行为的合理化。习总书记指出：“有无数共产党员为了党和人民事业英勇牺牲了，支撑他们的就是‘革命理想大于天’的精神力量。”⑤ 这不仅是对个人理想合乎历史规律的积极肯定，更表现出了社会理想与个人理想的高度统一。

---

① 习近平：《谈治国理政》，外文出版社，2014 年，第 413 页。

② 中共中央马克思、恩格斯、列宁、斯大林著作编译局编：《马克思恩格斯全集（第 42 卷）》，人民出版社，1979 年，第 119 页。

③ 宣云凤，孙其昂：《不竭的动力　思想政治工作创新研究》，江苏人民出版社，2015 年，第 14 页。

④ 中共中央马克思、恩格斯、列宁、斯大林著作编译局编：《马克思恩格斯选集（第 1 卷）》，人民出版社，1995 年，第 56 页。

⑤ 同①，第 414 页。

三、实干兴邦思想阐明了理想信念的人本进路

社会存在决定社会意识，社会意识对社会存在具有能动的反作用。人作为有意识的社会个体，对社会发展具有能动的改造作用且应然付诸实践。理想信念是存在于人头脑中的主观念想，而处于不断变化发展之中的外部世界则是不以人的意志为转移的客观存在，将理想信念仅停留在主观思考层面而不付诸实践则易于陷入唯心主义的理想陷阱之中，使人生活在虚幻的超验社会之中不能自拔。因此，要实现理想信念的有效转化，其教育不应该仅停留在社会个体对意义世界的构建当中，还应建立在对物质世界的有效把握之上，“哲学家们用不同的方式解释世界，而问题在于改变世界”。[①] 在理想信念的规序下，实现个体精神世界向行为实践的积极转化是思想政治教育的内在规定。

理想信念应巩固理论导向。习近平总书记强调，“党的基本理论、基本路线、基本纲领、基本经验、基本要求是管全局、管方向、管长远的，大家要深刻领会、认真贯彻，咬定青山不放松，不为任何风险所惧，不为任何干扰所惑”。[②] 为新时期人民建立起承担社会建设国家发展的担当，树立起国家兴亡，匹夫有责的理论自觉，正是理想信念教育的方向和价值所在。其中“管全局、管方向、管长远”不仅对理想信念内容结构提出了与时俱进的要求，也对新时期理想信念的方法手段的运用提供了启示。党的基本路线、方针、政策、“管全局”的思想拓展了理想信念的广度，这寓意着理想信念所辐射的个体和社会所活动的范围和内容，如果仅将理想信念作为思想政治教育学科领域内概念化的说明和理论总结，其广度是有限的，但同时它也作为一种精神引领，渗透于社会发展的各个阶段和多方领域，指引各阶层人群的工作和生活，其辐射的广度是十分可观的。“管方向”决定了理想信念的高度，要求新时期的理想信念建设依然坚持马克思主义基本原理，坚持中国特色社会主义理论体系，为社会的共享发展，人类的自由解放坚守信念，积极践行。“管长远”诠释了理想信念的深度。一方面，理想信念教育作为人的精神需求，其内化于心的影响应具有终身价值；另一方面，理想信念作为社会发展的指引应是可持续的。

---

① 中共中央马克思、恩格斯、列宁、斯大林著作编译局编：《马克思恩格斯选集（第1卷）》，人民出版社，1995年，第56页。

② 习近平：《坚持和发展中国特色社会主义》，http：//theory. people. com. cn/n/2014/0806/c40555 - 25412730. html.

客观世界的发展，人们理想信念的建设不仅是一个理论问题，更是一个实践问题，世界的可知性与人们思维的客观真理性只能由实践来证明。新时期的理想信念思想具有强烈的现代感，该思想让人们意识到个体理想信念的实现，不仅有赖于国家富强、社会发展的基本前提，更取决于自己的能力，让人们坚信自己有能力通过理性实践去改变环境，收获成果。理想信念在实践层面表现为一种自觉的、积极的个体行为，包括对专业技能的锤炼、社会活动的积极参与等。习近平总书记在同各级优秀青年代表座谈时曾指出："青年最富有朝气，最富有梦想。"对于梦想的实现离不开矢志艰苦的奋斗。习近平总书记认为，"人类的美好理想，都不可能唾手可得，都离不开筚路蓝缕、手胼足胝的艰苦奋斗"，"广大青年要牢记'空谈误国，实干兴邦'，立足本职、埋头苦干，从自身做起，从点滴做起，用勤劳的双手、一流的业绩成就属于自己的精彩人生"。[①] 在个人岗位上的积极奋斗是国家所需，生存之本。而新时期，劳动所创造的财富不仅仅停留于物质层面，还将满足个体的自我实现和社会认同。将辛勤劳动从谋生手段拓展为实现自我价值的手段，这不仅能激发人的主体性，更坚定了人在思想上和行动上的坚定信念和执着追求。

理想信念的理论导向与实践导向是一个不断发展转化的动态过程，二者相生相长，现实社会发展境况决定着理想信念的深度，反过来理想信念的深度又影响着我们实践探索的广度。习总书记指出："我们每一个人，包括我在内，都有一个不断解决好世界观、人生观、价值观的问题。活到老学到老，世界观改造永远没有完成时。"[②] 积极参与改造社会的活动是个体灵魂深处理想信念的外在表现，是广大青年在良心和道义上的责任和担当。

总之，新时期理想信念的思想为思想政治教育从内容结构到实现手段的转向提供了新的思路。真实形象的语言，大为提高了理想信念教育的接受度，为青年一代树立起积极奋斗的信心和勇气，也为中国特色社会主义现代化建设事业的发展提供了精神助力。

（作者单位：河海大学马克思主义学院）

① 习近平：《谈治国理政》，外文出版社，2014 年，第 52 页。

② 习近平：《切实解决好世界观、人生观、价值观这个"总开关"的问题》，http：//qzlx. people. com. cn/n/2014/0911/c366722 - 25643797. html.

文化自信视域下当代中国美学的再出发

罗爱玲

作为当前学术界的一个热词,“文化自信”自提出以来，其曝光度正与日俱增。特别是习近平总书记在中国共产党成立95周年纪念大会上“四个自信”的提法，以及关于“文化自信，是更基础、更广泛、更深厚的自信”① 的论调，更是对这一趋势起到了推波助澜的积极作用。在诸多学术探讨与研究成果的帮衬下，文化自信正在有序地实现着由隐到显的蜕变，慢慢被赋予了愈来愈丰富的理论内涵与实践价值，对当前及今后一段时间中国文化建设的进程日益产生着直接而深远的影响，并一举奠定了在中国特色社会主义事业中举足轻重的地位。在这一理论话语的统摄下，作为中国当代文化建设重要向度的当代中国美学同样深受影响。尤其是在国际美学发展前景一派欣欣向荣的映衬下，曾经盛极一时的中国美学却走向式微、相对失语，令广大的美学研究者心有不安，深感“再出发”的迫切感与使命感。在此背景下，以文化自信为理论视域与精神烛照，深刻洞察美学再出发的文化使命，深入探究文化自信视域下当代中国美学再出发的机遇与挑战，并以实践品格来为美学的再出发指明具体路径，便成了美学再出发需首要解决的难题。

一、文化自信与当代中国美学再出发的文化使命

文化自信，顾名思义就是对自身文化的认同、信心，乃至不遗余力地宣扬。作为一个民族的发展血脉与精神家园，文化的重要性不言而喻。它就像是

① 习近平:《在庆祝中国共产党成立95周年大会上的讲话》,《人民日报》, 2016年7月2日。

一条蜿蜒曲折却奔流不息的长河，细密地链接着一个民族的过去、现在和未来。文化自信则体现为一个国家、一个民族对自身文化内涵和价值的充分肯定，对自身文化特质和美学张力的坚定信念，其本质上源于对民族文化的“传承和升华”。[①] 党的十八大以来，以习近平同志为核心的新一届中央领导集体从治国理政的高度将文化自信作为“强国之基、复兴之力、民族之魂、发展之源、治理之道、兴党之要”[②]，高度重视加强文化建设，持续推动由文化大国走向文化强国的历史进程，体现出了高度的文化自觉与深刻的文化自信。而伴随着文艺工作座谈会（2014 年 10 月 15 日）、哲学社会科学工作座谈会（2016 年 5 月 17 日）、中国文联十大与中国作协九大（2016 年 11 月 30 日）等会议的胜利召开，当代中国美学的发展正在愈来愈受到“文化自信”理论光环与价值引领的深刻影响。

（一）文化自信是引领中国文化建设的精神烛照

作为一种独特的社会现象，文化是人类长期创造形成的产物，凝结在物质之中又游离于物质之外，是人类社会与历史的积淀物。较强的渗透性和持久性，使得文化如同空气一样无处不在，并以无形的意识形态作用于有形的现实存在。包括历史、地理、风土人情、传统习俗、文学艺术等在内，文化的繁荣已经成为社会发展的风向标。在“文化自信”成为流行语之前，20 世纪 90 年代由费孝通提出的“文化自觉”是相近概念中影响最大的一个，它指的是“生活在一定文化中的人对其文化有‘自知之明’，明白它的来历、形成过程、所具有的特色和它发展的趋向”。[③]“文化自觉”概念的提出，是对此前“文化启蒙”集体无意识的一种颠覆，是国人摆脱主体性丧失的被动地位、以独立自主的姿态主动投身新时代的一面旗帜。以此为脉络，仔细梳理中国文化史，其中折射出来的“文化启蒙—文化自觉—文化自信”之发展路径渐渐浮出历史地表，由此验证了以习近平同志为核心的新一届中央领导集体提出“文化自信”的理论绝非空穴来风，而是有着深厚的历史根基。

作为一个民族、一个国家对自身禀赋与文化价值的肯定，我们可以对文化自信的内涵进行抽丝剥茧般的层层解构：第一层是对民族、国家文化在价值上的认同感与自豪感；第二层是对文化生命力的发展前景有着十分坚定的信念；第三个层次则是在外来文化与自身文化的碰撞交流中有所扬弃。这三个层次的

① 唐洲雁：《坚定中国特色社会主义文化自信》，《求是》，2016 年第 23 期。

② 余谓之：《从治国理政的高度认识文化自信》，《光明日报》，2017 年 8 月 4 日。

③ 费孝通：《论文化与文化自觉》，群言出版社，2007 年，第 190 页。

内涵从深层次上交代了文化自信的本质——更多的是作为一种价值观导向，作为一种精神烛照。这就意味着“文化自信”并非只是一个理论名词，更不仅仅是一句空洞的口号，而是引领文化建设的重要力量。换句话说，新形势下倡导的“文化自信”既是一种文化价值观，更是当前中国文化建设重要的方法论和方向指南。五千年绵延不绝的文化脉络，充分确证了中华文化与时俱进的强大包容性，也将博大精深的优秀传统文化、奋发向上的革命文化和继往开来的社会主义先进文化作为文化自信的外在表征予以呈现。这是文化自信的强大底气，也是文化建设的重要根基，彰显了“文化自信”立足现实、面向未来的实践属性。概而言之，文化自信既是旗帜，也是目标，是破除文化不自信痼疾、提升国家软实力的一剂良方。

（二）再出发是当代中国美学发展的必由之路

作为文化建设的一个重要维度，美学的意义和作用不容小觑。虽然只是哲学的二级学科，但是具有理性思辨与感性体悟双重属性的美学却散发着持久而广泛的艺术魅力。早在先秦时期，老子、孔子、庄子等的百家争鸣与众声喧哗，已经造就了中国古典美学的第一个黄金时代。尤其是老子提出的“道”“象”“气”等，奠定了元气论、意象说、意境说等古典美学的哲学基础与理论导向。绵长的历史时空与丰厚的精神资源，并没有让古典美学在近代以降的中国以十分自信的姿态进一步传承创新，却更多地转向对西方美学话语体系的顶礼膜拜，逐渐造成了在近代中国美学像是一个舶来品的误解。不可否认，经过几代人的接续努力，当代中国美学已经取得了较为喜人的成就，有效集成了传统与现代、民族与西方等多维的理论资源。但也恰恰是这种杂糅性带来的一系列羁绊，让当代中国美学发展的合法性饱受争议，“带病前行”的结果就是生搬硬套、粗制滥造、乏善可陈。在市场经济的冲击之下，泛审美以无孔不入的渗透性蚕食着正统美学本就边缘的阵地。新的社会历史语境带来的人们观念的扭曲，更使得美学的发展常常落入自我矛盾冲突的窠臼。即便有生态美学、科技美学、文化美学等新式的审美取向以救世主的姿态不断冲锋陷阵，主体性沦丧、意蕴缺失、情感疲乏等泛审美的趋势仍然张牙舞爪，纯粹意义上的美学早已不堪挤压，持续边缘化。纷乱的美学版图，亟待重构。

当然，撇除泛审美的一系列消极影响，我们也同样看到了它所带来的美学日常生活化的乐观趋向。毕竟，作为一种文化产品，美学在当前现代、后现代文明危机的语境中，承担了更多对抗虚无、重构精神家园的崇高使命。从这个意义上看，当代中国美学再出发的文化使命就是以文化自信的姿态，在消费语境与全球化视域中努力找寻纯审美与泛审美之间的张力平衡。重回当年百家争鸣的时代当然是泡沫般的诱惑，混入商业化的泛审美现象中吹拉弹唱更加不可取，简单二元对立的处理方式已经被时代潮流所取代。环境的变化、自信的缺失，反而给了美学更多的发展空间和用武之地。文化自信一再被提及的今天，以美学的再出发来迎接人文精神的回归，成了困顿美学面前的一片开阔地。以文化自信为预设目标和前进导航，重构民族美学的文化自信，才能为商品潮流所掩盖的人文精神提供诗意栖居的庇护所，才能重新绘就美学的现实镜像与未来图谱，才能为时下人们日渐消瘦的精神世界培育出生动全面的审美范式，从而提升国人的精神境界。

二、文化自信视域下当代中国美学再出发的语境分析

诚如有学者指出的，“文化自信源于对于文化价值的高度认同，是培养文化认知、树立文化认同，进而实现文化践行的重要标志”。[①] 缺乏精神引领的当代中国美学，在文化自信的视域下面临着再出发的严峻挑战，却也找到了再出发的指路明灯。曾有的解构与断裂，在文化自信的烛照下获得了整装待发的信心与勇气；全球一体化时代的失语状态，也必将在文化自信的摇旗助威下，通过充分挖掘自身优势，迸发出振聋发聩的时代强音。挑战与机遇并存，是文化自信给予当代中国美学再出发的现实语境。

（一）文化自信为当代中国美学再出发提出新挑战

一方面，当代中国美学是中华文化不自信的重要表征。近代至今，通过有破有立的实践，作为一个学科的美学在百年间已经获得了飞快发展。虽然就历史场域而言，一百多年同五千年中华文明发展时空相比只是沧海一粟，但其实绩却也相当可观，尤其是改革开放以来，在西方美学理论与方法的直接助力下，当代中国美学的相关成果著述颇丰，蔚为大观，奠定了在学术界举足轻重的地位与影响。然而，这种捉襟见肘的美学实绩，距离“文化自信”的从容不迫与游刃有余仍有相当差距。造成这种差距的原因既有外部因素，更在于内部因素。社会历史的急剧转型，外部环境的深刻变化，一定程度上造成了原有美学发展范式的不合时宜。而学科自身的种种问题与不足则阻碍了美学与时俱进地成功转型。五四时期对于西方文学思潮与艺术方法的大量译介，使得古典

① 姜岩：《文化自信视域下弘扬中华优秀传统文化研究》，《山东青年政治学院学报》，2017 年第 3 期。

美学逐渐让出了部分阵地，但将美学单纯视为“研究美的学科”的片面做法，却也没能实现中西方美学范式的无缝对接，反而直接忽视了美学作为哲学的最重要属性。即便到了今天，绝大多数的美学研究者依然简单地将西方的概念术语挪过来为中国当代美学穿靴戴帽，本该有的哲理思辨变成了现今习见的生搬硬套、拾人牙慧。正是由于这样的内外交困，美学的学科属性一直很是尴尬，民族美学的独特审美经验往往被弃置不顾。

另一方面，文化自信的高标准严要求，进一步放大了美学学科的不自信，对其发展造成了理论的焦虑与话语的紧张。“在经济全球化、文化跨国资本化的语境中，中国当代文学理论面临着来自于西方学术话语和现代社会转型的双重挑战。”① 将这一结论拿来套用于中国当代美学同样适合。梳理当代中国美学的发展脉络，这种现实与期待之间的差距带来的不自信，主要是两个方面的因素造成的：一个是民族美学“这种审美意识还没有达到上升为思辨理论的地步”②，尚未构建起民族特色的美学话语体系；另一方面则源于学科建立以来“盲目崇拜西方”的思维方式误区，而西方中心主义又出于各种考虑，强势挤压中国本土美学话语的生长空间。作为古代文明绵延不绝的唯一范本，中国美学经过近代时期短暂的解构与断裂，居然再也找不到根、找不回源。想要破解这一困境，首先要以一种新的价值尺度与理论视野进行全方位的破旧立新，才能够真真正正迎来美学的“再出发”。然而，不自信的美学如何再出发，以构建起美学的自信、文化的自信，这吊诡的缠绕本身使得美学的发展更加身陷囹圄。

（二）文化自信为当代中国美学再出发提供新机遇

时代不断更迭，但文化却历久弥新。尤其是在全球多元化的时代语境中，文化的重要性进一步被放大，越来越成为民族凝聚力和创造力的重要源泉，文化自信也越来越成为民族实现复兴伟业和成就伟大梦想的精神力量。“广大文艺工作者要善于从中华文化宝库中萃取精华、汲取能量，保持对自身文化理想、文化价值的高度信心，保持对自身文化生命力、创造力的高度信心，使自己的作品成为激励中国人民和中华民族不断前行的精神力量。”③ 习近平总书记在中国文联十大、中国作协九大开幕式上的这段讲话，体现了十分饱满的文化自信，也为包括中国当代美学在内的文化建设揭示了发展的路径。在宽泛意

① 党圣元：《传统文论的当代价值与民族美学自信的重建》，《中国文化研究》，2015年，秋之卷。
② ［英］鲍桑葵：《美学史》，张今译，商务印书馆，1985年，第2页。
③ 习近平：《在中国文联十大、中国作协九大开幕式上的讲话》，《人民日报》，2016年12月1日。

义上，文化自信既是价值引领，更是方法指南。步入21世纪，走在转型场域的历史拐点上，如何继续有破有立地前行，如何有效地规避发展误区，成了美学学科进一步成长必须直面的重大课题。一方面，文化自信理论的适时提出，恰恰为当代中国美学的再出发提供了必要而强大的精神引领，指明了发展的方向。包括中国美学在内的文化建设，其最终目标都应该立足于不断彰显中华民族优秀文化的价值和自信。可以说，在文化自信战略目标的驱动之下，当代中国美学迎来了整体突围、重构话语的绝佳时机。

另一方面，树立和坚持文化自信也为当代中国美学的再出发提供了丰富的民族美学资源。再出发，究竟要回到什么样的历史节点，又有什么样的资源作为参照或是凭借呢？习近平总书记在纪念建党95周年庆祝大会上的讲话中指出，“在5000多年文明发展中孕育的中华优秀传统文化，在党和人民伟大斗争中孕育的革命文化和社会主义先进文化，积淀着中华民族最深层的精神追求，代表着中华民族独特的精神标识”。① 文化自信的理论视域下，天人合一的古典美学境界、重在体悟的审美经验方式、浓厚的生命意识和人文情调等古代美学的结晶，长征精神、雷锋精神、奥运精神等积极向上的革命美学，以及爱国主义、改革创新等为主流的时代美学，都构成了当代中国美学再出发可以对接的丰厚滋养和心理皈依。试想一下，如果脱离了本土美学的丰厚资源来推进当代美学的再出发，就好像是撇开了优秀传统文化、革命文化和社会主义文化的现实成果来探讨中华民族的文化自信，显然就如无根浮萍，只有随波逐流的份儿。在西方美学实用主义方法论屡遭尴尬的今天，回到传统、回到民族去实现美学的自我拯救与涅槃重生，显然十分必要。而文化自信本身所彰显的丰富内涵，也必然为美学面向现在、面向未来的本土化进程提供足够的理论勇气与现实动力。

三、文化自信视域下当代中国美学再出发的实现路径

文化自信的理论视域下，“建设中国特色当代美学几乎已成为中国当代美学界的一种共识”②，而中国特色的实现毫无疑问首先必须以文化自信作为再出发的理论前提和实践勇气。从这个意义上说，文化自信与当代中国美学的再

① 习近平：《在庆祝中国共产党成立95周年大会上的讲话》，《人民日报》，2016年7月2日。

② 黄健云，张立勇：《实践转向与中国特色当代美学构建》，《湖北工程学院学报》，2014年第5期。

出发是一种典型的双向互动关系，彼此互为前提和归宿。当代美学需要回归自信的传统美学，美学的自信必将为文化的自信添砖加瓦。任何一个国家和民族的强盛，最终还是必须回到最根本的文化，并以此作为衡量标尺。因而，以文化自信为引领，加快美学再出发的步伐，必须回归传统、回归人本、回归自信。

（一）再出发之一：强化民族性，推动当代中国美学回归传统

美学的民族性在全球一体化时代也即美学的个性。中国古典美学重感性、重伦理、重情感的体验式特征，既充分体现了中华文化的精神内核，也是区别于西方现代美学的重要表征。经由5000多年的涤荡，中华古典美学在不断地传承创新中提炼出了富有民族特色的美学特质，并蕴含着与时俱进、指向未来的美学张力。虽然缺乏西方哲理式的思辨，客观准确不是中华古典美学的优势与强项，但凭借着天人合一为诉求的和谐美学理念，中华古典美学还是以其表达的朦胧性、丰富的阐释性，以及强大的包容性，展现出了持久旺盛的生命力。回望中华古典美学长河，神韵说、意境说、情境说等虽然散乱不成体系，却随着年代积累而不断淬炼成钢，并在精神世界不断遭遇危机的当代迸发出了迥异于西方现代美学的意义与价值，为整体性尴尬的美学发展提供了“中国方案”。越来越多的西方美学研究者将目光投射到了“孔子的时代”，聚焦于博大精深且更加主观纯粹的东方美学，聚焦在了以更加诗意的方式来探讨人与人、人与自然、人与社会、人与自我等的关系。因而，在反思传统美学缺乏系统性等缺陷的同时，我们更应该看到传统美学光辉灿烂的历史、无与伦比的优势。

欲信人者，必先自信。文化自信的第一层次就是对于本民族文化的高度认同和坚定信心。这就意味着，美学再出发首先就是要回到本土与传统的原点，要重新回到中华古典美学中去探寻其价值意义，努力建构新的审美范式，以符合时代的需求。“历史和现实都表明，一个抛弃了或者背叛了自己历史文化的民族，不仅不可能发展起来，而且很可能上演一幕幕历史悲剧。”① 现代中国美学的发展已经遭遇了盲目西化的尴尬，不应该再重蹈覆辙。信仰缺失的时代里，如何找寻心理寄托与情感慰藉，答案不言自明——那就是回归传统。在文化自信的呼吁下，独具特色的传统美学已然在西方美学论者中获得了相当的关注，我们自己更加没有必要舍近求远，继续在简单机械地套用西方的老路上苟

① 习近平：《在中国文联十大、中国作协九大开幕式上的讲话》，《人民日报》，2016年12月1日。

延残喘。当代中国美学再出发要获得长足的进步，重返本土与传统是无法规避的首要动作，当然，前提是能够很好地实现与时代的对接。

（二）再出发之二：坚守人民性，推动当代中国美学以人为本

2014 年 10 月 15 日，习近平总书记在文艺工作座谈会上强调，广大文艺工作者要“坚持以人民为中心的创作导向”。[①] 作为人类最基本的社会实践活动之一，美学同样不例外。区别于其他人类文明的重要成果是，美学有着不同于其他创造物的特殊价值与意义，更多的是满足人们的精神需要与审美需求。美学的人民性就是指美学的发展必须以服从服务于构建人民的精神世界和心灵家园为目的。当代中国美学发展过程中出现的脱离人民、市场功利性等不良倾向，一方面挫伤了普通民众投身美学实践的积极性、主动性和创造性；另一方面也将美学的发展引向了一个没有出路的死胡同。脱离实际生活的美学样态，表面看起来话语光鲜、充满着实证的思辨，也暂时性地拥有一定数量的拥趸和市场，却在根本上忽视了美学陶冶情操、净化心灵、启迪思想等真正价值，可以说是完全无视美学的伦理操守，最终也必将被人民和时间所淘汰。中国现代美学在草创时期盲目割裂传统，依赖西方的话语方式，导致美学的发展一直处于居高临下的尴尬姿态，美学离民众的距离越来越远，表面看起来是你方唱罢我登场，实则众声喧哗的背后是空洞无味。当代中国美学的再出发，必须要有全局的视野和战略的眼光，不应该只是鼠目寸光、得过且过，而应该以更加亲民的方式让美学沉到民间，让美学之花处处绽放。

坚守人民性的要求下，几个美学论者扯着嗓子哗众取宠的美学时代应该彻底告别了。当代美学的再出发不能再满足于美学研究者们的自产自销。这也就是在提到泛审美取向时，我们做出一定辩护的目的所在。美学应该是人民的美学，美学的成果应该是为人民平等共享的。若是继续沉迷于理论的思辨，而忽视了传统美学一直以来的体验姿态，那么美学的最终命运只能是束之高阁。在不断强调文化自信的今天，当代中国美学坚守人民性就必须要有发自肺腑的对于人民的深情，深入人民、深入生活，注重发掘和锻造自由性、乐观性、情感性的新型美学观，以重构当代人民的价值观、审美观。只有真正温润人民心灵、陶冶人生情趣的美学范式才是新的时代需要的美学样态，也只有这样以人为本的强势扭转，才能从根本上改变美学日渐没落的颓势，切实发挥起美学育人的价值。

---

① 习近平：《在文艺工作座谈会上的讲话》，《人民日报》，2015 年 10 月 15 日。

（三）再出发之三：注重开放性，推动当代中国美学兼收并蓄

文化自信并非夜郎自大，更不是闭关锁国。对于传统美学的自信也不意味着完全摒弃西方美学的话语资源，而是要在美学浪潮的激荡中对古典美学的生命力与创造力有足够的自信心。中华民族是一个海纳百川、兼收并蓄的民族，在其漫长的历史中，早已养成了吸收其他国家、其他民族好的东西并将之转化成民族特色的惯性。在这样的再生产过程中，民族文化的优势和特色已经对外来文化实现了很好的融化，也就是我们常说的洋为中用、古为今用等。中华古典美学在其发展的历史征程中，也通过拿来主义的方式，彰显出了求新求变的文化品性，也在通过创新性发展与创造性转化来不断适应不同历史时期的需要。就如同前文讲到的，文化自信所包含的优秀传统文化、革命文化、社会主义先进文化等样态，充分展现出了中华文化强大的生命活力。中华传统美学也并非一直停滞不前，而是在坚守自身民族底线的前提下，依托包容的开放性来萃取其他民族美学的精华。试想一下，如果西方抽象思辨的理性美学能够与我国传统形象体悟的感性美学实现圆融，未来的美学发展一定是兼具情感与思辨、主观与客观的，也必将是坦途一片。

美学再出发要注重开放性，就必须在准确把握传统美学长处的同时，对美学进一步发展的障碍和瓶颈有足够清醒的认知，通过“引进来”与“走出去”构建起当代中国美学的话语体系和文化自信。光辉灿烂的过去并不等同于前景可期的未来。概念范畴的模糊性，也并非真的就完全无法进行修复完善。不断汲取养分来丰富和发展当代中国美学，才是破除发展困境、实现真正开放包容的应有之义。美学是人类普遍的生产实践活动，因此，充分吸收其他文明世界的美学话语为我所用，才能够取长补短、共同繁荣。旧有的美学格局中，中华美学长期处于失语状态，使得包括孔子、老子、庄子等诸子百家的美学思想并不能很好地被阐发，更无法以其博大精深的审美方式为世界美学危机提供中国方案、贡献中国智慧。因此，当代中国美学应该在积极重构的同时，以自信的进取心大胆走出去，主动回应人类美学共同关切的重大理论与现实问题，并在传播发展之中不断丰富完善自我，真正实现美的无国界。历史上，我们吃过了文化封闭的亏，也遭受了文化殖民的欺凌。当代中国美学再出发更应该在文化自信的旗帜下，把握机遇、直面挑战，兼容并包、去伪存真，才能在波云诡谲的多元美学场域中掌控好话语权。

（作者单位：福建省委党校，福建行政学院）

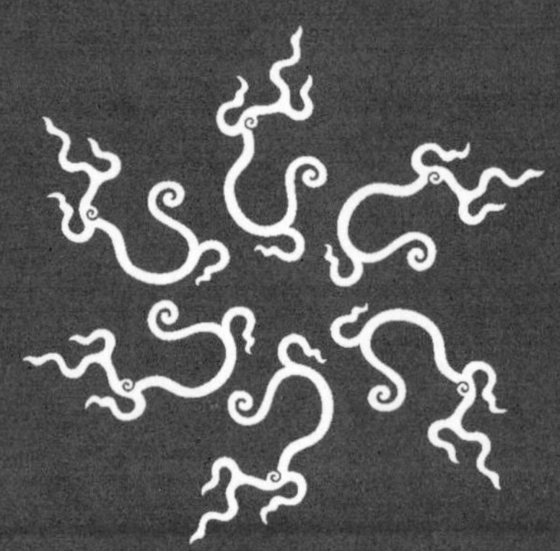

文艺的人民性（下）
与人民美学再出发

AESTHETICS

刘小新 杨健民 郑海婷 主编

镇江

目录

第三辑

第四辑

第三辑

中西审美现象学的时空结构差异

仲 霞

一、审美现象学的时空维度

胡塞尔创立的现象学旨在通过本质直观"面向实事本身"，开创了直接把握事物本质的思路。但他将现象学规定为"严格的科学"，属于意识哲学，并未建基于存在论之上。海德格尔改造了胡塞尔的现象学，建立了生存论的现象学。他认为哲学就是存在论，它只有作为现象学才有可能，现象学成为领会存在意义的方法论。但如何领会存在的意义？囿于生存论的局限，海德格尔苦求而不得。后期海德格尔走向审美主义，认为在诗意的栖居中，存在的意义才得以显现。在海德格尔之后，杜夫海纳建立了审美现象学，进一步指出只有在审美体验中，现象才得以呈现，存在才作为现象显现。作为自由的生存方式与超越的体验方式，审美是跨越现实藩篱、把握本真生存意义的途径，因而美学是真正的现象学。中国古典美学亦具有现象学的性质，它提出了意象论，认为审美意象是对道的直观，是道自身的显现，而道具有本体论的意义。这样，中西审美现象学便拥有了互通的基础与对话的可能。但是，中西审美现象学的特性各异，这首先表现在时空维度的不同指向上。

何谓时间，何谓空间，它们与现象学有何关系？这需要从对存在的规定谈起。关于存在的性质，自古以来争议不绝。对存在的规定决定了对其他哲学范畴的确定，包括对时间和空间的确定。传统哲学建立在实体本体论基础上，从客体性或主体性方面规定时间和空间，都未能把握其本质。海德格尔从生存论（此在在世）上规定时间和空间，由于未能真正进入存在论（他仍然将存在规定为“是”），同样不能揭示其本质。只有在存在论的基础上，时间和空间的本质才能被揭示。笔者同意杨春时先生对存在及时间、空间的规定，他的理论开辟了崭新的哲学道路。[①] 他认为存在不是实体，也不是生存本身，而是我与世界的共在，是生存的根据；时间与空间则是存在的同一性范畴，即我与世界共在的结构。这样，时间和空间就具有了本源性，成为本源的时间和空间，而不是现实的时间和空间。本源的时间和空间使我与世界同一，因此本源的时间就是“永恒的当即”，本源的空间就是“无限的这里”。由于存在是现实生存的根据，本源的时空也是现实时空的根据。在现实生存中，存在的同一性即我与世界的共在断裂，导致时空的异化。一方面，时空的一体性破裂，现实时间与现实空间分离；另一方面，现实时空隔离了我与世界，导致自由的丧失和世界（存在）的意义被遮蔽。现象学必须超越现实时空，回归本源的时空，才能使世界由表象变成现象，消除我与世界的隔离，回归存在的同一性，进而达到自由的生存，领会存在的意义。这唯有在审美中方有可能。于是，审美现象学的时间性与空间性问题就发生了。它意指经由对“时间—历史”距离或者“空间—社会”距离的跨越，走向自由的审美时空，领会存在的意义。这就是说，审美现象学的实质是如何克服现实时空的障碍，创造审美时空即回归本源的时空，实现存在的同一性，而使存在的意义显现的问题。审美体验作为一种现象学还原，不使用符号概念，而以审美意象融合物我，成为一种现象学直观。它超越了现实时空，使其转化为审美时空。审美时空就是自由的时空，是本源时空的现身。在审美活动中，现实时空消失，现实时间变成了“永恒的当即”，我们不仅可以“观古今于须臾”（陆机《文赋》）[②]，超越自然的时间，还可以跨越历史距离与过去的世界沟通、融合；现实空间变成了“无限的这里”，我们不仅可以“精骛八极，心游万仞”（陆机《文赋》）[③]，超越自然的空间，还可以克服社会关系的隔离与世界沟通、融合。于是，审美体验就超越了现实体验而获得了审美意义，这就是自由，也就是存在的意义。从时间性切入还是从空间性切入，中西审美现象学呈现出不同的路径：西方审美现象学倾向于时间性，通过对现实时间的超越而领会存在的意义。中华审美现象学倾向于空间性，通过对现实空间的超越而把握道之本体。

---

① 关于存在、时间、空间的定义，参见杨春时：《作为第一哲学的美学——存在、现象与审美》，人民出版社，2015 年，第 46、115 - 128 页。

② 陈宏天、赵福海、陈复兴主编：《昭明文选译注（第 2 卷）》，吉林文史出版社，1992 年，第 128 页。

③ 同②。

二、西方审美现象学的时间性及其空间性转向

西方审美现象学对时间性的偏重源自西方人较早发生的时间意识与历史观念，以及西方哲学对时间问题的考察。西方在古希腊时代就拥有了时间意识，意识到过去、现在、未来的区分，如西方语言丰富的时态变化便是佐证。在历史观中，基督教的上帝创世是具有历史性意义的事件，以耶稣降生为公元元年对历史进行时段区分。历史的走向不可能循环往复，必须通向未来，因为末日审判只有一次并且尚未来临。现代性的发生启动了时间性，启蒙理性建立在时间性之上，历史进化论成为西方的主流思想。时间也是西方哲学的中心话题。赫拉克利特的名言"我们不能两次踏进同一条河流"①，表明人们早已意识到时间的不断流逝与事物的变动不居。同时，哲学家希望寻找这种变动之后的不变本质或真理，于是西方哲学成为探索本体的形而上学。基于西方文化所具有的神性维度，时间与永恒的关系成为西方哲学的话题，同时逐渐向时间性概念转化。

时间和空间是描述存在结构的一对概念，但在西方哲学史上，空间仍然是被奠基的对象，空间问题常常被时间化，重要性也难以与时间相比。与西方哲学的时间性偏向相应，西方美学的时间性倾向明显。西方美学力图通过审美理解跨越时间间距来达到对存在意义的领会，审美就具有了超越时间的永恒性。古希腊的客体性实体论美学及近代的主体性意识美学提出了审美是对理念的摹仿说，审美是一种感性认识（包括黑格尔的"美是理念的感性显现"学说）等理论，用以回答如何跨越时间之流把握存在的问题。西方的叙事文学、再现艺术发达，如希腊史诗就集中表现了对人类历史性命运的沉思。艺术思潮（新古典主义—启蒙主义—浪漫主义—现实主义—现代主义与后现代主义）的不断更迭作为时间性的展开，为西方美学提供了实践之源。在这些基础上，西方美学体现出鲜明的时间性特征。

现象学作为现代哲学的代表，沿袭了传统西方哲学对时间问题的关注，因此突出地具有时间性指向。胡塞尔创建了内时间意识现象学。他认为，每一个体验都是一条生成的河流，是前摄—原印象—滞留所构成的整体视域，过去—现在—将来构成内在时间的三维结构。内时间意识是意识构造发生的基础，通

① 北京大学哲学系外国哲学史教研室编译：《西方哲学原著选读》（上卷），商务印书馆，1981 年，第23 页。

过内时间意识，纯粹自我才得以构造自身。但问题在于，作为时间起源的内时间意识只是后来依据经验观念反思的结果，而现象学直观中是排除时间意识的，所以时间实际上处于现象学直观试图摆脱它而意识的发生基础依赖它的矛盾状态。前期海德格尔改造了胡塞尔的现象学，不是在意识中而是在生存中考察时间，建立了生存论的时间现象学。《存在与时间》表明在世存在具有空间性（定向与去远），不过空间性必须建基于时间性之上。此在是被抛——已经在世界中展开的现实性（过去）、沉沦——寓世存在和与他人共在（现在）以及筹划——先行于自身的能在的展开（将来）的整体时间性结构。海德格尔认为以往哲学家将时间对象化，忽略了时间与生存的关联，将时间视为过去、现在、未来的分裂，忽略了时间的统一性与生成性，因而只能是一种庸俗的时间观。此在的生存具有内在的历史性，这一历史性根植于时间性之中，此在的历史性又展开为世界的历史。这一历史性既表现在此在生死之间的延伸，亦表现在此在所植根的传统、所处的时代与未来走向的统一性。即便在转折期后逐渐走向空间性，海德格尔依然没有完全放弃对时间性的探索，其论述的重心由此在的时间性和历史性过渡到存在的天命，历史成为存在自身的展开。前期海德格尔的时间现象学是此在的解释学，但由于作为“此在的本己可能性”的死亡没有克服现实时间而进入自由的时间，存在的意义难以显现。现实的时间是非本源的时间，在其中，我与世界不可能真正相遇，因而此在的解释学发生了中断。前期伽达默尔放弃了对存在意义的寻求，退而寻找存在者的意义。他沿着前期海德格尔的道路发展出哲学解释学。解释的基础是理解，时间是理解本身的存在方式；理解包含一种问答逻辑，最终的意义是历史解释的结果，这实际上从时间维度消解了现象学，因为解释学进入时间，自我与对象进入历史领域，本质直观无法实现。通过历史性的解释、视域融合跨越时间—历史间距，事物的绝对本质及存在的绝对意义均被消解，意义成为一种游戏的表达，从而成为后现代哲学的先声。

胡塞尔、前期海德格尔对时间性的关注并没有走入审美主义。前期伽达默尔对艺术的探讨及视域融合理论，触及了美学领域，因为艺术本身具有突破主体性的超越力量，但他将艺术归为一种真理并倡导“审美无区分”，即审美解释只是一般解释的典范，实则消解了审美的现象性，否认了绝对、超越的审美意义，使美学成为解释学的一种形式。海德格尔与伽达默尔在后期都对自身的理论进行了调整，海德格尔由时间现象学转向空间现象学，并走向审美主义；伽达默尔由历史解释学走向审美解释学。这些转变说明：寻求存在的意义必须超越现实的时空，进入本真的时空，而这只能导向审美。艺术解释（审美理解）拥有不同一般的历史（时间）解释的力量，游戏、节庆等使我们仿佛经历存在的扩充，回归共在的时间体验，达致永恒（本源的时间）。

随着现代哲学的发展，西方时间性的审美现象学逐步向空间性的审美现象学转化。舍勒对胡塞尔现象学缺失的情感维度进行了补充，发展出情感现象学。他通过同情来构造我与世界的关系，认为情感可以直观而无须其他中介，以此可以使本质作为现象呈现。同情是我与世界（包括他人）之间的意向性方式，涉及对我与世界的空间性问题的解决。由于此在解释学的中断，后期海德格尔由时间现象学转向空间现象学。他提出本有概念，本有是人与存在的共属，实际上以本有范畴取代了此在范畴的本体论地位。本有现象学代替此在现象学，实现了生存论向存在论的转化。本有隐匿自身，而道说是本有的运行，通过思与诗打开天、地、神、人四重的时间—游戏—空间，回归本真的时空，成就诗意的栖居，存在的意义得以显现。梅洛-庞蒂的美学思想集中表现在对绘画这一艺术形式精湛的现象学分析，而绘画本就是一种空间的表达。前期，梅洛-庞蒂建立了身体图式理论，认为客观空间奠基于身体空间。生存在世，身体空间具有在先的意义，空间成为身体和处境的混合，空间方位奠基于作为现象的身体，绘画成为画家的身体图式将世界纳入自身的空间。不过由于知觉空间的主体性缺陷，身体主体遭遇了对手，导致话语空间的中转，中期，梅洛-庞蒂尝试通过语言来沟通我与世界，绘画转变为对世界暗含轨迹记录的空间。然而语言虽具沟通的本性，其本质与根源并没有被深究，不能彻底解决身体主体所面临的困境。最终，梅洛-庞蒂走向了肉之空间性，将其视为身体与世界沟通的最终依据。空间首先不是身体的成就，也不是沉默世界的道说轨迹，而是肉的自身给予，于是绘画成为肉之裂变的空间。英伽登则运用现象学的方法来分析文学的意义，发现美的本质，实质是一种现象学美学。他对艺术作品的层次进行了分析，这是一种空间性的展开。他将艺术作品分为四层：视听层、意义层、描述对象层和对象显现层。在四重的空间中，艺术作品获得了现象学的还原。巴什拉的《空间诗学》关注读者心理，开启了阅读现象学，将接受美学建基于存在论与现象学之上。他提出了两个概念："回荡"表达了意象自身的现象学空间显现，是存在、灵魂的整体震撼；"共鸣"只是居于第二性的感受。杜夫海纳在梅洛-庞蒂之后真正将审美纳入现象学领域，并将后者所说的知觉纯化为审美知觉。审美作为灿烂的感性也就是克服现实的空间关系，使对象回归自然的本性。而审美经验源于情感先天，以此寻找人与世界沟通的根据。

现代空间的异世界化促使西方后现代主义哲学发生空间转向，后现代主义的反本质主义与反理性主义终结了现象学。德里达的“延异”、福柯的“权力空间”、拉康的“欲望的身体性”等解构了理性化的空间，倒向了非现象的空间，可以看作现象学在空间维度的终结，对应于前期伽达默尔在时间维度上对现象学的终结。

三、中华审美现象学的空间性

与西方发达的时间意识、历史取向不同，中国人的时间意识比较薄弱。由于传统社会的停滞，历史呈现为朝代的更替，因此时间—历史意识还没有真正发生。中国人在时间观上往往持一种循环论，如天人循环、四时循环、阴阳五行循环、天干地支循环等；在历史观上亦偏向循环论，如朝代更迭的治乱循环，历史进化观点缺失，甚至有复古的倾向，如将尧舜禹时代列为楷模，讲求以史为鉴，前事不忘、后事之师等。中国人也缺乏对时间的哲学思考。在西方语境下，海德格尔经由时间性的思考，通过悬临的死亡向死而生，可以通向存在的意义。孔子则云:“未知生，焉知死?”（《论语·先进》）“子在川上，曰：‘逝者如斯夫！不舍昼夜’”（《论语·子罕》），也仅仅慨叹人生短暂，时不我待。这说明整体而言，中国人缺乏西方人的时间意识与个体死亡意识。中国人的空间意识形成较早，盘古开天辟地的神话可为佐证。古代中国是传统的农耕型社会，人们日出而作，日落而息，周而复始，呈现与自然和谐相处的空间关系。中国哲学讲求天人合一，老子言：“人法地，地法天，天法道，道法自然”（《道德经·二十五章》），这是一种根本性的空间关系。在中国古人的思想中，人主要生活于天地之间的空间关系中，时间关系并非本质性的。古代中国天文历法发达，并且星象、气候、人事、人之身体等均可相互对应，如五行与五方、五官、五味等相配，万物之间建构出相生相克的平衡场域。与此相应，中国没有形成时间性的美学，如《文心雕龙》中虽然认为文学形式有历史性的改变，但是万变不离其宗，都是道的体现，缺乏思想的根本变化与必要的逻辑推演过程。与之比较，黑格尔认为美是理念的感性显现，理念发展跨越时间、空间，是经过艺术、宗教、哲学阶段的演变才能完成自我认识的历史进程。中国文化以构筑审美空间为旨趣，如亭台楼阁的建造，美学与生活融为一体；在文学艺术上重在对情感的描绘，诗歌、散文、绘画等抒情文学、表现艺术兴盛。根植于这样的土壤，中华美学是抒情性的空间美学。中华美学认为，通过审美的情感作用，可以沟通物我，合一天人，进而体道。

由于时间性（空间性与其相对）的概念在现代性发生后才正式启动，因而中华美学所具有的空间性是古典混沌的空间性，具有前现代性和非自觉性的特征，在那里，时空尚未彻底分化，缺乏西方凝重的时间意识与历史感。古代中国也讲时，但总体而言，不以西方单纯的科学计量为目的，也缺乏对时间观念纯粹的形而上思考，往往实用理性化，并表现出时间空间化的特点，如：天干地支用于记录时间，本质是经由天象确定人事；二十四节气表达季节的变迁，企盼的是顺天而为，收获天赐；“天时、地利、人和”的说法表明时机的重要性，更说明成功需社会各方因素的配合；等等。小农经济的特性决定了中国人的空间想象范围有限，常限于脚下的这片土地与家族的兴衰存亡，在此基础上建构起的是一个此岸的、现实的人伦空间社会，讲求血缘纽带与情感交流。

与西方相比，中华美学不是通过理性之思和时间之流来理解事物、追问存在，而主要是经由感兴论将世界看成有生命的对象，“我”与世界进行充分的交流，从而体道，也就是通过充分的同情，跨越空间的间距，达到二者的同一，使得世界的意味显现。空间与情感紧密相连，同情是中华美学跨越空间距离的方式，是现象学意向性的表达。中华美学的同情是一种蒙昧的情感，“我”有情，万物亦有情，构成了“我”与世界的原初同一。西方思想重认知、理解，虽然也谈情感，但往往将其归入感性认识的范围，而且对情感的重视主要在浪漫主义兴起后发生的，常带有主体性色彩。主体性的情感作为一种主观欲望的发挥，决定了它难以克服人和世界之间的距离，无法达到对存在意义的领会。前期海德格尔已经关注到基本情绪的重要性，却仍然囿于此在的主体性和时间现象学。后期海德格尔吸收老子的思想，将情感加以保留，使之成为天、地、神、人之间的空间关系，实际谈的是一种审美同情。西方美学强调理解与直观，以此克服时间性和历史性，属于认知现象学。中华美学中也有直观，如从道家美学而来的观道、观物等，但这种直观不是认知性的，而是一种生活态度；儒家更强调以情观物，克服空间性的隔阂，因而属于情感现象学。

中华美学的古典现象学资源散见于儒、释、道各家的论述中。孔子认为教化应从诗教做起。诗具有兴观群怨的功能，即沟通个体与群体，构造和谐的社会空间。中华美学对兴的强调更具有现象学意义，兴不仅是主观的情感，也是物我之间的感应互动，是主体间性的感性。感兴作为我与世界的互动，是突破语言局限、联结意与象的中介，进而实现天人合一，因此是审美空间的创造。孟子将孔子的“兴于诗”推进为社会领域的“兴于德风”，这要求情感归于“诚”，《中庸》有：“诚者，天之道也；诚之者，人之道也”（《中庸·二十章》），这样人与世界就能彼此沟通，互相呈现。孔子所谓的教化过程除了“兴于诗”，还需“立于礼”，最终“成于乐”，带有审美主义倾向。《礼记·乐记》认为礼自外加之于身，乐自内由心生。由于心感于物，感情冲动化为声，声之整体称为音，乐应运而生。通过比礼更高的乐，可以达至空间上的天地和谐，如“乐者，天地之和也”（《礼记·乐记》）。乐具有空间现象学的指向，也成为孔子教化思想的终点。

与儒家美学回归伦理空间的态度不同，道家走的是逃脱社会空间、重返自然空间之途。海德格尔与老子渊源颇深。后期海德格尔空间化的四重思想可能得益于老子对“四大”的表述，即“故道大，天大，地大，王（人）亦大。域中有四大，而王（人）居其一焉”（《道德经·二十五章》）。“大”并非形状大小之含义，而是远离对象化的整体呈现，所以“大象无形”（《道德经·四十一章》），表达了意蕴空间的无限。老子崇尚自然，人需复归婴儿，“四大”的空间偏重于自然的空间，并且道的显现是个难题，其显现“惟恍惟惚”（《道德经·二十一章》），难以清晰，类似西方现象学所说的存在的遮蔽与解蔽的二重性。庄子的出世比老子更为彻底，他通过“忘”（类似现象学的悬置）搁置尘世诸象，通过“气”沟通人与天地万物，最终达到我与物“齐”或“一”（同一）、“乘物以游心”（《庄子·内篇·人间世》）的逍遥境界，借此彰显道的意义。庄子的自由空间也是对自然空间的重建，与自然亲近的我最终消融于自然之中。

与庄子将我融于自然不同，禅宗认为，外在自然和社会皆属假象，最终均消融于心相之中。禅宗通过一种宗教现象学或空观现象学，开创出禅意的心境空间，借助般若（智慧）看“空”现实世界的具体存在（无相）和自然情感，通过心之“顿悟”的纯粹直观，拂去心的尘埃，借以达到涅槃即解脱烦恼之后的澄明，这种澄明是作为“境”的纯粹现象（实相）而显现的，从而发现自己身上的真如，以此成佛，这有点类似胡塞尔现象学所说的意识的自身给予。禅宗的“境”具有超时空的意味，实则是脱离自然空间和社会空间，回归本真空间，只有这样，禅意才能显现。只不过在禅宗美学看来，这一切归根结底都基于心的运作。

意象概念的兴起，成为对中华美学古典现象学资源及其空间性指向的集中诠释。自古以来，中国人的逻辑思维薄弱，没有形成西方完备的概念演绎体系。中华民族的形象思维发达，“象”在中国文化中居于重要地位，如象形是汉字造字方法的基础，郑樵云：“六书也者，皆象形之变也。”(《六书略》)[①] 意与象关系的交错使象论经历了由具象逐渐虚化成意象概念的过程。在文字未形成之前，人们以八卦记事，形成卦象。“古者包牺氏之王天下也，仰则观象于天，俯则观法于地，观鸟兽之文，与地之宜，近取诸身，远取诸物，于是始作八卦，以通神明之德，以类万物之情。”(《周易·系辞下》)于是，象既是天文（自然之象）亦是人文（八卦),“观物取象”之说便有了根据。除此之外，象的丰富性可以抵语言、概念未达之处，成为表意之象，所以“言不尽意”“立象以尽意”(《周易·系辞上》)。而在庄子“得意忘言”(《庄子·外物》)的基础上，王弼进一步主张“故言者所以明象，得象而忘言；象者，所以存意，得意而忘象”(《周易略例·明象》)。[②] 象对意的传达又通过文体现出来，文最终是道的体现，如刘勰的“道沿圣以垂文，圣因文以明道”(《文心雕龙·原道》)。[③] 刘勰亦将天文与人文混同，都称为象，曰：“日月叠璧，以垂丽天之象；山川焕绮，以铺理地之形：此盖道之文也。”(《文心雕龙·原道》)[④]“独造之匠，窥意象而运斤”(《文心雕龙·神思》)[⑤]，意象作为一个完整的概念被首次提出。意象是中华美学独特的审美范畴，揭示了审美的现象性。胡应麟有云：“古诗之妙，专求意象。”(《诗薮·内篇卷一》)[⑥]意象中包含情感的因素，殷璠言“兴象”，表明象具有感兴之效，是我与世界情感意向性的表达。意象论构成了中华审美现象学的核心，意象的发生与释义构成了现象学还原的过程。在感兴（侧重意向性发生)、神会（侧重意向性结果）作为情感意向性的表达之前，首先需要悬置经验意识，如宗炳的“圣人含道暎(暎——作应）物，贤者澄怀味像”(《画山水序》)[⑦]，刘勰的“是以陶钧文思，贵在虚静，疏瀹五藏，澡雪精神”(《文心雕龙·神思》)[⑧]，从而进入审美意识即审美情感之中。现象还原即真情、神思，如刘勰的神思、李贽的童

---

① ［宋］郑樵：《通志》，中华书局，1987 年，第 488 页。
② ［魏］王弼：《王弼集校释》，楼宇烈校释，中华书局，1980 年，第 609 页。
③ ［南北朝］刘勰：《文心雕龙注》，范文澜注，人民文学出版社，1962 年，第 3 页。
④ 同③，第 1 页。
⑤ 同③，第 493 页。
⑥ ［明］胡应麟：《诗薮》，上海古籍出版社，1979 年，第 1 页。
⑦ ［唐］张彦远：《历代名画记》，上海人民美术出版社，1964 年，第 129 页。
⑧ 同⑤，第 493 页。

心。本质还原即妙悟、妙观，如严羽的妙悟、晁冲之的妙理，从而直抵道之本体。[①] 审美所构建的超越性意象，有别于现实空间的表象。意象是经由想象力对审美空间的营造，展开的是寓情于景、神与物游、言有尽而意无穷的自由空间。意象实质是审美对象（世界整体）与审美主体（我）的同一，从而回归了道自身，显示了道的意义。意象作为中华审美现象学的核心概念，类似于西方现象学的现象概念，它具有空间性。中华美学中的感兴、境界、意境等范畴均可归属于审美的空间性。

同情论的空间审美现象学是中华美学的精髓，应在现代条件下发扬其优势，弥补西方时间性审美现象学的不足。同时也应认识到其古典性，即它是在现代性未发生、主客体未分化之前的理论，具有蒙昧性，需要批判性地继承。进入现代社会的历史阶段，空间性的中华审美现象学亦发生了时间性的转化，主要是接受了现代西方的时间性现象学，特别是海德格尔前期的思想。中华美学在发掘空间审美现象学资源的同时，应与西方美学展开对话，借鉴西方时间性审美现象学的合理因素，弥补自身的不足，实现角色的现代转换。

（作者单位：厦门大学人文学院中文系）

① 以上有关意象论及中华审美现象学具体构成的论述，参考了杨春时先生的相关著作。

西方文学接受观念的五种类型①

陈长利

西方20世纪中叶以降，文艺理论研究重心向“读者”转移，从而催生了“接受说”文艺范式。在这种背景下，重新反思与系统梳理西方文学接受观念的演进和范式更替，具有重要意义。它有助于认识西方文学接受思想的演进过程，也有助于把握“接受说”文艺范式的问题实质。那种把对读者问题的研究局限在接受美学范围之内，忽略了不同的文艺范式可能存在的身份地位和阅读观念的不同，以致各种观点相互抵牾、冲突剧烈。如，单就接受理论的“读者”认识问题，就有“现实读者”“意向读者”“想象读者”“理想读者”“内在读者”“超级读者”“知识读者”等多样的解释，接受美学的研究者霍拉勃指出，“最激烈的争论集中于读者问题的研究所关注的问题之上”。② 实际上，这些读者类型从属于不同的认知框架，而接受理论下的读者性质与身份也需要在自己的认知框架下来理解。

西方文论史共发生了五次范式转移，即模仿说、实用说、表现说、客体说、接受说，每一种范式都蕴含了一种独特的文学接受观念，在不同的文学接受观念中，读者的身份地位不同，接受形式不同，价值不同，而且，每一种接受观念内部又是各种观念交织的一个充满矛盾和张力的空间，揭示与再现这些阅读观念的变化形态和范式演替，是接受理论研究的重要任务。

一、本体谛听：“模仿说”下的文学接受

“模仿说”文艺范式主导的时间是从古希腊到文艺复兴，该范式下的文学

① 本文获得中央高校基本科研业务费专项资金资助，项目编号2014WB17。

② ［德］H. 姚斯，［美］R. C. 霍拉勃：《接受美学与接受理论》，周宁、金源浦译，辽宁人民出版社，1987年，第442页。

接受在性质上是一种诚意谛听，接受者趋于被动状态，审美评判标准根本上来自对本体世界的理解和认知。

柏拉图把诗人驱逐出理想国，是看到了诗的有害影响，诗人们为了讨好群众，有意模仿人性中的低劣部分，助长了人的“感伤癖”“哀怜癖”，摧残人的理性。柏拉图认为，“决不该让年轻人听到诸神之间明争暗斗的事情（因为这不是真的），如果我们希望将来的保卫者把勾心斗角、耍弄阴谋鬼计当作奇耻大辱的话。我们更不应该把诸神或巨人之间的争斗，把诸神与英雄们对亲友的种种怨仇作为故事或刺绣的题材”。[①] 在这里，柏拉图率先指出了“模仿说”中读者的被动接受地位，对他而言，读者是幼稚的、容易被左右和支配的对象，是可以任意捏造的泥胎，诗的内容决定了其所塑造出来的读者的品性。

亚里士多德坚持了读者的被动地位，在“演讲者”或“作者”与“听众”或“读者”之间，是观察与被观察、分析与被分析、驾驭与被驾驭的关系。诗学分析人的情感，如愤怒、友爱、恐惧、怜悯等，是为了增强掌握人群和控制人群的能力。“演说者须懂得听众的心理，以便激发或控制他们的情感。”[②] 通过了解不同人的性格，才能激发和控制他们的情感。但是，亚里士多德的接受思想，更多的是从现实出发，看到了文学对读者的积极影响，因此，他把诗学和修辞学都归入创造科学一类，从而否定了柏拉图将其视为“谄媚的手段，卑鄙的技巧，只能说服没有知识的听众”的“论辩术”的观点。[③] 亚里士多德认为，人类欲望为人性所固有，它们有要求获得满足的权利，只要适当引导，不但不会为害，还会对人格养成产生积极的作用，因此，艺术模仿对象就是现实生活的人，是他们的性格、感受和行动，并按照“可然律”和“必然律”的原则进行创作，悲剧的价值就在于“借引起怜悯和恐惧来使这种情感得到陶冶”。[④] 亚里士多德研究诗学观念与技巧，是为了对读者施加教育。

贺拉斯首次将作者和读者的关系精练地概括为“寓教于乐”的思想，“诗人的愿望应该是给人益处和乐趣，他写的东西应该给人以快感，同时对生活有帮助”。[⑤] “寓教于乐，既劝谕读者，又使他喜爱，才能符合众望。”[⑥] 这说明

---

① ［古希腊］柏拉图：《理想国》，郭斌和，等译，商务印书馆，1986 年，73 页。

② ［古希腊］亚里士多德：《修辞学》，罗念生译，上海世纪出版集团，2006 年，第 7 页。

③ 同②，第 4 页。

④ ［古希腊］亚里士多德，［古罗马］贺拉斯：《诗学 · 诗艺》，罗念生、杨周翰译，人民文学出版社，1984 年，第 19 页。

⑤ 同④，第 155 页。

⑥ 伍蠡甫：《西方文论选》（上卷），上海译文出版社，1979 年，第 113 页。

了在文学接受的过程中，读者的身份和地位是受教育者。

朗加纳斯把崇高风格引入文学接受，从而在思想来源、审美方式、艺术效果等方面刷新与丰富了古典的文学接受观念。崇高风格能够凭借其效果，即“不是说服，而是狂喜”①，将读者立即引入情节和现场。崇高的作品可以横扫千军之势操纵一切读者，而不论他们愿意与否。因此，汤普金斯评价说：“朗氏关于崇高的观念与把诗看作纯粹权力的观念是相等的。他关于崇高的描述集中在崇高的诗对其听众所产生的效果上，但他不是对这种或那种情感给予明确的界说，他只是在谈论情感的强度或力度。”② 对朗加纳斯来说，文学接受是和某种理性力量的一种沟通。

中世纪的文学接受彻底将人和神区别开来，人神通过相互映衬，使丑者越丑，美者越美。丹纳对中世纪的艺术这样描述：“中世纪的人，过度发展心灵与精神，追求奇妙温柔的梦境，崇尚哀婉，厌倦肉体，过分热烈的幻想和感觉竟能体会到天使的可爱。……因此，绘画和雕塑中的人物都很难看，或者不够美，往往比例不当，半死不活；几乎总是单薄的、消瘦的、凄楚的，懵懵懂懂，一幅失魂落魄的神情，要么就流露出温柔苦楚的修道气息或者无比销魂的光彩；这些人不是太脆弱就是太激动，不适宜活在世上，而好似已经离开尘世，入了天堂。”③ 因此，中世纪的文学接受，是让读者感受到人神之间巨大的差异性空间，认识到这个空间，是为了让人明确所在空间的位置，以及“或上”“或下”的“阶梯”。

文艺复兴时期的文学接受，复活了人的经验。“人的处境普遍有所改善，古代精神重被理解、复活，并成了榜样，人的精神得到解放，为自己伟大的发现感到自豪，给异教的精神和艺术注入了活力。”④ 文艺复兴的人们从“新文化”发现中看到了人类感性生活的美好，他们在荷马的史诗中看到人情味的神的实质，从古文化对世俗关怀中找回属于人自身的东西，在艺术欣赏中使自身得到关照。这推动了文学大众化、读者社会化的新趋势。文学成为与生活共存的东西，卡斯特尔维屈罗说：“诗的发明是专为娱乐和消遣的，而这娱乐和消遣的对象我说是一般没有文化教养的人民大众。”⑤ 诗歌的功能也丰富了起

---

① 伍蠡甫：《西方文论选》（上卷），上海译文出版社，1979年，第122页。

② ［美］简·汤普金斯：《读者在历史上：文学反应的演变》，刘峰译，外国文艺理论研究资料丛书编委会编《读者反应批评》，文化艺术出版社，1989年，第258－259页。

③ ［法］H. 丹纳：《艺术哲学》，张伟译，北京出版社，2004年，第164页。

④ 同③。

⑤ 朱光潜：《西方美学史》（上卷），人民文学出版社，1979年，第166页。

来，“诗除了被视为公民德行的谆谆诱导者外，还成为经济资助的来源、社会保护的形式、获得一份舒适工作的手段、人际交往的工具、复杂社会关系的要素，甚至是求爱的直接工具”。[①] 而这所有的一切，都被看成是诗所具有的。

文艺复兴时期文艺理论中的所谓“为诗辩护”还具有“广告”或“商品”的意味，“诗必须和诸如带猎鹰打猎和狩猎这样的活动竞争，以争得它自己的那份资助和荣誉”。[②] 促成诗歌产生这些功能的，与其说是诗歌对自身功能的觉醒，倒不如说是为了自身得以生存而变换的花样。

但是，如果认为文艺复兴时期的文学接受只关涉人性的感性自然方面，就有失片面，文艺复兴的“复兴”两个字本来就取自《圣经》中的“人若不重生，就不能见上帝的国”这句话，事实上，文艺复兴时期的“镜子形式”观念应该看成是古希腊罗马和中世纪形式思想的综合，它不单看重自然感性的方面、社会理性的方面，也看重最高价值和信仰方面。

但丁对《圣经》解读的“四义说”完好地体现了这种“综合”思想。作为字面义，是以色列子孙离开埃及的事件；作为譬喻义，是指基督替人赎罪；作为道德义，是灵魂从罪恶的苦难到天堂的转变；作为寓言义，是圣灵从腐朽的奴役状态转向永恒的自由。但是对上帝、天堂的向往，不是要把从神权那里夺回的权威再度交付给神秘，而是对社会道德理性的维护，因此，在但丁的三种严肃题材中，是“安全”“爱情”“品德”，而没有神权的位置，但是这不能看成是对上帝的驱除，而是将上帝建立在人的可理解基础之上，因此，在但丁的《神曲》中，上帝依然是至高无上的恒在。

薄伽丘认为，诗和神学差不多就是一回事，“神学就是上帝的诗”，他把诗的作用强调为能够唤起懒人、激发蠢徒、约束莽汉、说服罪犯，其原因就在于，诗源于上帝的胸怀，因而，具有无限拯救的力量，为了实现上帝的功德，诗人要做到既有热情，懂得语法、修辞，又有道德和自然的学问。法国人文主义杰出代表拉伯雷在《巨人传》中，借助高康大和他的儿子庞大固埃形象的塑造，既嘲讽了经院哲学的愚昧诡辩，又体现出了向往知识的人文主义精神，高康大击退了邻国进犯后，建议修建“特来美修道院”，这个修道院与中世纪修道院不同，它赋予每个人发财致富的自由，结婚恋爱的自由，这就把中世纪的宗教神学精神整合到了人文主义精神内部。

---

① ［美］简·汤普金斯：《读者在历史上：文学反应的演变》，刘峰译，外国文艺理论研究资料丛书编委会编《读者反应批评》，文化艺术出版社，1989年，第265页。

② 同②，第266页。

在模仿说下，文学阅读更多的是充满了直观、激情、信仰和迷醉，而不是分析、理性、经验和反思，文学艺术就像“从玫瑰花中提炼出的玫瑰油”[①]一样精粹而典型，阅读的任务，就是把这些精粹再次在人的心目中绽放为玫瑰。霍克斯说：“人认识到是真实的（verum）与人为地造成的（factum）东西是同一回事。”[②]这指明了，所谓本体世界的权威，归根结底，还是历史的权威、意识形态的权威。

总之，模仿说下的文学接受观念，其性质是一种“诚意谛听”，其价值取向是对本体世界的体认，以求得人类自身存在的位置和行动的依据。古希腊文学接受思想，指明了读者的被动接受身份、价值的本体界来源、诗对人性的积极影响、修辞术对实现诗的效果的作用；古罗马文学接受思想，突出了寓教于乐思想和崇高审美风格。中世纪文学接受思想，以人神两立所撑开的巨大空间为前提，对人的否定正是对神的赞美，实际上是对人的感性经验的否定，对绝对理性的极力推崇。文艺复兴时期的文学接受思想，恢复了感性经验在人类生活中的合理位置，克服了对宗教神学的盲目崇拜，试图在经验与神学之间建立起新的阐释关系。文学接受的关系思想、空间思想、运动变化思想，一开始就被“模仿说”文艺范式所奠定。

二、趣味阅读：“实用说”下的文学接受

“实用说”主导时间在17、18世纪，这个独立阶段和思想环节，往往被我国文艺理论界所忽视。“实用说”的性质是一种“理性关系话语”，或者说，是一种“权力性关系话语”。[③]王一川先生把“实用说”的特点形象地概括为“感性的理性化”和“理性的感性化”。[④]“理性旨向”和“趣味阅读”，是理解“实用说”的根本方面。

根据艾布拉姆斯的观点，“实用说”的基本思想早在16世纪就已经被菲利普·悉尼爵士提出：“模仿的目的是给人以趣味和教导，而给人以趣味就是要

① [美] 简·汤普金斯：《读者在历史上：文学反应的演变》，刘峰译，外国文艺理论研究资料丛书编委会编《读者反应批评》，文化艺术出版社，1989年，第263页。

② [英] 特伦斯·霍克斯：《结构主义与符号学》，瞿铁鹏译，上海译文出版社，1997年，第3页。

③ 陈长利：《“实用说”下的文学接受、文学形式与意识形态关系研究》，《吉首大学学报（社会科学版）》，2012年第3期。

④ 王一川：《语言乌托邦》，云南人民出版社，1995年，第15页。

人们把握住善。没有趣味，人们就会像躲避陌路人一样离开善而去。"[①] 这里，悉尼爵士虽然说的是"模仿"，但实际上表达的是一种新的文艺观点，趣味成为实现社会理性教化目的的根本方式和手段，对文学接受而言，趣味是阅读的必要条件而不仅仅是附加条件，理性则是阅读的功能和目的。

"趣味"由约翰·德莱顿和威廉·康卜尔提出，在夏夫兹博里、哈奇生、阿尔逊、休谟等经验论美学家那里得到了进一步解释。夏夫兹博里认为，人有一种天然的欣赏美的感官，这种感官就像味觉对甜和咸的感觉一样，只要人们以一种非功利的态度去欣赏对象的时候，这种感官就会被调动起来，进入工作状态。哈奇生对夏夫兹博里的观点做了补充，认为人欣赏美的感官不止一个，而有多个，对美、丑、崇高等进行分别鉴赏，这种感官和一般感官的看得见、摸得着不同，它是人的一种"内在感官"。阿尔逊对"趣味"的产生做出新的解释，"审美趣味或许是普通认识能力和内在情感以一种独特的方式活动起来所产生的一种功能，而不一定存在着什么专管美和崇高的特殊器官。这种特殊的活动方式便是联想"。[②] 在他看来，趣味是一种人的心理认识能力，而不是来自某种"感官"，它超出了生理刺激反应模式，联系着的人类复杂情感，因此，产生趣味的关键性因素不是产生趣味对象本身，而是作用于感官的"联想"。这种对趣味阅读关键性要素——"联想"的发现，也正是对"实用说"中"关系项"的发现，是"联想"沟通了感性和理性之间的距离。休谟是经验论美学思想集大成者，也许更有助于我们理解那一时代的读者接受心理。休谟的思想里面，既有经验主义的英国传统，也有理性主义的法国影响，体现出一定的综合性特征。休谟认为文学创作不过是"对普遍存在于各个国度和时代的人们中的快感所作的概括"。[③] 而这种快感，不是纯粹生理上的快感，而是联系着人们的善恶价值判断，它在性质上是一种"同情"，"这种快乐既然是发生于对象的效用，而不是发生于它们的形式，所以它只能是对于居民的一种同情，因为所有这些筑城技术都是为了居民的安全而采用的；虽然这个人可能是一个陌生人或是一个敌人，他的心中可能对居民毫无好感，甚至还对他们怀着憎恨"。[④] 由于受到不同民族、年龄、教养、感受能力、价值观念等主客观

① ［德］H. C. 姚斯，［美］R. C. 霍拉勃：《接受美学与接受理论》，周宁、金源浦译，辽宁人民出版社，1987年，第16页。

② 滕守尧：《审美心理学描述》，四川人民出版社，1998年，第15页

③ ［英］休谟：《人性的高贵与卑劣——休谟散文集》，杨适译，上海三联书店，1988年，第145－146页。

④ 同③，第489页。

条件的影响与作用不同，因此，对同一事物的审美判断也不一样。

在古典主义时期，"趣味"和"快感"构成了阅读期待的突出特征，这种观点认为，道德感化作用是最终目标，而愉快热情则是辅助手段，"诗歌的模仿只是一种手段，其最近目的是使人愉快，而愉快也只是手段，最终目的是给人教导"。[①] 但是，突出趣味特征，绝不是不要理性，相反，理性始终处于"实用说"文艺范式的中心位置。布瓦洛鲜明地指出："首先须爱理性：愿你的一切文章，永远只凭着理性获得价值和光芒"[②]，要想说服听众或读者，就要首先能够在读者那里赢得好感，为他们提供所需要的信息并在其中实施说服的策略。韦勒克也指出："就读者的反响而言——在17世纪中开始被称作'趣味'——也强调理性的因素、判断的作用。经过陶冶的趣味，那些见多识广的积学之士的趣味，那种理想的、有识见有教养的读者的趣味，被奉为标准趣味。"[③] 对于当时的法国而言，新古典主义审美原则显然是这种趣味的标准，这种趣味被概括为新古典主义审美三原则，即"借鉴原则""理性原则"和"合式原则"。英国经验派也不例外，鲍桑葵指出："怎样才可以把感官世界和理想世界调和起来?"或者说，"愉快的感觉怎样才可以分享理性的性质"[④]，这是摆在近代英国美学家面前的基本问题。

但是，到了古典主义后期，获得"愉快"的确成为文学接受的主要目的。"文艺复兴时期绝大多数批评家都和菲利普·悉尼爵士一样，认为道德感化作用是最终目标，而愉快热情则只是辅助手段。从德莱顿的那些批评论文直至整个十八世纪，快感渐渐成为最终目的，尽管有人认为与人无益的诗歌是微不足道的，尽管那些乐观的道德家也同詹姆斯·贝蒂一样，认为给人教益的诗只会更加令人愉快。"[⑤] 这种前后变化表征新的资产阶级力量逐渐壮大，理性控制力量开始松弛，人的自由精神开始变得十分活跃。

总之，趣味在17、18世纪主要以古典主义审美原则为水准，而且趣味是健全理性的一种本能，是心智的特殊能力，其功效比任何推理都更迅捷、更可靠，趣味和理性就像一枚硬币的两面不可分离。"实用说"下的文学接受，是一个流动的概念，从重视感性经验，到对理性旨趣回归，再到纯粹以愉快为目

---

① ［德］H. C. 姚斯，［美］R. C. 霍拉勃：《接受美学与接受理论》，周宁、金源浦译，辽宁人民出版社，1987年，第16页。

② ［法］布瓦洛：《诗的艺术》，任典译，人民文学出版社，1959年，第37－38页。

③ ［美］雷内·韦勒克：《近代文学批评史》（第1卷），杨自伍译，上海译文出版社，1987年，第18页。

④ ［英］鲍桑葵：《美学史》，张今译，广西师范大学出版社，2004年，第180页。

⑤ 同⑤，第17－18页。

的，体现了“实用说”下文学接受观念的大体变化路径。事实上，“实用说”下的感性和理性之间，始终是一个内部充满了矛盾和张力的运动空间，封建主义和资本主义及其审美趣味，是这种矛盾的两股基本力量。

三、经验借鉴：“表现说”下的文学接受

“表现说”的主导时间从18世纪末到19世纪，该范式下的文学接受思想是一种经验借鉴思想，其价值评判标准和动力来源本质上来自自由主义、个人主义等新意识形态。

新旧社会转换导致的表述危机，急切呼唤一个新的“知识中心”的出现。这个新的知识中心是现代“大写之人”或“立法之人”。按照福柯的观点，“现代人”的出现依赖于他们对“三组对子”的巧妙回答，即经验与先验、我思与非思、起源的退却与返回。[①] 作为经验，“人的有限性是通过知识的实证性宣布的”，“在某种意义上，人是受劳动、生命和语言支配的；他的具体存在取决于它们；只有通过他的语言、他的有肌体、他所创造的对象才能接近他”。[②] 作为先验，“人又是‘使一切知识成为可能的’先验条件。真理话语必须先于经验真理而存在，才能保证对有限发现的稳定性”。[③] 作为我思，由于人的知识是通过对人的经验状况的认识获得的，因此，笛卡儿的“我思故我在”被颠倒过来，成为“我在故我思”。[④] 作为非思，由于人是被存在包围着，这种存在包括有形因素，也包括晦暗机制、无意识等。无意识是非思的一般形式，但是非思是人的他者。福柯认为，由于“非思”的存在，现代思想不能提出一种“我思”状态下的道德。作为起源的退却，由于现代人认为世界并非由同一与差别联系起来的独立因素构成，而是由有机结构组成，并在总体上履行着一个功能，从而把历史或时间引入知识，但是随着经验研究的深入，起源越来越远地向过去退却。这样只能把希望寄托于未来，起源成了那种正在回归的东西。作为起源的返回，荷尔德林、尼采和海德格尔都认为返回只在起源之退隐的尽头被给定，也就是说，他们都认为神秘的过去曾经有过对人的更深刻的理解，现在只有通过清楚地意识到他们失去的东西，才能接触到这种最初的理

① ［法］米歇尔·福柯：《词与物——人文科学考古学》，莫伟民译，上海三联书店，2001年，第415－437页。

② 刘北成：《福柯思想肖像》，中国人民大学出版社，2012年，第119页。

③ 同②。

④ 同②。

解，但是，福柯认为，寻找起源的问题的彻底解决，只有用历史的完成来消除时间，新的思索只能在“人死后”才能产生。“这三个二元性确定了人即作为知识主体又作为知识对象的暧昧地位。作为知识主体，生物学、历史比较语言学、经济学构成人有关于生命、说话和生产的活动；作为知识对象，产生了社会学、心理学、文学和文化研究（语言分析）学关于人自身知识的人文学科。”①

对主体性创造的强调和突出，使文学成为一种独立的语言形式，从而与观念的话语区分开来。它所积极探索的是人类的起源之谜，它诉诸一种纯粹的写作行为，在某种意义上，写作就是直观人类自己，因此，文学变成一种人类的自我表现形式。文学接受既是对作家审美体验的再度体验，也是一种对世界的理解和自我体验。批评家的职责，就是把文学接受看作“将天才无意识创作出来的东西变得有意识”的过程。② 对于“表现说”下的解释学观念来说，对作品的理解，读者“理解得比作者本人还好”。③ 因为，他们所体验的不是某个作家的特殊心灵，而是人类整体的自由心灵。

这种心灵因为从未被清晰地表述过而显得模糊不清。康德描述了文学接受的心理状态：“我所了解的审美观念就是想象力里的那一表象，它生出许多思想而没有任何一特定思想，即一个概念能和它相切合，因此没有言语能够完全企及它，把它表达出来。”④ 这是对表现说下审美状态的描述，它指明了一个存在着的不断生成和建构的运动世界。

这样一个世界必将赋予读者再创造能力。弗·史雷格尔提出了一种效果批评，很接近现代阐释学的思想。与为特定目标服务的修辞型作家不同的是，他认为，真正伟大的综合型作家可以“在自己无穷效果的浪漫意识里放弃‘特定效果’，而让每一位有能力的读者在参与完成一个作品的过程中自己通过‘至诚的象征哲学或象征诗艺的神圣关系’去确定这部作品在某个时期的效果”。⑤ 在他看来，读者能够依据自己的经验对作品进行再创造。

赋予读者再创造的能力，使得理解与解释不再有严格区分。近代阐释学开创人施莱尔马赫推翻了传统认为“理解先于解释”的观点，认为理解和解释

---

① 刘北成：《福柯思想肖像》，中国人民大学出版社，2012 年，第 121 页。

② ［德］冈特·格里姆：《接受学研究概论》，刘小枫《接受美学译文集》，生活·读书·新知三联书店，1989 年，第 79 页。

③ 同②，第 78 页。

④ ［德］康德：《判断力批判》（上卷），宗白华译，商务印书馆，1964 年，第 160 页。

⑤ 同②，第 78 页。

实质就是一回事，“理解本身就是解释，理解必须通过解释才能实现”。[①] 如果将这种个体的理解与解释推广为人类的理解和解释的话，那么，作者和读者就具有内在的同一性，这实际上是对人类创造力的肯定。

因此，浪漫主义作家普遍关心诗对读者的影响。华兹华斯说，“诗人决不是单单为诗人而写诗，他是为大众而写诗”，他的每一首诗“都有一个价值的目的”。[②] 雪莱更是将西方的文明的兴起归功于诗，在他看来，诗是影响人类最深、潜伏时间最久的形式，因此，他拒绝诗歌传统的有限的道德功能，“审美力最充沛的人，便是从最广义来说的诗人；诗人在表现社会或自然对自己心灵的影响时，其表现方法所产生的快感，能感染别人，并且从别人心中引起一种复现的快感”。[③] 在他看来，诗可以将人类彻底解放出来，使他们直观到自己的本质，并自由地创造自己的未来。

总之，“表现说”下的文学接受思想，根本上是一种经验借鉴，其思想和动力来源是近代资本主义兴起时期的自由主义、个人主义意识形态，文学接受成为一种不断生成的体验过程，接受成为一种再创造，成为一种建构性的阐释，秉持这种人文主义理想，文学接受具有了变革社会和人类解放的意味。

四、精神补偿：“客观说”下的文学接受

20世纪上半叶，主导文学观念是“客观说”[④]。主要以俄国形式主义文论、英美新批评、法国结构主义为代表。“客观说”下文学接受观念由主体心灵的权威让位给了审美自律的内在权威，它要提供给人们一种终极关怀，以弥补宗教衰落后留下的空缺。

韦伯把现代社会特征概括为两个方面：一方面，伴随着科学精神的兴起导致宗教精神的衰落；另一方面，现代学科划分导致价值领域的独立。这两个方面构成了现代社会存在的基本矛盾和张力。在现代社会，艺术和审美弥补了宗教衰落后留下的社会空缺，使现代社会工具理性造成的压力，在审美领域获得释放与缓解，“艺术变成了一个越来越自觉把握到的有独立价值的世界，这些

---

① 洪汉鼎：《理解与解释：诠释学经典文选》，东方出版社，2006年，第3页。

② ［德］H. C. 姚斯，［美］R. C. 霍拉勃：《接受美学与接受理论》，周宁、金源浦译，辽宁人民出版社，1987年，第30页。

③ ［英］雪莱：《诗辩》，章安祺《缪灵珠美学译文集》（第3卷），中国人民大学出版社，1990年，第14页。

④ 陈长利：《文学接受·文学形式·意识形态——客观说下的关系反思与理论建构》，《重庆师范大学学报（哲学社会科学版）》，2013年第4期。

价值本身就是存在的。不论怎么来解释，艺术都承担了一种世俗救赎功能。它提供了一种从日常生活的千篇一律中解脱出来的救赎，尤其是从理论的和实践的理性主义那不断增长的压力中解脱出来的救赎”。[①] 正是在这个意义上，瑞恰慈才说：“唯有诗歌有能力拯救我们。”[②] 这种思想为文学艺术成为审美自律领域挣得合法性基础。

人们通常把形式主义文论划归科学主义思潮，而在汤普金斯看来，两者有着根本的区分，在本质上，文学关心的是人类的“态度、情感、阐释”，它们“具有永恒真理的地位”[③]，它们是关于人类本质的普遍规律，而科学定律关心的是物质本质的普遍规律；在语言上，科学主义把语言看成是中性的符号，是手段和工具，它只传达其他手段已经创造出来的知识，而文学语言无法同其所传达的信息分开；在对象上，文学是意义而非行动，因而阐释成为最高级的批评行为。所以，形式主义文论拒绝读者个性的参与，与历史、传记、社会学、心理学等邻近学科相区分，实质在于捍卫文学的特性和价值，或者说，是保卫文学传统和自身的话语系统，“一句话，形式主义对文学作品所下的定义，客观上要求在一个新的基础上把文学研究加以制度化”。[④] 文学话语体系的建立，对于学科生存和发展来说至关重要，其功用也是多方面的，“诗的特殊地位使发展一种描述诗歌特征的特殊词汇，以及建立阐释的标准方法的做法合法化了。它使文学阐释的实践规范化，因而就把文学阐释变成一件可以在大专院校普遍教授的东西。同时，阐释技巧的规范化向批评家们提供了生产文学作品各种阐释的手段，这用于证明这些批评家的专业知识水平。把文艺批评定义为需要专门知识的一项活动，这就为研究生教育的文凭制度提供了存在的必要性，并支持文学教授同自然科学家和社会科学家们竞争”。[⑤] 看似最无用的文学形式话语的建立，却发挥着最为实用的效能，但是，文学并不为某种阐释系统而存在。

汤普金斯指出：“诗的存在并不是为了塑造更好的公民从而服务于国家的需要，或者为了激起人类内心最深处的同情心，从而把人们团结在一起，以促进人类的兄弟般情谊，或者为了净化感知器官，或者为了产生一种迷狂的沉思

---

① H. H. Gerth and C. W. Mills, eds. *From Max Weber: Essays in Sociology*. Oxford University Press. 1946: 342.

② ［英］彼得·威德森：《现代西方文学观念简史》，钱竞、张欣译，北京大学出版社，2006 年，第 52 页。

③ ［美］简·汤普金斯：《读者在历史上：文学反应的演变》，刘峰译，外国文艺理论研究资料丛书编委会编《读者反应批评》，文化艺术出版社，1989 年，第 286 页。

④ 同③，第 287 页。

⑤ 同③，第 287 页。

状态，或者为了综合读者心中互相矛盾的冲动情绪从而提高文明的程度。恰恰相反，诗歌是给予人们一种完美的形象，一种他们向往的目标而服务于人们。在价值的尺度上，诗高于自然，也高于人类的生活。诗没有及物的功能，它不是代理人或工具，而是目的。因此，文学反应就成为一个没有意义的领域，因为文艺批评的主要对象不是诗所具有的效果，而是诗的内在本质。”① 诗之所以有用，是它为人在现代工具理性社会中保留了一块属于人的价值圣地。

俄国形式主义文论主要派别之一彼得堡诗歌语言理论研究会，以什克洛夫斯基、埃亨巴乌姆等人为代表，他们在审美形式主义追求下，注重文学特性和文学史的研究。什克洛夫斯基反对波捷勃尼亚主张的“艺术是形象思维”的观点，在他看来，形象几乎是不动的，它只属于上帝，而不属于人类。如何说明文学存在特殊性的问题？“艺术手法是事物的‘反常化’手法，是复杂化形式的手法，它增加了感受的难度和时延，既然艺术中的领悟过程是以自身为目的的，就理应延长；艺术是一种体验事物之创造的方式，而被创造物在艺术中已无足轻重。”② 什克洛夫斯基认为应该从感觉经验的一般原则入手，一般感觉在日常生活实践中逐渐变得迟钝，对客观事物自性往往视而不见，而只能按照人的习惯方式感知它、认识它，而艺术语言却可以通过“陌生化”的手法，采用复杂的技巧，增加人的感受难度和感知过程的时间，从而复活对象，更新人的感觉。陌生化思想，使接受者被提高到至关重要的位置。

埃亨巴乌姆从艺术享受角度出发，一反传统重视内容轻视形式的思想，认为形式比内容重要得多，因为读者不是要知道一个故事的结局才来阅读文学，而是为了故事的发展和结构过程，能够将他们引入一个不同的世界，“艺术的成功在于，观众宁静地坐在沙发上，并用望远镜观看着，享受着怜悯的情感。这是因为形式消灭了内容。怜悯在此被用作一种感受的形式。它取自心灵，又显现给观众，观众则透过它去观察艺术组合的迷宫”。③

在文学史方面，蒂尼亚诺夫深化了什克洛夫斯基的“叔侄”继承观点，进一步提出“系统”“功能”“主因”等思想。“系统”指文学演变不是个别的击破，而是“系统的替代”；“功能”指两种形式，另一种是文学系统中相互

---

① ［美］简·汤普金斯：《读者在历史上：文学反应的演变》，刘峰译，外国文艺理论研究资料丛书编委会编《读者反应批评》，文化艺术出版社，1989 年，第 285 页。

② ［俄］维克托·什克洛夫斯基：《作为手法的艺术》，《俄国形式主义文论选》，方珊，等译，生活·读书·新知三联书店，1989 年，第 3 页。

③ ［俄］鲍里斯·埃亨巴乌姆：《论悲剧和悲剧性》，《俄国形式主义文论选》，方珊，等译，生活·读书·新知三联书店，1989 年，第 40 页。

联系的自功能，另一种是一部作品中相互联系的共功能，文学史的演变是两种功能发生斗争、交替、扭曲或拙劣的模仿等复杂关系的结果；“主因”指处于特定作品或特定阶段的前景中的某一因素或因素组，文学史的延续是一个主因被另一个主因不断取代的过程，并且，被取代的主因并不在系统中消失，而是退入背景中，日后以一种新的方式重新出现。① 而这些“系统”“功能”“主因”的变化则导致了不同时代人们的审美期待视野，作品的间隙内容，文本的召唤形式，以及批评重点的转移。

布拉格结构主义是对俄国形式主义文学接受观念的进一步发展，它用符号学体系重新阐发了俄国形式主义，“用符号学阐释形式主义观点，这就是文学研究中布拉格学派的结构主义”。② 布拉格结构主义中的“结构”需要和另外一个词“功能”联系起来理解。在俄国形式主义那里，“功能”只是使文学得以形成的手段而已，它特别指“陌生化”的能力，而布拉格学派的理解的“功能”却存在于任何语言形式当中。

雅各布森从每个言语过程出发来确定语言的各种功能，信息发送者把信息用一种共同的符号，通过某种接触，即通过身体的或心理连接的渠道传递给听者，这样，一种信息的交流行为就包含六个要素：发信人、收信人、信码、语境、接触、信文，其中信码是指发信人或收信人（编码者和译码者）完全共有或者至少部分共有的符号原则。在交流过程中，对这六要素中某一要素的强调形成相应的六种功能，“这六个因素各与语言的一种功能相关”。③ 第一是指示功能或交流功能，它强调信息形成的外部世界的真实情势；第二是表情功能或表现功能，集中于发信人，目的是直接表达说话人对所说事物的态度；第三是意动功能或叫呼叫功能，强调信息的接受者，影响收信人的情感态度；第四是呼应功能，它强调联络途径，通过寒暄答对以至仅以保持交流为目的的整段对话来实现；第五是元语言功能或解释功能，强调符码因素，“如果说话人和受话人必须检查一下彼此是否使用相同的信码，那么信码本身就成为言语对象：这时言语就执行着元语言功能（也即解释功能）”；④ 第六是诗歌功能，强

---

① ［德］H. C. 姚斯，［美国］R. C. 霍拉勃：《接受美学与接受理论》，周宁、金源浦译，辽宁人民出版社，1987 年，第 299 – 300 页。

② ［英］安纳·杰弗森，戴维·罗比：《西方现代文学理论概述与比较》，包华富，等译，湖南文艺出版社，1986 年，第 42 页。

③ 同②。

④ ［俄］波利亚科夫编：《结构—符号学文艺学——方法论体系和论争》，佟景韩译，文化艺术出版社，1994 年，第 180 页。

调信息自身。雅各布森区分六种功能的目的在于说明诗歌自身的存在特性，即他关心的仍然是文学内部的诗的性质，但是这六种结构功能思想比起形式主义的“文学性”要灵活得多，如诗歌的结构品性既可以联系一点来考察，也可以联系两点来考察，而且，“意动功能”或“呼叫功能”也为使“收信人”或“文学接受”来沟通文学形式和现实的关系问题打开了一道缺口。

与雅各布森相仿，穆卡洛夫斯基把艺术作品本身看成是一个复杂的符号构成，它沟通了作家和读者之间的联系，它是“一个调节艺术家与接受者（观众、听众、读者等）的‘符号学事实’”。[①] 在穆卡洛夫斯基看来，艺术作品作为特殊的符号，处于一般符号的框架之中，并且因为自身的差异显现出来。按照索绪尔的语言学理论，符号与事物之间的关系完全是任意的或约定俗成的，这就是说，文学结构和现实世界之间的联系也完全是任意的，因此，文学的意义只能在文学结构内部做出解释，而不是由文学外部的东西所赋予，这就是布拉格学派的“语义结构”思想；同时，文学又因为陌生化原则，在与真实世界的比较之中，显示其自身意义，这又使文学和现实联系到一起，“文学意义通过形式主义的陌生化原则与‘真实’世界联系”。[②] 通过这种方法，艺术进入了对现实的多面性和多义性有着崭新认识的境地。

穆卡洛夫斯基的学生菲利克斯·伏狄卡一方面把老师的关于接受问题方面的思想做了系统化组织，另一方面，他还努力调和英伽登的现象学方法和穆卡洛夫斯基的结构主义范型，他采纳了英伽登的具体化的观点，“英伽登主要谈个别读者对作品‘图式化方面’的‘具体化’”[③]，伏狄卡却主张，“在包括时间、地点或社会条件的环境改变时，整个作品的结构也随之具有了新特点”[④]，各个时代的审美标准不一样，甚至不同阶级、不同民族、不同性别、不同年龄、不同心境等的差异，会导致不同的审美眼光，这就是说，审美价值在具体的历史情境当中是可变的，这就克服了英伽登非历史性的局限性，“这就使我们常见的趣味的相异性结果、单个本文和整个标准的多样化现实得到了解释”。[⑤] 但是，应当看到，对伏狄卡而言，这种“解释权”并非在普通读者那

① ［德］H. C. 姚斯，［美］R. C. 霍拉勃：《接受美学与接受理论》，周宁、金源浦译，辽宁人民出版社，1987年，第309页。

② 王忠勇：《本世纪西方文论述评》，云南教育出版社，1989年，第507页。

③ 朱立元：《接受美学导论》，安徽教育出版社，2004年，第108－110页。

④ 同②，第315页。

⑤ 金元浦：《接受反应文论》，山东教育出版社，2001年，第95页。

里，只有批评家才能“固定文学作品的具体化形态，并将其纳入文学的价值系统”。[①] 在某种意义上讲，只有反思的知识分子才可能对存在历史做出最敏锐的洞察和最深刻的反思。

五、对话交流：“接受说”下的文学接受

20世纪文学接受观念与传统的文学接受观念相比，它不断改变了传统的边缘性地位，使文学接受焕发出自己独立的声音，特别是在现象学和阐释学那里得到快速发展，并最终在接受美学那里使西方文学接受思想获得理论总结，从而引发文艺理论研究重心向“读者”转移，开启了“接受说”文艺范式。接受美学被看成是西方文学接受思想的一次理论总结，所涉人物众多，其中，姚斯和伊瑟尔是该理论的中坚。

姚斯致力于文学史的接受研究。在1970年发表的《向文学理论挑战的文学史》一文中，认为传统的文学史只是对个别文学事件分类的过去，没有建立起因果的历史联系，而真正文学史的因素包含作家和读者两种主体的参与和介入，“文学史是审美接受和生产的过程，在接受的读者、反思的批评家和不断生产的作家这方面，它发生于文学文本的实现之中”。[②] 这就是说，文学史是读者接受及其变化的历史，“在接受过程中，永远发生着从简单接受到批判性的理解，从被动接受到主动接受，从已被承认的审美标准到超越这种审美标准的新的生产性转换”。[③] 姚斯把“期待视野”看成是重新理解文学史的核心概念，所谓“期待视野”，“是阅读一部作品时读者的文学阅读经验构成的思维定向或先在结构”。[④] 它一方面受制于文体和生活经验，另一方面又负责对它们进行改造和重构。文本和期待视野往往存在一定的距离，这种距离在姚斯看来不仅是客观的，而且是打破读者原来的视界获得新的视界从而构成文学史的必须前提，“如果人们把特定的期待视界与一部刚问世的新作品之间的差异视作审美距离，而对这部新作品的接受又通过否定熟悉的体验或通过把新表达的体验提高到意识到层面而导致了‘视界的变化’，那么，就可以根据读者的反

---

① ［德］H. C. 姚斯，［美］R. C. 霍拉勃：《接受美学与接受理论》，周宁、金源浦译，辽宁人民出版社，1987年，第315页。

② ［德］姚斯：《向文学理论挑战的文学史》，［美］拉曼·塞尔登《文学批评理论——从柏拉图到现在》，北京大学出版社，2006年，第204页。

③ 蒋孔阳，朱立元：《西方美学通史》（第7卷下），上海文艺出版社，1999年，第295页。

④ 同①，第6页。

应和批评判断的不同程度对这种审美距离加以历史客观化”。[①] 期待视野在阅读的过程中并不是一成不变的，“（文本的特点）它能够唤起对‘中间和结尾’的期待，这在阅读期间可以根据文类或文本类型的特定规则保持原样或变化，改变方向甚或颇具反讽意义地得到满足”。[②] 在阅读过程中，随着阅读过程的变化，期待视野也在不断地相应调整，因此，阅读过程中的意义处在读者和文本之间，是生成性的。

姚斯把一部作品的意义（用S表示）看作作者所赋予的意义（用A表示）与接受者所领会和赋予的意义（用R表示）之和（S=A+R）。由于作者所赋予作品的意义是个恒量，而接受者对作品的理解会随着时代的变迁和个人的差异有很大的变化，因此，作者所赋予的意义作为恒量在后代会被探测出来，当然也可能是存在着接受者与作者之间的时代差异和不同接受者之间的水平差异，而导致部分探测到或根本不见，而接受者所赋予文学作品的意义作为变量，可以从无限小到无限大，它取决于接受者的文化修养，变化范围异常广阔，这样从长远的历史眼光来看，作品的意义基本上就等于文学接受中读者所赋予的意义。

如果说姚斯的接受理论体现出的是文学形式与意义的不断重新建构的历史过程的话，那么，伊瑟尔的“接受效应”理论体现出的则是文学形式与意义不断被发现和实现的过程。伊瑟尔受胡塞尔现象学的影响，主要探讨了文本接受的“效应过程”，“接受理论的一个核心目标就是强调文本处理过程中发生的情况”。[③] 胡塞尔认为，“每一个原始的构成性过程都是由延续激发的，这种延续建构和收集未来事物的种子，因而也使其结出硕果”[④]，伊瑟尔认为，作品中的句子语义标示总是暗示了某种期待，这在胡塞尔的表述中说成是“延续”，由于这种语义处在一系列结构关联当中，因此，语义的关联作用最终导致的是期待的不断修正和完成，而读者正是处在不断期待和修正的过程当中，“读者在文本中的位置是滞留和延续到交叉点上”[⑤]，随着阅读，每一个关联语句都回答着已有的期待，并形成新的期待，已有的期待得到回答以后，马上变

① ［德］姚斯：《向文学理论挑战的文学史》，［美］拉曼·塞尔登《文学批评理论——从柏拉图到现在》，北京大学出版社，2006年，第205页。

② 同①。

③ 蒋孔阳，朱立元：《西方美学通史》（第7卷下），上海文艺出版社，1999年，第74页。

④ ［德］伊瑟尔：《阅读行为》，［美］拉曼·塞尔登：《文学批评理论——从柏拉图到现在》，北京大学出版社，2006年，第213页。

⑤ 同④。

成新的期待的背景。

伊瑟尔认为，真正符合读者“审美期待”的作品，不是给读者知识的作品，而是能够激发读者想象的作品，这样的文本，有必要留出一些空白，以作为意义的不确定处去激发读者的想象。“这些空隙和结构化空白充当了一个枢轴，全部的文本—读者关系都以它为中心转动，因为它们促使读者在文本设定的条件下去完成想象过程。”① 文本的这一特点，被称作“召唤结构”。它作为一种结构机制，实际上是把文本和读者联系起来的桥梁和纽带。

他把文学作品分为“艺术”和“审美”两极，“艺术极”是作者写出来的具有空白的文本，“审美极”是读者阅读时通过想象对本文的具体化，文学作品处于这两级的中间位置，“艺术极指的是作者创作的文本，审美极指的是读者对文本的实现，两级之间的相互影响展现了作品的潜在意义”。② 也就是说，一部作品是作者和读者共同创造的。伊瑟尔既充分肯定读者阅读时的创造性，又承认这种创造性是在文本的激发和引导下才产生的。

文本之所以有这种功能，是作者在创作的时候与“隐含读者”对话的结果，所谓“隐含读者”，是“被赋予人格化名称的文学本文潜在意义在阅读中得以实现的可能性”。③ 就是说，文本结构中已经内涵了一切读者进行创造性实现的各种萌芽和激发、引导各种读者对文本解释的可能性。

伊瑟尔总结，姚斯和他本人各致力于文学接受活动的一个方面，只有他们结合在一起，才是文学接受理论的整体形貌，“接受美学针对的是实际读者，他们的反应证实了某些受历史制约的文学体验；而我本人的审美反应理论则集中探讨文学作品如何对隐含的读者产生影响，并引发他们的反应。审美反应理论根植于文本之中，而接受美学则产生于读者对作品的判断史。因而，前者本质上是系统化的，而后者从根本上说是历史性的，这两个相互关联的部分构成了接受理论”。④

择要而言，接受美学在以下十个方面不同于传统的文学接受思想：第一，接受美学明确地提出自己的研究目标是沟通文学与历史、历史方法与美学方法之间的裂隙，在这一目标下，文学接受起到了中介或调停者的作用；第二，文学接受进入文学本体研究领域，开启了以“读者”为重心的文艺理论研究范

① 蒋孔阳，朱立元：《西方美学通史》（第7卷下），上海文艺出版社，1999年，第75页。

② 同①，第79页。

③ 朱立元：《接受美学导论》，安徽教育出版社，2004年，第268页。

④ 同①，第68页。

式；第三，文学接受是存在于历史中的不断运动的过程，文学接受是文学作品价值得以实现的条件，由文本变为作品是读者阅读后的结果；第四，接受美学突出了读者阅读的能动性和创造性，读者根据自己的审美经验通过联想填补作品的“空白”或“未定处”，与作者共同创造着作品；第五，读者的接受方式包括纵向面向历史的垂直接受和横向面向社会的水平接受，体现出文学接受的深度和广度；第六，接受美学强调一般读者、批评家和作者，他们之间相互影响相互促进，不断形成新的文学再生产；第七，把文学研究建立在功能效果研究基础之上，推动了审美活动和审美经验的研究；第八，接受美学建立起自己的一套审美经验的解释系统，姚斯把联想的、仰慕的、同情的、净化的和反讽的看成是五种态度模式，并分析了它们的心理特征，体现出较强的文学阐释效力；第九，以读者审美经验及其变更为研究基础，体现了人本主义的文学理论的价值取向，顺应了历史前进的潮流，标志着人本主义思潮的复兴；第十，接受美学有着巨大包容性和开放性，具有广纳各种新潮的活力，因此，它是“美学发展史上的重要里程碑”。①

综上所述，西方文学接受思想经历了五大范式，即“模仿说”下的文学接受，是一种本体世界的诚意谛听，价值在对存在的寻求；“实用说”下的文学接受，是一种趣味性阅读，价值在理性旨归；“表现说”下的文学接受，是一种经验借鉴，价值在自由精神；“客观说”下的文学接受，是一种审美自律，价值在于精神补偿；“接受说”下的文学接受，是一种对话交流，价值在于多元共生。本文是对西方文学接受的观念变化与范式演替的系统描述，对西方文学阅读的观念史具有反思和认识价值。本文是对西方文学接受思想的系统反思和理论描述，对西方阅读的观念史具有认识价值。

（作者单位：中国矿业大学公共管理学院）

① 朱立元：《接受美学导论》，安徽教育出版社，2004 年，第 108 页。

本源性视域下的语言与文学

赵 臻

文学是人类世界中独特的存在，对文学之思历来见仁见智，对文学本质的把握，很大程度上决定着文学理论研究的取向。新时期以来，我国文学理论界对文学的把握经历了一系列的演变①，从这个角度而言，童庆炳先生主编的《文学理论教程》（以下简称童本教程）一书对文学的本质把握上有着新的创见和贡献，成了一本新时期的换代教材，在全国高校中普遍被采用，在某种意义上成了文学理论课程的圭臬，其对文学的定义，凭借其影响力而在不知不觉中成为文学理论初学者和研究者的“前见”。

值得注意的是，童本教程将文学的本质定义为：“文学是一种语言艺术，是话语蕴藉中的审美意识形态。”② 这一母命题是由“文学是一种语言艺术”和“文学是话语蕴藉中的审美意识形态”两个子命题组成的，这两个子命题可以分别简称为“文学是语言艺术”和“文学是审美意识形态”。童本教程对文学本质的定义是由这两个子命题组成的合题，从逻辑学上来说，当且仅当两个子命题为真时，母命题才是真的。国内学术界对“文学是审美意识形态”这一子命题展开了充分的讨论，童庆炳先生对此也进行了相关回应，应该说学术界对“文学是审美意识形态”这一子命题的研讨已经比较充分了。③ 有意思的是，与学术界对“文学是审美意识形态”这一命题的思考和讨论如火如荼的景象相比，“文学是语言艺术”这一命题则很少被提及，童本教程对此命题的理解如下：“人们常说‘文学是语言的艺术’，这当然没错，因为文学正是

① 燕世超：《文学的审美意识形态本质论质疑——向童庆炳先生请教兼论文学的情感语言艺术本质》，《汕头大学学报（人文社会科学版）》，2004 年第 6 期。

② 童庆炳：《文学理论教程》，高等教育出版社，2008 年，第 72 页。

③ 赵臻：《论文学意识形态论争与阿尔都塞意识形态理论》，《马克思主义美学研究》，2015 年第 1 期。

由语言来构成的。”① 可以看出，童本教程对此命题未做专门分析与论证，将其作为不证自明的“前提”将以接受，国内学术界对此命题的遗忘，似乎在此命题上与童本教程达成了一致的共识：“文学是语言的艺术”命题不证自明，是自明的前提。

一、语言艺术命题的“自明”与“遗忘”

值得庆幸的是，在学术界将“文学是语言的艺术”这一命题作为自明的前提使用的大背景下，有少数学者敏锐地感觉到了这一命题的重要性，并做了一些有益的探索。王一川先生就曾明确地指出“‘文学是语言的艺术’已在我国文坛流行多年，成了几乎人人称道的不折不扣的‘经典’……说起这个命题的来历，我想大约应上溯到苏联。”② 可惜该文只是对此命题进行浮光掠影似的一瞥，只是指出：“这个来自苏联的命题在中国还不得不产生一个固有局限：只是在一般意义上谈论‘语言’如何重要，而没有触及汉语对汉语文学的特殊重要性。”③

汪正龙先生则看到了这一命题的重要性，提出将这一命题与“文学是人学”命题之间进行有效的融通，这将对中国文学理论发展具有的重大意义：“改革开放30年，对各种思想的禁锢的突破，新思潮、新学术的引进，实现了科学研究范式的转变。在离弃先前反映论和工具论文学观强大势能的作用下，‘文学是人学’、‘文学是语言艺术’成为最令人瞩目的两种文学理论研究的范式。这两种范式的演进、变化与汇通构成了新时期文学理论发展的基本脉络。”④ 他还归纳了国内文学研究中对语言范式的研究大致所经历的过程，“新时期文学理论的语言范式不仅仅反思了先前认知性的语言观念的局限，探讨了文学语言的结构方式、叙事构成等，还赋予文学语言拆解自身理性规范、呈现充满可能性的形象世界，承载人间的希望以正当性，这正是语言范式的主要功绩”。⑤

很明显，上述两位先生对“文学是语言的艺术”这一命题只是侧重于该

---

① 童庆炳：《文学理论教程》，高等教育出版社，2008年，第64页。
② 王一川：《“文学是语言的艺术”吗?》，《文学自由谈》，1997年第5期。
③ 同②。
④ 汪正龙：《人学与语言艺术：新时期两大文学理论范式的演进与汇通》，《思想战线》，2010年第1期。
⑤ 同③。

命题的溯源和功用，盖生先生则更进一步看到了这一命题的重要价值和意义，提出将其作为还原为文学的本质，替代“文学作为审美意识形态”，指出“‘文学作为语言艺术’命题的还原，并不是简单地重复一个常识，而是一次文学研究、文学价值的回归”。① 可惜这只是发现，却非证明。

可见，学界对“文学是语言的艺术”这一命题不同程度地意识到其重要性，看到该命题对文学理论研究的重要作用，却将这一命题视为自明的前提，偶有关注此命题的学者，亦只是在溯源、用途和更替方面上进行展望，鲜有对该命题本身的探讨，更遑论在本源性的视域下对“文学是语言的艺术”这一命题进行深入的研究，这将极大地制约我们对文学本质的理解，更使得奠基于该命题之上的相关文学理论研究有成为“无源之水”的危险。因此，从本源性的视域下对该命题进行探讨，将有力地清理文学理论研究的地基，把文学理论研究推向深入。

二、语言艺术命题的溯源与重思

笔者认为,“文学是语言的艺术”这一命题本身不是如有的学者所言的溯源于苏联，而是应该溯源于康德，它是康德尝试对艺术分类的一种方式：“如果我们想划分美的艺术，那么我们为此所能够至少尝试着去选择的更为方便的划分原则，莫过于将艺术类比于人类在语言中用来尽可能完善地、即不仅就他们的概念而且也就他们的感觉而言相互传达的那种表达方式。这种表达方式在于词语、表情和声音（吐词、姿态和音调）。只有这三种表达方式的结合才构成了说话者的完整的传达。因为观念、直观和感觉由此而同时地并协同一致地传递给了别人。于是只有三种不同的美的艺术：语言的艺术、造型的艺术和感觉游戏的（作为外部感官印象的）艺术。人们也可以用二分法来建立这种划分，这样美的艺术就被划分为表达观念的艺术和表达直观的艺术，而后者又可以按照它的形式和它的质料（感觉）来划分。只不过这样一来它们就太抽象，而且看起来不太适合于普通的理解罢了。”②

可以看出，文学作为语言的艺术是来源于康德对艺术划分的尝试的，更值得注意的是，正如鲍桑葵指出的:“美的感性传达工具就是各种不同的艺术。

① 盖生:《文学是语言艺术：一个命题的还原——兼评“审美意识形态”论》,《甘肃社会科学》, 2007 年第 1 期。
② 康德:《判断力批判》，邓晓芒译，杨祖陶校，人民出版社，2002 年，第 165 - 166 页。

康德也讨论到这些工具，但是谈得很简短，很不系统，虽然他的很多见解都成为后世的论点的先声……康德对他自己的美的艺术的实际分类法，并不十分重视。美，不管是艺术美也好，还是自然美也好，都是表现。这当然是一条正确的原则，但是，从这一原则中得出的一项想入非非的推论却成为他的实际的美的艺术分类法的根据。最卓越的表现是言语，而言语由于能同时传达思想、知觉和感情，因而又有三个要素：词、手势和抑扬顿挫，即腔调。根据这一类比，他把美的艺术，即表现性艺术，分为言语的艺术、形式的艺术和感觉的游戏的艺术……我所以要提到这个不幸的分类法的渊源，是因为言语的艺术和造型的艺术的区分已经被奉为一条原则……这两类艺术的分类法以种种名目在后来的德国哲学中一直起着作用。”①

可见，文学是语言艺术这一划分是康德对艺术分类的结果，其划分的根据是观念（美）在形式（质料）中的不同显现，或者也可以说是按照形式（质料）的不同而划分的，这种形式或曰质料在某种程度上就是“媒介”，可以说他是按照其在不同“媒介”的显现来划分的。值得注意的是，康德看到了语言与文学之间的极其重要的关联，很可惜的是，他是从狭义语言的角度来看待“文学是语言的艺术”这一命题的。笔者认为，应该从语言的本源性角度来看待这一命题，即语言与人、语言与思维的角度来思考这一问题。西方哲学将人的本质界定为人是会“思考”的动物，所谓的“思考”即“我思”即“精神”，在此意义上，无论是西方古典哲学所信奉的“人是有理性的动物”，还是西方近代哲学的“我思故我在”，抑或是西方当代哲学进行的“用超理性的努力去克服以往对理性的过于狭隘的理解，最终达到一个处于有序与无序之间、交往而和谐或曰和而不同的理性构设，它既然不囿于对理性（即所谓‘欧洲式的合理性’）的绝对化，也不坠入对理性思维的相对主义之毁灭”②，皆可看作是对人是会“思考”的动物（思维）这一本质命题的不同展开形式。

三、本源性视域下的语言艺术：“世界”之“耀现”

在古希腊哲学中，“人是会思考（有理性）的动物”与“人是会说话的动物”这两个命题是互相关涉的，这不仅仅在于二者的“同一”，其更深刻的含

① ［英］鲍桑葵：《美学史》，张今译，广西师范大学出版社，2001 年，第 252 – 253 页。
② 倪梁康：《自识与反思：近现代西方哲学的基本问题·卷首语》，商务印书馆，2002 年，第 3 页。

义在于揭示了世界与语言的同一，这在作为古希腊文明奠基的古埃及文明中可以看得很清楚："在埃及，创造力和维持万物的力量都要追溯到神性的言词。在此情况下的言词是从神祇口中说出的永远生发着作用的、流动着的、以太神性的实体。"① 这种对世界的言词性的把握通过古埃及文明进入到了古希伯来文明中："创世者雅威只需言说，就能制造出一切的实存，对雅威的信仰贯穿了《旧约》。这种信仰与上文所描述的古埃及创造信仰之间的相似性是显而易见的。"②

因此，在某种意义上可以说是"语言"创造了世界，在先在结构上就奠定了"语言"与世界的同构性，人是通过语言来把握世界的，在此过程中思维才能把握自身，对人的思维或曰精神与语言之间的关系，洪堡特明确地指出："思维的本质在于反思，即区分思维者和思维内容。为了进行反思，精神在其连续不断的活动中必须做一短暂的停顿，将此时此刻展现在眼前的东西把握为一个单位，并通过这种方式为自己确立起对象。对以这种方式构成的若干单位，精神须再度进行比较，并按自己的需要加以分解、组合。这就意味着，思维的本质在于把自身的进程分为若干片段，并将自身活动的某些部分构成一个整体；如此构造起来的东西既相互有别，又都作为客体对立于思维主体。任何思维，哪怕是最纯粹的思维，都必须借助感性活动的一般形式进行；只有在这类形式中，我们才能领会并牢牢把握住思维。如上所述，思维的某些部分统一起来，构成一些单位；而这些单位本身又作为要素区别于一个更大整体的其他要素，以便成为对立于主体的客体。这样的一些单位所具有的感性表达，在最广的意义上便可以称为语言。"③

在此，洪堡特所说的"语言"就是本源性语言，它的产生与思维密切相关，洪堡特将此过程揭示为："语言与第一个反思行为直接相关，并与之一同发生。在含混无序的欲念状态中，客体为主体所吞噬，而当人从这一状态中觉醒并获得自我意识之时，词也就出现了：词仿佛是人给予自身的第一个推动，使他突然静下心来，环顾四周，自我定向。"④

这就必然造成了世界与语言的同一，即人用语言模仿世界，从而构成了一个与外部世界相互"契合"的语言世界。换而言之，人通过语言"摹写"世

---

① ［挪威］托利弗·伯曼：《希伯来与希腊思想比较》，吴勇立译，上海书店出版社，2007年，第64页。
② 同①，第68－69页。
③ ［德］威廉·冯·洪堡特：《洪堡特语言哲学文集》，姚小平选编、译注，商务印书馆，2011年，第1页。
④ 同③，第1－2页。

界，从而形成了一个与外部世界相类似的“语言世界”，用“语言世界”的“秩序结构”表现和把握世界事物秩序，这一过程即“人绝不会把任何一个粗糙的自然音收进语言，而是始终构造出与自然类似的分节音”。①分节音本身就是语言（词）与物的结合者，它是通过福柯所言的相似性②来连接的，通过这种连接，语言具有了“摹写”世界功能，通过思维的运动将世界的“物之序”接纳到人的精神中来，这不仅“是让看某种东西，让人看话语所谈及的东西，而这个看是对言谈者（中间人）来说的，也是对相互交谈的人们来说的。话语‘让人’（从）某某方面‘来看’，让人从语题所及的东西本身方面来看。只要是话语是真切的，那么，在话语中，话语之所谈就当取自话语之所涉；只有这样，话语这种传达才能借助所谈的东西把所涉的东西公开出来，从而使他人也能够通达所涉的东西”③，更在于“纯粹的让一起呈放出来，即让那个从自身而来在其呈放中呈放于眼前的东西一起呈放出来。这样一来，（逻各斯）乃是从原初的置放而来的原初的采集的原始聚集。（这个逻各斯）乃是：采集着的置放，而且仅仅是这种采集着的置放”。④

这种原始聚集本身就是世界或者事物的秩序，对此，托利弗·伯曼在其巨著《希伯来与希腊思想比较》中说得很清楚：“logos，言词，来源于言谈。词根 leg 的基本含义是‘聚集’，并且不是杂乱无章的聚拢，而是有次序地归类、整理。这个基本含义对于希腊精神具有典型的意义，它解释了这个概念当中在我们看来很难统一起来的三个主要意义：言说、计算和思考……正确理解 logos 一词关键在于这样的一个事实：对于希腊人而言，不同的意义能够汇总于一个概念，进而融为一个包罗万象的集合物。”⑤ 这种“包罗万象的集合物”就是通过语言把握到的世界，值得注意的是，古希腊人把握的是一个静态的世界，希伯来传统则给了其动态的传统⑥，对语言来说也是如此，人通过反思将世界分为若干部分，再通过思维的不断统一将其“整合”起来，可以说通过语言对世界的把握一方面把握到世界，另一方面使世界不断持存，对此伽达默尔认为，“语言和世界的关系绝不是单纯符号和其所指称或代表的事物的关系，

① ［德］威廉·冯·洪堡特：《洪堡特语言哲学文集》，姚小平选编、译注，商务印书馆，2011 年，第 3 页。

② ［法］福柯：《词与物——人文科学考古学》，莫伟民译，上海三联书店，2002 年，第 23－60 页。

③ ［德］海德格尔：《存在与时间（修订译本）》，陈嘉映、王庆节译，生活·读书·新知三联书店，2000 年，第 38 页。

④ ［德］海德格尔：《演讲与论文集》，孙周兴译，生活·读书·新知三联书店，2005 年，第 229 页。

⑤ ［挪威］托利弗·伯曼：《希伯来与希腊思想比较》，吴勇立译，上海书店出版社，2007 年，第 75－76 页。

⑥ 同⑤，第 17－52 页。

而是摹本与原型的关系，正如摹本具有使原型得以表现和继续存在的功能一样，语言也具有使世界得以表现和继续存在的作用”。①

可见，作为本源性语言本身就有神性的、超验的一维，在人把握世界的过程中，思维与语言的关系所体现出来的是语言的先验和经验两个维度，在语言中实现了自我对世界的把握（静态和动态）及对历史的“占有”，这种语言对世界的把握就是，语言使得世界向人显现，就是海德格尔所言天、地、神、人四方构成的“世界”：“天、地、神、人之纯一性的居有着的映射游戏，我们称之为世界。世界通过世界化而成其本质……四化作为纯一地相互信赖者的有所居有的映射游戏而成其本质。四化作为世界之世界化而成其本质。世界的映射游戏乃是居有之圆舞。因此，这种圆舞也并不只是像一个环那样包括着四方。这种圆舞乃是起环绕作用的圆环，在嵌合之际起着支配作用，因为它作为映射而游戏。它在居有之际照亮四方，并使四方进入到它们的纯一性的光芒之中。这个圆环在闪烁之际使四方处处敞开而归于它们的本质之谜。”②

因此，语言本质或曰本源就在于使得世界本质如其所是般呈现，它是语言在本源性条件下达到了对人与世界超验、先验、经验性的呈现和显示，使得“存在”本身得以显现，在实存世界中，语言本源性的这种本质性的呈现集中在艺术中，它成为艺术的本质，并将自身耀现出来，在某种意义上，可以说艺术本质在于呈现出这种世界本质的“耀现”。对这种“耀现”，伽达默尔说得很清楚：“耀现并非只是美的东西的特性之一，而是构成它的根本本质……美的东西的美只是作为光，作为光辉在美的东西上显现出来。美使自己显露出来。实际上光的一般存在方式就是这样在自身中把自己反映出来。”③

可以说艺术通过自身对“世界”本质的“耀现”，而通达了本源性语言和世界的本源，正是在本源性语言的视域下，维柯所言世界存在的三种语言才是易于理解和把握的，维柯认为“有三种语言：第一种是神的心头语言，表现于无声的宗教动作或神圣的礼仪……这种语言属于宗教，由于宗教的特性，人们敬重它比起就它进行推理还更重要。在最早的时期人们还没有发音的语言，这种神圣的心头语言就有必要。第二种语言是英雄们的徽纹，盾牌就是用徽纹来说话，这种语言在军事训练中还保存住了。第三种语言是发音的语言，这是

① ［德］伽达默尔：《诠释学Ⅰ：真理与方法》，洪汉鼎译，商务印书馆，2013年，译者序言。
② ［德］海德格尔：《演讲与论文集》，孙周兴译，生活·读书·新知三联书店，2005年，第188－189页。
③ 同①，第677页。

今天一切民族在使用的”。[①] 按维柯对字母的三种划分，即神的字母、英雄的字母和世俗字母[②]，我们可将上述三种语言分别称为神圣语言、英雄语言、世俗语言。

其实，语言在本源性上包括了这三种语言，神圣语言和英雄语言本身就是本源性语言的不同的“残缺式样”，世俗语言则是本源性语言的“堕落”形态，世俗语言中有本源性语言的“碎片”，正因为如此，“文学是语言的艺术”这一命题的真正含义在于通过世俗语言的通达本源性语言，而呈现“世界”，使得“天、地、神、人”四方“耀现”于现实世界中，这种“耀现”在于通过本源性的语言召唤起来“世界”的显现，因此文学与非文学的本质区别就在于文学中这种只有属于美的艺术的、美的特性的“耀现”，这种“耀现”使得世界显现，在此呈现中实现了人的自我意志、自由、超越的同一。因此，判断文学的本质属性或“文学是语言的艺术”的真谛在于通过语言通达本源性语言，在本源性语言中达到对世界本源的把握，值得注意的是，文学语言与日常语言的区别在于其召唤、“耀现”本源性语言的程度。

综上所述，“文学是语言的艺术”命题溯源于康德对艺术划分的尝试，只有将其置于本源性语言的视域下，才能有效地呈现出文学的本质，即文学通过对本源性语言的呈现，达到对世界本源的通达，在呈现、把握“世界”的“耀现”中，达到对世界本源的把握，实现人精神的自我超越，本源性语言呈现了“世界”，让美“耀现”出来，在“耀现”中，达到人、世界、自由、超越与美的“同源”与“同一”。

（作者单位：厦门大学人文学院，遵义师范学院教师教育学院）

① ［意］维柯：《新科学》（下），朱光潜译，商务印书馆，2012 年，第 509 页。

② 同①，第 510 – 511 页。

古德曼艺术语言观的启示

——复合艺术品、机械复制与原真性①

李婷文

纳尔逊·古德曼（Nelson Goodman，1906—1998）是20世纪最重要的美国哲学家之一，他对分析哲学、艺术学和美学的思考在“构造世界”（worldmaking）这个问题上融贯一体。在他看来，并不存在语言之外的“真实世界”，或者世界的本来面目，所以人类所有的语言活动并不追求对世界本来面目的符合，而是本身在构成作为语言系统的世界。古德曼在《艺术的语言》（*Language of Art*，1968）开篇就明确指出，“标题里的‘语言’，严格来说应该替换为‘符号系统’”，而他所谓的“符号”，不仅包括“字母、语词、文本、图片、图表、地图、模型等”②，也包括那些包含甚至主要依托于以上符号形式的实践活动。因此，“构造世界”可以被理解为以符号的形式与世界打交道的活动③，而科学和艺术都是构造世界的方式。

从“构造世界”这一基本假设出发，古德曼对艺术和审美问题的讨论显得不同寻常。首先，他并非专注于美学研究，《艺术的语言》的副标题——“通往一种符号理论”，就已经明确表示，美学问题是古德曼哲学体系中的一部分而不是全部，他的目的是构建包含各种符号系统的符号论，而艺术或审美符号，只是其中一种符号系统。其次，古德曼并不打算对艺术或审美给出确定无疑的定义，也不是要构造一个无懈可击的艺术或美学体系。他的美学讨论最

① 本文获得中央高校基本科研业务费专项资金资助，项目编号2014WB17。

② Nelson Goodman. *Language of Art*: *An Approach to A Theory of Symbols*, Indianapolis, 1968: xi－xii.

③ 一些研究者认为“构造世界”不仅包含认知，也包含实践，二者在活动中相互推进，见安静：《从指称、记谱到审美征候——纳尔逊·古德曼“何时为艺术”的理论阐释》，《阅江学刊》，2012年第4期。

体系化的部分，都紧跟具体的艺术或审美问题，清理了传统美学中成问题的观念，并对一般的艺术美学研究很少在意的“赝品”（forgery）问题进行透彻分析和理论推演，引发对艺术作品媒介和“原真性”（authenticity）的持续探讨。这些探讨不仅连接从瓦尔特·本雅明（Walter Benjamin），经由理查德·沃尔海姆（Richard Wollheim），到保罗·克劳萨（Paul Crowther）对自来（autographic）/他来（allographic）问题的思考，也与新的艺术形式相得益彰。

国内外对古德曼美学和艺术理论的研究都比较丰富，赝品和原真性的问题也成为讨论的焦点之一。不同论者从以下几个方面对古德曼的理论进行了批评和拓展。有的论者从具体的艺术体裁方面，提出古德曼赝品理论的存疑或不足之处。比如基维（Kivy）从音乐作品原稿的伪造①，埃尔珀森（Alperson）② 和罗尔斯（Ralls）③ 从音乐创作和演奏的不同情况，皮娄（Pillow）从概念艺术中的一种壁画（wall drawings）④ 向古德曼的论述提出反例。有的论者则基于反例，对古德曼的理论做出辩护、修正或拓展，以包容例外。比如，列文森（Levinson）通过考虑不同艺术的物质生产手段和生产历史，对自来/他来的定义进行扩展。⑤ 还有的论者从赝品的角度思考了艺术作品的本体问题，区分了审美价值与艺术价值，并延伸到感知与认知的关系。比如，库尔卡（Kulka）的两篇相隔23年的文章，区分了赝品的审美价值与艺术价值，并试图调和赝品/复制品论中的形式主义与历史主义。⑥

其中，对机械复制问题的思考与拓展属于对本体问题的考虑，关系到艺术体制的根本问题，从而影响了艺术作品的创新和艺术理论的拓展之可能性，值得注意。比如，以拉德诺蒂（Sándor Rádnóti）为代表的布达佩斯学派就将机械复制和艺术体制的建立联系在一起，指出正是复制技术促成了以自律论为基本法则的艺术体制。⑦ 国内的一些论者也十分重视这个问题，比如傅其林⑧和

---

① Peter Kivy. How to Forge a Musical Work. *The Journal of Aesthetics and Art Criticism*, 2000 (3): 233 - 235.

② Philip Alperson. On Musical Improvisation. *The Journal of Aesthetics and Art Criticism*, 1984 (1): 17 - 29.

③ Anthony Ralls. The Uniqueness and Reproducibility of A Work of Art: A Critique of Goodman's Theory. *The Philosophical Quarterly*, 1972 (86): 1 - 18.

④ Kirk Pillow, Did Goodman's Distinction Survive LeWitt? *The Journal of Aesthetics and Art Criticism*, 2003 (4): 365 - 380.

⑤ Jerrold Levinson. Autographic and Allographic Art Revisited. *Philosophical Studies: An International Journal for Philosophy in the Analytic Tradition*, 1980 (4): 367 - 383.

⑥ Thomáš Kulka. The Artistic and Aesthetic Status of Forgeries. Leonardo, 1982 (2): 115 - 117. Forgeries and Art Evaluation: An Argument for Dualism in Aesthetics. *The Journal of Aesthetic Education*, 2005 (3): 58 - 70.

⑦ Sándor Rádnótì. *The Fake: Forgery and Its Place in Art*. trans. by Ervin Dunai, Rowman & Littlefield, 1999: 78.

⑧ 傅其林：《赝品对现代艺术界定的解构与重构》，《社会科学研究》，2011 年第 5 期。

李素君[1]就分别考察了布达佩斯学派的观点，以及艺术体制与赝品的关系。而章辉的系列文章则系统地梳理和分析了英语学界对赝品和原真性问题的思考，并提出了一些自己的观点，对于概览该问题的讨论全貌并推进问题，有很大帮助。然而，以往的研究虽然意识到赝品与艺术体制之间的勾连，并尝试解释和预测机械复制已经和将会对这个问题带来的影响，却没有将艺术品的观者充分包含在内；虽然对分别体现机械复制和多级创作的艺术品有所关注，但并没有以那种对机械复制、多级创作、伪造、生产历史等问题具有充分自觉，并将它们综合在艺术媒介中的复合艺术品为考察对象。比如，瑞安·甘德（Ryan Gander）的概念艺术就具有如上特征，是推进赝品问题的重要契机之一。此外，更重要的是，以往的研究基本限定在分析美学及其艺术哲学的框架内，所以虽然对艺术品的资格和原本问题有较为完整的思考，却并没有考虑“本真性”的问题。而“本真性”的问题关涉到艺术品的本体和艺术体制的最终合法性，一些论者正是因为看到了这一点，才尝试沟通分析美学与现象学美学。[2]

本文将聚焦机械复制、艺术媒介与艺术体制的关系，从古德曼对艺术品原真性的讨论出发，依次考察原真性所包含的三个子问题——艺术品的原本问题、资格问题及本真性问题，并对古德曼及其后来研究者的观点进行了分析和批评。这些批评将通过分析甘德的复合艺术来推进，因为这些具备充分复杂性和自指性，并需要观者来共同完成的新进艺术作品，是打开艺术作品与艺术理论在机械复制时代与赝品时代的可能性的重要契机。

一、古德曼对艺术作品原真性的讨论

（一）真本/赝品、自来/他来、一级/二级（多级）

在古德曼这里，艺术真本是跟“赝品”相对的概念，指的是特定历史时空生成的“原本”（the original）。但“是否原本”对于某作品是否真正的艺术作品来说，在不同的艺术类型那里，并不是同等重要的，古德曼根据这个问题区分出“自来的”和“他来的”的艺术作品。自来的艺术作品在字面上指的是“亲笔完成的”作品，古德曼将它界定为“原本和仿作的差异是重要的”

① 李素君：《艺术体制视域下的赝品问题考察》，《文艺理论研究》，2016年第5期。

② Paul Crowther. *Phenomenologies of Art and Vision*: *A Post-Analytic Turn*. Bloomsbury Academic, 2014: 5.

艺术作品，或者更确切地说，是“最精确的复制也不能被当作是真的”的艺术作品。[①] 在此意义上，绘画是自来的作品，因为一般来说，我们很难认为一幅他人仿制的伦勃朗（Rembrandt）画作与该作的原本同样是真品。相比之下，音乐是他来的艺术作品。首先，作曲家虽然创作了乐谱，但必须经过演奏，才能成为音乐作品；其次，按照乐谱进行的多次演奏与原初的演奏之间，虽可能存在差异，但并没有真假之分。与音乐相似，作为印刷品的文学也是他来艺术品，因为发行的个别书册和“原作”一样，都是真的。尽管都是他来的作品，但是在音乐作品和文学作品之间，还是存在“二级”（two-stage）和“一级”（one-stage）的差别，因为音乐是由作曲家和演奏者经过两个阶段完成的，而文学是由作家一次性完成的。可以看到，有的一级艺术作品是自来的，比如绘画，有的则是他来的，比如文学；有的二级艺术是自来的，比如版画，有的则是他来的，比如音乐。所以“不是所有的一级艺术都是自来的艺术，也不是所有自来的艺术都是一级艺术”。[②]

由以上区分我们可以发现，古德曼关于艺术品的原真性问题至少隐含两个问题：一是该作品是否是艺术作品，如果不是，就不适用这里的分类及评判标准；二是该作品是否是“那个”（往往是声名在外的）艺术作品。第一个问题是长期困扰分析美学的问题，它涉及我们对艺术的定义及艺术品的资格。第二个问题则牵涉到艺术作品的媒介、构成方式、嬗变历史及价值等问题。从这两个问题出发，我们能够看到古德曼艺术符号论的贡献与不足。

（二）审美价值与艺术作品的原真性

先从第二个问题来看，古德曼对自来/他来，一级/二级（多级）的分类，强调了艺术作品不同的媒介和构成方式，并促使我们注意到这些媒介和构成方式的嬗变历史。其中自来的艺术作品与它媒介的相关性是最为紧密的，正是媒介使它无法重复制作，本雅明在《机械复制时代的艺术作品》中就谈到这种原真性，认为这些作品具有“光晕”（aura）。而能够通过机械复制进行生产的艺术作品，不具备真本或原本，也不具有“光晕”；“光晕”在机械复制的时代趋于消失。[③] 但本雅明并没有用经验的或逻辑的语言来进一步说明何谓“光晕”，而古德曼用逻辑的语言和经验的例证解释了何以自来艺术不同于他来艺术。

---

① Nelson Goodman. *langwage of Art: An approach to a Theory of Symbols*, Hackett prblishing Co, Inc, 1976: 113.

② 同①，115.

③ ［德］瓦尔特·本雅明：《机械复制时代的艺术作品》，李伟译，重庆出版社，2006 年。

为了进一步阐明两种不同的艺术类型，古德曼引入了记谱（notation）系统的概念。在他看来，世界是由符号构成的，而符号必定指称其他符号或它自己，所以所有的符号都是指称（reference）；既然是指称，就必定指向什么（无论是虚构的对象还是实在的对象），同时单个指称必定处于某一符号系统之中，所以对于所有的指称，都要考虑句法（syntactic）和语义（semantic）的问题。而一个记谱系统就是一个这样的符号系统：在句法上：（1）字符无区别（character-indifference），意即所有的字符都可以用相同句法构成的其他字符替换，并且这种替换不改变原来的功能；（2）字符能够有限区分（finitely differentiated）或者清楚（articulate）；（3）在语义上字符清晰可辨（unambiguous）；（4）语义分散，也就是说，每两个字符都拥有不同的“遵从”（compliance）①；（5）语义的有限区分，即每两个字符的遵从都不相交。一般来说，自来艺术品，比如绘画，不属于记谱系统，而科学语言属于记谱系统，他来的艺术作品，如乐谱、音乐和作为印刷品的文学作品就属于记谱系统。古德曼认为，对属于记谱系统的他来艺术作品，比如对于拥有许多不同手抄本或印刷版本的文学作品来说，不同个本（token）之间最重要的是“拼写的相同”（sameness of spelling），而正是该符号系统的记谱性确保了这一点。

自来艺术作品，比如绘画，不是记谱系统，因为：首先在句法上，一幅画作往往“笔笔相生”②，无法彻底区分接续的元素，而且也基本不能用句法关系相同的元素进行替换③；其次在语义上，画作中各元素的指称可能是再现、表现或象征，而无论是哪一个，所指都不可能是确定而不相交的，因为再现和象征的任意性，以及表现的隐喻性本身带有非确定性。如此一来，自来艺术原本就比赝品及他来艺术作品具有更多的原真性，因为原本是不可取代的。但这并不等于说自来艺术的原本就必然比赝品或他来艺术作品具有更高的审美性。古德曼承认原作和赝品在审美上有差异，但原作不一定具有比赝品更高的审美

---

① 此处的“遵从”指的是符号系统中某一字符与另一系统中的符号的对应关系，比如演奏的音乐是对乐谱的遵从，某一外延是对某一符号的遵从等。

② 安静：《从指称、记谱到审美征候——纳尔逊·古德曼“何时为艺术”的理论阐释》，《阅江学刊》，2012 年第 2 期。

③ 古德曼在《艺术的语言》中以颠倒透视和各种颜色被其补色取代的“现实主义画像”为例，说明这种成套改变句法的方式在绘画中带来的感知差异是根本性的，没有人会认为第二幅画像仍是“原画”或“现实主义画像”。见 Nelson Goodman. *Language of Art*: *An Approach to a Theory of Symbols*. Hackett Publishing Co. Inc., 1976: 35. 神经美学的创始人塞米尔·泽奇（Semir Zeki）对蒙德里安（Mondrian）画作中的元素进行替换，通过检测观看者脑区活动的变化并分析差异，指出这种差异标示了观看者对替换的感知。泽奇的实验也说明视觉艺术在句法上的非记谱性。见 Semir Zeki. *Inner Vision*: *An Exploration of Art and the Brain*. Oxford University Press, 1999: 55.

性，因为大画家可能仿制小画家的画作，比如“一幅伦勃朗对拉斯特曼（Lastman）画作的仿制品，就可能比原作好得多”。① 一方面，这说明原真性对审美性的影响不是必然的，这个问题还取决于我们如何去审美。另一方面，要使原真性的分类和评判标准适用于具体作品，我们必须确定这是一件艺术作品，也就是上文中提到的第一个问题。对于何谓艺术与艺术品资格的问题，古德曼也提出了自己的解答方案。

二、审美五征候与“何时为艺术”

（一）审美五征候：艺术品的必要条件

门罗·比尔兹利（Monroe Beardsley）以来的分析美学家都试图回答“何谓艺术”这个问题，这些回答可以粗略地放到“内”“外”及“沟通”这三个空间范畴里。对艺术作品的内外划分来自新批评，目的是划定纯粹的艺术领域，排除内容、背景等“外在因素”，也排除作者和受众，只关注“作品自身”。而所谓内在于作品的因素，一般来说是作品的形式；更严格的艺术自律论者会把艺术的再现、表现及象征从“纯粹的艺术因素”中排除出去。② 对于形式主义者和纯粹论者，古德曼预计如果他们坚持推进纯化原则，艺术作品将会什么也不剩，因为艺术作品作为一种符号系统必然有所指称，一旦有所指称就会跟自身之外的符号世界发生联系和对话，因此也就不是“纯粹的”或“纯粹内在的”。③ 迪基（Dickie）和丹托（Danto）采取了“外在”的界定策略，认为艺术资格的取得依赖于艺术制度和哲学阐释；而比尔兹利（Beardsley）和舒斯特曼（Shusterman）则发展了杜威的审美体验论，选择了“沟通”的路径，尽管舒斯特曼已经不再认为艺术资格必然和审美性相关。

值得注意的是，在价值论方面，“内”“外”论者对赝品，乃至艺术品价值的讨论，基本上分别对应着形式主义与历史主义这两种倾向：形式主义者认为，艺术价值基于审美价值，而“审美价值”仅限于感知经验的价值，不应让艺术品的历史知识混杂到个人的审美经验中来；历史主义者则认为，艺术价值取决于艺术品的外表和制作史，而制作史不仅包含艺术品的生产历史及其物

---

① Nelson Goodman. *Language of Art*: *An Approach to Theory of Symbols*. Hackett Publishing Co, Inc., 1976: 109.

② Nelson Goodman. *Ways of Worldmaking*. Hackett Publishing Co, Inc., 1978: 57 - 70.

③ 同②，65.

质性，更关系到某个作品在特定艺术史语境中解决的问题。①

古德曼的思路中既有外在的部分，又有“沟通”的部分。② 在“沟通”的范畴内，古德曼从艺术的符号性方面论证了艺术资格的必要条件。一方面，在反驳内在论者之后，他指出，“如果把作品象征的所有方式考虑在内的话，那么任何人想在象征之外寻找艺术，将一无所获。艺术可以没有再现、表现或例示；三者都没有，不行”。③ 这说明“再现、表现或例示”至少构成了艺术资格的必要条件。另一方面，从《艺术的语言》到《构造世界的多种方式》，古德曼将艺术品的资格联系于审美性，把审美四征候（symptoms）扩充为五征候，作为艺术资格的必要条件：（1）句法密实（syntactic density），也就是说，符号之间的区别是精微的；（2）语义密实（semantic density），意即符号指称之间的区别是精微的；（3）相对充实（relative repleteness）④；（4）例示（exemplification），所有艺术品中必然有象征；（5）多重复杂指称（multiple and complex reference）。和“再现、表现或例示”同理，这里的五征候也是以或言的形式存在的必然条件，意即艺术作品不能一个条件都不符合，但并不必然符合两个以上甚至全部。就像他随后所解释的，“征候毕竟只是线索，病人可能有征候而无疾病，也可能有疾病而无征候”。⑤ 如此看来，审美五征候还远远不能使作品获得艺术品的资格，那么究竟一个作品如何成为艺术品呢？

（二）“何时为艺术”：艺术资格的时间条件

分析美学在艺术资格问题上的焦虑，主要来自当代艺术的挑战，比如马塞尔·杜尚（Marcel Duchamp）的《泉》（Fountain，1917）和安迪·沃霍尔（Andy Warhol）的《布里洛盒子》（Brillo Box，1964）就是广为人知的“公案”，被分析美学家多次引用和解释。两者在艺术史上常被视为较早的概念艺术（Conceptual Art）。事实上，分析美学进行解释的努力，在艺术史和艺术本体问题上，都与概念艺术密不可分。⑥ 同时，正如古德曼所说，“美学文献充满

① Mark Sagoff. On Restoring and Reproducing Art. *The Journal of Philosophy*, 2005 (3): 58 - 70.

② 尽管在舒斯特曼看来，古德曼由于具有明显的客观主义倾向，而应该属于“内在”论者。见 Richard Shusterman. *Aesthetic Experience: From Analysis to Eros.* Routledge, 2010: 83. 但应该注意到，古德曼不仅批评了“内在论”，他和舒斯特曼对现象性的强调及对二元论的拒斥也是一致的，因此舒斯特曼的批评有待商榷。见 Nelson Goodman, Catherine Z. Elgin. Changing the Subject. *Analytic Aesthetics*, ed. by Richard Shusterman, Basil Blackwell, 1989: 191.

③ Lelson Goodman. *Ways of Worldmaking*, Hackett Publishing Co, In., 1978: 66.

④ 同③，67 - 68.

⑤ 同③，68.

⑥ 刘晓燕：《艺术赝品问题的复杂性》，《学术论坛》，2015 年第 6 期。

了尝试回答‘何谓艺术’的绝望努力，这个问题还经常无望地与‘何谓好的艺术’的问题相混淆”[①]，传统的“内在”路径难以通达一个包容先锋艺术的新系统：在此，传统艺术观念受到的冲击之一是，艺术作品对现成品的使用使艺术和生活的分界趋于消弥；而传统的“内在”路径以维护艺术的绝对领域为己任。与之相对，分析美学对此最有影响力的解读来自“外在”论，迪基的艺术制度论就是这种倾向的典型代表，但迪基无法解释“发生”问题，而丹托则援引哲学阐释，来给艺术制度的发生和运行提供支持。

然而，这种外部路径也存在以下问题。其一，无论是艺术制度还是哲学阐释，艺术品资格的予夺都属于艺术权威或至少是某个集体的特权，单个普通受众对于作品的参与似乎并无分量。但对于单个作品，作为个体的受众仍然且必须拥有参与和判断的权利。其二，一般来说一个作品获得艺术品的资格后，这个资格就很难被夺取。在“美的艺术”（Fine Art）概念出现的几百年间，艺术品失去资格的现象非常少见；除非我们发现某个广为人知的艺术品是赝品，但那也可以被理解为，艺术品的资格从赝品转移到了真本上。同时，在市中心公园挖坑再填上，或者在一个艺术博物馆堆满轮胎并邀人参观[②]，并不能把日常生活中的公路翻修和步行障碍变为艺术，也不能永久保存这些艺术品展演的场所及其艺术资格。这暗示了艺术符号功能时有时无的特征，假如审美五征候可以看作属于艺术的“空间性”条件，那么艺术符号功能的断续性、艺术惯例和暂时性的地位则主要属于“时间性”条件。也就是古德曼所说的，应该把“何谓艺术”的问题转换为“何时为艺术”（When is art?）的问题。[③] 这一意义上制度论、哲学阐释论和诺埃尔·卡罗尔（Noël Carroll）的艺术哲学，都受到了古德曼在此处显示出的“外在”倾向的影响。[④]

但笔者并不打算停留于这种外在论或杜尚、沃霍尔的作品，因为他们相对于瑞安·甘德从2000年开始陆续展出的艺术作品，在构成上总是至少缺少“受众参与”这一级，而这一级使甘德的作品在个体参与者的活动中才最终完成。甘德是一名出生于1976年的当代英国概念艺术家，他的作品多次在世界各地展出，并获得多项重要艺术奖。由于天生残疾，他需要借助轮椅移动，并

---

① Lelson Goodman. *Ways of Worldmaking*, Hackett Publishing Co, In., 1978: 66.

② 见美国20实际60年代的事件剧艺术（Happenings）中的代表作：Allan Kaprow, Yard, the Pasadena Art Museum, 1967.

③ 同①，67.

④ Noël Carroll. Aesthetic Experience, Art and Artists. *Aesthetic Experience*, ed. by Richard Shusterman, *Routledge*, 2010: 159.

不能亲自进行所有艺术品的制造和在会场的摆置。[①] 以杜尚的《泉》和甘德2002年以后的复合（multiple）作品展为例，假如《泉》可以粗略算作三级作品，包含了小便器的制造者，在作品中使用小便器的杜尚及将这个小便器接纳为艺术品的官方证词（虽然我们可以略去权威认证这一级），那么甘德的艺术展就至少包括四级——甘德和其他人对展品的制造，甘德在作品中使用现成品，工作人员在现场的摆置，参观者根据展览手册对“成对”出现的作品进行辨认、欣赏和思考。

我们可以设想一个自来艺术品的物质媒介在时间中不断减损，又不断被修复，可仍然还被当作那个独一无二的原本；可以设想杜尚在《泉》的每一次展出中，都使用产生于不同历史时空的小便器；甚至可以理解，杜尚从1950年开始，按照1917年《泉》的照片和1941年的模型，制造了大量的重制品，并被不同的机构和个人收藏[②]；但很难想象，杜尚在同一场艺术展中摆放多个叫作“泉”的小便器，把它们的年份标示在展览手册上，这表明这些作品既有独立意义又有复合意义，却不一定要“真的”使用过去展示过的小便器。杜尚没有这么做，而甘德尝试了这一点。在这里，艺术作品的真本性问题越出艺术评论和艺术史的范畴，指向艺术的本体和发生问题，而这些问题相互联系，共同揭示出古德曼艺术符号论的隐患。

三、赝品与机械复制时代的艺术品构成

（一）假如作者有意识地制造“赝品”

要具体地讨论这种隐患，除了需要展开对甘德作品的进一步分析之外，还需要联系沃尔海姆对古德曼的批评。沃尔海姆曾与古德曼进行多次对话，虽然他认为自己的观点在大体上与古德曼是一致的[③]，但在《确定艺术品同一性的标准与审美相关吗?》[④] 一文中，他提出将艺术品区分为“个别”（individuals）和“类型”（types）。这种区分与古德曼区分自来/他来的，有微小但重要的

① Matthew Higgs. *The Death of Abbe Farria*, http: //www. smba. nl/en/exhibitions/the – death – of – abbe – farria/, 最后确认日：2017年7月30日。

② 与重制《泉》相关的信息见：https: //web. archive. org/web/20041012093700/http: //arthist. binghamton. edu/duchamp/fountain. html，最后确认日：2017年7月30日。

③ Richard Wollheim. Nelson Goodman's Language of Art. *Nelson Goodman's Philosophy of Art*, ed. by Catherine Z. Elgin, Garland Publishing, 1997: 18.

④ 同③，112 – 118.

差别。

首先，沃尔海姆注意到古德曼没有充分关注，他来艺术中的“个本”虽然属于一个类型，但它的生产历史对它来说，并非不重要。例如，某些作者生活在思想与现实剧烈动荡的年代，所创作的某一文学作品在作者生前就出版了许多个做出巨大改动的文本，而同时所有的版本都是具有相同价值的实验，并非版本越靠后就拥有越多“最终发言权”；甚至某些文学作品是作者弥留之际或死后，由他人整理手稿和残篇出版（posthumous）。此时，我们就无法把所有的版本都看成与原作没有差别的个本，也无法确定哪一些因素是“拼写相同的”。

其次，沃尔海姆援引本雅明和维克多·瓦沙雷里（Victor Vasarely）对于技术和复制的观点，指出一个作者既可以运用精确的复制技术，把一个类型的艺术品变为许多个别艺术品；也可以自觉地仿制自己的作品，并通过各种方式制造或强调重制品间的差异，从而把一个个别艺术品变成一个类型艺术品的个本。[①] 比如，甘德在《这双翅膀不是为了飞翔》的展览中就以成对的方式展出不同年份的艺术品，并以标题的微小差异来将物理特征一致，却标示不同时空的作品并置，构成复合艺术作品。例如其中的《摄氏零下 260 度》《摄氏零下 261 度》和《摄氏零下 267 度》就是三个摆放在不同位置，但物理构成完全一致，并拥有相同副标题“所有种类的零下”的黑色气球。除了标题和摆放位置的差异之外，展览手册上给出了它们最早的展出时间，分别是 2016 年、2016 年和 2014 年。

对于这三个作品，我们既可以说它们是物理构成完全一致的多个个别艺术品，又可以说它们是各自带有独特生产历史的类型艺术品个本。但更重要的是这个作品的复合性。一方面，参观者并不知道每个气球是否“真的”就是过去展出时所使用的那个气球，但却看到无论是手册上的标题，还是以相同外观出现的作品，都有看似确定却任意的指称。这暗示了我们应该从艺术作品所指称的对象回到作为符号本身的交流性，比如，艺术作品是为数不多可以把同一事物的历时性以共时而不相互同化的方式呈现出来的特殊符号系统，而这一点揭示了艺术语言在时间上的主体间性和超越性。[②] 另一方面，假如这个作品中的每个个体构成都相同，我们就无法从物理特性上将它们区别开来，从而表

---

① Richard Wollheim. *Are the Criteria of Identity for works of Art Aesthetically Relevant*? Art and Its Objects（and Edition），Cambridge University Press，1980：117.

② 杨春时：《作为第一哲学的美学——存在、现象与审美》，人民出版社，2015 年，第 300 页。

明，在经验世界的符号系统中，构成“同一性”的可感知条件是有限的。艺术符号系统则与此不同，它不受经验世界“再现”或“同一性”的规则制约，媒介的个异性可以是无限的，指称也可以具有开放性。这部分显示了艺术语言对于经验世界的超越性。①

最后，沃尔海姆由有意识地制作“赝品”的艺术家引申出，即便在一级艺术作品中，也有许多被擦除和消磨的可能性，艺术家如果只注意最后的结果，就会忽视这些未实现的可能性。这在文学创作中也十分常见，它促使我们反思古德曼对文学的论述。其一，把单个作者某部文学作品的初次出版，作为作品完成的标志是否始终可行？其二，对于一些多人完成的文学作品，仍然用单一作者的标准进行衡量是否可行？这两个问题把我们引向古德曼在讨论艺术原真性时埋下的更大隐患：许多作品的“原真性”不在于艺术资格或原本性，而在于受众与作品的对话构成了主体间性的关系，并最终成就了艺术作品。

（二）艺术作品原真性隐含的第三个问题

除了艺术资格和原本的问题以外，原真性所包含的第三个问题需要我们注意原真性（authenticity）所指向的另一含义，即存在的状态，它常被翻译为“本真性”，揭示的是“我”与世界共在的关系。符号象征功能的发生，其可能性和构成都根源于“存在”或我与世界共在的符号本质。“本真性”的问题属于本体论和形而上学，在海德格尔的存在论哲学中得到阐述，与之相对的“非本真性”描述的则是日常生活。② 可以理解为什么古德曼会排斥从这方面理解艺术的原真性。但排斥了本真性的议题之后，古德曼的艺术符号论就只能给艺术品资格提供一些存缺皆可的条件，并且还要依赖于具有极大偶然性的历史时空因素。这从根本上反映了古德曼无法接手“发生”问题的原因，也造成了植根于分析美学讨论方式的弊端，即大部分的分析美学家只被动接受已经被艺术界接纳的作品，并为之辩护；而解释艺术品何以获得艺术资格，就是把它的生产和认证历史描述一遍。但这并不足以说明审美和艺术究竟是什么，尽管其提供了许多认知上的信息，使人们增长了关于艺术和审美的技术与历史知识。古德曼认为艺术教育的主要意义在于认知③，这是不完备的，至少正如研

① 杨春时：《作为第一哲学的美学——存在、现象与审美》，人民出版社，2015 年，第 351 页。

② Joanna Handerek. The Problem of Authenticity and Everydayness in Existential Philosophy. *Phenomenology and Existentialism in the 20th Century*, Book I, Springer, 2009: 191 - 202.

③ Nelson Goodman, Catherine Z. Elgin, Changing the Subject, *Analytic Aethetics*, ed. by Richard Shusterman, Basil Blackwell, 1989: 193 - 194.

究者所指出的那样，这会使古德曼在看待属于记谱系统的艺术形式时，偏重准确性而忽略“审美感染力”[①]；在原真性问题上，偏重认知也会使他倾向于认为那个历史生产信息“正确”的作品是真本，而不去考虑本真性与审美、艺术品的关系。

《我是……》这组作品是甘德在不同时空多次展出的作品。从作品的构成来看，《我是……》（摆件系列）每次展出时使用的材料和摆放的方式都有明显的差异，但它们却共享同一个标题。如果我们因为重制品和原本的差异是有意义的，而在认知上把重制品都看作赝品，这显然是不合理的；而如果我们把所有的重制品都当作真本，却并不是因为我们在认知上无法察觉它们之间的差异，或者这些差异是不重要的，而是因为这些差异隐喻了我们自身的存在结构，与我们进入具有现象性的审美关系，从而以符号的形式例示了存在。而解读这种例示的其中一种可能，是把它跟海德格尔对“此在”（dasein）生存结构的论述联系在一起：此在的生存结构在它的时间性中展开，遮蔽对于此在来说必不可少；我们无法直接追问此在，但可以部分地从遮蔽物和周围的存在者中映射此在及其时间性。每一次展出的《我是……》（摆件系列）都是具有本真性的作品，因为可以认为它们都以符号的形式在变迁中例示了此在生存结构的时间性和空间性。[②]

在不同语言写成的展览手册中，作品的标题也不一样，在“原文”英文中，《我是……》（摆件系列）写为“I is ...”，而《我是……》（挂件系列）写作“I be ...”；日文与中文的“我是”一样，把两个作品的标题都翻译为“ワタシは……”。严格来说，这里的英文表述不符合常见语法，因为一般来说作为主语的“I”所连接的系词应该是“am”。对应作品的构成，我们可以进行这样的解读：在“I is ...”中，“我”仍是一个投放目光的主体，只是意向的方向回指自己，同时视域所限，“我”毕竟无法像把捉一个非我对象那样把捉自己，所以艺术品总是被帆布所遮蔽，而标题中的话语也总是犹豫的；“I be ...”则是一种“主动成为”的状态，是具有自我认知的能力，却以帆布将其遮蔽，从而和传统的认知手段保持距离，并保持开放性、表演性和未知性的语言和作品意象。《我是……》这组作品是不同符号系统相遇、对话的结果。

---

① ［美］古德曼：《艺术的语言》，彭锋译，北京大学出版社，2013年，译后记第211页。

② 有评论者也对甘德的作品进行了存在论的解读，认为这些作品集合了日常情绪与人类境遇的荒谬。见 Alexxa Gotthardt. *Ryan Gander Makes Conceptual Art We Can All Understand.* Artsy Editorial, Sep. 21 2016. https://www.artsy.net/article/artsy-editorial-ryan-gander-makes-conceptual-art-we-can-all-understand，最后确认日：2017年7月30日。

如果把作为印刷品的文字仅仅当作他来作品和记谱系统，我们就会错失在翻译中丢失的重要信息，而更重要的是不同翻译并置时发生的对话：虽然他们在翻译中保留了基本相同的含义，但系词的不同与系词对于该作品的必要性，却暗示了语言与存在之间的根本关系；而当我们只在意拼写相同，忽略翻译的差异可能组成的不同符号系统时，这种本真性就会隐而不显。

（三）审美征候作为艺术作品的“潜能”

事实上古德曼在提出和结束“何时为艺术”的话题时，都意识到了这种外在性并不足以成就一个艺术作品，所以它对“何时”做了进一步区分：有时，经常和总是，对于艺术资格的意义是不一样的。而审美五征候就跟这里对时间性的区分密切相关：这些征候的多少有无构成了作品成为艺术品的符号“潜能”，这种潜能并不会因为伦勃朗的一幅画被当作盖在窗上的一块遮风布而消失，而本身缺乏审美征候的铺路石不会因为履行过一次艺术功能，就在严格意义上成为艺术品。[①] 但是古德曼的艺术符号论似乎缺少对这种情况的讨论，即某物被作为艺术品展出，却没有被受众当作艺术品；受众的参与和期待，或者说，那种具有主体间性的审美关系，是许多艺术品得以完成的必要条件。[②]

再次以甘德的“零下系列”为例。在《这双翅膀不是为了飞翔》的大阪展会中，许多参观者的主要参观活动，是由对照展览手册，找出标题对应的单个和成对作品构成的“寻宝游戏”。如果不对处于半确定状态的作品进行体验、认知和思考，不去构造作品之间在结构和意义上的连贯性，就很难找出所有单个和成对作品；同时即便完成了以上所有活动，也无法最终确定是否得到了“正确答案”，因为甘德拒绝给出这样的标准答案，并且认为，“坏的艺术作品只有一种读法，而好的艺术作品从一处展开，走向多元并存”。他希望参观者运用自己的想象力，并带入自己的故事和经验，如此作品才能真正完成；虽然作品自身带有一个作者的故事，但那只是作者生产这个作品的借口，本身并没有优越性。[③] 在参观过程中，由于“零下系列”由充满氢气的黑色气球组成，分布在会场的不同位置，而天花板高出参观者的水平视线较多，因此参观者比较不容易注意到散布在会场各处天花板上并轻微漂移的作品。许多参观者根本没有

① Lelson Goodman. *Ways of Worldmaking*, Hackett Publishing Co, In., 1978: 70.

② Nelson Goodman. *Language of Art*: *An Approach to a Theory of Symbols*, Hackett Publishing Co, In., 1976: 18.

③ Lorena Mu? oz – Alonso, “*An Interview with Ryan Gander*,” 2012. https: //selfselector. co. uk/2012/01/17/an – interview – with – ryan – gander/ 最后确认日：2017 年 7 月 30 日。

发现这个作品，更因为展品的相邻摆放而将其他作品误认为“零下系列”，从而造成了连锁误认。于是，许多展会中的复合作品并未“完成”，也就没有成为原真的艺术作品；这是古德曼的艺术符号论所难以解释的，因为它们在展出时就应该发挥艺术作品的符号功能，但实际上却没有充分发挥出来。

这提示了多种理解的可能，其中一种是把艺术符号的“潜能”联系于作为符号系统，但不具有现实性的“存在”：“存在”是具有本真性和同一性的符号系统，也是一种逻辑设定，并不在现实生存中呈现，却可以经由审美符号系统的超越性和主体间性通达；而艺术符号在与审美主体的对话关系中才显现超越性和主体间性，否则，这些符号特性就只是“潜能”，在物质外观上与日常事物无异，是存在的“残缺样式”。我们对作品“潜能”的指认，也许正是“缺失体验”和“追寻存在”的某种符号本能的表征。而这种符号“潜能”和本能是不能被古德曼的“认知”所涵括的。

结　语

机械复制技术和艺术赝品的制造，给艺术品和艺术界带来了危机和革新，甘德的艺术作品就是来自艺术家对这种冲击有意识的回应，艺术的语言则是艺术家、策划人、参观者、评论者及美学家在艺术的场域进行游戏的媒介。本文从古德曼艺术符号论中的“原真性”问题出发，将之切分为三个子问题，并逐一展开分析和批评，甘德的艺术品是问题推进的重要契机。但这并不是要把这些艺术作品作为古德曼理论的图解，以此来证明古德曼的理论或观点是正确的或错误的；也不是要证明，这些艺术作品可以使用古德曼的理论来理解，或者它们之间存在切实的影响关系。以上两种研究方式虽然起止明确，结论清晰，但比较“缺乏问题”，其结论及理论和艺术作品彼此间的关系基本上是“静态”的，而这并不是笔者分析理论和作品的目的。理论和作品拥有自己的符号系统，它们在发生史上有先后顺序，但在与世界交往的活动中，它们不应存在先后次序，它们的关系也更应该是“动态”的：除却或限制对方，它们自身就无法往深处推进和发展；推进和发展是通过符号系统的相遇和交往实现的，其中的主要活动是系统间的（再）编码与解码；而这种编码和解码，本身就是艺术游戏中“我”与世界的对话。

（作者单位：厦门大学人文学院中文系）

革命、传统与德性主体的建构

——以韩少功新世纪创作为中心

廖述务

一

早在1986年，韩少功夫人在《诱惑》一书的跋中就提到，他们两口子最大的希望就是回到鸡鸣狗吠的乡间去。回归乡土，意味着过一种与世无争、宁静平和的生活。彼时的乡土没有遭受城市的合围与挤压，也就相对纯粹自足。但到新世纪初《暗示》面世之时，境况已发生了根本性变化。这部小说中有大量篇幅涉及现代性进程中的乱“象”与谵妄之“言”。象、言之辩成为揭示现代性病灶的便捷路径。相比《马桥词典》之乡土言说，《暗示》已将关注点集中到了现代城市生活的诸多病象。《暗示》成为韩少功进入新世纪创作的一个转折点，不仅仅因为前述之缘由，还在于它隐含了一个回归自然的梦。这个长篇作品的底色是阴沉晦暗的，唯有“月光”一节充满温情与光亮。叙述者在这里甚至有了抒情意愿，“月光下的银色草坡，插着一个废犁头的草坡，将永远成为他的梦醒之地。月光下的池塘，收积着秋虫鸣叫的此起彼伏，将永远成为他的梦中之声”。①

在月光的蛊惑下，韩少功自然要急切地“扑入画框”。② 因为，融入山水的生活，经常流汗劳动的生活，是最自由、清洁的生活。接近土地和五谷的生

① 韩少功：《暗示》，人民文学出版社，2008年，第280页。

② 韩少功：《山南水北》，人民文学出版社，2008年，第1页。

活，是最可靠、本真的生活。[①] 显然，这并非一些评论家所谓的再“寻根”。在《文化寻根与文化苏醒》这一演讲中，韩少功就认为，从农村到城市，完成了知青作家的蜕变。寻根是从城市的视野反观曾经的农村，时空横亘其间。而《暗示》以来的德性生存则充满在地性，且以对城市生活的厌倦与逃离为前提。韩少功引海德格尔为同道。海氏认为,“静观”只能产生较为可疑的知识，与土地为伍的“操劳”才是了解事物最恰当的方式，才能进入存在之谜。[②] 在这个意义上，今天的“文化”更多的是纸面的能指符号，已经干枯失血，少有生命气息。总有一天，在工业化和商品化的大潮激荡之处，人们终究会猛醒过来，终究会明白绿遍天涯的大地仍是我们的生命之源，比任何东西都重要得多。那才是人类 culture 又一次伟大的复活。[③]

接近自然就是接近上帝，就是在拥抱纯粹与明净。这种德性生活具有很强的私人性，是韩少功自我道德完善的一种实践形式。或者，作为隐者的政治，在一种诗性规避中获得灵魂的安置。同代人的政治激情已经淡漠，时代大变。市场化潮流只是把知识迅速转换成利益，转换成好收入、大房子、美国绿卡，还有大家相忘于江湖后的日渐疏远，包括见面时的言不及义。成功人士圈子以外的事，即现代性进程中的诸多乱象，不能引起成功者哪怕一秒的面色沉重。问题是，沉重又能怎样?“及时的道德表情有利于心理护肤，但不会给世界增加或减少点什么”。[④] 因此，韩少功选择逃离。这种诗性规避正是建构道德自我的重要前提。《日夜书》中，陶小布曾这样劝谕马楠：“有人欺骗我们，我们不欺骗。有人侮辱我们，我们不侮辱。有人伤害我们，我们不伤害。”[⑤] 这类否定词汇，恰恰是道德自我建构的一种基本预设，正合乎阿伦特对道德人的基本看法。在她看来，所谓“平庸的恶”源自于人的不能思想。而“思想”意味着“通过言词交谈”，是“我和自我之间无声的对话”。不能思想者，就是不能与“自我”良性相处的人。在极权时代，只有极少数人能成为“不参与者”。这些人会反思,“在已犯下某种罪行后，在何种程度上仍能够与自己和睦相处；而他们决定，什么都不做要好些，并非因为这样世界就会变得好些，而只是因为，只有在这种条件下他们才能继续与自己和睦相处”。[⑥] 显然，这

① 韩少功：《山南水北》，人民文学出版社，2008 年，第 3 页。
② 同①，第 33 页。
③ 同①，第 57 页。
④ 同①，第 9 页。
⑤ 同①，第 143 页。
⑥ ［美］阿伦特：《责任与判断》，陈联营译，上海人民出版社，2011 年，第 34 – 35 页。

正是对苏格拉底（作为道德人的典范）式命题——“遭受不义比行不义要好”——的完美诠释。

阿伦特发现，在极权时代，那些受尊敬的阶层出现了道德的全面崩溃。在那种境况下，反倒是那些珍惜价值并坚持道德规范和标准的人们是不可靠的。可靠的恰恰是那些怀疑者，因为他们习惯检审事物并且自己做出决定。[①] 在20世纪90年代，“二张一韩”就曾被一些批评家认定为道德理想主义的代名词。这一评价对韩少功而言并不妥帖。理想主义最忌惮“怀疑者”的出现，后者的冷静、多疑总与道德激情格格不入。“二张”以笔为旗，发出灵魂之声，以坚决捍卫精神尊严，容不下任何犹疑与退却。而韩少功则有一种与自我质询相关的理性怀疑精神。在他这里，没有任何先天的立场可以为主体提供永恒的精神庇护。正因此，南帆认为，韩少功肯定什么远不如他的否定对象明晰。他也偶尔使用“圣战”这样的字眼，但这样的“‘圣战’更多的是出击，而不是坚守”。[②] 难怪张承志批评韩少功思想“灰色”，滥用宽容，恨不得在他屁股上踢上一脚，从而让他冲到更前面一些。[③]

二

韩少功这种以诗性规避为前提的德性生存，需要内心自律与灵魂的强大，有点精神贵族的气息。但现世情怀又会阻断他躲入纯粹自我的精神空间——逃离与后撤不过是为了重新出发。在追寻个体道德完善的同时，他一直在触探时代脉搏，对芸芸众生抱持一种宽厚的德性关怀。也可以说，社会病变催逼他提出一种超越个体的底线伦理学，召唤一种普世救赎的德性生存。这主要体现为两个方面的努力。

首先，大力倡扬传统“礼俗社会”蕴含的德性因子。这是韩少功着墨最多的方面。《赶马的老三》中的何老三，在应对国少爷敲诈、庆呆子婚姻危机、皮道士讹钱等棘手事件时游刃有余。这些“事功”既是才智，也是德行。而另一些言行更侧重于展现他独特的生存伦理观。何老三一次对着土地公公撒了泡尿，不料几天后阴处开始生疔，痛得他满头大汗，呼天喊地好几天。自此以后，他的世界观发生了变化，有点相信八字、风水及报应了，对

① ［美］阿伦特：《责任与判断》，陈联营译，上海人民出版社，2011年，第35页。

② 南帆：《诗意的中断》，《敞开与囚禁》，山东教育出版社，1999年，第239页。

③ 韩少功：《我与〈天涯〉》，《人在江湖》，人民文学出版社，2008年，第176页。

非同一般的巨石和老树都比较恭敬。村里改建土地庙的时候，他还偷偷捐了一份钱，不觉得这与机器时代有什么抵触。参加何子善老娘的丧礼时，老三觉得唱夜歌好，不像城里人只是鞠个躬，献支花，丧事太冷清，让后人没想头。《怒目金刚》中的吴玉和虽尖嘴猴腮苦瓜脸，但在同姓宗亲中辈分居高，一直享受着破格的尊荣。因驱赶偷吃庄稼的耕牛耽搁了开会，乡书记老邱于是污言秽语满天飞，尤其还“株连”了他母亲，这让他一辈子耿耿于怀，以致死不瞑目。老邱最终被其感化。吴玉和对自己的丧礼亦有独特要求，虽一切从简，但有些规矩不得马虎：儿孙晚辈一定要跪着守灵，白豆腐和白粉条一定要上丧席，香烛一定要买花桥镇刘家的，祭文一定要出自桃子湾彭先生的手笔，出殡的队伍一定要绕行以前的两个老屋旧址，以便向熟悉的土地和各类生灵做最后一别。

传统德性因子在当下乡土社会依旧微弱而顽强地延续着。乡村的道德监控往往来自人世彼岸：家中的牌位，路口的坟墓，不时传阅和续写的族谱，大大扩充了一个多元化的监控联盟。先人在一系列祭祀仪式中虽死犹生，是一种冥冥之中无处不在的威权。小说《白麂子》中李长子的一段话意味深长，“这科学好是好，就是不分忠奸善恶，这一条不好。以前有雷公当家，儿女们一听打雷，就还知道要给爹娘老子砍点肉吃，现在可好，戳了根什么避雷针，好多老家伙连肉都吃不上了”。俗谚“做人要对得起祖宗”有点近似于欧美人的“以上帝的名义……”。欧美人传统的道德监控，更多来自上帝；中国人传统的道德监控，更多来自祖先和历史。各种乡间的祭祀仪规，不过是一些中国式的教堂礼拜，一种本土化的道德功课。①

敬鬼神、重祭祀有深厚的传统做支撑。慎终追远，方民德归厚。《礼记·中庸》云：“鬼神之为德盛矣乎，视之而弗见，听之而弗闻，体物而不可遗。使天下之人齐盟盛服以承祭祀，洋洋乎如在其上，如在其左右。”②《礼记·礼运》云：“……故礼义者，……所以养生送死，事鬼神之大端也，……故圣人参与天地，并于鬼神，以治政也。”③ 由是观之，儒家素有敬鬼神的传统。鬼神信仰通过祭祀以实现。《礼记》大部分内容都涉及丧事、祭仪。《论语·八佾》云：“祭如在，祭神如神在。”墨家鬼神观所包含的伦理意义尤其值得注意。墨子叹道：“今若使天下之人偕若信鬼神之能赏贤而罚暴也，则夫天下岂

① 韩少功：《山南水北》，人民文学出版社，2008 年，第 79－80 页。

② 王文锦：《礼记译解》，中华书局，2008 年，第 780 页。

③ 同②，第 304 页。

乱哉!”[①] 在墨子这里，鬼神几乎就是道德神，而且有非常有效的道德约束功能，“……鬼神之所赏，无小必赏之；鬼神之所罚，无大必罚之”。[②] 即便鬼神不存在，祭祀“犹可以合驩聚众，取亲于乡里”。[③]

其次，着力于发掘革命年代可能的德性资源。《第四十三页》就较多地在情感层面为那个年代辩护。虽然女乘务态度略显粗暴，但在把一堆果皮纸屑扫走以后，给阿贝拉上厚布窗帘，还摔来一条防寒棉毯。后来，乘务还取他的湿衣去锅炉间烘烤；车长专门过来给一位旅客测体温，并询问有哪位旅客掉了钱包。列车碰到灾民，为防更大洪峰，车长当即同意搭乘请求，大手一挥全都免票。尽管阿贝在车上被误认为“特务”，遭受过“虐待”，但在经历了车上一幕幕温情之后，他显然在情感上有点认同这一土得掉渣的群体。尤其是“跃入”现实之后连遭暗算与欺诈，更反衬出那个时代的单纯与高尚。让阿贝愤怒的是，那些因疏散乘客而牺牲的乘务员们的墓地，在“现实”中早就无人问津，一片荒芜。后革命年代对革命德性的遗忘在此显露无遗。《赶马的老三》表达了类似的诉求。何老三工作出色，村支部要犒劳。他红包不要，只求了一个心愿，就是去韶山看一下毛主席祖坟。他认为，虽然人们说过老人家一些坏话，但乡政府这次发还的茶园，还有其他田土山林，不都是老人家给穷人们争来的吗？这个恩德还不大上了天？

为革命德性张本，显然掺杂了韩少功自身复杂的情绪。他们那一代人将青春、汗水，甚至生命奉献给了那段激情燃烧的岁月。人们在告别革命的同时，往往轻易否定一切，包括曾经的奉献、奋斗与无私。《日夜书》中的一些知青，虽遭逢苦难，却从书中找到了灵魂的慰藉：“书是一个好东西，至少能通向一个另外的世界，更大的世界，更多欢乐依据的世界，足以补偿物质的匮乏。当一个人在历史中隐身遨游，在哲学中亲历探险，在乡村一盏油灯下为作家们笔下的冉·阿让或玛丝洛娃伤心流泪，他就有了充实感，有了更多价值的收益，如同一个穷人另有隐秘的金矿，隐秘的提款权，隐秘的财产保险单，不会过于心慌。”[④] 无论曾经境况如何，只要过的是一种与知识/美德为伍的德性生活，就足以让一些亲历者耸然动容，追忆再三。除了求知，他们还将青春奉献给了大地。在韩少功眼中，艰辛的劳作，贴近本能的挣扎，虽苦心志、劳筋

① ［春秋战国］墨子：《墨子·明鬼下》，中华书局，2012年，第251页。
② 同①，第269页。
③ 同①，第270页。
④ 韩少功：《日夜书》，上海文艺出版社，2013年，第93页。

骨、饿体肤，但于一个人的精神成人来说分外重要。比如《日夜书》中的老场长吴天保虽文化有限，但他与泥土、肉欲相关的生命激情就给“我”深刻启发，促使“我”在星夜久久思索人生之意义。至于吴天保本人，则是粗鄙与美德诙谐性共存，有一种新道德人的气象。①

三

召唤普世救赎的德性生存，显然以对当下生存状态的不满与批判为前提。《日夜书》中，无论官场、学界、商界，还是日常生活领域，均显露出诸多病象，表征了文化德性的普遍丧失。在寻求建设性的道德资源时，韩少功不仅回归传统，而且还将革命德性当成了重要的话语来源。道德层面的这种历史可续性，有点近似于甘阳的“通三统”，尽管后者在内容上意在维系中国历史文明之连续统。这种道德“通三统”在涉及革命德性时最有可能两头不讨好：“左”派认为他不够彻底，在道德层面兜圈子；偏自由主义者则认为他太“左”，竟为那段不光鲜的历史曲意辩护。其实，韩少功的自我德性对意识形态有一定的免疫力。他看重的是人性的质量，而非先验立场。《完美的假定》中言及的人格“理想”典型竟是两个在具体政治选择上南辕北辙的人：一个是激进的“左”派格瓦拉，一个是决绝的右派吉拉斯。立场的不同并不妨碍他们呈现出同一种血质，组成同一个族类，拥有同一个姓名：理想者。

尽管如此，仍有必要追问：在纷扰的当下，奢谈德性是不是有点“独善其身”？或者，德性生存对于社会进步又能有怎样的良性促动？

值得注意的是，《第四十三页》还为我们呈现了革命年代存在的一些问题。列车工作人员怀疑阿贝是“特务”，对其进行突袭搜查，其间还曾拳脚相向。阿贝认为他们没有搜查证，是对人权的粗暴侵犯，于是大叫要去法院控告他们，要通过媒体曝光他们。显然，此类反抗纯属徒劳。最后，在泥石流灾难面前，阿贝畏怯地选择跳车，回到了并不令人满意的“现实”。这样的结局似乎表明，我们只能苟且偷安，最多在德性生存中寻求一点点精神慰藉。不过，倾巢之下安有完卵？人类有些最基本的自然义务不受制度影响，在任何社会中都应履行，比如与廉耻相关的一些道德要

① 廖述务：《时代情绪的诗性书写——以韩少功〈日夜书〉为中心》，《创作与评论》，2013 年第 1 期。

求。但更多的与社会相关的义务则对制度有要求。何怀宏认为，原则上社会义务都是要求人们各安其分，各尽其职，但这“分”是不是安排得公正合理，又在很大程度上决定了个人的职责是否合理，是否能够顺利履行。因此，在这方面，社会制度的正义将优先于个人的道德义务。康德在《道德形而上学》中把权利论与德性论视为不可分割的两部分，并且优先讨论权利论。这无疑发人深省。①

在韩少功看来，确保制度正义的前提就是对权力进行有效约束。他提出管理量、支配度系数、危权量等概念，来阐述防范权力失控的可能性。社会主义与资本主义都有管理量激增以后如何制度性消化的难题。相对来说，发展得越快，越有增量消化之难。支配度系数则指当权人的个人权重。系数最高设为1，是一种无制约状态。系数最低设为0，是一种全制约和强制约的状态，当权者如同一台柜员机。于是可以得出一个公式：“管理量×支配度系数=危险权力。”邓小平新政有两个意义：一是推行法制，分解和降低当权者的支配度，尽可能地把威权压缩成微权；第二是放开市场，减少、转让当权者的管理量，一定程度上实现“小政府、大社会”。这样，支配度降低了，管理量也压缩了，双管齐下，全社会的危权量自然减仓。那么，德性生存在这里又能扮演怎样的角色？在考虑正义与德性生存之关系时，他更强调后者对前者的监督、促成作用。因而，前面的公式还可以扩展，加上一个新系数——道德。系数0表示最高道德水准，可以完全化约危权量。系数1表示道德水准的中位值，既不化约也不放大。1以下的0.1、0.2……，则表示不同程度的良知善德，对权力形成了安全网和防火墙，有相应的制约力道。② 社会精英更有可能涉及权力，在道德责任方面也应当有更多的担当。③

将德性生存与权力制约统一起来，可防道德愿景沦为不切实际的乌托邦理想。不过，韩少功讨论更多的是制约权力的具体方案。对宏观体制的变革，他持相对消极的态度。这与认可体制先验的合法性无关，而与前述的怀疑论有关。比如《日夜书》中的马涛，在异域遭受不公正待遇时，其愤懑的言辞如同官方言论，着实让国外友人吃惊。民间思想家尚且陷入这一悖论，更遑论一般人？因此，韩少功更愿意相信人性质量，而不是制度力量。道德通三统实以“人格优先于制度”为前提。问题是，在制度不义的前提下，造就的更多是奴

① 何怀宏：《一种普遍主义的底线伦理学》，《读书》，1997年第4期。
② 相关内容来自笔者与韩少功的通信。
③ 韩少功：《重说道德》，《天涯》，2010年第6期。

性人格，德性人格之塑造反倒难上加难。当然，这不过是诡异时代在思想层面的一个投影。相比其他思想者的执念，韩少功起码可以在怀疑论的前提下获得一种有关自我的德性满足，而其他人可能一无所获。

（作者单位：湖南师范大学文学院）

《赵飞燕外传》对唐传奇的引领

李建明

唐代传奇小说的先声是汉魏以来的杂史杂传，胡应麟《少室山房笔丛》卷二九《九流绪论》下说："《飞燕》，传奇之首也。"[①]《飞燕》即相传汉伶玄的《赵飞燕外传》。这篇作品属于杂史杂传，也可看成轶事小说。这篇小说影响很大，宋朝的风流之士纷纷模仿，其中以北宋秦醇的拟作《赵飞燕别传》最有名。汉魏以来的杂史杂传名篇不少，胡应麟为什么独独把《赵飞燕外传》定为传奇之首，它与唐传奇小说有何内在的联系？本文拟对此加以展开论述。

一、《赵飞燕外传》考

《赵飞燕外传》不见于隋唐史志，首次著录见于南宋晁公武《郡斋读书志》中。

《赵飞燕外传》原题汉都尉伶玄撰。篇末有伶玄自序："伶玄，字子于，潞水人。学无不通，知音，善属文。简率尚真朴，无所矜式。杨雄独知之。然雄贪名矫激，子于谢不与交。雄深慊毁之。"子于由司空小吏，历三署刺守州郡，最后为淮南相。哀帝时年老退休回家，买妾樊通德。即樊嫕弟子不周之女。通德为伶玄讲述赵飞燕姊弟故事。子于语通德曰："斯人俱灰灭矣，当时疲精力驰骛嗜欲蛊惑之事，宁知终归荒田野草乎？"[②] 于是撰《赵后别传》。

伶玄既然官至都尉相国，史书应该有记载。但《汉书》无传。自序后的

① ［明］胡应麟撰：《少室山房笔丛》，上海书店出版社，2009 年，第 283 页。
② ［清］严可均：《全上古三代秦汉三国六朝文》（第 1 册），河北教育出版社，1997 年，第 770 页。

一段话解释了这个疑问："子于为河东都尉；班躅为决曹，得幸太守，多所取受。子于召躅，数其罪而捽辱之。躅从兄子彪，续司马《史记》，绌子于，无所收录。"① 由于子于得罪了班躅，班躅从兄子（堂侄）班彪续司马迁《史记》（即班固《汉书》）时，就没有把伶玄写进史书。《赵飞燕外传》后又附桓谭一段话，说更始二年（公元24年）赤眉过茂陵，刘恭（刘盆子之兄，史称刘盆子为建世帝）入卞理庐，在金藤匮中得到伶玄的这篇文章。建武二年（公元26年）贾子翊以书示桓谭，说伶玄是卞理琴师。把伶玄看成优伶，这与伶玄自序不同。晁公武《郡斋读书志》中说："汉伶玄子于撰。茂陵卞理藏之于金藤漆柜。王莽之乱，刘恭得之，传于世。晋荀勖校上。"对于《赵飞燕外传》的作者是伶玄深信不疑。

最早对《赵飞燕外传》提出怀疑的是洪迈。南宋的洪迈在《容斋五笔》卷七《盛衰不可常》中说：

> 《飞燕外传》（洪迈误写成《飞燕别传》）以为伶玄所作，又有玄自叙及桓谭跋语。予窃有疑焉。不唯其书太媟，至云扬雄独知之，雄贪名矫激，谢不与交；为河东都尉，捽辱决曹班躅，躅从兄子彪续司马《史记》，绌子于无所叙录，皆恐不然。而自云："成、哀之世，为淮南相。"案，是时淮南国绝久矣，可昭其妄也。②

他以汉成帝和哀帝时淮南国已经被废除的史实，怀疑伶玄其人的真实性。

其后的陈振孙《直斋书录解题》卷七则说："称汉河东都尉伶玄子于撰，自言与杨雄同时，而史无所见，或云伪书也。然通德拥髻等事，文士多用之；而'祸水灭火'之语，司马公载之《通鉴》矣。"陈振孙的《直斋书录解题》特点在于举每书基本大意，考辨谬误。他对《赵飞燕外传》的质疑充分体现了这一点。他怀疑《赵飞燕外传》为伪书的焦点在"祸水灭火"一语。《赵飞燕外传》的原话如下：

> 宣帝时，披香博士淖方成，白发教授宫中，号淖夫人，在帝后唾曰："此祸水也，灭火必矣！"

众所周知，汉代秦后，以"五德终始"学说确定汉德，有人主张汉为水德，也有人持土德，终西汉一直未能确定。以汉为火德，是出自王莽、刘歆，

① ［清］严可均：《全上古三代秦汉三国六朝文》（第1册），河北教育出版社，1997年，第771页。

② ［南宋］洪迈撰，孔凡礼点校：《容斋随笔》，中华书局，2006年，第906页。

东汉政权稳定后，光武帝定为火德。从小说和历史来推断，淖方成生在王莽、刘歆之前，她不可能先知先觉，所以，陈振孙对作者是伶玄表示怀疑。陈振孙的看法一出现，就为后代学者所接受。《四库全书总目》对此论述得更详细：

其文不相属，亦不类玄所自言。后又载桓谭语一则，言更始二年刘恭得其书于茂陵卞理，建武二年，贾子翊以示谭。所称埋藏之金縢、漆匮者，似不应如此之珍贵。又载荀勖《校书奏》一篇，中经簿所录，今不可考。然所校他书，无载勖奏者，何独此书有之？又首尾仅六十字，亦无此体，大抵皆出于依托。且闺帏媟亵之状，嫕虽亲狎，无目击理。即万一窃得之，亦无娓娓为通德缕陈理，其伪妄殆不疑也。晁公武颇信之。陈振孙虽有“或云伪书”之说，而又云：“通德拥髻等事，文士多用；而祸水灭火之语，司马公载之《通鉴》。”夫文士引用，不为典据；采淖方成语以入史，自是《通鉴》之失。乃援以证实是书，纰缪殊甚。且“祸水灭火”，其语亦有可疑。考王懋竑《白田杂著》有《汉火德考》曰：“汉初用赤帝子之祥，旗帜尚赤。而自有天下后，仍袭秦旧，故张苍以为水德。孝文帝时，公孙臣言：‘当改用土德，色尚黄。’其事未行。至孝武帝改正朔，色尚黄，印章以五字，则用公孙臣之说也。王莽篡位，自以黄帝之后，当为土德，而用刘歆之说，尽改从前相承之序，以汉为火德。后汉重图谶，以《赤伏符》之文，改用火德。班固作《志》，遂以著之《高帝纪》。而后汉人作《飞燕外传》（案懋竑此语，尚以此传为真出伶玄，盖未详考。）有“祸水灭火”之语，不知前汉自王莽、刘歆以前，未有以汉为火德者，盖其误也”云云。据此，则班固在莽、歆之后，沿误尚为有因，淖方成在莽、歆之前，安得预有灭火之说？其为后人依托，即此二语，亦可以见。安得以《通鉴》误引，遂指为真古书哉？①

《四库全书总目》对“祸水灭火”的考证无可辩驳，而且认为伶玄、桓谭及荀勖校书也是后人伪托。

不过，对于“祸水灭火”如果我们仅仅理解成“女人祸水论”的思想，而不一定就是祸水灭汉，这样，就不能轻易地否定《赵飞燕外传》。而且，即

① ［清］纪昀，等撰：《四库全书总目》，中华书局，1997 年，第 1888 页。

使“祸水灭火”就是“灭汉”的意思，也可能是东汉以后的人传抄过程中所增添的。

《赵飞燕外传》的疑点确实很多，该书的真伪与伶玄其人让人扑朔迷离。于是现代学者纷纷对它的成书时间进行考证，有认为是东汉的，也有人觉得是六朝时人所为。鲁迅在《中国小说史略》中，仍然以“祸水灭火”一语为据，猜测“恐是唐宋人所为”①，今人程毅中先生对鲁迅的说法不以为然：“如果是宋人所为，司马光总不会信而不疑。”② 唐朝李商隐《可叹》诗有：“梁家宅里秦宫入，赵后楼中赤凤来。”燕赤凤就是《赵飞燕外传》中赵飞燕私通的宫奴，既然唐人熟悉这一典故，《赵飞燕外传》至晚也该在唐朝问世。程毅中又以《赵飞燕外传》中的真腊国（柬埔寨）的名称在隋唐才出现，认为《赵飞燕外传》的上限不超过隋朝。③ 应该说，程毅中先生的说法比鲁迅更扎实。但是，仅仅以“真腊国”的名称出现的时间来定《赵飞燕外传》的成书时间，也不一定十分可靠，古代文献在传抄过程中常有删改，这是很常见的，尤其是《赵飞燕外传》这样的小说，在流传过程中，不断有人参与创作，也不是不可能的事情。所以，侯忠义先生否认《赵飞燕外传》为唐人所为，一是燕赤凤已经是唐人习用的典故，可见流传时间之长，二是唐朝作者写书从不隐姓埋名，无托名汉人的必要。侯忠义认为《赵飞燕外传》是东晋或南朝作品。④ 而且，南朝梁陈诗人徐陵《杂曲》中有“宫中本造鸳鸯殿”之句，鸳鸯殿就是出自《赵飞燕外传》，而不是《汉书》或《西京杂记》。侯忠义先生的说法是有道理的。

因此，反观胡应麟的说法，更为中肯，他在《少室山房笔丛》卷三二《四部正讹》下说：

> 《赵飞燕外传》，称河东都尉伶玄撰，宋人或谓为伪书，以史无所见也。然文体颇浑朴，不类六朝。祸水灭火事，司马公载之《通鉴》诚怪，如以诗文士引用为疑，则非悬解语也。玄本传自言见诎史氏，当是后人所加。⑤

胡应麟认为《赵飞燕外传》的文末伶玄自序是后人所加，而文并不伪。

① 鲁迅：《鲁迅全集》（第9卷），人民文学出版社，2005年，第41页。

② 程毅中：《唐代小说史》，人民文学出版社，2011年，第23页。

③ 同②。

④ 侯忠义：《汉魏六朝小说简史》，山西人民出版社，2005年，第19页。

⑤ ［明］胡应麟撰：《少室山房笔丛》，上海书店出版社，2009年，第317页。

也就是说，《赵飞燕外传》应该是东汉以后人所为。笔者认为，胡应麟和侯忠义的论断最为合理。毫无疑问，此文是东汉至六朝时的作品，绝不是唐宋人的作品。

二、《赵飞燕外传》与唐传奇的内涵及题材

程毅中先生认为，《赵飞燕外传》年代无法确定，很难说它是传奇之首。[①]经过考述，可以确定《赵飞燕外传》是隋唐以前的作品。其实，胡应麟说《赵飞燕外传》是传奇之首，不仅仅是问世的时间问题，更重要的是《赵飞燕外传》涉及唐传奇内涵的理解问题。

传奇小说诞生在唐代，但对于唐传奇的内涵问题，至今比较含糊，还有人认为唐传奇就是唐代文言小说，甚至有人认为就是篇幅比较长的文言小说。出现这种混乱不奇怪，因为唐代人对于传奇小说的文体，没有明确的论述。单篇的作品，唐人多以“传”或“记”命名，如《任氏传》《古镜记》等。这是唐传奇受到史传文学影响的外在表现。唐人也有用“传奇”来命名作品的。据周邵良考证，元稹的《莺莺传》（或《会真记》）原来的名称就是“传奇”，是宋朝李昉、徐铉等在编撰《太平广记》时改成《莺莺传》。两宋之际的曾慥从252种笔记小说中辑录出“可以资治体、助名教，供谈笑，广见闻”的资料，编为《类说》五十卷。其中就收有元稹的这篇小说，题名仍然为《传奇》。元稹是目前知道的唐代最早用“传奇”这一词汇的人。另一个是晚唐的裴硎，裴硎的小说集名为《传奇》，《新唐书·艺文志》有录。与裴硎差不多同时的陆龟蒙在《怪松图赞》中云：“道人咨嗟，援笔传奇。或怪乎形，或奇于辞。自为怪魁，是以赞之。”但有的版本作“道人咨嗟，笔传其奇”，而且与小说无关，可以不讨论。这说明，唐人对“传奇”的文体意识比较模糊，否则，他们不会直接用表示文体意义的“传奇”来作题名。

“传奇”到了宋代，在一般情况下，仍然是专指元稹的《会真记》或者裴硎的《传奇》。王性之《传奇辩证》，见于赵令畤的《侯鯖录》卷五《辨传奇莺莺事》，《传奇》即指《会真记》。[②] 赵令畤本人作《蝶恋花》（商调十二首），全篇开头的序言有[③]：

---

① 程毅中：《唐代小说史》，人民文学出版社，2011年，第24页。

② 上海古籍出版社编：《宋元笔记小说大观》，上海古籍出版社，2007年，第2065页。

③ 同②，第2070页。

夫《传奇》者，唐元微之所述也。以不载于本集而出于小说，或疑其非是。今观其词，自非大手笔，孰能与于此？至今士大夫极谈幽玄，访奇述异，无不举此以为美话；至于娼优女子，皆能调说大略。惜乎不被之以音律，故不能播之声乐，形之管弦。好事君子极饮肆欢之际，愿欲一听其说，或举其末而忘其本，或纪其略而不及终其篇，此吾曹之所共恨者也。今于暇日，详观其文，略其烦亵，分之为十章。每章之下，属之以词。或全摭其文，或止取其意。又别为一曲，载之传前，先叙前篇之义。调曰商调，曲名《蝶恋花》。句句言情，篇篇见意。奉劳歌伴，先定格调，后听芜词。

赵令畤所说的"传奇"即《会真记》，因为喜欢这篇小说，就分割原来的《传奇》文字穿插在各词之间，十二首词组成一套鼓子词，把莺莺张生相悦相恋的故事曲曲传出。

宋人有时把"传奇"专指裴硎的小说集《传奇》，这在《后山诗话》里有记载："范文正为《岳阳楼记》，用对语说时景，世以为奇。尹师鲁读之曰：'传奇体尔。'《传奇》，唐裴铏所著小说也。"①

北宋的尹洙说的"传奇"仍然是专称，不过，可以看出，此时的"传奇"已经带有文体意味。古文家尹洙所谓的"传奇体"，是指用对偶句写景，因为"范仲淹《记》末'春和景明'一大节，艳缛损格，不足比欧苏之简淡"，对此钱锺书分析道："尹洙抗志希古，糠粃六代，唐文舍韩柳外，亦视同邻下，故睹范《记》而不识本原，'传奇体'者，强作解事之轻薄语尔，陈氏（指陈师道）亦未辨正也。"② 尹师鲁用贬义的眼光来看待和评价《传奇》，正说明了"传奇"已经具备文体或文类的地位。

赵彦卫《云麓漫抄》卷八有："唐之举人，先藉当世显人，以姓名达之主司，然后以所业投献；逾数日又投，谓之温卷，如《幽怪录》《传奇》等皆是也。盖此等文备众体，可以见史才、诗笔、议论。至进士则多以诗为贽，今有唐诗数百种行于世者是也。"③ 此处的《传奇》是指裴硎的小说集，但从"文备众体"一语来看，已经有一定的文体意识。

灌园耐得翁《都城纪胜》"瓦舍众伎"条载："说话有四家。一者小说，

---

① 钱锺书：《管锥编》，生活·读书·新知三联书店，2007年，第2192页。
② 同①。
③ ［清］章学诚著，叶长青撰，张京华点校：《文史通义注》，华东师范大学出版社，2012年，第619页。

谓之银字儿，如烟粉、灵怪、传奇。”耐得翁所说的“传奇”已经具备文类和文体意识。到了元中叶，“传奇”已经真正具备独立的文体意识。虞集《写韵轩记》云：“唐之才人，于经艺道学有见者少，徒知好为文辞。闲暇无所用心，辄想象幽怪遇合、才情恍惚之事，作为诗章答问之意，傅会以为之说。盍簪之次，各出行卷以相娱玩，非必真有是事，谓之传奇。”虞集对唐传奇文体的特点做了概括，第一次对“传奇”的题材、叙事等做了清晰的阐述。此后，“传奇小说”作为文体逐渐被人们接受，元末的陶宗仪在《南村辍耕录》中说：“唐有传奇，宋有戏曲、唱诨、词说。”唐传奇与宋朝讲唱文学并列，可见唐传奇的文体已经被确认。

在唐传奇作为小说的文体确定下来后，胡应麟把《赵飞燕外传》看成传奇之首，很大的原因是《赵飞燕外传》的内容与唐传奇的题材相类。

对于唐传奇的题材，我们现在可以分成志怪、婚恋、历史、侠义等若干种，但是，胡应麟不这样划分。

> 小说家一类又自分数种，一曰志怪，《搜神》《述异》《宣室》《酉阳》之类是也；一曰传奇，《飞燕》《太真》《崔莺》《霍玉》之类是也；一曰杂录，《世说》《语林》《琐言》《因话》之类是也；一曰丛谈，《容斋》《梦溪》《东谷》《道山》之类是也；一曰辨订，《鼠璞》《鸡肋》《资暇》《辨疑》之类是也；一曰箴规，《家训》《世范》《劝善》《省心》之类是也。谈丛、杂录二类最易相紊，又往往兼有四家；而四家类多独行，不可掺入二类者。至于志怪、传奇，尤易出入，或一书之中二事并载；一事之内两端具存，姑举其重而已。①

这段话中，胡应麟不但明确把传奇作为小说的一种文体，而且指明了小说的题材是婚恋故事，他列举了几种唐传奇如《莺莺传》《霍小玉传》都是表现爱情故事，且把《赵飞燕外传》列在第一，这与他的把《赵飞燕外传》看成“传奇之首”是一贯的。他特别说到志怪与传奇容易混淆，比如《补江总白猿传》《任氏传》就是如此，是志怪兼爱情题材的小说。

其实，把传奇的题材定位为表现爱情内容，也不是胡应麟的发明，在他之前，很多人都这样认为。宋元罗烨《醉翁谈录·舌耕叙引》中曾经详细列出

---

① ［明］胡应麟撰：《少室山房笔丛》，上海书店出版社，2009年，第282－283页。

具有代表性的传奇作品："夫小说者……有灵怪、烟粉、传奇、公案、兼朴刀、捍棒、妖术、神仙……论《莺莺传》《爱爱词》《张康题壁》《钱榆骂海》《鸳鸯灯》《夜游湖》《紫香囊》《徐都尉》《惠娘魄偶》《王魁负心》《桃叶渡》《牡丹记》《花萼楼》《章台柳》《卓文君》《李亚仙》《崔护觅水》《唐辅采莲》，此乃为之传奇。"

罗烨列举的18篇作品有唐传奇、元杂剧，文体不同，他所说的"传奇"不是文体，而是宋元"说话"中的一种故事类型。这18篇作品都如《莺莺传》一样，是专门演述两性爱情的故事类型。这样，他所说的"传奇"就是关于男女奇闻轶事的故事类型的统称。

由此上溯到唐人的"传奇"内涵，显然也是指爱情故事，这就是元稹把《会真记》题名为《传奇》的原因所在。裴硎的《传奇》著述意旨，人们有几种解释，晁公武的《郡斋读书志》卷十三认为"其书所记皆神仙恢谲事"，胡应麟《少室山房笔丛·庄岳委谈下》说："裴晚唐人，高骈幕客，以骈好神仙，故撰此以惑之。"① 徐渭《南词叙录》也作如是观："裴硎乃吕用之之客，用之以道术愚弄高骈，硎作传奇多言仙鬼事谗之。"清朝梁绍壬《两般秋雨盦随笔》卷一云："裴硎著小说多奇异，可以传示，故号《传奇》。"这些说法都有道理，都指出了《传奇》多神仙怪异之事，但是在这些故事中往往穿插爱情故事，如《裴航》《昆仑奴》等，其中，《裴航》属于人神恋。这也印证了胡应麟所说的志怪与传奇难以区分的事实。这说明，在唐人心目中，传奇与爱情是不可分的。

认为"传奇"专指爱情故事不仅是唐宋人和胡应麟的观点，清人也这样看，而且，对唐传奇的题材特点表述得更加明晰。清朝大历史学家章学诚在《文史通义》卷五《诗话》中说：

> 小说出于稗官委巷，传闻琐屑，虽古人亦所不废。然俚野多不足凭，大约事杂鬼神，报兼恩怨；《洞冥》《拾遗》之篇，《搜神》《灵异》之部，六代以降，家自为书。唐人乃有单篇，别为传奇一类（专书一事始末，不复比类为书）。大抵情钟男女，不外离合悲欢。红拂辞杨，绣襦报郑：韩、李缘通落叶，崔、张情导琴心；以及明珠生还，小玉死报。凡如此类，或附会疑似，或竟托子虚，虽情态万殊，而大致略似。其始不过淫思古意，辞客寄怀，犹诗家之乐府、古

① ［明］胡应麟撰：《少室山房笔丛》，上海书店出版社，2009年，第424页。

艳诸篇也。宋、元以降，则广为演义，谱为词曲，遂使瞽史弦诵，优伶登场，无分雅俗男女，莫不声色耳目。盖自稗官见于《汉志》，历三变而尽失古人之源流矣。①

在这段话中，章学诚明确指出唐传奇是小说的一种，而且传奇的题材是反映男女爱情故事的。他虽然感叹“历三变而尽失古人之源流矣”，但是却准确地指出唐传奇是处在汉魏杂事杂传小说到宋元以后通俗小说的中间过渡段，肯定了唐传奇小说的地位，显示出这位历史学家非凡的史识。

明白了唐传奇是涉及爱情故事的小说，也就可以理解胡应麟把《赵飞燕外传》看成是传奇之首的道理了。《赵飞燕外传》是以宫闱秘闻为题材的杂史杂传小说，汉魏以来其他有名的杂史杂传《燕丹子》是表现侠义的，汉武故事系列是写神仙术士故事的，只有《赵飞燕外传》写艳情。而唐传奇表现爱情是主流，名篇都涉及爱情，有的就是直接写爱情故事，如《游仙窟》《补江总白猿传》《任氏传》《柳氏传》《李章武传》等。这些题材与《赵飞燕外传》相类，虽然《赵飞燕外传》的男女私情比较混乱。

三、《赵飞燕外传》与唐传奇虚构话语特质

《赵飞燕外传》被胡应麟看成传奇之首，除了爱情题材外，还有一个更重要的原因，《赵飞燕外传》与汉魏其他杂史杂传名篇相比，更具有小说虚构话语的特质。

赵飞燕史有其人，她与妹妹赵合德专宠后宫。汉成帝暴死在赵合德床上，赵合德自杀，几年后赵飞燕被王莽贬为庶人，也自杀。《汉书》卷九七下有《孝成赵皇后传》，但《赵飞燕外传》所叙，与正史出入很大。正史本传开头为：“孝成赵皇后，本长安宫人。初生时，父母不举，三日不死，乃收养之。及壮，属阳阿主家，学歌舞，号曰飞燕。成帝尝微行出。过阳阿主，作乐，上见飞燕而说之，召入宫，大幸。有女弟复召入，俱为婕妤，贵倾后宫。”② 而《赵飞燕外传》开头却说江都中尉赵曼妻子是江都王孙女姑苏主，她居然与编习乐律的冯万金私通，“一产二女，归之万金，长曰宜主，次曰合德，然皆冒姓赵”。冯万金死后，飞燕合德流转至长安，经过一段波折，赵飞燕才被召入

---

① ［清］章学诚著，叶长青撰，张京华点校：《文史通义注》，华东师范大学出版社，2012 年，第 619 页。
② ［东汉］班固撰，［唐］颜师古注：《汉书》，中华书局，2007 年，第 3988 页。

宫。入宫后的情节则全是虚构，与正史完全不同，正如《四库全书总目》所言："纯为小说家言，不可入于史部。"

中国古代小说的叙事与历史书写有着血缘关系，小说的叙事方式来自历史，在小说的诞生时期，历史与小说几乎合二为一。但《赵飞燕外传》却与史乘实录有明显的不同，它的叙事（叙事也是一种话语），表现出小说的虚构话语特质。

中国历史的叙事最大特点，石昌渝先生认为是呈现式叙事。呈现式叙事包括概括叙述和场景。[1]"史传场景描写简略，人物行动和对话都很简略，这与史传的写作原则有关，它始终要坚持实录原则。"[2]

场景是一个具体空间里持续行动的事件。这是小说的一个要素。《赵飞燕外传》有许多精彩的场景，这里只选太液池歌舞一节为例。

> 婕妤接帝于太液池，作千人舟，号合宫之舟；池中起为瀛洲，榭高四十尺，帝御流波文縠无缝衫，后衣南越所贡云英紫裙，碧琼轻绡。广榭上，后歌舞归风送远之曲，帝以文犀簪击玉瓯，令后所爱侍郎冯无方吹笙，以倚后歌中流。歌酣，风大起，后顺风扬音，无方长噏细娴，与相属。后裙髀曰："顾我，顾我！"后扬袖曰："仙乎，仙乎！去故而就新，宁忘怀乎？"帝曰："无方为我持后。"无方舍吹持后履。久之风霁，后泣曰："帝恩我，使我仙去不得。"怅然曼啸，泣数行下。帝益愧爱，后赐无方千万，入后房闼。他日，宫姝幸者或襞裙为绉，号曰留仙裙。

赵飞燕"顾我顾我"的卖弄风情，"帝恩我，使我仙去不得"的装腔作势，把这个艳后与妹妹昭仪争宠的复杂心态写得纤毫毕现。这一段宫闱秘闻的细节和言语，显然是小说家的想象之辞，如果出现在正史里面，一定会被严谨的史学家指摘。《赵飞燕外传》里这种细腻生动的场景，唐传奇里比比皆是。如白行简《李娃传》写荥阳公子初见李娃：

> 至鸣珂曲，见一宅，门庭不甚广，而室宇严邃。阖一扉，有娃方凭一双鬟青衣立，妖姿要妙，绝代未有。生忽见之，不觉停骖久之，徘徊不能去。乃诈坠鞭于地，候其从者，敕取之，累眄于娃，娃回眸

① 石昌渝：《中国小说源流论》，生活·读书·新知三联书店，2007年，第157页。

② 同②，第162页。

凝睇，情甚相慕，竟不敢措辞而去。

荥阳公子对李娃的惊艳神态，栩栩如生，如在眼前。

中晚唐传奇小说，有不少闺阁情趣的场景，如《离魂记》《柳毅传》《柳氏传》《霍小玉传》《李章武传》《无双传》《张住住》《虬髯客传》等。如《霍小玉传》写李益与霍小玉的鱼水之欢：

> 闲庭邃宇，帘幕甚华。鲍令侍儿桂子、浣沙与生脱靴解带。须臾，玉至，言叙温和，辞气宛媚。解罗衣之际，态有馀妍，低帏昵枕，极其欢爱。生自以为巫山、洛浦不过也。中宵之夜，玉忽流涕观生曰："妾本倡家，自知非匹。今以色爱，托其仁贤。但虑一旦色衰，恩移情替，使女萝无托，秋扇见捐。极欢之际，不觉悲至。"生闻之，不胜感叹。乃引臂替枕，徐谓玉曰："平生志愿，今日获从，粉骨碎身，誓不相舍。夫人何发此言！请以素缣，著之盟约。"玉因收泪，命侍儿樱桃褰幄执烛，受生笔研，玉管弦之暇，雅好诗书，筐箱笔研，皆王家之旧物。遂取秀囊，出越姬乌丝栏素缣三尺以授生。生素多才思，援笔成章，引谕山河，指诚日月，句句恳切，闻之动人。染毕，命藏于宝箧之内。自尔婉娈相得，若翡翠之在云路也。如此二岁，日夜相从。

霍小玉在与李益初次幽欢之夜，大放悲音，向李益说出心中隐忧，她哭泣的目的，是希望能与李益长相守，表现了对未来生活的憧憬，也显示出她既成熟又天真的复杂性格。

小说中的场景是人物与情节相互依存并展开的环境，并因人物而有意义，有人物才有情节的展开，情节注定依赖人物。

《赵飞燕外传》最突出的成就是人物塑造。作品中最重要的人物是赵飞燕姐妹。她们共同的特征是淫荡和爱争宠，但在行为方式和情趣表现上又有各自鲜明的独特性。

赵飞燕在入宫前曾经与射鸟者私通，当上皇后仍不改前愆，变本加厉行淫乱之事，在远条馆私通侍郎宫奴之辈，显示了她的浅薄、任性。昭仪面对头脑简单又锋芒毕露的姐姐采取避让态度，"婕好事后，常为儿拜"。衣袖被赵飞燕唾沫所污，居然令人恶心地说："姊唾染人绀袖，正似石上华，假令尚方为之，未必能若此衣之华。"而昭仪在争宠上很有心术，占了上风。当成帝两次召她入宫，一方面表示"非贵人姊召不敢行，愿斩首以报宫中"，另一方面在面见成帝时又精心打扮以挑逗成帝，对成帝欲擒故纵的同时，陷姐姐赵飞燕于不义。

赵飞燕姐妹是小说家聚焦的人物，人物性格鲜明丰满，这在叙事学上称为“心理性人物”，而小说中的汉成帝和樊嫕则是“功能性人物”，这类人物的功用是连缀情节、填补文体漏洞，人物具有叙事功能。荒淫的汉成帝虽然是驾驭赵氏姐妹的皇帝，但在作品中实际上是“他律人物”，他沉湎于温柔乡，淫欲成为赵氏姐妹尽情表演的背景。樊嫕的活动推动事件的发生和发展，小说通过她的参与使分散的事件具有完整性。

这意味着《赵飞燕外传》的叙事水平已经达到一定的高度，小说的叙事者与著述者发生了分离。这种叙事技法在唐传奇里有很好的体现，比如《谢小娥传》，作者本人也成了小说中的人物，介入情节的发展。

无论是心理性人物还是功能性人物，如果处于小说家的聚焦点上，人物都具有鲜明的个性。如赵氏姐妹因为燕赤凤而起的风波：

> 后谓昭仪曰：“赤凤为谁来?”昭仪曰：“赤凤自为姊来，宁为他人乎?”后怒以杯抵昭仪裙曰：“鼠子能啮人乎?”昭仪曰：“穿其衣见其私足矣，安在啮人乎?”昭仪素卑事后，不虞见答之暴，孰视不复言。樊嫕脱簪叩头出血，扶昭仪为拜后。昭仪拜，乃泣曰：“姊宁忘共被夜长，苦寒不成寐，使合德拥姊背邪？今日垂得贵皆胜人，且无外搏。我姊弟其忍内相搏乎?”后亦泣，持昭仪手，抽紫玉九雏钗为昭仪簪髻，乃罢。帝微闻其事，畏后不敢问，以问昭仪。仪曰：“后妒我尔，以汉家火德，故以帝为赤龙凤。”帝信之，大悦。

赵飞燕把与妹妹争宠中产生的嫉妒和怨恨都撒在昭仪身上，这是由共同的情人燕赤凤引起的正面冲突。赵飞燕的倔强任性也得到充分表现，这种蛮横霸道连成帝也害怕。赵合德争强好胜，但更有头脑，她不愿意与姐姐两败俱伤：“我姊弟其忍内相搏乎?”樊嫕在这里是二赵矛盾的调和者。这里显示了汉成帝和樊嫕这样功能性人物也是性格化的，唐传奇的叙事人物都是趋向性格化的，《古镜记》中的鹦鹉，《兰亭记》中的辩才与萧翼等叙事人物都有个性。而《游仙窟》《梁四公记》等更采用限知叙事，打破了全知叙事模式。

《赵飞燕外传》和唐传奇场景、人物等的设置，使小说叙事细节化、结构化，标志着传奇文体的成熟。钱锺书曾从场景角度论述小说叙事和史传叙事的不同：“古人编年、纪传之史，大多偏详本事，忽略衬境，匹似剧台之上，只见角色，尽缺布景。夫记载缺略之故，初非一端，秽史曲笔姑置之。撰者已所不知，因付缺如；此一人耳目有限，后世得以博稽当时著述，集思广益者也。举世众所周知，可归省略：则同时著述亦必类其默尔而息，及乎星移物换，文献遂难征矣。小说家言摹叙人物情事，为之安排场面，衬托背景，于是挥毫洒墨，涉及者广，寻常琐屑，每供采风论世之资。"① 场景、人物、情节是小说的三要素，构成小说虚构话语的叙事特质。从小说的虚构话语来看，这三个要素中，场景最为重要，事件中的人物行动和言语是在一定的时间和空间中进行的，对于这个时空的描摹，就是场景。所以，钱锺书先生在这段话中特别关注场面。

《赵飞燕外传》的语言细腻优美，叙事记言，描写如画。不仅如此，文后所附《伶玄自序》虽是伪托，但表达了很深的人生感慨。"东坡谓废兴成毁不可得而知。予每读书史，追悼古昔，未尝不掩卷而叹。伶子于叙《赵飞燕传》，极道其姊弟一时之盛，而终之以荒田野草之悲，言盛之不可留，衰之不可推，正此意也。"② 洪迈虽然对伶玄其人表示怀疑，但是对《伶玄自序》的人生感喟有共鸣。这种创作中饱含情感的特点，在唐传奇中有更好的体现。唐人更注意将诗人之情渗透到小说中。沈既济《任氏传》中宣言：

> 嗟乎，异物之情也有人道焉！遇暴不失节，徇人以至死，虽今妇人，有不如者矣。惜郑生非精人，徒悦其色而不征其情性。向使渊识之士，必能揉变化之理，察神人之际，著文章之美，传要妙之情，不止于赏玩风态而已。惜哉！

沈既济的"著文章之美，传要妙之情"，突出了小说的文学性，这与小说虚构话语互为表里，在文体上呈现"文采"和"意想"的特征。"小说亦如诗，至唐代而一变，虽尚不离于搜奇记逸，然叙述宛转，文辞华艳，与六朝之粗陈梗概者较，演进之迹甚明，而尤显者乃在是时则始有意为小说。"③ 正是唐朝小说家用心写小说，才使唐传奇成为真正成熟的小说，成为一代之奇。

《赵飞燕外传》没有史料依据，凭虚构写得如此恣情烂漫，叙事委曲，场景描摹情态表现，在文体上与唐传奇的人物场景虚构化、叙事情节化的特征一致，这是胡应麟称其为传奇之首的根本原因。

---

① 钱锺书：《管锥编》，生活·读书·新知三联书店，2007 年，第 492 页。

② ［南宋］洪迈撰，孔凡礼点校：《容斋随笔》，中华书局，2006 年，第 905 页。

③ 鲁迅：《鲁迅全集》（第 9 卷），人民文学出版社，2005 年，第 73 页。

鲁迅认为：“传奇者流，源盖出于志怪。”① 不过，从以叙事为宗的小说文体来看，“与诗律并称一奇”的唐传奇更多来源于杂史杂传。唐宋人的“传奇”含义一般是指爱情故事，明人也有理解为奇人异事，包括神仙志怪。而胡应麟心目中的“传奇”则专指爱情故事，并主张与志怪区分。胡应麟所说的传奇与鲁迅并不完全相同，鲁迅和今人所说的“传奇”是指背离史乘而以情节新奇见长的叙事小说。胡应麟的“传奇”指唐人婚恋小说或含有爱情成分的小说。《赵飞燕外传》表达的色情虽然不能与唐传奇爱情完全等同，但在题材上却开了唐传奇的先河；《赵飞燕外传》已经是成熟的小说文体，它与史传文学的叙事不同，表现了一种虚构话语的特质，在叙事上与唐传奇表现出惊人的一致性。对此，钱锺书先生在《管锥编·全汉文》卷五六云：

> 伶玄《飞燕外传》……章法笔致酷肖唐人传奇。《史记·滑稽列传》褚少孙补西门豹事一节、《汉书·景十三王传》广川王去事一节又《外戚传》下解光上奏、《孔丛子·独治篇》阳由事一节、《晋书·愍怀太子传》遣妃书，皆叙事记言，娓娓栩栩，导夫唐传奇先路，然尚时复举止生涩、笔舌蹇滞。此传熨贴安便，遂与《会真记》、《霍小玉传》、《李娃传》方驾；托名班固撰之《汉武内传》，浮文铺比，不足比数也。②

钱锺书认为，《赵飞燕外传》比史传文学的叙事艺术更高超，也远远超过汉魏以来的杂史杂传。这与胡应麟把《赵飞燕外传》看成传奇之首的意思相通，而表述更详尽。

（作者单位：厦门大学嘉庚学院）

① 鲁迅：《鲁迅全集》（第9卷），人民文学出版社，2005年，第73页。

② 钱锺书：《管锥编》，生活·读书·新知三联书店，2007年，第1530页。

秦可卿的象征意义探究

王世海

学术界关于《红楼梦》中秦可卿的讨论，曾是热闹非凡，所得结论也是五花八门。崔莹在《20世纪秦可卿研究综述》中从索隐派的研究、秦可卿之死、秦可卿与宝玉关系、秦可卿的“淫丧”、秦可卿的形象意义等七个方面对20世纪秦可卿的研究做了一个综述，大体反映了各个方面的研究状况。[①] 蔡娜在《秦可卿形象及其死亡的叙事功能》中对秦可卿的研究状况也做了概括。她认为，回顾百年《红楼梦》研究历史，关于秦可卿的研究大致有四个方面：第一，秦可卿的身份、出身考证，第二，秦可卿之死的考证，第三，秦可卿人物形象分析，第四，秦可卿与小说主题的关系分析。[②] 在这些研究中，很多结论互相矛盾，如秦可卿的出身有高贵、寒微之分，秦可卿之死有自缢、病亡及早晚之分，秦可卿的“淫”者有贾珍、贾敬之别，秦可卿与宝玉性关系有初试、未试之说，秦可卿的地位有主要、过渡之分，等等。同时，我们在此还需指出，研究秦可卿的方法大体有“考证”“索隐”之别，当然二者都不排除文艺鉴赏的路数。[③] 尤其特别的是刘心武的所谓“秦学”的路数。他在考证秦可卿的身世时，先从文本出发提出疑问，然后从历史文献中找到史实，比附到他依据文本做出的“推测”，最后又依据“曹贾互通”原则，将历史中的人物由曹家直接过渡到小说中的“贾家宁府”，完成了一个“非常有意味”的文本创造。[④]

---

① 崔莹：《20世纪秦可卿研究综述》，《河南教育学院学报（哲学社会科学版）》，2005年第6期。

② 蔡娜：《秦可卿形象及其死亡的叙事功能》，天津外国语大学硕士学位论文，2011年。

③ 蔡娜在《秦可卿形象及其死亡的叙事功能》中说，学术界对秦可卿人物形象的关注焦点，大致上是从“事实还原”和“意义的生成”两个方面研究探讨的，所以相对应采用的研究方法分别为考证法和文本分析法。

④ 刘心武：《秦可卿出身未必寒微》，《红楼梦学刊》，1992年第2辑；刘心武：《红楼望月：从秦可卿解读〈红楼梦〉》，江苏人民出版社，2010年。

本文欲对秦可卿的诸种问题做一探讨，所用方法也是综合运用，但最主要的方法还是文本分析法。所以，分析的顺序，大致按小说对秦可卿叙述的顺序来进行。

一、秦可卿的出场

《红楼梦》前四回重点叙述了贾宝玉的前世、林黛玉的前世和初入贾府，同时也主要叙及了薛家和薛宝钗，可以说，《红楼梦》的主要人物及相互关系，在前四回都做了一个基本交代。在第五回开端，先简要叙述了宝玉、黛玉、宝钗之间的性格、情感差异及相互关系，为后文三者的爱情故事做了必要的铺垫。此时，突然插入宁府当家人——贾珍的妻子尤氏盛邀荣国府众女眷来宁府观梅的情节。荣府众女儿都没去，独贾宝玉跟随而去。席间，宝玉一时倦怠欲睡中觉，此处贾蓉之妻——秦可卿正式登场。书中并没有对她的来历、身世做一番介绍，而是直接说明了她的身份和性格特征：宁府嫡长孙贾蓉的正妻，生得“袅娜纤巧”，行事又“温柔和平”，乃“重孙媳妇中第一个得意之人”（贾母评）。从这样的出场方式看，我们大体可以断定，秦可卿不是《红楼梦》中的主要人物。

她的出场，不为别的，却是要引导贾宝玉入室睡觉。她开始的一些举动、话语，如“我们这里有给宝叔收拾下的屋子，老祖宗放心，只管交与我就是了”“嬷嬷姐姐们，请宝叔随我这里来”，我们还大体可以体会到贾母之感，认为她是一个“极妥当的人”。秦氏引宝玉到上房内间去，可宝玉不肯，因嫌满屋子全是劝人仕进的摆设，此时，秦氏笑道：“这里还不好，可往那里去呢？不然往我屋里去吧。”这句话一出，却真有些让人吃惊。为何吃惊？随后文中也多少给出了答案。此言一出，即遭到同行老嬷嬷的反对。其言：

> 那里有个叔叔往侄儿的房里睡觉的礼？①

那么，叔叔在侄儿房里睡觉，违反了什么礼？或许，这很难找到直接的礼

---

① 这里需对各抄本写作“礼”或“理”做一个简单说明。甲戌本作“礼”（邓遂夫版错记为“理”），乙卯本作“礼”，旁又加字“理”，庚辰本作“理”，蒙府本作“侄儿媳妇屋里睡觉的道礼”，戚序本作“道理”，舒序本作“理”，列藏本散佚，梦稿本作“理”，卞藏本作“道理”，甲辰本作“侄儿媳妇房里睡觉的礼”，程甲本、程乙本同于甲辰本。从各抄本的差异来看，这里的字大体有个由“礼”到“理”及“道理”的一个先后演变过程。而依据上下文来看，此处作“礼”比“理”更合适。因为此处贾宝玉住侄儿（媳妇）的内寝，主要是与“礼法”不合，与事物存在、发展的“道理”关涉不大。另外，蒙府本、甲辰本及乙卯本的添文，都多出了“媳妇”二字，从事理来看，基本没有必要。因为贾蓉与秦可卿是夫妻，侄儿房就是侄儿媳妇房，说“侄儿房”已经隐含了“侄儿媳妇房”的意思，而非要增加上“媳妇”二字，不仅多余，而且有太过直露之感，一个老嬷嬷应是不敢如此张口刺骂主子的。

法文献，但民间遵循的礼法对此还是界定得很清楚的。贾蓉和秦可卿虽已结婚几年，但毕竟是年轻夫妇，他们的内寝，如何能随意让外人进入？何况还在此睡觉？违反这样约定俗成的礼，已经有“淫”的指涉了。更何况此时宝玉从辈分上讲还是贾蓉、秦可卿夫妇的堂叔，二者相差一辈，若宝玉睡进贾蓉夫妇的内寝，便不仅指涉着“淫”，而且有了“乱伦”的影射。[①] 可秦可卿如何回答和处理这个问题呢？秦氏笑道：

> 嗳哟哟，不怕他恼，他能多大呢？就忌讳这些个！（第五回）

从她的答语中可以看出，秦可卿对这个行为的“违礼”之处是心知肚明的，但在她看来，她让宝玉住进自己的内寝，有其特殊情况，即宝玉尚小。按英莲和黛玉的年龄推算，宝玉此时大致九岁。九岁的年龄，说大不大，说小不小，又关键看宝玉此时是否已经对男女情事有所知晓，并且生理是否已发育。宝玉对情事的知晓，我们可以从他与秦钟之间的暧昧关系、他捉秦钟与智能儿偷情等情节看得清楚。而紧接着他做春梦，醒后又强扭着袭人与他行云雨之事，可以见出，他已开始发育进入青春期。这些情况，难道秦可卿一无所知吗？而且，随后书中对秦可卿内寝的描绘，她的丈夫贾蓉与贾蔷存在的暧昧关系，贾珍、贾蓉与二尤之间的淫乱关系，都能清楚地说明，秦可卿生于其中，不仅深知青年男女之间的淫情心理，而且深知贾府上下人等的淫乱风气。此时她说“不忌讳”，那么，她的内心到底不忌讳什么？

或许这个问题的答案很简单，秦可卿此时已经宣言，“我”不忌讳男女之间乱伦乱礼的淫乱关系。男女有别、长幼有序等这些基本的礼法，在她这里，都变得无足轻重。所以她笑说：“嗳哟哟，不怕他恼，他能多大呢？”宝玉年龄的大小，仅是掩人耳目的一个说辞，她真正想表达的，却是人伦礼法根本无须注意，更不应成为人们放情纵欲的羁绊。由此看来，秦可卿的判词——“情既相逢必主淫”“造衅开端实在宁”，一句不虚！一些学者考证秦可卿出自大户人家，甚至如刘心武等好事者考证其为皇亲遗孤，又甚而牵扯出皇室与曹家的政治交易，如此的秦可卿不知该如何承当这份“尊贵”？

---

① 很多学者讨论秦可卿时，都没有注意到这个问题。只周汝昌在《周汝昌校订批点本石头记》对此做了一段按语，言：“雪芹喜用礼字，亦重礼仪，是其思想性情中之另一面。论事论人，皆不可简单肤浅，一语了之，此义甚长。”（[清] 曹雪芹著，周汝昌点校：《周汝昌校订批点本石头记》（上），译林出版社，2011 年，第 66 页。）他仅以“雪芹喜用礼字”来说其中的道理，显然是针对《红楼梦》整体上反礼倾向来说，雪芹本不应用“礼”，但此处用了，反映出“其思想性情中之另一面”。整体来看，他也没有关涉其中的“奥秘”。

二、秦可卿的病及死

自秦可卿的魂影将宝玉引入太虚幻境，便要等到第七回才出现了一下，但主要目的是引出秦钟。她的真正出场，可以说是在第十回。可这次出场，文中直接叙述道，秦氏不仅病倒在床，而且已经病了两个多月了，并且根本不见好转的迹象。根据尤氏和张医生的说明，秦氏的病大体有两个症状：一是“经期有两个多月没来”，大夫瞧了，并不是喜，四肢无力，精神颓散；二是“心细，心又重”，没什么个话，都要“度量个三日五夜才罢”。最后，尤氏下了一个断语：“这病就是打这个秉性上头思虑出来的。”（第十回）后来这个论断也得到了张医生的肯定。换句话说，秦可卿犯的主要是心病，而非身体疾病。是心病，就有缘由。书中交代，这缘由，从内在方面来说，是秦氏心细、爱琢磨，从外在方面来说，便大有文章了。

依尤氏所言，秦氏的心病有两个方面：一是那些“扯是搬非、调三惑四”的人；二是秦钟不学好，不上心念书。其后几次论及秦氏的病，特别是王熙凤与秦可卿的对话，都没有再给我们更多的信息。于是就这样，秦氏一天天消瘦下去，病情越来越重，不上一年便一命呜呼了。①

秦氏死后，疑点却一股脑儿涌现出来。第一，王熙凤在秦氏临死时，在自己房中做了一个梦，梦中秦氏给她讲了大段贾府兴衰及后世安顿的话，并说自己要回到太虚幻境去。第二，秦氏死后，众人“无不纳罕，都有些疑心”（第十三回），并多想她的好，莫不悲号痛哭。第三，宝玉得知秦氏死了，“心中似戮了一刀的不忍，‘哇’的一声，喷出一口血来”（第十三回）。第四，秦氏的婆婆尤氏犯了胃疼旧疾，睡在床上，不能理事。第五，秦氏的公公、贾蓉之父贾珍“哭的泪人一般”，并说要“尽我所有”来办秦氏丧事。第六，秦氏丫鬟瑞珠，见秦氏死了，也触柱而亡，秦氏小丫鬟宝珠甘愿为义女，誓担摔丧驾灵之任。第七，秦氏之夫贾蓉很少露面，未写悲戚之状及相关主动行为。尤氏已说，秦氏病得“奇”，可与她的死后比较，根本算不了什么了。作者为什么要

① 秦氏由病到死的时间，书中记载或有些差误。秦氏病，在秋冬时节，接着书中主要写了贾瑞和王熙凤之事。而贾瑞因贪恋王熙凤而死，据书中交代，大致经历了近一年的时间。这段时间，秦氏是一直病着的。贾瑞刚死，书中即交代“这年冬底”林如海病重，贾琏带林黛玉回扬州。随后几日，秦可卿即死。如此看来，秦氏由病到死，至少一年时间。但这期间书中叙述的情节太少，留出的空档期太长。有些学者干脆认为，秦氏病、贾瑞死、贾琏及黛玉走等情节都在秦氏病的那年几个月同时发生并完成，有关贾瑞死的叙述是误记，所以秦氏由病到死，在同一年，就几个月的时间。对此，我们存疑，先搁置不议。

这样写?

秦可卿在太虚幻境中的“薄命司”的金陵命厨中，居“金陵十二钗正册”，但属最后一位。从她的判词中，我们大致可以知晓，她的身份、作用，大体在两个方面展开，一个是由情入淫，一个是落罪于宁。综合来看，她的存在，便主要是为了显出“擅风情，秉月貌，便是败家的根本”（第五回“红楼梦曲”第十三支）的主题。根据书中现有的内容来看，由情入淫，主要是通过秦氏引导贾宝玉睡其内寝来呈现；落罪于宁，也主要是通过贾宝玉偷尝禁果首在宁府来实现。[①] 可这样的侧面叙述，显然难以支撑起秦可卿的存在价值。于是，作者利用秦氏死后出现的诸多疑点，与她的病及死的诸奇相对照，共同构筑起一个极为隐曲的“迷幻”世界。读者所能尽其事者，便只有“猜”了！

一些早期文本留下了大量批语，透漏了诸多文本以外的信息，为我们构建起一套有根据、有理由的秦可卿故事提供了大量帮助。

《红楼梦》甲戌本第十三回正文前有一段同文墨字评语，言：

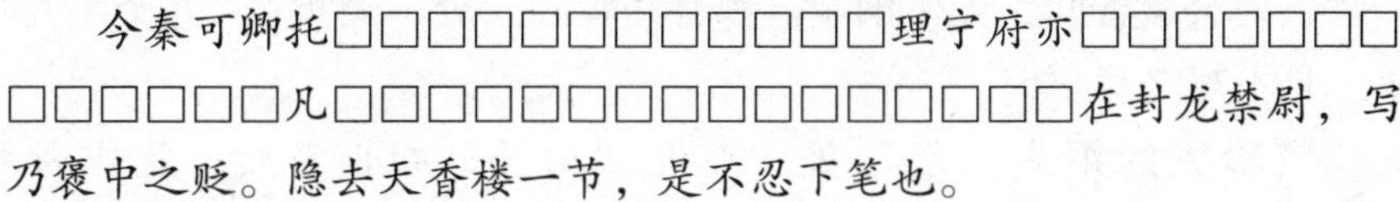

今秦可卿托□□□□□□□□□□□□理宁府亦□□□□□□□□□□□□□凡□□□□□□□□□□□□□□□□在封龙禁尉，写乃褒中之贬。隐去天香楼一节，是不忍下笔也。

从这段评语看，脂砚斋在“重评石头记”时，第十三回内容中天香楼情节已经隐去，留下的是秦可卿托梦、王熙凤协理宁府、秦可卿死封龙禁尉等情节，与现有抄本内容相同。而隐去天香楼一节的原因，脂砚斋说是“不忍下笔”。“封龙禁尉”的写法，是“褒中之贬”。

先说“死封龙禁尉”事。秦氏死时，贾蓉仅是个黉门监，写在灵幡经榜上不好看，没什么身份，“便是执事也不多”，即使丧葬礼制上也受到限制，不风光。于是，贾珍趁大明宫掌宫内相戴权上祭时，便表达了这个心思，戴权答应下来，让贾珍花费一千二百两银子为贾蓉捐了一个五品龙禁尉的官职。于是，“灵前供用执事等物，俱按五品职例”（第十三回）等。加之前面贾珍为秦氏买了“坏了事”的老千岁的樯木棺，二者彻底坐实了贾珍的“恣意奢华”“尽我所有”。那么，这其中“褒”指什么？大体是说，秦氏得了五品夫人的高贵身份。“贬”指什么？大体指贾珍此举有“僭礼”之嫌，又太过奢华，更多是通过贬贾珍达到贬秦氏的目的。整体而言，作者传达的意思，大体是说，

① 当然，从整部小说来看，落罪于宁，不仅仅在秦氏，重要的还有贾珍、贾蓉所行诸事和他们引导贾琏偷娶尤二姐等诸事。

任何家族中的任何成员，都应该遵循古法，严守礼仪，如此才能永葆家族兴旺，和睦太平。据此推论，“天香楼”一节，一定比现有文本所写有过之而无不及，更能体现作者贬刺的用心，更能反映出“僭礼”的危害。可若写出来，事实太过直露，用意太过明显，且有失“亲亲相隐”的情义，故“隐去”。那么，“隐去”的内容到底是什么呢？这便成为众人关注的焦点。

查检有批语的乙卯本、庚辰本、蒙府本、戚序本十三回所录批语与甲戌本相同者，共二十一处，未有一例关涉“天香楼”诸事；而甲戌本批语涉及“天香楼”诸事处，乙卯等本均无批；而且蒙府本等回前诗、回后总评，也均未涉及“天香楼”事。足可见所谓的“天香楼”诸事，应是甲戌本后起批语所出。然而，甲戌本第十三回前同文评语，确已写明有“天香楼”一节，可以肯定，“天香楼”诸事若存在，也应在这一回有，而“隐去”，也只在这一回删去。

现将甲戌本批语中涉“天香楼”事处罗列如下：

1. “彼时合家皆知，无不纳罕，都有些疑心”处，眉批：“九个字写尽天香楼事，是不写之写。”

2. “贾珍哭的泪人一般”处，夹批：“可笑，如丧考妣，此作者刺心笔也。”

3. “另设一坛于天香楼上”处，夹批：“删。却是未删之笔。”

4. “他也触柱而亡”处，夹批：“补天香楼未删之文。”

5. “不知凤姐如何处治，且听下回分解”处，眉批：“此回只十页，因删去天香楼一节，少去四五页也。”

6. 此回回末批语，言：“‘秦可卿淫丧天香楼’，作者用史笔也。老朽因有魂托凤姐贾家后事二件，嫡是安富尊荣坐享人能想得到处。其事虽未漏，其言其意则令人悲切感服，姑赦之，因命芹溪删去。”

从这些批语来看，“隐去”的“天香楼”事，应该存在过，但具体是什么，除去文中透露出来的一些信息外，还看不到任何其他信息。而且，据其他抄本后加的一些批语所言，也未及隐去的“天香楼”事。如庚辰本在“众人忙劝道：‘人已辞世……如何料理要紧’”处，行间朱笔夹批言：“淡淡一句，勾出贾珍多少文字来。”蒙府本、戚序本在“贾珍拍手道：‘如何料理，不过尽我所有罢了’”处，行内双行墨批言：“‘尽我所有’，为媳妇是非礼之谈，父母又将何以待之？故前此有恶奴酒后狂言，及今复见此语，含而不露，吾不能为贾珍隐讳。”蒙府本在“此时贾珍恨不能代秦氏之死，这话如何肯听”处，行间夹批墨笔言：“‘代秦氏死’等句，总是填实前文。”庚辰本回末朱批言：“通回将可卿如何死故隐去，是大发慈悲心也，叹叹！壬午春。”综上可见，有关“天香楼”事的具体情节，所有批者都未透露。

在这些关键点上，神秘的靖藏本批语却给出了较为明确的情节信息。其批语原文类似于甲戌本回末批语，仅在“因命芹溪删去”的基础上，增加了四个字——“遗簪更衣”。于是，好事者便据此构想出一段较为完整的情节，言：“秦可卿与贾珍私通，被婢撞见，羞愤自缢死的。”① 可是这些说法，除去自说自话外，再找不到其他任何版本和文献证据。所以，从严谨、客观、科学的角度来说，这些不能作为确切的证据存在。

三、秦可卿的情和淫

秦可卿的出身，在书中的第八回结尾处做了一些简单的说明。因前文已经叙及秦可卿和秦钟，且此时因涉及秦钟欲入贾府学堂，必须要回去禀知他父亲秦业，所以交代秦业的同时，便自然交代出了秦业和秦可卿、秦钟的身世关系。这种写法，从文章脉络上顺理成章，从作者写作的惯例上也成章法，如袭人、晴雯等身世介绍等。好事者说此段是“补丁”，纯是依据自我“心思”强加揣测。

按书中介绍，秦可卿为秦业在养生堂保养而来，名唤可儿，长大时，生得形容袅娜，性格风流，因素与贾府有些瓜葛，故许与贾蓉为妻。有些学者对此不以为然，对秦氏与贾蓉的婚事提出异议，认为出身不明的秦氏不可能嫁到“烈火烹油”的贾家宁府。胡文炜《秦可卿出身论》一文，对此问题做出反驳，已说明得较为清楚了②，此处不再赘述。甲戌本在“小名唤可儿”处有行内双行朱批，云：

> 出名。秦氏究竟不知系出何氏，所谓寓褒贬、别善恶是也。秉刀斧之笔、具菩萨之心亦甚难矣。——如此写出可儿来历亦甚苦矣。又知作者是欲天下人共来哭此情字。

这段批语传达出两个重要信息：一是写秦氏不明的出身，大体和“天香楼”事类似，是寄寓褒贬，多“隐去”了内容；二是命名为“秦”及“可儿”，大

---

① 臞蝯：《红楼佚话》，转引自俞平伯《红楼梦研究·论秦可卿之死》，人民文学出版社，1973 年，第 123 页。

② 胡文炜：《秦可卿出身论》，《明清小说研究》，1997 年第 4 期。

体是要点出一个“情”字，用他们的身世命运来提诫世人，来共哭“情”！如此来说，作者写秦可卿及秦家的目的，应该是比较清晰的，那便是以他们为媒介来重点演绎“情”的遭际和内核。依据甲戌本批语所示，秦业，业者，孽也，“盖云情因孽而生”，秦钟，是为“情种”，一生终为情，秦可卿，大体也可为“情可亲”，或引申为“情可以亲爱但不可亵玩焉”。

甲戌本第七回在“学名唤秦钟”处行内朱笔双行批云：“古诗云：‘未嫁先名玉，来时本姓秦。’二语便是此书大纲目、大比托、大讽刺处。”依据秦氏判词“情天情海幻情身，情既相逢必主淫”来看，作者写“情”，自是要通过情来写“淫”，而通过情淫，是要通达至整个家族的败亡缘由探索，所谓“擅风情，秉月貌，便是败家的根本。箕裘颓堕皆从敬，家事消亡首罪宁。宿孽总因情”（第五回“红楼梦曲”第十三支）。秦氏的情，书中交代得并不多，通篇看她与贾蓉的夫妻之情，十分不明显，与贾宝玉之间的情，也十分含糊，与贾珍存有的情，或因隐去天香楼一节，至今未见。① 秦氏的淫，书中或有所涉及，但仍旧是侧写，即引导贾宝玉入自己内寝睡觉而于“礼”不顾。只甲戌本第十三回回末批语，才明确点出“秦可卿淫丧天香楼”，是“作者用史笔也”。又庚辰本第十三回回末批语所言，“通回将可卿如何死故隐去”，换句话说，秦氏最明显的“淫”，正是在这段隐去的“天香楼”事中写出。而从书中诸多的显在叙述看，与其发生淫乱的对象，定是她的公公贾珍了。

秦氏死前，书中基本没有交代贾珍与秦氏有什么交集，只是在第十回秦氏病时，贾珍忧心焦虑，为秦氏的病和医生想得周到，也极为尽心，但未见有什么特殊之处，都在情理之中。只突然转到第十三回，贾珍的言行举止表现出太多的异常，让人着实难解其中奥秘，也便纷纷“司马昭之心”地猜测起来。那么，现今批语提示的“淫丧天香楼”合理、合适吗？

若依批语所示，第十三回少了四五页，将“秦可卿淫丧天香楼”事删去，那么，我们根据故事情节的安排来说，如果这些内容没有删去，会安插在何处呢？现有第十三回内容，开篇便接续上回贾琏送林黛玉回扬州，王熙凤算着日子，每夜也只和平儿闲叙几句，便胡乱睡去。只一日，凤姐朦胧中梦见秦氏来，与其话别，然后敷衍出一段贾家诸后事处理警戒之语。也就是说，此回开篇便写秦氏即死。那么，秦氏淫丧情节，一定要在即死之前，即在十三回开篇

① 关于这部分内容，一些学者做了很多猜测。如有学者认为，贾蓉是男同性恋，对女色不感冒，所以秦氏是与贾蔷有关系；另有人认为，秦氏是与贾敬有关系；又有人坚称，宝玉实与秦氏发生了第一次性关系。大多数人认为，秦氏与贾珍有明显的淫乱关系。但如文中所说，这部分因缺乏必要的文本和相关文献支撑，都难以确定。

部分。那么，秦可卿在十三回前，处于什么状态呢？秦可卿生病是在第十回交代的，第十一回、十二回主要叙述了王熙凤和贾瑞事，而在这段时间，文中交代，秦可卿是病得越发严重。第十一回写道，王熙凤再去看秦氏，秦氏已是“那脸上身上的肉全瘦干了”，而王熙凤也对尤氏直言“这实在没法儿了”，让预备后事，而且尤氏也已暗暗预备了。这些足以说明，秦氏在第十三回前，已经病入膏肓。在这种情况下，我们该如何设想秦氏与贾珍发生淫乱行为，又如何设想她因此而悬梁自缢？更有什么“遗簪”“更衣”，被丫鬟撞见？现在看来，这些设想完全是脱离文本的“无稽之谈”。只是有太多的好事者，本着“宁愿信其有，不愿信其无”的奇怪心理，借着秦可卿来满足自我的心理淫欲罢了。①

四、秦可卿的主题意义

从秦可卿的判词和“红楼梦曲”来看，她的存在意义主要在演绎情至淫的过程和后果。但作者留给她的篇幅内容却是极少，又有太多的顾虑，故很多内容想写又没写，造成了文本中太多的“疑问”和缺憾。后人只能依据现有文本和外部所得资料，大致构建起秦可卿的诸多事实，评说她的价值和意义。

秦可卿的来历不明，出身不明，只说从养生堂由营缮郎秦业抱来养大。她小名唤可儿，生得袅娜，性格风流，嫁与宁府玄孙贾蓉为妻，得到了公公、婆婆和上下人等的交口称赞，甚至还得到了荣府最高权威者贾母的赞许。可她的第一次出场，就引导贾宝玉睡进自己的内寝，而她的内寝又充满了香艳、淫秽气息。于是，贾宝玉在白日做得一梦，入太虚幻境，看了“金陵十二钗”判词及其他判词，听了新演“红楼梦十四支曲”，又被警幻仙子许以可卿仙姑行了云雨之事。在这简短的叙述中，文中已经蕴含了三个比较突出的矛盾。一是秦氏为什么能得到上下人等的交口称赞？文中未说，或仅是为后文做个铺垫。二是为什么将秦氏的言行、处所描绘成“淫”的趋向？这样的安排，不仅与前一个矛盾形成对立，造成一个“反讽”效果，而且逐渐突出一个主题——淫。大家都喜欢谈情，似乎情要比礼或理更具有合理性和人性内涵，但此处作者如此安排，就是要让人看清楚，“情既相逢必主淫”，谈情离不开淫，而淫是

① 一些学者还根据秦氏自缢而死，构想出秦氏和鸳鸯之间的呼应关系。鸳鸯悬梁自尽，本是后四十回续写者的一种“主观推想”。这些学者拿续写者的“主观推想”来证明秦氏定是悬梁自缢，真是让人啼笑皆非。

万恶之首。三是为什么安排一个太虚幻境，又有意将与宝玉领受云雨之事的仙姑命名为可卿？太虚幻境的主题，应该比较清楚，一是女儿都薄命，二是男女情事大都是皮肤滥淫，而在这样的说明之下，又深深寄寓着家族因淫色、贪利而必然覆亡的警戒。荣、宁二公嘱咐警幻仙子要引宝玉早入正路，警幻仙子以情欲声色历练宝玉，宝玉却执迷不悟，不仅醒来就与袭人重领云雨之事，而且越发陷入情感旋涡中。这正说明，秦氏的出现就是要先行演绎整部《红楼梦》的主题，一是男女的情和淫，一是因情淫带来的家族兴亡。

秦氏在第七回引出她的弟弟秦钟。秦钟一出场，就与宝玉形成了一个反差，二人的心理活动很有意味。宝玉认为自己荼毒了富贵，秦钟认为自己被“贫寒”所限。这或者是说，不管贫寒、富贵，世事不能两全。但二人相见即相互欣赏，相互亲善，最后在秦钟的提议下，二人共进贾府学堂。入了学堂，他们便闹出了男习风波。可以说，这些贾府子弟，都是小小年纪，却一味地相互淫乐，毫无规则伦理可言，又在相互的利益驱使下打斗争突。这又显出了另外一个主题：学堂的无规矩、无礼法，也直接与子弟间的相互淫乐相关。秦氏死后，秦钟在为姐姐送葬、暂住馒头庵时，又与小尼姑智能儿偷情，被宝玉逮了个正着儿。秦钟的这种行为，不仅是大不孝，更是大伤风化，也显出了宝玉性染的淫乐风气。不久，秦钟与智能儿事发，秦钟被秦业痛打，秦业因此归了西。秦钟因悔痛病将下来。不多几日，秦钟便“不中用”了。秦钟的魂魄被鬼捉去，又被宝玉叫回，在弥留之际，秦钟对宝玉说了一段劝仕进的遗言。秦钟从第七回出，到十六回死，篇幅、事件极其有限，却紧紧围绕着两个中心展开：一是宝玉，二是淫乐。他与宝玉年龄相仿、长相相仿，其实性格上也相仿，实写秦钟，虚则写宝玉。秦钟淫乐，不仅在学堂同性淫乐，而且在丧期与出家的异性淫乐。他的这种淫乐，不仅大大违反伦理道德，而且几乎超越了所有界限。可以说，为了淫乐，毫无顾忌，无所不能。与秦氏比起来，秦钟确实更胜一筹。临终前，他却对宝玉说了这些话：

> 并无别话。以前你我见识自为高过世人，我今日才知自误。以后还该立志功名，以荣耀显达为是。（第十六回）

书中秦钟何处何时能有如此见识？又为何要在此时发出如此“人之将死其言也善”的遗言？多数论者只关心秦可卿，对秦钟却不闻不问，到底是何者在作怪？如此看来，秦氏临终时给王熙凤托的梦，也就不足为奇了。而秦钟的这番话，却点出了主题。宝玉是最有可能承继贾府家业的人，但一味在淫乐中成长，也在淫乐中生存，秦钟因毫无顾忌地淫乐而早死，正是要为宝玉及家族的兴亡敲一个警钟。

秦氏在秦钟闹完学堂后，第十回一出场就被告知病倒，病了就一发不可收拾，到第十三回前便一命呜呼了。可以说，秦氏的出场主要就在第五回。而第五回，书中也是多侧面叙述。到了第十三回，秦氏是正面描写，可一上来就以魂魄出现，对梦中的王熙凤说：

> 婶婶好睡！我今儿回去，你也不送我一程。因娘儿们素日相好，我舍不得婶子，故来别你一别。还有一件心愿未了，非告诉婶子，别人未必中用。（第十三回）

这段话，我们大致要分三部分来解。第一，“我今儿回去，你也不送我一程”。秦氏说“回去”，自是回到太虚幻境去，因为她是册子里面的人，但是否是个神，书中未说，也便不好揣测。但话说回来，每个人死后都会有个归所，无论天庭、地狱，不过是人想象造设的一个地方，《红楼梦》中只是将这个地方取名为“太虚幻境”，并没有太多神奇的地方。第二，“因娘儿们素日相好，我舍不得婶子，故来别你一别”。秦氏出现，书中只说与王熙凤相好，但具体往来没有过多交代，倒是秦氏病后，书中交代几次，确能见出这份“情谊”来。秦钟对着宝玉，秦可卿对着熙凤，二“情”对应的人物，正是贾府乃至《红楼梦》中最核心的两个人物，寓意可谓深远、明显。第三，“有一件心愿未了，非告诉婶子，别人未必中用”。秦钟对着宝玉所言，突出了一个“自我见识”和“功名荣耀”的对立；秦氏对着熙凤所言，突出的却是繁华、权势和贫穷、落败的对立。二者可谓各有千秋，又异曲同工。其“心愿”未了，正是对着熙凤所掌管的现世贾府而言。其中又根本突出了一个显在矛盾，即贾府上下男丁都“不中用”，就只能将希望寄托在一些女子身上。这已透显出贾府最深层、最核心的悲哀！

秦氏接着说道：

> 常言“月满则亏，水满则溢”，又道是“登高必跌重”。如今我们家赫赫扬扬，已将百载，一日倘或乐极悲生，若应了那句‘树倒猢狲散’的俗语，岂不虚称了一世诗书旧族了！（第十三回）

她先亮出一个通共的道理，“月满则亏，水满则溢”，表明贾家的败亡是不可避免。这是自然规律，可也是贾府上下一同淫乐所致。所以，秦氏说：“如今能于荣时筹划下将来衰时的世业，亦可谓常保永全了。”换句话说，趁着这繁华世景，早预备下末世的钱粮产业，才是根本。于是，她说出了两件最要紧的事：一是祖茔虽四时祭祀，只是无一定的钱粮；二是家塾虽立，无一定的供给。为此，秦氏给出的唯一方法便是，“将祖茔附近多置田庄房舍地亩，以备祭祀供给之费皆出自此处，将家塾亦设于此。”我们先不说此话已经预示了贾府最后必遭抄家的命运，仅从救世的方法来讲，此也仅是治标不治本。既有钱粮供奉祖宗，既有钱粮供奉家塾，可在世的成年人一味淫乐，于礼法不顾，少小的未成年人一味学样儿，不思进取，不求上进，到头来仍会是一败涂地，“落了片白茫茫大地真干净”！所以，如果我们头脑还算正常，就不会对秦氏魂魄的话语太过拔高。同时，联系秦钟的临别忠告，可见，姐弟二人对应着熙凤、宝玉姐弟二人，正好说出了整部《红楼梦》的中心主旨，一是淫，一是败。而淫和败又有着密不可分的联系，那就是因淫而坏礼，礼乐崩坏必然带来动乱和罪责，而终至败落。

综上来看，秦氏更多具有的是象征意义，其揭示出的主题，便是《红楼梦》的主题。

五、秦氏的结构安排和其他疑问

如此看来，秦可卿的出身很重要吗？秦可卿的死法很重要吗？秦可卿如何死很重要吗？作者对此都采取了模糊法，虽在这些模糊上增添了许多隐喻、象征的意味，但我们若将主要的关注点放在这些模糊处，并大加推论和揣测，真有些南辕北辙了。对我们来说，重要的是，秦氏的出场和离去对整个故事情节的安排和主题的生发到底具有怎样的影响。

秦氏的出现，是在宝玉、黛玉、宝钗悉数出场之后，且书中在第五回前特别提示我们，宝、黛、钗之间已经形成了比较明显的三角恋爱关系。换句话说，以宝玉为中心，故事正要展开以“情”为主题的情节。而情，自应有两个向度的发展；一是与原始的性欲混合，逐渐走向“淫”，二是与品格、性情、节操联系在一起，逐渐走向“爱”。书中的这种区分，正是在宝玉梦里游历太虚幻境时由警幻仙子告诫而出，一是皮肤滥淫之蠢物，一是天分中生成一段痴情，推之为“意淫”。警幻仙子给宝玉介绍她的妹妹，乳名兼美，字可卿者，正是想让他提前领略这般黛玉、宝钗身体皮肤带给他的“欲乐”，以期能够由欲而悟，“将谨勤有用的工夫，置身于经济之道”（第五回）。可宝玉并未即时醒悟，反而沉湎于情欲之中，不能自拔，就只得被迷津中鬼魂吓住。“可卿救我，可卿救我！”宝玉呼喊的，不仅是梦中与自己情欲相合的可卿，抑或是现世中正做着侄儿媳妇的可卿。秦可卿把他引进去，自然要把他引出来。那么，现世中的秦可卿如何把他引出来呢？

现世中的秦可卿可不是什么兼美，她既没有黛玉的清慧、自持，也没有宝钗的温婉、和平。换句话说，她不仅要逊黛玉才的“三分白”，而且要输宝钗德的“一段香”。所以，她只能一则强拉着秦钟（情种）来用短暂的一生，由情到淫，由淫到死，为宝玉提供一个近身的范例。临终遗言，才是秦钟这个角色最闪亮的出场。宝玉醒悟了吗？没有。宝玉对这个人、这段故事只有短暂的哀伤、惋惜和偶尔的挂念，就重又回到了他的“女儿国”中高乐去了。二则她让自己突然死去，让宝玉的身体上受一瞬间的创伤，“心中似戳了一刀的不忍”，“哇”地喷出一口血，所谓“急火攻心，血不归经”（第十三回）。然而，随后宝玉看到的，不是众人的悲戚，也没有丝毫的警戒和收敛，反而是越发“淫肆”“非礼”、奢华和势利。众人古怪的行为，正反映出了贾府上下没有一个正经人，没有一个干净人。正如焦大所说：“那里承望到如今生下这些畜牲来！每日家偷狗戏鸡，爬灰的爬灰，养小叔子的养小叔子，我什么不知道？咱们‘胳膊折了往袖子里藏’！”秦可卿这么年轻就死了，这么快就死了，正如她自己所说：“这都是我没福。这样人家，公公婆婆当自己的女孩儿似的待。婶娘的侄儿虽说年轻，却也是他敬我，我敬他，从来没有红过脸儿。就是一家子的长辈同辈之中，除了婶子倒不用说了，别人也从无不疼我的，也无不和我好的。”这样的处境，这样的前程，如何能不让人惋惜慨叹呢？可是，细想起来，大家为此唏嘘，仍旧是冲着那份“好利”而来。秦氏死前，一个好端端的贾瑞死了，又有几人为之慨叹唏嘘呢？而最根本的，是没有一个人能从这些人的短命中体会到“欲”和“利”的危害。宝玉没有，王熙凤也没有。

秦氏的丧礼的确办得轰轰烈烈，十分风光、气派，可里面又充斥着些什么呢？一是贾珍的离奇哀痛，直白地表明了秦氏一定与自己的公公有不可告人的淫乱秘密。这虽然让贾珍也多少落实了“爬灰”之嫌，但更多是让死去的秦可卿永远背上了“淫乱”的骂名。二是引出王熙凤协理宁国府，却也让王熙凤在铁槛寺制造了一起带血的命案，如此权力熏天，如此无法无天，使得整个风光葬礼只被利益和势利笼罩着。三是秦可卿的弟弟秦钟在馒头庵与尼姑淫乱，加之宝玉的嬉笑怒骂，不仅重新还原了秦氏以“淫”为一生的主色调，而且将基本的亲情也显露于众人眼前，并使之烟消云散。三个主要人物，三个主要层面，将秦氏死后的世界再次归入“淫乐”，再次归入“势利”，同时也就将故事发展的方向，再次回归到了“树倒猢狲散”的必然结局上。或许，我们不该这样悲观地看待秦氏的结构价值。毕竟，她的一生，让我们预先看清了贾府上下的真实内里和症结所在，也让我们预先知道了整个《红楼梦》故事的结局、中心和主旨。

最后，我们简单回应几个书中出现的疑问。

第一，秦可卿判词所写死法与小说中实际发生的差异。秦氏的判词和“红楼梦曲”表达的意思都很明确，秦氏是悬梁自缢而亡，可书中的情节偏是渐渐病死，这是明显的矛盾。在没有确切的文本和相关文献支撑下，我们无法断定出现这种矛盾的原因。或许，我们只能说，“天香楼”事，或应有必要的交代。但现有文本中，断不可强加入“淫丧天香楼”事。

第二，贾珍在秦氏死后的特异表现。因“天香楼”一节被隐去，依据现有文本，我们不足以说明其中的原因。只能推想，二者存有不可告人的淫乱秘密，而且在这样的淫乱关系中，二者还具有一定的真实感情。

第三，众人的“纳罕”“疑心”。[①] 众人的“纳罕”多出于对秦氏死得迅速的疑问，而“疑心”正是想探究出这其中的秘密。可其后的叙述却完全与这些“纳罕”“疑心”无关。于此，我们也只能说到这了。否则，我们必须补出“天香楼”事。

第四，秦氏两丫鬟的特异行为。这两个丫鬟，前文未作交代，后文也不再多写，只留下这些特异行为，让我们着实摸不着头脑。一则我们可以往丧礼的风光、圆满处想。秦氏的丧礼门面，是五品职例，“世袭宁国公冢孙妇、防护

① “纳罕”“疑心”处，各抄本有些异文。甲戌本、乙卯本、舒序本作“纳罕”“疑心”，蒙府本作“赞叹”“疑心”，戚序本作“纳叹”“伤心”，甲辰本作“纳闷”“疑心”。周汝昌校订批点本选用“赞叹”“疑心”，又加按云：“秦氏之处境至难，末后竟不惜一死了结，大仁大勇，故家人无不赞叹。实则下文疑心方是写其死因无疑，是两重意义。”又在随后众人“想他……”后加按云：“盖秦氏之为人行止见识，上文并未一字叙及。在此一连几句皆是补笔，虽是笔法新鲜，终觉不免有惊讶之感。试想在全部书中所写女子甚多，却未见作者加以赞美之重笔者。秦氏何人？掩卷思之，实费索解。”周汝昌的“大仁大勇”说，是跟着三点内容而来，一是秦氏对王熙凤的托梦，一是死后众人的评价，一是秦氏为掩其丑闻而毅然决然地选择“自缢”。当然，或许他还有一个考量，秦氏出身显贵，且曲折。所以，他选择蒙府本的写法。若依从周汝昌的预设，那么“疑心”又作何解释呢？所以他说是“两重意义”，也就是说这二者前后没有太大的逻辑联系。但是，依照他的说法，这二者正好是矛盾的。既然人们内心已经知道了秦氏的事情，又何苦要“疑心”呢？其后按语，一则确认众人评价是“补笔”，二则认为作者如此赞美秦氏，前文没有铺垫，更少有如此称赞者，“实费索解”。但其实，他的论述指向，都已经预设了一个前提，即秦氏出身高贵、政治阴谋。足可见周汝昌在讨论这些问题及裁决版本文字时，内心都有了一些自己假定的预设，而这些预设根本得不到史料和文本的证明。这些被他用作理论前提的假定，以及对文本内容做出揣测、推论，在他以强大的曹学文献功底做了一番比附、缠绕后，如果不细加甄别、讨论，极易被蒙混接受。另外，通过这点异文，我们更可见出各抄本之间的关系。“纳罕”“疑心”既合情合理，又有多数抄本证实；蒙府本的“赞叹”，应是后抄者改文，而戚序本的“纳叹”，更是依据“纳罕”“赞叹”的改文，故一定后于蒙府本及甲戌本、乙卯本。而甲辰本的“纳闷”，或是依据“纳罕”的“俗化”改文。

内廷御前侍卫龙禁尉贾门秦氏恭人之丧"；秦氏的棺木，是潢海铁网山上樯木，"帮底皆厚八寸，纹若槟榔，味若檀麝，以手扣之，玎珰如金玉"，万年不坏；秦氏的"殉葬"者，则是贴身的丫鬟瑞珠，她的死，不是强逼，而是自为之；秦氏的"摔丧驾灵"者，则是体己的丫鬟宝珠，没有后人便有了后人，也不是强逼，是完全自愿。人、物齐整，内、外齐全，自是一个圆满、齐备、富贵、隆重、奢华、风光的大葬。此正合了贾珍所言的"尽我所有"，也正合了书中交代的"恣意奢华"！这样，不仅与其后贾敬、贾母等的丧礼形成对照，想见其亲情的虚伪、家族的消亡，而且与随后的"元春省亲"形成对照、呼应，同是热闹，一白一红，一阴一阳，这两重天写尽贵勋世家的外在繁华和内在悲凉。二则我们只得求助于"隐去"的天香楼事。秦氏的近侍丫鬟，对她的淫乱脱不了干系。

第五，尤氏的缺位和贾蓉的缺场。尤氏的缺位，文中有简单的交代，"胃疼旧疾，睡在床上"。关于尤氏的其他猜测，或是多余了。因为在秦氏病时，尤氏的表现看不出有任何不妥。甲戌本此处批语（他抄本录）也多少能说明如此叙写的道理，言："妙！非此何以出阿凤?"关于贾蓉的缺位，文中没有交代，从旁观者的角度来说，甚为不合理。考察秦氏丧事的处理过程，贾蓉只出现了三次，一次是贾珍为贾蓉捐了官，然后"贾珍命贾蓉次日换了吉服，领凭回来"（第十三回），一次是秦氏出殡，"贾珍带贾蓉来到诸长辈前，让坐轿上马"（第十五回），一次是安灵诸事完后，"贾珍便命贾蓉请凤姐歇息"（第十五回）。由此可见，贾蓉此时虽已二十岁，是秦可卿的丈夫，但主事者仍旧应是宁府的家长。秦氏死后，文中专门两次交代了贾敬的不管事，"不在意"，所以才有了贾珍主事，所以贾蓉行事处处都要贾珍或"命"或"带"。换句话说，尤氏"缺位"是为了引出王熙凤，贾蓉"缺位"却本是礼制所当然，贾敬"缺位"又是为了突显出贾珍。当然，我们不排除贾蓉与秦可卿夫妻关系不亲密、不恩爱，贾珍与秦氏有内情，故特别用心卖力等原因。

总体而言，正如甲戌本此段批语所说，"业者，孽也"，可卿者，"可轻"或"可亲"也，钟者，终也，作者以"情"为中心，幻化出三个人，就是要通过"匆匆过客"式的两个"情"，先来警示所有的人，以及奠定文中所有的人的中心和悲剧。"作者是欲天下人共来哭此'情'字"，可谓一语中的。

（作者单位：厦门大学嘉庚学院）

写社会之不平，抒胥吏之愤懑

——《水浒传》主题新论

林朝霞

《水浒传》历经七百余载，歌颂者有之，笔伐者亦有之，关于其表现主体及主题众说纷纭。李贽认为它借水浒之事表达元末民族兴亡之叹，是汉族对抗异族、忠臣对抗佞臣的“发愤之书”；左懋第认为它是鼓吹强盗发家史及其道义的“诲盗之书”；有清一代认为它为犯上作乱歌功颂德，应归入禁书之列；五四时期钱玄同、陈独秀一辈认为它是表现“官逼民反”的反叛之书；中华人民共和国成立后盛行“农民起义”之说；“文革”中又判之为宣扬“投降主义”；20 世纪 80 年代至今还涌现过“游民说”“为市民写心说”“忠奸斗争说”等。《水浒传》的历代点评无不是借古人之故事抒时代之块垒，恰好应和了克罗齐的名言——“一切历史都是当代史”。

《水浒传》到底是为“谁”立“传”？其表现的社会主体阶层到底是什么？是农民、游民、市民，还是其他社会阶层？它如何表现这个社会阶层的生存境遇和悲剧命运？重读《水浒传》，笔者发现，《水浒传》表现的主要对象是“吏”这一特殊的社会阶层，揭示“吏”不容于官又难融于民的身份认同危机，通过“吏”这一社会群体的镜像反应来表现其他社会阶层的行为意识、心理诉求和价值取向，并通过对“吏”这一群体众生相的描绘揭示跻身文学史，成为不朽之作。

一、《水浒传》为吏立传

吏的概念随历史变迁而变迁。先秦至汉代，官吏笼统并称，未形成明显的概念分离，官和吏的阶层分化也不明显，俊杰之士亦可通过郡吏入仕。《说文》曰："吏，治人者也"，《汉书·惠帝纪》曰："吏所以治民也"[①]，《史记》提到"市井之孙亦不得仕宦为吏"[②]，故循吏、酷吏列传均书写法家思想影响下颇有品级和权势的官员。汉以后，封建官僚体制日渐完善，高低、上下等级愈加森严，官和吏概念逐渐分离，吏地位下降，专指无品级的小公务人员，至清代官员私聘幕僚、非编衙役亦属其列，人数骤增。总之，吏阶层形成于魏晋，发展于唐宋，固化于元明清。祝总斌把古代吏役制归纳为"吏、官身份无别"（秦汉）、"吏、官身份有别"（魏晋至唐宋）和"吏、官界限分明和吏胥身份进一步低落"（元、明、清）三个阶段。[③] 吏这个阶层十分特殊，介于官与民之间，非官亦非民。清人陈宏谋提出，吏役是官的帮手仆从，吏从文职，役操武事，"有官则必有吏，有官则必有役。……盖居官责无旁贷，事有兼资，抱案牍，考章程，备缮写，官之赖于吏者不少；拘提奔走，役之效力于官者亦不少"。[④] 对官而言，吏是命令执行者和直接责任人，平时是随从、仆役，关键时候则是问责对象或替罪羊。对民而言，吏既是惹不起的"太岁"，须处处逢迎兼缴纳好处费，如杜甫笔下的"石壕吏"，又是有志良民不愿为之的行当。

吏有文武之分，文吏主要掌管文书、讼词、账簿等，有刀笔吏、掾吏、胥吏之说；武吏，又称杂役，主要负责巡逻、抓捕、提刑等，有捕快、狱吏、衙役之分，其地位更低于文吏。以捕快为例，他们身为贱民，非但收入十分微薄，不受贿难以养家糊口，且责任重大，须在"比限"内破案，多则五日，少则三日，过限即受责打，子孙三代之内子孙不许参加科举考试，无法改换门庭，因此，捕快是士绅、良民所不愿操持的职事。

吏也有好坏之别，好者忠义仁孝，忍辱负重，渴望报效国家，虽九死而未悔；坏者随波逐流、自甘堕落、贪污受贿、欺压百姓、为利忘义，实为权贵之傀儡或爪牙。沈括《梦溪笔谈》提到"天下吏人，素无常禄，唯以受赇为生，往往致富者"[⑤]，道出了吏受贿之风的经济根源。

《水浒传》表现的主体是吏这个特殊社会阶层中的悲剧人物，而非农民或

① ［东汉］班固：《汉书·惠帝纪第二》（第1册），中华书局，2006年，第85页。
② ［西汉］司马迁：《史记·平准书第八》（上册），岳麓书社，2007年，第251页。
③ 祝总斌：《试论我国古代吏胥制度的发展阶段及其形成的原因》，《燕京学报》，2000年第9期。
④ 陈宏谋：《分发在官法戒录檄》，［清］贺长龄辑《皇朝经世文编》（卷二十四），1827年刊行。
⑤ ［北宋］沈括：《梦溪笔谈·官政二》（卷十二），上海古籍出版社，2015年，第82页。

游民，它对吏阶层人物塑造之多、角色安排之重要、笔墨挥洒之精彩远远超过其他阶层，因此，它的主旨不是表现可歌可泣的农民起义，而是表现中国吏阶层的生存境遇、心理诉求、矛盾价值及悲剧人生，是一曲吏的悲歌。

（一）吏人数之众，居百业之首

水浒英雄不论出处，《水浒传》为之树碑立传，几乎对他们上梁山前的农、猎、渔、医、商、贩、盗、屠、佛、道、绅等各种出身均有交代，但是，其中吏阶层人数最多，居百业之首。

水浒一百〇八将，排在前面的是36员“天罡星”，其中，吏出身的有18员，占比50%；其次是艄公、渔民，有6人，占16.7%；还有商人3名，占8.3%；此外，猎户2名，乡绅2名，前朝遗民1名，先生1名，道士1名，贩1名，仆1名。这36员大将无一原本就是聚啸山林的强人或偷鸡摸狗的盗贼。具体人物及其上梁山前出身详见表1。

表1 水浒三十六员“天罡星”原出身情况表

吏		其他	
人物	职务	人物	职业
宋江	郓城县押司（县府文书工作者）	柴进	后周皇族后裔
关胜	蒲东巡检	卢俊义	员外、富商、财主
林冲	禁军教头	吴用	门馆先生
秦明	青州兵马统制	公孙胜	道士
呼延灼	汝宁郡都统制	李应	富商
花荣	清风寨副知寨	刘唐	私商
朱仝	郓城县马兵都头	穆弘	揭阳富户，当地一霸
鲁智深	经略府提辖	史进	史家庄庄主
武松	阳谷县都头	李俊	扬子江艄公
董平	东平府兵马都监	阮小二	石碣村渔民
张清	东昌府兵马都监	阮小五	石碣村渔民
杨志	殿帅府制使、大名府提辖	阮小七	石碣村渔民
徐宁	禁军金枪班教头	张横	浔阳江艄公
索超	大名府管军提辖	张顺	浔阳江渔家
戴宗	江州两院押牢节级	石秀	小贩，卖柴为生

续表

吏		其他	
人物	职务	人物	职业
李逵	江州大牢小牢子	解珍	登州猎户
雷横	郓城县步兵都头	解宝	登州猎户
杨雄	蓟州两院押狱兼充市曹行刑刽子	燕青	家仆

由表1可见，吏大致可分为军队、衙门、司法三大帮系，其中，林冲、秦明、呼延灼、董平、张清、徐宁属于军队帮系；宋江、关胜、花荣、朱仝、鲁智深、武松、杨志、索超、雷横属于衙门帮系；戴宗、李逵、杨雄属于司法帮系。

军队帮系中，名号最大气、地位最显赫的莫过于都统制。但北宋一朝都统制并非正式官职，《宋史·职官志七》提到“诸军都统制、副都统制、统制、统领旧制，出师征讨，诸将不相统一，则拨一人为都统制以总之，未为官称也”[①]；《文献通考·职官考十三》也提到，“宋朝诸军都统制者，自渡江以前已有之，然未为官称。……建炎元年，置御营司，遂擢王渊为都统制，都统制名官自此始”[②]，可见，南宋一朝方擢升都统制为官职。其他，从历史文献和小说人物关系中大约可见职务高低顺序如下：都统制 > 统制 > 都监 > 制使。

另一个响当当的名号是八十万禁军教头，但其实并非官职，也无带兵实权，只能证明武艺非凡，是军中的技术性人才。柴进敬重林冲武艺高强，一听他自报家门，即刻“滚鞍下马，飞近前来，说道：‘柴进有失迎迓。’就草地上便拜”。[③] 柴进所敬重的是林冲的本事，并非他的阶品。徐宁身份大致与林冲相同。

衙门帮系中，提辖、都头、巡检属武职，提辖主要负责地方军队训练、警卫、采办等事宜，鲁智深、索超、杨志、孙立等任过此职；都头则专管刑侦、缉捕事务，相当于刑侦队长，武松、朱仝、雷横都任过此职。巡检是派驻乡镇关卡的吏员，等级相当于九品县尉，知寨有文武之分，武知寨等同于巡检，关胜、花荣属于此辈。押司属于文职，相当于县政府办公秘书，职务低于县丞、主簿、县尉等，因此宋江自称“郓城小吏”。

---

① ［元］脱脱：《宋史·职官志七》（卷一百六十七），中华书局，1977年，第3964页。

② ［元］马端临：《文献通考·职官考十三·都统制》（卷五十九），中华书局，1986年影印版。

③ ［明］施耐庵：《水浒传》，人民文学出版社，2016年，第126页。

司法帮系中，孔目负责地方法庭审判，类似审判庭长；节级掌管监狱，类似监狱长，戴宗担任此职；管营是劳改大队队长；押狱是一般监狱干部，杨雄担任此职；小牢子是普通监狱看守人员，李逵作为小牢子收入微薄，故与宋江一见即向他借钱；刽子手负责行刑。

72 名地煞星中，吏出身的有 18 名，占总人数的 25%，其中不少为天罡星吏出身之大将的副手，职务也更加低微，如宣赞和郝思文为关胜的副手，韩滔、彭玘和凌振后来成了呼延灼的副将，单廷圭、魏定国后来成为林冲的副将，具体如表 2 所示。另外，打家劫舍的山寨主 16 人、店家（兼黑店主）6 人、无业游民 5 人、匠 5 人、贩 4 人、绅 4 人、盗 3 人、渔夫船伙兼走私者 2 人、落第书生 2 人、医 2 人、农 2 人、赌徒 1 人、仆 1 人、屠 1 人。可见，“地煞星”中占比最高的社会阶层还是吏。

表 2　水浒七十二员“地煞星”吏出身情况表

人物	职务
黄信	青州慕容知府兵马都监
孙立	登州兵马提辖
宣赞	步司衙门防御使保义
郝思文	蒲东巡检关胜手下兼结义兄弟
韩滔	陈州团练使
彭玘	颍州团练使
单廷圭	凌州团练使
魏定国	凌州团练使
裴宣	京兆府六案孔目
欧鹏	普通军户
凌振	东京甲仗库副使炮手
乐和	登州小牢子
龚旺	东昌府张清副将
丁得孙	东昌府张清副将
施恩	孟州安平寨管营
蔡福	大名府两院押狱兼行刑刽子手
蔡庆	大名府小押狱
李云	沂水县衙都头

总之，水浒一百〇八将中，吏出身者36人，占比33.3%，构成水浒群雄中第一大社会阶层。

（二）吏角色重要，为书中核心人物

梁山好汉中，吏出身者不仅人数众多，而且影响深远，甚至直接决定了梁山水寨的发展道路及其头领的命运。

首先，宋江是全书的核心人物。他面黑身矮，其貌不扬，执掌刀笔，身为小吏，但慷慨豪爽、仗义疏财，在江湖上有“及时雨”的美名，入梁山后更是一寨之主，让无数英雄甘拜下风的灵魂人物。宋江接替晁盖执掌梁山，改“聚义厅”为“忠义堂”，将兄弟情义和江湖道义置于国家民族大义之下，为梁山未来及诸将命运定了主调。宋江并非完人，他为拉秦明入伙，派人假扮秦明攻打青州，害得秦明妻儿老小一家命丧黄泉；为了诱骗卢俊义上山，使尽奸猾之术，害得卢俊义妻离家散，身陷囹圄；为了堵朱仝的后路，派李逵杀了朱仝照看的4岁小衙内；为了避免李逵在他死后造反，先用毒酒毒死了李逵。但即便如此，秦明、卢俊义、朱仝、李逵依旧无怨无悔地跟着他出生入死。吴用和花荣甚至自缢于宋江墓前，足见宋江之个人魅力。

其次，梁山五虎将和八骠骑个性鲜明、经历不凡、武艺超群，且在梁山地位显赫，是全书的重要角色。其中，五虎将为大刀关胜、豹子头林冲、霹雳火秦明、双鞭呼延灼、双枪将董平，八骠骑为花荣、徐宁、杨志、索超、张清、朱仝、史进、穆弘，只有史进和穆弘两人并非吏出身，其余都是。他们要么因官场黑暗被逼无奈落草梁山，要么因技艺超群被诱入梁山，要么因战败劝降加入梁山水寨，非草寇出身，却在一般草寇之上，为梁山扬名四海立下汗马功劳。此外，步兵五大将领中的鲁智深、武松、李逵、雷横也都有小吏经历，仅石秀是小贩出身。《水浒传》对吏群体十分关注和赞赏，花大笔墨分线索来描述他们的落草和建功过程。

最后，其他社会群像的塑造和刻画，也通过文学互现和镜像表现凸显了吏群体中优秀人物的社会影响力。不论是贤能智者、佛道圣人，还是皇族贵胄、巨商富贾，抑或是乡野村夫、草寇刁民，书中写其有通天本事、泼天富贵、包天贼胆却对宋江俯首称道，也是为了凸显宋江的高义。

（三）吏书写精彩，是全书亮点

《水浒传》的优秀篇章几乎都在为吏写传。全书可以忠义堂排座次为节点分成前后两部分，前半部写英雄反叛，后半部写英雄林冲误闯白虎堂、风雪山神庙，写小吏之受陷害；鲁智深醉打镇关西、大闹野猪林，写小吏之伸张正义；武松景阳冈打虎，写小吏之发迹；血溅鸳鸯楼和大闹飞云浦，写小吏之发怒；杨志卖刀写小吏之窘迫；宋江私放晁盖、花荣大闹清风寨，写小吏的兄弟情义；宋江浔阳江畔吟反诗，写小吏之胸襟抱负。

《水浒传》之所以乐于并擅长写吏，与施耐庵的个人经历不无关系。据传，施公十九岁中秀才，二十八岁中举人，三十六岁中进士，四十岁前任钱塘县令两年，虽未为吏，但也处于官场底层，因官场黑暗和民族矛盾愤而出离，回乡坐馆著书，终不再仕。他对吏道之辛酸、艰险深有体味，对封建统治集团的内部矛盾印象深刻，故能为吏塑形写神，使各色吏等栩栩如生，跃然纸上。相比之下，其他类型人物形象就没那么丰富多样、立体传神，人物经历也没有那么跌宕起伏、惊心动魄，人物悲剧命运也没有揭示得那么鞭辟入里、入木三分。以阮氏三兄弟为例，他们原为石碣村人，打鱼为生，以人生富贵、快活为第一要义，只因梁山强人霸占水泊，生计艰难，故被吴用一番游说即加入劫取生辰纲之列。阮小五羡慕梁山强人“论秤分金银，异样穿绸缎，成瓮吃酒，大块吃肉”① 的生活，阮小七也说：“人生一世，草木一秋。我们只管打鱼营生，学得他们过一日也好。”② 因此，他们入伙梁山只是顺水推舟之事，并无多少波折。后来，阮小二和阮小五战死，阮小七知道官场风险太大，违背自己的快乐原则，和老母回石碣村依旧当渔民，也是顺理成章之事，故而他们的经历故事性没那么强。

二、《水浒传》揭示吏的悲剧命运

《水浒传》的主题不在写农民起义，突出官和民的矛盾；而在写吏的人生悲剧，突出官和吏、理想和现实的矛盾。官吏并称而殊途。首先是职能的差别。“‘官’与‘吏’之间有着天壤之别：‘吏’是整理公文、计算税金等专司实务人员，‘官’则是在更高地位上决断裁定事务者。”③ 其次是出处的不同。隋唐科举制取代察举、征辟制，巩固了学与仕的纽带关系，举业取代门第、政绩成为选官制度的考核要点。看似平等的取士之法，更大程度上切断了基层干部的晋升途径，由吏变官的概率大为降低，除非有直接接触皇帝或上层贵族的机会，否则可能永远沉迹下僚。自此，官和吏的差异加剧，官一般都有

① ［明］施耐庵：《水浒传》，人民文学出版社，2016 年，第 190 页。
② 同①。
③ ［日］大木康：《明清文人的小品世界》，王言译，复旦大学出版社，2015 年，第 3 页。

科举出身，而无举业的吏难以出头。

（一）悲剧三部曲

小说大多以“恪守—叛逃—回归”三部曲形式来描写众多小吏的人生经历，将故事描写得跌宕起伏，重在表现“逼上梁山”的无奈和“受朝廷招安”的热望。

首先，小说描述梁山众好汉从吏到寇的身份转变，重在表现外在压力，突出“逼”字。与底层百姓不同的是，吏员出身的梁山好汉多半是不愿当土匪草寇的，他们安于本分，恪守本职，期盼盛世明主之下通过社会合理竞争实现个人抱负，也尊崇着忠肝义胆、扶危济困的道德理想，除非被逼上绝路，绝不可能走上打家劫舍的强人之路。小说中，宋江、林冲、杨志、朱仝等人都有刺字充军的经历，但他们都一再委曲求全、忍辱负重、隐忍退让，为的是早日洗雪污点，重新做人，彰显了宁可吃亏也不反抗的良民心态。

野猪林董超、薛霸计划用绳索捆绑林冲后，再行杀戮。林冲不知就里，答道：“小人是个好汉，官司既已吃了，一世也不走。”[①] 董超道：“那里信得你说。要我们心稳，须得缚一缚。”[②] 林冲道：“上下要缚便缚，小人敢道怎地。”[③] 幸而鲁智深及时赶到，从董超、薛霸刀下救回林冲，林冲还替两位公人求情：“既然师兄救了我，你休害了他两个性命。”[④] 杨志失陷花石纲丢了制使勾当，路经梁山被王伦邀请上山，思量：“王伦劝俺，也见得是。只是洒家清白姓字，不肯将父母遗体来点污了。指望把一身本事，边庭上一枪一刀，博个封妻荫子，也与祖宗争口气，不想又吃这一闪！高太尉，你忒毒害，恁地克剥！”[⑤] 宋江刺配江州，途经梁山，众弟兄邀其入山，“这个不是你们弟兄抬举宋江，倒要陷我于不忠不孝之地，万劫沉埋。若是如此来挟我，只是逼宋江性命，我自不如死了”![⑥] 把刀往喉下自刎。

宋江因为是被逼上梁山的，所以他最懂什么情形下吏才会走上反叛之路，绝非像拉拢乡野村夫或草莽英雄那样威逼利诱行得通的，因此出了很多损招。其一，堵死后路。宋江在拉拢秦明、朱仝时用计毒辣，使之与旧阵营势如水火，不得不归顺。其二，攻心为上。宋江收服彭玘、呼延灼、关胜等人时，总

---

① ［明］施耐庵：《水浒传》，人民文学出版社，2016年，第119页。
② 同①。
③ 同①。
④ 同①，第123页。
⑤ 同①，第157页。
⑥ 同①，第470页。

要出“狠打—活捉—义释”的套路，指斥贪官污吏并晓以替天行道的大义。“某等众弟兄也只待圣主宽恩，赦宥重罪，忘生保国，万死不辞!”① “将军倘蒙不弃微贱，一同替天行道。若是不肯，不敢苦留，只今夜便送回京。”②

其次，小说表现梁山好汉从江湖到庙堂的回归，重在突出吏的招安情结与悲剧结局。招安是以宋江为代表的吏群体的夙愿，也是悲惨结局的直接原因。小说中，除鲁智深、武松、李逵等少数几人看破招安陷阱，多数吏出身者对招安持肯定态度，满脑子都是建功立业、封妻荫子的思想，渴望被招安，只是等待时机罢了。由于宋江、卢俊义及降将派系的加盟，梁山主体逐渐由草寇群氓转变为官府小吏，宗旨也由单纯的“义”改为“忠义”，他们攻打祝家庄、曾头市、高唐州、大名府等，既为朋友出头，又为做大梁山，以增加招安资本，亦属政治投资。

宋江道：“那和尚眼见得是圣僧罗汉，如此显灵。今吾师成此大功，回京奏闻朝廷，可以还俗为官，在京师图个荫子封妻，光耀祖宗，报答父母老之恩。”③ 鲁智深答道：“洒家心已成灰，不愿为官，只图寻个净了去处，安身立命足矣。”④ 宋江道：“吾师既不肯还俗，便到京师去住持一个名山大刹，为一僧首，也光显宗风，亦报答得父母。”⑤ “智深听了，摇首叫道：‘都不要，要多也无用。只得个囫囵尸首，便是强了。’宋江听罢，默上心来，各不喜欢。”⑥

宋江和鲁智深的对话显示，二人观念差异甚大。宋江功名心和用世心很重，认为人生在世当建功立业、光耀门楣，仍未脱离早年为吏的价值观念。而鲁智深看破黑暗官场，甚而对人世也有了一番彻悟，用世之心已死，希冀功成身退、皈依佛门。鲁智深、武松、戴宗最终脱离摆脱了吏的思想束缚，选择归隐，但具有如此洒脱心态者实属少数，多数者和宋江一样有招安情结。

（二）悲剧根源

以宋江为代表的梁山好汉的悲剧既源于官与吏之间不可调和的矛盾，又源于道德理想和现实处境之间的矛盾。

首先，从社会根源看，官与吏之间不可调和的矛盾造成了梁山的悲剧，这

① ［明］施耐庵：《水浒传》，人民文学出版社，2016 年，第 734 页。
② 同①，第 854 页。
③ 同①，第 1280 页。
④ 同①，第 1280 页。
⑤ 同①，第 1280 页。
⑥ 同①，第 1280 页。

是《水浒传》表现的主题。中国政治的一大特色是“官吏双轨制”①，官吏之间有着森严的等级界限，相互利用而已。“中央集权制与下级官吏之间的倾轧，已成为宋朝政策的十分明显的特征。……在明朝，由于废除了长期不变的通过推荐任命各县官员的办法，使下属官吏又受了一次打击”，以衙门任职为例，它的“一个显著特征是缺少晋升的机会”。② 官在地方事务上常仰赖吏，却又通过幕僚亲信来制约吏。官主要靠裙带和利益关系维持它的谱系，不容吏的僭越。裙带关系指的是通过血亲或姻亲跻身官场，即“一人得道，鸡犬升天”，利益关系指的是因利益关系形成共同体，即官官相护。《水浒传》中，蔡京、童贯、高俅执掌国家行政、军政大权，互相勾结庇护，欺上瞒下，建立盘根错节的关系网（如图1所示），地方长官一般都有上层关系，他们和权力中心紧密相连，上下相互输送利益，梁中书送蔡太师生辰纲便是一例。而吏作为封建统治体系的下层组织，做苦差，担风险，却很难通过正常途径晋升为官，即便满腹经纶、才能出众也很难突破官官相护、弱肉强食的政治生态。一旦吏打算突破官的“政治天花板”，就会遭到你死我活的猛烈反击，甚至以牺牲生命为代价。宋江的杀身大祸不是阎婆惜之死，而是浔阳楼醉后所题的反诗:“自幼曾攻经史，长成亦有权谋。恰如猛虎卧荒丘，潜伏爪牙忍受。……他年若得报冤仇，血染浔阳江口”“他时若遂凌云志，敢笑黄巢不丈夫。”③ 诗中口气之大直接威逼官府，而江州知府又是蔡京之子，宋江反诗等于挑明了官

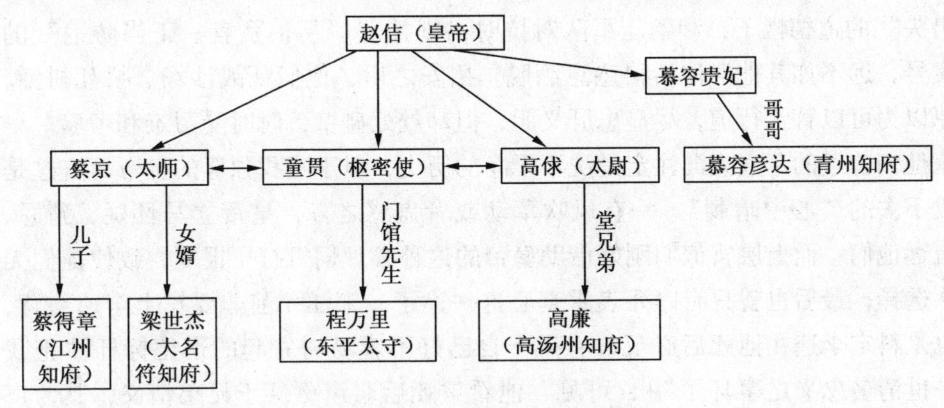

图1　《水浒传》所述官员谱系图

① 缪全吉：《明代胥吏》，台北嘉新水泥公司文化基金会，1969年，导论。

② ［美］施利雅：《中华帝国晚期的城市》，叶光庭，等译，中华书局，2000年，第433、449页。

③ ［明］施耐庵：《水浒传》，人民文学出版社，2016年，第511－512页。

吏矛盾，必然引来官府的致命打击。《水浒传》所表现的“官逼民反”，多数情况是官逼吏反，至于其他阶层民众并非重点。

当然，小说也表现了吏内部的矛盾。小说中，恶吏为个人私利对落难之吏百般刁难、痛下杀手，丝毫无怜悯之心，甚而出卖朋友，必置之死地而后快，如陆谦身为林冲朋友，却为高衙内设计赚取林冲妻子，又献白虎堂之计，甚而火烧草料场，其用计之毒辣非常人能比。同时，恶吏心无善根，绝难改邪归正。小说巧妙安排董超、薛霸先后押送林冲和卢俊义的情节，这两人在野猪林已经结结实实地受了鲁智深的惩戒，若非林冲求情早已命丧黄泉，可仍未改悔，对卢俊义故技重施，终被燕青所杀。但从重要性上看，吏为官之傀儡和爪牙，并非主谋，吏内部矛盾不足以造成梁山的群体性悲剧。

其次，从文化根源看，道德理想和现实处境之间的二律背反也造成了梁山的悲剧，这也揭示了吏从身份到文化都无家可归的命运。吏出身者与底层百姓不同，他们深受传统儒家观念影响，承受着很深的价值负荷，包括于家于国的忠孝观念、为人处世的节义观念、自我实现的功业观念、光耀门楣的家族观念等。但是，他们在现实中却很难实现自己的个人抱负和道德理想，面对官阵营的处处逼迫，只能寻找下层民众的道义支持和实际帮助，走的是从江湖反攻庙堂的“曲线救国”之路，这注定了他们本质上并不能融于民，也导致了他们无法弥合理想和现实之间的巨大差距。招安之前，他们打家劫舍时，心里仍然不忘“劫富济贫”的道义原则；和其他山寨庄主火拼时，自然举着“为朋友出头”的道德幌子；和朝廷军队对抗时，则挂着“惩治贪官、正当防卫”的旗号，远不如其他群体活得恣意洒脱。招安之后，他们征战沙场、拼死拼活，原以为可以替天行道，尽显忠肝义胆，但却处处碰壁，时时受刁难和考验。毕竟他们曾经的草寇生涯注定是洗不干净的历史，对于唯我独尊的皇帝而言这是拔不去的“心中暗刺”。一有风吹草动或者蛊惑之言，皇帝立马怀疑、猜忌、疏远他们，而上层官僚们刚好借助皇帝的这种心理伺机打压报复，致使他们无从选择，最后也就只有以死表露真心这一途了。宋江死前非要拉上李逵垫背，也是料定李逵在他死后必反，有碍于自己好不容易树立起的道德标杆，“把我一世清名忠义之事坏了”①，可见，他看重死后名声更甚于兄弟情义，其为声名所累，可见一斑。

① ［明］施耐庵：《水浒传》，人民文学出版社，2016 年，第 1301 页。

（三）悲剧人格

以宋江为代表的梁山好汉集体寻求王朝国家的认同之路，也走上了自我毁灭之路。他们的命运抉择彰显了吏阶层的悲剧人格。

1. 双重价值

从亚里士多德到黑格尔，古典哲学大致认为悲剧源于冲突，尤其是心灵的冲突。但梁山的悲剧并非源于俄狄浦斯王式的命运与人类自由选择之间的矛盾，不是哈姆雷特式的思想和行动之间的矛盾，也不是麦克白式的野心与道德约束之间的矛盾，而是双重道德伦理之间的矛盾。

宋江有胆有识，堪称枭雄，但反叛不彻底，终受其害。原因在于他的价值天平上一直摆放着忠和义两种伦理。梁山看似忠义并举，但其实前半期以义为主，后半期以忠为主。忠和义具有同构性，两者都强调忘我和无私，如舍生取义、精忠报国，但范围和对象却不同，忠针对的是国家和君主，而义针对的是社会和同类人，即忠对上，而义平视或对下。总之，忠为官方立场，义为民间立场。

宋江等人报国无门，梁山聚义，忠让位于义，表现出兄弟情义和江湖道义。首先，梁山好汉有真性情，为朋友两肋插刀、义不容辞，为搭救杨雄、石秀等攻打祝家庄，为救护宋江大闹青州和江州，为解救柴进攻打高唐州，为营救卢俊义远征大名府，使梁山“义”字招牌声名远播。其次，梁山也重江湖道义，扶危济困、除暴安良，尽显英雄本色，先后接纳了桃花山、二龙山、清风山、饮马川、少华山等各路豪强，故而能成其大。总之，义是江湖社会在缺乏政治法则、家族制度和血脉亲情支撑之下用于维系内在关系的基本规矩，所谓“盗亦有道”，是江湖人安身立命的生存法则。梁山在招安前确实充分践行了义的法则，以此对抗官场的裙带法则。

梁山招安后，宋江等人由偏重“义”转向偏重“忠”，忠和义的价值冲突加剧，义让位于忠，而义是梁山安身立命的根本，对“义”的割舍直接导致了梁山的悲剧结局。梁山好汉聚啸山林，本可兄弟连心逍遥自在，但却因骨子里的忠臣孝子之思想，舍弃梁山大好局面，接受招安，把自己的命运交给别人去掌控；他们本疾恶如仇，与权贵贪官势如水火，但为了王朝朝廷，却对他们俯首称道，仰人鼻息，如大败高俅后为其开宴三日，最终却身死贼手；他们眼见外族入侵，田虎、王庆、方腊等豪强借民愤蜂拥而起，本应知王朝国家已病入膏肓、无药可救，完全可以顺应民意揭竿而起，可因忠君报国之思想逆天而为、力挽狂澜，把自己和行将就木的王朝国家捆绑在一起，用众多兄弟血肉之躯的陨灭换取所谓的功业，牺牲江湖道义去维护至上皇权和王朝利益，尤其是和方腊之战导致两败俱伤，既将方腊赶尽杀绝，又断送了梁山六十九条好汉性命。小说把方腊之战写得尤为惨烈，甚而为了文学对比把征辽大战写成全无伤亡的奇迹，为的是突出宋江等人的悲剧性。梁山征辽，站在维护汉族利益的立场上，与自身的民间立场不相冲突，而征方腊则不同，方腊和宋江一样都是行走江湖、抗击朝廷和呼应社会底层反抗呼声的地方豪强，宋江对抗方腊，说白了就是以忠抗义，以官方立场取代民间立场，而民间立场又是宋江等梁山好汉的生存之本，杀方腊相当于自我毁灭。可以说，梁山因义而生，为忠而亡。这也说明了宋江和方腊之本质差异，方腊起义是农民起义，而以忠为价值根本的宋江等人绝不会走上起义之路，方腊之败源于外在强敌和内在腐败，而宋江之败则源于外在政治生态和内在价值矛盾。

2. 逆来顺受

吏处于官和民之间，上有官员的欺压，下有百姓的抵抗，身份十分尴尬，在夹缝中顽强生存，不仅要有专业素养和办事能力，如会计、文书、侦破能力等；而且要有逢迎之术和斡旋之法，面对凌厉上司学会忍，不居功自傲且甘愿受辱，面对复杂关系懂得打点上下，左右逢源。宋楚望认为，“藉官长之权势，假官长之喜怒，其力亦足以济人救人陷人害人者，则公门中吏胥也。夫为儒不成而为吏，为农工不愿而为胥”。[①]

能在吏这一行当混得好的，必定是智商和情商都极高的人。倘若一根筋或直肠子，是当不好吏的。吏出身者的优点是能力强、脑子活、懂人情、善于处理人际关系、八面玲珑，缺点是逆来顺受、反叛意识不够强。宋江等梁山好汉即具有这样的悲剧人格。宋江胆识过人、人情练达、知人善任，吃遍黑白两道，江湖名声比金钱还好使，为吏时赢得“及时雨”之美名，为寨主时将梁山治理得井井有条，唯独缺少了成王败寇的魄力，对黑暗官场心存幻想，对外来迫害逆来顺受、委曲求全，对贪官步步紧逼妥协退让，直至喝下御赐毒药还生怕李逵造反坏了他的规矩和名声，其任人宰割、愚忠愚孝之心理可见一斑。林冲的隐忍退让也是卑微到尘埃里去的，先是妻子被调戏忍下恶气，再是刺配沧州甘于认命，接着是野猪林命悬一线仍不愿出离，但他的忍辱负重并未换取任何回报，反而使得处境每况愈下。

鲁迅曾把中国历史归结为“想做奴隶而不可得的时代”和“暂时坐稳了

---

① ［清］宋楚望：《公门果报录》原序，江西书局，清光绪年间，第2页。

奴隶的时代”，取代治乱之分，从中挖掘出千年不易的臣民奴性来。奴隶最怕的自然是规则尽失的无序乱世，“假使真有谁能够替他们决定，定下什么奴隶规则来，自然就‘皇恩浩荡’了”。①

梁山好汉也免不得这种奴性，他们渴望统治秩序和坐稳奴隶地位，只要能够在皇权统治之下发光发热，做牛做马也甘心，最怕的是被冷落，不给效忠的机会，即“想做奴隶而不可得”。小说中梁山招安之后的笔墨不如前文精彩，看着憋屈，但其实把梁山好汉的奴性及其悲剧刻画得入木三分，尤其是班师回朝后对各将领命运的描写充满了悲剧意味，点亮了全书题旨，这才是高明之处。

三、《水浒传》价值的重新审视

《水浒传》位列中国四大古典名著，但常被人冠以“盗寇之书”“暴力之学”，这种观点古已有之，或者认为以暴制暴，是农民起义、反抗暴政，或者认为违反社会安定，是诲盗之书。它和《金瓶梅》走了两个极端，倘若说《金瓶梅》写肉欲和生本能，堪称性学大书，那么《水浒传》批判性欲，歌颂死本能，是彻头彻尾的“男人书”，故也受到现代批评者和女权批评者的非议。然而，关于《水浒传》暴力美学之评判并未抓住它的本质特征，也未能揭示《水浒传》成为经典的缘由。

《水浒传》的意义是什么？它做了哪些史无前例的突破？

（一）首部大型吏书

吏是中国社会的特殊群体，兼具社会的管理者和被管理者双重身份，是官方立场和民间立场相纠合的矛盾体，是个值得研究和书写的社会阶层。吏由汉至唐，社会地位逐渐下降，卑微的身世、平凡的经历使其很难成为正史或高规格文学作品垂青的对象，自然改换命运者除外，如庄周当过漆园吏，老聃当过守藏室之吏，刘邦当过泗水亭长，朱熹当过同安主簿等。中国文学写帝王将相、才子佳人的作品不乏其数，但写吏的作品却不多见，如杜甫之“三吏”还是以批判为主，刻画了石壕吏横征暴敛、为虎作伥的形象，把他永恒定在文学史的耻辱柱上。又如《孔雀东南飞》描写了庐州小吏焦仲卿和刘兰芝的爱情悲剧，刻画出焦仲卿身为小吏胆小懦弱的人格特征。

---

① 鲁迅：《灯下漫笔》，《鲁迅著译编年全集》（第6册），人民出版社，第194页。

《水浒传》不是帝王将相、才子佳人之书，也不是游戏消遣之书，而是第一部正面书写吏这个社会群体的鸿篇巨制。它不为一个或个别吏树碑立传，也不为极少数成功者助威呐喊（宋江最后才被封为武德大夫，属武官五十三阶中的第二十八阶，未跻身权力中心层），而是塑造出这个阶层的群生像，揭示他们的人格闪光点和集体走向悲剧的命运。施耐庵有生之年见证了元末政治之黑暗、张士诚起义之失败及明初功臣之祸，清醒地意识到封建朝廷内部存在着不可调和的矛盾，因此坚拒明朝征召，“先公耐庵，元至顺辛未进士，高尚不仕。国初，征书下至，坚辞不出”[①]，闭门著书，借宋江一党宣和遗事抒写胸中不平之气。据张政烺《宋江考》、严敦易《〈水浒传〉的演变》、邓广铭和李培浩《历史上的宋江不是投降派》《再论历史上的宋江不是投降派》等的研究，宋江一伙即便有其人其事，但人数规模、所作所为及社会影响均不如《水浒传》所述那般轰轰烈烈、慷慨激昂。小说铺衍扩大、借题发挥，并非为了渲染历史真实，也是借历史写艺术真实和抒心中块垒，为沉沦于历史深处怀才不遇、报国无门的群吏们树碑立传、打抱不平，这个故事真实与否并不重要。

同时，《水浒传》借吏的社会镜像刻画封建官员的嘴脸和官场的黑暗，写出底层百姓的价值诉求和情感态度。拉康镜像理论的基本观点是，任何个体都需要通过其他个体或群体的价值投射来确证和显现自身。人们常需要通过他人的态度来确认自身，如婴儿从母亲的微笑中确认自身的价值并获得愉悦，也通过他们的价值呈现来更深刻地了解自我，如在他人差异性价值观念的表达中获得自我精神需求的深刻认识。镜像对比是揭示问题和呈现差异的好方法。小说中，吏的思想和行动通过镜像投射凸显出上层官员贪婪、阴险、睚眦必报的恶劣禀性；也间接表现了底层百姓敢爱敢恨、畅意洒脱的个性特征。以宋江为代表的吏阶层有报国情怀、社会责任和自我实现的愿望，镜像对比之下，以蔡京、高俅为代表的官阶层贪生怕死、财色为本、把持权势，并无报效祖国、建功立业的崇高理想，而以李俊、阮小七为代表的百姓则不为名利所累，讲究实际生活质量，活得更加通脱自由。

（二）现实大悲剧

中国文化不是滋生悲剧的好土壤，俨然区别于西方文化。中国人尤为看重团圆结局和善恶终报，这在美学上表现为拒绝缺憾美，在价值理性上则表现为

① 杨新：《故处士施公墓志铭》，载于《施氏族谱》（已毁弃）。

坚信善必胜恶、正必压邪。这种国民心理投射到文学创作和接受中，就产生了中国古典文学注重大团圆结局、因果报应和天道法则的特点。因此，中国古典文学缺少彻头彻尾的大悲剧，大多数是苦剧，过程曲折，结局光明，且必须让坏人受到道德审判或法的制裁，不然就无法满足读者的心理期待。就悲剧而言，曹雪芹《红楼梦》算一部，但遗憾的是后四十回成谜，如张爱玲所言人生三恨，一恨海棠无香；二恨鲥鱼多刺；三恨红楼未完，高鹗续本走了中间路线，贾宝玉出家前还参加了科举考试，博个兰桂齐芳、光耀门楣的好名声；罗贯中《三国演义》以蜀汉政权为正统写了这个王朝的兴亡史，倘若摒除作者的价值立场，把这段历史放在数千年的王朝更替史中来审视，蜀汉王朝的悲剧意味即被削弱，倒是个体悲剧成为小说的亮点，无论尊卑高下、是非成败，每个个体都是被历史推动的渺小存在，失败者如此，胜利者亦如此，“是非成败转头空”。与之相比，《水浒传》算是中国古代难能可贵的悲剧作品之一，其经典意义绝不亚于《红楼梦》《三国演义》。

首先，小说揭示了群体性的悲剧。小说中，以宋江为首的吏是身处下僚却不甘平庸、有人格魅力亦有历史局限的社会群体，他们中除了鲁智深、武松、戴宗等数位人看破红尘、选择归隐之外，几乎全军覆没，不是战死、病死，就是被害死，仅有朱仝官至太平军节度使，总之，悲剧不可避免地降临到了吏群体身上。鲁智深、武松和戴宗由吏入盗再入佛，这一叙事富有象征意味，一是为了烘托他们与其他吏出身者的鲜明差异，说明只有摆脱吏群体的思想束缚方能获得顺应自然、回归自我的机会，鲁智深之入化乃天命所归，不同于其他将领之悲剧下场，武松断臂之后自称不堪为朝廷所用，反而终老于世；二是为了烘托出不论庙堂抑或江湖均非安身立命之所，与其纠缠其中，左右犹疑，不如看破红尘、超然物外，与《红楼梦》所揭示的“色空”道理不谋而合。

其次，小说揭示了彻头彻尾的悲剧。小说不落大团圆俗套，对梁山好汉作鸟兽散之结局均有交代，征方腊前萧让、安道全、皇甫端、金大坚、乐和五人被权贵留在京城；征方腊中（从第九十一回至第九十八回）战死五十九人，病死七人，杭州清点时仅剩三十六人，“自渡江已过，损折了许多将佐，止剩得正偏将三十六员回京”①；又坐化了鲁智深，出家了武松，病死了林冲、杨雄、时迁，走了公孙胜、燕青、李俊、童威、童猛，受封者二十七人；后又有戴宗到泰安州岳庙出家，阮小七重回江湖，柴进功成身退，关胜、呼延灼为朝

① ［明］施耐庵：《水浒传》，人民文学出版社，2016年，第1282页。

廷阵亡，宋江、卢俊义死于陷害，李逵被宋江毒死，吴用、花荣自缢于宋江墓前，另有十五员偏将流散各处。虽然小说结尾添加了徽宗梦游梁山泊、宋江封神、宋清承袭名爵等情结，为梁山“忠义”平反正名，但蔡京、童贯、高俅、杨戬未被惩治，庞大的官僚体系也未被撼动，吏的现实悲剧依旧存在。总之，《水浒传》打破了中国小说报应不爽的情节定律，揭示出现实的严酷和人生的惨淡，显示出更高层面的真实性和批判性。

结 语

《水浒传》是一部描写吏反叛和复归朝廷之悲剧的小说，既表现宋江等梁山好汉的人格闪光处，又揭示他们的悲剧根源；同时重点描写宋江等人与蔡京、高俅等达官权贵的对抗，以及他们与田虎、王庆、方腊的交锋，折射出中国政治生态中的官吏双规制，凸显梁山聚义的性质并非农民起义，揭示梁山忠义价值的内在冲突。

（作者单位：厦门理工学院文化与旅游学院）

古典诗学的回溯与重建

——读《诗的八堂课》

郑珊珊

中国有着悠久的诗歌传统，从先秦开始，中国关于诗学的讨论就绵绵不绝，思无邪、温柔敦厚、赋比兴、诗言志、风骨、气象、推敲、韵味、童心、格调、性灵……蔚为大观。然而，中国是诗的国度，相较于诗作的浩如烟海，诗学则显得不甚发达。大多数诗学论著止步于诗人的创作论，或简单的诗文品评，未成体系。究其原因，大抵是在国人的惯性思维里，觉得诗学不如诗美，或诗之美，只可意会，不可言传。这种误解颇为根深蒂固，不能不说是一种遗憾。而中国在这一领域的长期缺失，也导致了近代以来西方文学理论对中国文学的全面冲击。近年来，对中国话语体系的强调，对西方中心主义的批判，促使越来越多的学者开始回溯古典诗学，并思考中国诗学的建设，而江弱水的新著《诗的八堂课》就是这方面的成功尝试。

诗学是什么？江弱水在《诗的八堂课》里说："创作家可能不着一字尽得风流，批评家干什么？那就是得把创作家尽得的风流给讲讲清楚。"这句话讲的也是诗与诗学。诗负责风流，诗学负责把诗的风流给讲讲清楚。许多人看诗往往满足于雾里看花，不求甚解，生怕看穿了就不美了。但事实并非如此，真正的美经得起最锐利的目光。江弱水先生就具有这种最锐利的目光，他用八堂课的工夫，尽得诗的风流，引领我们初窥诗学的堂奥。

课堂的讲题设置颇具古风："博弈第一，滋味第二，声文第三，肌理第四，玄思第五，情色第六，乡愁第七，死亡第八。"① 但实际上书中旁征博引，

① 江弱水：《诗的八堂课》，商务印书馆，2017年，第1页。

不分古今中外，在世界范围内征用了大量的著名诗人与批评家，既有刘勰、俞平伯、卞之琳、张枣，也有莎士比亚、福楼拜、叶芝、艾略特。书小而薄，体量不大，作者却纵横恣肆，在诗论领域开拓了广阔的疆域。这正是要告诉我们：诗是世界性的艺术形式，所有人不分地域不分民族，都能够领略诗之美；而全世界的诗人，都在吟咏一样的主题：玄思、情色、乡愁、死亡……

第一课就极为别开生面，从“博弈”出发讨论诗的发生学。“诗的写作，说白了，有的像是赌博，有的像是下棋。或者说，有时像是赌博，有时像是下棋。”① 其实是比喻诗人中的灵感派与技艺派。前者以里尔克、李白、苏轼等天才型诗人为代表，后者以艾略特、杜甫、王安石等推敲型诗人为代表。但两派绝非水火不容。作者指出，天才如李白，也“常横经籍书，制作不倦”“可见铁杵磨成针的传说加在他头上，只是要告诉我们赌徒是怎样练成的。”赌博型的写作总归是小概率事件，大多数诗人都是“赌博和下棋交替使用”。最高境界应当是“用弈棋型的手法来制造赌博型的效果”“不可无匠心，不可有匠气”；而要到达这一境界，只有熟能生巧。在谈论过程中，作者始终在寻求中西诗歌与诗论的契合点，最终他也引导我们发现，无论古今中外，诗的本质都是一样的。再如“玄思第五”这一课，作者提出“诗可以思”，而中国魏晋时期的玄言诗，英国 17 世纪初的玄学派，和哲学走得很近的艾略特、里尔克等西方现代主义诗人，以及心存对哲学的敬畏和偏好的西川、欧阳江河等中国当代诗人，都说明了诗中的哲学只能是一种弱哲学（weak philosophy），诗人们应该能够始终援引哲学资源，并懂得诗不是用来表达玄学思想的，如此方能达到最高境界。整本书无论讲诗的鉴赏论还是诗的主题，都采用这般融通中西的方法，向我们展现广阔的诗歌世界。

在理论阐释的同时，作者不忘文本细读。每一课里都设置了“有诗为证”的环节，对具体诗例的分析解读，让诗学妙谛更容易使人理解。如“声文第三”中，以李清照《一剪梅》（红藕香残玉簟秋）为例，探讨语言姿态观。作者先引前人词家所言，提到《一剪梅》这个词牌历来被认为是俗调，不易填好，但李清照却写得美到极致。怎么个美法呢？作者指出，除了融汇各种古典意象之最美者以外，“就语言形式而言，七四四，七四四，仿佛优雅的舞步：七个字往前走，然后，四个字一徘，四个字一徊；再七个字往前走，又四个字

① 江弱水：《诗的八堂课》，商务印书馆，2017 年，第 3 页。

一徘，四个字一徊。在行进和徘徊之间，真是顾盼生姿”。[①] 这样的比喻把词中语言的姿态活化了，让读者直观地感受到其中包含的韵律。这首词曾被流行歌手演绎过，传唱度很高，但恰恰也是流行歌曲遮蔽了这首词的古典语言姿态之美。读过此书，方能重新品味到古词的音韵回环之妙。

在现当代，语音的特殊表现力确实已久为诗人所忽视。基于此，作者对卞之琳与张枣最为推崇，称他们是“二十世纪中国现代诗人中顶尖的技巧大师”。[②] 卞之琳诗中有很多精巧的声韵设计，如《白螺壳》中连用五个“穿”字，音韵流转，出色地模拟了风、柳絮和燕子穿过小楼的动态。而张枣在诗中挪用钱锺书的生造词“载蠕载袅”，呼应上一句的“普照”(“蠕”呼应“普”，“袅”呼应“照”)，音韵交叉相合，化臭腐为神奇。正是这些细节的解读，把诗人尽得的风流都讲清楚了，也让读者对理论的理解更加深刻了。

真正的诗论不但要点评诗歌好在哪儿，也要指出其不好在哪儿。朱庆馀的“妆罢低声问夫婿，画眉深浅入时无”已是千古名句，大多数文学爱好者都知道这是诗人应试之时，借用新妇的忐忑心情试探考官大人的评判结果，历来被视为颇具巧思。而作者认为，这诗的字面与寓意不能合二为一，不过是“罕譬而喻”的花招，落入下乘的“以事拟理”，达不到“妙合而凝”的境界。而苏轼的“不识庐山真面目，只缘身在此山中”也就是个寓言式的文本，“有说理的痕迹而没有说理的趣味”[③]“像设定好谜底的谜面，有点干”。[④] 当然，作者并没有否认这些诗是好诗，只是从理论上评判这些诗存在的问题。

值得注意的是，尽管大量采用了西方文论观点，但作者始终以中国古典诗学为正统来构建自己的诗学体系。他最终所确立使用的都是中国古典诗学概念，并以此容纳西方文论观念，比如以“滋味”来囊括“taste”，以“肌理”统领“texture”，以“玄思”取代“哲学”。这种做法，扩大了中国古典诗学的外延内涵，为中国诗学开辟了一条新的发展道路，对当前学术界聚焦的中国学术话语体系创新而言，也深具意义。

江弱水早年善诗，深受卞之琳先生器重。近年虽不大写诗，但写起诗论来仍是妙笔生花，文字流丽。配合作者精选出来的诗歌，全书的阅读都给人以美的享受。作者在后记中自道，本书是在课堂讲义的基础上增删修改而成的，不

---

① 江弱水：《诗的八堂课》，商务印书馆，2017年，第64页。
② 同①，第67页。
③ 同①，第109页。
④ 同①，第109页。

免“失去了口语的声吻，少了点生动和自然”[①]，但总体读来仍有作者讲课时的娓娓道来之感。而且，一些语言极为生动幽默，讲到苏轼好以味论诗，“真不愧是把名字写在肉上的大食客啊”[②]；他发现香港同学用粤语读王维的《观猎》更为沉雄有力，“这首诗假如用中央人民广播电台的标准音念出来，是打不到什么猎物的”。[③] 读到这些地方不禁令人莞尔。这就是大家之风，举重若轻，深沉的理论在他的笔下，也轻松活泼。书里提到，“好诗人能发出好声音，而最好的诗人发出了最好的声音”。[④] 在笔者看来，这本书也发出了当代诗学最好的声音。

（作者单位：东南学术杂志社）

① 江弱水：《诗的八堂课》，商务印书馆，2017 年，第 208 页。

② 同①，第 33 页。

③ 同①，第 55 页。

④ 同①，第 78 页。

冰心小诗中的伦理观

郑斯扬

冰心的小诗构成了一个重要事件：冰心以第一个女性诗人的意义被中国现代诗歌史所铭记。冰心仿用印度诗人泰戈尔《飞鸟集》的形式收集零碎的思想，无意之间捕捉到新诗的写作直觉，并构建起理解事物的运思逻辑。[①] 就在她的小诗引爆文坛的时候，鲁迅却给了一个间接的否定："我爱着攻击别国的'撒提'之幼稚的俄国盲人埃罗先珂，实在远过于赞美本国的'撒提'，受过诺贝尔奖奖金的印度诗圣泰戈尔"(见《〈狭的笼〉译者附记》,"撒提"指印度寡妻殉夫的恶俗)。[②] 然而，冰心的小诗没有因为鲁迅的观点而销声匿迹，反而以清丽透顶的语言为小诗拓展了传播的影响力。

事实上，鲁迅和冰心分别来自两个不同的传统。鲁迅一直以他激进的文化态度战斗在文学的战场之上，而冰心的心里从始至终都住着一个"宁馨儿"。鲁迅与冰心思想与精神上的差异，也决定了二人的关系状态。所以才有了后来鲁迅与冰心隔膜、鲁迅与冰心互不评说、鲁迅对冰心不够友善等说法。而每每探讨二人关系，评论家都溯源至冰心的小诗。这种做法可以从冰心百首小诗蕴含的较完整的伦理思想中得到解释。相当程度上，鲁迅和冰心的两个不同的传统就是伦理思想上的差异，那么将冰心价值观与小诗创作联系起来思考的研究，一方面以新视角拓展冰心小诗研究的价值域，另一方面也可以拓宽鲁迅和冰心之研究的问题域。此外，以往对冰心小诗的研究，主要集中在对冰心小诗中母爱、童心、自然之议题的思考，对其小诗中蕴含的其他伦理道德问题的思考没有给予充分关注。本文的立意就在关注冰心小诗研究中被忽略的内容，努

① 卓如编:《冰心全集》(第4卷)，海峡文艺出版社，2012年，第156页。

② 陈学勇:《冰心与鲁迅》；王炳根《冰心论集》，海峡文艺出版社，2009年，第176页。

力发现其中隐蔽的问题所在。

一、宽容的指向

冰心小诗是一种文字的存在，也是一种伦理观的存在。这种伦理观首先表现为理解上的宽容。“宽容”的意义，首先在于放弃对“最佳”的追求，杜绝“单一化”的思维模式，寻找的是人与人、人与社会、人与世界的最佳距离。从一方面来看，宽容是对不同思想的调和与平衡；从另一方面看，它是对不同思想的理解与维护。前者是平和的心态，后者是和谐的观念。冰心对人之宽容的基础做了哲理性的表述。在冰心的阐释中，宽容的基础源于人与人的共性。

人类呵！/相爱罢，/我们都是长行的旅客，/向着同一的归宿。

——《繁星·一二》①

我们都是自然的婴儿，/卧在宇宙的摇篮里。

——《繁星·一四》②

无论是漫漫旅途中的旅客，还是卧在摇篮里的婴儿，虽然每一个人都有各自的生命履历，但却都有一样的生命前提（婴儿）、生命秩序（长行的旅客）和生命方向（同一的归宿）。冰心把人的自然性作为通向人类理解共识的途径，她诗歌中对自然的崇拜不仅源于对山川河流、日月星辰、花鸟鱼虫的礼赞，更有对全人类生物性之生命进程的理解——这是一种确定无疑的生命形态。这种理解并不必然表达出对善的强调，无论是什么人，他们在生命时间历程上都是一样的，从春到秋，从昼到夜，从生到死，这就是一段生死与共的人生姿态。对于人类的矛盾、冲突、善恶的辨别是无益的，它只能对各种问题做出千差万别的判断，却不可能在任何一个支点上得到调和。与其在道德的哲学中左突右冲，不如在自然的生命中找到和谐的价值。事实上，理解冲突的起点本就在生命开始之处。

也正因此，她才会对价值冲突的问题淡然视之。价值冲突一定会导向善与恶的较量吗？“价值冲突并不必然表达出有关何者为善的任何不确定性，无论是实践上还是知识上的。就算是最鲜明的价值冲突，它们也排除了任何此类不

---

① 卓如编：《冰心全集》（第1卷），海峡文艺出版社，2012年，第240页。

② 同①。

确定性。”① 既然如此，那么又该如何解决价值的冲突呢？

空中的鸟！/何必和笼里的同伴争噪呢？/你自有你的天地。

——《繁星·七〇》②

我的朋友！/倘若春花自由的开放时，/无意中愁苦了你，/你当原谅它是受自然的指挥的。

——《春水·七三》③

冰心似乎把所有的价值冲突都纳入善的范围，并将其引导至解决的路径上——空间和时间。对于事物的理解人与人之间千差万别，面对不相容的思想，与其在此争夺是非曲直，还不如让思想在各自的空间大放异彩。这样冲突也就烟消云散，思想之价值却可以相忘于江湖。岂不各自安好，便是晴天。而另外一种方法就是把冲突放在时间的链条上去思考问题的始终，不同于相望于江湖的远观，这是智慧上的涣然冰释。相比空间的闭合和阻断，时间才是思想复无疑虑的解药。但是战争与和平的冲突也要纳入善的范畴寻求解决吗？那么正义与非正义又该如何区分？

智慧的女儿！/在不住的抵抗里，/你永远不能了解/什么是人类的同情。

——《春水·一〇三》④

抵抗抑或是战斗并非不正义，但同情之心更趋近和平之势。即使什么是正义、什么是非正义的判断困惑重重，但是当所有行动都在指向和平这一事实的时候，那么谁更正义也就应运而生。正义的原则可能会产生不相容的判断，但是和平必将成为人心所向的共识。

也许冰心的宽容是一个很难实现的超然理想，但却不是一套行为方式或者普遍原则。冰心小诗的宽容伦理意味着她对人与人之共存的探索。这是她对不同人、不同利益群体的理解，必将导向冰心对人之思想和心灵的期待，这是对人性的信赖与期盼——人类发展的路就是对历史、社会和人之问题的和解之路。

---

① ［英］约翰·格雷：《自由主义的两张面孔》，顾爱彬、李瑞华译，江苏人民出版社，2008年，第7页。

② 卓如编：《冰心全集》（第1卷），海峡文艺出版社，2012年，第55页。

③ 同②，第371页。

④ 同②，第380页。

二、美德与道德

冰心的小诗记录了太多美的事物，其中也包含了人之品格修养的美。人可以平凡，却不可平庸无为；人可以强大，却不可恃强凌弱；人可以智慧过人，却不可愚弄无辜。这些是人之自我建设的源头，也是人更好理解美德与道德关系的逻辑起点。

向日葵对那些未见过白莲的人，/承认他们是最好的朋友。/白莲出水了，/向日葵低下头了：/她亭亭的傲骨，/分别了自己。

——《繁星·二四》①

真正想去追求一种人格品行，就是要通过自己的行动去践行。企图攀附他人或是冒充自己所希望成为的人，都是一种妄想。这样做非但不能真正修行自身，反而在背道而驰的路上越走越远。如此一来，他人不但不会为他的急功近利流露一丝认同，反而会因为被欺骗和冒犯生出深深的厌恶感。

一个真正有道德修养的人，他不会用自己的处事原则要求他人，更不会将自己的思想建立在别人的头上。善是一种观念，无须人们朝拜供奉，它是对人润物细无声的滋润与厚待。冰心提醒那些以道德之名绑架他人的自命清高者：

白莲花！/清洁拘束了你了——/但也何妨让同在水里的红莲/来参礼呢？

——《春水·一三》②

当你用道德绑架别人的时候，你也绑架了自己。你一直在与不相容的事物纠缠不清，既不能真正抵达问题的内部，又不能修缮问题的外部，绑架无始无终，纠结、矛盾、冲突也就循环往复无穷尽。什么是美德？什么是道德？善中普遍包含同情，但同情真的能导向善吗？

只能提着壶儿/看她憔悴——同情的水/从何灌溉呢？她原是栏内的花呵！

——《春水·二一》③

---

① 卓如编：《冰心全集》（第1卷），海峡文艺出版社，2012年，第243页。

② 同①，第356页。

③ 同①，第358页。

同情是一种美德，源于感性的认识，但是同情并非治愈灵魂的手段，并不是为他人祛除焦虑的灵丹妙药。有的时候放手并非冷酷无情，因为脚下的路和心中的方向，终归要靠自己寻找。而泛滥的同情心就好像道德的瘟疫，败坏自己，也败坏他人。同情作为美德之善，未必就能成为道德之善，因为道德始终都指向一种秩序，而美德更多象征一种智慧资源。

无论是对美的追求还是对道德的探寻，信仰都是其中重要的一个项目。什么是信仰呢？“信仰是一种深层次的精神活动，它统摄着人的理性、意识和情感。”[①] 冰心没有止步于信仰的普泛定义，而是提出了新的问题：信仰与思想的关系，尤其指出了信仰对于年轻人的风险：

信仰将青年人/扶上“服从”的高塔以后，/便把“思想”的梯儿撤去了。

——《春水·六七》[②]

信仰的指向性意义非常明确，它可以统一人们的思想，也可以统一人们的行动。因此信仰是一种无声的号令，充满强烈的使命感，尤其对于充满朝气的年轻人而言，信仰可以让他拥有排山倒海的勇气，拥有粉碎疑虑和犹豫的决心，获得服从灵魂的目标。但是信仰的路上也难免会遇到理想主义，忽视现实的经验，往往遭遇思想的迷乱。因此无须屈于外在的意志力量，信仰从来都不来自外在，而是源于自身灵魂的向导，信仰是纯粹的自我理性。许多先驱者都是以个人信仰著称，但他们的精神之光很难照耀、温暖普通人。

先驱者！/绝顶的危峰上/可曾放眼？/便是此身解脱，/也应念着山下/劳苦的众生。

——《春水·一五二》[③]

这并不是说这些普通人没有能力理解，或者面对先驱者的牺牲没有良知。良知是人的灵性，但当它在道德空间或具体境遇之间游移时，选择或者偏向就会变得很复杂。其实生活很难以美德作为最佳的行动法则，任何现实生活都是复杂万象的，这就需要我们包容、理解这个世界的美与不美。冰心倾向于把对人的道德认识理解为“是通过一个人的想象力、品格和行为对复杂具体的情况做

---

① ［埃及］格尔达威：《信仰与人生》，马云福译，宁夏人民出版社，2015 年，第 2 页。

② 卓如编：《冰心全集》（第 1 卷），海峡文艺出版社，2012 年，第 369 页。

③ 同②，第 395 页。

出的反应”[①]，事实也是如此，“以良心为本的生活既不像接受圣经叙事那样直截了当，也不像对他者做出回应那样直接迅捷”。[②]

冰心的小诗里，关于美德与道德的思考聚焦于矛盾性的问题，亦即理想之美德与具体之情境的关系问题。这是美德、道德与选择的“相遇”，这就是道德世界中活生生的核心问题：道德是面向自己的一种“应该”，有效的道德诫命必然是一种对具体情境的说明或回应。道德不是神的意志，道德也不是唯我主义，道德判断是社会中的具体问题。

三、诗人与信仰

在小诗中，冰心对诗人身份的思考贯穿在道德的形构之中。诗人是意义的找寻者，他在历史和现实、人心和自然、理性和感谢之间找寻对于世界的注解。因此必须要看到诗人的重要性。

诗人！/笔下珍重罢！/众生的烦闷/要你来慰安呢。

——《春水·一九》[③]

诗人！/自然命令着你呢，/静下心潮/听它呼唤！

——《春水·三一》[④]

文学家呵！/着意的撒下你的种子去，/随时随地要发现你的果实。

——《繁星·一八》[⑤]

诗人从他的心中/滴出快乐和忧愁的血。/在不知不觉里/已成了世界上同情的花。

——《春水·一〇六》[⑥]

诗人一方面天然具有非凡的感受力，诗人是集合自然（自然命令）和本性（你的种子）的造物者。这是诗人智慧的一种效力，也是他的一种独特能力。另一方面，诗人以安慰和疏解的方式作用于他人，使人的思想和心性在狭

---

① ［美］威廉·席崴克：《追寻生命的整全：多元世界时代的神学伦理学与全球化动力》，孙尚扬译，华东师范大学出版社，2011 年，第 228 页。

② 肖巍：《女性主义伦理学》，四川人民出版社，2000 年，第 62 页。

③ 卓如编：《冰心全集》（第 1 卷），海峡文艺出版社，2012 年，第 357 页。

④ 同③，第 360 页。

⑤ 同③，第 241 页。

⑥ 同③，第 381 页。

窄的生活区间和宽广的理想世界中形成展开的机会。这是诗人的一种引导力，也是一种纯粹的手段。这是诗人在道德上、伦理上的一种责任，这不是社会硬推给诗人的，这是诗人作为社会一员对于伦理秩序的一种维护，是诗人内在自律性的一种表现。但是，这并不是说诗人是万能的，完美的。

诗人呵！/缄默罢；/写不出来的，/是绝对美。

——《繁星·六八》①

诗人！/不要委屈了自然罢，/“美”的图画，/要淡淡的描呵！

——《春水·六》②

诗人是智慧的人，但却不是无所不能的。他不可能创造出绝对的美，也不可能描画出自然的全部，诗人是有限性的，也因此他不能给予所有人无微不至的安慰和照顾。明确地说，诗人不是美德的代言人，诗人治愈不了众生的悲观绝望，充其量他是生活的积极参与者。这是冰心对诗人这个角色真实性的揭示，同时也修正了大众对诗人盲目崇拜的心理。

事实上，有的时候，诗人为了将艺术紧紧地拉向自我，难免会过于重视故事素材，忽略了故事中的人心的伤感与脆弱。

文学家是最不情的——/人们的泪珠，/便是他的收成。

——《繁星·三一》③

冰心巧妙地揭示作家写作的不端行为，把大众、诗人和道德联系起来，认为作品的审美和写作现实之间存在距离。对此，我们不能简单地把作家的写作解释为一种利己主义，这偏离了我们探讨文学家/艺术家/诗人与大众关系问题。冰心是想通过这样的行为，来说明文学家对于自我内在自律性的破坏，对大众的不尊重。文学家的写作不高于其他，对自我实现的追求并不意味着文学家有特权或者特殊的形式宽容自己，更不能以一种内在的放逐亵渎文学家的社会责任和时代精神。

除了对文学家自律性的强调，冰心还意识到艺术家与大众的区隔：

艺术家呵！/你和世人，/难道终久的隔着一重光明之雾？

---

① 卓如编：《冰心全集》（第1卷），海峡文艺出版社，2012年，第254页。

② 同①，第354页。

③ 同①，第244页。

——《繁星·三七》①

诗人，/是世界幻想上最大的快乐。/也是事实中最深的失望。

——《繁星·二七》②

诗人也只是空写罢了！/一点心灵——/何曾安慰到/雨声里痛苦的征人？

——《春水·一四四》③

在艺术的创作中，艺术家/诗人与大众存在交流上的障碍或冲突，因此有必要建立一种良好的对话关系。艺术家/诗人对美德的追求高蹈纯洁，但是如果没有深入现实的能力，那么高尚将无法着陆，遑论美德的运行。艺术家/诗人若想为世人的幸福而积极引导，就要尽可能把自己置于世俗伦理的整体之中来看，冲破与大众的区隔之雾。正如汉斯·昆所解释的那样："一个没有分裂的世界越来越需要一种没有分裂的伦理！"④ 其实，真正的艺术家/诗人不是在区隔大众的基础上寻求价值、目标、理想，以及对未来的憧憬。而是与大众携手共同去探寻信仰之光。这是智慧上的伦理，也是真正的启蒙之举。对大众的尊重，这是启蒙之路的起点，对大众的信任，这是启蒙之路的捷径。

冰心在这里触及的是启蒙和平等的问题。启蒙和平等看上去有些矛盾，但是随着启蒙的深入发展，平等的姿态已经出现在启蒙与被启蒙的关系范畴之中了。新文化运动以来，远见卓识的知识分子自定义为大众的启蒙者，他们喊话大众开启民智、反抗压迫、破除封建。启蒙者习惯把理想与信念、价值与意义这些具有终极意义的事物塞给大众，却无法将启蒙的关注点与大众的具体处境相联系。于是，启蒙成为遥远的想象，与大众的日常格格不入，而微末的日常生活又无法对话政治的远大卓越。那么，什么又是启蒙呢？

冰心借助对诗人和大众的调和，强调诗人深入生活的态度。冰心注重诗人对大众声音的贴近、聆听和关注，这与美德、道德无关，与帮助、拯救无关。这是一个启蒙者必须要有的"仁爱"之心。如果启蒙的姿态是居高临下，如果启蒙是让某一个人在第二天醒来突然意识到自己是一个甲壳虫，或者自己的人生就是一场无意义的骗局和欺辱，那么启蒙首先就会在大众的惶惶之心中败下阵来。面对人生的颠覆，重建人生的信仰绝不是启蒙之善能完成得了的。启

① 卓如编：《冰心全集》（第1卷），海峡文艺出版社，2012年，第246页。

② 同①，第243页。

③ 同①，第392页。

④ ［瑞士］汉斯·昆：《世界伦理构想》，周艺译，生活·读书·新知三联书店，2002年，第45页。

蒙是让大众率先丧失日常生活的护佑，还是让大众对真实止步不前？启蒙的意义到底是什么？诗人和大众的关系到底是什么？

四、冰心与鲁迅

冰心观点的背后是她对启蒙者和大众关系的预设：平等。在她看来，必须在日常生活的意义上认识大众和解释启蒙。没有平等的支点，启蒙者和大众无法相认，也不可能在思想上走近。所以她才直接揭示艺术家/诗人的有限性，把启蒙者从神坛拉入日常生活的空地，让他们认清自己和大众的联系，确认谁才是启蒙运动中的主体担当。而鲁迅观点的背后是他把启蒙者看作主体："假如一间铁屋子，是绝无窗户而万难破毁的，里面有许多熟睡的人们，不久都要闷死了，然而是从昏睡入死灭，并不感到就死的悲哀。现在你大嚷起来，惊起了较为清醒的几个人，使这不幸的少数者来受无可挽救的临终的苦楚，你倒以为对得起他们么？"① 显然，这两种认识的远见都与个人的道德意志交相辉映。可以说，没有启蒙者，就没有新文化运动，但这场运动并不是一蹴而就的，而是在不断的推进中渐行渐远。

鲁迅之所以失望和悲愤，就在于他把新文化运动的担当主体看成是知识分子，越发感觉精英阶层的势单力薄无法面对历史之沉重。"……在我自己，本以为现在是已经并非一个切迫而不能已于言的人了，但或者也还未能忘怀于当日自己的寂寞的悲哀罢，所以有时候仍不免呐喊几声，聊以慰藉那在寂寞里奔驰的猛士，使他不惮于前驱。至于我喊声是勇猛或是悲哀，是可憎或是可笑，那倒是不暇顾及：既然是呐喊，则当然须听将令了……"② 成为一个战士，成为一个猛士，成为一个执着于希望的人，都意味着启蒙是一场或者成功或者失败的战役。鲁迅的世界是一个英雄的世界，而他是英雄时代的自我。麦金泰尔指出："身份在英雄社会中包含特殊性和责任性（accountability）。对于是否履行了那处在我的位置上的任何人对他人都应负有的责任，我是有责任的，而且这种责任性只因死亡而告终。"③ 在麦金太尔看来："英雄式的自我本身并不希求普遍性，尽管在对英雄社会的追溯中我们可以认识到这种自我的成就中的普

① 鲁迅：《呐喊》，漓江出版社，1999 年，第 6 - 7 页。
② 同①，第 7 页。
③ ［美］A. 麦金太尔：《追寻美德：道德理论研究》，宋继杰译，译林出版社，2008 年，第 141 页。

遍性价值。”[①] 鲁迅一直在英雄的世界践行着不畏危险的大勇精神，是否忽略了芸芸众生的智慧和力量？

而冰心率先看到的是自己和英雄的差别。这是道德主体与共同体之间的一种视角。与鲁迅看重英雄的时代意义不同，冰心更看重大众的历史地位和意义，因此，她特别强调知识分子对大众的关怀与贴近，而非英雄的前锋之力。因此，冰心首先把人之共同性作为宽容的前提，把聆听作为将底层之声带入公共领域的第一步。她一再强调知识分子正视大众、履行个人的自律精神。冰心把平等看作启蒙者和大众的一种合适的关系，这不仅仅是强调启蒙的姿态，也是正视启蒙的清晰含义。无论启蒙的意义多么正义，它首先缚系于道德共同体，其次缚系于启蒙者，对道德共同体的重视和信任，是践行启蒙的美德。

《繁星》和《春水》共计346首小诗为冰心确立了一个理解世俗的理性基础，尽管她预设了上帝的存在和自然的神力，却隐含了对居高临下的启蒙姿态的拒斥，以及对英雄之于大众之上意识的否定。因此诗人的神性地位就在于他以平等的姿态引领大众进入启蒙。诗人永远承担着精神救赎这种角色，并表现为具体生活上的安慰、给予、帮助。也许在鲁迅看来，冰心的小诗是对理想与苦难的调和，是对保守与落后的辩护，没能充分展现启蒙对社会的功效，并对此给予否定。毋庸赘言。启蒙的道德资源在冰心和鲁迅是不同的，他们各自继承了不同的美德传统。也正因此，冰心的小诗才能历经岁月的斑驳，经久不衰，直抵人心的柔软之处。

冰心小诗，无论是伦理的主题还是母爱、童心、自然的主题，都应该作为有待探索的著作来阅读和研究，本文的思考在于从伦理视角探索冰心小诗的意义和价值，以期能得到广大读者和专家的批评和指正！

（作者单位：福建社会科学院福建论坛杂志社）

① ［美］A. 麦金太尔：《追寻美德：道德理论研究》，宋继杰译，译林出版社，2008年，第142页。

秉笔直谱台湾城乡悲怆曲

——早期“留学生”作家许达然散文斑豹

萧　成

许达然，本名许文雄，祖籍福建泉州，1940 年出生于台南一个农民家庭。1962 年毕业于台湾东海大学历史系，随后负笈留学美国，先后获哈佛大学硕士学位、芝加哥大学博士学位，现执教于美国西北大学，主要从事台湾社会史研究。他也是以汉语写作的作家和诗人，主要创作现代诗和散文，迄今已出版 17 本文集和 1 本诗集，部分作品被译成英、法、德、日、韩等国文字。曾先后获得台湾第一届青年文艺奖、金笔奖、府城文学特殊贡献奖、吴三连奖文学奖、吴浊流文学奖新诗奖等。

在 20 世纪 60—80 年代的台湾文坛，作为“留学生文学”作家群体中的一员，许达然这个名字主要是与散文联系在一起的，因其创作风格特殊，结构严谨，文笔凝练，自成一家，在人才辈出、异彩纷呈的众多台湾当代散文家中可谓独树一帜。其散文集主要包括《含泪的微笑》《远方》《土》《吐》《水边》《人行道》《防风林》及《同情的理解》等，这些散文均以压缩而富弹性的语言充分表达了对社会的关怀，而且抒情中涵括哲理，批判中蕴蓄讽刺，冷峻中流露温馨，荡气回肠，引人深思，由此也使许达然成了当代台湾文坛上一位卓有所成的批判现实主义散文大家。特别是在他那些广受好评的散文中，我们时时可以感觉到搏动其间的一根情感主线——一种挥洒不去的浓烈乡情。可以说，这种乡情一直有效影响和制约着他的文学取向。许达然朴实淳厚、真挚深沉，关注的始终是台湾这块热土。他是台湾这块土地哺育出来的，也是地地道道从台湾走出来的，实实在在属于台湾的儿子。他爱乡土台湾美丽的自然、劳苦的民众、历史文化的精华及美好的人性，但他的乡情却非热烈的赞颂或缱绻的抒情，而是在高昂的人文精神、强烈社会责任感与深沉历史使命感的促使下，以一种冷峻、苦涩的理性解剖和异于常人的尖锐、深刻的审视，在广泛的题材领域里挖掘一口深井，把台湾从农业社会向工商业社会转型期中产生的种种现实矛盾和社会痼癖加以揭露与批评，为那貌似“鲜花着锦、烈火烹油”的台湾现代社会敲响了未来生存的警钟。或许可以这么认为，许达然进行的是某种宏富精深的社会批评与文明批评，勾画的是台湾当代社会“浮世绘”大全。这其实与“五四”以来的新文学精神一脉相承。尽管一些所谓的西方“新批评”模式将这类反映社会历史内容的创作讥讽为“庸俗社会学”，但许达然散文却总能使读者受到强烈冲击和震撼，并留下深刻印象。恰如台湾另一著名散文家郭枫所言：“许达然的散文，几乎每篇都得正襟危坐来品味。不可朗诵，只宜沉思。”那么这“只宜沉思”的，融历史学、社会学于一体的许达然散文，究竟构筑了一个怎样的世界呢？这世界中既有底层劳动民众不幸生活命运的揭示，又有现代都市社会人与人之间异化关系的窥探；既有自然环境与动植物被毁坏、摧残的谴责，又有现代工业文明对传统文化侵袭、吞噬的昭显，均散发着泥土气息，更渗透着现实况味，又无一不凝聚着作者的深情目光及强烈爱憎。

就其散文素材的选择而言，故乡生活是许达然散文的重点观照对象，因而对底层劳动人民不幸生活命运的揭示，自然就构成了其散文世界开掘的第一个批评层面。我们知道，20 世纪 70 年代以来的台湾，经济高速增长，农业社会急剧向工商业社会过渡，造成传统农业经济迅速解体。这种只顾追求 GDP 的发展带来的负效应，首先就是使大批农民不断失去祖祖辈辈赖以维生的土地，被迫流浪到城市，过着颠沛流离的动荡生活。他们原来的生活方式被无情破坏了，而且要在失去土地和家园之后，不断面临新的冲击与挑战。《草寮》一文即通过台湾草地人自述的口吻，一方面写一群失去土地的农民被驱赶逼迫到不得不住草寮的悲惨境地，可地产开发商还不断摧残、压迫他们，致使他们连草寮也住不起了；另一方面写富人们却把草寮当作一种娱乐工具，甚至还编织草寮来出售赚钱。该文让人们看到作者对现代台湾社会贫富悬殊的愤怒谴责与控诉，对资本主义制度下许多不该商品化的东西却商品化了这一现象的猛烈批判，以及对下层劳动人民所寄予的无限深厚的同情与怜悯。《东门城下》则写一伙被生活鞭子残酷抽出正常轨道、失去土地的台湾农民。他们无路可走，无处可投，只好暂居于岌岌可危的东门城墙下。虽然如此，他们心中却还存留着些许美好憧憬，可命运这只残酷的巨手又把这点可怜的憧憬连同他们的身体一起压埋在东门城墙下，而且竟连一点痕迹都没有留下。这里，作者满怀悲愤地控诉了冷酷的社会，更强烈谴责了那吞掉了农民土地、希望和生命的制度。许达然笔下描写的大多是这样的社会弱势群体——一批已失去土地或暂时未失去土地的、遭受政治经济双重迫害的下层劳动民众，其深刻之处恰在于他能将下层人民的不幸放置于台湾施行的资本主义制度下来观照与考察，故其散文作品内涵就显示出某种悲怆的力度与超乎寻常的深沉分量。当然，其散文的批判锋芒也就更加犀利、更加直露。许达然曾在《文学与政治的歧途》中尖锐指出造成这些不幸的原因正在于：资本主义的“理性化”内含着自我矛盾，讲究效率和利润却产生了非理性的剥削。可见，社会制度才是台湾底层劳动人民不幸的主要制造者。正是由于资本主义制度的建立，下层劳动人的生存活动才受到悖逆常理的扭曲与摧残，并进而被打入一种更加困顿窘迫的生存状态。许达然理解人民的苦难，更可贵的是，他的批评揭示了产生这种苦难的真正根源。

随着许达然创作思想的不断深入，对现代工商业文明造成的人与人之间冷漠对立的异化关系的揭示，形成了他散文世界开掘出的第二个批评层面。其批评矛头除了指向农村下层劳动民众不幸的生活命运之外，还深入挖掘了都市人的内在精神活动。《荒城之月》通过冷静的条分缕析，揭示出现代都市所存在着的一种比歹徒暴行更为可怕的社会心态——人们面对暴行所表现出的惊人的冷漠和沉默。那个在阴森月夜被杀害的女人，杀害她的真正凶手实际是那些听到凄厉呼救声却紧锁房门而不肯出来相救的人们的沉默，人们的精神已被完全扭曲了，才导致了一个人的生命如此轻易被扼杀。毋庸置疑，作品中那光辉“默照”着的冷漠月亮，那座因沉默而显得荒凉寂寞的“荒城”，正是现代物质文明所带来的人的异化和“自我”失落这种社会心态的象征。而《防风林》中，作者以“回旋往复”的手法为我们树立的“防风林”这一意象，更是鲜明硬朗。它的深层意蕴就在于，通过其前后左右不同生存状态的描写，揭示出了“人（也是自然）为自己的劳动成果所异化”这一哲理意味十足的社会现象；因而，在《伏》一文里，作者借一个荒谬的故事对那些平日里老死不相往来，而在非常之时却假装关怀与亲切的邻居加以辛辣嘲讽。当传闻中的狗闯入公寓时，人们纷纷走出房间，互相探询，往日冷漠与今日热情相对比，便是对被异化的人际关系的一种莫大嘲讽与批评。许达然既看到现代社会在物质方面的高度发展，又看到这一发展反过来加剧了人们内心沟通的困难。人在自己构建的现代文明里迷失了，以往的人际关系、道德准则、思想价值呈现出某种被扭曲的特质，于是，人在社会中堕落，人的传统内在精神被改变与更替，并且沿着不良方向愈行愈远。对此，许达然在《都市人》中忍不住惊叹："让我们怜悯都市人吧！他们关大自然于门外，瓶上插的是人造假花，他们知道萤火虫会发光，但从未看过萤火虫。他们常嗅不到泥土的芬芳，分不清四季，为不该忙的事而忙，以人造的光芒愚弄自己的眼睛。他们穿上不愿穿的衣裳，脸上浮着从书上窃来的虚伪的笑，说着无感情的话，好似滑稽剧里的丑角。"此外，作为同类批判主题推行扩展的许达然散文篇目还有《桥》《夜归》《货物崇拜》《踯躅的代价》《春去看树仔》等，其间都闪烁着作者针砭时弊的真知灼见；同样地，在深刻批判人与人之间正常关系被异化这一现象的时候，作者也指出异化人际关系的真正凶手乃资本主义体系下的现代社会文明。

许达然是社会意识极为强烈的作家。文学之于他，不是编造虚伪故事或梦幻的玩物，也不是"以自我为中心，以闲适为格调"的名士摆设，而是一种社会行为和社会事业。虽然他也知道文学的力量毕竟有限，但仍坚持在这有限之中发挥文学对社会的参与和警策作用，因此，对工商业和都市畸形发展造成的农村衰败凋敝、环境污染、动植物被摧残等一系列现实问题的揭示，就构成了他散文世界开掘的第三个批评层面。人与自然是一个古老而永恒的主题。自然是人类生存的基础，但人类社会的发展却始终是与自然为敌的，"天人合一"不过是一种可望而不可即的理想，尤其是现代社会毫无节制的快速工业发展，对自然界更是一种残酷掠夺与破坏。土地、森林、河流、天空等自然资源的破坏和污染又大大侵害了动植物的生存空间，与此同时也给人类生存带来了一系列连锁难题。这些情况早就引起广大有良知作家的严重关注。富有历史责任感与使命感的许达然更不例外，他早就把忧郁的目光投向故土台湾变化中产生的种种灾难，用颤抖的笔为我们细致描绘出一幅幅大自然千疮百孔、伤痕累累的画面。

我们在《郊游》中可以看到，城郊农村一片污浊狼藉："溪已死了。猫鼠石斑鱼一起和平腐烂相挤，挤出腥臭。"至于《那泓水》一文中的景象则是——不仅田园牧歌般的浪漫情调荡然无存，而且连孩提时曾钓鱼嬉戏的那泓水也被现代工业加工了："加工后的科学废物比人的大便还臭，却不能灌溉。"而《水边》一文更恐怖，因为水中的景象已是："小鱼吃汞，大鱼吃小鱼，人吃大小鱼，破坏脑神经与排泄系统，还可能中毒而死。"农村中已找不到美丽的春天，因为沃野的乡村、膏腴的农田已被工厂的厂房与烟囱占据了。原先那些播种春意的农人们已被赶进了大大小小的城市。

那么，城市里又怎么样呢？《冬街》一文中是这样描绘的："很多脚步跟着脚步热闹，‘保持距离以策安全’，鞋声给汽车辗着，轮子赶轮子闪过霓虹：明治妈妈奶粉、荣冠果乐、三洋电冰箱、国际牌、百事可乐、克宁奶粉、东芝。辉煌尽是替外人的宣传，猥亵了蹓跶的眼睛。”许达然眼中的台湾，就是一块美日经济的新殖民地。这里，人的目光在现代都市里迷失了，读者的视觉也在字里行间被间接污染了，接踵而至的是对听觉和嗅觉的污染，《过街》一文就展露出了这样的情形：“路上引擎嘶喊引擎，喇叭谩骂喇叭，轮胎叫唤轮胎。车车车轰着，舶来交通车轰舶来小轿车轰国产小轿车轰计程车轰公共汽车轰卡车轰机车”；“车烟继续赶着人烟，灰烟继续拥着灰尘；垃圾挤着狗味，挤着人味，臭汗挤着香水挤着狐臭挤着口臭，屁赶着人，人赶着人。”由此处的描写中可以看到，现代台湾从农村到城市，从视觉、听觉到嗅觉，从自然环境到人的生存环境，无一幸免地都遭到了现代工业的恶化与摧残，这正是许达然以批判现实主义态度展露的现代文明带来的一枚苦果。《路》更进一步揭露了高速公路对“那片葱绿”农田的侵占，象征台湾人民为高速发展经济所付出的高昂代价：农药、废水、废气、噪音对农田、江河、大气和都市的污染，以及岛内外资本家对下层工人、农民无处不在的盘剥。作者批评的指向与不满的情绪溢于言表，力透纸背。此外，许达然还对与人类同居于地球的动植物投以深切同情。在《搬一株榕树》一文里，一株已生长八年的榕树不幸遭遇到被搬进城市的命运，而且“剪得像和尚拿七支伴，却没有什么囊子，既不能遮雨，也不能爬上去，只装饰而已”。作者同时还指出：“榕树在都市全被修理得这样规规矩矩，像从前那样在乡间自自在在很有性格发展的已剩下不多啦！”写的虽是被搬入城市的树，映照的不正是那被赶入城市的农人吗？《失去的森林》则写一只被锁在楼梯口却还被逼迫扮天真给人看的猴子阿山为获取自由，流血挣扎，年深日久竟使锁它的铁链陷入颈内肉中，直至寂寞死去的悲剧。作者对这只猴子寄予了无限遗憾及深切同情——它是人类社会的牺牲品，是无法表达自我的不幸者，是被侮辱与被损害的无辜者。许达然描绘的虽然是现象，但批评锋芒却直指现象背后的人。

众所周知，台湾经济在20世纪60年代末以后获得了长足发展，加速了现代化进程，同时也使传统文化在工商业文明冲击下日渐式微。许达然对这类主题的昭示，开掘了其散文世界批评的第四个层面。这个层面的批评更多体现出一种“故土是我根”的淳厚情感，以及对传统历史文化的怀念与认同。其颇具自传色彩的散文《土》就让我们看到出身农家的许达然从小就浸染于土中，与土地结下了不解之缘，对土地拥有深厚的感情：“记忆里有一条蜿蜒伸进菜地的土路，父亲用牛车载炉灶到台南摆地摊，母亲与我拣柴与野菜。家是租赁的土角造，墙壁如蟾蜍皮，怕它抽筋倒地，我用泥巴敷疮疤，风吹散；我填上泥土，雨剥落。”正是这种清苦贫寒的童年生活，让他从小饱尝了人世艰辛，但也使他能在自己的情感世界里，与下层社会的劳动大众及乡土始终保持着一种“根连根”般的亲近感与认同感。《铝的》一文中，他用象征手法来寓喻自己甘心为人民服务的天性：“被压不死的总廉价为你服务，耐冷保温，硬是强韧辛苦。”但许达然在这个批评层面中，赞颂与肯定更多的是处在现代社会中仍然保持着劳动人民特点的独立人格。譬如《蕃薯花》一文就赞美了台湾人民像蕃薯一样“什么都可忍受，不怕酸碱性，多困厄的环境都能生长”的纯朴平凡而又坚韧不屈、矢志不移的品格。《顺德伯的竹》把竹的品格与人的节操联系起来，表现顺德伯有着台湾人所固有的竹的韧性、清高、虚怀若谷。然而，作者并未到此为止，他批判的锋芒无所不至。他沉痛地指出，随着社会发展，现代工业文明渐渐侵蚀了这美好人格，犹如顺德伯的竹最终因发展需要被砍除一样。作者在肯定美好的同时，又不得不对这种侵蚀进行否定和抨击。现代工业文明隐藏着一种反文化的不良因素，是破坏，传统文化的主要凶手。它促使传统人文精神不断萎缩，而后取而代之。许达然由此在《能》一文中尖锐指出，传统文化的衰退一方面是由于人“努力比机器更机械，比原始更野蛮，简直要机械而不要文化”，另一方面又因为人只是“哭叫发扬传统文化，手去破坏乡土文化……忽视文物，又任民间艺术消失，历史再长也是自我讽刺”，愤怒指出现代文明正通过人的手，直接或间接地破坏、毁灭传统文化。许达然不仅沉痛地指点着几乎快成废墟的传统文化遗迹让我们看，让我们思索，而且在传统历史文化的废弛中批评了传统历史精神的沦丧。如《台南街巷》一文中，就描写了被强迫搬到郊外的忠烈祠，只能寂寞地倾听新栽苦楝的啁啾，象征着忠烈精神已在现代文明的吞噬下被遗忘了；同样，曾代表全台首学的文庙也已高高挂起“屋顶倒塌，请勿靠近”的牌子，表明那让中华民族崇仰了几千年的儒家精神也早已不是人们心中神圣的存在了。虽然尚未灰飞烟灭，但现代人也已到了近乎数典忘祖的地步。面对此情此景，怎不令人悲从中来？除此之外，如《砚倦》《七爷八爷王哥柳哥》等文也都慨叹了传统人文精神在进口的西方文化观念与现代工商业文明的侵略、污染下，渐渐消失殆尽。故而许达然散文开掘的这个批评层面里那些不幸的、被损害的、被侮辱的对象，均是来自他心底的召唤；他的拳拳关爱，亦是发自内心最深处；那近似冷酷的揭示与谴责，内中其实有着泣血般的呐喊与刻骨的爱恋。

或许可以这么概括：许达然散文是“一组现代社会的悲怆曲”。如同他在《人行道·后记》中所言，因为他用笔勾勒了一幅“重量轻质，财产暴发，道德破产，经济假繁荣，精神真贫困”的现代台湾社会的畸形画。确实，如同在《感到·赶到·敢到》一文中所说的那样，许达然从没有像某些作家那样闭起眼睛神思飘忽地玩味那种趣味小品，也没有去写那些“在西洋镜里撒野，杂忆留欧，散记游美”的“油记”；而是把他深情热切的眼光投向那片故乡热土——台湾，写那种“以社会意识拥抱时代，拆毁逼压人民的违章建筑”的呐喊。许达然把火热的胸膛、诚挚的爱心、浓烈的乡情，蓄积在冷峻严肃的批判精神之下，犹如一座冰封的火山，腹内蕴藏着巨大的热能。他用锋利的解剖刀替换下描绘烂漫春天的彩笔，把人世间的疮疤割裂，把现代台湾社会的脓疮剖开，把批评矛盾直接指向资本主义制度下的现代工商业文明，把自己的满腔热情注入理性的人文主义批判，让那些现代社会及其制度下的不幸者们所遭受的灾难与伤害曝光在读者面前。因此，即便是仅从这一点来看，许达然散文表露的情感就是成功的，他选择参与社会的事业也是成功的。

（作者单位：福建社会科学院文学研究所）

接受与认同

——琼瑶文学作品对两岸共通意义空间的建构

陈致烽

我国幅员辽阔，生活习俗、文化、血缘、语言等都有较大的差异，尤其是海峡对岸的台湾同胞，由于长时间的分治及社会制度的差异，对祖国的认同感存在减弱的趋势。当前，随着民进党在台湾地区再次执政，台湾地区领导人始终不认同“九二共识”的一个中国政策，文化上采取“去中国化”的种种措施，两岸政治层面交流陷入了困境。尽管如此，两岸人民源远流长血脉文脉相连的事实是任何人都无法改变的，但只有持续的交流和沟通才能化解两岸的隔阂，在当前两岸政治氛围相对紧绷的时期，两岸如何做到求同存异？以文学作品为中介进行沟通交流也是一种可行的方式，文学作品作为一种沟通的方式，具有跨越制度鸿沟、修复历史创痕的重要意义和功能。20 世纪后半期兴起的文化消费主义带动文化产业化、商品化，通俗文化和大众文化高歌猛进，使传统精英文化逐步退守边缘，海峡两岸皆如此。面对这种现状，本文选取那些在两岸都有广泛受众群体的通俗文学作品作为研究的切入点，从接受美学和传播学视角出发，将研究聚焦在两岸都有巨大阅读群体的琼瑶作品，说明其因应媒介的变迁，长时间在两岸传播和为广大读者所接受，探索其在构筑两岸共通意义空间的作用。

一、从小说到影视：琼瑶文学作品存在方式的变迁

传播学者麦克卢汉提出：媒介即讯息。意为真正改变人们行为和思想的，并非媒介所承载的内容，而是媒介本身，一种新媒介的出现，是促成社会变革

的重大甚至是决定性力量。任何文学作品都需要借助媒介传播给接受者，传播方式的变化在一定程度上影响着文学生产方式和接受方式，进而改变人们对文学要素构成的认识。一般认为，现代意义上的文学出现于17世纪的西欧，这一时期印刷术得到应用，纸质媒介开始普及，因此传统意义上的文学的传播载体为书籍、刊物、报纸等纸质媒介。在电子传媒时代，鉴于传播媒介对文学活动的重要影响，有学者对艾布拉姆斯的文学“四要素”理论提出了质疑，进而提出了文学研究“五要素”的新研究范式，即认为“文学活动范式由作品、世界、作家、传媒、读者五个基本要素的整体结构和它们之间的动态关系构成”。[①] 尽管该文学研究的范式还不成熟，但传播媒介对文学的重大影响是毋庸置疑的。学者王一川认为，没有媒介就没有文学。[②] 琼瑶的作品之所以能够持续近半个世纪在海峡两岸流传，其中一个重要的因素是其文学作品的存在方式始终与媒介变迁密切相关。

琼瑶早期的作品都发表于文学刊物和报纸副刊等纸质媒介，后期的影视作品大都由其小说改编，它们之间存在着紧密的关系，基于电子媒介的影视作品可以说是纸质印刷作品的延伸，是小说在新的媒介载体的呈现，南帆说过：“不言而喻，今天的文学是生存于报纸、电影、电视以及互联网之中的文学。”[③] “新的电信时代正在产生新的形式取代这一切。这些新的媒体——电影、电视、因特网不只是原封不动地传播意识形态或者真实内容的被动的母体。不管你乐意不乐意，它们都会以自己的方式打造‘发送’的对象，把其内容改变成该媒体特有的表达方式。”[④] 包括电视、电影、网络在内的新媒介，使文学形态原来越模糊，2016年的诺贝尔文学奖颁发给美国民谣艺术家鲍勃·迪伦，这也印证了文学存在形态的丰富性。琼瑶的创作历经半个世纪，以各种不同的媒介形态呈现给受众。鉴于琼瑶及其文学改编作品的密切关联性，本文所提到的文学作品包括纸质印刷形态的作品和以电子形态呈现的影视作品。

在创作初期，琼瑶的作品大都以纸质媒介呈现。20世纪60年代，琼瑶小说都是在《皇冠》杂志和《联合报》副刊上连载，前者为当时台湾地区影响力最大的流行文学刊物之一，后者为当时台湾文学的重要引领者，身兼《皇

① 单小曦：《论五要素文学活动范式的建构》，《社会科学研究》，2009年第1期。
② 王一川：《文学理论》，四川人民出版社，2003年，第111页。
③ 南帆：《理论的紧张》，上海三联书店，2003年，第95页。
④ ［美］米勒：《全球化时代文学研究还会继续存在吗?》，《文学评论》，2001年第1期。

冠》社长和“联副”主编的平鑫涛对琼瑶（两人于1979年结婚）非常赏识，安排策划了琼瑶几乎所有作品在《皇冠》和“联副”出版发行。到20世纪60年代后期，两人共同创办了电影公司，专门负责把琼瑶的小说作品翻拍成电影。自1965年的《婉君妹妹》到1983年的《昨夜之灯》，总共近50部琼瑶小说改编为电影，在台湾的电影史上占有重要的地位，是20世纪60—70年代台湾爱情文艺片的主流，成为当时少数能与风行的武侠片抗衡的电影。1968年，《第六个梦》在台北首映，《联合报》以“第六个梦昨天首映受观众欢迎每场都爆满”为题，报道了琼瑶电影受欢迎的盛况。1975年《一帘幽梦》创下台湾本土影片三个月内上档两次的记录。进入20世纪80年代，电影行业普遍不景气，台湾的本土影片80%处于亏损状态，但琼瑶小说改编的电影依然受到观众的欢迎，1981年上映的《聚散两依依》在春节第一档排第二名，《梦的衣裳》在青年档则是一枝独秀，高居台湾本土影片票房榜首，这两部电影在当时不景气的台湾本土影片票房中创造了一个神话。随后，她的改编电影也跨过海峡在祖国大陆及香港、澳门地区热播。在20世纪80年代后期开始，电影行业不景气，电视机开始进入普通家庭，琼瑶的文学作品被拍摄成电视剧，其自制或授权拍摄的电视剧有24部。由于前期拥有广大的读者群，加上精良的制作团队，琼瑶小说改编的电视剧几乎都拥有超高的收视率，1998年开播的《还珠格格》，在海峡两岸和东南亚地区取得了极高的收视率。

进入21世纪，随着互联网的普及，网络逐渐代替了电视等传统媒介，成为年轻人最常用的交流空间，琼瑶也在网上设立了官方网站，在祖国大陆用户众多的新浪网开通了博客，积极主动地在网络空间与读者互动沟通，尽管琼瑶于2007年关闭了博客，但随后琼瑶的读者专门开设了“琼瑶小筑”等专门供琼瑶作品爱好者交流沟通的空间，读者们在空间里分享对琼瑶作品的心得体会，网站也成为传播琼瑶作品的又一新渠道。

“现代传媒改造了我们的文学，全方位地改变文学的生产、传播与消费以及文学的再生产与再消费。……传媒对文学的干预有了自觉意识。而这种自觉干预且生成，就会倚靠话语权、媒介法则等文化霸权迫使文学做出适媒性的改变。”① 从纸质印刷媒介到电影再到电视剧，包括在网络空间流传，琼瑶作品始终与各种新媒介的变迁保持着密切的互动，目的在于以受众最欢迎的方式进行传播，让作品深入接受者的内心世界，不断延续着其作品的生命力。同时，

① 张邦卫：《媒介诗学：传媒视野下的文学与文学理论》，社会科学文献出版社，2006年，第176－177页。

琼瑶的创作从主题、情节结构到语言风格也在不断地变化，特别是 20 世纪 90 年代，琼瑶进入创作生涯的后期，她的作品大都为影视剧量身定制，影像化倾向极为明显，部分作品甚至是先有剧本拍成电视剧热播之后，再发行纸质印刷小说，如果从传统的文学批评视角来看，其文学价值大不如前期，但这些并不妨碍其作品在市场的接受度。

尼克・布朗认为："电影和电视作为再现社会的主要传播媒介，对创造和确立各种社会成规与性别成规来说，是十分重要的。"① 我国著名的导演、编导张骏祥更进一步说："电影就是文学——用电影表现手段完成的文学。"② 从印刷媒介到电子媒介再到网络空间，从台湾地区到祖国大陆，再从祖国大陆回传台湾地区，近半个世纪以来，琼瑶的作品超越"浅浅的海峡"，在海峡两岸中国人中回传穿荡，两岸同胞在琼瑶作品所构筑的爱情王国中产生了共鸣，拉近了彼此的距离。

二、传播与接受：琼瑶作品在两岸的流传

文学活动本质上也是一种传播活动，其生产和传递的基本信息就是文学信息。"传播就是个人或集团主要通过符号向其个人或团体传递信息、观念、态度或情感。"③ 文学活动是人类的一种高级的特殊精神活动，作家通过一定的媒介把文学作品内容所包含着的信息、观念、态度或情感，传递给接受者。接受者并非被动地接受，而是对所接受到的文学信息做出相应的反应，从而影响作家的创作。姚斯指出："在作家、作品和读者的三角关系中，后者并不是被动的因素，不是单纯地做出反应的环节，它本身就是一种创造历史的力量。"④

琼瑶 1938 年出生于祖国大陆，1949 年迁居台湾地区，从 20 世纪 60 年代开始，琼瑶的创作一直持续到 21 世纪初，总共创作了 60 多部有影响力的作品。1963 年 7 月琼瑶小说《窗外》发表，这部约 20 万字的小说在《皇冠》杂志一次性刊完，读者反应极为热烈，于是紧接着出单行本，单行本小说依然畅销，成为当时出版界罕见的现象。此后，《窗外》多次在台湾地区重印出版，

① ［美］尼克・布朗：《电影理论史评》，徐建生译，中国电影出版社，1994 年，第 149 页。

② 张骏祥：《电影的文学性讨论文选》，中国电影出版社，1985 年，第 63 页。

③ ［美］丹尼斯・麦奎尔，斯文・温德尔：《大众传播模式论》，祝建华、武伟译，上海译文出版社，1987 年，第 5 页。

④ ［德］姚斯，［美］R.C. 霍拉勃：《接受美学与接受理论》，周宁、金元浦译，辽宁人民出版社，1987 年，第 24 页。

在台湾地区销量超过百万，成为皇冠出版社50多年来最畅销的图书之一。此后推出的小说在台持续畅销，如1964年《烟雨蒙蒙》在《联合报》连载后，每天大清早一大批背着书包的女中学生聚集在联合报社门口，迫不及待地要在上学前等到当天的小说。由此可见琼瑶小说当时畅销的盛景。其作品《烟雨蒙蒙》和《庭院深深》在1986年被评为台湾地区十大畅销书，琼瑶本人也名列“最畅销的十大女作家”。

琼瑶作品于20世纪60—70年代在台湾及海外华语世界受到读者的广泛欢迎，但由于两岸交流始终处于隔绝的状态，直到1976年祖国大陆“文化大革命”结束，实行改革开放政策，1979年元旦，全国人大发表《告台湾同胞书》，表达了希望两岸和平统一的愿景，提议两岸开展学术文化等方面交流。随后，两岸开始了沟通交流，两岸文学的交流也得到恢复，台湾地区的文学作品逐步被引入祖国大陆，其中琼瑶小说迅速在祖国大陆受到读者的喜爱。1982年《海峡》杂志刊载了琼瑶小说《我是一片云》，之后几年里，从边远的云南到最北的黑龙江有多达20个以上的出版社出版了琼瑶的作品，加之盗版猖獗，琼瑶的小说迅速红遍祖国大陆。1986年，上海电视台与书店联合举办“我最喜爱的十本书”评选活动，1985年出版的三本琼瑶小说《我是一片云》《船》《几度夕阳红》全部入选。[①] 根据1986年11月13日《文学报》的报道，广州地区约有70%的学生读过琼瑶小说。在2001年“全国国民阅读与购买倾向抽样调查分析”中，琼瑶在“最受读者喜欢的作家”中名列第四。

不仅仅琼瑶的小说在海峡两岸广受欢迎，20世纪80年代后，由其小说改编的电影和电视剧也受到了受众的欢迎。1986年播出的《烟雨蒙蒙》收视率高达42%，到1986年10月上旬落幕后，整体收视率高达48.7%，这种收视盛况是空前的，在台湾地区至少有800万的观众观看了该剧。1987推出的《庭院深深》可称为琼瑶电视剧的巅峰之作，在台湾地区的收视率超过6成。

1989年，台湾当局开放影视业赴祖国大陆取景拍摄，琼瑶立刻召集剧组前往祖国大陆拍摄电视剧，开启了海峡两岸合拍剧时代，之后琼瑶几乎所有的电视剧都在祖国大陆拍摄完成。20世纪90年代开始，海峡两岸开始合拍电视剧，以拍古装剧为主，如1993年的《梅花三弄》，就同时在海峡两岸热播，接着是1998年的《还珠格格》第一部，在海峡两岸都创下了极高的收视率，在祖国大陆该剧的全国平均收视率为47%，最高时为62.8%，成为史上收视

① 周振东：《中学生何以“热”琼瑶》，《社会》，1986年第6期。

率最高的电视剧。《还珠格格》第一部在台湾地区的收视率达到 17%，排名亦属首位。之后《还珠格格》第二部再次创下了收视新高。2007 年推出的《又见一帘幽梦》，初期在台湾地区的收视情况不是很理想，但在祖国大陆却屡创新高，在 18 个城市的总收视率突破 30%，在结束的当日，创下了约八亿两千名观众收看的纪录。随着电视剧在大陆的播出，《又见一帘幽梦》在台湾地区的收视率也稳步提高，最后也获得破 2% 的不俗成绩。2013 年，琼瑶再次推出了《花非花雾非雾》，仍然在海峡两岸取得不俗的收视成绩。笔者利用在校开讲座的机会，对 2016 级来自不同专业的学生（大都出生在 1996 年）进行调查，调查显示 8 成以上的学生看过琼瑶的电视剧，可见在号称“网路原住民”（1995 年后出生）的年轻人群中，琼瑶剧仍然具有极高的认知度。

无论是初期在台湾地区还是后期在祖国大陆，对琼瑶作品的接受都经历过曲折的历程，20 世纪 60 年代，琼瑶作品在台湾地区受到了文学界的严厉批判，其中以李敖的批判最为尖锐，他认为《窗外》不健康，是背着“孝顺服从”这个沉重的文化包裹，对中国青年为害甚大。家长和学校也把她的作品当作“毒草”来严防死守，不让青少年看她的作品。同样的情景亦发生在 20 世纪 80 年代的祖国大陆，家长、老师们觉得琼瑶言情小说没文化，没有教育意义，会耽误孩子的功课，要加以封杀。相对于台湾地区，祖国大陆批评界显得比较包容，但在肯定之余，大都认为其作品存在着“肤浅”“公式化”等局限。尽管如此，一个不争的事实是：琼瑶作品以爱情为主题，深受读者的欢迎，她的读者群遍布海峡两岸、港澳地区及海外华人圈，同时也被翻译成韩、日、泰、越、英、荷等多国语言。琼瑶开创了一个属于她的时代，其作品在海峡两岸持续几十年受到接受者的欢迎，培育着广大的接受群体，影响着海峡两岸几代人，她被称为“爱情教母”。其所产生的影响已经超越了文学本身，而更是成为一种社会现象，台湾学者林芳玫就主张从文学社会学的角度对琼瑶作品进行研究，透过琼瑶作品的传播与接受，我们可以从一个侧面把握海峡两岸社会的发展演变和交流互动。

三、从接受到认同：琼瑶作品传播构筑共通的意义空间

传播是一种信息共享活动，传播成立的主要前提之一，是传受双方必须要有共通的意义空间，即传受双方对传播中所使用的语言、文字等符号含义的共

通的理解和大体一致或接近的生活经验和文化背景。[①] 同样，"文学场域和传播场域一样，都依靠共同的语言和游戏规则来决定游戏权利的存在与否、传播的可能与否"。[②] 在文学作品中，作家常常运用语言通过某种具体的形象来表现与之相似或相近的观念和思想，或寄托某种特定的情感。

琼瑶在祖国大陆出生，在颠沛流离中度过了童年，后移居台湾地区，其对中国人和中华文化有着深深的认同感，如琼瑶所言："中国人爱自己的祖宗，爱自己的土地，爱自己的故乡，爱自己的家园，有强烈的'山河之恋，故国之思。'"[③] 值得关注的是，尽管琼瑶作品也被翻译成多国语言，但琼瑶作品的流传区域主要是在以海峡两岸为核心的华人圈，可见对于琼瑶作品在海峡两岸长时间地持续地为两岸民众所欢迎的现象，我们不仅仅从文学的价值层面就能解释这一现象，如伊格尔顿所言："文学犹如'杂草'，它的存在取决于'园丁'的喜好；'园丁'的喜好不是完全任意的，制约文学'园丁'做出判断的是居于'深层'的'那些感觉、评价、认识和信仰模式'即意识形态。"这里的"深层"，就是琼瑶作品中无论是小说还是影视都呈现出来的浓厚的中华文化根脉和两岸受众的深层次心理认同。

琼瑶作品中的传统中华文化元素利于两岸人民接受和认同。琼瑶说："我喜欢中国的古代文化，我是在唐诗中长大的，我写书常借鉴诗词的形式和意境，常常不露痕迹地把中国的'根'的东西，借现代语言传达出来。"[④] 出身于书香门第的琼瑶，受过正统的中华传统文化教育，有着深厚的中国古典文学修养，对于通俗言情小说家而言，其古典文化的基础知识尤为突显。且不说其小说的题目多有古典意蕴，如《在水一方》出自《诗经·蒹葭》，《碧云天》和《寒烟翠》都出自范仲淹的《苏幕遮》，《秋歌》与李白的浪漫情怀有关。而更加引人关注的是，琼瑶作品源流自传统中国小说的表现手法，以古典诗意的呈现方式，追求故事的完整性。《烟雨蒙蒙》以女主角陆依萍作为小说的叙述者，文本开头描绘了"细雨""水珠""街灯""芭蕉树"等物象，在这烟雨蒙蒙的景象中人物出场了，也为全文奠定了沉郁阴冷的格调。小说的结尾依然是回归到这些景物，尽管物是人非，但首尾相照，强调故事情节整体性的表现手法与传统小说如《水浒传》《红楼梦》《金瓶梅》等一致。同时，琼瑶对

① 郭庆光：《传播学教程》，中国人民大学出版社，2001 年，第 44 页。
② 林淇瀁：《场域与景观——台湾文学传播现象再探》，台北印刻出版有限公司，2014 年，第 133 页。
③ 琼瑶：《剪不断的乡愁》，作家出版社，1988 年，第 198－200 页。
④ 覃贤茂：《琼瑶传奇》，四川人民出版社，1999 年，第 340 页。

于这些景物是予以诗意呈现的。如“细雨”是绵绵密密的、“水珠”是晶莹而透明的、“芭蕉树”上的水滴是“一滴又一滴地”从那阔大的叶片上滚下来的、“街灯”是在细雨里高高站着的、“光线”是孤高骄傲而又昏黄的……小说最后，女主人公听着“雨滴打着芭蕉的声音，那样潇潇的、飒飒的，由夜滴到明”，一夜无眠追忆着破碎了的梦……“碧潭上小舟一叶，舞厅里耳鬓厮磨”，想起何书桓爱唱的那首歌：“最怕春归百卉零，风风雨雨劫残英。君记取，青春易逝，莫负良辰美景，蜜意幽情！”此境与汤显祖《牡丹亭》中的“良辰美景奈何天，赏心乐事谁家院”相似，也可看到唐诗《金缕衣》中“花开堪折直须折，莫待无花空折枝”之影。琼瑶把古典诗歌与小说中创造意境的手法相融洽，营造一种诗情画意的纯净情调，读者在阅读过程中很容易被此情境所吸引，从而进入这一婉转清丽的意境。

琼瑶作品为海峡两岸民众共同接受的根本原因是海峡两岸人民内在的深层次心理认同。在其带有自传性质的处女作《窗外》第十一章中，写女主角江雁容落榜后对于生命的探求，“我从何处来，没有人知道！我往何处去，没有人明了！”此语出处虽与西方文化的起源有关，却应合了80年代的中国大陆对于西方文论中提出问题的思索，也与中国传统文化中关于“无”与“有”、关于“常”与“无常”的思想命题相契合，或者可用佛教“从来处来，到去处去”的用语来解释这一命题。琼瑶紧接着写江雁容突然想起其父说的话，中国最后一个王朝——清朝的顺治皇帝曾当过和尚，当时写的一个偈语中——“生我之前谁是我，生我之后我是谁?”江雁容奇怪于“谁是她，她是谁?”她紊乱的思绪想到李白的“天生我材必有用，千金散尽还复来”，可自己又不是李白，“我”却等于“无用”，她的不稳定的思想又跳跃到《圣经》中的“虚空的虚空，一切都是虚空”……这一长串有关自我的追问与寻求，中西方文化自然的衔接与融合，在西学东渐的过程中，与此期受传统文化熏陶的中国读者对于宇宙恒常问题的思索相应合，达到与中国大陆民众共同深层的心理文化认同，因而受到海峡两岸民众的欢迎。

余　论

在当今全球化时代，一个民族的成员往往分居各地，流动性增强，覆盖全球的大众媒介就成为维系各个成员之间关系、保持民族身份认同的重要途径。美国学者本尼迪克特·安德森认为：民族是一个想象的共同体，是由特定的文化所建构的。他认为小说、报纸、收音机和电视这些大众媒介能传播将民族成员相互联结的共同意象和共同想象，尽管这些民族成员散布在不同地区，相互之间从未谋面，素不相识，但共同的想象和共同的意象像一根纽带，将他们形成一个共同体。利奥·洛文塔尔指出："文学是基本象征和价值观的特别恰当的载体，能够对不同的社会团体——不同的民族、时代到特殊的社会亚群体和构建时刻——产生凝聚力。"① 文学作品是文化的重要载体，作为想象的一种重要方式对构建民族共同体起到举足轻重的作用，琼瑶的文学作品，历经半个世纪，借助各种媒介进行传播，在海峡两岸长盛不衰，构筑一个可行的共通交流话语空间，有利于海峡两岸的交流互动，巩固海峡两岸的文化认同，促进海峡两岸的国家和民族认同。

进入20世纪末期，经过20多年的改革开放，祖国大陆经济不断发展壮大，市场经济体制逐步确立，普通大众对文艺作品的需求也日趋多元化，大众文化市场也不断地壮大，仅仅从港台地区引入电视剧已不能满足人们的消费需求。同时，政府也对文化体制进行改革，文化生产也逐步走向市场化，随着文化生产能力的不断加强，祖国大陆的文化机构、企业也具备了生产和创新能力，在影视制作方面，大陆的电视剧生产不仅数量大大增加，质量也在不断提高。进入20世纪90年代后期，琼瑶通过与湖南卫视合作，把影视拍摄制作的重心放在祖国大陆，陆续推出了《还珠格格》（共三部）、《又见一帘幽梦》、《花非花雾非雾》等作品，这些作品大都由琼瑶亲自参与，海峡两岸演员共同出演，在两岸同时上映。两岸源远流长的共同的语言、文字和相近的文化背景，为两岸人民的交流搭建了便利之桥。传播既是一种过程，也是一种系统，传播活动受到各种因素的影响和制约，海峡两岸打破了人为的制度性藩篱和不断缩小经济差异之后，由单向输出到双向交流，文学作品得以其本真的艺术品质开始在两岸流传回荡，引起两岸读者的共鸣，构筑共通的意义空间。

传播是双向的交流和沟通，有效的传播是受到各种因素的制约的，尽管琼瑶文学作品几十年来在海峡两岸拥有广泛的接受群体，但我们也应该清醒地看到，进入新世纪，同样是琼瑶的作品，在祖国大陆仍然能够取得较高的收视率的电视剧，在台湾地区却不甚理想，如2003年暑期同时在海峡两岸和香港、澳门地区上映的《还珠格格》第三部《天上人间》，在祖国大陆，收视率虽然不如前两部那样火爆，但仍然占据各中心城市同时段收视第一。而在台湾地区

---

① ［美］利奥·洛文塔尔：《文学、通俗文化和社会》，甘锋译，中国人民大学出版社，2012年，第2页。

该剧却遭遇惨败，据 A. C. 尼尔森的数据，《天上人间》在台湾地区的收视率是1.98，开播的8天时间内每天都有不同程度的下降。对此，琼瑶发出“台湾已经不要我了”的感叹。因此，要通过两岸的全方位的交流沟通，对重要的历史事件达成共识。而且我们也应该认识到，文化认同不等同于民族认同和国家认同，要实现两岸的国家认同，还需及时把握台湾民众的心理需求，跟随时代的发展变化，审时度势，有效地开展两岸人民的交流，这样才能取得更好的成效。

（作者单位：福建师范大学福清分校文化传媒与法律学院）

吕赫若决战时期小说简论

隋欣卉

对吕赫若在日本殖民统治末期创作的小说《邻居》《玉兰花》《山川草木》《清秋》《百姓》《风头水尾》等的解读，向来存有不同的理解与争议。

陈万益先生曾有过如下叙述与疑问："吕赫若决战时期的小说，过去似乎未能一如其农村家庭和台湾女性题材作品一样较客观的省视权衡，一下子就笼罩在皇民文学的阴影底下：《风头水尾》确实是奉台湾总督府情报课之命撰写的报道文学，《邻居》和《玉兰花》正面描写日本人，《清秋》则描写青年'到南方去'的潮流，《山川草木》写知识女青年下乡劳动，这些是不是呼应或配合殖民统治者文学奉公会、参与圣战的政策呢?"① 对于这个疑问，我们应该从文本内外来寻找答案。

一、《邻居》《玉兰花》：透过表面的亲善揭示殖民统治者的本质

《邻居》虽然情节简单，描述了比较"亲民"的"内地人"（日本人）田中夫妇，居然会搬到"本岛人贫民区"附近居住，与"我"（"国民"学校的教师）成为友好的邻居。因为田中夫人不能生育，而要领养"本岛人"李培元的第五个儿子——年方三岁的李建民。

然而，在貌似描写民族"亲善"的主旨之下，细细读来，却别有一番滋味在心头。从一开始，"我"因为第一次有个"内地人"住进来而大吃一惊，见到田中氏后惊慌失措，充满与可怕的人为邻的恐怖感，这些都体现了"内

① 陈万益：《萧条异代不同时——从〈清秋〉到〈冬夜〉》，陈映真，等《台湾第一才子——吕赫若作品研究》，台北联合文学出版社有限公司，1997年，第15页。

地人”与“本岛人”的距离感与位阶差异。随着接触的增多，田中夫妇的礼貌与亲善，降低了“我”的恐惧感，田中夫人给人的感觉是非常母性的，甚至有时让“我”有种像是母亲的错觉。① 请注意，这里作者使用的是“错觉”一词。然而，这样一位充满母性的女性，因为自己无法生育，却硬要将“本岛人”李夫人的孩子据为己有，向孩子灌输自己才是母亲的思想，而孩子的亲生母亲被她称为保姆。孩子由最初的日夜哭闹到后来经过一段时间的接触后，把田中夫人当作自己的母亲，而对自己的亲生母亲李夫人甚为冷淡。小说结尾，因为田中夫妇要搬到台北，李夫人一家来车站送行，“我”问呆呆站着的李培元：“阿民已经正式送给田中先生了吗?”得到的回答是：“还没有。”

至此，我们是否可以这样理解，在作品发表的1942年10月，日本殖民政府无论在日本国内，还是在台湾地区，对于思想言论的控制日趋严苛的情况下，作家假借这样一个中日人民亲善的表层故事，揭示的却是更为深刻的民族压迫与距离。

被殖民统治的普通百姓，甚至连自己的亲生孩子都无权拥有，殖民统治者的残忍可以达到肆意掠夺他人子女，致使被压迫者虽然内心强烈不舍，却没有反抗与拒绝的胆量与勇气的地步。再进一步，我们是否也可以这样理解小说的象征意味，田中夫妇象征日本殖民统治者，被强行带走的孩子阿民象征宝岛台湾，而阿民的亲生父母李氏夫妇则象征着祖国母亲，设若如此，则小说暗示了台湾的历史悲剧：中国与日本原本是“邻居”，落后的中国母亲无力保护台湾，虽然不舍，但台湾仍然被强行夺走；日本侵略者把台湾据为己有，甚至还混淆是非，以生母自居，而将其真正的生母贬为保姆，经过几十年的殖民统治，思想控制与同化，以表面的进步、文明、亲善来掩饰其侵略、野蛮与掠夺；而被强行夺走的台湾，也由最初的哭闹、抵抗，到后期真的把田中夫人当成自己的母亲，而对自己的亲生母亲冷淡，则象征着台湾人民从日本殖民统治初期的反抗，到皇民化时期一部分台湾人以皇民自居，而觉得作为中国人是低人一等的心理变迁。无论如何，作者在小说结尾表明了自己的态度，“我”问李培元：“阿民已经正式送给田中先生了吗?”李氏回答三个字：“还没有。”此处是一语双关，暗指台湾虽然暂时落入日本人之手，但台湾仍然是祖国母亲的，哪怕此时的祖国积贫积弱，破败不堪，都是让人难以割舍的现实与精神存在。而日本无论表面多么亲善，都无法改变其侵略者的身份。小说发表的时期

① 吕赫若：《吕赫若小说全集》(上)，林至洁译，台北印刻出版有限公司，2006年，第330页。

正是皇民化时期，这篇作品的象征意义也就极为重大，意在警醒台湾民众的身份认同问题，笔者认为这样一篇寓意深刻的作品，在今天读来更是让人敬佩作家的高瞻远瞩。

《玉兰花》也是一篇看似描写民族亲善，实际却是在阐明无论民间百姓的友谊多么深厚，终究无法摆脱民族差异与距离的作品。叔叔的朋友铃木善兵卫从日本来到台湾做客,“我”对于铃木善兵卫由最初的畏惧到后来的喜欢“亲密”，及至铃木善兵卫要回日本时的不舍。铃木来到家中，受到全家人的款待，而铃木给家人的感受与家人们对日本人的既有印象大为不同，因此很快就融为一体，然而中间却出现插曲，铃木生病，久病不起，在大家悉心照顾下终于痊愈，并要返回日本。

《玉兰花》的确是从儿童的视角描述了中日人民之间的友谊与亲善，然而台湾虽好，铃木与台湾的朋友友谊虽深，距离却是无法逾越而客观存在的事实。铃木终究要回到属于他的日本，因为他在台湾会出现水土不服，疾病缠身。

二、《清秋》:“到南方去”的不同抉择恪守着本岛人单纯的善

与《邻居》和《玉兰花》正面描写日本人不同,《清秋》则是描写青年在“到南方去”处境下的种种抉择及其对生活初心的追求。

《清秋》小说主人公谢耀勋在东京生活将近十年，但仍然觉得自己是田园之子而不是都市人，他回乡三个月就适应了农村生活，立志在家乡建立一所科学化的医院，但医院的建立并非一帆风顺，首先要通过开业许可制这一关，只有顺利取得开业许可，才可以建设医院。这显示了殖民控制的无孔不入，殖民统治下人民的所有日常活动都被纳入殖民统治规划。另外一件令耀勋感到头疼的事是担心租屋纠纷，自家祖屋位于镇上的闹市，一直租给开饮食店的母子二人，他看到饮食店每天都高朋满座，担心他们不愿归还。果然，母亲流着泪不想搬离，儿子黄明金比较顺从，解释自己会尽快找到房子搬迁，因为正在闹房屋荒，或许会慢一点归还，但绝不影响耀勋开业。作品体现日本殖民统治下农民生活的艰难，虽然每天高朋满座，所得收入却仅能糊口，只要歇业一天，就可能无法生活。

有些评论家将《清秋》划归具有皇民化倾向的作品，最主要的原因是基于作品中对于日本南进政策的描写。陈万益认为：“《清秋》篇中的人物，基

本上都认同当时情境下，南方是能令年轻人热血沸腾的地方，选择到南方，是青年人的试炼、雄飞。”陈万益的这个说法看到了作者的表层描述，当他深入阅读后感觉又发生了变化：“可是如果说两条路线，是不是有轻重之别，而作者有无偏向呢？我个人认为吕赫若虽然同意南方是知识阶级的一条出路，尤其在那个时候特别显得气息昂扬；但是，比较来说，他应该偏向耀勋的选择，即使他不免犹疑、矛盾，但是，他留下来当开业医，显示吕赫若当时思想的安顿是：回归自然，扎根乡土，回归东洋，承传家庭，贡献医学，服务人民。”① 这个略显矛盾的结论，也显示出《清秋》一作主题的隐晦性，这也是《清秋》能够“成为奇迹，成功躲过当局审查”的原因所在。

小说中的弟弟耀东、在台北偶遇的旧时同学、租借自家祖屋的黄明金、小儿科医生江有海等人，都貌似积极响应了南进政策，然而我们细细读来却会发现，这些人都有着各自不得不去的理由。弟弟耀东在东京学习药科，成绩优异，毕业留在大阪的制药公司上班，但却志愿去了南方，当哥哥一直不解，追问其缘由时，耀东回答：“因为成立了办事处，我率先志愿前往。由于是在南方，言语也可以通，而且我认为本岛人最为单纯。此时，有必要透过医药在南方好好地工作，这是我自己决定的事，还有什么话好说？为了燃烧年轻的热情，我认为南方是我今后活跃的舞台，作为自己迈开的一大步，打算试炼自己。啊！老实说，或许说是不被认可比较适当吧。”② 从中，我们能够体会到，学业优秀的耀东，在大阪的制药公司原本想要为了理想一展身手，但却不被认可，为了得到认可，只好选择去没有语言障碍，又最为单纯的本岛人的南方舞台施展自己的才能。可见，无论日本人如何标榜公平，如何表现所谓的亲善，民族的隔阂与鸿沟是始终存在且无法轻易逾越的。

因闹房屋荒一直未找到新居，无法退还耀勋家祖屋的黄明金，也加入从军的队伍，在从军庄民的践行会上，黄明金对耀勋说：“谢医师，让您操心了。尤其是店铺的事，给您添了极大的麻烦，实在很抱歉。事实上，我也想早点搬家，到处找寻适当的地点。正巧有人提起南方行的事。由于对饮食店营业的前途绝望，于是决心放弃而去南方，因此，我顿觉轻松。”③ 从军去南方，并非只是单纯的热情，而是因为对于饮食店营业的前途绝望，因为意识到饮食店早

---

① 陈万益：《萧条异代不同时——从〈清秋〉到〈冬夜〉》，陈映真，等《台湾第一才子——吕赫若作品研究》，台北联合文学出版社有限公司，1997 年，第 17 页。

② 吕赫若：《吕赫若小说全集》（下），林至洁译，台北印刻出版有限公司，2006 年，第 330 页。

③ 同②，第 561 页。

晚要陷入僵局，所以只能去南方从军。

同是小儿科医生的江有海，一开始被误解为背后作梗，阻挠谢家申请开业许可，但当他作为开业医生被“国家密令”征召为野战工作者时，临行前，对耀勋说：“如今我也不打算做一个镇上的庸医。我已觉悟到会有万一的情形，所以来拜托你。无论如何都要为本庄的人民从事医疗的服务。至于开业许可的问题，如今处于这种情况下的我，只要跟当局说一声就可一举解决。”①

正如吕正惠先生所言，“‘到南方去’的历史处境，反而让原本略有矛盾的黄明金、江有海、耀勋之间产生一种‘彼此一体’的命运相通感，而使得耀勋毅然的决定自己去负担应尽的责任。在这种转化下，‘到南方去’并不是‘新生之路’，而是每一个台湾人不得不按照自己的处境去承受的命运”。②

笔者认为，造成《清秋》主题的隐晦性的外因是当时台湾的政治、经济、文化大背景，吕赫若在日记中提到，“想到短篇《路》的主题，想描写一个医生徘徊在开业还是研究学问之间，以指引本岛知识阶级的方向”。“重新构思，开始写《清秋》，想描写现今的新气息，以指引本岛知识分子的动向（八月七日）。”③ 仔细阅读文本，我们可以发现，耀勋犹疑、矛盾的问题是究竟要开业行医还是研究学问。他“不要当一名镇上俗不可耐的医生，而应该当一名科学者，更进一步钻研医学，树立人类永远的幸福”。至于究竟要“到南方去”还是留守家园的问题，在小说的最后，作者通过小说中的人物耀勋做出了明确的选择，吕赫若所说的“方向”不是“到南方去”，而是留守家园，而留守家园也并非只是简单地尽孝，更主要的是要为乡亲尽自己力所能及之责。陈万益认为，“叶石涛以‘伪装说’来解除吕赫若作品的皇民文学阴影。他认为吕赫若的思想一贯是反帝反封建的，《清秋》篇中耀东、耀勋两人是帝国主义和封建主义巨大压迫下的牺牲者，前者是被日本人歧视、挫败，不得不到南洋寻求发展；后者则是在封建的孝道和长子继承制度下，不得不待在故里，处处受制，无法自寻新天地的青年”④ 的说法影响很大，后来的学者多循此推敲其“高度的伪装技巧”，直到钟美芳提出异议，陈万益认为钟美芳的观点大致可信。在这一点，笔者认为叶石涛关于耀东的评论是合理的，而对于耀勋的评价

① 吕赫若：《吕赫若小说全集》（下），林至洁译，台北印刻出版有限公司，2006 年，第 566 页。

② 吕正惠：《“皇民化”与“决战”下的追索——吕赫若决战时期的小说》，陈映真，等《台湾第一才子——吕赫若作品研究》，台北联合文学出版社有限公司，1997 年，第 52 页。

③ 同②，第 46 页。

④ 陈万益：《萧条异代不同时——从〈清秋〉到〈冬夜〉》，陈映真等《台湾第一才子——吕赫若作品研究》，台北联合文学出版社有限公司，1997 年，第 15 页。

则并不恰当，耀勋留在故里，实乃责任感使然，而非受制于封建的孝道和长子继承制度不得不做出的决定。

当耀勋思及黄明金为了对自己尽情义决定去南方，而江有海应征召把后续工作委托于自己时，他感受更多的是自己对于家乡的责任之重大，而并非是羡慕他人都投奔南方，自己却留在家乡的苦闷。他认为："自己一个人不能再执着于烦闷中，必须把自己现在所具备的能力发挥到淋漓尽致吧。在没有江有海后，做个小儿科医生，为庄里幼儿们的保健尽绵薄之力乃当务之急吧。"而对于所谓的南进政策，作者借助男主人公耀勋委婉地表达了自己的态度，对那些不明就里、被日本殖民当局的南进政策所蛊惑的台湾民众提出善意又委婉的提醒与建议。"他再度感受到时代变化的激烈。在如此剧变时代的对应之道，不受第三者迷惑，只要相信自己，坚守自己的工作岗位，然后达成自己的职责。结果是如双亲所望，也可说是尽了孝道，不亦善哉。"①

正因如此，许多人把《清秋》解读为吕赫若响应皇民化的作品是有失偏颇的，作者的深意或许在于反映青年人的不同抉择下，其实是不约而同地对"本岛人最为单纯"的善的追求。

三、《百姓》：农民日常生活中的质朴与纯真

《百姓》是与《邻居》相对应的另一篇小说。《百姓》篇幅短小，也是围绕邻居来展开故事情节，不同的是这篇小说的邻居都是台湾农民，平日里勤俭、固执、吝啬的农夫买东西时一心想要讲价，有时为了省下买药钱而丧命。但如果说他们吝啬，却又不尽然，他们有时却极为大方，这种大方体现在村里酬神唱戏的活动中，这些平日里一分一厘都要节俭的农夫，拼命想招待未曾谋面的观光客到自己的家里。让"我"费解的是，与其为庙会节庆花数十元，为何不把它们分摊到日常生活中改善饮食呢？因而，年少时"我"认为农夫都是一群可笑的人。陈姓与洪姓的农夫，虽是隔壁邻居，但感情一向不睦，平日早已反目，然而就是这样的邻居，在空袭来临时，却相互帮助。洪家的媳妇分娩，无法去叫产婆接生，陈姓农夫的老妻跑过来充当产婆，解决了洪家的燃眉之急。当轰炸结束，洪家知道陈家没有做鸡酒的胡麻油与酒时，主动拿出自家的帮助陈家。就是这样一个简简单单的情节，却烘托出台湾百姓间质朴与纯

---

① 吕赫若：《吕赫若小说全集》（下），林至洁译，台北印刻出版有限公司，2006 年，第 568 页。

真的邻里关系，虽然平日里也曾为鸡毛蒜皮的生活琐事发生龃龉，但在生死攸关之际，却显出邻里间一笑泯恩仇的默默温情，农夫们不会花哨的表达，只会用实际行动来践行互助互爱的乡间质朴情谊。

《邻居》与《百姓》同为以邻里关系为主题的作品，篇幅一长一短，而立意却是南辕北辙。《邻居》绝不是如一些评论家简单认为的歌颂民族亲善的作品，在《百姓》的映衬之下，十分明白地说明了中日的邻里关系乃是表面的亲善，而实际却隔着遥远的距离；而台湾人民自己之间的邻里关系，是表面的不睦甚至反目，但在危机来临之际，却是休戚相关、患难与共。

如果把上述小说综合起来分析，其实似乎有一种递进转承的逻辑关系。即对殖民统治者是可憎可恶，对受殖民教育者是可感可叹，对本岛人是可亲可爱。也即对日本殖民统治者伪善的直接揭露，这是一种决然而然的批判；到对“皇民运动”和“到南方去”大处境下的台湾知识分子的不同抉择的善意阐释，这是一种复杂的渲染与升华；再到对台湾农民的本色生活的演绎，则成了一种对本真纯粹的阶级和民族感情的歌颂和赞美。

（作者单位：两岸协同创新中心福建师范大学闽台区域研究中心）

著诚去伪　敏智多思

——略论廖玉蕙的生命体验与散文美学①

倪思然

当代台湾文坛知名女作家廖玉蕙，1950 年出生于台湾台中县，东吴大学中国文学博士，现任台北教育大学语文与创作学系教授，讲授文艺创作、现代文学及古典小说等课程。写作 30 多年来，她创作出版散文集《不信温柔唤不回》《妩媚》《如果记忆像风》《让我说个故事给你们听》《像我这样的老师》《五十岁的公主》《对荒谬微笑》、小说《一枚戒指》、学术论著《江花江水岂终极：古典小说戏曲论集》、访谈录《走访捕蝶人：赴美与文学耕耘者对话》等约 40 部作品，其中多篇散文作品被选入台湾各类文选及高中语文课本。她曾荣获台湾“中国文艺协会文艺奖章”“中山文艺奖”“中兴文艺奖”及“吴鲁芹散文奖”等重要文学奖项。然而，相较于席慕蓉、张晓风、简媜等海峡彼岸的女性文学家，中国大陆学界对于廖玉蕙散文的研究成果仍较为薄弱②，文学爱好者们对她的散文创作状况亦了解较少。

廖玉蕙散文创作成果颇丰，在思想性与艺术性上均求变图新，开辟了台湾社会样貌和民众生命体验等领域的多种新主题、新题材。这也为意欲全面掌握其创作风貌的研究者带来了一定困难。由此，笔者并不奢求“面面俱到”，而在综合把握廖玉蕙创作历程的基础上，相对聚焦于她本人自选的作品集上。陈

---

① 本文为国家社科基金重大项目“六十年来台湾社会思潮的演进与人文学术的发展（1950—2010）”（项目号 16ZDA138）阶段性成果。

② 据笔者所掌握资料，中国大陆的廖玉蕙研究成果并不多见。其中学位论文仅有一篇，为曹小妹：《廖玉蕙散文创作论》，苏州大学硕士学位论文，2010 年。期刊论文仅有两篇，分别为张小燕的《记忆·角色·哲理——对廖玉蕙散文的一种解读》，载《常州工学院学报（社科版）》2007 年第 6 期；曹小妹的《用心写作日常生活中的天大地大——廖玉蕙散文创作初探》，载《青年文学家》2009 年第 16 期。

义芝在其主编的“新世纪散文家”系列之八《廖玉蕙精选集》卷首，为廖玉蕙撰写的推荐词为“敏慧多情，又擅于写情”，并指出“她以憨、痴对抗人世的假面肤浅，不惜将尴尬的幕后景像搬到台前，让人看翩翩彩翼起舞的欢愉，也看蝴蝶仓皇换装之际的痛”[①]，可谓切中肯綮之论。许俊雅则认为廖玉蕙“以女儿之亲亲，以教师之仁爱，以作家之尖锐，是廖玉蕙在她的散文精选中精心设计、努力完成的自我形象”[②]，此处关于作家“写作身份”的论述颇具启发性。由于这本“精选集”是廖玉蕙从其散文园地的累累硕果中，经过精斟细酌、精挑细选的结晶，因而本文即拟以该文集为主要论述场域，以点带面又兼顾其余，力图察一斑而窥全豹，通过文本细读、审美批评和文化诗学等方法，对廖玉蕙的生命体验和散文美学做一番探讨。

当人们回顾台湾当代散文的发展历程时，不难发现：女性作家人才辈出，开创出台湾散文的新局面。其中，廖玉蕙以著诚去伪之笔，抒写敏智多感之情，逐渐跻身当代散文大家之列。台湾相关文艺刊物，都是她的散文发表园地。纵观其散文创作，读者可感受到多情善感的廖玉蕙对社会与人世抱持着善良的愿望和美好的期许。读者阅读廖玉蕙的散文，会伴随着她那兼具智性与诗性的省思笔触，去追寻她那难以忘怀的前尘往事，珍惜今生缘会、紫陌红尘，感受岁月沧桑、人情世故，体会那流年暗换中叠印的时代变迁。

一、永不褪色的成长印记

海德格尔在与荷尔德林深度神交之际，曾用“人诗意地栖居在这片大地上”[③] 此一兼涉诗学与哲学的说法，高度地涵括了人类理想中的生存状态。然而现实中，人终其一生仿若匆匆的赶路者，为生存所迫，也许很少有停下来喘息的时间。许多人屈从于命运的左右，往往把毕生的精力消耗在逃避痛苦和追求名利上，而没有余力从事自由的反思与对内心深处喜悦的追寻。而廖玉蕙的散文创作，正是作家对自身匆匆走过的人生道路所做的一番回顾与反思，是在不同的人生阶段，对自己的成长经历所做出的艺术提炼与精神“反刍”。

---

① 陈义芝：《推荐廖玉蕙》，参见廖玉蕙著，陈义芝主编《廖玉蕙精选集》，台北九歌出版社，2012 年，第 11 页。

② 许俊雅：《高贵而温柔的心灵图像——读〈廖玉蕙精选集〉》，陈义芝主编《廖玉蕙精选集》，台北九歌出版社，2012 年，第 16 页。

③ ［德］马丁·海德格尔：《荷尔德林和诗的本质》，孙周兴选编《海德格尔选集》（上），上海三联书店，1996 年，第 324 页。

廖玉蕙认为，“只有真心对待、不以谄笑柔色应酬，人间才有华彩；写作也是这样，唯有著诚去伪，不以溢言曼辞入章句，文章才有真精神”①，从而将真诚恳挚当作“为文”与“为人”的共通原则。廖玉蕙的散文创作恰如其分地践行了她“著诚去伪”的创作观，采撷生命歌哭，执笔直抒胸臆，行文不加矫饰，情感真挚动人。因此，从叙事学②的角度看，其创作的大多数散文文本中，第一人称叙事者“我”与作家本人相比，在人生阅历和生命体验等方面具有极高的同质性。其中，成长题材的文本里，“我”的成长心路历程，可视作廖玉蕙对自己人生道路上的吉光片羽进行审美选择、艺术加工与诗性呈现的产物。

廖玉蕙出生于台中乡下一个普通的公务员家庭。伴随着她的成长记忆的，是那终日隆隆呼啸的火车声。在噪音的缝隙里讨生活的艰难岁月，使她看到了那横死在车轮底下的鸡鸭和惨死的人，“慢慢领悟到人生原如朝露，生和死，不过一线之隔，而死，也不过是生命过程中的一个必然的阶段”。③ 读者从她的散文《当火车走过》中，看到的是一个小女孩惶恐而孤独的童年，以及在中学时代挤火车上学的艰辛经验。大学四年乃至后来结婚生子、带孩子回娘家度假，也离不开火车上的心情摆荡，思亲垂泣。廖玉蕙以“火车”为线索，串联起过往的生命成长经验，融汇了自己对生活真谛的观照和领悟。它不是作家过往生命的简单再现与复写，而是作家对过往生命状态的感受和经历所做的艺术反思，是在对自身感情和外部世界的结构之双重认识基础上所达到的一种艺术创造，是作家内在情感与外部事物之间的一种审美重构。正由于这样的一种审美自觉，通过回忆与描述，作家的自我人生经验在作品中清晰地显现出来。

在《永远的迷离记忆》中，廖玉蕙追忆惨绿的初中和高中时代，“联考的阴影和积弱不振的成绩共终始”，“一间间的工厂和办公室取代了如茵的草皮，精密的加工进驻，引来大批的就业人口”④，个人的人生经历，叠印着台湾经济转型社会变迁的面影。而《那年春天》⑤ 一文则以极为幽默诙谐的笔触，抒写了“我”27 岁那年奇特的相亲体验。那位曾留给“我”滑稽可笑的第一印

---

① 廖玉蕙：《廖玉蕙散文观》，《廖玉蕙精选集》，台北九歌出版社，2012 年，第 30 页。
② 此处论述，参考了罗钢的专著《叙事学导论》，云南人民出版社，1994 年，第 12 - 28 页。
③ 廖玉蕙：《当火车走过》，《廖玉蕙精选集》，台北九歌出版社，2012 年，第 36 页。
④ 廖玉蕙：《永远的迷离记忆》，《廖玉蕙精选集》，台北九歌出版社，2012 年，第 55 - 56 页。
⑤ 廖玉蕙：《那年春天》，《对荒谬微笑》，台北三民书局，2005 年，第 3 - 10 页。

象的俊朗青年，后来屡次寻芳逐爱不得，则将“我”作为退而求其次的“备选选项”，最后两人竟阴差阳错地成了夫妇。伴随着岁月的流逝和环境的嬗变，廖玉蕙终于由原先的青涩少女——那个与城市格格不入的“乡下佬”，逐渐融入台北大都市，培养出与台北共存共荣的“同舟一命”情怀，在“晴时多云偶阵雨的人生风雨中，从容地策杖吟啸徐行”。①

廖玉蕙的生活经历与台湾本土血脉相连，而她对自己的人生经历进行了真诚无伪的体味与表达，呈现出人生的甜蜜与辛酸。因而伴随着她的文字，人们仿佛坠入时空隧道，跟着作家往日的足迹渐次前行。读者能真切感受到：一个女童从台中乡下走出，历经孤独童年、惨绿少年、浪漫青年，乃至年过五十的人生跨越，流年暗换，光阴飘忽，历史的记忆交叠着时代的画面。当年台湾岛上的传统与现代、新潮与西潮，伴随着凤飞飞、刘文正、苏芮的流行歌曲，被串编成一部有声有色的黑白电影，折射出风云变幻的沧海桑田。从廖玉蕙散文中所描写的生活环境与时代语境，以及从她笔下极具个人化的生活经历的描写与表现中，我们可以深刻地感受到战后台湾出生的第一代人普遍的心路历程。

从廖玉蕙的散文中，我们看到在作家的生命成长延续过程中，痛苦与欢欣始终如影随形。构成她的人生轨迹的，既有痛苦、冲突和迷惘的一面，又有达到一个个人生目标时的感慨、兴奋与欣慰。作家个人成长的经历，紧密交织着台湾当代社会变迁的轨迹。散文文本中同时蕴蓄着生命意识、人文精神和社会责任感。若从狄尔泰的生命美学和巴赫金的“对话”理论视角来考察，廖玉蕙的散文创作，实际上也是作家在同本人丰富的生命过程及人类生活自身进行一种独特的“对话”。在过去与现在不同时空交织的生活场景中，以叠印的方式去制造出一种特殊的散文美学——作家努力超越时间与空间的阈限，使得人与现在时空、逝去岁月在审美的维度中和谐共在。廖玉蕙正是以这样的方式去发觉、记录“自我”在人生岁月长河中的倒影，在对自我生命的审美观照中，去追寻心灵深处的喜悦，并叩问人生的终极意义。

二、感人至深的真情描摹

在廖玉蕙的笔下，读者不仅可以感受到她可贵的生命活力，以及她凭借着这种活力所进行的人生努力和拼搏，而且可以聆听到她那生命律动与情感生活

① 廖玉蕙：《年过五十》，《廖玉蕙精选集》，台北九歌出版社，2012 年，第 91－92 页。

同构的音符。她对往事的回忆，不能说是人物和事件的简单再现，或是以往的微弱印象与摹本——廖玉蕙在回忆时，总是在重新组接、整合、刷新着过往的人生阅历，将它们汇总到艺术情感的某个焦点之中。

廖玉蕙时常在散文中描写父亲、婆婆、丈夫、儿女和学生，以婉转细腻而纤毫毕现的笔触去表现人物神态、举止，突出人物独特的个性特征，从而真切而深刻地抒写出人间真情，勾勒出作家内心情感生活的涨落变迁、发展纠缠，抑或逆转中断。从中，读者们感受到的是一位对父母子女尽心亲善、对学生仁爱尽责的作家主体形象。

廖玉蕙善于通过对某一具体事件生动形象的描述来写人，从而使自己的内在情感化作张弛有度的审美情感，得到淋漓尽致的艺术呈现。《男人和鱼》[①]一文，写家人养鱼的事情，从生活的一个侧面表现丈夫的处事认真与细致，突出丈夫在家庭中的地位与影响，也寄托了作为妻子的作家对于丈夫的信赖与爱情。在《如果记忆像风》[②]中，廖玉蕙以母亲兼教师的身份，深情抒写对儿女的关爱。上中学的女儿性格开朗乖巧，体贴且善解人意，有一次在学校被人打了，也不敢回家告诉父母，“我”为女儿的善良柔弱而感到心痛，亲子之情溢于言表。廖玉蕙还在《你有资格生病吗?》[③]一文中描述自己亲身经历的一次看病过程，表达自己对医院医护管理人员缺乏职业道德的无奈与愤慨之情。廖玉蕙在表达自己的情感时，总能够选择一个恰如其分的事件来进行艺术加工，二者合拍对应，使自我情感与人生经验在文章中清晰地显现——表面上看是在描述事件，实则是在表达作家自己的感情。她以情为经，以事为纬，织就一篇篇叙事性与抒情性俱佳的散文作品。

廖玉蕙的散文创作还有一种戛戛独造的情感表现方式，就是往往能为内在情感找到一个恰如其分的审美意象，以艺术突出、艺术变形等手法对意象进行描述和表达，去表现作家内在动态的变化起伏的情感。一张泛黄的黑白照片，可以勾连起童年往事中的一个扭曲的生命记忆[④]；在《凤凰花开》一文中，凤凰花开“那教人吃惊的红，却似乎直烧灼到天边似的一发不可收拾”。这般景象连接着当年和母亲一起参加小学毕业典礼的情景，廖玉蕙发自心底深处地

① 廖玉蕙：《男人和鱼》，《廖玉蕙精选集》，台北九歌出版社，2012 年，第 120 – 127 页。

② 廖玉蕙：《如果记忆像风》，《廖玉蕙精选集》，台北九歌出版社，2012 年，第 138 – 150 页。

③ 廖玉蕙：《你有资格生病吗?》，《廖玉蕙精选集》，台北九歌出版社，2012 年，第 294 – 306 页。

④ 廖玉蕙：《流年暗中偷换》，张晓风主编《廖玉蕙人生情感散文》，湖南文艺出版社，1998 年，第 3 – 10 页。

“感慨凤凰花开于我的意义，已不仅生离的惆怅，抑且是死别的吞声”[①]。往昔的岁月悄然无声地消逝，而杨柳、樱花与红叶等三个自然意象，勾陈起当年花季少女的青春热情。在这里，廖玉蕙借助典型的自然意象，凝聚往日情怀，写出了一种独特的情感存在。

作为教师和学者，廖玉蕙还时常妙解学生们从四面八方抛来的问题，面对情感的、学业的、生活上的种种千奇百怪的疑难杂症，她都能以赤诚的师者情怀和拳拳关爱之心给予化解，传道、授业、解惑，充当学生人生历程上的引路人。她的散文集《像我这样的老师》[②] 既是她教学生涯的总结，也是她为人师表的心路历程的展示。此外，在《长廊的脚步声》[③] 一文中，廖玉蕙记叙一位在精神病疗养院的学生想要学习写作，使她牵肠挂肚的故事。《永安与不安》[④]中她还叙述一个学生处在人生的十字路口，想去自杀，她以自己的真诚关心，挽救了这个学生的生命。深挚的师生之情，感人至切。此外，廖玉蕙的散文家身份还得益于其古典文学学者的身份。她所撰写的硕士与博士学位论文，分别是关于唐人传奇《柳毅传》和清代戏剧《桃花扇》的研究成果。对古典文学的专精研究，深刻地影响了她的散文创作。廖玉蕙的研究对象潜移默化地作用于她的文艺创作，其作品或在内容上有机融入了古典小说、戏剧的情节与人物，或具有类似于唐宋“拟话本”与“话本”的叙事特征，将“故事”娓娓道来，或具有跌宕起伏、引人入胜的情节，或具有生动活泼的戏剧效果。创作与研究两相宜，彰显出了“创研相长”的著述风貌。

人伦亲情是中华古典散文的传统题材，也是廖玉蕙散文创作的重要母题，其中最为感人的是描写父女深情的篇什。例如《我们明年一起去看花》[⑤] 中写到“我”的父亲“凡事郑重，轻易不肯马虎，连打球、下棋、莳花都无不全力以赴”，将勤奋努力、一丝不苟的原则奉为为人处世的圭臬。然而父亲年迈多病，看到“父亲穿着麻纱衫裤，裤管在风中飘飘若揭，里面竟是浑然无物，他佝偻的背影及气若游丝的对答，几度招得我双眼发热，泪眼模糊”。廖玉蕙以女儿之眼凝望父亲，活画出父亲的真实形象，足见出父女情真与情深。她回顾父亲的一生“充满了小市民知足强韧的迤逦华彩，缤纷热闹”[⑥]，而当“曲

① 廖玉蕙：《凤凰花开》，《廖玉蕙精选集》，台北九歌出版社，2012 年，第 65 – 67 页。
② 廖玉蕙：《像我这样的老师》，台北九歌出版社，2004 年。
③ 廖玉蕙：《长廊的脚步声》，《廖玉蕙精选集》，台北九歌出版社，2012 年，第 177 – 187 页。
④ 廖玉蕙：《永安与不安》，《廖玉蕙精选集》，台北九歌出版社，2012 年，第 166 – 176 页。
⑤ 廖玉蕙：《我们明年一起去看花》，《廖玉蕙精选集》，台北九歌出版社，2012 年，第 95 – 106 页。
⑥ 廖玉蕙：《繁华散尽》，《廖玉蕙精选集》，台北九歌出版社，2012 年，第 119 页。

终人散”之时，心底充满了无尽的悲伤！廖玉蕙那充分浸润着深厚情感的文字，如涓涓细流，沁人心田，是对中华民族传统孝亲观念的诗意演绎。而在拉开了一定的时空距离之后，她痛定思痛，追念父亲生前的种种情状，文本中更显示出文字与情感之间显著的艺术张力。

读廖玉蕙的亲情散文，很容易让人联想到台湾当代亲情散文的写作好手——琦君、简媜、张晓风、龙应台等女性散文家。琦君的《髻》中对于养育自己成长的母亲的深情描摹，简媜的《四月裂帛》中对于自己珍爱之人那柔肠百转的倾诉，张晓风的《步上红毯的那一端》对于夫妻情爱的期许与坚守，龙应台的《目送》《亲爱的安德烈》中对母子、父女背影的深情目送，都堪称散文佳构。诚然，廖玉蕙也是擅长亲情书写的高手，却有着自身的思想艺术特色。如《繁华散尽》一文描摹人世间不灭的情缘，呈现生命的智慧与经验，台湾诗人、文学批评家吴晟称之为“经典之作”。廖玉蕙翻阅着父亲昔时的照片，“在一本本的相簿中，父亲一径地以他招牌的笑容光灿地面对镜头。从年轻到年老，从红颜到白发，从山巅到海隅，从打球到下棋，从加州的水绿沙暄，到北海道的冰雪满地，从人子到人父，甚至人祖……他总是那般兴高采烈地拥抱生活”。[①] 睹物思人，情感浓郁，读之令人尤为动容，直至潸然泪下。

在台湾学界，有不少研究廖玉蕙亲情散文的成果，如吕静娟认为，“廖玉蕙无疑是台湾当代文坛书写亲情的能手，以兼具诙谐与感性的独特风格、极富戏剧张力的情节安排及生动对话，为亲情散文开创了丰富的书写样貌”。[②] 诚然，廖玉蕙以丰富的人生历练，拓展了读者的生命视野，记载她生活周边的人所演出的一出出生命的悲喜剧。而且她以文学之笔，写有情人生，写自己的感情积累，写家人温馨的亲情，抒发亲情、友情、师生之情，情感丰富而深邃，心思绵密而悠远。

廖玉蕙散文中的情感表达，是深挚而喷薄的诗情对文笔的深度渗透与浸染。她把自己内在的心境、情绪与某种外在的情景、事件或某种意象融合在一起，产生一种“廖式”情调或氛围，使内心对亲人、学生的那种情感得到释放，或者有所寄托，融合了作家无意识深层的情感生活体验，它就像是一个放射出强烈的磁力的磁体，能够煽动和激发读者的感情，从而被其强大的“情感磁场”所磁化。

---

① 廖玉蕙：《繁华散尽》，《廖玉蕙精选集》，台北九歌出版社，2012 年，第 119 页。

② 吕静娟：《廖玉蕙散文之亲情主题研究》，台湾高雄师范大学硕士学位论文，2013 年，第 136 页。

三、激浊扬清的淑世意识

廖玉蕙以敏慧多思的心灵面对苍生，体察世间万物，对人生与世界有着善良纯洁的愿望和真诚恳挚的期许。相应的，她对社会的病态一角和人性的丑陋阴暗面常带有个人睿智的省思与辛辣的嘲讽，传达出对台湾这块热土的深沉热爱。她笔下精心描述人间的许多故事，常常涉及引人瞩目的历史脉动与社会文化议题，颇具时空现场感，让人从中获得丰富的人生经验，催发读者的回忆、沉思与警醒，从而以一种独特的方式彰显了文学创作的人民性特质。

廖玉蕙“聚焦在揭露人性、世情的复杂、荒谬性的散文作品及关注教育、社会议题的篇章，深化了她的散文题材，使她的散文在反映时代的社会性价值中走出书写自我的狭窄格局”。[①] 构成廖玉蕙散文创作的一个重要方面，是揭示社会深层的金钱意识对于民众精神的毒害，对于社会风气的败坏，她不仅在自我情感世界的表达与开拓方面达到一定的深度，而且对普适的、社会心理方面的考察与表现，也达到了相当的深度。例如，《吃葡萄》一文以一个有趣的话题来考问人们：“你吃葡萄时，是从大的吃起呢，还是小的?”[②] 从中观察人们回答问题时的疑虑与猜忌，从而发掘并呈示出人性的自私通则。

随着政治体制和经济规模的发展，台湾的社会现代性呈现出了一些弊端，如社会治安混乱，犯罪分子持枪抢劫杀人的案件时有发生。电视媒体记者能否给予及时真实的报道，这是一个值得社会关注的现象。廖玉蕙对当时轰动全台湾岛的围捕杀人犯高天民和陈进兴的事件给予深切关注，她对台湾媒体记者捕风捉影、闻风起舞的报道过程加以批评。[③] 与台湾许多正直的知识分子一样，廖玉蕙关怀世事，介入社会，用她的笔仗义执言，秉公判断，成为社会公共事务的参与者和行动者。

纵观中国思想文化发展史，我们不难发现：中国现代知识分子所具有的那种忧患意识和干世情怀，与古代士人是一脉相承的。“五四”时期知识分子的代表人物鲁迅、胡适和郭沫若等，本身都是名重一时的学者，但他们都主张知识分子眼光向外转，走出书斋，关心时政，投身社会。时空流转，台湾当代的知识分子殷海光、林毓生、陈映真、柏杨、龙应台等身上所体现出来的强烈的

---

① 江育慈：《廖玉蕙及其散文研究》，台湾新竹教育大学硕士学位论文，2009 年，第 121 页。

② 廖玉蕙：《吃葡萄》，《廖玉蕙精选集》，台北九歌出版社，2012 年，第 226 页。

③ 廖玉蕙：《当高天民遇到陈进兴》，《廖玉蕙精选集》，台北九歌出版社，2012 年，第 233－241 页。

社会责任感和使命担当，也鲜明地彰显了知识分子对现实社会的热忱关注和批判精神。作为知识分子参与社会的方式，廖玉蕙对台湾社会的这种关注的热忱和批判态度，是建立在强烈的道德责任意识和勇敢的担当感之上的。她身上所体现出来的这种现代知识分子的使命担当、悲悯情怀和自我期许，鲜明地体现在她对台湾社会现实问题的关注和针砭上。廖玉蕙从追求真善美的思想立场出发，真实而准确地再现了台湾社会的种种怪现状，力图为台湾社会把脉开药方。《大家乐？大家疯?》[①] 一文中，她辛辣地讽刺了风靡台湾的疯狂彩票热："城里红着眼下赌注的男男女女，城外白着脸神魂俱夺的老老少少，其实是大家一起疯"，"精神病院人满为患"，"菜市场、大街上、美容院，到处都洋溢着一股光怪陆离的气息"，具体而传神地刻画出台湾社会为金钱疯狂的众生相。凭借着她对社会病态、民众疾苦的敏锐感受，她密切关注台湾社会的现实问题：房屋拆建、道路拓宽的混乱场面，购房人的无奈、买房人的欺诈，医疗界的种种弊端等，均用呼之欲出的艺术形象鲜明生动地刻画出来。她怀着强烈的入世情感所揭示的种种社会怪现状，都是人们日常熟悉、司空见惯，并与道德相关的社会现实。面对着变得灰败、躁动、郁结的台北都市，廖玉蕙感叹："冷漠是现代人的标帜"[②]，并认为"只有彼此温柔对待，才能治疗现代人的冷漠，平息无谓的纷争，对人间的善意重拾信心"。[③] 由此，旗帜明晰地突显出深刻的人道主义思想和悲天悯人的博大襟怀。

廖玉蕙深具淑世意识，总是善于借助"说故事"的形式进行艺术表现，揭示社会荒谬，表现浮生世态，把那些现实生活中原本处于自在状态的事件，组织整理成一系列故事情节，注意安排文本起讫始末间的内在线索和外形结构，通俗曲折，引人入胜，能够充分吸引善于鉴赏故事情节的读者群。例如《当微风与阳光私语》[④] 一文，记述当年在艰险的山壁上流血流汗修筑公路的筑路人，重回旧地举办祭祀典礼，"曾经的手脚麻利，换成了今日的步履蹒跚；昔日的飞扬果决，变成了如今的嗫嚅踟蹰"。回望历史，台湾 20 世纪 50 年代那悲壮迤逦的一页，读来怎能不令人感慨唏嘘！《让我说个故事给你们听》[⑤] 一文中，廖玉蕙按照事件发展的进程，叙述自己带母亲到医院看病，被某医生

---

① 廖玉蕙：《大家乐？大家疯?》，《廖玉蕙精选集》，台北九歌出版社，2012 年，第 251 – 260 页。

② 廖玉蕙：《不信温柔唤不回》，《廖玉蕙精选集》，台北九歌出版社，2012 年，第 289 页。

③ 同②，第 292 – 293 页。

④ 廖玉蕙：《当微风与阳光私语》，《廖玉蕙精选集》，台北九歌出版社，2012 年，第 227 – 232 页。

⑤ 廖玉蕙：《让我说个故事给你们听》，《廖玉蕙精选集》，台北九歌出版社，2012 年，第 275 – 283 页。

以“说故事”“打哑谜”姿态进行刁难和揶揄时的种种疑惑和无奈遭遇。《一条道路的拓宽》[①] 中，她批评耗费民脂民膏、破肚剖肠般几经折腾的道路改造工程。《大丈夫何患无屋》[②] 一文则叙述了“我”和家人筹划买房子时，屡屡乘兴而去却元气大伤、“铩羽而归”。作者通过一家人尴尬困窘的亲身经历，揭露了房地产商与银行“商商勾结”，唯利是图，践踏消费者尊严和利益的丑恶嘴脸。廖玉蕙在上述文本中，以第一人称的叙事视角，讲述目睹社会之怪现状，将光怪陆离事件背后暗藏的意识形态因素和盘托出。由此，突出了作家的主观感受和审美体验，演化成雅俗共赏的散文佳作，针砭时弊，入木三分，力透纸背，直击人心，体现出台湾知识分子那种激浊扬清的社会参与意识与书生意气。

廖玉蕙在台湾当代多元文化的语境中，将其对历史、文化、自然生态等各个层面的反思诉诸笔墨。有别于龙应台切近社会大事的题材和犀利批判的直言风格，廖玉蕙更倾向于“贴近日常生活的题材、温婉幽默讽刺的风格及说故事的笔法”；廖玉蕙的文章主调多“幽默感性”，而龙应台文则多“犀利理性”。[③] 的确，龙应台身上带有湖南女子的辣劲儿——敢说敢干，敢拼敢闯，其文化活动在海内外的华人圈子里，都有一定影响力。其以《野火集》[④] 为代表的社会批判题材作品，承载着高调介入社会深层结构的文化反思与文明批判因子。那么，廖玉蕙和龙应台的社会题材创作何以呈现出迥异于台湾一般女作家的风貌？事实上，她们的身上均体现出类似于儒家思想的入世精神和社会担当意识，庶几契合于古代文人士大夫所推崇的“立德、立功、立言”[⑤] 的“三不朽说”之旨。若从作家成长年代的历史文化语境来看，或许能找到她们二人社会历史题材创作的更为直接的精神资源。20 世纪 50—70 年代的台湾，胡适、梁实秋、林语堂等“五四”知识分子体现自由人文主义精神的小品文、杂文流传甚广，影响深远。从理论思潮和创作实绩双重层面看，“自由的文学”以“五四”式的反权威姿态，有力地冲击了国民党意识形态钳制下僵化的官方文艺政策；“人的文学”则承传“五四”时期“人的文学”之精神资源，逐

---

① 廖玉蕙：《一条道路的拓宽》，《廖玉蕙精选集》，台北九歌出版社，2012 年，第 242 - 250 页。

② 廖玉蕙：《大丈夫何患无屋》，《廖玉蕙精选集》，台北九歌出版社，2012 年，第 261 - 274 页。

③ 刘英华：《廖玉蕙、龙应台社会关怀散文研究》，台湾淡江大学博士学位论文，2012 年，第 5 页。

④ 龙应台的杂文集《野火集》于 1985 年 12 月由台湾圆神出版社初版，旋即迅速风靡全台，受众数量巨大，在文化场域中形成了一股“龙应台旋风”。《野火集》也因其鲜明的淑世意识，而成为对 20 世纪 80 年代台湾社会文化思潮演进具有显著推动作用的书籍之一。

⑤ 原句为：“太上有立德，其次有立功，其次有立言，虽久不废，此之谓不朽”，语出自《左传·襄公二十四年》。

渐形塑了当代台湾追寻真善美的理想人格境界、关切社会民生议题的人文主义文学传统。[①] 长期浸淫其中，廖玉蕙和龙应台不可能不受到自由人文主义文艺思潮潜移默化的影响。继之而起的是殷海光、林毓生、陈映真等具有“五四之子”[②] 特征的文化人群体。他们关切世道人心、敢于仗义执言的淑世意识，具有某种示范和激励的现实意义。他们的文化姿态对廖玉蕙和龙应台的思想结构与创作心理也具有一定影响。

“一个时代有一个时代的知识分子，每个时代的知识分子的身份体认、责任担当都离不开此前若干时代的知识分子观的滋润和借鉴。无论是前现代社会，还是现代社会、后现代社会，知识分子那种激浊扬清的书生意气和拍案而起的无畏勇气始终是后世知识分子的一份珍贵的理论资源和人格示范，历千年而不改。”[③] 我们从廖玉蕙和龙应台身上看到的，正是台湾当代知识分子对于五四新文化运动中那种与社会文化阴暗面势同水火的批判精神的传承与赓续。她们以文学话语作为有力武器，凭借自身拥有的知识资源与文化资本，在精神层面与物质层面，对当代物欲泛滥、精神委顿、玩物丧志的社会进行着痛切反思和文明批判。由此，她们将文学的触角延伸到社会公共领域，呼唤完满人性、淳厚人情的复归，为社会良知和正义大声疾呼，具有显著的社会影响力。

结　语

廖玉蕙散文的书写主题由个体的成长、人际的真挚情感，延伸到了公共领域的社会关怀。她的散文作品汇聚人间亲情，针砭社会怪相，以兼善叙事与抒情的文笔建构散文世界，在台湾文化界获得了广泛好评。

廖玉蕙纵横阡陌人生，回顾苍苍翠微的所来之径，通过对自我人生的深情回顾，对人间情感的真情抒写，对社会人心的深刻揭露与善意期待，以自己的生花妙笔诉说深挚的个人情怀。她的主体心灵对外在世界的观察、感悟、思索，在本质上是抒情的，此四者组合交融，有助于人们更深刻地理解当代台湾民众的思想活动和精神追求，并更真切地认识台湾社会的历史演进道路与现实

① 此处论述，参考了朱双一、张羽合著的《海峡两岸新文学思潮的渊源和比较》（厦门大学出版社，2006 年）中的相关内容，并有所发挥。特此致谢。

② 殷海光本人深受胡适思想之影响，并多次公开撰文自称为“五四之子”；林毓生对“五四”新文化运动的思想价值有专注而精深的研究；陈映真则从文学观、创作思想到艺术风格都深受鲁迅的影响，被两岸文化界称作当代“台湾的鲁迅”。

③ 陈占彪：《五四知识分子的淑世意识》，商务印书馆，2010 年，第 22 页。

特质。

总而言之，廖玉蕙以妻子、母亲、教师和作家等多重身份从事文学创作，多年来笔耕不辍。我们可以从中读出那种不尚奇巧雕琢的艺术风格与不喜华丽工笔的深情厚谊，其散文文本中亦折射出她本人笃厚质朴、幽默乐观的人格特质。廖玉蕙从自身历尽艰辛的成长体验，到为人师表、探求新知，再到关注民生社会，履行公共关怀的职责，一路走来，始终贯穿着台湾知识分子深沉的淑世情怀。由此，廖玉蕙在 20 世纪 90 年代以降的台湾散文版图中，占据了独特而不可或缺的一席之地。

（作者单位：华侨大学文学院）

论陈黎诗歌的生态书写

——以《陈黎诗选》为例

江少英

自20世纪中期至今，人类的生存环境随着工业化进程的迅速发展而不断恶化，在生态危机中，人们开始反思人类文明。在世界经济一体化、工业化、城市化的进程之中，生态问题日益浮现，并逐渐成为人们关注的焦点，人类在享受文明的同时将不得不面对惊心动魄的周遭。美国的格伦·A. 洛夫（Glen A. Love）认为生态学指的是“研究生物有机体与其有生命环境及无生命环境之间的关系”①，这样就将我们每一个独立的生命个体与所有的生命形式及我们在生物圈中共同的位置联结起来。而诗歌的生态书写是注重对大自然的抒怀，聆听心灵的声音，进而构筑生物共同体之大同世界。

陈黎，男，本名陈膺文，1954年出生，台湾花莲人。著有诗集《岛屿边缘》《猫对镜》《苦恼与自由的平均律》《陈黎诗选》等。陈黎被认为是最早着力于译介拉丁美洲诗歌的台湾诗人，译有《拉丁美洲现代诗选》等作品十余种。作为台湾中生代的代表性作家，深获各界的肯定。诗人余光中说，陈黎“颇擅用西方的诗艺来处理台湾的主题，不但乞援于英美，更能取法于拉丁美洲，以成就他今日‘粗中有细、犷而兼柔’的独特风格”。② 在《陈黎诗选》中诗人陈黎注重对现实生活的细腻体察，以独特的观察视角如同变戏法般把我们从常态视角中解救出来，并带给我们蓬勃的实验精神。笔者从生态书写的角度对《陈黎诗选》中呈现的城乡生态、文化生态、艺术生态进行阐述，进而

① ［美］格伦·A. 洛夫：《实用生态批评——文学、生物学及环境》，胡志红，等译，北京大学出版社，2010年，第15－42页。

② 余光中：《欢迎陈黎复出》，《中国时报·人间副刊》，1990年9月29日。

梳理其独特的风格。

一、城乡生态

从诗歌的角度看，传统的农业社会赋予了诗歌乡村特有的浪漫色彩和抒情气息，而随着工业社会的发展，“城市”从“农村”中发展起来，在与物质文明相伴的同时，难免也堆积起人性之“恶”。陈黎凭借着诗歌这根敏锐的神经，将对社会、对生命的体悟幻化为诗形。

（一）对城市环境异化的批判

T. V. 里德（T. V. Reed）、格伦·A. 洛夫等学者批判了人类中心主义，“令人不安的现状是，无论对人为的灾难还是自然空难我们都感到麻木不仁”。[①]《陈黎诗选·庙前》显示了陈黎的生态学意识，他明白工业化是社会发展的大势所趋，但是他眼中异化了的城市风景让他感到痛心，他不得不以独特的风格记录满目疮痍的自然，用诗歌发出对人类中心主义的强有力批判。

《都城记事》是陈黎对城市环境的一幅素描。从诗歌整体来看，全篇没有一个标点符号，读来难以喘息而又压抑，诗人想借此批判现代都市生活没有喘息的快节奏让生活急促而奔忙，恬淡的田园生活不复存在；“银楼”“皮鞋店”“花店”“冰淇淋咖啡店”等一系列密集排列的意象，是都市拥挤嘈杂的生活环境的缩影，城市不再是青山绿水与人相依的模样，而是商业化的街道拼接起来的“繁华”地段；满眼的“同高度”建筑，是千篇一律的城市建设方式对自然环境多样性的抹杀，求同而不存异，自然生态在城市生态中黯然失色；坐在公交车上，窗外不再是蓝天白云，而是剧情冗长的电视剧，枯燥而俗丽，即使偶尔能遇见“自由飞翔”的鸟，也不过是寂寞空虚的人类为了消遣而摆弄于手心的玩物罢了……诗人借“记事”之名，用推移的镜头，以连续剧般的叙述方式记录异化了的城市环境，字里行间流露出对所谓“都城”的厌恶。

《在一个被连续地震所惊吓的城市》中诗人则试图表达遭受破坏的自然生态给予人类的残酷惩罚。“我听到/一千只坏心的胡狼对他们的孩子说/‘妈妈，我错了。’……听到文人放下锄头/农人放下眼镜。”在诗人的笔下，为了城市建设而将自然生态破坏得面目全非的人，就是“坏心的胡狼”，明明是一

① ［美］格伦·A. 洛夫：《实用生态批评——文学、生物学及环境》，胡志红，等译，北京大学出版社，2010年，第15－42页。

群奸诈狡猾、唯利是图的人，却在大自然无情的惩罚下承认了自己的过错，可见受到的“惊吓”多么深！受到连续地震的惊吓后，人类以为末日就要来临，争先恐后地以赎罪的心情交出自己的良知，企图换取生命的延续。世界因此错位了，每个人都被置身于从未处过的境地，做着自己的分外之事，城市也有了惊人的蜕变，这是一个怎样荒诞而不可理喻的世界？诗人以有意“错位”的方式，借着“黑板—粪坑”“文人—锄头”“农人—眼镜”三组毫不相干的配对营造出滑稽荒诞的效果，拼接出一幅地震后的错乱景象，也另辟蹊径地以“错乱”来反讽这个荒唐的世界。可笑的现实在嘲笑人类，唯有深感自然对他们的生命产生威胁的时候，无知的人类才会接受警告：人对自然应怀有敬畏之心，应当建立人与自然平等友好、和谐共处的关系，以人类为中心、以人类利益为尺度的骄狂虚妄的人本主义思想必须得以修正。

（二）对乡村理想环境的挚爱

诗人出生的地方——花莲被誉为“台湾最后的净土”，诗人对于这片土地有着深厚的感情，他仅仅在大学期间短暂告别了家乡，大学一毕业，便回到故乡花莲这个小城教书、写诗、翻译。花莲是诗人诗意的栖居地，他的笔下不自觉地流露出扎根在心里的花莲情结。光怪陆离的现代社会让诗人产生了反感，因此，他常常将完美的生态理想寄托于来自童年的美好回忆。

《远山》中，远山俨然成了诗人生命中美好回忆的象征，“远山跟着你长大/又看着你老去”，它随着诗人从童年的早晨晃晃悠悠地到了中年的午后，它从新生的理想一步步刻成了胸口的徽章，它像诗人青梅竹马的伴侣，见证了诗人的成长与衰老，见证了饱含纯真的稚气，记录了黑暗污浊的真挚。远山是诗人心灵的净土、梦想的寄托，它是黑暗世界里难得的世外桃源，是诗人的精神乌托邦，是梦的屏风，是泪的扑满，而无情的现实敲醒了诗人——那都是“曾经”。远山沉默，诗人无言，但诗人对远山矢志不渝的爱恋却驱散了现实的阴霾，他坚信：只要对生命始终保持着纯真的爱，在污浊的现实里始终铭记生活的美好，黑暗也将随风飘散。远山不曾离我们而去，它在你看见或看不见的角落存在，在你爱的时候，“一夜间又近了”，在这样的抒写中“社会人退居于隐蔽的观察者的位置……侧重从正面展示自然万物原本的美好、可爱……”①

① 曹惠民：《边缘的寻觅》，花城出版社，2014年，第21-22页。

二、文化生态

（一）对地域的包容性

《陈黎诗选》中，虽然诗歌风格和写作手法丰富多变，意象的拼凑、文字游戏频繁出现，具有很鲜明的个性特征，但是这些都掩盖不住陈黎诗歌中对各类地域文化的汲取与传承。作为一名诗歌翻译者，陈黎曾说："我也不是很积极的创作者，并且常常觉得江郎才尽或者不知道要写什么，翻译别人的东西给了我一些补偿与刺激——在翻译时，你错以为那是自己的作品，所以江郎才尽的你觉得自己又在创作；在翻译的过程或翻译完成后，你无可避免地因对别人作品较专注地接近，获得一些创作上的启发或动力，这让不知道要写什么的你有机会再写一些东西。"① 在他的诗歌中，我们不难发现基于中国传统文化的台湾本土文化的根，也不难看出拉丁美洲文学与日本文学等异域文化的养分，其诗歌的多变风格有很大一部分来源于此。

作为台湾首度译介西班牙语诗歌的人，陈黎翻译出版了《辛波丝卡诗选》《拉丁美洲诗双璧：〈帕斯诗选〉·聂鲁达〈疑问集〉》等多部拉丁美洲文学译著，这些作品张狂的个性对陈黎的诗歌创作产生了很大影响。《最后的王木七》第19节和第20节中大量偏正结构的使用，与聂鲁达的《马祖匹祖高地》有异曲同工之妙，诗人将聂鲁达诗歌中的"石之"二字改为"水之"，并在每句诗的前半部分加入整齐排列"黑色的"，这首记录矿难的诗歌被赋予了新的生命。大量偏正结构的重复出现融入了拉丁美洲文学的粗犷质朴的血液，让诗歌读起来更加铿锵有力、掷地有声，反复出现给人紧张、压迫之感的"黑色"，又是矿难中被困的王木七暗无天日的生活写实，被困矿工的绝望得以淋漓尽致地展现。创作压迫性的回环意象，层层伸进矿灾寓言的核心，直指社会阴暗面的底层，诗人对于本土家族史的关切暗合了半个世纪以来拉丁美洲"爆炸文学"的叙述传统。

除了对拉丁美洲文学的接触，陈黎对日本的俳句、短歌也颇有兴趣，这在诗选第五卷的《小宇宙》中表现得尤为突出。《小宇宙——现代俳句一百首（选五十）》就是吸收日本的俳句而进行的诗歌创作。俳句被称为世界上最短的文学，由17个音节构成全篇，用最短的文字来表达心情。诗人以"现代俳

① 朱贝贝：《陈黎诗歌创作透析》，复旦大学硕士学位论文，2011年，第12页。

句”为名，仅仅选取了俳句为三句的特点，诗行简洁明了，虽然《小宇宙》中有部分现代俳句表现出刻意断句的痕迹，但是仍透出些许禅意，如“云雾小孩的九九乘法表：/山乘山等于树，山乘树等于/我，山乘我等于虚无……”

作为土生土长的花莲人，中国传统文化尤其是台湾本土文化就像流淌在诗人身体中的血液，他的诗歌中不知不觉就会流露出相关的气息。《神话八行》是诗人有意拼凑的关于这个岛屿的神话，是各种文化在诗人诗歌中的综合体现。八行诗歌分别是八个神话，其中有台湾本土的阿美人的民歌与神话、泰雅老人的怨歌、卑南人的摇篮歌的歌词，当然也有诗人自己的虚构。诗人天马行空的想象，将看似无关的事物融为一体，成就现代人共有的时间记忆。

（二）对人性的自然诉求

“欲望”是生物的本能，与生物的机体、情绪密切相关。作为自然界中存在的生物，人类的欲望也会通过诗歌创作来表现。要让这些具有自然属性的人性通过诗歌合理地表达，也需要在欲望与诗歌中寻求平衡点，过于冷漠的人性和过于泛滥的性欲，都不符合生态学对和谐的要求。

《我怎样替花花公子拍照》中，诗人借摄影师的身份，以男性的视角进行情欲书写。诗的开头“彼时月明如镜”，将接下来的一切滥情置身于明亮而开放的境地。“月光”在以往常常代表一种阴柔、圣洁的美好存在，而陈黎诗歌里的“月光”却代表着男性的欲望，代表着男性自认为相对于女性带着优越感和骄傲的目光，俯视着他们觉得掌控在手中的一切（包括女人）。小客栈门口堆积的欲望，试图窥视女性身体的冲动，任意摆弄女性的行为，透露出情欲泛滥的社会里男性饱含欲望的躁动。诗里的“西贡玫瑰”更是直指游走在不同花朵之间的花花公子们，在玩弄女性之后，在她们身体里留下致命的病毒。诗人从一个摄影师的角度，见证一切的道德与不道德、纯洁与肮脏，他的双眼是望远或显微的镜头，锁定画面反复调焦，不错过任何微小细碎的变换，是“惊人的照妖镜”，映照黑暗，不遗余力地折射“月”的镁光光束。

不同于以往批判情欲泛滥社会的诗歌，诗人常在诗歌中流露出对人性之美的赞颂，如《厨房里的舞者——给母亲》。同时，诗人亦以人道主义的情怀，对社会弱势群体投以关注的目光，表现出对深处社会底层的普通生命个体的关怀，其中，《最后的王木七》就是表达人道主义情怀的代表作品之一。《最后的王木七》取材于1980年3月21日在台湾永安煤矿发生的矿难，其中34名矿工死亡，王木七就是其中之一。诗人以底层民众“王木七”的所见、所闻、所感再现了这场悲剧，给人一种黑暗、真实而压抑的逼真感。王木七是一个生活艰难、工作危险的底层百姓的形象，是千千万万个家庭支柱的缩影。即使生活历经坎坷，但在死亡之前，王木七仍保持着对理想生活的幻想，作为家庭支柱，作为七个孩子的父亲，他在最后一刻还想用自己的汗水换来家庭美满的生活："游泳池边是停车场/客厅在前头/厨房在后栋/二楼，三楼是我六个女儿的卧室……"在临死前，他怀着对家人尤其是对妻子的爱，留下了感人肺腑的"与妻书"，惦念着家里的琐碎之事。患难常常见真情，也常常唤起留存在人心底最美好的情感。在黑冷的夜，王木七眼前浮现出与妻子相遇、相知、相惜的情感之旅，他回想起两人的山盟海誓，惦记着家里的琐碎，还有他的七个孩子。这首诗里，诗人对王木七一类人的关注，就是对千千万万底层社会民众的关怀；以王木七的口吻对家人的嘘寒问暖，也是诗人试图表现的人性的美与纯真、生命初始的真实状态。

（三）对殖民统治历史的客观记录

正如陈黎在诗歌《昭和纪念馆》中所说："沉默的历史只听得懂一种声音：胜利者的声音，统治者的声音，强势者的声音。"弱肉强食的社会中，弱者不得不接受强者的挑衅与威胁，而强者之音往往成了被殖民统治地区的代表，被殖民统治地区的土地因此被淹没在历史的长河中。后殖民生态批评作为生态批评的"后殖民转向"，寻求西方与非西方国家之间的环境正义，批判西方环境与文化层面上的中心主义。

在《太鲁阁·一九八九》中，诗人以自己家乡花莲的太鲁阁为背景，透视三百年来纠缠的台湾历史及变动的人文风貌，在关注本土生态的同时，也指责其背后暗含的帝国主义霸权与种族意识形态。在第一节诗中，诗人笔下的太鲁阁时而温柔"如一叶之轻落，如一鸟之徐飞/又仿佛一树花之开放"；时而深沉庄严"若蓊郁的雨林"；时而激越"如兔脱禽动"……诗人"仿佛看见被时间扭转、凝结的/历史的激情"，在微雨的春寒里，诗人试图思索太鲁阁静默的奥义，探寻千百年来见证太鲁阁变化的"跌倒的，流血的，死去的"人们。第二节与第三节中，太鲁阁仿佛是一个冷眼看世界的母亲，看着孩子在她怀里跌倒又站起，行进并且迷路，历经苦难而逐渐成长；太鲁阁看着西班牙人、荷兰人、日本人一次次入侵这片土地，不言不语地看着他们筑垒、架炮、杀人。闯入这片土地的外来人，有的同本地人结婚生子，将自己的血融入太鲁阁的血脉；有些"用奇特的声调呼喊福尔摩沙的葡萄牙人"，他们无法感受这片土地的美，完全无法体会太鲁阁伟大而真实的存在。于是，诗人在第四节用了20个"寻找"，试图在寻找中找回太鲁阁隐藏着的内心，诗人还列举了48

个太鲁阁公园内的古地名，在不懂的人看来或许这些只是没有含义的读音，但在泰雅人的语言中它们却是各有所指的。这些带着地方特色的地名就像那些因为外人侵入而失落的文化，在岁月流逝中逐渐被人们淡忘，从而失去了其本真的面貌。诗歌第五节中，外来的人经历长期和泰雅人的一同生活之后，他们的血液已经融入了这片起初陌生的土地，与泰雅人一起种植他们的果树，一道养育他们的儿女。在诗歌的最后，诗人以太鲁阁禅寺的梵唱结尾，在禅寺的梵唱中，他听到了“包容”之音。此时，诗人眼中的太鲁阁成了这一切变化的见证者，太鲁阁怀抱中的外来者也被它泰然接受，它接纳了种族差异和融合的苦难，怀抱着这片土地上的民众一同生存，一同呼吸，而这也正是诗人所欲表达的：文化是包容的，包容本土与外来，包容一切幽渺与广大，包容苦恼与喜悦，唯有如此，生命才能生生不息、代代延续。

三、艺术生态

艺术饱含生命的节奏美与自然的意韵，其生态性就在于它所要表达的生命与自然的流动之美，它以自身生动具体的形象与异彩纷呈的形式，揭示宇宙生命的本质，流露艺术对美的推崇。诗歌是与人类生活融为一体的艺术，人类以诗歌和其他艺术为倚靠，呼吸着自然天地间的空气。因此，艺术作为在自然中成长起来的一个领域，本身就是生态学中不可忽视的分支。

（一）艺术通感

钱锺书先生讲求的“通感”是“视觉、听觉、触觉、嗅觉、味觉往往可以彼此打通或交通”①，而不分相互间的界限。陈黎诗歌中的艺术通感是以往通感形式的更进一步，将音乐、绘画、诗歌等不同形式的艺术巧妙联结在一起，让同在大艺术范围内的各艺术形式成为相互联系、和谐统一的存在，与生态学所倡导的自然万物和谐统一的观念相一致。

《无伴奏合唱》是陈黎运用音乐通感所创作的一首经典诗歌。无伴奏合唱作为合唱艺术的一种形式，其特殊性使得它不受乐器演奏的束缚，创作者可以相对自由地根据作品想展现的内容与风格，搭配各种音律来表现。“大海”与“鲸鱼之歌”、“闪电”与“电子情书”、“鸟声”与“霓虹女高音”、“咏叹调”与“早春的探戈”仿佛是合唱中的男高音、男低音、女高音与女低音组成的

① 钱锺书：《通感》，《文学评论》，1962 年第 1 期。

混合合唱，而“断崖”和“图像诗”则分别是乐曲中短暂停顿与音乐终止的标志。短短的八行诗里，每一个“乐器”似乎都在陈述不同的故事，演奏不同的旋律，各说各话，互不干扰。实际上，它们同在一首乐曲里，担任不同的声部，一同完成了这首毫无违和感的“无伴奏合唱”。在《三首寻找作曲家/演唱家的诗》中，第二首《吹过平原的风》，则以更自然的方式为读者演奏了一曲温婉的风之曲。“嘘”字代表风轻轻吹过的声音，而符号“——”之后长短不同的留白，暗示风吹过的时间长短构成的不同音调；被拆散的“口”与“虚”及周围散布的各种物件，结合了图像诗的表达，象征风力之大，将广阔平原上的“人”和其他细微的东西吹得东零西落。陈黎通过节奏、声调等方面的掌控，让看似不相关的声调在合唱中和谐共存，完成了诗歌与音乐的完美融合，给人以和谐美的听觉体验。

（二）语言文字的趣味性

人类社会进入工业化时代以来，语言日趋冰冷与苍白，失去了生命与活力，违背了语言本身的存在意义。其实，真正的佳作不需要经过刻意的修饰，它本身就具有多样性与趣味性，是一种充满智慧的文字游戏。台湾诗人杨牧赞扬陈黎的文字“经过组织而达到一种相辅相成的平衡”[①]，认为陈黎是一位前卫而富有创造性的诗人，陈黎擅长利用文字的特性进行诗歌的游戏，让诗歌兼有朴素的文字与丰富的内涵，充分利用汉字作为表意文字的这一特点，结合汉字的读音和形体特征，通过特殊的排列、组合，让文字以最原始、最自然的形态呈现，同时又创造出令人惊喜的表达效果，其中图像诗就是这一语言文字趣味性的代表。

《战争交响曲》是诗人富有创新性的文字游戏之一。对于战争的主题，各类艺术家以不同的形式进行多种诠释，而陈黎的这篇诗作却尤为触目惊心。《战争交响曲》全篇只有四个字：兵、乒、乓、丘。第一节诗每行都由排列整齐的24个“兵”组成，犹如百万雄师迈着整齐的步伐，浩浩荡荡地奔赴战场；第二节诗却不如第一节来得整齐，前排的兵队列齐整，但队伍后半部分却零零散散，“兵”也变得残缺不齐，取而代之的是“乒”“乓”二字，且数量也越来越少；第三节诗中，只剩下满满的“丘”。诗歌最初的“兵”，是体格矫健、四肢健全的兵；诗歌中间的“乒”“乓”则意味着健全的士兵在战争中受伤，变得断手断脚，士气大减。陈黎巧妙地运用诗行的排列，让战争中军队从

① 陈黎：《岛屿边缘》，台北九歌出版社，2003年，第200页。

最初的士气昂扬到最终溃不成军的形态一目了然，结合“乒”“乓”二字在听觉上带来的兵器撞击效果，诗歌从视觉和听觉上将战争的残酷性以最直观的形式展现。最后一节，是战争结束时负伤而返的士兵，感受不到停战的欢喜。而“丘”的本义为小土山，有坟冢之义，很容易让读者联想到这是受伤阵亡的士兵，也是牺牲士兵们的坟冢，让读者不禁想指责战争，因为它无一例外地带来伤害，同时，强烈的悲痛感让我们对战争的残酷有了更直接的体会。《战争交响曲》结合了图形、声音、文字的内涵特质，不加任何修饰词汇的文字与文字的组合充满了朴实自然的想象空间。

（三）现实与虚构的转换

德国哲学家马克斯·舍勒曾说过，作为生物，人毫无疑问是自然的死胡同。征服自然力的欲望和改造世界、创造生命价值的成就感，让人类在崇尚自然的路上渐行渐远，也导致了生态环境的日益破坏。他试图挽留美好的画面，却不得不被现实所惊醒，于是借着天马行空的想象虚构着理想的乌托邦，让回归自然的诗意在现实与虚构中自由转换。

《动物摇篮曲》中，“摇篮”是诗人理想中平静温暖的怀抱，是抚慰生命伤痛的归属。诗人呼喊“让时间固定如花豹的斑点”，时间若可以静止，让人类在这个属于新生的摇篮中诞生，又安逸地死去，生命就可以在时间的威胁之外永恒；诗人祈祷，“让哺乳的母亲远离它们的孩子像一只/弓背的猫终于也疏松它的脊椎不再/抽象地坚持爱的颜色梦的高度”，生命就能摆脱岁月侵蚀的痕迹，抛开生活中的重压，朝着自己的梦想努力；诗人幻想，“盘旋的鹰/不要搜索猎犬”“熟睡的狮子/它们的愤怒不要惊动”，生命就无须畏惧觅食的雄鹰、熟睡的狮子，可以免受强大势力的威胁，不惧黑暗、勇往直前……隔绝现实、处于时空静止的摇篮只是虚构的理想世界，时间依然静静流淌。“没有蜜蜂的蜂巢”“没有衣裳的草叶”“没有屋檐的燕子”，完美无缺的理想国只存在于虚构世界，缺憾和苦难才是现实生活的主旋律。苦难中，摇篮里的生命朝着一个未知的死亡世界步步逼近——“这是花园/没有音乐的花园”。唯有在象征死亡的坟墓（没有音乐的花园里），生命才是真实的存在，这也是诗人在无情的现实里略带苦涩的讽刺。在现实世界里，时间压迫着人类，诗人则试图在夹缝中生存，用文字留下对土地的恋歌。时间稍纵即逝，人类无法让时间倒退；自然一旦被破坏得面目全非，便很难恢复原貌，诗人在时间与自然中寻求共通点，在诗意中营造自然的梦幻。凭借着敏锐的洞察力，诗人静观瞬息万变的世界，时间串起的世界如阴影的河流在他的笔下静静流淌。

总之，生态问题不仅仅是一个技术问题或科学管理问题，更是一个伦理问题、哲学问题，同时也是一个诗学的、美学的问题。陈黎在现实生活中感受到生态危机，希冀通过诗歌重现或虚构的方式，描绘理想的生态图景，唤醒人性的良知，希冀建构公正的生态系统。当然，《陈黎诗选》中不局限于异化的城市环境与理想的乡村环境，更是结合了文化与艺术，用诗歌在生态与这两者间搭起了桥梁。一方面，作为翻译家的陈黎在诗歌中以独特的角度对文化生态进行诠释，其诗歌对各种地域文化体现出强大的包容性、对人性的流露与人情的诉求，以及对被殖民统治地区的记录，都能另辟蹊径，表现出文化与生态的综合；另一方面，作为创作者，诗人将娴熟的艺术手法融于诗作，从艺术通感、语言文字的趣味性，再到虚实转换，诗作把我们带入引人入胜的生态写作风格试验区。

（作者单位：福建师范大学福清分校文化传媒与法律学院）

台湾新世代的历史叙事与文化想象

张 帆

克罗齐说："一切历史都是当代史。"历史书写虽然受到台湾当代政治语境的影响，但是作家在思考历史的时候又会溢出这个既有的框架，传达现代人所面临的精神困境，超越以文学来宣传政治理念的狭隘目的，而具有了文化重建的意涵。"巴赫金曾提出关于'文化转型期'的概念，文化转型期的前提是'语言语义中意识形态中心的解体'，由此导致各种社会利益、价值体系的话语所形成的离心力量向语言单一的中心神话、中心意识形态的向心力量提出强有力的挑战。"① "80后"作家的历史叙事，呈现出这一世代的历史观，具有强烈的世代标签和青年反抗精神，代表着文化转型期价值体系的转向，他们的历史书写呈现出虚构性、去历史化、空间化的特征，他们不再追寻真实，而是通过刻意的虚构，来追问历史对于人的存在的哲学意义，以时间切入历史的肌理，传达出孤独、失序、隔绝、失根、混乱的感受，他们以时代的反叛者、革命者自居，青春和记忆构成历史独特的底色，这也是台湾新世纪普遍的感觉结构。

台湾"80后"世代并没有经历过从戒严到解严之后那种价值观的撕扯和族群的激烈冲突。他们成长的环境主要是：政党轮替的常态化导致的政治冲突狂热；两岸关系和平发展与岛内本土意识抬头冲突之下的统独意识的消长；消费文化的流行与网络媒介的无孔不入带来的全民娱乐化现象；都市化形成的右翼中产阶级趣味对左翼批判力量的消解，而以性别、族群、生态为目标的非政治社会运动逐渐取代了以阶级运动为代表的传统左派政治运动。这意味着他们

---

① 肖宝凤：《消解历史的秩序：20世纪末台湾文学中的后现代历史叙事研究》，《台湾研究集刊》，2014年第6期。

不可能有关于过去的强烈的使命感和价值感，相对于前行世代对社会现实积极的批判与介入，他们对社会现实保持着敏感与疏离的态度，对大叙事的反叛和对自我实现的追求使得他们更加关注自己的生活，而较少体现代际历史认同之间的冲突，20 世纪 40 年代在台湾历史叙述中建构起来的孤儿意识在他们作品中也逐渐淡化。

在经历历史的重重解构之后，他们逐步走向历史虚无主义，出现了去历史化的倾向，表现在主题上，他们对历史议题的理解和视野，被认为过于狭隘或不存在，许多批评家认为他们是无责任感、无历史深度的一代，如陈芳明在《台湾新文学史》的最末章论及台湾一部分七年级作家，认为他们是轻文学的一代，没有过去世代的历史意识或政治意识，精神上所承担的使命感也相对缩减。技巧上，大量的虚构、拼贴、后设等后现代技巧的应用，消解了历史的真实性。美学上，"'呈现'的美学取代了'阐释'的美学，'感受'的美学取代了'评判'的美学，'模糊''混沌'的美学取代了'清晰'的美学，'人性'的美学取代了'政治'的美学，'形而下'的美学取代了'形而上'的美学。而从'无我'到'有我'、从'集体'到'私人'、从'大叙事'到'小叙事'、从'时间性'到'空间性'，正是新生代作家实现其经验叙事美学的基本路径"。[①] 历史观上，这些作家大多深受福柯等后现代历史学家的影响，强调台湾历史上存在的断裂和缝隙，但也因此忽略了历史脉络。作为国民党迁台以来的第三代群体，他们的历史整体视野较前行世代薄弱许多，而长期本土化教育与文化宣导，使得他们的历史观更加狭隘与封闭，他们的历史想象往往局限在岛屿之内，但在追溯历史的文化脉络时，这些作家又会溢出既有的意识形态框架，呈现出对中华跨越政治的文化认同。

20 世纪后半叶全球化时代所带来的时空压缩、网络与各种通讯、传播、交通科技的高度发达等，同样也改变和影响着"80 后"世代的时间意识与历史感，强化了他们觉得时代瞬息万变的主观感受，时间的转瞬即逝使他们陷入历史的焦虑当中，试图通过历史想象来重新认识自我、社会与时代，在"不断逝去的时间洪流中寻找生活的定位与存在的意义"。[②] "80 后"世代的作品中充满了自我与他者、个体与集体、边缘与中心的对立与矛盾，空间的流动与越界，时间的不断变更与重写，让他们既悲观于时空的意义，又试图寻求符号

---

① 吴义勤：《1990 年代以来的大陆"新生代"小说家论》，《文讯》，2013 年 12 月。

② 萧阿勤：《重构台湾：当代民族主义的文化政治》，台北联经出版事业股份有限公司，2012 年，第 5 页。

遮蔽下的本源，记忆和遗忘依然是他们探讨历史主题的一个重要途径。

一、历史意识的瓦解与重构

考察“80后”的历史想象，必须回归到台湾20世纪80年代的历史脉络中。随着1987年的解严，80—90年代的台湾出现了历史书写的热潮，试图颠覆原有的单一、正统的大历史叙事，来重写台湾的历史，这些历史书写在一定程度上质疑了历史的真实性，揭示了历史叙事中包含的权力运作，但这些重返历史现场的努力实际上还是强调历史的总体性，体现了不同身份认同在历史中寻求合法性和必然性的阐释。这一时期对历史经典叙事进行的反思与颠覆，还是没有超越原来的历史框架。而行至21世纪，历史在不断的改写过程中被复数化、虚构化、碎片化，“80后”作家对“文本能够呈现历史”的命题①更加悲观，他们有意识地疏离历史的热潮，以历史为题材的作品数量远不如前行世代。但细读他们的作品就会发现，他们往往将成长所经历的身份认同与历史叙事的冲突融合在作品当中，他们质疑不断重写的历史不仅没有使人们在时间中获得自我认同，反而强化了人们失根的主观感受，也使人们更加快速地遗忘过去。他们以更加边缘化的姿态来呈现各种意识形态主导的叙事冲突之下台湾社会的错置与荒芜的心灵景象。同时，他们试图反叛/擦除已有的历史叙事，以个人化的经验化解历史化的压力，寻求对整体性的逃脱和质疑，他们的历史叙事已经溢出20世纪文学历史化所建构起来的现代性逻辑。阿尔都塞说历史是缺席的原因，而这些“80后”作家却拆解了这一历史与现实的经典运作逻辑，他们通过改变时间，运用转喻、象征、后设、互文等后现代艺术手法来将历史寓言化，不再追求历史的本真面貌，历史成为一座现代性的心灵废墟，他们的目标就是在“历史废墟以外，让我们的思维、想象解放，投射到未来不同的时空坐标中”。②

朱宥勋《垩观》就创造了一个没有历史的空间——垩观，不同阶层、年龄、性别的人物都在这个场域中被洗去“所有的符号和意义”③，被重新定义、重新书写。而当局试图医治这些被异化的垩人，唤起他们的记忆，重新书写垩

---

① 詹姆逊说：“历史除非以文本的形式才能接近我们，换言之，我们只能通过预先的（再）文本化才能接近历史。”

② ［美］王德威：《世事（并不）如烟——“后历史”以后的文学叙事》，《文艺争鸣》，2010年第10期。

③ 朱宥勋：《垩观》，台北宝瓶文化事业有限公司，2012年，第50页。

观历史的实验也遭到了垩观自身力量的反抗，彻底失败。

《垩观》上卷从《垩观》中的“我”追寻失踪朋友 C 进入垩观开始，以旁观者的视角，通过不同事件、人物来形绘出垩观这个传说中的空间，这些旁观者并没有真正进入垩观，被垩观所异化。下卷的叙述者则从治疗者的视角来观察垩观对身体的影响——失语、文身、失忆，并试图医治、恢复被异化的“垩人”。这些故事互相指涉，互为镜像，互为表里，统合成一个丰富的意义场域。小说中的出场人物众多：孩子、将军、作家、学生、教师、心理治疗师、棋手、房东、病人等，他们都是受过创伤的畸零人。《垩观》中的 C 一直在追寻缺失的母亲（故土/情感）；《黑色格子》里的叔叔因政治获罪自囚于陋室中数十年；《标准病人的免疫病史》中被严重烧伤的“他”通过扮演各种病人来获得对病痛的心理“免疫”；《白蚁》里的阿勳是个只能在网络中沟通生活的御宅族。他们的命运都被垩观所左右，他们因创伤想要进入垩观，渴望通过垩观遗忘记忆、语言、时间，即便从垩观里面逃了出来，也最终还是会回到垩观当中。垩观成为一个异托邦，它既空洞又无所不包，既虚构又无处不在，它是对现实世界的反叛，是现代性之下人类精神危机的写照，它的封闭、荒凉、空无反衬出现实世界不断循环和上演的对情感的漠视、对人性的桎梏、精神家园的失落、存在的无所归依。它是毫无历史的空间，切断了过去，也失去了未来，它是对现代性知识论追寻的质疑，是对历史狂热的质疑，历史是依赖记忆建构起来的，而记忆可能是谎言，语言可能产生误读，真相/真理永远无法达到，如同掌握了大量记忆资料的“我”与 C，永远找不到代表过去美好的挚友和至亲，他们对自我主体性的认知永远只能处于沉默和追寻的压抑状态。“我们对一些事物必须保持沉默的真正原因是，在捕捉语言中事物秩序的任何具体努力之中，我们始终对那种秩序某一方面的含混性予以诘难。……任何特定的话语形态不是通过它允许意识言说世界而是通过它禁止意识言说世界，即语言行为本身切断了语言中再现的经验领域，来进行辨别的。说话是一种压抑性行为，无语的经验领域把它辨别为一种具体的压抑形式。”①

小说探讨了记忆与历史的关系，因为长期以来“历史决定未来”的线性历史观的存在，人们对于历史充满了狂热，没有历史，就失去了未来，所以，没有历史的垩观，就是对这一线性历史观的逃逸与反抗。“拉康认为学习语言

① ［美］海登·怀特：《解码福柯：地下笔记》，张京媛主编《新历史主义与文学批评》，北京大学出版社，1993 年，第 120 页。

就是暴力、隐抑和异化的开端。"[①] 因此，人们失去语言和记忆才能获得自由。小说行进至最后，失忆席卷了整个人类世界，人们从大沉睡中醒过来，发现自己对过去一无所知，只能通过电脑资料来认识过去。"他们没有任何记忆，记不起自己是谁，他们只是存在于现时，也不知道自己为什么而行动。失去历史感就是失去自己的时间和身份，你的身份完全失去了，你被零散化了，自我已经没有过去了。"[②] 于是人们爆发了"命名热"和"考古热"，吊诡的是，专家们据以研究历史的文本是各种虚构类的小说——郭松棻、黄锦树、黄碧云、白先勇，小说将台湾社会的每一次社会大变革比作"大沉睡"，"大沉睡"象征着台湾历史的一次次断裂，而"大沉睡"之后所爆发的考古热无疑是意识形态主导下的历史重写，"记忆是小写的历史；我们的历史，'大沉睡'，也是从集体失去记忆开始的"。[③] 但这样充满了误用和误读的历史能否接近真实，能否获得对未来的想象？"《垩观》的作者说：有那么一座垩观，我们对未来的想象……不，我们对未来根本无法想象，即使我们充满着记忆。……我们能走到最远的地方就是垩观，就是大沉睡，再远，是连电脑资料都无法记住的地方了。"[④] 这部小说将真正的历史隐匿在这些虚构的小说之中，"将'泛记忆'的主题和台湾的历史、台湾社会广泛的精神状态连接在一起"[⑤]，具有书写台湾历史乃至人类文明史的野心。

二、个人化的时间体验

历史的客观性在"80后"作家笔下解体，历史被"置换为一种个体主观化的时间体验"[⑥]，历史作为过去发生的事件已经不再重要或者说不再起决定性作用，而时间才是历史的本质，被整体性历史所遮蔽的个体，通过个人化的时间通达历史性。时间作为历史与现代性的核心，成为这个世代作家不停与之对话并试图解决的命题。[⑦] 他们打破线性的、单一的、进步的时间观，以时间

① [美] 詹明信：《后现代主义和文化理论》，唐小兵译，台北合志文化事业股份有限公司，2001年，第247页。

② 同①，第241页。

③ 朱宥勋：《抒情考古学——大沉睡的时间夹层》，《垩观》，台北宝瓶文化事业有限公司，2012年，第247页。

④ 朱宥勋：《垩观》，台北宝瓶文化事业有限公司，2012年，第251页。

⑤ 《在岛屿写作的年轻人》，http：//www. chinawriter. com. cn/bk/2015－06－26/81872. html.

⑥ 邹平林，杜早华：《时间与历史：人的命运及其存在的意义——马克思、海德格尔比较研究》，《社会科学论坛》，2010年第21期。

⑦ 这与海德格尔的历史观不谋而合，海德格尔认为，历史性作为生存的存在机制归根到底是时间性。[德] 马丁·海德格尔：《存在与时间》，陈嘉映、王庆节合译，生活·读书·新知三联书店，1987年，第474页。

为出发点，对大历史进行解构。在他们笔下，时间呈现多重的形式，经典的历史时间被分解成为一个个或快或慢的片段，在不同的轴线上演绎着个人化的时间体验，它们从整体的时间框架中挣脱出来，打破了均质化空洞化的时间，历史因此也具有多重的面貌，主体的存在也具有了多种可能。如同海德格尔所说，“历史是从个体的存在中推导出来的，作为个体生存可能性之展开的历史，这种历史无关乎进步，它只关乎此在之本己可能性的展开与重演，即此在本真而自由的存在。历史之所以可能，就在于此在的时间性要求此在通过历时性来建立一种生命联系并从而能够将此在作为整体的存在来把握，历史性是此在存在之整体性的完成与见证”。①

黄崇凯的《玻璃时光》《比冥王星更远的地方》皆是以时间为意象来呈现个体对历史的理解和定位，作者将个体封印成时钟，隐隐作响地牵动历史与记忆、个体与集体、自我与他者的对弈辩证结构，主体经验通过不同的时间来表达，时间形式内在地构成了现代人的主体性，以个体时间与现实时间之间的矛盾与落差，来为那些如同被太阳系除名的冥王星的边缘者另创纪元。通过不断否认已经发生的历史事实（如人类不曾登录过月球），或者“捏造不曾发生（甚至，不可能发生）的情境”（如尚未出生的女儿）②，来隐喻个体试图改写时间与历史的徒劳与悲痛。“那些历史，真的‘过去’了吗？所谓时间流动的感受、时间如箭矢地指向未来的方向，是不是因为我们自小被教导如何归纳经验的习惯所导致？”③ 小说将过去、现在、未来的时间融汇在一起，以虚实相间的叙事，创造出一个记忆的真空区，从而达到将记忆封存的目的：“有没有可能只记得未来发生的事？……如果置换记忆的对焦角度，从此时此刻遗忘所有先前的往事，将所有的过去都化为可能发生的未来，我该怎样重新生活？”④

陈柏青的《小城市》里借人物之口，直陈人类最焦虑的就是时间，人们最需要做的，就是改变时间。记忆构成了集体意识，集体意识推动着整个城市和人类的行动与发展，所以记忆成为权力的争夺对象，当权者通过对时间的掌控来随意地修改和塑造记忆，试图通过塑造“80后”的记忆来控制这一世代的认同和历史意识，甚至让最后一届大学联考的考生们都消失。作者通过个体

---

① 邹平林，杜早华：《时间与历史：人的命运及其存在的意义——马克思、海德格尔比较研究》，《社会科学论坛》，2010年第21期。

② 朱宥勋：《矛盾事物的连接词——黄崇凯论》，朱宥勋、黄崇凯编《台湾七年级小说金典》，台北釀出版，2011年，第27页。

③ 黄崇凯：《比冥王星更远的地方》，（台湾桃园）逗点文创结社，2012年，第50页。

④ 同③，第49页。

在城市中不断翻找历史、赎回罪恶、检索时间的过程，描绘出台湾“80后”所具有的新的感觉结构和世代记忆，象征着“80后”世代面对庞大的伦理秩序逐渐确立主体性的过程。

三、历史想象的空间化

面对时间的焦虑，“80后”作家试图通过批判的空间开辟和重组历史想象的范畴，现代性的时间命题化为这些作家笔下的个人化的空间体验。“80后”小说中呈现出大量的空间流动与空间拼贴，大量的移民潮和旅游潮使他们享有多重的空间地域经验，改变了他们的空间意识，但都市空间的日趋广阔、网络空间的无远弗届、求职求学空间的不断变更，这些都与家乡空间的衰败停滞和私人空间的日益狭小形成了对抗与撕裂。他们在日常生活的空间之上建构出并时的、多重编码的空间结构，“一切历史的、曾经被时间界定的事物在多重空间中再现、变形、隐匿、互相结合或者撞击”。① 历史记忆在他们的文本中被转译成为空间的符号，他们试图通过空间的差异来考证权力的生产和历史的变更，占有差异空间对寻求同一性的历史进行颠覆，正如福柯所说，“一种完整的历史，需要描述诸种空间，因为各种空间在同时又是各种权力的历史”。② 朱宥勋的神秘垩观、杨富闵的热闹大内、黄崇凯的寂静医院、赖志颖的阴性岛屿、神小风的封闭房间，都是他们面对不断变动的后现代空间，如何定位身份的位置，如何阐述身份的空间原型的思考与回应。

赖志颖在《海盗·白浪·契》中以一幅《康熙台湾舆图》展开对台湾历史的想象，通过对地图上台湾地域空间的古今对比，将历史想象推进到清代的台湾，暗指移民对台湾空间形态的影响，以空间的变化隐喻台湾由一座少数民族母系氏部落居住的阴性之岛，成为一个被汉人统治的“失根之岛”——“父系祖先失去自己的性别，母系祖先失去自己的土地”。③ 地图是一个重要的象征符号，地图形绘出地理的真实，但它同时也是一种想象的空间与权力的视野。对于个体而言，地图是统治者的一种政策陈述，具有政治的意涵，反映出绘制地图的统治精英阶层对空间秩序的行政设定，从而形绘出知识与权力交错

---

① 林燿德：《八〇年代台湾都市文学》，林燿德《重组的星空》，台北业强出版社，1991年，第222页。

② ［法］福柯：《权力/知识》，［美］爱德华·W. 苏贾《后现代地理学——重申批判社会理论中的空间》，王文斌译，商务印书馆，2004年，第32页。

③ 赖志颖：《海盗·白浪·契》，朱宥勋、黄崇凯编《台湾七年级小说金典》，台北醸出版，2011年，第64页。

的空间图像。地图的变化意味着台湾政权的更迭与变迁，是历史记忆在空间上的具体呈现。董启章认为，“地图不单是权力的描绘、记录或是象征，它就是权力的行使本身。以绘图这种文献制作方式来争夺地方的领属性，往往是国家与国家、权力实体与权力实体之间在兴师动武之外的另一场战场”。[①]“地图的内在驱动力是驾驭大地，甚至是塑造大地，取代大地成为真正发生人力交互作用的场域……最终的目的并不是反映大地的真相，而是宣示对大地行使的拥有权、剥削权和解释权。”[②]《康熙台湾舆图》是中央政权对台湾进行规划的开始，也象征着台湾现代化的开端，作者并不引用任何历史记载，却通过一幅地图来切入台湾的历史主脉，将历史在空间上展开，在中央与地方、统治与反抗、外来与本土的空间斗争中建构个人化的历史想象。

“你”不满足于族谱中所记载的“二十余代祖先之安稳，从小即爱追本溯源，知道开基祖从莆田横渡黑水沟，疑惑离开妈祖的故乡如何求得安稳即使在此打拼后为何不回去”。[③]追问在遭到亲族长辈的呵斥后，“你”开始编织自己的家族史，将祖先的身份想象成一个海盗的契子，他来自莆田的贫困家庭，被海盗们收养用作船上女人的替代品，他被双重阉割，失去了自己的性别和故土，成为海盗们播撒在台湾土地上的一粒种子，他乃至他的后代，始终都是无根的海上游牧民族。海洋和陆地是一个相对应的空间，海洋象征着漂泊、无根、掠夺、父性，陆地象征着稳定、归属、接纳、母性，作者通过这种对应的空间关系，塑造出台湾离散的历史经验和身份认同。

《垩观》中的空间也极具历史象征意义，垩观具有和文明世界完全不同的外貌和特质：“垩地灰质、寸草不生的土壁垂直下切，正与油绿的稻田相接，仿佛有什么力量在那山脚处画了一条线，生命在此终止，不得向前。就在那灰绿冲撞的线上，一幢红柱金檐，既像是寺又像是观的建筑物突兀地立在那儿。”[④]“那是一个会侵蚀、毁圮所有表意能力与意愿的地方。”[⑤]可见垩观是一个外围的、边缘的和异己的“第三空间”，如同索亚所说，“它具有潜意识的神秘性和有限的可知性，它彻底开放并且充满了想象”[⑥]，但就是这么一个荒

① 董启章：《地图集》，台北联经出版事业股份有限公司，2011年，第34页。

② 同①，第45页。

③ 赖志颖：《海盗·白浪·契》，朱宥勋、黄崇凯编《台湾七年级小说金典》，台北釀出版，2011年，第59页。

④ 朱宥勋：《垩观》，台北宝瓶文化事业有限公司，2012年，第30页。

⑤ 同④，第40页。

⑥ ［美］索杰：《第三空间：去往洛杉矶和其他真实和想象地方的旅程》，陆杨，等译，上海教育出版社，2005年，第86页。

芜、空白、贫瘠的空间，作者却赋予了它强大的生命力和归属感，“我第一次走进垩山里。绕过观。总觉得脚下的土地在流动，我往山上走了几步便屈下身来，四肢并用地爬着。它像一头白色的巨兽，我贴着它，仿佛贴着你的身体，有温度徐徐传来。有些地方是真的湿软，富含水分一如汗黏的人体”。[①] 垩观的土地一如 C 失踪的母亲的身体，充满了创伤，但也隐含着强大的自愈能力，既是对已有的现代性理性体系的反叛与破坏，也蕴含着再生与重建的力量。将土地与母亲做类比，这在文学史上并不少见，但垩观这一心灵原乡的“空与无”却极具佛教哲学的色彩，佛学认为时间空间都是不存在的，我们所见、所闻、所想的世间万物都是流变而虚妄的，《金刚经》曰：“一切有为法，如梦幻泡影，如露亦如电，应作如是观。”世间的一切事物都在不断的变化之中，没有事物能够永久存在。所以要放下对事物的执着，不要执迷于短暂的东西，而要追求永恒的真理。小说中的永恒，显然是代表母土的垩观——“母亲，你已是你所蒐集的神邸的一分子了。你毫无特征——唯一可能描述你的人，是渐渐在这座观里失去符号能力的我——你毫无历史，你毫无神迹，全无征象，遂你是垩观里信徒拜祀的中心。因为你比沉默更先验地在那儿，你在一切之先，让所有的人追寻，所有的人迟到。”[②]

垩观也是一个反抗统治秩序的空间，在《自白：加路兰简史》当中，政府在垩观上面建了一座类似监狱一样封闭、隔绝的研究所，试图重新训练垩人语言、记忆与书写的能力，这座研究所和福柯笔下的圆形监狱有太多相似的地方。但当研究略有成果的时候，那些恢复的垩人又重新回到研究所，倒下长眠，而研究所的研究人员也受到失眠的困扰，并相继长眠，这场权力机构试图对历史重新书写、重新规训的实验遭到失败，“这块土地有自己的意志……这块土地在夺回属于它的一切”。[③]

四、历史书写的意识形态建构

詹京斯认为：“历史建构是一种修辞、隐喻、文本的实践，其由特殊但绝非同质的程序所影响，通过这些程序，并藉由公共的历史领域以使过去的维

① 朱宥勋：《垩观》，台北宝瓶文化事业有限公司，2012 年，第 49 页。

② 同②，第 50 页。

③ 同②，第 228－229 页。

系/转化成为常规；藉由这种方式，历史建构可被视为全然发生于现在。”① 从历史书写的脉络来看，台湾的社会文化经过了几次重要的转型，都与历史认同议题紧密地结合在一起。历史书写往往与时代的社会思潮相结合，参与到台湾统独意识形态的建构当中，具有强烈的意识形态色彩。因此，台湾“80后”的历史书写，既是对历史的重新建构，也是当下台湾文化政治的折射和隐喻，体现着这个世代群体对历史的回应和意识形态的立场，他们以历史为桥梁，跨越文化的线索，勾勒出对中国的文化想象。

但这种对一切整体、宏大的历史叙事的回避和反叛，必然会带来历史视野的狭隘和断裂，赵刚认为目前台湾的知识界存在着“历史的无关”② 状态，“受限于自身的长期知识惯习，倾向于将构成现实的历史纵深（以及经常连带着的——空间广度），进行一种‘经验主义’式切割，将现象/议题的历史源流以及空间尺度高度压缩，如此一来，空间就是‘我们台湾’，而时间则是‘最近’‘近几年来’，而最远似乎也不过是‘解严以来’，等‘立即过往’”。③ 这种历史观表现在“80后”书写当中，就是对历史的拒斥，在解构主义、后现代主义的政治正确的大旗下，缺乏对已有历史的反思和对照，如朱宥勋的《垩观》把未来的信念寄托在垩观这个毫无历史记忆的地方，但这样孤立的、断裂的、小写的历史想象能否接近真实，能否获得对未来的想象？这不仅仅是目前台湾青年的文化问题，也是造成整个台湾社会历史认同混乱的根源。

（作者单位：福建社会科学院文献信息中心）

① ［英］凯斯·詹京斯：《后现代历史学：从卡耳和艾尔顿到罗逖与怀特》，江政宽译，台北麦田出版，2000年，第xiii页。

② 赵刚：《台社是太阳花的尖兵吗？——给台社的一封公开信》，http：//www.wechatstyle.com/jingxuan/299291.html。

③ 同②。

第四辑

越界的活力：文化研究、学术机制与知识分子

颜桂堤

当“文化研究”在中国方兴未艾之时，以“当代文化研究中心”为前身的英国伯明翰大学文化研究与社会学系这个文化研究重镇却在2002年6月被作为该校重组计划的一部分而关闭了。这引起了国际学界的不小震动，震撼之余，留给我们的不仅是对伯明翰学派的反思，更是对文化研究的“中国问题”的无尽思量。此时，某种潜伏已久的不安终于浮出历史地表——文化研究如何面对自身的悖论？它有没有可能既获得学院体制内的生存空间，又不丧失“反学科”的理论能量？对中国的文化研究而言，它在拼贴法兰克福学派和伯明翰学派的时候，是否制造了新的“理论马赛克”？我们如何想象文化研究的“中国学派”？[①] 王晓渔在《文化研究的“中国问题”》一文中就抛出了这些问题，但他只是“使得这些问题成为‘问题’”，并未展开深入探讨。诚如霍尔所说，文化研究与传统的学术体制始终处于一种“尴尬”的关系，尽管它自身不得不附着在现存的学科体制当中，但它一直强调反学科的重要性，反学科实践本身甚至成为文化研究的重要内容。我们将以“文化研究的悖论”作为研究的切入点，对“文化研究”的反学科特性的深层原因及其与学术体制之间的关系进行深入探讨。

一

在伯明翰大学当代文化研究中心成立之初，霍加特就宣告文化研究没有固

① 王晓渔：《文化研究的“中国问题”》，《郑州大学学报（哲学社会科学版）》，2005年第6期。

定的学科基础。詹姆逊认为，应该把文化研究“看做是一项促成‘历史大联合’的事业，而不是理论化地将它视为某种新学科的规划图”。文化研究的崛起“是出于对其他学科的不满，针对的不仅是这些学科的内容，也是这些学科的局限性。正是这个意义上，文化研究成了后学科”。也正因为如此，文化研究的定义“取决于自身与其他学科之间的关系”。[①] 由劳伦斯·格罗斯伯格、卡里·纳尔逊和葆拉·特雷克尔勒主编的劳特里奇“文化研究丛书”在序言里宣称，文化研究既非领域也非方法，因为文化包罗万象，研究它的方法也可以涵盖甚广。正如马克·吉布森和亚力克·麦克霍尔在《跨学科性》一文对文化研究的“跨学科性”进行的卓有成效的考察，他们指出：“文化研究并非是为了存在才成为跨学科的；跨学科性并不是它有意的分野，并不是其课程激进性自告奋勇的旗帜，至少现在不是。相反，跨学科性是产生于结构性的体制需要。其本身基础的混合成分，文学研究、社会学、自传，代表了一种形成该学科早起形式的三角型重点。”[②] 用霍尔的话说，文化研究的力量就在于它是“跨学科研究的焦点”；而对于特纳而言，文化研究的“动力部分源自于对既有学科的挑战”。

“文化研究所关注的通常是为传统学科所忽视或压抑的边缘性问题，它所警惕的恰恰是不要让自己重新成为一门新的学科。就此而言，文化研究不仅改写了传统学术的中心与边缘观念，而且对传统的学科理念和学科建制构成了强烈冲击。”[③] 这表明，文化研究游离于传统学科之外——人们已经无法援引现有的传统学科的范畴对其予以界定与阐释。文化研究作为一种跨学科性的越界实践，其考察不再局限于某一学科的疆界作为活动半径。对于文化研究的兴起与繁荣，我们至少应该意识到这样一个问题：文化研究的“越界”显示了巨大的活力，至少从目前来看，文化研究提供了传统学科版图无法有效处理的问题开创性方法。跨学科性正成为学术界极富吸引力的术语。跨学科研究为我们提供了进入阈限的切入点，不仅创造了获得协同作用的途径与可能性，而且揭开了传统学科那些独断专横的边界的可渗透性。换言之，跨学科性打破了以往过于专业化的局面，是扩展单一领域知识和思想的一种途径，为学术界提供了新的视角，创造了阐释世界的多种可能性，文化研究的活力也大大被激发出

---

① ［美］詹姆逊：《文化研究和政治意识》，王逢振主编《詹姆逊文集》（第3卷），中国人民大学出版社，2004年，第1－3页。

② ［美］托比·米勒编：《文化研究指南》，王晓路译，南京大学出版社，2009年，第24页。

③ 罗钢，孟登迎：《文化研究与反学科的知识实践》，《文艺研究》，2002年第4期。

来。文化研究的跨学科性意义在于，其能够有效解除既有学科的遮蔽，从而开启传统学科框架背后的盲区。

文化研究的跨学科性扰乱了传统的学科界限，这一点令固守传统学科并享有特权的某些专家都深感焦虑。那么，各个传统学科是否有必要向文化研究开放自己的领域呢？南帆用“文化研究式”的分析为我们指出：“这种疑虑背后显然隐藏了一种观念：学科的界限是神圣不可侵犯的。可是，学科的设置又是依据什么？如果某些问题的存在与学科的界限无法重合，某些时候，学科的界限甚至截断了人们的视域，那么，人们又有什么理由坚守学科的传统边界而对这些问题视而不见呢？”① 学科并非永恒的金科玉律。传统学科的设置及其合理性受到了质疑——学科本身的界限及其内部结构也已经成为文化研究的考察对象——“学科设置的缘起，历史环境，学院机制，学科与权力的关系，学科与某种知识体系的相互配合，这些均在考察之列。”② 显然，这些问题更是留给我们意味深长的思考。

但是，文化研究的跨学科、反学科存在很大限度，它与学术体制相比力量相差悬殊，因此，文化研究面临重新被学科化、体制化的危险。或许，伯明翰大学当代文化研究中心的关闭，恰恰证明了学术体制权力的强大与文化研究跨学科、反学科力量的渺小。文化研究的体制化，被视为“一个极度危险的时刻”，托尼·本尼特坚决地主张，“文化研究的体制化是一种我们应该谨防的危险，而不是因为它所提供的有限但又值得的可能性而去欢迎和明确培育之物”。③ 但约翰·斯道雷则认为，“新近对学科性的抵制在很大程度上源自对文化研究的一种政治浪漫”。④ 他继而指出：“文化研究的体制化是一种极具误导性的说法，暗示在文化研究进入学术生活之前，曾经有一个‘纯粹的’政治性文化研究的时刻。但这根本就不真实：文化研究从始至终都是体制空间中的一种学术实践。”⑤ 显然，文化研究自始至终都未脱离学术体制的五指山。如果文化研究脱离了体制所提供的资源，那么，文化研究的这种跨学科性是否依然有效、是否依然有活力？王晓明在《文化研究的三道难题——以上海大学文化研究系为例》一文中指出，“在中国，目前依然是政府独大的集权体制，

① 南帆：《学术体制：遵从与突破》，《文艺理论研究》，2003 年第 5 期。

② 同①。

③ ［英］约翰·斯道雷：《记忆与欲望的耦合：英国文化研究中的文化与权力》，徐德林译，广西师范大学出版社，2007 年，第 114 页。

④ 同③。

⑤ 同③。

几乎所有重要的社会资源，都在体制以内。因此，如果不进入现行的大学体制，不向这个体制借力（信息渠道、经费等），文化研究可以说根本就开展不起来”。[①] 因此，文化研究进入大学体制，其反学科的批判性必然大大削弱了。尽管王晓明在2004年组建上海大学文化研究系的时候明确宣称：“文化研究并非一门如‘中国现代文学’那样的专业，一个discipline，而可以说是一个approach，一种看待文化和社会的思想方法，一种不受狭隘专业限制的开阔的视野。”[②] 但是，文化研究的跨学科性已然在学术体制的强大磁场之中被部分规训了。因此，在学术生产体制的强大磁场之中，文化研究的跨学科性如何才能保持其活力与能量就至关重要。

二

“学科”显然是“现代性”制造的又一个附带事件。以华勒斯坦为首的一批学者指出，学科并不是我们今日所见到的静态的知识分类，而是以一定的措辞建构起来的历史产物。据华勒斯坦考察：“19世纪思想史的首要标志就在于知识的学科化和专业化，即创立了以生产新知识、培养知识创造者为宗旨的永久性制度结构。”在整个19世纪，各门学科呈扇形扩散开来，历史学、经济学、社会学和政治学在大学里合演了一首“四重奏”。“社会科学”名义之下的诸多学科共同追求的是公理和普遍原则，它们分疆而治，秩序井然。从大学专业训练的制度化伴随着研究的制度化——创办各学科的专业期刊，按学科建立各种学会，建立按学科分类的图书收藏制度。从学院的建制、知识分子的类别到图书馆目录系统，“学科”提供了现代知识的基本分类，继而为世界的切割、分层提供了依据。

福柯提出“知识考古学”的概念以来，反思学科的话语形构与权力的关系日渐成为学界关注的焦点。沙姆韦和梅瑟·达维多在《学科规训制度导论》[③] 的开篇即宣称：“近年我们才开始视学科为特定于历史时空的形式。自从曼海姆和知识社会学的出现，我们也已认识到知识可能是建构在意识形态或利益的基础上。我们亦察觉到特定的社会结构诸如大学研究或专业主义等怎样组织知识

① 王晓明：《文化研究的三道难题——以上海大学文化研究系为例》，《上海大学学报（社会科学版）》，2010年第1期。

② 同①。

③ “学科”在《学科规训制度导论》一文中所对应的词为Discipline，但Discipline具有多重而又相关的含义，包括学科、学术领域、课程、纪律、严格的训练、规范准则、戒律、约束及熏陶等。Disciplinarity被译为“学科规训制度”“学科规训”等，包含学科、规训、建制等内涵。

的生产。可是只有福柯才率先让人意识到学科/规训是‘生产论述的操控体系’和主宰现代生活的种种操控策略与技术的更大组合。”① 学科作为经过分类的特殊知识领域，实际上代表了知识与权力的隐蔽组合。福柯关于“知识即是权力”的论断震撼人心，为我们剖开了现代学科背后隐匿起来的话语权力关系。而劳伦斯·格罗斯伯格在《文化研究之罪》一文中关于学科与权力的描述显然更为形象地揭示了学科与权力的隐蔽关系：

> 每一门学科都被一套一定界限的对象、问题和“知识”以及诸种特殊方法和衡量程序等等规定着。每一门学科都控制着它自己的专门知识的领域，以及可接受的知识、探索和研究的形式；都规定了什么是合理的和可接受的问题，什么样的问题是不合法的且必须被排除出去；以及何种回答是可接受的，何种回答是不可接受的（因为这些回答是神秘的、建立在迷信基础上的、无法证实的、不一致的等等）。通过这些它告诫人们，经济学家应该研究经济，生物学家应该研究生物，文学学者应该研究文学文本。那就是它们所能确定所处的这门学科的全部。当某些人越过这些界限时，他们就会被称为业余者，他们的研究很可能会被谴责为草率和不够严谨，实质上就是，他们不知道他们正在谈论什么。②

显然，这样的认识带有明显的“本质主义”倾向。“在文化知识领域之内，‘本质’已经成为划定许多学科地图的依据。经济学、社会学、法学、历史学或者文学研究，众多教授分疆而治，每个人只负责研究这个学科的内部问题。”③ 传统的学科分类已经深入人心，以至于大多数人习惯于将各种分类图谱视为“天然的”、不可动摇的世界图景。“在这些理论家心目中，学科的主权和领土完整决不亚于国家的主权和领土完整。放弃学科主权，开放学科边界，这是对于‘本质’的无知。”④ 换言之，这种观念的背后正是基于对某种固定“本质”的追寻。一张有名的漫画：一个中箭的士兵到医院就诊，外科医生用钳子剪断了露在皮肤外面的箭杆，然后挥挥手叫他找内科医生处理剩余的问题。漫画的讥讽效果对于说明当前学科之间的森严门户与专业精细化问题显然恰到

① ［美］华勒斯坦：《学科、知识和权力》，黄德兴译，三联书店，1999 年，第 12－13 页。

② ［美］劳伦斯·格罗斯伯格：《文化研究之罪》，郑飞燕译，陶东风主编《文化研究精粹读本》，中国人民大学出版社，2010 年，第 121－122 页。

③ 南帆：《文学研究：本质主义抑或关系主义》，《文艺研究》，2007 年第 8 期。

④ 同③。

好处。

为什么各种知识的分类是这样而非那样？为什么某些问题被归纳为一个学科而另一些问题被纳入另一学科？为什么各个学科享有不同的等级——为什么某些学科身居要津，而另一些学科却无关紧要？对这些问题的思考显然有助于我们打开视域：学科的版图并非一个毋庸置疑的权威。华勒斯坦在《开放的社会科学》中已经做了考证：学科版图作为历史的产物，它会随历史环境的变化进行重新绘制。实际上，每一次学科版图的重新绘制，就是一次权力的象征性调整与分配。这种调整或隐或现，不管我们是否察觉，但学科预示着的某种权力始终存在。如果引用布尔迪厄的“文化资本”概念，那么，知识的运作与权力之间的隐蔽联系就会更为清晰地拉开帷幕。诚如布尔迪厄所指出的，在现代社会，学科主要寄植在社会教育体制，尤其是高等教育体制之中，而这种教育体制正是对现存社会统治秩序和不平等结构进行再生产的主要基地。现代学科制度参与这种再生产的方式之一，就是通过标准化、科层化的区分体系形成一种“专业态度”，这种“专业态度”使知识分子将其注意力完全集中于狭隘的知识领域，一个知识分子在教育体制中的地位越高，也就意味着他的兴趣和能力越发集中于某一专门领域，意味着他对普遍的社会矛盾和社会不公正现象越发漠不关心，意味着他越发无可避免地流向权力和权威，流向被权力直接雇用。它的一个直接后果就是使知识分子逐渐丧失了自己的社会公共代表角色，放弃了自己所承担的社会批判责任，成为一些面目模糊的专业人士。①

正是由于这个原因，萨义德才把这种“专业态度”看作“今天对于知识分子的特别威胁”。如果我们对于塑造了现代学科体制的那些社会的、政治的权力关系有所了解，就会理解创建伯明翰当代文化中心的反学科意义。当霍加特在中心创建之初明确宣告文化研究并没有固定的学科基础时，他所表述的，并不仅仅是一种学术视野的扩展，而是以英国新左派的理论立场为依据对当代欧美人文社会学科内部危机做出的积极的政治反应。

三

迄今为止，越来越多的人已经意识到，“学科”只是现存“学术体制”的一个侧影。作为知识生产共同遵循公约的“学术体制”，无疑全面地覆盖了当

① 罗钢，孟登迎：《文化研究与反学科的知识实践》，《文艺研究》，2002 年第 7 期。

今知识生产的空间。借用布尔迪厄“场”的概念，学术体制就是一个特殊“文化生产场”。布尔迪厄富有启发性地指出：“这个结构并不是一成不变的，描画社会位置状况的拓扑学可以建立起维持和改变有效特性分配结构的动态分析，并由此而建立社会空间的动态分析。这就是当我把整个社会空间描绘成一个场的时候要表示的意思；也就是说，既是一个力量场，它的必然性对投入这个场的行动者有一种强制力，同时，也是一个斗争场，在它的内部，行动者们按照他们在力量场结构里的位置，以他们的资财和不同的目的而互相对立，这样，有助于保持或改变这个场的结构。”① 王晓明在《面对新的文学生产机制》一文中则更为精辟地指出：“这个新的正在继续变化的文化生产机制（包括作为它的一部分的文学生产机制），就充当了社会生活和文学之间的一个关键的中介环节，社会的几乎所有的重要变化，都首先通过它而影响文学；文学对于社会生活的反作用，也有很大一部分是通过它来实现的。”② 显然，学术体制严密地规训着文学的生产、流通与接受，但它又是隐形地存在，深入到生活的细微处。

洪子诚对于文学体制如何细致地控制文学生产的考察尤为令人瞩目。从文学机构的设立、出版业和报刊的状况到作家的身份，洪子诚分析了一整套管理和监督文学生产的严密体制——分析这一套体制如何保证左翼文学、革命文学的持续。如同一张隐蔽的网络愈收愈紧，公共领域的消亡、批判运动的巨大杀伤力，以及众多作家噤若寒蝉的精神状态无不可以追溯到这一套体制。③ 这一套严密的文学生产体制显示，当代文学力图承担起意识形态国家机器的使命。不可否认，学术体制的存在有其合理的一面，“学术体制隐含了强大的驱动力”，能够极大地提高知识生产的效率。学术体制的有效调度和整编，产生了“知识共同体”，从而保证了知识生产、知识市场、知识消费之间的衔接。但是，另一面，由于学术体制的僵硬、刻板，与自由思想时常脱节，种种烦琐的规定与创造性的节奏无法和谐，学术体制也可能成为一种压抑性的坚硬结构。文化研究的兴起及其跨学科、反学科特性，显然就是对学科体制的坚硬版图的抵制与反抗。

文化研究应当成为“一种反学科实践”——广为人知的经典文本《文化研究之必需》就明确主张文化研究的核心目标之一是培养“抵抗性知识分

---

① ［法］布尔迪厄：《实践理性：关于行为理论》，谭立德译，生活·读书·新知三联书店，2007 年，第 38 页。

② 王晓明：《面对新的文学生产机制》，《文艺理论研究》，2003 年第 2 期。

③ 洪子诚：《问题与方法》，生活·读书·新知三联书店，2002 年，第 192 页。

子”，将文化研究发展成为一个“对抗性公共领域”。亨利·A. 吉罗克斯、沙姆韦、史密斯、索斯诺斯基等人认为：“只有由抵制学科构成的知识分子所发展出来的一种反学科实践，才有可能发展出解放性的社会实践。”① 显然，文化研究对刻板而封闭的学科化倾向的反叛，并非只是出于学术研究自身——学科版图的僵化，更重要的是它涉及一个普遍的问题——“知识分子”的消失。

雅各比的“最后的知识分子”和萨义德的“业余的知识分子”的命题无疑是这个时代的一种哀歌。随着学术研究的专业化倾向和学术制度的不断完备，出现了“专业主义”，而“专业主义”则进一步强化了学科的精密化程度，从而出现了萨义德所言的“知识分子的风姿或形象可能消失于一大堆细枝末节中，而沦为只是社会潮流中的另一个专业人士或人物”的现象。根据古纳德的考察，在新阶级中起码有两种不同的精英：技术方面的知识匠和政治方面的知识分子②，而这种“新阶级的繁衍是依靠专业化的公共教育制度，他们就越会生成一种意识形态……于是，‘专业主义’这种意识形态便出现了”。③“专业主义”意识形态的出现使知识分子专注于自己的研究领域，成为某个领域的专家，而且容易“由于迷恋于专业化的结果，人们忽略了各种不同文化领域间的互相联系和互相依赖的问题，往往忘记了这些领域的界限不是绝对的，在不同的时代有着不同的划分；没有注意到文化所经历的最紧张、最富有成效的生活，恰恰出现在这些文化领域的交界处，而不是在这些文化领域的封闭的特性中”。④ 在《文化研究的必要性：抵抗的知识分子和对立的公众领域》一文中，亨利·吉罗等人也表达了同样的观点：“植根于独立院系之中的相互分离的学科的历史发展产生一种合法化的意识形态，并在实际上压制了批评的思考”，“传统的学科智慧就是让其他门类的研究者，以他们选择的方式做他们称之为自己工作的事”“专家们将自身置于由业余者组成的公众之上或者对立面而言，专业化也使得知识分子与其他公众领域相脱离。”⑤ 文化研究从反学科性入手，强调社会实践性，强调其践履知识分子对社会现实的干预作用，便成为一种必然的选择。恰如吉罗等人指出的，文化研究塑造了抵抗的知

---

① 转引自［英］约翰·斯道雷：《记忆与欲望的耦合——英国文化研究中的文化与权力》，徐德林译，广西师范大学出版社，2007 年，第 112 页。

② ［美］阿尔文·古尔德纳：《新阶级与知识分子的未来》，杜维真译，人民文学出版社，2001 年，第 49 页。

③ 同②，第 15 页。

④ ［苏］巴赫金：《答〈新世界〉编辑部问》，《文本对话与人文》，白春仁，等译，河北教育出版社，1998 年，第 365 页。

⑤ ［美］亨利·吉罗，等：《文化研究的必要性：抵抗的知识分子和对立的公众领域》，黄巧乐译，见罗钢、刘象愚主编《文化研究读本》，中国社会科学出版社，2000 年，第 79 页。

识分子，他们的工作不再限于大学讲堂上的教学活动，而是与广阔的社会公共领域及其运动产生深刻的联系。“正确的文化研究应当是与内在的、在充满压迫的社会中必须做的事情相关的。这种行为的前提条件必然是对各种流行的实践批判与对抗。批判性知识分子必须在这种对抗演化为有政治影响的实践的过程中扮演重要的角色。”笔者以为，以霍尔为代表的“伯明翰学派”的文化研究实践，就代表了这种倾向，文化研究与社会运动和实践的紧密结合，使得英国文化研究的影响远远超出了学院范围。“文化研究是一个不断地自我反思乃至自我解构—重构—再解构—再重构的知识探索领域。”①

“文化研究”的一个重要特征是拆除藩篱，实行跨学科研究。正如南帆所言，解除学术体制套给文学理论的紧箍咒，这不仅是视野的开放；更为重要的是，人们可能从生活的各个方面发现了文学的存在和意义。②“文化研究”显示，文学如同某种文化神经密布于人们的全部生活经验之中。或许，正如“文化研究”的悖论所隐含的：一方面，文化研究具有反学科的特性；另一方面，“文化研究”也可能重新体制化。种种迹象表明，“文化研究”正在愈来愈多地赢得学院的承认，最终重新为学术体制所收编。那么，文化研究的意义何在？文化研究是否丧失了其批判性？而要解开这些迷局，“知识分子”显然是一个十分重要的考察维度和切入点。

四

当今，文化研究置身于复杂的历史文化网络之中，知识分子正遭遇更为复杂的历史语境与“中国问题”，他们的思想、视野、洞察力、责任与良知都遭到全面的挑战。那么，文化研究如何更好地介入现实？如何更加有效地阐释当前复杂的文化问题？知识分子在当今充当着什么角色？知识分子为谁发言？如何发言？他们的发言可靠、有效吗？我们到底需要什么样的知识分子？

“知识分子究竟是为数众多，或只是一群极少数的精英？”③ 萨义德以此问题作为《知识分子论》的开篇，他认为，20 世纪两个对于知识分子的最著名的描述分别来自于葛兰西和班达。根据葛兰西《狱中札记》的描述，所有的人都是知识分子，但并不是所有的人在社会中都具有知识分子的作用，他依此

① 陶东风：《文化研究：西方与中国》，北京师范大学出版社，2002 年，第 4 –5 页。
② 南帆：《学术体制：遵从与突破》，《文艺理论研究》，2003 年第 5 期。
③ ［巴勒斯坦］萨义德：《知识分子论》，单德兴译，生活·读书·新知三联书店，2007 年，第 11 页。

将知识分子分为传统知识分子和有机知识分子。葛兰西相信有机知识分子主动参与社会，他们一直努力去改变众人的心意，一直在行动，在发展壮大。而班达对知识分子的著名定义则是“知识分子是一小群才智出众、道德高超的哲学家——国王（philosopher-kings），他们构成人类的良心”。在班达看来，真正的知识分子，“他们本质上不是追求实用的目的，而是在艺术、科学或形而上学的思索中寻求乐趣，简言之，就是乐于拥有非物质方面的利益”。[①] 班达所构思出的知识分子形象：特立独行、能向权势说真话的人；耿直、雄辩、极为勇敢的人；对“他”而言，不管世间权势如何庞大、壮观，都是可以直截了当地批评、责难的。当然，这不可避免地是一群少数而耀眼的人，他们的形象具有吸引力及信服力。但是，今天的历史语境发生了巨大的变动，知识分子遭遇的复杂问题远远不是勇气和良心所能解决的。睿智的知识分子逐渐意识到问题的复杂程度，那么知识分子如何才能在复杂的历史脉络之中做出独立的判断？

萨义德的声音对我们无疑是一种醍醐灌顶式的警醒：“知识分子的风姿或形象可能消失于一大堆细枝末节中，而沦为只是社会潮流中的另一个专业人士或人物。”他坚信，“知识分子是社会中具有特定公共角色的个人，不能只化约为面孔模糊的专业人士，只从事自己那一行的能干成员。我认为，对我来说主要的事实是，知识分子是具有能力‘向’（to）公众以及‘为’（for）公众来代表、具现、表明讯息、观点、态度、哲学或意见的个人。”[②] 萨义德认为，并不存在纯属个人的知识分子，知识分子作为代表性人物，就必须在公开场合代表某种立场，不畏各种艰难险阻向他的公众进行清楚而有力的表述。

知识分子能够做出清晰有力的表述并代表公众发言，那么，他们的发言是否受到公众的认同？他们的发言是否可靠、有效？福柯关于知识即权力的论断无疑动摇了知识分子真理卫士的形象，“知识分子的公正与客观仅仅是一个不可靠的表象，他们隐蔽地在权力网络之中扮演一个重要角色。知识分子没有勇气说，权力所产生的压迫机制与他们彻底无关”。[③] 布尔迪厄的“文化资本”理论更是揭开了知识与权力、利益的隐蔽关系。文化资本在一定条件下可以转化为经济资源，而知识分子正是文化资本的占有者。《新阶级与知识分子的未来》一书明确指出，知识分子由于其占有的文化资本从而形成了一个新的阶

① ［巴勒斯坦］萨义德：《知识分子论》，单德兴译，生活·读书·新知三联书店，2007 年，第 12 页。

② 同①，第 16 页。

③ 南帆：《四重奏：文学、革命、知识分子与大众》，《文学评论》，2003 年第 2 期，第 48 页。

级。“如果知识分子愈来愈明显地成为现代社会的一个独特的受惠群体，那么，他们还能不能负责社会大众的公共事务，甚至积极为被压迫者发言？传统的道德责任感，知识话语系统训练出来的规范还能多大程度地支持他们的批判锋芒？”① 在考察知识分子与公众之关系时，这些问题无疑应该纳入我们的视野。

在中国庞大的版图之中，前现代、现代、后现代文化与价值理念共存于同一时空之中，因此，中国知识分子所遭遇的问题也远为复杂。而文学，往往被视为与知识分子身份联系最为紧密，其处境又如何？回顾当代中国的发展进程，文学并未沉没在经济膨胀的大潮中，文学依然坚贞地存在着并发言。正如当代文化研究中心创始人理查德·霍格特在1963年的一次演讲中说的：“如果不是文学起到了它应该起到的作用的话，我们对人际关系的复杂性能够有多大程度的理解呢？对这种复杂性的表达就更不必谈了。我并不是说我们都需要读遍最好的书籍，而是好书的确被人阅读，而且它们的见识……在某种程度上成为人们的共识，对我们对于自己的经历的理解起了作用。”② 诚然，文学依然保持其特有的魅力。文学仍然保有特殊的途径可以让我们了解我们自身在如何生活、怎样更好地理解生活。在多种话语共同编织起来的历史图景中，文学始终没有丧失自己的投票权与发言权。知识分子没有被时代抛弃。文学依然有效地卷入而不是退出这个时代——哪怕是琐细的日常生活。

文化研究是基于独特立场的认识世界的方式。“抵抗”这一主题具有很强烈的色彩，贯穿于很多文学与文化研究中所描述的真实的、活生生的、行动着的主体。但是，文化真空并不存在，知识分子始终无法摆脱“关系”，因为摆脱某些关系也意味着进入了另一些关系，从一个围城进入另一个围城。因此，知识分子不必为找不到一个撬动真理的阿基米德支点而苦恼。但是，作为具有批判意识的知识分子，应该清醒地保持“网络节点上的个人意识”和批判性。或许，文化研究能为知识分子提供更为丰富的可能性和可胜任的形式。

（作者单位：福建师范大学文学院）

① 南帆：《四重奏：文学、革命、知识分子与大众》，《文学评论》，2003年第2期，第48页。

② ［美］劳伦斯·格罗斯伯格：《文化研究之罪》，陶东风主编《文化研究精粹读本》，中国人民大学出版社，2010年，第100页。

日常生活理论的多重视角

施　蕾

可以说，对“日常生活”这个理论词汇的聚焦，“带来了新世纪中国文艺学美学范式的生活论转向”。[1] 21世纪初，发端于《文艺争鸣》的文艺学界对日常生活与美学关系的持续探讨，产生了巨大的理论震荡，带来了中国文艺学美学范式的转变，日常生活作为一个理论范畴开始进入中国文艺理论学者的视野。2003年末开始，《文艺争鸣》开辟了“新世纪文艺理论的生活论话题”栏目，陶东风、鲁枢元、金元浦、朱国华、刘悦笛、陆杨等学者发表了一系列文章，围绕“日常生活的审美化”这个理论术语，探讨日常生活、消费社会、审美之间的关系。另一方面，南帆的《文化先锋、文学性与日常生活》《文学、现代性与日常生活》《解放与压抑：日常生活的细节和符号》等一系列文章也敏锐地将目光投向日常生活。与围绕“日常生活的审美化”的讨论不同，南帆关注的是日常生活、文学、意识形态间复杂的深层关系。“文学终于将日常生活带入历史。尤为重要的是，文学解放了这个领域的巨大能量。所谓的解放意味了这种时刻：个别、琐细、日常经验、个人的感受与气息——这一切在文学之中汇聚起来，瓦解种种成规，甚至冲出一个历史缺口。”[2] 而最早关注日常生活理论的是哲学界，实践哲学的日常生活转向将西方马克思主义学者列斐伏尔、赫勒等人的日常生活批判理论带入研究视野。中国理论界对“日常生活”这个概念的聚焦，显示出多重的研究视角。

① 张未民：《想起一些与“生活”有关的短语和诗句》，《文艺争鸣》，2010年第5期。

② 南帆：《压抑和解放：日常生活的细节和符号》，《渤海大学学报（哲学社会科学版）》，2009年第6期。

一

长久以来，日常生活虽然与每个人的生存息息相关，却是文学理论家们长期遗忘和忽略的领域。日常生活理论究竟是什么？最早对日常生活理论进行关注的是哲学界。在西方哲学史中，早期的古希腊哲学家将目光投向外部世界，探讨的是世界的本源问题。世界或物的本源究竟是泰勒斯说的水还是赫拉克利特指出的逻各斯？毕达哥拉斯学派认为自然之门可以用数学来打开，而德谟克利特认为世界是由原子组成的。总之，古希腊哲学家思考和关注的问题都不是人的日常生活，而是外部世界，是对神秘自然背后形而上本质的推测。苏格拉底和智者派将目光从自然哲学上收回，把哲学引入对认识论的讨论，关注的是人怎么认识世界的问题，从此哲学就开始与人本身密不可分。然而这一转向之后，哲学界长期关注的是与政治、经济有关的宏观问题。与人如此紧密相关的日常生活领域直至19世纪才在马克思那里被重新重视起来。马克思不愿意分化出一种纯粹哲学的理论，因为经济学、社会学、历史学和哲学都是相互联系的。他带领欧洲哲学史在19世纪开始向实践哲学转向，哲学也由此回归到人的日常生活中，也开启了对日常生活进行批判的序幕。此后，日常生活理论经由卢卡奇、胡塞尔、海德格尔、列斐伏尔、赫勒等理论家的努力，渐渐跃居哲学学术视野的中心。

法国哲学家列斐伏尔因撰写了《日常生活批判》三卷本和《现代世界的日常生活》等著作，成为西方日常生活批判领域的重量级人物。列斐伏尔早期关于“日常生活”理论的论述主要在《日常生活批判》第一卷中，他最主要的观点源于马克思“人的异化”。马克思将其异化观点描述为劳动即经济对人的异化。资本主义社会中，工人挣扎在生存线上，人类不再是他们自己劳动产物的主人，机器及其发展决定了人类的命运，人在经济异化中贫困和堕落，因而要革命、要反抗，改变经济制度、生产和分配方式，建立起一个没有异化的理想的共产主义社会。列斐伏尔将这种生产过程的经济异化的批判改造成一种意识形态异化的批判，进而泛化为日常生活、文化与国家异化的批判。列斐伏尔认为，在当代资本主义社会中，资产阶级对工人阶级的经济剥削和政治压迫通过两个方面来进行，一是通过现代化的宣传媒介和文化教育机构，将意识形态渗透进个人，达到思想上和政治上的异化；二是通过现代化的生活方式和各种福利分散人们的注意力，压抑人们的创造性和革命性。资本主义的压迫、剥削大量表现在日常生活中，因此“反对资本主义政治、经济制度的宏观革命应该同日常生活领域的微观革命，即日常生活批判结合起来，要从不可能中找出可能来”。[①] 列斐伏尔对日常生活的研究归结为对日常生活的批判。

马克思的经济异化批判着眼的是阶级压迫的大事，是外部宏观历史的设计，寄托于用此来解放全人类，而每个人都存在于其中的日常生活领域却成为理论的空场，是宏大叙事背后的剩余物，革命的胜利和社会的形而上设计都解决不了个人的日常生活琐事。列斐伏尔认为异化充斥于日常生活之中，置身于其中的个人无法逃避。也就是说，“人归根到底不是经济人、理性人、技术人、劳动人、政治人，而是日常生活中的凡夫俗子”。[②] “一定要撕破面纱才能接触真相，这种面纱总是从日常生活上产生着，不断地再生产着，并且像作为日常生活的更深刻、更高级的含义而把日常生活隐蔽起来。”[③] 因此，只有通过揭示覆盖在日常生活上的神秘面纱，显示出背后蕴藏的能量，才能真正解决日常生活的问题。日常生活批判理论的目的在于形成批判和自我批判的意识，只有这样，人们才能做到辨别出什么是对生活有帮助的东西和什么是蒙蔽自己的东西，对异化现象时刻保持警醒。列斐伏尔通过创造一种“日常生活异化形式的现象学”，为日常生活的异化开出了药方：日常生活的希望在于某种瞬间艺术的狂欢。要通过对异化形式作精巧、丰富的描写，从而改造生活，让技术为日常生活服务，将生活变成一件艺术品。

“新东欧马克思主义者”赫勒则将焦点集中在日常生活领域的“个人再生产问题”上。她认为，“我们可以把日常生活界定为那些同时使社会再生产成为可能的个体再生产要素的集合”。[④] 赫勒认为每个个体都存在于具体的日常生活中，通过主体间性来完成各自在语言、文化、社会领域的交往。人们“在日常生活中形成他的世界（他直接的环境）并在此意义上形成他自己”。[⑤] 赫勒重视的是个人在再生产过程中的重要作用，是个人的再生产组成了社会的再生产，因此个人的重要性不言而喻。她举了一些例子，来论述一个人在多大程度上是由社会决定的，然后她得出结论：“人只有通过履行其社会功能才能

---

① 陈学明，吴松，远东：《让日常生活成为艺术品——列斐伏尔、赫勒论日常生活》，云南人民出版社，1998 年，第 3 页。

② 刘怀玉：《列斐伏尔与 20 世纪西方的几种日常生活批判倾向》，《求是学刊》，2003 年 9 月。

③ 同①。

④ ［匈］阿格妮丝·赫勒：《日常生活》，衣俊卿译，重庆出版社，2010 年，第 3 页。

⑤ 同④，第 6 页。

再生产自身，自我再生产成为社会再生产的原动力”[①]，“个人的再生产总是存在于具体世界中的历史个体的再生产”。[②] 在赫勒那里，日常生活是重复的、习惯性的、不确定的，是永恒的不断变化和轮回的。而日常生活又是平淡无奇的，人们很少认真地去追问司空见惯的事物背后是否隐藏着其他目的，日常生活就是这样按着一种无意识的方式来运转。现代社会中异化得最为深刻和彻底的就是人们的日常生活体验，只有揭开这种异化，才能使人有能力进行更高级、更有创造力的个人再生产，进而形成合力，改造日常生活。赫勒认为，只要使个体再生产从自在状态变为自为状态，就能够改造现在的日常生活的这种异化现象。因此，她也给日常生活的异化开出了自己的药方：日常生活的人道化。即扬弃日常生活的自在性质，“通过主体自身的改变改造现存的日常生活自在性质，从而使个体再生产由自在存在变为自为存在和为我们存在，使个人由自发和自在状态进入自由与自觉地状态”。[③] 当然，赫勒关于日常生活人道化的设想更接近于一种乌托邦的立场。赫勒在《日常生活》中，使用现象学的方法对日常生活进行分析，而她认为日常生活有改变推动力的想法则来自于她的老师卢卡奇的影响。

通过对列斐伏尔、赫勒日常生活理论的简单梳理，我们可以发现，两位哲学家在聚焦日常生活领域时，都围绕人的异化、日常生活的无意识运转、宏大理论背后的剩余物等几个方面展开，日常生活理论的研究首先在于日常生活的批判，关键在于日常生活是否异化、是否有意义。中国学者对这方面的研究多见于哲学界学者的著作中，如衣俊卿译介的“日常生活批判丛书”之《日常生活》《现代化与日常生活批判：人自身现代化的文化透视》《回归生活世界的文化哲学》、刘怀玉的《现代性的平庸与神奇：列斐伏尔日常生活批判哲学的文本学解读》、吴宁的《日常生活批判：列斐伏尔哲学思想研究》、程广丽的《本真性的日常生活如何可能——科西克日常生活批判理论研究》、赵司空的《中介与日常生活批判——卢卡奇文化哲学研究》、李小娟的《走向中国的日常生活批判》等。

---

① ［匈］阿格妮丝·赫勒：《日常生活》，衣俊卿译，重庆出版社，2010 年，第 4 页。

② 同①。

③ 衣俊卿：《回归生活世界的文化哲学》，黑龙江人民出版社，2000 年。

二

日常生活理论何时进入中国文艺学研究者的理论视野？恰恰是经过另一个理论路径：对“日常生活审美化”这一理论关键词的探讨，日常生活理论开始进入中国文艺学者视野。2003 年第 6 期始，《文艺争鸣》杂志推出“新世纪文艺理论的生活论话题”笔谈栏目，首次集中谈论“日常生活审美化”这个短语。在《“生活”概念、生活转型、日常生活的文艺学——编者小识》里，期刊编辑就为何发起笔谈做了说明，认为“生活”概念的出场并扮演重要角色是 20 世纪中国文艺和文艺学的现代性标志，“生活”连同社会、现实、时代几个重要概念是支撑 20 世纪中国文艺观念和文艺理论的基础范畴。20 世纪人们对文艺与生活关系的认识，大部分停留在“文艺反映生活”或“文艺是生活的升华”上，把文艺当作生活的审美对象。到了 21 世纪，当前中国的整体现实，使得文艺与“生活”的关系发生了许多新的变化。在当下中国，伴随着经济发展而来的，是日渐勃兴的消费社会和消费文化，广告、影视、时尚，各种各样的符号充斥于社会生活之中。“在文艺更加迎合日常生活意义上的生活化之后，生活也更加文艺化了。”① 该杂志的编者援引费瑟斯通的话，将其描述为“日常生活的审美呈现”，也就是说，文艺与生活的界限在消费社会中已模糊不清，文艺与生活的关系已不再能简单地表述为文艺反映生活或者文艺升华于日常生活，二者渗透纠缠，无法分离。特别是文艺对日常生活的介入、日常生活以审美的形式呈现，带来了新的文艺学研究问题。因此文艺学研究除文本之外，也应研究日常生活本身的文艺审美呈现。这是新世纪中国文艺理论的生活论转向讨论的开端。

“日常生活的审美化”是英国学者迈克·费瑟斯通在其著作《消费文化与后现代主义》中提出的理论术语。费瑟斯通认为消费文化是与后现代主义紧密联系在一起的，后现代社会最主要的特征就是艺术与日常生活之间界限的消解、高雅文化与大众通俗文化之间明确分野的消失、总体性的风格混杂及戏谑式的符码混合。后现代的消费文化呈现出“记号与商品的水乳交融、实在与影像之间界限的消弭、游移的能指、超现实、无深度文化、迷幻式的投入、感

① 《“生活”概念、生活转型、日常生活的文艺学——编者小识》，《文艺争鸣》，2003 年第 6 期。

觉的超负荷以及情感控制的张力”。① 而这种后现代体验总是以审美的形式呈现在日常生活中，使得生活具有某种特殊的品位和风格。费瑟斯通从三种意义上谈论日常生活的审美呈现。一是艺术的亚文化，如达达主义、历史先锋派及超现实主义运动，这些艺术运动的目的就是通过对艺术作品的挑战，击碎艺术的神圣光环，消解艺术与日常生活之间的界限，认为艺术可以出现在任何地方、任何事物上，反对与对象之间保持审美距离。审美开始从传统的非投入式审美转变为消解距离的审美、即时审美，通过沉浸到凝神审视的对象中获取审美愉悦。二是将生活转化为艺术作品的谋划，通过将个人身体、家居、服装、生活行为等生活方式的符号化，建立起带有某种趣味和品位的生活方式，来强调自己的特殊地位。如布尔迪厄著名出的“区隔”理论所指的，文化商品中的品位是一种阶级标志，人们在不同的社会场域中通过对“地位商品”的占有来建构自己独特的文化社会地位，通过这种建构产生一种在文化产品和实践方面的“习性”，这种带着阶级属性的“习性”嵌入个人身体，在社会场域中被标示出来，成为个人的社会地位象征。现代人的骨子里浸润了人类文化，他的表情、行为、举止，对他周围的人而言，流露出了可以读解的印象与记号。三是指充斥于当代社会日常生活中的迅捷的符号与影像之流。当代商品的重要性不在于它的使用价值或功能，而在于它的“记号价值”。鲍德里亚的“记号价值”理论认为，在消费社会中，商品变成索绪尔意义上的记号，这个记号的意义任意地由其在自我参照系列中的能指的位置来决定。消费社会中媒体为人们提供的令人神迷的影像与仿真信息是如此之多，以至于我们已经分不清实在与影像之间的差别。审美的等级和秩序被毁灭了，现实本身已完全为一种与自己的结构所无法分离的审美所浸润，日常生活以审美的方式呈现出来。因此，“日常生活的审美化”的理论重点是要对时空中特殊场合里的日常生活的审美呈现进行研究，研究它的形成过程，研究“在群像之间变化着的相互依赖、相互斗争的关系中所产生的特殊认知风格和知识模式，以及其社会生成的历史根源”。② 总而言之，这个理论路径更多是以文化研究的方法关注“消费文化对日常生活的型塑与浸淫”，揭示背后的权力运作体系和社会历史现实。

2003 年第 6 期的《文艺争鸣》，围绕“日常生活审美化”这个短语，发表了陶东风、王瑾、和磊等学者的谈话《日常生活审美化：一个讨论——兼及

---

① ［英］迈克·费瑟斯通：《消费文化与后现代主义》，刘精明译，译林出版社，2000 年，第 94 页。

② 同①，第 71 页。

当前文艺学的变革与出路》、王德胜的《视觉与快感——我们时代日常生活的美学现实》、陶东风的《日常生活审美化与新文化媒介人的兴起》、朱国华的《中国人也在诗意地栖居吗？——略论日常生活审美化的语境条件》、金元浦的《别了，蛋糕上的酥皮——寻找当下审美性、文学性变革问题的答案》等8篇文章，分别从不同角度谈论了对审美与日常生活关系的理解。陶东风援引迈克·费瑟斯通的《消费主义和后现代文化》、沃尔夫冈·韦尔施的《重构美学》、鲍德里亚的《消费社会》等著作中的主要观点，结合中国语境分析了日常生活审美化的呈现、新文化媒介人的兴起和美学文艺学的学科反思等问题。王德胜阐述了日常生活的审美化倾向带来的“眼睛的美学”，指出了日常生活从超越物质的精神美感转向了直接表征物质满足的享乐的快感。朱国华则从日常生活的审美化在中国赖以发生的语境条件出发，通过对布尔迪厄“区隔”理论的阐述，探讨文学技巧被其他叙事方式征用后从中心退至边缘的位置，文学和其他消费实践一样只是作为区隔性符号策略而获得意义的情况，并提出在当下中国的语境下，要对日常生活审美化的研究保持一种警醒的态度。在随后的《文艺争鸣》2004 年第 3 期、第 5 期和第 6 期，学者鲁枢元、陶东风、王德胜、赵勇等就“日常生活的审美化”问题进行了争论和探讨。一时间，对“日常生活审美化”问题的探讨成为当时中国文论界和美学界最为热闹的话题。

2010 年，《文艺争鸣》杂志再次开辟“生活论转向”的专题栏目，转向“生活美学”的讨论。2010 年第 9 期，该栏目的“外国文艺学美学的生活论转向讨论专辑”中介绍了杜威、舒斯特曼的美学思想，二者新实用主义美学思想的卓越贡献是引导我们回归经验，基本的学术取向是生活美学。该杂志 2010 年第 13 期集中讨论中国式的生活美学，试图从中国传统为生活美学寻找资源，将中国古典儒道生活美学、近现代出现的茶馆、劝业会和公园等作为生活美学现象进行研究。2010 年第 17 期的“文化研究与生活论转向讨论专辑”，则从文化研究的角度出发，围绕文化作为一种生活方式、身体、城市与日常生活的关系进行阐述。2010 年第 21 期推出“生态理论视野与生活论转向讨论专辑”，围绕生活论美学、文化生态美学、生态批评等内容展开讨论，提出“生态存在论美学”的新思路。2011 年 1 月，该专辑再谈生活论与日常生活美学，其中，《马克思的生活论思想与当前文艺学美学生活论转向》《文学、日常生活与意义调配》这两篇文章脱离了消费社会、文化研究的视角，探讨马克思的生活论与文艺学的关系。2011 年第 2 期再次推出“生活美学”专栏，涉及生活陶艺、当代庭院景观空间、传统庭院生活美学、城市视觉文化品牌、建筑美学中的场所等研究内容。2011 年第 5 期，此专栏推出“李泽厚美学专辑”，此后不再设专题讨论栏目。2012 年第 7 期、2013 年第 3 期、2016 年第 5 期等零星刊载了关于日常生活理论的讨论文章，包括刘春阳的《日常生活审美化与文学的危机》、刘悦笛的《当今文艺理论复兴于生活美学——兼驳文艺理论新一轮危机论》等。

此外，学者们对“日常生活审美化”问题的探讨热情也溢出《文艺争鸣》的专栏，在国内其他期刊上相继发表与这一问题相关的讨论文章。如赵勇和陶东风在《河北学刊》2004 年第 5 期上发文，继续这一问题的探讨；童庆炳、朱立元、陶东风等学者在 2004 年《文学评论》杂志上展开的关于文艺学边界问题的讨论；《艺术评论》2010 年刊载的《生活美学：三种传统及其当代会通》《生活美学面临的问题与挑战》等文章对生活美学的讨论；等等。因此，在对“日常生活”与中国当代文艺学关系的探讨中，中国文艺学学者多从消费文化、大众文化、生活美学等方面来论述日常生活与审美的关系。所涉及的理论资源包括：费瑟斯通的日常生活审美呈现，布迪厄的区隔理论，韦尔施“美学人”，鲍德里亚的消费社会，杜威、舒斯曼斯的新实用主义美学思想等。在此过程中，文艺学的研究范围溢出了文学的边界，学者们带着对审美、文化研究、文艺学边界、文艺学未来走向的诸多疑问展开论争，在学术研究的范式上更多地指向生活美学和文化研究。

三

而南帆在《无名的能量》一书中明确指出，他“并不是在日常生活的审美化这个范畴上来谈论文学与日常生活的关系”。[①] 南帆的一系列文章，从文学本身的审美意味出发，采用关系主义的视角，对日常生活、文学与其他话语光谱的博弈关系进行探讨，更为深刻地揭示了日常生活、文学与意识形态的复杂关系，提供研究日常生活理论的另一种独特视角。

在马克思的异化理论（商品拜物教）出现之前，异化作为一种概念早就存在于人类的历史中。“在早期阶段，异化这个概念是和宗教神学密切相关的

① 南帆：《无名的能量》，人民文学出版社，2012 年。

概念，它的词源最早甚至可以追溯到古希腊哲学家柏拉图的《理想国》。”① 从古至今，人们不断地对异化进行讨论，异化理论成为日常生活批判的指针。然而异化虽然无处不在，却并非时刻都能被人识别。如阿格妮丝·赫勒所说：日常生活平淡无奇，人们很少会去追问司空见惯的事物背后是否隐藏着其他目的，日常生活就是这样按着一种无意识的方式来运转。看起来一切正常的平庸生活，让人习以为常地忽视和遮蔽了这些异化现象，日常生活在平庸中以“无意识”的状态不断重复。那么，谁能揭开这层遮蔽？这时候，文学开始登场。南帆在《压抑和解放：日常生活的细节和符号》一文中指出：“在我的心目中，文学尤其是今天的文学的首要意义，仍然是围绕压迫与解放的宏大主题。对于文学来说，压迫和解放的主题考察必须延伸到个人以及日常生活之中具体、感性的经验。个人以及日常生活之中，压迫和解放的主题复杂多变，远非政治学、经济学描述的那么清晰。”② 在这里，压迫并不一定是政治上的、经济上的、权力上的显性压迫，而有可能是众多微小的、隐蔽的压迫。“压抑也是一种压迫，但是前者远比后者隐蔽、曲折、微妙、范围广泛，焦点更多聚集于与个人生活密切相关的区域。”生活之中的各种压抑极其复杂和多元，各种因素在背后纠缠在一起。“所谓的情感结构不是天生的，而是在意识形态之中形成的。具体地分析可以看出，这些大概念将被日常生活分解，并且与另一些生活观念融合起来，或明显或隐蔽地以各种曲折的形式主宰我们的意识。”③ 我们的意识中充满了“外来物”，但我们却不自知。政治学的逻辑、经济学的分析可能都不会如实地指出这种外来物，甚至会利用知识的权力来掩盖这些外来物的存在。而文学则不同，文学更愿意抛开抽象的理论和概念，在具体的人生和个人体验中揭示这种外来物带来的种种现象、后果。正如南帆所说：“文学话语意味了一种解放，包括将日常用语压抑的社会无意识解放出来。”④

文学如何揭开这种遮蔽？一种方法是依靠文学的形式。经验与艺术之间的差距即技巧，这是南帆常常提及的一个观点。文学以陌生化的形式和体验，将人们从日常生活中的熟悉感之中拎出来，中断日常生活的熟悉和重复，用审美的方式让人们惊觉潜藏在身边的许多被遮蔽之物。“在我的观念之中，文学的成功不是依赖某种奇特的观点或曲折离奇的故事，形式的精妙处理是一个至关

① 韩蕊：《异化着的异化：从神学概念到哲学理论》，《学术论坛》，2016 年第 9 期。

② 南帆：《压抑和解放：日常生活的细节和符号》，《渤海大学学报（社会科学版）》，2009 年第 6 期。

③ 同②。

④ 同②。

重要的环节。”[①] 这里的文学形式不是俄国形式主义脱离了历史语境的形式，而是内在地隐含了文学内容、历史信息的形式。另一种方法是文本中日常生活本身蕴含的能量。这种能量蕴含在日常生活细密的纹理之中。“许多时候，人生是由众多的细节铺陈出来的，日常生活的许多细节决定人生这样而不是那样选择。”[②] 虚构一个情节往往比较容易，但如果没有缜密的生活细节予以支撑，就会变成空中楼阁、文化骷髅，只有骨头没有血肉，牵强、离奇和不自然的故事带来的是空洞、虚假和不可信。细节是现实主义文学的基本单位，也是日常生活的基本单位，压抑与解放的主题必须要诉诸细节才能成功。日常生活带来的“真实感”，是文学积聚能量的聚宝盆。个人的经验、具体的语境与宏大的社会运动、意识形态之间的错位，可能导致意识形态的销蚀、失灵、瓦解和崩溃。于是文学作品中这些细腻、真实、可信的细节纹理，将蕴含在日常生活中的点滴能量汇聚起来，形成变革的力量，冲破无意识的栅栏和种种成规结成的藩篱，将生活中的种种异化外壳剥下，赤裸裸地呈现在众人面前。

迈克·费瑟斯通在《消解文化——全球化、后现代主义与认同》中提到：“日常生活看起来像是一个范畴的残余，所有那些与秩序井然、条理清晰的思想不相符合的、让人恼火的残渣碎片都可以扔进这个垃圾桶中，它是理性主义千方百计地试图穷尽世界意义之后残留下来的那些东西。”[③] 尽管日常生活的意义如此不容忽视，但在学科体制的规训和发展中，日常生活却一直被其他学科视为一种“剩余物”。如政治学科要解决的是阶级压迫的大事，是外部宏观历史的设计，寄托于用此来解放人类；历史学科要弄清的是帝王将相、朝代更迭、国家的独立、民族的解放等种种宏大景观之中的秘密。而每个人都存在于其中的日常生活领域却成为理论的空场，成了这些宏大叙事背后的剩余物，各种理论和形而上的设计都抛下了个人的日常生活琐事。因此，当其他学科扬长而去的时候，只有文学对这一剩余物进行了认领。相对于其他学科，只有文学对于日常生活的投入如鱼得水。“无论是政治学、经济学还是社会学，那些著名学科赖以运行的学术体制并未向日常生活开放。”[④] 大理论的术语、概念、学科范式，对于未受过良好学术训练的普通人来说，无疑是高高在上的“阳

---

① 南帆：《压抑和解放：日常生活的细节和符号》，《渤海大学学报（社会科学版）》，2009 年第 6 期。

② 南帆：《文学、大概念与日常纹理》，《上海文学》，2011 年第 1 期。

③ ［英］迈克·费瑟斯通：《消解文化——全球化、后现代主义与认同》，杨渝东译，见［英］本·海默尔《日常生活与文化理论导论》，商务印书馆，2008 年，第 36 页。

④ 同①。

春白雪”，无法接近也不可能读懂。而文学常常通过一些细枝末节的描写，呈现个人的境遇、内心的波澜，流露出一种天然的贴近与亲近感。“细节的意义在社会成员相似的感觉结构中得到衡量”，众多社会成员从琐碎的细节当中获得一种情感上的共鸣。当大理论对日常生活不屑一顾时，唯有文学深入到了这一纷繁复杂、泥沙俱下的领域。

然而，“文学仿佛已经从文化先锋的位置撤离，20 世纪 80 年代的种种文学革命谢幕多时……大众文化正在占据前沿，鄙俗、粗糙而又生机勃勃。文学逐渐退出跑道，甚至销声匿迹。这是现代性的必然结局吗”?① 在当下中国，文学在电子媒介和技术的包围中，其意义在哪里？在文学与各种媒介相互角力时，文学拿什么来获取话语权？南帆在考察文学与其他学科的关系时，用“博弈”这个词来概括文学与其他话语谱系的关系。在《文学的维度》中，南帆描述了一个社会话语的光谱。“众多的话语类型组成了一个扇形的社会话语光谱，这是社会的意义配置方式。每一种话语类型承担了不同的功能，众多话语类型之间的冲突、抗衡或者合作投射出社会文化内部的主流、支脉、矛盾或者对立因素。文学在社会话语的光谱之中显现独特的意义。”② 当摒弃本质主义的思想僵化，代之以关系主义的视角来看文学与其他话语的关系时，我们可以发觉，每一个独立的话语系统彼此抗衡，互施压力，最终表现出相对稳定的特征即博弈。在各种关系的共时态结构中，文学话语与其他话语一起在不断地变化的关系网中，重新审视自己。在各种“相对于”的视域中，不断丰富自身的内容。“一些时候，意识形态可能刻意隐瞒文学涉及的某些关系。”③ 因此，文化研究绕到文学的背后来审视意义生产过程的实践是必要的，它揭开了一些新的理论视角。然而文学本身的审美意味也是不容忽视的，日常生活提供的鲜活细节能够避免意义的板结，个人的生命体验在日常生活中得以重申，这是文学实现意义突围的重要维度，日常生活这个空间的能量在文学领域中显示了它的重要性。文学的主要工作领域是日常生活，潜藏在这个空间中种种细微能量的积聚，将演变为反抗压迫的洪流。在这里，日常生活就成为文学参与博弈的一个秘密武器。“文学关注日常生活的意义在于批判日常，并且从日常之中挖掘出特殊的能量。”④ “文学的先锋性显示为，提炼日常经验内部的历史矿

① 南帆：《无名的能量》，人民文学出版社，2012 年，第 1 页。
② 南帆：《文学的维度》，上海三联书店，1998 年，第 3 页。
③ 南帆：《文学研究：本质主义、抑或关系主义》，《文艺研究》，2007 年第 8 期。
④ 南帆：《文学、现代性与日常生活》，《当代作家评论》，2010 年第 2 期。

藏，以喜怒哀乐为语言对话社会科学的概念方阵。”[①] 文学对日常生活这个“剩余物”的把握，将为其在众多话语光谱的博弈中提供一个独特和有力的视角，将在博弈中显出文学话语独特的意义。

因此，恰如张未民教授在《想起一些与“生活”有关的短语和诗句》一文中提到的，“用日常生活审美化来概括日常生活的审美意义，还是太狭窄了”。[②]日常生活之于文艺学学科的意义，远不止“日常生活审美化”这个短语所概括的，只是消费社会中审美形式对生活的介入和收编，它仅仅是研究日常生活理论的视角之一。在另一个面向上，南帆对日常生活理论的探讨为我们开启了又一独特视角。南帆对“日常生活”这个概念的使用似乎更多地与西方马克思主义理论的“日常生活批判”有着相似之处，日常生活之于文学的意义不仅在于外部，更多生长在文学审美内部，通过文学的陌生化与文本中蕴含的日常生活细节，能够展示出文学如何在与众话语的博弈中爆发出无限的革命性能量。“文学擅长从日常生活之中察觉、分析和形象的演示无名的能量，甚至成为这种能量的积聚、组织和动员”[③]，而这也正是文学的先锋性所在。

（作者单位：福建师范大学文学院）

① 南帆：《先锋的多重影像》，现代出版社，2017 年，第 4 页。

② 张未民：《想起一些与“生活”有关的短语和诗句》，《文艺争鸣》，2010 年第 5 期。

③ 同①。

内部更新与外部超越

——颜真卿传统与现代书法的意义生成

刘鹤翔

传统上，关于一件书法作品意义的生成，“道”是一个核心的价值范畴。子夏说：“百工居肆以成其事，君子学以致其道。”(《论语·子张》)在儒家的知识传统中，任何“学”的内容都是以“道”为追求的。按思想史家包弼德(Peter K. Bol)的说法，天与人，即自然和历史两个领域是规范价值观(normative values)的两个最重要来源，它们分别代表了“自然之道”和“古人之道”。① 对书法来说，自然秩序所昭示的形式及其法则即“道”，如蔡邕所言：“书肇于自然。”(《九势》)至于“古人之道”，则意味着书法的传统典范。对一个书法家来说，对“自然之道”的领悟尽管常常是其灵感的来源，如唐宋时期盛传的观“夏云奇峰”“公孙大娘剑器”而悟笔法，或观“船夫荡桨、群丁拔棹”，闻“嘉陵江声”而悟笔法等，皆属此类；但总的来说，在文字系统成熟后，书法家就不是直接向自然学习，而是以古人的书写程式为范本。因而，通过学习古人的范本去体味“道”就显得尤为重要。古人法帖蕴含了自然之理，按中国人的自然观，万物是阴阳两个对立范畴的相互作用，这一理论十分有效地解释了书法的形式构成方式，从字形结构到用笔、用墨，一以贯之。既然“自然之道”已经蕴含在法帖的形式之中，那么如何对待“古人之道”即书法传统的价值，就是一个现代书法家必须要认真对待的问题。

对现代书法的实践者来说，“古人之道”即传统惯例必须做出新的阐释。本文拟以颜真卿书法风格在现代书法作品中的呈现作为一个考察的侧面，从几

① ［美］包弼德：《斯文——唐宋思想的转型》，刘宁译，江苏人民出版社，2001年，第2页。

个个案出发，来说明现代书法的意义生成方式。就本文的研究目标而言，颜真卿书法可视为整个书法传统的一个代称。

一、精神风格

在日本现代书法的代表人物井上有一的作品中，有两件颜真卿书法的临作颇为引人注目：《临颜家庙碑第一稿》和《临颜家庙碑第二稿》。井上有一的推手海上雅臣曾对井上有一关于临书的言论做过归纳，名之为“有一规劝的临书方法”，内容如下：

不该做的：

* 法帖翻来翻去，挑喜欢的写。
* 既不感兴趣也没有感动，随便解释古典，当成模具学。
* 仅仅因为是著名古典而临书。
* 过于在乎纸的大小、形式、书写字数的固定概念。
* 圆滑地写。

应该做的：

* 直接向古典学习。
* 洞察古人的精神。
* 触摸古人的精神，提升自我心性。
* 观古典而惊，殚精竭虑把抓住什么变成形。
* 老实地袒露自我。
* 用感动让自己和古典融为一体写（不对写法用心机）。[①]

从中可以看出，井上有一学习传统法帖的观念是，在临书过程中洞察古人的精神，强调个人心性的表达。就形式特征而言，井上有一的临作充分抓住了颜书拙大的特色，在可能无法达到颜真卿那种纯熟的书写技巧的情况下，充分释放自己的心性和情绪，给人一种极为“诚实”的感觉，相比于原帖，井上有一写得更拙，这种拙是一种生拙，给人一种生气勃勃的力量感。

这种在创作中诚实地袒露自我、释放心灵的书写，赋予了井上有一的作品一种张扬的、有情绪感染力的个人风格。这种风格既不是传统文人书法意义上

① ［日］海上雅臣：《书法是万人的艺术》，杨晶、李建华译，中国人民大学出版社，2012年，第267、268页。

的含蓄、内敛，强调“韵味”的风格，也不是某种追求个人化书写程式或谓“体势”的风格，而是一种饱满的“精神风格”。

现代日本书法，“反文人书法体质”是一个值得注意的命题。日本书法史学者榊莫山在其著作《日本书法史》中指出，在明治维新以前，日本书法家对中国书法的接受，除了书法艺术的形式本体，也包括作为其文脉支撑的“汉学”和“汉诗”。但在19世纪晚期的明治维新时期，给明治书坛刮起旋风的，先是金石学家、书法家杨守敬，随后则是晚清考据学权威罗振玉和王国维，榊莫山认为，考据学带来了日本汉学方向的转换，动摇了学者诗人书法的地位，于是乎，“江户时代以来应属于文人趣味的书法体质——那种由深湛修养的文人的书法体质，到此不得不瓦解了”。①

井上有一是“反文人书法体质”的典型。他认为，应该将书法从“书法家的书法（玩技巧）”中解放出来，变成“人的书法（能看见纯真心灵的书法）”。在海上雅臣看来，井上有一的态度，是不折不扣的“书法的解放”，将书法从旧组织、旧的自我主体性、旧技巧中解放出来。② 井上的这种追求，具有反传统的性质，他还认为：“新的（书法）运动必须敢于清算过去，由轻装上阵的年轻人来承担。”③ 在传统上，书法是一种“老成艺术”，即所谓“老而愈妙”“人书俱老”。但井上所强调的则是，书法可以表达年轻人的激情，在他的作品中，这是通过弱化传统的书写技巧，制造强烈的情绪张力来实现的。弱化书写技巧的另一个结果则是，井上不再有意追求传统文人书法那种“自成一家”的个人体势特征。

井上有一的作品显示了书法主体性探索的一个进路，他临颜真卿的作品充分体现了他的精神风格，用他自己的话说是：“用感动与古典融为一体去写，把感动付诸形。”④ 这种风格，也充分贯彻于井上其他作品中。同时，井上有一还变革了书写媒介，常使用磁漆和渗水性差的纸张书写。传统上，纸、墨媒介是文人书法美学建构上一个重要的因素，具有渗水性的宣纸和“墨分五色”对文人书法营造美学上的“韵味”具有举足轻重的作用。通过媒介革新，井上有一的书法更具有一种精神外向的特质。

---

① [日] 榊莫山：《日本书法史》，陈振濂译，上海书店出版社，1985年，第97页。
② [日] 海上雅臣：《书法是万人的艺术》，杨晶、李建华译，中国人民大学出版社，2012年，第105页。
③ 同②，第104页。
④ 同②，第104页。

二、语汇融合与形式构成

颜真卿是当代书家沃兴华的取法对象，沃兴华曾撰文阐释颜真卿的楷书变法，认为“民间书法”是颜楷创新风格的重要来源，颜真卿汲取了相应的点画和结体形式，并在“民间书法”所提供的雏形的基础上，利用“名家书法”对其进行提炼和升华。文章指出，民间书法以俗破雅的创新是颜书的博大源头。①

标举“民间书法”的价值是沃兴华关于书法创作的重要观念。在未正式出版的著作《民间书法》中，沃兴华曾提出过一个观点：“民间书法本质上是现代书法。”在20世纪80年代以来的现代书法思潮中，这是一个富有启发性的观点。民间书法意味着一种“内生性”的现代，与其他现代书法实验者对日本少字数，欧美现代主义、后现代主义的艺术形式的移用迥乎不同。

民间书法何以是现代书法？对此《民间书法》一书并未做进一步的阐释。按通常的定义，民间书法多是出自民间无名书者之手，是一个与士大夫传统内的“名家书法”相对的概念。民间书法呈现了书体演变动态过程的丰富性，因处于生发状态而富有生命力，沃兴华认为，民间书法“字体书风因时损益，始终处在量变过程中，就字体来说，有许多作品篆分兼备，分楷包容，章草与今草合一，旧意未离，新态萌生，稚拙朴茂中充满奇思妙想。就风格来说，因为创作时不做千秋之思，发乎情止乎礼，想怎么写就怎么写，以态肆放逸为主要特征”。② 至于名家书法，则是已经成熟定格的风格序列，按沃兴华的说法是“一种偶像式的静态传统系列”。③ 他从民间书法中看到了“现代”：“今天，日新月异的社会发展改变了人们生活方式思想感情和审美趣味，对书法的表现形式提出了许多新的要求。”④ 作为一个随着近百年考古发现持续累积的书法语汇资源，民间书法顺应了书法家表达现代情感和审美趣味的需要，换言之，它体现了一种“感性现代性”。

沃兴华的现代书法观念建立在对传统文人书法的美学批判的基础上，强调对包括民间书法在内的书法大传统进行创造性阐释。他认为传统名家书法是

① 沃兴华：《论颜真卿楷书的变法》，《中国书法》，2004年第2期。

② 沃兴华：《论民间书法与名家书法》，《中国书画》，2006年第3期。

③ 同①。

④ 同②。

“盛开过的鲜花，内质耗尽”，主张“对名家书法和民间书法一视同仁”，“根据自己的审美趣味和创作需要去选择借鉴”，认为“传统中不缺少美，缺的是发现的眼光”。[①] 这大概就是沃兴华作品中的“现代”，从中国书法的大传统出发，超越名家书法传统。

在《民间书法》中，沃兴华还有一个观点，即认为民间书法是清代碑学的延续。到民间书法阶段，碑学书风已经包罗万象，从上古的钟鼎彝器文字、诏版、权量、古镜、封泥、汉砖、瓦当、刑徒砖、墓志、造像、题记、摩崖，到竹简、木椟、帛书、残纸等。就形式特征而言，民间书法往往不遵循某些传统名家书法的形式范式，而呈现出一种自由真率、质朴天然的面貌。对民间书法的取法，旨在充分发挥其富于形式表现力与情绪感染力的方面，而非写实性临摹。在名家书法领域，颜真卿属于沃兴华认为的那种“绕不过去”的人物。在沃兴华出版或发表的作品中，就有几件颜真卿书法的临作，如临《祭侄稿》和《争座位稿》。如果按“临帖贵像”的标准来衡量，这些临作临得都非常不像。从中我们可以看到篆隶，看到魏碑，看到各种民间书法中的异形。其用笔特征则是其所推崇的“逆锋顶纸”，很多地方给人一种生涩甚至苦涩感。这些东西与传统行书帖中的一些牵丝映带、俯仰承接的特征被很好地结合在一起。但就总体风格而言，在形式上与“帖”有很大距离，体现了一种碑与帖的语汇融合。

在晚清的书论中，碑帖语汇的融合是一种重要的观念，如沈增植所言：“篆参隶势而姿生，隶参楷势而姿生，此通乎今以为变也。篆参籀势而质古，隶参篆势而质古，此通乎古以为变也。故夫物杂而文生，物相兼而数赜。”[②] 沃兴华临颜真卿的作品，正是体现了语汇上的包容性，从中可以看到篆书、隶书、魏碑、行书、草书的踪迹。而这也恰恰是颜真卿的特色，他的书法融汇了篆隶笔法。从这个意义上说，沃兴华的临作抓住了颜真卿的内在特征。至于具有语汇融合特征的书法，是否就是现代书法？关键在于如何定义现代书法。

就风格而言，和井上有一一样，沃兴华追求一种有别于传统上崇尚韵致、含蓄、流美的文人书法的新书风，其美学观念大致是崇尚“丑”“拙”与“崇高”。这种美学在清人那里其实早有体现。从风格上说，沃兴华的书风是承晚清碑学之余绪的。关于清代碑学书风的精神气质，栗宪庭曾有独到的见解：

---

① 沃兴华：《我创造，故我存在——书法传统再认识》，《中国书法》，2004 年第 11 期。

② 沈曾植：《论行楷隶篆通变》，见《海日楼札丛·研图注篆之居随笔》，上海古籍出版社，2009 年。

“清季对力度的渴求，是时代衰微后内心的一种补偿……这种病态的时代气氛，使大多数碑学书家的作品病于一种怪味和不够舒展，甚至有某种扭曲感。”[①] 如果仅仅是延续清代书风，我们还不能说沃兴华的书法是“现代书法”。只不过，沃兴华的抱负尚不止于此，他注重形式构成研究，并有相关的专著出版，从单字的造型、空白造型到章法布局，都潜心做了有成效的探索。

接下来还有一个问题，那就是沃兴华书法终究有着来自文人传统的样式观念。因“自成一体”而呈现为一种稳定的个人面貌。在此，我们不妨设问：按沃兴华的提法，要“用名家书法来升华民间书法”，这种体势创新是否有重新落入传统文人美学的窠臼之嫌？另外，不求某种风格样式上的定型，而追求一种更加多样的面貌，是否更能体现现代艺术的精神？在这个意义上，现代书法是否意味着对“样式主义”的突破或扬弃？如果我们的回答是肯定的，那么沃兴华书法的“现代”就更多地体现在他的形式构成试验中。

三、本体意义的缺席

将徐冰的一些作品列入现代书法的范围，是对现代书法的理论构建的一种考验。因为，以传统标准来衡量，将徐冰的作品视为书法显然是荒谬的——他不书写汉字。

在20世纪90年代徐冰的名作《新英文书法》中，“颜真卿风格”是显而易见的，只不过相对于井上有一和沃兴华，徐冰的颜真卿风格似乎是过于肤浅了：仅仅是像中学生习字似的，模仿了颜真卿书法的某些用笔特征。但对徐冰来说，书法在这个作品中，根本不具有本体的意义，而仅仅是用于艺术表现的元素。

在与邱志杰的一次访谈中，徐冰曾谈到他的书法与颜真卿的关系：“如果说是‘书写’，（好书法和坏书法）就没有差别。但如果掺进了书法的这个‘法’就有差别了，因为它有标准了。我觉得不好的是我的书写里总带着书法，总带着一种颜真卿之类的一种痕迹，你想想，你面对着鲜活的‘山’，却总带着颜真卿的‘法’，这多难受。其实最好的是你从来没有写过书法，然后你对着真山来写这个‘山’字，书法这东西本身是应该没有任何文化的痕迹

① 栗宪庭：《重要的不是艺术》，江苏美术出版社，2000年，第33页。

和概念、影子的，那时候才是真正好的书法。”①

这样的话，显然是有点惊世骇俗了。

但问题在于，徐冰作品的意义生成方式与传统书法完全不同，对他来说，他那摆脱不了颜真卿影响的书法仅仅是一个媒介。《新英文书法》书写不是汉字，而是将字母精巧地堆垒成汉字的楷书造型。他想创造的是一种现代的“巴别塔神话”。《新英文书法》仅仅保留了书法庄严的方块造型，其中汉字符号的意义被完全抽空了，置换成了同样没有单字意义的纯造型。这个作品徐冰后来把它做成了电脑字库软件，用他的话说，是“用电脑来完成中国审美方式”。此外，在美国，《新英文书法》还被做成了字帖，开了学习班向外国人传授。临《新英文书法》，使外国人绕过了汉字，而直接进入了中国的笔墨美学。②

《新英文书法》也不是一件传统意义上的架上作品，而具有一种文化工程的体量。用中国传统书法的形式标准来批评《新英文书法》的艺术水准是毫无意义的。借用沈语冰的一个提法，它是“批判的形式”。它给现代书法带来的思考题是，是否有一种基于广义的书法文化，而非仅仅基于汉字的现代书法？《新英文书法》所指涉的书法文化，是书法作为意义符号和审美形式的这种二重性。它具有一种观念价值，回应了一个全球化时代的问题：如果审美形式能够跨越文化，那么在特定文化下约定俗成的意义符号能否篡改或取消？

徐冰的另一个作品是《蚕书系列》。让蚕在各种中西书籍上吐丝。其中一件作品是蚕在颜真卿的《颜勤礼碑》上吐丝，最后《颜勤礼碑》被蚕丝织成的迷网覆盖。“颜真卿书法”在这个作品中的呈现是一个非常偶然的选择，仅仅是徐冰习颜的个人经验痕迹而已。和《新英文书法》一样，颜真卿风格、颜真卿传统在作品中同样不具有本体的意义。这个装置作品是一个寓言，它有机智、新颖的形式，体现了一种时间意味和文化的厚重。

以上所列举的个案，是现代书法的三种路向，显示了现代书法在意义生成上不同的可能性。在笔者看来，现代书法的真正突破，在于能否扬弃以某种“风格”为创作主题的观念，以实现对传统文人趣味的美学颠覆；同时，如果将汉字约定俗成的符号意义悬置，现代书法还能有另外的价值指向。如井上有一所显示的，现代书法可以是表达强烈情感的精神形式、一种宣泄现代焦虑的

---

① 《徐冰访谈录：艺术是很鲜活的东西》，文章参见徐冰个人网站，www. xubing. com.
② 同①。

精神风格，而非传统文人所追求的古典和谐；如沃兴华所显示的，对书法进行现代视觉艺术意义上的造型试验，也有无限的可能性，尽管其向文人式的古典和谐的回归在理论上削弱了其书法观的批判意义。至于徐冰的作品，则具有一种观念上的先锋性，从文化批判、媒介试验的方向建构了一种新的作品意义生成方式。如果说井上有一和沃兴华书法是对传统的内部更新，那么徐冰的作品则提供了书法传统的外部超越向度，其外部性体现在一种非传统的观念价值的有力介入。

现代书法诞生于20世纪80年代“新潮美术”兴起之际，它是一个临时的命名，既不等于“书法现代主义”，也不等于“后现代书法”。为现代书法设定形式上的边界是徒劳的，它需要一种文化上的宽容：当代艺术的一个重要特色，就是艺术的门类界限的消失及对媒介的综合运用，力图成为当代艺术共同体的一部分。

另一个问题也许仅仅关乎对艺术家个人选择的尊重，这是一种相对主义的观点：艺术毕竟是由艺术家个体来从事的，现代书法可以有多种形式，多种取向。艺术家唯一要考虑的问题，是如何让作品具有某种鲜活的形式或深刻的意义，换言之，现代书法应该具有一种“智性”品质。

（作者单位：四川大学艺术学院）

现代、后现代与当代

——中国书法美学现代性的三重变奏

王毅霖

20世纪初受启蒙思想的影响，书法开始了现代美学建构的探索，然而历史的原因使20世纪80年代以前的书法史关于现代性的探讨出现中断。在传统的维度上，“五四”没有革掉这个国粹的命，“文化大革命”把许多艺术家打入“黑五类”却也只是对书法做了一个简单的删除，这种删除在改革之后得到了自动恢复的机会，从而导致书法还是传统意义上的书法，尽管中国社会已经宣布开始进入现代化，书法仍然依偎在传统的精神文化想象图式之中。

而在另一个端口，国门的再度开启带来了完全不相同的局面，大量新型的文艺思潮形成的巨大涛浪此起彼伏地拍打着东方文明古国。冲击波一方面来自于具有相近文化传统的邻国日本（1985年5月，日本现代派书法家在北京中国革命历史博物馆举办“手岛右卿书法作品展”成为这一冲击的象征）。另一方面，适逢改革开放，西方近两百年来风格、主义递嬗交接的各种艺术思潮迅速涌入中国。一时之间，前现代、现代、后现代跻于一堂。1985年是一个艺术界难以忘却的时间刻度，这一年，“法国现代艺术展览（1870—1920）”“法国印象派画展”和“罗伯特·劳生柏（Robert Rauschenberg）作品国际巡回展”在北京举行。这使许多书画家激情澎湃，观念和视觉的极大冲击力击溃了传统文明的精神长堤。美术界各种主义因之风生水起，而激情同样传递到了传统的书法艺术。

如果说20世纪80年代开启的只是书法的现代性问题（在这一层面上，书法仍然还是书法），90年代“书法主义”的宣告出世却是书法后现代性开始大行其道的时刻。与现代书法仅限于在形式上做文章不同，书法的后现代性表征为观念的进驻，此时，书法可能成为观念艺术、装置艺术、行为艺术等后现代艺术的表述对象，显然，书法已经越界。

但在越过新的千年之后，局势急转而下，书法美学呈现出一股回归传统的强大潮流。诚然，无论如何，重新梳理书法美学现代性和后现代性在当代的情境，将为我们提供更为宏观整体的理论视角和出发点。

一、问题与焦虑——“现代书法”来临之后

1985 年 10 月，“中国现代书法首展”于北京中国美术馆举行，展览引起的轰动和引发的问题激发了书坛关于书法现代性问题的大讨论。

最早引起争议的是关于对新书法样式概念定义的问题。“现代书法”的名称起源于一个极为偶然和随机的环境，“马承祥认为党的十一届三中全会以来，国家提出了现代性，为什么不准许我们书法现代化呢”?[①] 并提倡把这一形态的艺术取名为“现代书法”。尽管对这种艺术形态的命名带有极大的戏剧性和政治策略性，这种称谓被多数发起人认可了。如果考虑到之后“书法主义”的兴起，就会明白这种剑走偏锋的策略性口号的导源之处，也正是这种态度最终导致书坛对这一运动的诚意产生了极大怀疑。

“现代化”是个舶来品，考虑到它在科技方面的突出贡献，清末以来，它就一直是许多放眼看世界的知识分子所梦寐以求的东西。“五四”知识分子不惜竭力割掉几千年中华文明的辫子，斩断圣人谆谆教诲的根脉，去迎接这一舶来物。从“现代化”到“现代”，概念的指涉更多地从科技的层面转换为时间和文化层面。“现代书法”的创始人无疑也看到了这种属性，古干先生认为：“现代，包含时间概念和文化形态两个方面，我们所追求的是后者，而实际进程是两者的复合。严格地讲，目前的实践尚处于无秩序的徘徊期，从文化形态这一意义上讲的草创期。尽管如此，却在时空上为我们提供了非定向的多种成功的可能。”[②] 文化是可以追问的，文化与科技和时间的关系是不相同的。科技可以经过时间的累积而形成不断的螺旋上升的态势，使时间用以衡量先进和落后成为可能，而文化的高低则很难用时间来考量。这引发了一系列问题，书法有没有现代？书法需要现代吗？书法的现代一定优于传统吗？如果“现代

① 濮列平，郭燕平：《中国现代书法到汉字艺术简史》，四川美术出版社，2005 年，第 22 页。

② 古干：《现代书法漫议》，《美术研究》，1992 年第 2 期。

书法”无法优于传统书法，那么它的存在意义和状态如何？是否是一种异于传统书法又对当代人有特殊意义的艺术形态？

尽管发起人一再强调，他们所追求的“现代”主要是文化层面的，而关于文化层面与时间层面有何区别，他们没给出答案，这也是“现代书法”无法最终与传统书法清晰区别开来的问题所在。文化与时间的模糊性决定了“现代书法”与传统书法在形式、内容、表现方式的模糊性，可以这么讲，“现代书法”的“现代”语焉不详，从而使“现代书法”面目模糊。

其次是发起人的专业背景问题。与“中国现代书法首展”一起，其主办单位“中国现代书画学会”同时宣布成立。学会的宗旨是要创立“反映这个时代的书法新风貌”① 的新书法。有趣的是，组成这个学会团体并发动“现代书法”展览的绝大多数是画家而非书法家，这种现象为理论家所察觉，并提出疑问，刘宗超如此问道：“‘现代书法展’的作者为何绝大部分来自美术界而不是书法界？”② 白谦慎对这一问题也产生兴趣：“现代书法首展的参展者，绝大多数是画家。有人持这样一种观点，认为中国书法存在着根深蒂固的惰性，并断言这种惰性依靠书法家是消除不了的，唯有画家才能给中国书法带来新的生机。如何看待这一问题呢？”③ 当然，也有人认为，这是一群三流的画家和蹩脚的书家，无法在传统的阵地里开创出新的天地而高举创新的大旗却行欺世盗名之实。尽管这种说法不无尖刻的成分却不是完全没有任何依据。首展的作品质量无法令人信服是一个很大的因素。白谦慎如是言道：“如果仅就作品本身来论艺术上的得失，我认为是失大于得。原因是，这些作品大都只停留在外观形式的新奇上，作者沉溺于章法、结字的夸张变形与墨色浓淡的变化，忽视了对线条的表现力的研究探索，在这方面没有拿出有价值的新东西。乍看起来，这些作品的外表丰富多彩，能以新奇的面目给展厅内的观众留下比较深的印象，而实际上缺乏真正能够打动人心的东西。如‘酒仙’‘山鬼’等作品，其线条是相当糟糕的。这不能不说是一个致命的缺陷。”④

关于为何现代书法的发起源于画家而非书法家的问题，刘宗超认为这是美术界在西方美术思潮冲击下对文化进行反思的原因，“受此大背景影响，一部

① 王学仲：《礼赞“现代书法”出世》，《现代书画学会书法首届作品集·现代书法》，北京体育学院出版社，1986 年，第 1 页。

② 刘宗超：《中国书法现代史》，中国美术学院出版社，2001 年，第 59 页。

③ 白谦慎：《关于“现代书法”三人谈》，《中国书法》，1986 年第 2 期。

④ 同③。

分中年画家为反思中国文化，把矛头对准了中国文字的载体——汉字书法，这直接促成了‘现代书法首展’的出现”。[①] 然而这种理由会引发另一个问题，为什么这些画家对文化反思时把矛头指向书法而不是国画或其他？难道书法是造成文化问题的根源？显然，刘氏的说法过于简单而无法令人信服。也就是说，这一问题迄今为止还没有令人信服的解决办法。

再次是书法本体的定义问题。前缀的产生引起了对主体内涵和外延的思考，书法是什么？什么是书法？为什么是书法而不是别的艺术？书法与其他的艺术如绘画的界限是什么？追问的本能本来十分自然，然而，理论家发现，由古至今，为书法所下的定义竟是如此含糊不清，内涵与外延的不停位移及整体的模糊性使任何一个精确的定义都无法适用于这门艺术。当然，古人从未对这个问题的含混性产生焦虑。

如果本质主义也无法对书法的概念做准确的定义，那么，我们是否也可以认为传统的书法也不过是一种约定俗成？一系列的古代书画范畴无法对书法做精确的定义界定，概念只是作为公约数被模糊地使用。在传统的理念范围里，概念是否清晰明确本无关宏旨，然而，随着现代性的入侵，当一系列前缀和后缀出现，焦虑随即产生，理论家为了分清一系列的衍生物，对主体的界定迫在眉睫，猛然发觉主体的边界本为虚幻。因此，对部分现代书法是否超出书法的边界，没有一个可以用来界定的标尺。尽管许多理论家认为，现代书法已经逾界，溢出书法给定的范围和空间，依靠传统理论的工具，传统阵营的理论家除了表示他们的不满之外似乎没有更多的办法。然而问题并没有得到解决。书、画的历史本来就是一个分与合的历史。早期是书、画不分，二者皆为具象事物或意义传达的中介和表征物。随之是分野，书、画有了各自的体系，各自的形式、内容、语言和表达方式。如今，由于“现代”这个前缀的出现，书法与绘画二者在思想上再度重逢。但是这种相逢不同于最初的“合”，更类似于一种思想上和哲学层面的重合。

关于书、画区别的问题，理论家如是说：“绘画可以使用形与色的任何平面性物理形态，书法却只能在形中的点线和色中的黑白这个极小的限度内施展自己的活力。这种活力存在于一切物质形态之中，而又唯一为书法所提炼、点化，升华为挣脱了现实世界和现实形式之强制的独立于万象之表的‘人工营

① 刘宗超：《中国书法现代史》，中国美术学院出版社，2001年，第60页。

构之象’——这才是书法赖以与非书法相区别而使自身独立存在的特殊本质。”①

因此，书法是书法、绘画是绘画，二者无须也无法回到原始的重合状态。就像人从猿进化而来，即便我们一再地赞美原生态，人类无须也无法返回类人猿的时代，然而人与猿的区别是十分明了的。马克思认为劳动创造了人，如果说劳动是人和猿的区别点，那么书法和绘画的区别点在哪里呢？“现代书法首展”中如此多的作品似字非字、似画非画，它们还算不算书法？我们所追求的一种现代竟然只是一种返祖现象？书法里的绘画性是否就是经过进化业已消失的猴子尾巴？

如此之多的问题驳杂繁复，实在难以辨析，困惑与焦虑因之而来。困惑与焦虑是现代书法家的一个重要特征，写什么、怎么写的问题时常纠缠在其脑海，开疆拓土的责任心使这一群体患上综合的焦虑症状，寻找属于自己的或是他们认为真正现代的理想图式正日渐成为他们沉重的背负。这一点在传统书法家看来是微不足道的，传统就是标高，数千年淘洗而下的经典成为他们不敢忤逆的金牌和圣旨。为开辟新领域而煞费苦心只是一种庸人自扰，躲在传统的避风港里享受冬日里的阳光是一种无尽的惬意。

然而，“现代”这个潘多拉之盒业已开启，在人们欢呼雀跃地庆祝进入了一个多元时代的同时，理论家猛然发现，我们失去了一元时代明确的追求方向与目标，在日本现代书法和西方当代艺术样式的夹攻之下，我们迅速地制造出各种各类的现代书法。对于如此之多的产品的分类和界定不可谓不辛苦，朱青生把它分为十三派，即“字画派、动势派、几何派、制作派、行为派、笔意派、墨象派、词意派、非字派、非幅派、非写派、非人派”。② 高天民把它分为“书法字象、书法绘画、书法构成、书法观念、书法装置、书法行为、书法解构”。③ 此外，傅京生把它分为五种样式，张爱国把它分为八种类型，刘宗超则归纳为六类方式，如此等等，不一而足。理论家对现代书法的归类不尽相同，没有一个理论家对这一新生的艺术形态做了一个完全令人满意的标准和分类。每一种分类都有其立足点和理由依据，但也都无法穷尽这一极为不稳定

① 卢辅圣：《历史重负与时代抉择》，《书法研究》，1987 年第 2 期。

② 朱青生：《中国现代书法的层次与方向》，王冬龄主编《中国“现代书法”论文选》，中国美术出版社，2004 年，第 162－164 页。

③ 高天民：《“现代书法”的含义》，王冬龄主编《中国“现代书法”论文选》，中国美术出版社，2004 年，第 190 页。

的新生体系。甚至可能产生各种分类相互兼容，一件作品也可能归属不同分类等问题。刘灿铭在刘宗超的基础上把现代书法分成八大类，并且对这八大类从定义、创作理念、理论依据、代表人物与作品都做了举例与理论分析。一个特别有意思的问题是，在刘灿铭对分出的这八种类型现代书法做缺点概括时，几个特征无一例外地贯串所有类型的现代书法。即“作品肤浅、创作题材单一、非书法”。[①] 这种现象引发出诸多问题，为什么现代书法的水平无法让人认可？为什么现代书法会产生题材单一、面目雷同之感？为什么现代书法呈非书法的状态？当“现代”作为书法的前缀出现时，前缀对主体产生了消解，侵蚀的程度甚至使艺术的本体产生改变。那么，这种现代的意义何在？“现代”对传统的本体产生解构，而未来又将如何，书法的未来是什么？

二、后现代在途中——“书法主义”的棒喝

正当书法界还为书法的现代争论不休时，画家洛齐开启了“书法主义”。“书法主义”的宣言及其运动成为1993年最为引人眼球的书法事件。放弃了边界的问题，“书法主义”毋宁说是一种观念的话语。

在20世纪80年代后期，洛齐从版画创作转向了以书法为题材的装置艺术，《文字仓库》和《水墨通道》这类作品无疑都为书法界带来了极大的视觉冲击力和震撼力。“几年之后，洛齐发现这一类强调图像或个人本身表现力度的行为，已经呈现出一种无可奈何的极限时，表明这条道路几乎已经走到了尽头，或者说那些大同小异的‘书写’作品本身已经很难在原有的平面形态上有所发展时，洛齐并没有像王南溟那样再考虑和寻找书法在格局和形态上新可能性，而是把注意力集中到对‘书法’这一观念的阐释上。”[②] 无疑，这是一种策略，“他们把自己的‘书法’实验命名为‘书法主义’，然后发表《书法主义宣言》，操作‘书法主义事件’，印发‘书法主义新闻’，并通过大量媒介来宣传这个‘主义’。在90年代初期，‘书法主义’几乎成为了中国书法界爆炸性新闻，1993年和1995年连续两年被《书法报》和《书法导报》评作年度‘十大新闻之一’”。[③] 制造出一个概念并抛向社会，以此搅动整个书坛，这是洛齐等人这一壮举的目的。他还以此宣告：“我们正面临着一个没有‘意义’的时代；我们

---

① 刘灿铭：《中国现代书法史》，南京大学出版社，2010年，第87－139页。

② 沈伟：《中国当代书法思潮——从现代书法到书法主义》，中国美术学院出版社，2001年，第83－84页。

③ 同②，第84页。

面对着是一个没有未来的未来；没有任何决定性的事物在等待着我们去创造。”①

基于此，1993 年，“第一次书法主义展”在河南郑州拉开了序幕，展览推出这一理念的宣言：“中国的书写艺术至今为止，已经出现了一种‘主义’……在书写领域还来不及对‘现代书法’逆判心理和文化批判意识以及后来带有表现主义情绪的形而上文化现象进行清理之时，‘书法主义’正在十分平和与宁静的状态下越过了它们，并迈入了一个更为成熟的文化转变阶段。”② 洛齐认为“书法主义”在具体形态上是一种与传统截然不一样的形态，是一种“体现现代之后或之后现代的文化现象”，③ 是一种“暗示着一个更深刻的后现代经典主义精神的复活”④ 的文化现象。随后，1995 年，“第二届书法主义展”在山东举行，与第一届的策略性相比，这一次展览的前言多少带有建构的味道，把“书法主义”归纳为三种基本形态，“汉字抽象化、汉字的拼贴组合化、汉字的现成品化”⑤，是发起人对书法主义书法作品未来方面所做的规划。此外，“他者”的提出是这次展览话语的一个新策略，发起人抛出这样的话语：“‘书法主义’实质是在利用‘他者话语’的同时执行‘他者’的批判，在反抗西方美丽的‘中心’的同时强化我们的‘新乡土’情。”⑥ 比较有趣的问题是：书法主义展览里的作品带有多少的乡土情？它们具备反抗“西方中心”的能力吗？在后殖民主义理论大行其道的 20 世纪末，民族主义既是一种反抗的工具，又可以成为当代艺术的包装策略；无疑，这种策略具有强烈的煽动性，“书法主义”者们深谙此道！

1997 年，“第三届书法主义展”在杭州举行，展览参与者扩大到中、日、韩三国，并推出“在亚洲批评”的主题。“使‘书法主义话语’和‘话题’更具有区域的整体性”⑦ 是此次展览的策略与倾向。也就是说，东西方的差异性不仅在于中国与西方的国家之间，而且存在于亚洲与其他西方国家的洲际之间。与前两届“书法主义展”的作品相比，第三届的作品从风格到水平均没有什么突破。一个较大的不同是作品的命名被撤去，“无题”是这一届作品的

① 洛齐：《书法主义文本——一个观念的作品》，中国美术学院出版社，2001 年，第 4 页。
② 洛齐：《书法主义宣言》，《书法导报》，1994 年第 20 期。
③ 同②。
④ 同②。
⑤ 洛齐：《书法主义批评》，《江苏画刊》，1996 年第 7 期。
⑥ 同②。
⑦ 洛齐：《在亚洲批评》，《现代书法》，1998 年第 1 期。

统一名称，理论家作如是解："这显然是一种刻意的安排，书法的文化意义向现代延伸：不规定所指，不限制欣赏者，通过形式留给欣赏者更多的'创作'批判的余地，'书法主义'的作品在展示之前仍是'半成品'，实际上'书法主义'作品早已不是传统意义上的作品，个人感情冲淡而历史文化批判的意义猛烈占据首位，这对观者的要求同时改变：理解现代，否则就无法进入。"① 此后，第四届、第五届"书法主义展"由于地址移到国外（意大利），其影响已经逐渐消失。

倡导者无疑十分有智慧，除了展览、在各媒体发表言论、组织理论研讨会外，2001 年还编著了一套丛书，这套丛书包括《中国当代书法思潮》《亚洲当代书法思潮》《中国书法现代史》《书法与当代艺术》《书法主义文本》等。

《中国当代书法思潮》旨在"针对于'书法'这么一个具有本土特质的传统文化具体表现形态而言，当代文化情境或谓'当代性'是如何逐渐渗入，并得以使之获得当代艺术的含义及其特征"。② 通过对谷文达、徐冰、洛齐、邱振中、王冬龄、白砥等书家的作品和理论的分析，以及对"书法新古典主义""广西现象""学院派书法创作"模式、"书法主义"等风格流派和理论话语的阐释，以期对书法的现代性和后现代进行探析。《亚洲当代书法思潮》意在"把中国的'书法主义'活动、日本的'墨象派'书法，以及韩国'物波主义'的思潮性探索放置一起予以'近观'"，③ 并从三者不同的精神面貌、社会原因中进行考查，从而达到"反思传统文化在当代的价值及走向"。④《中国书法现代史》则立足于"现代化转型"这一视角，对中华人民共和国成立以来的书法到书法主义作线性历史的梳理。包含"传统的延续""新古典群体"、书法现代制度与书法现代创变的新拓展几大模块，居于转型的立足点，著作围绕这样的问题展开："如何对待创作工具的变化？写什么内容？是否还用汉字创作？如何面对人们审美趣味的改变？"⑤ 并以一种历史必然旨归的态度来赞美书法主义："书法主义是中国书法现代文化过程中最完整的，从平面到立体、从个体到社会、从语言到观念的整体文化实践，书法主义是以寻找中国当代艺术发展背景为前提的行为策略，是将个人话语转化为当代社会文化的

① 魏翰邦：《对"书法主义"的认识与批判》，《现代书法》，2000 年第 1 期。
② 沈伟：《中国当代书法思潮》，中国美术学院出版社，2001 年，第 1 页。
③ 朱培尔：《亚洲当代书法思潮》，中国美术学院出版社，2001 年，第 3 页。
④ 同③，第 6 页。
⑤ 刘宗超：《中国书法现代史》，中国美术学院出版社，2001 年，第 4 -8 页。

人文关怀。”[①]《书法与当代艺术》和《书法主义文本》则是以“书法主义”这个话语概念抛出之后，在社会产生的回应及产生的理论阐述、理论批评文章为主体，选择编成的编著。尽管没有专著那样清晰的结构、立论和大量的作品分析，但来自各个层面、不同声部的理论批评使“书法主义”这个理念性话语体系逐渐丰富立体起来。

作为创作，书法主义的揭竿而起并没有形成一呼百应的大潮，作为话语，随之而起在书坛引发的理论旋涡却是有目共睹的，对这个概念本身的注解和质疑，以及书法界限的重新定义都使大众的眼光聚集在这个运动上。

于是，我们有必要对“书法主义”这一话语、运动的缘起进行探究。洛齐《书法与当代艺术》的“后记”无疑为我们提供了很好的资料。整个“书法主义”事件就是一个偶然的事件，是创起人在1990年秋准备出国前期滞留上海而一时兴起产生的想法，也就在这一时刻洛齐才真正为展览研究起书法，并筹划起展览。“1991年底，我在音乐学院（上海）的‘矮平房’中充满激情地写完两篇短文，一篇是《书写主义导言》，另一篇是《书法主义宣言》先拿给邻居小姚看，他是音乐学院的哲学教师，我们都是‘出国’的梦游者，得到‘哲学家’的肯定后，我才放心地把两篇文稿一起寄给老刑（刑士珍），老刑选择了《书法主义宣言》，展览的题目也确定为‘中国书法主义展’。原定展览在1992年初，老刑来电话催要参展作品，住音乐学院什么创作工具也没有，记得我从《音乐艺术》编辑部找来一大堆报纸，买了一把大排笔，就用星光墨水，在‘矮平房’前的草坪上干完了6件大‘作品’，也没有装裱，请朋友拍照，寄给山东的书法家邵岩，印制展览目录的费用是他协助给予解决的。……出乎意外的是，当时有人告诉我《书法报》刊登了1993年年度中国书坛十大新闻中有‘93中国书法主义展事件’。这确实给予我很大的鼓舞，自此我‘走火入魔’，开始迷入歧途。”[②] 引用如此大段的文字，意在说明“书法主义”这个名词的偶然性及展览理念和展览作品的即兴性与草根性，这是“书法主义”引发的诸多理论矛盾的导源之处。

主题通常是理论家比较关注的问题，因为它可能包含了展览的意义、导向和目的等方面的内容。然而“书法主义”一产生就意在挣脱这种常规的限定。把“书法”作为“主义”的前缀，书法成为定语而非主体，那么，“书法主义”

---

① 刘宗超：《中国书法现代史》，中国美术学院出版社，2001年，第151页。

② 洛齐：《书法与当代艺术》，中国美术学院出版社，2001年，第218－219页。

的作品还是书法作品吗？它的对立面是什么，传统还是现代？从概念的语义而言显然不是，它的对立应该是绘画、电影、文学等；然而这又有什么意义呢？“书法主义”并不是一种旨在告诉我们书法与其他艺术区别的话语体系。理论家尖锐地指出：“如果‘书法主义’表明的不是与其他姊妹艺术的对立，那么，‘书法主义’的提出或发明是毫无意义的。如果‘书法主义’的主张锋芒不是向外，而是向内，那么，‘书法主义’则应换成‘书法现代主义’‘书法超现实主义’‘书法未来主义’等提法为切。”① 这种理念名词的命名是一种偶然的故意，以自身的悖论引起争议，而争议却在不断充实话语，这种话语体系就像是滚雪球，越滚越大，不滚即化。

尽管“书法主义”的理论如此莫衷一是，其作品却与早期（“书法主义”之前）的“现代书法”作品相去不远，无论“书法主义”的话语如何超前，作品却一直是系在话语系统这一风筝上的一根沉重而牢固的线，“书法主义”的展览不得不依靠作品，然而作品的阐述力远不及文字，千百年的书写习惯成为“书法主义”无法挣脱的线。无论他们如何标榜与传统的关系是如何的继承与断裂，几千年的书写仍成为无法挣脱的牢笼。通过这一渠道，许多批评者质疑“书法主义”作品线条的质量是如何差，结构是如何稚嫩。然而，“书法主义”又意在挣脱传统书法的牢笼，于是，取消所有游戏规则的限定，企图在自由的天空中放飞自己成为“书法主义”创作的宗旨，无可无不可的自由性弥散开来；然而，“书法主义”者们并不是没有意识到挣脱的结果可能是摔到地面的粉身碎骨，在有限的空间做无限的挣脱成为他们无限的理念和有限的创作语言无法消弭的裂隙。理论家提出这样的疑虑：“‘书法主义’缺少游戏规则的自由游戏和缺少作品独立述说能力的现实，有可能逐渐消解，异化掉它的书法文化的前卫性和在世界文化中‘对话’的权力，只剩下文化的象征和文化的符号，起点也成终点。”②

无论“书法主义”的话语和创作取得多大的成就和存在多大的问题，这个运动开启了书法的后现代主义。

三、“书法主义”与后现代书法的困境

张爱国把 1992 年到 2000 年划分为中国书法的后现代阶段，并认为先锋书

① 司有来：《“书法主义”可以休矣》，《书法之友》，1997 年第 1 期。

② 魏翰邦：《对“书法主义”的认识与批判》，《现代书法》，2000 年第 1 期。

法、书法主义及《现代书法》杂志的创刊是这一时代开启的标志，并认为后现代的出现是“‘现代书法’开始向纵深发展，以超越‘现代’的‘后现代’原则为主要诉求。创作理念上更多地突破平面的、书写的、书法的、汉字的规约，而走向制作、行为、装置或影像等艺术，并在理论上进一步强化了‘现代’与‘书法’的错位对接，延续着‘现代’与‘传统’的错误对立，明确提出了‘现代书法不是书法’等口号”。①

许多理论家对“后现代”这一词语持小心谨慎的态度，关于现代书法的书籍仅张爱国先生稍有涉及，也是花了几百个字点到为止，其他文章仅见莫武的《书法主义：如何成为“现代”或“现代之后”》②、朱以撒的《“后现代书法”审美略论》③、王天民的《中国书法主义的后现代性》④和《“在亚洲批评”的后现代主义话语阐释》⑤。

尽管书法的后现代性早在20世纪80年代末就已经出现，但理论的探讨无疑以“书法主义”的出现为标志，张爱国的这种划分大致不会引起太多的异议。然而对于“后现代”的界定却不是那么简单,“现代书法”引起的“现代”与“传统”的关系远未厘清,“书法主义”带来的“后现代性”更是增强了理论阐释的难度。

“后现代”这一名词约是在1968年出现于西方⑥，许多重量级的人物参与了关于后现代的理论讨论，其中有哈贝马斯、利奥塔、丹托、贡巴尼翁、福柯等人，与“现代性”和“现代主义”的概念一样，关于“后现代”“后现代主义”“后现代性”的概念与划分同样是纷繁复杂。在这一点上，利奥塔的观点极为令人费解，却又颇有特色，他认为以“前”或“后”来对文化史进行划分十分空洞,“只因它不让人问‘现在’的状况。然而人们必须通过现在，才能假设可对后续的事物作出合法的前瞻”。⑦ 由此，他认为应该命名为“重写现代性”，因为“现代性总是不断地孕育着它的后现代性”。⑧ 福柯提出这样

---

① 张爱国：《中国“现代书法”蓝皮书》，中国美术学院出版社，2008年，第156页。

② 洛齐：《书法主义文本》，中国美术学院出版社，2001年，第149页。

③ 载《书法研究》，1994年第2期。

④ 载《美术史论》，1995年第3、4期。

⑤ 载《现代书法》，1998年第1期。

⑥ 周宪：《文化现代性精粹读本》，中国人民大学出版社，2006年，第21页。

⑦ ［法］让-弗朗索瓦·利奥塔：《重写现代性》，周宪《文化现代性精读本》，中国人民大学出版社，2006年，第279页。

⑧ 同⑦，第280页。

的思考："人们能否把现代性看做一种态度而不是历史的一个时期。"① 美学家丹托则在黑格尔的"艺术终结论"的基础上进一步掘进阐述现代、后现代和当代三者的关系。他一再申明："与艺术时代的终结相一致的是，艺术应该特别有生机，没有什么内在的耗尽的迹象。我们想说明的是，一种复杂的艺术实践结构如何转向了另一种艺术实践结构，即使这种新的实践结构尚未清晰形成。……我认为在艺术史上已经客观实现的叙事，在我看来，是这一叙事终结了。"② 并进一步指出："'艺术终结'的意义之一在于世界之外的事物获得了认可。"③ 在后现代主义者们看来，现代主义是一种必须死亡的艺术，因为它们"过于局部，过于唯物主义，它关注的是形状、表面和颜料等，以纯粹性来界定绘画"。④ 而在当代的语境之下，艺术家放弃了历史的使命感，"从历史的负担中解放了出来，为任何他们所希望的目的——甚至没有目的，按自己的愿意的任何方式自由地制造艺术"。⑤ 丹托的理论为后现代艺术呈零碎、无序、无目的性做出理论的支撑，理智和逻辑在当代艺术面前经常丧失解释的能力。所有的民族、国家等重大话语（宏大叙事）被消解，在一种愉悦甚至是嬉戏的语境中被消除。

现代主义和后现代主义的关系如此复杂，以至于以下四种关系都无法廓清二者的关联：

（1）后现代主义由于热衷于审美的流行主义，因而显然和极盛现代主义断裂了，拒绝了极盛现代主义。

（2）后现代主义是现代主义的终结，现代主义现已寿终正寝。

（3）后现代主义是从某些现代主义运动的更激进的派别（如达达主义）中发展而来，但它不同于现代主义。

（4）后现代主义强化了现代主义的一些倾向，并仍在现代主义的轨道之内运行。⑥ 但这种概念的对比讨论无疑有助于对中国书法的现代性和后现代性进行理论分析。

在大致清楚西方的后现代的特征和它与"现代"的论争之后，我们必须

---

① 杜小真编：《福柯集》，王简，等译：上海远东出版社，1998 年，第 533 页。

② ［美］亚瑟·丹托：《现代、后现代和当代艺术》，周宪《文化现代性精读本》，中国人民大学出版社，2006 年，第 303－304 页。

③ 同②，第 308 页。

④ 同②，第 312 页。

⑤ 同②，第 313 页。

⑥ Steve Giles，ed. *Theorizing Modernism*，1993：176. 转引自周宪《文化现代性精读本》，中国人民大学出版社，2006 年，第 21－22 页。

回到中国书法的场域。这时，一个极其庞大、复杂而又无法绕开的问题浮出了水面。书法的传统、现代和后现代与西方艺术具有相同的历程吗？它们能否一一对等？一般认为，西方的现代主义绘画起于马奈，因为他把绘画从再现艺术转向了表现艺术，然而中国书法具有相同的基础和转向吗？这个问题恐怕没有一个理论家敢给出有力且肯定的回答。书法与再现艺术的区别是有目共睹的，尽管早期的美学启蒙者梁启超等人把书法视为最高级的艺术，然而对于书法是何种形态的艺术都没有做深入的理论探究。由于书法是与西方各种艺术形态都完全不一样的艺术门类，没有理论的借鉴带来的阐释难度是可以想见的，点到为止无疑是一种聪明的策略，即便放弃对这个问题的探讨也不会被看作是一种面对问题的胆怯而产生的逃避。然而，时至今日，现代被推出了，后现代随之也来临了，而在讨论传统、现代和后现代的关系时，我们似乎无法逃避这一问题。

那么，传统的书法是一种什么形态的艺术？书法美学的性质是什么？再现、表现，还是抽象？现代书法呢？后现代书法呢？

问题的可怕之处在于，即便我们有了直面这些问题的勇气，对于解决问题，我们仍然莫衷一是。

20 世纪 80 年代以来，书坛展开了书法美学大讨论，尽管这次讨论持续数年，从刘纲纪的现实生活观到陈方既、陈振濂的抽象观，都没有得到理论界的完全认可。对于与讨论几乎同步而起的“现代书法”的形态更是无法辨析。也许我们应该把精力投入关注书法现代性这个问题。

中国书法的现代性来源于西方，第一波是从 20 世纪初开始，仅从美学的角度登陆，启蒙者是王国维、梁启超、邓以蛰、林语堂、宗白华等先贤。第二波则自 20 世纪 80 年代开始，从西方艺术理论、实践到日本的现代书法样式的启导，如潮水般涌入中国大陆。面对着现代化的进程，疾驰变更的节奏促使部分思变的画家和书法家对新方法、新形式、新媒介、新观念等不断追求。那么，现代书法做些什么呢？在古人的宫殿上砌起新的标高显然不切合实际，拣一些残章断简、残碑破纸，加以抽形取意，夸张变形。这显然已经成为部分现代书法家聊以自诩的方式，然而到底是简陋了些。“现代化”必须要有现代的观念、现代的形式、现代的手法，最重要的是还要有现代的书法美学贯穿其中。然而，现代的书法美学在哪里？其貌如何？这是一个值得追问的问题。相对于传统书家对传统美的偏执，现代书法家往往表现为虚妄，把古人的残羹剩饭略为加工，便自以为造出了人间佳酿，即便馊味十足，也到处示人。那一时刻，大多数的传统书家对现代主义艺术家们在门外的喧哗声充耳不闻，或者嗤之以鼻，在现代主义上贴上垃圾的标签之后随意扔出家门，或者冷静地采取观望的态度。显而易见，这种境况把20世纪80年代书法现代性拓展的先机留给了一些水墨画家（甚至主要是被保守派称为三流的画家或书家）。外围的呼声引起了学院派队伍的关注，才有一些“精英”们开始陆续加入。精英们试图在早期水墨画家拓荒式的启蒙抑或跑马圈地式的形式尝试之上和之外掘进。于是，学院派书风、待考系列等被制造出来。但精英很快怠倦下来，前锋变后卫。在此情境的拷问之下，“写什么”“怎么写”这些精英自以为已经身体力行地回答的问题还是如此语焉不详，学院的精英们进入了另一个形式的牢笼。学院派与传统的关系造成的骑墙态度致使他们无法走得更远，他们在创作上的尝试成为当代书法史上仅供参考的小部分图例。尽管如此，现代派的探索不无意义。

尽管被动现代化的压力经常使许多发展中国家的文化产生变形，一个不争的事实是，现代化在途中。“如果放弃这个主题，回到半部论语治天下的时代，那么，上述的种种复杂关系将荡然无存。现代性是困难所在，也是意义所在。”①

理论家对现代性的意义还是秉持肯定的态度，在后现代主义来临之际，这种被动现代化的现代性更显示出了其内部诸多问题。反映在书法上，除了许多表征和内涵与西方现代艺术的极大差别而产生的不适应外，显然，现代主义的精英意识不够，现代书法和传统书法的关系（即矛盾和协商）磨合远不够深切，现代书法探索的程度也远远不够，更无力承担现代性在西方对于社会关切的功能，无力对社会做出有力的冲击，暴露他们孱弱的能量，而他们为进入国家级展览所做的种种努力更暴露了他们的折中性。这样，如果苛刻一点讲，中国书法的现代性不过是西方现代性一个虚幻的影子。“现代书法”无力真正挑战传统的书法，各种形体的夸张和变形只是形式和媒介层面上的扩大，无法介入内容和思想内核使现代书法流于空洞的形式。在这一种基础上，作为后现代性的“书法主义”迅速崛起，介于“现代书法”的未成熟性，急切到来的“书法主义”无疑是一种早孕早产的后现代性。因此，基于理论的可借鉴性，“书法主义”作为话语而言，无疑是后现代主义的产物。然而，创作的捉襟见肘是“书法主义”无法掩饰的最大问题。

无论对后现代主义的概念及其内涵的见解是如何的多种多样，后现代主义

① 南帆：《现代性、民族与文学理论》，《当代文学与文化批评书系·南帆卷》，北京师范大学出版社，2010年，第21页。

旨在取消各种艺术的边界是一个公认的事实。而“书法主义”却在第三届展上对自己的内部做风格的划分，为什么会出现如此巨大的矛盾？是“书法主义”渴望得到被条分理析的风格界定吗？这种意识和努力显然是现代主义的，这也说明，在理念上已经步入后现代的“书法主义”，在实践上还是停留在“现代”的范围里。

关于中国书法的后现代性还有一个重要的议题，就是大众，根据詹姆逊的理论，后现代主义艺术把艺术从精英手中解放出来，并还之于大众，这对中国书法而言却只是一种悖论。“后现代主义书法”并未使传统的书法甚至是“现代书法”更具平民化、大众化的特色，也未使之更具消费主义的色彩。倘若单从大众化这一特点而言，回到20世纪六七十年代那段畸形的文化历史似乎更合乎这一特点，全民化的“大字报”似乎使书法更具大众化的特色（当然把“大字报”、标语的字看作书法，无论传统阵营还是现代阵营都无法接受，这种看法只有在后现代主义中才可能被接纳），但书法的这一状况能成为后现代吗？看来书法的后现代主义远远要复杂得多，不仅仅是相比较于“大字报”阶段的书法，也相对于所谓的现代书法而言。从这一角度来看，“后现在主义书法”可能只是一个伪命题、伪名称，与西方话语系统的后现代主义不相称。

在西方艺术的体系之中，古典主义、浪漫主义、现实主义、现代主义、后现代主义所形成的时间顺序和历史演变次序已为世所公认。但这一系列又如何与中国的书法史一一对应？哪一种字体更具浪漫主义或现实主义的倾向？是否能厘清？即使勉强为之划分阵营，又能否使之与历史时间维度相对应？

况且，与詹姆逊对社会与各种主义划分之本质不同的是我们的社会性质问题，如果给书法定下这么一些定语，我们不难发现其诸多不同因素的深层原因。社会主义的、东方的和抽象艺术是这一形态艺术的前缀。

于是，我们追索现代书法的行踪及其发展过程，可以发现现代书法行色匆匆，甚至有如昙花一现。随着“中青展”的解体，在展览中合法地位的丧失几乎使现代书法销声匿迹了，轰动一时的“书法主义”最后也只能把阵地转移到了国外。放逐了上帝往往也是另一种意义的被上帝放逐，书法主义的阵地转移也可看作一种自我放逐。

如前所述，现代书法的精英意识不够，“书法主义”对大众似乎也从未触及，显然，与其他领域有着巨大的区别，大众对于从“现代书法”到“书法主义”的诸多形态的创新尝试并不埋单。这种情况在当代艺术受到热烈追捧的映照下显得格外刺目，大众对书法似乎更愿意停留在传统的想象中。

无疑，书法的现代性和后现代性遭遇的阻力十分巨大。20 世纪 90 年代的批评家已经做出了有力的定义和归纳，即“书法是写意的艺术，抒情写意是其最高境界”，[①] 但写意的抒发必须依于法度——即对门类艺术语言的掌握和自由驾驭的基础之上——并以此来批评时弊，贬斥浑水摸鱼者，即那些不想经历大量的技法训练的人。然而，大量的后现代主义艺术证明，传统意义上法度严明的各种门类艺术已然不再占据绝对的统治地位，后现代主义开启了另一扇门，传统艺术变成他们手中的工具，成为一种表现对社会现象、思想观念支持、反对、强化等的媒介。因为血缘的关系，这种后现代社会的文化产品与艺术有关，被称为后现代主义艺术，但无论如何，抒情写意不再是作品的最高境界，后现代主义作品甚至可以无关于抒情写意。在这样的情况下，门类艺术的语言更是无法成为新型艺术的法度框架。后现代主义艺术对传统艺术的各种语言、形式进行任意截取、裁减、拼贴、组合，表达其先在的观念是作品的终极目的，最终脱离了原有的审美体系，建造起了新型的视觉体系。这种新型的视觉体系与时代思潮理念息息相关，与文化政治权力意识相关，与传统艺术审美取向背道而驰。“夺去他们的平常理智，用他们做代言人”，[②] 后现代正是通过迷狂的艺术家来代言后现代的社会，破碎、无序等是其特征。艺术家不必对社会负责，甚至无意对艺术本身负责。无意识或下意识地展现他们的内心，是现代机器辗压而成的种种碎片。对传统的造反是他们自认为存在的理由，凭借西方形式的美学对传统进行摧毁式的解构。书法甚至只是一种游戏，与艺术无关，颠覆的最终，将是能指没有终止的滑行，形式脱离内容，形式的不断衍生直至脱离意义本身从而陷入形式的嬉戏。回到颠覆与重建的问题上，不管是现代和后现代，都无法预知后代人将重建什么。后现代主义者甚至不屑于知会这些问题，在他们的眼里只有“嬉戏”二字。艺术如果不能抒写艺术家的心性和性灵而只剩下形式的躯壳在不断地嬉戏，那么艺术本身实则已经消亡。后现代主义者消解了艺术，最终也消解了艺术家本身。

此外，与市场运作紧密相关的后现代主义者实则把自己的心性和情感贩卖出去，尽管他们兜售的是一些虚幻的情感，但这容易加剧他们本已空虚的内心，掩饰必须通过不断制造疯狂的举动和呐喊，无所不能的市场甚至可以把艺术家疯狂的态势炮制成一种卖点，艺术从此堕入没有尽头的深渊。

---

① 戴小京：《抒情写意是书法艺术的最高境界》，《书法》，1991 年第 5 期。

② ［古希腊］柏拉图：《柏拉图文艺对话集》，朱光潜译，人民文学出版社，2008 年，第 7 页。

后现代主义把现实变成了能指的游戏，最终导致意义的消解，但当下曾经风靡的解构主义已经不再时髦（当然也并非已然消亡）。如今，各种主义并存，在发展中国家这种现象更为复杂，传统阵营和大众对这种在西方不再时髦的主义保持理性的看法，这也是后现代主义书法很难在中国大行其道的一个原因。因此，部分书家据守传统的城池，与现代和后现代形成犄角对峙也是在情理之中了。尽管他们之中的一部分人也知道，传统的内部已经出现了问题，但这也不足以使他们放弃，更无法说服他们投身对方。

许多理论家把“后现代主义”书法的结束时间定在了2000年，这是一种极为有趣的现象，2000年之后《现代书法》停刊，“书法主义展”停展，“中青展”取消，这些无不是这一说法的有力佐证。中国书法的后现代性结束了吗？为什么在其他门类后现代性还在散发勃勃生机的时刻，书法的后现代主义却被理论家宣告业已寿终正寝了呢？这是否正中了理论家的预言呢？贡巴尼翁指出，“后现代的根本的模棱两可性，即极端现代和反现代，也许不存在什么出路”，[①] 并以此指出后现代主义也许是气数已尽，难道中国书法的后现代性已然被道破了天机并宣告终结？

结　语

综观中国书法美学在20世纪八九十年代的现代、后现代历程，在还没消化现代性美学思潮的同时，许多学人还在为书法这门古典的美学有无现代性（或书法的现代性何为）等问题纠缠不清的时刻，又匆匆催生出后现代的果实。有趣的是，在跨越新千年之后，书法美学现代性和后现代性均呈现出急剧隐遁的迹象。为什么书法的现代和后现代性的行进如此艰难？为什么传统书法美学具有如此惊人的号召力，以至于书法美学的现代性和后现代性无论做何努力都行之未远？显然，中国书法美学的复杂性远远超越我们目所能及的范围，对书法美学在现代性应激下做出的反应进行细致的梳理，有助于探究其更为复杂的内核。

（作者单位：福建省美术家协会）

---

① ［法］贡巴尼翁：《气数已尽的后现代主义》，周宪《文化现代性精读本》，中国人民大学出版社，2006年，第341页。

论张怀瓘书法美学理论中品评鉴赏之法

阮 弦

张怀瓘是唐代开元年间的书法家、书法理论家，他是我国古代书法史上较为少有的、专以书法创作和书学理论名世的大师。他全面继承汉魏六朝以来的书学思想，并对有关书法的诸多问题进行了全面而深刻的讨论。他的重要著述如《书断》《文字论》《书议》《六体书论》《玉堂禁经》等，不仅有形而上的对书法本体之道的探寻，也落实到实践，从形而下的角度分析书法创作技法，并自创标准对书法创作进行品评鉴赏。可以说，中国古代书法美学理论从张怀瓘开始，逐渐走向成熟和自觉。

一、“风神骨气”：张怀瓘对书法品评的基本要求

“风神骨气”是张怀瓘书法审美要求的核心，集中体现在《书断》中对书法各家具体的品评上。张怀瓘在《书断》中说道：“然智则无涯，法固不定，且以风神骨气者居上，妍美功用者居下。”① 张氏以“风神骨气”与“妍美功用”对举，可知“风神骨气”是指对书法的审美要求，它并不以外在的妍美为特征，也不同于人工技巧的表现，而是一种内在的整体美。

“风神与“骨气”的提出始源于魏晋时代的人物品评之风，并由品评人物的神情骨格进而引入艺术的批评。它们作为两个范畴而确立是由“风骨”发展而来的。在《文心雕龙·风骨》中,“风”和“骨”本身是分述的，刘勰说：“怊怅述情，必始乎风；沈吟铺辞，莫先于骨。故辞之待骨，如体之树骸，情

① 潘运告：《张怀瓘书法》，湖南美术出版社，1997 年，第 17 页。

之含风，犹形之包气。结言端直，则文骨成焉，意气骏爽，则文风清焉。”[①] 刘勰认为“风”是情的表现，而“骨”是辞的表现，因而情意的骏快便构成了文“风”，而语言的刚直便具备了文“骨”，黄侃释风骨曰：“风即文意，骨即文辞。”[②] 这里刘勰虽是论文，然而对我们理解张怀瓘的“风神”“骨气”是有帮助的。

（一）“风神”——风姿神韵

综观张怀瓘的书法理论可知，“风神”是指基于作者思想感情的一种风姿神韵。且看他运用这些范畴评书的实例，他说：“资运动于风神，颐浩然于润色。”[③] 评崔瑗的书法时说道：“伯英祖述之，其骨力精熟过之也，索靖乃越制特立，风神凛然，其雄勇劲健过之也。”[④] 批评王羲之的草书：“虽圆丰妍美，乃乏神气。无戈戟铦锐可畏，无物象生动可奇，是以劣于诸子。”[⑤] 他在《书断》中讽刺羊欣书时说道：“今大令书中风神怯者，往往是羊也。”[⑥] 可见他所谓的“风神”是指书法由笔墨形态所表现出来的神情风韵，它体现了作者的情感与修养，是在笔墨蹊径之外的一种内在的美感，故张怀瓘又往往以“神情”“神彩”来论书，他在《书议》中说：“猛兽鸷鸟，神彩各异，书道法此。”[⑦] 随后，在评价草书方面，他说：“人之材能，各有长短，诸子于草，各有性识，精魄超然，神彩射人。”[⑧] 他在论书法的鉴赏时说：“深识书者，惟观神彩，不见字形，若精意玄鉴，则物无遗照，何有不通？”[⑨] 又在《玉堂禁经》中在讨论书法学习的过程中说：“……荒僻去矣，务于神采，神采之至，几于玄微，则宕逸无方矣。”[⑩] 又自评所书云：“仆今所制，不师古法，探文墨之妙有，索万物之元精，以筋骨立形，以神情润色，虽迹在尘壤，而志出云霄，灵变无常，务于飞动。”[⑪] 可见他所谓的“神气”“神彩”“神情”，都是指作品所表现的精神风韵，它们是作品留给人的总体印象，不同于笔画字形的具体状貌，然而书法艺术又不能缺乏这种精神风韵，否则，尽管形态妍美，也只是一

① 周振甫译著：《文心雕龙选译》，中华书局，1980 年，第 145 页。
② 黄侃：《文心雕龙札记》，上海古籍出版社，2006 年，第 89 页。
③ 潘运告：《张怀瓘书法》，湖南美术出版社，1997 年，第 52 页。
④ 同③，第 134 页。
⑤ 同③，第 23 页。
⑥ 同③，第 168 页。
⑦ 同③，第 11 页。
⑧ 同③，第 22 页。
⑨ 同③，第 228 页。
⑩ 同③，第 274 页。
⑪ 同③，第 268 页。

具漂亮的木偶，终乏生动的气韵。

（二）“骨气”——生气与力度

张怀瓘书法理论中的另一品评标准“骨气”，则是指由作品所表现的一种清峻刚健的力度。此种批评标准与初唐欲矫六朝绮靡文风的审美趣尚有关。然而，到了张怀瓘的时代，“骨气”这个品评标准更加被普遍地运用于文艺批评中了。

张怀瓘对“骨气”的重视是时代审美风尚在书论中的折射。所谓“骨气”，就是指作品的生气与力度，张怀瓘在书论中同样强调“骨力”“筋骨”是同一个意思。具体体现在他的书论之中对于和“骨气”有关的评价。在《书断》中，他提道，钟会“书有父风，稍备筋骨”，郗愔章“草拓纤浓得中，意态无方，筋骨亦胜”，萧子云之真书“及其暮年，筋骨亦备”，王蒙的隶书“法于钟氏，状貌似而筋骨不备”，陈柬之“总章已后，乃备筋骨，殊矜质朴，耻夫绮靡。”[①] 高正臣学习王羲之的法度，书法作品笔画太过肥蛮，骨气略少。此外，他论及书法骨气以皮肉筋骨举例，认为大凡马筋多肉少为上，肉多筋少为下，书法也是如此……如果筋骨不胜任那脂肉，在马是劣马，在书法是笔画丰肥而无骨力。可见他在评论中反复主张的“筋骨”，是指书法中所体现的力度，故而他反对肥腴臃肿之病，提倡挺拔劲峻、蕴有生气的风格。过于肥钝者无力，缺乏生气；然筋骨外露，棱角突兀者也有丧含蓄冲和之美，以为“棱角者书之弊薄也，脂肉者书之滓秽也”。[②] 他的这种主张也不无针砭时风的意义。张怀瓘认为从南朝宋、齐以后，直至梁、陈的书风，持刚正之道者失于上，处低下地位者迷惑于下，肥胖呆滞的弊病严重泛滥。直至贞观年间，书风挺立又起，以至于今，而脂肉棱角兼有相沿袭，千载书的宋末叶，可以说是浮艳之极了。可见，张怀瓘视自己的书论为一帖疗救时弊的药方，力求矫正宋、齐以来书法中的肥腴元骨和棱角权橱之病，因此强力标举“风神骨气”。

以韵味为主的“风神”与以力度为主的“骨气”的结合，构成了张怀瓘的书法审美理想，它本身就包含着神情与形质、华妍与质朴的对立统一，因而张怀瓘在论述书法风格时强调文质两备、华实兼美的标准。

① 潘运告：《张怀瓘书法》，湖南美术出版社，1997 年，第 183、207 页。

② 同①，第 237 页。

二、“神”“妙”“能”三品论书

张怀瓘在《书断》中，首创“神”“妙”“能”三品论书的原则，他把这三品作为论书品评的三个核心标准，并通过差降式的方法，对先秦到初唐的书法家进行较为合理而科学的品评。对后世的书、画理论影响甚广，也是他在书法理论史上的一个重要贡献。三品作为评鉴的不同层次，各家分列各品，优劣高下一目了然，所谓“上下差等，昭然可悉”[①]，从而避免了主观随意性，使书法评鉴更加科学和规范。而这“神”“妙”“能”三品，也不仅仅指上、中、下三等次，每品之中也具有各自的内涵。

（一）“神”品——传神随心者为上

所谓“神”，与在上文所述的张怀瓘关于天资及自然的理论相一致。在张怀瓘看来，神是出自天性而能曲尽书法之妙的艺术境界。神品展现的是人的精神世界，体现人的这种天然的心性在书写过程中的精彩表达。张怀瓘把“神”品作为“三品”中的最高品，体现他对创作者这一素质的重视。

且看张怀瓘在《书断》中对居于神品书家的评价：史籀“（籀大篆）妙迹虽绝于世，考其遗法，肃若神明，故可特居神品……（籀文）开阖古文，畅其纤锐，但折直劲迅，有如镂铁，而端姿旁逸，又宛润焉”；李斯“传国之伟宝，百代之法式”；杜度“创其神妙，其惟杜公”，索靖“越制特立，风神凛然，其雄勇劲健之过也”；张芝“心随手变，窈冥而不知其所如，是谓达节也已。精熟神妙，冠绝古今”；钟繇“虽古之善政遗爱，结于人心，未足多也”；蔡邕“动合神功，其异能之士也”。[②]

在张怀瓘看来，神品重在传神，神品体现张氏对书法审美的最高追求，即光彩照人的精神美与骨力劲健、生动可奇的形质美的完美融合。“神品”与“妙”“能”二品相较，关键在于被列入此品的书家均能通过作品传达丰富生动的精神情感。神品是三品之首，达到“风神”和“骨气”的完美结合。符合“神”的作品不仅应具备“妙”和“能”的特征，具备纯熟的技法与纵横潇洒的骨气，而且更能够展现书法创作者色彩斑斓的精神世界。

创作时，发意者为心。这心是创造性的心灵，其可以草创立体，可以成

---

① 潘运告：《张怀瓘书法》，湖南美术出版社，1997年，第92页。

② 同①，第130－147页。

象，可以有神气，所谓“非精熟能与于此”，这些都不是透过学习和功用便可以获得的，必须仰赖天才；倘若不具备此天才原创的心灵，则形悴神乏。个体气质、学养、禀赋、对书法的理解认识及审美品位等诸多因素的综合作用，直接影响创作过程中情感与心性的表达。张怀瓘在“神”品中评价卫瓘“天资特秀，若鸿雁奋六翎，飘飘乎清风之上，率情也运用，不以为难”①，认为其妙笔随心，率性而为，笔下之作达到出神入化的境界。除此之外，“神”品在表达情感及个人心性余，更高的境界在于造妙自然，它能够拙规矩于方圆，鄙精研于彩绘，正如张怀瓘评价王献之“率尔私心，冥合天矩……触遇造笔，皆发于衷”②，学习造化，合乎造化，是他对于书法创作的最高要求，唯此创作者的地位才能脱离于常人，达到神明的境界。

（二）“妙”品——精熟妙契者为中

妙品与神品相较，主要分别在于一个突出天赋，一个突出人功。张怀瓘所说的妙品是指一种由人功而臻得心应手、出神入化的境界。比如《书断·妙品》中，张氏指出：嵇康“妙于草制，观其体势，得之自然”。说张弘拓其飞白“妙绝当时，飘若云游，激如惊电，飞仙舞鹤之态有类焉”。③

居于妙品的书家，其作品虽然不及神品那般出入造化之境，却也是书艺高超，表现卓著。如张怀瓘在品评萧子云的小篆时，一方面认为他的书作形态优美，意趣飘然，与时人相比独具一格，另一方面认为他的书作有“筋骨”，赞扬这样有血、有肉、有气节的作品值得效仿和学习。又如张怀瓘分析曹喜之作，认为他“篆隶之功，名收天下”④；认为王恰“书兼诸法，于草尤工，落简挥毫，有郢将乘风之势。虽卓然孤秀，未至运用无方”⑤；评价卫夫人“隶书尤善，规矩钟公，云：碎玉壶之冰，烂瑶台之月，婉然芳树，穆若清风”。⑥

可以看出，妙品中体现书法家某一独特的风格，或是飘逸优美，或是有血肉气节，或是淡雅自然。与张怀瓘同时的窦蒙曾说：“千种风流曰能，百般滋味曰妙。”⑦ 据此也可得知，“能”指书法形态的妍美，而“妙”指超乎形态的滋味。诸多风格之中，张怀瓘更加偏向具有筋骨之美与技法功夫的精能的作

① 潘运告：《张怀瓘书法》，湖南美术出版社，1997年，第146页。
② 同①。
③ 同①，第158页。
④ 同①，第158页。
⑤ 同①，第150页。
⑥ 同①，第162页。
⑦ 窦蒙：《述书赋》，见崔尔平编《历代书法论文选》，上海书画出版社，1993年，第236页。

品，“筋骨”一词在品鉴中频频出现。如其对欧阳询的评价是“外露筋骨”，赞梁萧子云的作品“筋骨亦备，名盖当世”①，评张昶“至如筋骨天资，实所未逮，若华实兼美，可以继之”②，称陆柬之“中年之迹，犹有怯懦；总章之后，乃备筋骨”③。可见，“筋骨”是张怀瓘在妙品中审美品鉴的重要因素之一，这也预示着初唐以来以王羲之为楷模的平和妍美之书风逐渐向雄强壮美之风格的转变，张怀瓘的书法品鉴一定程度上反映并影响了这一潮流。书法作品进一步脱离实用，成就了挥洒自如、纵横驰骋的草书，书法成为心灵自由的表现。

（三）“能”品——技法娴熟者为下

“能”即指精于技巧，合乎规矩。要超越这个层次，才能入妙，才能通神。如张怀瓘在《书断·能品》中说：宋令文“偏意在草，甚欲究能，翰简翩翩，甚得书之媚趣”④，齐献王“善尺牍，尤能行草书，兰芳玉洁，奇而且古”。明代陶宗仪曾在《辍耕录》中说：“得其形似，而不失规矩者谓之能品。”⑤ 张彦远在《历代名画记》中谈到“画体”时说：“失于自然而后神，失于神而后妙，失于妙而后精，精之为病也，而成谨细。”⑥“能”即精，指精于技艺，这里虽是论画，也可通于论书，所以，在这里将“能”理解为精于技巧，不失规矩。

在“能”品之中，“技”为最重要的参考对象。能被列入此品者，一类为书法小有成就者，另一类是当世颇具名气和声望者，其中有文字学家班固、延年、许慎、吕忱、张敞，有以他人赏识而闻名者，如徐干、杨肇、张彭祖等，或是当时已经具有很高名望者，如罗晖、晋何曾等。张怀瓘在此品第中，对书家的评价以“工书”“善书”居多，不少书家的作品具有较高的审美趣味，尚具有可效法之处：孙虔礼“工于用笔，峻拔刚断，尚异好奇，然所谓少功用，有天材”⑦；薛稷“尤尚绮丽媚好，肤肉得师之半，可谓河南公之高足，甚为时所珍尚”⑧；宋令文“甚欲究能，翰简翩翩，甚得书之媚趣”⑨；王知敬“尤

① 潘运告：《张怀瓘书法》，湖南美术出版社，1997 年，第 182 页。
② 同①，第 153 页。
③ 同①，第 178 页。
④ 同①，第 153 页。
⑤ 同①，第 178 页。
⑥ 同①，第 202 页。
⑦ 陶宗仪：《辍耕录》，见北京大学哲学系美学教研室《中国美学资料选编》，中华书局，1986 年，第 482 页。
⑧ ［唐］张彦远：《历代名画论》，辽宁教育出版社，2013 年，第 35 页。
⑨ 同①，第 207 页。

善章草，人能”[①]。唐人论书法重视技法规矩，张怀瓘以技法娴熟者列入能品，是由于他把技法规矩的掌握看成是必不可少的艺术修养。

精熟的技法之外，“能”品中书家存在的不足也较为明显。张怀瓘提及王褒“风神不俊”[②]；智果“筋骨藏于肤内，山水不厌高深，而此公稍乏清幽，伤于浅露”[③]；高正臣“脂肉颇多，骨气微少”[④]，李式“其草稍乏筋骨，亦景则之亚也”[⑤]；王濛“状貌似而筋骨不备”[⑥]。在张怀瓘的品鉴中，我们可以看到，“风神”和“筋骨”仍是评价能品的重要标准，只是“风神”和“筋骨”于此表现得有所欠缺。

总而言之，张怀瓘对于神、妙、能三品的审美理想较为一致，均贯穿以风神和骨气为其中重要标准，结合对各品书家的具体评价，可以归结出：“神”品是达到风神和骨气的完美结合，“妙”品大多具备筋骨之美与技法功夫的精能，“能”品则是在技法功夫上有所成就。此外，从“能”品到“妙”品的转化是可实现的，依靠创作技巧上的法度与度力方可到达；而从“妙”品转化为“神”品是难以实现的，“妙”品到“神”品的差距主要在于天资和禀赋。张氏所列的“神”“妙”“能”三品，是对书家艺术造诣与其做审美价值高低的评判等次，它体现了“风神骨气居上，妍美功用居下”的审美思想，并成为后代评鉴书作的重要参考。

三、“可以心契，非可言宣”的鉴赏法则

在张怀瓘以心悟和冥通为主的书法品评和鉴赏体系中，无论是“神”“妙”“能”的三品论书方法，还是对于书法“风神骨气”的审美要求，都不是一种直接的、量化的标准，都带有些许主观意会的色彩。需要通过冥通契会的方式来掌握。因此，书意难知，知者亦难言，充分显示了评赏活动的困难所在。这种困难被认为不是技术性的，而是本质性的。例如言不能尽其妙，就是本质性的困难。要超越这种困难，唯有不借由语言，进行以心契心、默识玄照的方式，方能达成意的理解与沟通。张怀瓘在《文字论》中说道：

---

① 潘运告：《张怀瓘书法》，湖南美术出版社，1997 年，第 207 页。
② 同①，第 194 页。
③ 同①，第 194 页。
④ 同①，第 192 页。
⑤ 同①，第 201 页。
⑥ 同①，第 192 页。

> 文则数言乃成其意，书则一字已见其心，可谓得简易之道。不由灵台，必乏神气，其形悴者，其心不长。状貌显而易明，风神隐而难辨。……自非冥心玄照，闭目深视，则识不尽矣。——可以心契，非可言宣。①

创作时，发意者为心。这心是创造性的心灵，可以草创立体，可以成象，可以有神气。这些都不是透过用功学习就可以获得的，必须仰赖书家天生的禀赋和气质，没有天资卓越的心灵，书法作品则形悴乏神。创作时既然如此，鉴赏时也须“从心者为上，从眼者为下”，不察其形见之状貌，而深识其发意所由。这是个以心契心的活动，所以他说要冥心玄照，闭目深视；可以达意，非可言宣。

这种以心契心的活动，张怀瓘借用钟子期与伯牙的故事，称其为“知音”。他曾感慨书法“其道微而味薄，固常人莫之能学；其理隐而意深，故天下寡于知音”②，又气愤地说他自己的评鉴：“冀合规于玄匠，殊不顾于聋俗。夫聋俗者无眼有耳，但闻是逸少，必暗然悬伏，何必须见？见与不见一也。虽自谓高鉴，旁观如三岁，岂敢斟量鼎之轻重哉？伯牙、子期，不易相遇。造章甫者，当售衣冠之士，本不为于越人也。”③ 其后，并假包融之口，称赞自己是“知音”。

有关于“知音”，《吕氏春秋 · 本味篇》中曾引述了钟子期与伯牙的故事，描写知音相契的状况。这个故事表示艺术欣赏乃是两个生命主体相悦以解、莫逆于心的活动。这样的活动，有两个特点：其一，它是一种内在的活动，对于某一事物的理解只是构成一种静默的内在经验，不需要明言，并且常常无法明言；其二，对于这样的一种理解，又只属于某些特定的对象，并不是人人可解的。张怀瓘批评那些无法知音者是“聋瞽”，就含有这样的意义。

张怀瓘在《书断》中说：“嗟夫！道不同，不相为谋。夫艺之在已，如木之加实，草之增叶。绘以众色为章，食以五色而美，亦犹八卦成列、八音克谐，聋瞽之人，不知其谓。若知其故，耳想心识，自赅通审。其不知则聋瞽者耳！”④ 这种“聋瞽”与“知”，这种能力出于天生，某些人就是能知音，如蔡邕能于焚桐焦尾时，识其为良材；某些人则焚琴煮鹤，无法知音。这两类人

---

① 潘运告：《张怀瓘书法》，湖南美术出版社，1997 年，第 228 页。

② 同①，第 16 页。

③ 同①，第 91 页。

④ 同①，第 217 页。

是完全无法相互沟通的。所以说："道不同不相为谋。"这种能力也无法传习，所以又说"如轮扁之斫轮，固言说所不……鸡鹤常鸟，知夜知晨，则众禽莫之能及。非蕴他智，所禀性也"。① 在这种"知音"说之下，对于所谓艺术客观批评标准之建立，或客观知识的可能性与必要性的建立，张怀瓘就显得不那么重视了。

四、结语

张怀瓘"知音冥契"的鉴赏论与其"心悟冥通"的创作观相应。他重视书法作品的风姿和神韵，生气与力度，它们都属于作品给予人的内在的隐性的情思表达，而并非外在的形态妍美。无论是张氏的论书原则，还是其对书法的品评标准，都不是一种直接的、量化的标准，都带有些许主观意会的色彩。需要鉴赏者通过冥通契会的方式来掌握它。张怀瓘的著作体系完整，规模宏大，以其理论的深刻和广博，成为唐代书论的一座高峰，他对后世的书法理论的发展、书法创作的流变，乃至中国古典美学都产生了深远的影响。时至今日，在书法创作实践蓬勃发展、提倡回归古典、取法于古的创作观念下，张怀瓘书法理论仍可以为我们提供理论上的启迪。

（作者单位：宁德师范学院语言与文化学院）

① 潘运告：《张怀瓘书法》，湖南美术出版社，1997 年，第 256 页。

台湾当代文学批评的文化转向与话语实践

孔苏颜

一、文化研究在台湾的播撒与兴盛

自20世纪下半叶以来,“文化研究”作为一种理论范式、一套流行的研究方法,迅速成为当代知识分子的学术主潮。许多迹象表明,文化研究对当代世界构成了一场意义深远的革命。美国《文化研究》杂志开宗明义地阐明:“文化研究旨在促进更加开放的分析、批判与对话,鼓励人们将鲜活的对话拓展到未知领域,它致力于了解文化习俗在日常生活和社会形态中的具体运作方式,也致力于对现有技术、机构和权力结构的再现、抵制与改造。”① 它拒绝将自己构建为一个固定的或统一的理论立场,而是自由地跨越历史和政治背景,在不断变化的社会历史和智力资源的基础上进行自我重建,因此,关于文化研究的定义与范式并未形成一个稳固的共识,但这并不妨碍文化研究的理论射程与介入现实的强大能力。事实上,文化研究的实践都是跨学科、跨领域的,“它不仅从诸多领域吸取养分,也回过头来介入这些领域内部的发展”,文学、社会学、历史学、传播学、人类学、政治经济学、大众文化、心理学、艺术学、都市文化等都是文化研究的操作场域,它致力于“打破既存的区隔,突破学术政治上的切割,拒绝被强加的分类方式”。诚如陈光兴在考察“英国文化研究的系谱学”时指出:“与其把文化研究视为逐渐浮现的学术传统,倒不如把它视为企图从文化战线切入社会形构的另类学术。文化研究不仅企图扣紧社会

① Lawre_ Grossberg ed.. *Cultural Studies*. Routledge, 1994: 1.

现实的脉动，更希望能介入社会的脉动。"①

追溯文化研究在台湾地区的兴起与发展脉络，可以发现其与西方文化研究思潮的变迁发展紧密相关。即使是作为台湾文化研究早期形态的"文化批评"，显然也是20世纪80年代法兰克福学派批判理论介入台湾人文学界的产物。经过持久的酝酿与萌发，20世纪90年代初，以师法英国伯明翰学派的陈光兴、杨明敏、唐维敏、何春蕤等为代表的台湾人文知识分子大量译介了英美文化研究的前沿理论，激发了台湾文化研究的热潮。《岛屿边缘》是台湾最早系统介绍文化研究的刊物，它是"台湾地区'文化研究'最早也最为重要的阵地之一，也是当代汉语学界传播文化研究尤其是霍尔所代表的伯明翰学派思想最为用心的刊物之一"。② 《Cultural Studies：内爆麦当奴》是《岛屿边缘》推出的第一部文化研究理论译介，对台湾文化研究观念的形成至关重要。从《岛屿边缘》的出场到1998年台湾文学研究学会的成立，从《Cultural Studies：内爆麦当奴》到《文化研究在台湾》的出版，文化研究在台湾逐渐走向"一种直觉的批判实践"。经过20余年的发展与实践，文化研究在台湾已经形成了规模庞大的文化研究社群、完备的学院建制及学术平台，学术活力四射，并有效地介入台湾社会与文化问题，扮演了重要的角色。台湾的批判性知识分子"显然没有把台湾的文化研究做成西方理论的又一次愉快旅行的注脚，而把它视为阐释'台湾经验'的一种话语实践。文化研究在台湾意味着人文知识界重新介入变化了的社会文化现实的一次努力和尝试，是企图重新介入当代文化场域重获阐释现实能力的一种方式。借助'文化研究'，人文知识界有可能再次获得一种介入式和批判性的知识位置。许多事实表明，文化研究在台湾已经成为人文知识分子重新返回社会文化现场的一个重要入口"。③ 诚然，这是台湾文化研究传承与发扬了文化研究的精髓——持续打破既定学科疆界并积极回应发生中的社会、文化问题，从而形成具有本土经验的批判力与带有时代性的知识印记，有效地介入了台湾地区的现实社会生活。

文化研究在台湾地区兴盛发展，开创了更为广阔的人文思想的空间与论述视域。文化研究跨学科、跨地域的知识连接也促使台湾文学研究进入一个反思后殖民现代性的批判时代，从而找到重新扎根于在地文化与社会的契机。当

---

① 陈光兴：《英国文化研究的系谱学》，《Cultural Studies：内爆麦当奴》，台北岛屿边缘杂志社，1992年，第12页。

② 刘小新：《阐释台湾的焦虑》，台北人间出版社，2012年，第235页。

③ 刘小新：《从文化研究到文化行动主义?》，《东南学术》，2013年第6期。

然，它也引发了新一波的焦虑与躁动，使得如何定义文学研究的方法与范畴重新成为一个值得思考的问题。[①] 诚然，对文化研究的回顾与重估具有历史意义，但是我们更加期待的是文化研究从各个不同面向批判性与创造性地回应当代社会问题。

二、台湾当代文学批评的文化转向

对于文化研究与文学研究关系的反思与重构是当代学界知识生产与话语实践的一种重要范式，在对当代历史情境和各种批判意识进行探索的基础上，文化研究思潮及其批判性实践已激发并拓展了当代文学研究的诸多向度。根据当代台湾的社会历史情境，台湾当代文学批评的“文化转向”主要蕴藉于如下三个方面。

（一）理论转译打开的思想风景

20 世纪 90 年代以来，随着文化研究在台湾的兴起，台湾学界可以说是进入了一个“理论喧哗的年代”：全球化、结构主义、后结构主义、后殖民、后现代、精神分析、酷儿、新马克思主义、新保守主义、女性主义、解构主义、离散论述、种族批判主义、多元文化主义、本土论述等一系列理论“百家争鸣”。不言而喻，诸多的理论资源与思潮有效地促进了文化研究在台湾的播撒与兴起，并形成了台湾文化研究的新浪潮。“在后冷战全球化的国际大潮下，西方文学理论不仅是一套与世界接轨不可或缺的国际语言，理论的转介同时也打开了一道道纷杂而奔放的思想风景，丰富了华文世界的批评语汇与文化想像。”[②] 我们可以通过台湾几份与文化研究相关的重要刊物，铺陈台湾对西方文化研究理论的译介状况及打开的思想风景。

《当代》杂志是台湾思想史上极为重要的刊物之一。从创刊开始，《当代》就以专辑的形式全面引介各种西方人文思潮，诸如傅柯（又作福柯）、德希达（又作德里达）、女性主义、民族主义、新马克思主义、新保守主义、现代到后现代、后现代欲望与消费文化、革命与后革命、布西亚、后殖民论述等一系列的专辑，打开了台湾人文知识分子的知识视野与思想之维。而《岛屿边缘》则是台湾一批“不满学院陈规以及主流论述的知识精英”，试图“超越狭隘的

① 王智明：《文化边界上的知识生产——外文学科历史化初探》，《中外文学》，2012 年第 4 期。
② 同①。

统独国族论述，进行全面的激进民主斗争”而集结的左翼刊物。它从1991年创刊到1996年终刊，共推出了14个专辑：“葛兰西一〇〇”“科学·意识形态与女性”“拼贴德希达”“广告·阅听人·商品”“宛如山脉的背脊：原住民”“身体气象”“弗洛伊德的诱惑”“假台湾人”“女人国·家（假）认同”“酷儿”“民众音乐研究初探”“保卫阿图塞”“激进神学”“色情国族”等，对台湾早期文化研究观念的形成产生了重要影响。对西方文化研究理论资源的选择与译介，一方面为台湾提供了重要的思想资源，另一方面以一种独特的方式有效地介入当代台湾文学现场，构成对现实的一种阐释与批判。

《文化研究》（学刊）和《文化研究季刊》（电子报）是台湾文化研究学会主办的两份刊物。《文化研究》是半年刊，自2005年9月创刊到2016年12月已出版了22期，其议题涉及性/别议题、离散族群、生命政治、观看台湾、两岸关系、东亚现代性、情感亚洲、国际政治、医疗伦理、国家伦理、公共人类学等诸多领域。第一期主要聚焦于“台湾文学的本土化典范”并评介了阿冈本的“例外统治”理论；第三期推出“精神分析与文化理论”专题；第六期聚焦于视觉文化研究；第十一期从生命政治、伦理与主体化角度重探现代性问题；第十二期策划了“情感的亚洲”和“运动文化”两个专题，探讨“感知亚洲的可能与方法”；第十四期呈现了具有挑战性的两大思想难题，规划了“公共人类学”专题，响应了关于人类学知识如何面对公共议题的问题；第十五期关切“无分者与弱势者”；第十六期为“历史的肉身化与心灵的历史化”；第十七期聚焦于“移动的身体与国境内外”；第十八期主要回应“结构与开放：主体实践的困境与契机”；第十九期“明清中国与全球史的连结”专题以不同的角度，提出了重新解释中国以及分析文明进程的治理与暴力的问题；第二十期“性/别与华语影视场域”专题，借重布迪厄的“场域”概念，分别呈现了探讨性/别再现不同的研究途径，既打开了诠释空间，又不同程度地与已成形的认识论和论述典范进行批判对话；第二十二期以不同面向，环绕着资本全球化的政治经济如何冲击在地社会，以及在地社会如何实践另类小区营造的问题。此外，《文化研究》还关切“城市中的主体”“底层研究”“殖民、依赖、反抗：台湾与香港民主化之比较”“移动的权力几何学”“环境风险的文化政治”“文化治理的绥靖政治”等问题。《文化研究季刊》原为《文化研究月报》，是台湾文化研究学会的又一重要出版平台，其“三角公园”和“文化批判论坛”等栏目是文化研究理论转译与批判实践的重要现场。此外，陈光兴、赵刚、郑鸿生主编的《人间·思想》，钱永祥主编的《思想》，台湾政治大学外国语文学院跨文化研究中心发行的《文化越界》等期刊①，都致力于为台湾探寻与挖掘批判性思想资源，对台湾的文化研究及社会思想领域产生了重要影响。

（二）文本批评实践开拓的学术空间

诚如朱双一在《文化研究：台湾文学研究的视野扩展和方法更增》一文中所言："台湾文学研究不再局限于传统的以揭示作品美学特征为主的研究，而关注更多的侧面和议题，举凡族群、性别、阶级、意识形态等种种视角都已浮现。文学研究固有的藩篱被打破，其他学科的研究学者纷纷进入；而文学研究者也有'越界'跨入其他学科的传统领地的。这或许是近二三十年兴盛起来的'文化研究'思潮的投影或体现。"② 当前，一大批期刊论文和博硕士学位论文及个案研究显示，国族、阶级、身份、性别、后殖民、权力、意识形态、现代性、消费主义、视觉文化均是经过文化研究"洗礼"后的文学研究所热衷的主题。恰如南帆精辟地指出："文化研究的重要意义即是打开视域，纵横思想，解放乃至制造种种文学的意义。"③ 文化研究这种开放主要体现为：一方面，文化研究提供了诸如精神分析、民族志、意识形态批判、后殖民分析、性别批评、田野调查等多种研究方法，从而开启了文学研究的多个层面，汇聚了不同思想的聚焦点。另一方面，文化研究有效扩展了文学研究的边界，打破了高雅/低俗的界限。文学研究的"文本"已不仅仅只是单纯的文学文本，而是将电影、流行音乐、艺术、建筑、文化政策、社会现象、新闻媒介、都市空间乃至整个世界都视为一个大型的"文本"。不言而喻，经过文化研究的洗礼，文学与社会历史之间的多维关系得到了有效的聚焦，从而开启了文学研究更为多元的路径。

《重划疆界》是一部1997年台湾文学研究的论文集，其六大主题的设置："族裔、迻译与理论""性别、种族与记忆""都市、空间与书写""历史、欲望与再现""文化、性别与认同"及"学程、整合与前瞻"，足可见文化研究对其影响之大。而从《中外文学》前主编廖咸浩的一系列著述，诸如《东方前卫/前卫东方：阅读'跨国性'的多重视角》《在解构与解体之间徘徊：台湾现代小说中'中国身份'的转变》《'双性同体'之梦：'红楼梦'与'荒野之狼'中'双性同体'象征的运用》《异梦为何同床?：中文现代诗中现代

① 刘小新：《从文化研究到文化行动主义?》，《东南学术》，2013年第6期。
② 朱双一：《文化研究：台湾文学研究的视野扩展和方法更增》，《世界华文文学论坛》，2009年第3期。
③ 南帆：《文化研究：开启新的视域》，《南方文坛》，2002年第3期。

主义诗学与国族再造的纠结》《超越国族：为什么要谈认同?》《一场游戏一场梦：〈海上花〉·生命共同体·超现代性》等，我们就不难理解他主编《中外文学》时所贯彻与大力推行的“从文学研究到文化研究”的转型理念与实践。再如《文化研究》第20期收录的三篇论文，其所涉及的议题包括性别、认同、族群、国家治理、族群暴力及美学问题。王君琦的《在影史边缘漫舞：重探〈女子学校〉〈孽子〉〈失声画眉〉》一文聚焦于台湾新电影叙事中被当局文化政策排除而处于边陲地位的早期同性恋电影，并呈现了80年代同性恋被再现与想象的种种痕迹。廖莹芝的《帮派、国族与男性气概：解严后台湾电影中的帮派男性形象》则着重考察了解严后电影中帮派文化与挫败男性气概所透露的台湾社会的价值崩毁与认同焦虑。谭佳的《新自由主义式的‘邂逅’：〈非诚勿扰〉与电视真人秀的性别政治》则选取当前祖国大陆流行的相亲节目真人秀，揭示了为热闹表象所遮蔽的性别阶级及社会的结构性压迫。刊载于台湾《文化研究》的《妓女、性启蒙与男性气质的建构：战后台湾文学中性政治的一个侧面》一文是一篇颇具代表性的论文，它以性/别理论为观照，透过台湾文学作品中对于妓女的描绘，侧面探讨战后台湾社会关于男性气质如何被建构的问题。谢世宗试图探讨文学作品如何带领我们朝向写实领域之外的真实社会关系，它更为复杂、矛盾而多元地呈现了特别的社会关系及生活经验。[①] 还有，诸如刘亮雅的《文化翻译：后现代、后殖民与解严以来的台湾文学》、萧阿勤的《台湾文学的本土化典范：历史叙事、策略的本质主义与国家权力》、廖新田的《从自然的台湾到文化的台湾》、陈建忠的《日据时期台湾作家论：现代性、本土性、殖民性》、余君伟的《都市意象、空间与现代性：试论浪漫时期至维多利亚前期几位作家的伦敦游记》、朱伟诚的《国族寓言霸权下的同志国：当代台湾文学中的同性恋与国家》、陈音颐的《百货公司梦想曲：女性展示、消费政治和世纪之交的伦敦小说》、王仪君的《旅行、地理与性别：弥尔顿宫廷舞剧〈可慕思〉中的边境论述》、陈允元的《问题化‘后现代’：以八〇年代中期台湾‘后现代诗’的想象建构为观察中心》、黄正嘉的《全球化城市的跨界想象：从当代台北城市书写谈起》、林运鸿的《当代台湾小说中的后现代美学与阶级意识》等著述，或从国族、阶级、性/别、酷儿理论，或从全球化、后殖民、后现代、空间及本土接合等方面拓展了当代台

① 谢世宗：《妓女、性启蒙与男性气质的建构：战后台湾文学中性政治的一个侧面》，《文化研究》，2013年第16期。

湾文学研究的论述空间。

（三）文化研究的介入与批判性实践

文化研究最有力之处在于其立足于新的知识视野的潮头，它对于重绘充满争议的学科史越来越重要。[①] 而文化研究的批判性实践，更是一个令人兴奋的新研究对象。文化研究的批判性实践通过展示那些构成人类发展的重要问题、文化状况、知识范式与批判立场的主导性主题和话题，为我们争取更好地理解文化研究的发生及其批判性实践中富有争议的空间。要切入台湾文化研究的历史脉动，《台湾社会研究季刊》[②] 无疑是一份不可忽略的重要刊物，它是台湾文化研究批判性论述实践的重要场域与平台。第一，“《台湾社会研究季刊》的出场意味着‘台湾研究’问题意识的重建，即从‘何谓台湾’的历史论证到当代台湾社会和文化状况为何的转移”；第二，它“‘接合’了传统左翼、自由主义、后现代主义、后马克思主义、女性主义及文化研究等论述资源，试图恢复政治经济学批判和意识形态分析的历史关联，重建‘台湾研究’的知识范式，进而确立‘民主左翼’的知识立场”；第三，“思想视域的重建，即把台湾问题放到东亚视域和全球化语境中予以考察”；第四，“重构台湾批判知识分子社群和东亚的‘批判圈’”；第五，“以论述实践的方式介入当代台湾的新社会运动和理论思潮”。[③] 刘小新在《阐释台湾的焦虑》一书中从上述五个方面对“《台湾社会研究季刊》与民主左翼思潮形成”的重要性进行了深入阐释与论证，在笔者看来，这样的认识既是将《台湾社会研究季刊》置于当代台湾思想史的脉络谱系中的合理定位，又有助于我们深入把握文化研究的批判平台之建构、思想方法与形构策略。

随着20世纪90年代文化研究在台湾的兴起与延展，它已经成为当代台湾重要的理论思潮。借由更早期的《岛屿边缘》及影响广泛的《台湾社会研究季刊》等学术平台，文化研究在台湾开创出了一系列独具特色的批判性思考与话语实践。它的“出场意味着‘台湾研究’问题意识的重建，即从‘何谓台湾’的历史论述和本质化思考到当代台湾社会的政治经济以及文化状况为

---

① Meenakshi Gigi Durham, Douglas M. Kellner. *Media and cultural studies : keyworks*. Blackwell Publishing Ltd, 2006.

② 《台湾社会研究季刊》于1988年2月创刊，延续至2016年9月已出刊104期，这是一份标榜新左派批判路线的学术刊物。《台湾社会研究季刊》坚持学术论述须与社会现实紧密结合，而非学究的冥想，因此各期讨论主题皆涉及台湾关键的社会现实与矛盾，包括民主化、分配政治、全球化、移民/工、阶级、性别、国族等，经过20多年的累积，已经成为华文世界最有影响力的学术刊物之一。

③ 刘小新：《阐释台湾的焦虑》，台北人间出版社，2012年，第269－270页。

何的转移”。“《台湾社会研究季刊》知识分子从反思、批判和边缘的位置发声，试图回返到‘台湾问题’的具体性和政治经济脉络，重构‘台湾研究’的问题意识，试图解构主流‘台湾论’的意识形态性，重构‘台湾研究’的反思性、当代性和批判性。”① 到2016年12月为止，《台湾社会研究季刊》共出刊104期，其中以专辑或专题的形式出刊的有52期，以专题或专号的形式推出，主题更为集中、聚焦，批判性与影响力更为突出。② 从每一个专题设置及具体的批判性论述看来，我们可以发现《台湾社会研究季刊》的“问题意识”与“批判性”在逐渐尖锐化，同时也更为强烈地体现了他们介入当代台湾社会的意识与期待。劳工问题、妇女研究、国族问题、后殖民主义、全球化及都市研究问题都不止一次成为专题的焦点，不断得到更为深入的批判与论述，这也从某种意义上表明《台湾社会研究季刊》批判知识分子意识到了这些问题在台湾场域中的复杂性。以《台湾社会研究季刊》这一平台为中心，台社的主要核心人物还策划推出了“台湾社会研究论坛”“台湾社会研究丛刊”和“台湾社会研究读本”等一系列丛书，建构了阐释台湾社会、经济、文化的多元视域。

从《岛屿边缘》到《台湾社会研究季刊》的“文化研究”论述与批判实践看，“文化研究”在台湾“正是朝着批判性的、多元开放的而且具有历史阐释力和国际主义精神的方向发展的，而且‘文化研究’也越来越成为《台湾社会研究季刊》建构‘民主左翼’的批判论述的重要场域”。③ 由于台湾社会本身存在族群、性别、身份认同、阶级等方面的纷繁驳杂问题，因此影响了台湾文化研究的批判论述也相应地更具多元化与本土性。正如在追问“文化研

---

① 刘小新：《阐释台湾的焦虑》，台北人间出版社，2012年，第281页。

② 《台湾社会研究季刊》共出刊105期，其中以专辑或专题的形式出刊的有52期，主要为：1988年的“发展问题”“台湾都市问题”“文化与思想”，1990年的“建筑与都市研究”，1992年的“劳工问题”，1993年的“妇女研究专题”“经济组织与社会制度专题”，1994年的“文化研究专题”“经济组织与社会制度专题二”，1995年的“石化工业相关研究”“都市研究专题”及“什么是台湾社会研究?”，1996年的“国族主义”“女性与劳动研究”“台湾史专题”，1997年的“台湾经济转型专题”“民主专题”与“国族与殖民主义”，1998年的“认同与主体——钱新祖先生纪念专号”“性与社会”“集体记忆与意识形态”“经济挂帅与国家角色”，1999年的“解构东亚：区域意识与民族认同”“国家与全球化”“社会镶嵌与产业政策”“战后初期的台湾社会：阶级、国家与媒体”，2000年的“现代性及其批判”“劳工与全球化”“国际分工：阶级与性别问题”及“台湾论·论台湾专题”，2001年的“‘挑战新自由主义’与殖民统治与反抗专题”“大和解?”“三论全球化”，2002年的“科技与社会”“底层反抗主体与论述”“‘垄断与集中’与‘全球城市’”与“劳工流移”，2003年的“媒体研究”与“分配政治”，2004年的《台湾社会研究季刊》十五周年学术研讨会“迈向公共化、超克威权”专号与“医学、帝国主义与现代性”专题，2005年的“激进社会福利”，2006年的“移动与抵抗”，2009年的二十周年纪念特刊专题“超克当前知识困境”，2010年的“问题化原住民福利”与“陈映真：思想与文学”，2011年的“边界的解构与再生”，2012年的“文化研究的人类学，人类学的文化研究”，2015年的“重探台湾战后农村土地改革”等。

③ 刘小新：《文化研究与台湾批判知识分子的论述实践》，《东南学术》，2011年第5期。

究在台湾到底意味着什么”这一问题时，陈光兴指出：这“其实取决于与这个符号相关联多元主体的欲望与其具体实践”。[①] 在陈光兴、何春蕤、冯建三、钱永祥、赵刚、刘纪蕙、夏铸九、王志弘、傅大为、宁应斌、丁乃非、于治中、陈宜中、丘延亮等人的大力推动与批判性实践下，文化研究在台湾开拓了独有的问题场域与批判性阐释空间：一方面与政治经济学的结合，强化、深化了文化研究批判的有效性；另一方面，文化研究与后殖民批判的结合，建构起了一种阐释台湾问题的批判文化研究范式。诸如，陈光兴的《去殖民的文化研究》《去帝国——亚洲作为方法》《文化间实践的可能性》等一系列思考与批判论述，为“超克‘台湾的焦虑’与‘阐释台湾’的焦虑及困境提供了一种可能性和有意义的参照”。[②]

以上三个维度呈现了一个以理论、文本与批判性实践为核心，重新思考当代台湾文学批评、文化与社会问题的一种批判性尝试。或许，我们可将之视为在文化研究的引介与转译过程之中，台湾人文学界力图重建理论与批评实践的新范式、拓展新的论述空间的一种努力与行动。

三、《中外文学》杂志的转型与台湾当代文学批评的互动

《中外文学》杂志创刊于1972年6月，是台湾文学研究一份备受海内外关注的重量级刊物。笔者拟以《中外文学》杂志作为一个个案研究对象，着重考察作为期刊的《中外文学》从20世纪90年代以来的“文化研究”转型及其与当代台湾文学研究的互动之关联。我们所关切的问题是：《中外文学》的“文化研究转向”是以怎样的方式发生、发展的？在其发展过程中，文化研究又如何与当代台湾文学研究形成了有效的互动关系，促进了台湾文学研究的进一步发展？

《中外文学》杂志迄今已经出刊40余年，随着人事更迭与社会情境的变迁，它也历经多次转型流变：从“中国文学”到“台湾文学”，从“古典文学”到“现当代文学”，从“比较文学”到“文化研究”，其发展趋向明确而清晰。在1992年《中外文学》创刊20周年的纪念专辑中，时任主编廖咸浩强调《中外文学》杂志的发展方向要“有守有变”,“一方面鼓励实验创新，提携

① 陈光兴主编：《文化研究在台湾》，台湾巨流图书公司，2001年，第22页。

② 刘小新：《文化研究与台湾批判知识分子的论述实践》，《东南学术》，2011年第5期。

文坛新人；另一方面引介尖端思潮，提升学术品质。但另外，我们也意识到文学与文化的不可分割。因此，探讨文学的文化意义，实践文学的文化使命，也将成为中外的关怀重点”。[①] 当时光流转到2002年的《中外文学》30周年纪念之时，《中外文学》的文化研究转型在廖咸浩的《在最坏与最好的时代》一文中得到了更昂扬的表达。“三十年前中外面貌与今天中外的面貌早已大不相同。简单地讲，就是从综合杂志到专业杂志的改变，也是从文学到文化研究的改变，两者都为中外找到了新的生机，而后者的意义尤重。……《中外文学》介入文化研究之后，以其对理论的敏感度，及其从比较文学起家而独具的比较视野。”[②] 在廖咸浩看来，《中外文学》的这样一种转型，至少有两个方面的意义：“一方面我们会更用心地审视本土，既要挖掘更多新兴边缘的议题，同时也要有宏观的图解；另一方面，我们也会引进更多元杂沓的视野，以确实从非西方的文化找到另类的刺激与给养，更要能经此吸收后，再回馈这个属于我们的地球。”[③]

立足于“中外携手”“薪火相传”的《中外文学》杂志，它的转型大体可以分为两个阶段：第一个阶段是从1991年廖咸浩接任主编至2003年10月止，其开始大量规划之作理论性、议题性的专辑；第二个阶段为从2003年11月至今，主要是完全取消了创作，改为纯学术性期刊。《中外文学》杂志的研究重点也由中国古典文学研究逐渐转向台湾现当代文学与文化研究。诚如梅家玲在《〈中外文学〉与中国/台湾文学研究——以“学院派文学杂志”为视角的考察》一文从学院派脉络对《中外文学》的转折流变进行了翔实的考察后所言：“‘当代文化理论’对于议题研究的强势主导，尤其明显可见。”[④] 从廖咸浩接任《中外文学》杂志主编以后，每期策划专辑或专号以集中论述焦点，诸如“差异政治：性别·消费·后国族想象”“生命、政治、伦理：文学研究的回应”“德勒兹论艺术”“原住民文学与文化研究：自我与异文化的接触”“弱势族群的跨国主义”“认同的变向：全球化时代的主体生成与转化”“台湾多重现代性”“亚美的多元地方想象”“文学伦敦：市景、疆域和伦敦城市文学”“数位文化专辑”“都市文化治理专题”“跨国文化与台湾文学”“少数族群戏

① 廖咸浩：《不流俗的坚持》，1992年6月，第21卷1期。

② 廖咸浩：《在最坏与最好的时代——〈中外文学〉三十周年有感》，《中外文学》，2002年第1期。

③ 同②。

④ 梅家玲：《〈中外文学〉与中国/台湾文学研究——以“学院派文学杂志”为视角的考察》，《中外文学》，2012年第4期。

剧与剧场”“第三世界/跨国女性主义实践”“全球化与文化研究”“同志再现”“动物研究”“亚洲的美国文学研究”“人文、医学与疾病叙事”“台湾研究在日本”“文化属性与文学表现”“精神分析与性别建构”“文学、想象与科学”“文化研究在日本”“大众·文化·消费”“饮食文学专辑”“电影与文化结构”“视觉理论与文化研究”“离散美学与现代性”“精神分析、emaily、翻译”“后现代文化论”“种族/国家与后殖民论述”“后现代主义”“《红楼梦》的后现代情境”“女性主义重读古典文学”，等等。或许，我们不难从上述诸多的专辑或专号发现《中外文学》杂志在时空流转中的转向路线：从古典文学向台湾现当代文学的现代转向，从文学研究迈向了文化研究。

单德兴在总结《中外文学》杂志近30年历史的时候对这样一种每期“以专号或专辑为主打”的办刊转变大加赞赏，直呼是“震撼教育”，将之形容为“那么一连串的专号或专辑就如一波波拍岸的浪花，又如一簇簇闪耀的烟火，令人目不暇接，甚至眼花缭乱”。[①] 不言而喻，《中外文学》杂志在台湾当代文学研究中扮演了关键性的角色，引领了一代风气。《中外文学》杂志“见证了此地文学及文化的活泼、多样，在引介外国文学与文化思潮及作品上，扮演了举足轻重的角色，成为台湾的文学与文化界历史悠久、影响深远的刊物，也在中文世界占有一席之地，允为台湾地区文学与文化表现的标杆与重镇”。[②] 如若将《中外文学》杂志置于台湾文学与文化研究的脉络之中，我们将更清晰地意识到其重要性与历史地位。40余年的历程，已经使《中外文学》缔造了台湾文学与文化研究的独有现象，它的“前卫高歌”为台湾文学批评与研究开创了新的阐释空间。[③] 正如其刊名所预示，“中/外”兼容并蓄，它是多元而开放的领域——兼具“国际化”与“在地化”、“中文”与“外文”、文学之“中”与“外”、文学研究的学院之中与之外——为我们提供了反思“中/外”互动关系的多重辩证之维。

《中外文学》杂志因势利导，借由专题、专辑而集大成，既开发议题、引介理论，也演示各种研究方法，为起初徘徊于学科建制之外的台湾文学研究，提供了源头活水。由于这些新兴学术议题与理论框架的引入，以及引介这些理论的学者们先后加入台湾文学研究行列，方兴未艾的台湾文学与文化研究遂得

---

① 单德兴：《面对不惑，鉴往图来——2012之交的〈中外文学〉》，《中外文学》，2012年第2期。

② 同①。

③ 可参见张俐璇的《前卫高歌：〈中外文学〉与台湾文学批评浪潮之推动》、朱立立的《评〈前卫高歌：〈中外文学〉与台湾文学批评浪潮之推动〉》等相关论述。

以逐步“学院化”，并且走出有别于中国古典文学研究的路径。① 换言之，将文化研究引进入《中外文学》，一方面可以促使文学研究与当代议题、研究方法的接轨，另一方面也可以使文学研究更具开放性视域与社会意义。事实上，无论是坚守传统的文学文本研究，还是进行文化研究的转型与拓展，都是《中外文学》在对自身学术定位不断质疑与思考的过程之中进行的批判性论述与建构，这亦是文化研究与当代台湾文学研究互动的一段历史缩影，一个典型的个案。

（作者单位：福建社会科学院）

① 梅家玲：《〈中外文学〉与中国/台湾文学研究——以“学院派文学杂志”为视角的考察》，《中外文学》，2012 年第 4 期。

审美与接受：祖国大陆影视产品在台湾地区的传播状况探析

尚光一

一、祖国大陆影视产品在台湾地区传播的演进历程

就海峡两岸影视业正式接触的发端而言，可追溯到改革开放之初。1979年1月1日，全国人民代表大会常务委员会发布《告台湾同胞书》后，时任文化部长黄镇便宣布，希望台湾省电影工作者和祖国大陆的电影厂合作拍摄影片。此前，两岸的影视作品已通过各种民间渠道有所交流。据调查，两岸电影界正式交流始于20世纪80年代中期。1984年3月，台湾地区的“台湾新电影展”和祖国大陆的“80年代中国新电影选”同时在香港举行，这为两岸电影人在隔绝近半个世纪后首次接触创造了前所未有的契机，为未来两岸电影业的合作埋下了伏笔。20世纪80年代后期始，两岸影视交流与合作逐渐深入，至1996年两岸已合作拍摄《大红灯笼高高挂》《活着》《南京1937》《滚滚红尘》《霸王别姬》《风月》等电影，共计34部；电视剧方面，两岸合作的电视剧有《雪山飞狐》《半生缘一世情》《青青河边草》等，在两岸都产生了广泛的影响。1996年以后，《宰相刘罗锅》《秦始皇》《武则天》《水浒传》《红楼梦》《三国演义》《雍正王朝》《天下粮仓》《康熙王朝》《汉武大帝》等祖国大陆的电视剧开始在台湾地区播出，受到台湾观众喜爱。特别是，1997年，台湾正式开放大陆影片及大陆与香港合拍影片在台湾地区公映，两岸不断为影视领域的交流与合作进行政策松绑，此后《还珠格格》等两岸合拍电视剧在台湾获得了良好的收视率。

21世纪以来，随着两岸经济、文化等领域交流的不断深入，两岸影视业

交流与合作的相关政策进一步调整。2007 年，国家广电总局宣布，祖国大陆与台湾地区合拍电视剧经核准后，可视为祖国大陆生产的电视剧播出与发行。2010 年，两岸签署《海峡两岸经济合作框架协议》（ECFA），将电影也列入服务贸易的清单，放宽了台湾电影进入大陆市场的限制。此后，两岸影视合作进一步发展。据统计，2000 年以后，台湾地区引进祖国大陆的电视剧已超过 4000 小时/年，其中 3/5 为电视剧。例如，祖国大陆的《步步惊心》《后宫·甄嬛传》《琅琊榜》等电视剧在台湾地区引起了强烈反响，其中仅《后宫·甄嬛传》2012 年就在台湾地区播出 5 次，甚至引起美联社特别撰文对此现象进行报道。

此外，祖国大陆与台湾地区的合拍片占大陆合拍片总量的 8%，海峡两岸合拍片时长超过了 300 小时/年，合作的空间和市场有着巨大潜力。2000 年以来，祖国大陆先后推出了一系列具有战略性和可操作性的有利于两岸影视业交流合作的政策，各省市也结合自身区位及影视市场的特点，出台相关的税收、土地、金融方面的优惠政策吸引台胞投资合作。台湾方面，为深化两岸合作及扩大陆资来台投资效益，于 2011 年修正了《大陆人民来台投资业别项目》，新增开放制造业 25 项、服务业 8 项及公共建设 9 项，为祖国大陆企业赴台投资进行政策松绑。尤其是《海峡两岸经济合作框架协议》的签订，某种程度上为两岸影视业的交流与合作扫清了政策障碍，因为按照 ECFA 的条款，祖国大陆在创意设计、进口电影配额等领域扩大了对台湾企业的市场开放程度，台湾地区则在会展、设计、娱乐、文化及运动服务业等方面允许祖国大陆从业者在台湾地区设立商业点。虽然蔡英文担任台湾地区领导人之后，其行政团队的众多做法使两岸关系明显降温，但两岸影视业者日积月累的交流合作氛围依然存在，为大陆影视产品入台传播营造了一个基本的环境保障。例如，福建恒业影业有限公司拍摄的《被偷走的那五年》《闺蜜》都在台湾创下了优异的票房，显示出大陆影视产品入台的强劲态势。其中，《被偷走的那五年》曾入围上海电影节金爵奖，在台湾地区取得了 8800 多万新台币（约合 1806 万元人民币）的票房成绩；《闺蜜》在台湾地区的票房则超过了 1 亿新台币，刷新了《被偷走的那五年》创下的纪录。

此外，祖国大陆影视业界还通过各类交流活动，为大陆影视产品入台传播搭建平台、拓展渠道。以福建为例，东南广播公司、东南卫视、海峡电视台、厦门卫视、泉州广播电视台、“刺桐之声”广播等媒体与台湾媒体互动频繁、合作不断，形成了良好局面。其中，福建省广播影视集团牵头邀请台湾中南部媒体进行“清新福建行”联合采访活动，吸引台湾中南部20多家广播、平面及网络媒体，与福建省多家主流媒体组成联合采访团，赴福建武夷山、泰宁等地采访报道，福建媒体还积极赴台设置办事机构。据统计，2008年以来，福建广播影视集团共派出驻台记者28批115人次，厦门卫视共派出驻台记者20批73人次。这些活动的举办和驻点的设置，有效拉近了两岸影视业界的距离，起到了不断为大陆影视产品入台破冰开道的功效。特别是，厦门广电集团依托厦门卫视，积极推动针对台湾市场的闽南语电视剧制作。例如，厦门卫视与台湾万星公司合作拍摄了大陆首部闽南语情景剧《一定爱幸福》（80集），2008年9月22日起在台湾东森戏剧台每天两集连播，是大陆闽南语电视剧对台传播的突破。

二、大陆影视产品在台湾地区传播的行业环境

就行业环境而言，两岸影视业在政策、配额、市场运营等方面都有着巨大的差别，当前大陆影视产品入台传播受制于两岸行业环境的不同特点，这些差异直接影响了大陆影视产品在台湾的传播。

管理政策方面，大陆广电管理部门负责对传媒产品发行实行审查。例如，依据《电影管理条例》规定，未经审查通过的电影片不得发行、放映、进口、出口，电影制片单位应将准备投拍的电影剧本报电影审查机构备案，电影审查机构可对电影剧本进行审查。台湾方面，自2012年台湾地区“文建会”“新闻局”等机构被撤销后，改由文化主管部门管理电视、电影与出版事务，但其主要负责政策制定，很少进行微观管理。2014年8月其公告修正“申请观摩祖国大陆电影片数量及映演场次”规定，除取消祖国大陆电影片来台观摩（非商业映演）的类别限制、简化申请手续外，同一申请者在一年内可申请观摩的数量也由8部提高到16部。微观管理上，台湾由广播影视主管部门负责管理广播影视节目，同时委托第三方协会参与管理、协调，例如“台湾两岸电影交流委员会”等。目前祖国大陆电影在台湾院线上映受到每年10部的配额限制，但《那些年，我们一起追的女孩》等台湾电影却在祖国大陆相对宽松的市场环境中取得了优异票房。

行业规范方面，大陆实施的相关法律法规包括《公司法》《证券法》《上市公司监管条例》等，不过与影视业紧密相连的行业性法规暂未出台。台湾方面，从“公司法”“证券交易法”“公平交易法”等一般性地区规定到“广

播电视法”“交通部电信法”“有线电视法”等行业性地区规定，有关传媒产业的管理依据相对比较完整。

激励机制方面，大陆影视企业管理层的收入水平相对较低，薪酬结构也比较单一，而台湾影视企业高管层的薪酬普遍较高，例如台北传媒集团总经理平均年薪为450万元至600万元新台币。在支付薪酬形式上，台湾也更为灵活，例如虚拟股票、股票期权等。

三、祖国大陆影视产品在台湾地区传播的当下契机

就产业特质而言，两岸影视业各具特色，各有优势，蕴含着广阔的互补空间。其中，台湾影视业在创意、人才、研发、营销等方面具有优势，有一支经过市场大潮淘洗、专业化程度颇高的人才队伍，有相当完善的市场网络等，但却面临市场狭小、竞争激烈、难以对抗大资本运作模式下的全球性竞争等问题。而大陆影视业则有深厚的文化底蕴、丰富的文化资源、广阔的市场、稳定的政策支持、低廉的生产要素价格等优势，不过同时也存在创意不足、市场运作受限、经营效率偏低等问题。这种互补性以两岸生产要素的丰缺为基础，为两岸影视业的合作与发展提供了前提。例如，据中国电影合作制片公司统计，祖国大陆年均上映40部合拍片，票房占国产片总量逾60%。同时，2003年起祖国大陆年均上映40部合拍片，票房占国产电影票房总量的60%，有几年甚至高达80%。与此同时，台湾地区已跃居大陆合拍片第二大地区，仅次于香港。两岸合作电影的类型，以历史片、动作片最多，其次为剧情片、爱情片、喜剧片、魔幻片等。另外，因台湾电影始终没有迎来商业化的运营环境，台湾商业电影市场发展受限，中小制作的电影成了台湾电影市场的主流，而此类电影除个别案例外，难以在商业化运营氛围浓厚的大陆市场与大成本制作的电影正面竞争。就台湾本土市场而言，进口影片的票房一直是院线票房的重要组成部分。例如，2013年9月台湾院线票房第一的影片就是福建恒业影业的入台传播电影《被偷走的那五年》。因此，今后两岸若能在影视业领域进一步深入开展交流与合作，将既能够促进各自产业的发展、加快内部经济的转型与升级，又能利用双方的优势为自身影视业发展所用，为自身影视业布局国际、抢占先机提供条件。

除此之外，值得注意的是，当前台湾影视业的生态环境出现了诸多问题，发展后劲不足。虽然台湾一些从业者曾反对ECFA，但近期却发现台湾业界事

实上对开展两岸合作的愿望比较迫切。就台湾现实而言，台湾地区相关主管部门欠缺真实可靠的产业评估，对业态演变不清楚，制定的政策往往难以对产业给予有效指导；台湾地区相关行业协会也各顾其利，欠缺团结一致，业务难以走上快速发展的轨道。因此，强化两岸影视业交流合作是当前顺应台湾业界意愿、促进台湾地区业态发展的良好途径。在这一背景下，推进大陆影视产品入台，将有利于激发两岸业界的协同效应，从而进一步推进两岸业界深度合作，不断打破当前阻碍两岸影视业深度合作的现实障碍。

四、祖国大陆影视产品在台湾地区传播的未来策略

（一）深入挖掘共有的历史文化资源

鉴于影视产品的特殊性，今后在产品创意策划方面要着重挖掘两岸共有的历史文化资源。由于众所周知的原因，两岸相互隔绝数十年，加之20世纪90年代后期台湾地区“去中国化”政策的影响，台湾同胞对中华历史文化的认同感逐渐趋于淡漠。为此，入台影视产品应通过挖掘两岸共有的历史文化资源，重新勾连两岸民众的共通情感。例如，就入台电影的创意策划而言，题材可选择两岸都比较受欢迎的历史传说题材、爱情故事题材、小清新青春题材等；拍摄地可选择台湾观众朦胧想象、比较向往的场景进行拍摄，如长城、黄河、西湖、天山等，通过差异化展现策略占领台湾市场、增强文化认同；演员可选用在台湾地区知名度较高的祖国大陆演员，再搭配台湾人气演员，从语言文化等方面缩小两岸受众的观影差异；营销宣传方面，要充分利用各种宣传渠道，因地制宜地进行营销，包括重视利用Facebook、Line等在台湾地区广泛使用的社交平台进行推广造势、让主创在台湾地区受欢迎的综艺节目中进行影片宣传等。

特别是，从历史渊源来看，福建与台湾自古以来就有着密切的联系，闽台之间“地缘相近、血缘相亲、文缘相承、商缘相连、法缘相循”，作为台湾文化源流的闽南文化、妈祖文化、客家文化，其根基都在福建。例如，闽南文化是一种辐射型的区域文化，与台湾文化有许多共通点，据统计，《闽南涉台族谱汇编》（100册）中收集的闽南涉台族谱约300种，篇幅约5万页，印证了台湾100个大姓由闽南迁入、与祖国大陆血脉相连的事实。《国务院关于支持福建省加快建设海峡西岸经济区的若干意见》也曾明确指出，要加强祖地文化、民间文化交流，进一步增强闽南文化、客家文化、妈祖文化连接两岸同胞

感情的文化纽带作用。这些文化上的优势决定了福建在两岸影视业交流中扮演的重要角色。例如，近年来福州广电集团拍摄了许多反映福州的温泉、三坊七巷、寿山石文化、闽剧、闽菜、软木画等具有特色的文化专题节目，制成精美光碟，在福州市经济招商、文化交流活动中发放，并作为各类赴台经贸、文化代表团的随团礼品赠送给台湾知名人士和民众，产生了良好的市场效益和社会效益。可以说，挖掘两岸共有的文化资源，并以优质内容为核心向更深、更广层面发力，切实提升大陆入台影视产品的在台接受度和传播力，是今后大陆影视产品入台工作的一个重要切入点。

（二）积极创新传播渠道合作模式

鉴于多年来两岸影视业在文化旅游专题片等方面的合作逐渐深入，未来应顺应这一趋势开拓进取，进一步创新在传播渠道方面的合作模式。

首先，祖国大陆影视业者要积极参与中央、省、市政府扶持、投资、建设的对台交流活动项目及各项对台基础性建设。其中，大陆媒体可以主动对接符合本地区定位、具有现实基础的项目。例如，近年来福建高度重视文化创意产业发展，制定相关产业政策，积极实施文化强省战略，为影视业者今后在对台传播上有所建树提供了良好契机。特别是，福建业界可利用交通便利和人文历史深厚的优势，积极争取闽台人员交流活动、两岸人才培养基地建设和承接台湾媒体转移项目等。

其次，要依托重点对台活动项目，扩大影视业交流范围，为祖国大陆影视产品入台传播拓展空间。当前已有的一些对台活动项目，如“两马同春闹元宵”“闽台合唱节”“海交会”等，能为祖国大陆影视产品入台带来独特的传播渠道，今后要更充分地加以利用。同时，要通过闽台两地媒体的合作，促使对台活动项目的报道在台湾产生影响，提高台湾民众对祖国大陆影视产品制作水平的认可度。例如，近年来福州广电集团与台湾地区的中天电视台、东森电视台、TVBS 等 10 多家媒体就在报道两岸活动上进行合作，由台湾媒体派记者或由福州广电集团拍摄传送，在台湾媒体播出，反响良好。今后，大陆影视业者可以进一步丰富这些对台活动项目的内容和形式，依托相关平台，争取与台商、台籍知名人士和台湾传媒集团开展合作，开发祖国大陆影视产品入台的多种通道和多维空间。此外，在对台新闻类影视产品方面，要深化报道内容和拓宽报道视角，组织重要活动的联播和直播活动，争取在新闻类影视产品入台方面取得更大突破。

最后，要建立一套开放、标准、实效的交流平台，为大陆影视产品入台传播提供常态化保障。这方面，福建“先行先试”的一些举措做法值得参考借鉴。一方面，作为两岸影视综合性交流合作的唯一平台，“海峡论坛·海峡影视季”活动已成为两岸影视合作交流的最大品牌活动和最具影响力的盛会，引起了两岸影视界高度关注和热情参与。另一方面，福建各级媒体持续举办大型品牌活动。例如，福建省广电集团连续 10 年入台举办 13 次“妈祖之光”大型电视综艺晚会，2015 年“妈祖之光”电视晚会于 9 月 27 日在台湾花莲县港天宫举行，并通过海峡卫视、台湾中天电视等媒体进行了电视直播，通过“海博 TV”和“台湾好”直播电视 APP、台湾“四季视频”等两岸网络媒体进行网络直播；漳州电视台持续与台湾中华华夏文化交流协会在台湾屏东、金门等地联合举办“海峡天使”漳台两岸青少年文化艺术交流及少儿电视节目摄制交流系列活动，并将摄制成的系列节目通过台湾“中华华夏文化交流协会”入台播出；泉州广播电视台成功举办海峡两岸闽南歌星选拔赛、海峡两岸闽南语歌曲创作演唱大赛、第七届海峡两岸电视主持新人大赛等品牌活动；福建教育电视台承办第十四届海峡两岸大学生辩论赛，并通过所属博视网对全部赛事向两岸进行了直播；晋江广播电视台与有关单位合作赴台湾嘉义县和台南市举办了“中华梦·两岸情”传统文化交流座谈会暨“华夏盛世霓裳”汉服展活动，举办了第三届晋台两岸共祭孔子大典暨新生开笔礼活动等。

今后，可借鉴和参考福建业界在搭建两岸交流平台、推进祖国大陆影视产品入台方面“先行先试”所积累的经验，构建大陆影视产品常态化入台传播的保障体系。具体而言，要办好海峡影视季、海峡媒体峰会、海峡版权创意产业精品博览交易会等两岸影视交流品牌活动；要进一步拓展新的不同形式的两岸影视交流活动项目，例如两岸青年微电影展、两岸电影交流论坛、两岸电影展等；除常规文化交流之外，也要通过两岸影视企业共同举办企业论坛、商业洽谈会等方式，进一步推动两岸影视业交流合作的机制化和常态化；此外，还要着重提升相关交流活动、合作项目的实效，夯实大陆影视产品入台传播的渠道和平台基础。

参考文献：

[1] 胡惠林：《两岸文化蓝皮书：两岸文化产业合作发展报告》，社会科学文献出版社，2014 年。

[2] 罗昌智：《两岸创意经济蓝皮书：两岸创意经济研究报告》，社会科学文献出版社，2016 年。

［3］骆俊澎：《后宫剧会不会盛极而衰?》，《东方早报》，2012 年 12 月 6 日。

［4］海峡论坛组委会：《海峡影视季介绍》，2016 年 6 月 11 日、2017 年 2 月 1 日，http：//www.taiwan.cn/hxlt/2016/ztlt_ 51786/hxysj_ 51790.

［5］［美］斯坦利·巴兰，丹尼斯·戴维斯：《大众传播理论：基础、争鸣与未来》，曹书乐译，清华大学出版社，2014 年。

（作者单位：福建师范大学文学院）

新媒介展览模式与传统艺术审美价值重构

朱盈蓓

区别于传统媒介形式的展览，新媒介展览浸入式交互体验给传统艺术的传播带来了革新，吸引了大众。当下所提及的“新媒介”通常指的是20世纪初以来流行和诞生的作为信息交流手段的新媒体，它是一个没有额定边界的概念，也是一个流动且开放的概念。“在1839年，它是摄影。在1895年，它是动态影像。在1906年，它是广播。在1939年，它是电视。在1965年，它是录像。在1970年，它是电脑图像。在20世纪80年代，它是马赛克。接下来它还是Quicktime、Shockwave、Real、Flash。1999年是数据库之年；2000年是转基因艺术之年；2001年，是掌上电脑（PDA）之年……”① 当传统艺术新媒介展览模式来临时，尤其是VR（Virtual Reality，虚拟现实）和AR（Augmented Reality，增强现实）及MR（Mix Reality，混合现实）在2010年后的兴起，加上MR混合现实技术可合并现实和虚拟世界后产生新的可视环境，在新的可视环境中将物理所感知与数字对象共存并实现实时互动，这样的技术必将为新媒介艺术展览模式提供更多的尝试。2016年“科技介入”成为当代艺术中最重要的趋势之一。在上海双年展、上海设计周、北京国际设计周等大型展览上，当代艺术、设计综合了多种学科的研究成果跨界呈现。有人宣布“新媒介艺术已经进入‘普通媒介’领域”。② 2016年9月，VR艺术首次出现在国内的艺术博览会上，第十二届中艺博国际画廊博览会（2016 CIGE）展出林冠艺术基金会的VR艺术作品：《太空人已是我朋友》和《换位湾》。国际

① ［美］史蒂夫·迪茨：《信号或噪音》，见［美］贝丽尔·格雷厄姆、萨拉·库克编《重思策展：新媒体后的艺术》，龙星如译，清华大学出版社，2016年。

② 黄文卿：《跨媒介，“更好玩儿”的艺术如何改变设计方法论》，《美术观察》，2017年第7期。

主流艺术博览会上出现 VR 是在 2013 年，如 Ian Cheng（郑曦然）的《熵牧马人云》。西方 VR 进入美术馆的标志性事件之一是纽约新当代艺术博物馆邀请 Rachel Rossin（雷切尔·罗辛）成为首个 VR 研究员，随后 2015 年该博物馆展示了 Daniel Steegmann Mangrane（丹尼尔·斯蒂曼·马格内蒂）的 VR 作品《幽灵》。① 新媒介展览模式正逐渐替代传统展览模式。其被接纳程度以“不朽的凡·高”感映艺术大展②为例。从 2015 年在国内开展巡回至今③，在北京、上海、杭州、武汉、厦门、南宁等城市吸引了关注。相较于传统艺术展览，“不朽的凡·高”艺术展宣称采用了 SENSORY4™感映技术④，这是“一套结合了多路动态影像、影院级环绕音响和 40 多个高清投影的独特系统，可以营造出最振奋人心的多屏幕环境”。⑤ 3000 多幅凡·高的布面油画、书信、根据凡·高生平创作的微电影等均作为基本素材，被按凡·高生平顺序、创作阶段为主题设置成循环展示的 35 分钟情景，再由情景互动序厅、多媒体主展厅、亲子互动区、艺术衍生品贩售区等功能区域组成展览综合体。

以“不朽的凡·高”艺术展来看，新媒介展览模式对传统艺术资源的开发和传播具有可操作性，体现在如下几个方面。

第一，新媒介展览模式典型区分于传统展览模式，在于它创造了一个充斥着艺术品信息的空间。原作高纯度且极具表现力的色彩、流动的线条、厚重的肌理效果，经由新媒介技术改换了二维的单一呈现，可以交互贯穿于整个展出空间，在常规的视、听基础上，考量三维视觉、立体听觉、质感触觉、嗅觉，以至于将艺术品基本信息具象化为四维存在；第二，作品内容细节也可经由高清数字化处理和仪器的承载与转换得以清楚展现；第三，绘画、音乐、文字等多种艺术形式的融合，丰富展览作品的背景介绍、使得受众更了解原作，同时，音乐的流动与静态油画的切换或者影像资料的播放形成了与传统的静观全

---

① 裴晏：《VR 艺术热潮》，《IT 经理世界》，2016 年第 1 期。

② “‘不朽的凡·高’感映艺术大展（2015 年 4 月 29 日至 2015 年 8 月 30 日，展馆地址：上海新天地·太平湖公园）由澳洲 Grande Exhibitions 出品，在美国、意大利、俄罗斯、以色列等国家巡展大获成功之后，终于将在 2015 年开启它的中国巡展之旅。由上海国际艺术节中心、黄浦海外联谊会和上海高庭文化艺术有限公司共同主办，上海新天地联合主办，‘不朽的凡·高’作为 2015 年中国上海国际艺术节特别展，采用了最新的 SENSORY4™感映技术，将多媒体画廊与度身定制的展厅巧妙结合，打造出全球最振奋人心的凡·高艺术展。”http：//www. gewara. com/drama/220540484，(2017/09/18).

③ 参见豆瓣活动“不朽的凡·高 2.0”感映艺术大展（2017 年 6 月 30 日至 2017 年 9 月 10 日，展馆地址：南宁华润万象城）。https：//www. douban. com/event/28994294/.

④ 参见“世界先进的展览机构 Grande Exhibitions 出品的最新 SENSORY4™多媒体画廊与度身定制的展厅巧妙结合，可以投射出清晰的多屏幕巨幅影像。”http：//www. baozang. com/news/n79449.

⑤ http：//news. 66wz. com/system/2015/06/18/104486186. shtml.

然不同的观展模式；第四，不仅可以做到巨细无遗地欣赏原作的笔触与颜料凝结而成的肌理，还可以做到打破空间限制，达到物理接近，这使得传统观展方式中由于人群拥挤或者管理而带来的观展限制得以在VR/AR/MR技术中解放。第五，虚拟现实、增强现实、混合现实等媒介手段本身所具备的沉浸感，使得受众得以以一种面对真实世界的姿态来面对艺术作品。让人与艺术作品以近乎接触自然与现实世界的方式进行交互，受众通过自己的手、眼及语言来改变自己对于艺术作品的感知。VR/AR/MR使受众通过视觉沉浸、听觉沉浸、触觉沉浸等各种知觉方式来完善受众感知艺术作品的维度。

然而，二维与四维的转换、绘画与配乐的冲突、再现手段粗糙与否，都会引发受众感知模式与获知比例的变化，因此也就会使传统艺术在新媒介展览模式承载和传播的过程中造成受众对同一作品进行观看时，发生审美感受差异、审美关系变化，最终使得审美价值重构。

值得探讨的是知觉变化导致的审美感受差异。麦克卢汉认为，电子媒介是中枢神经系统的延伸，其余一切媒介（尤其是机械媒介）是人体个别器官的延伸。① 传统博物馆、美术馆观赏模式中，根据策展布展而进行的，是严格的分类逻辑、单一的二维视角、历史线性思维。电子媒介艺术展览模式将所有艺术品及背景故事、元素重新整合化，以整体性展示为依据，充分改变了传统博物馆或艺术展的导览行进式观看，从而把从前分割的、单纯地介入艺术感知的模式，变成了受众全面知觉的整体投入。借用大面积的高清投影、震撼听觉的音响效果、可接触的作为信息载体的地面与墙壁等要素，都可以使得受众以新的感知模式，更全面地接受来自同一主题的信息。

另一方面，世界是被知觉的世界，人以身体与世界发生联系成为现象场。知觉是意向性的总体，意向性包括本能的底层结构和通过理智而建筑在这一底层结构之上的上层结构。② 新媒介展览模式构筑了以艺术品为出发点的主题空间，在此空间中，观众通过知觉构造了新媒介传播下的艺术品与身体感知所共有的现象场。它需要敏感的、投入的、交互式的、有经验的观众。“技术的影响不是发生在意见和观念的层面上，而是要坚定不移，不可抗拒地改变人的感官比率和感知模式。只有泰然自若地对待技术的人，才是严肃的艺术家，因为他在觉察感知方面的变化够得上专家。”③ 然而不是每一个普通观众都是专家，

---

① ［加］麦克卢汉：《理解媒介——论人的延伸》，何道宽译，译林出版社，2011年，第8页。

② ［法］梅洛-庞蒂：《知觉现象学》，姜志辉译，商务印书馆，2001年，第83页。

③ 同①，第30页。

都能泰然自若地面对新技术的出现。过去在绘画或者雕塑面前仔细揣摩、细致感受的鉴赏者，只需专注于视觉，即可达成审美判断，形成对艺术品审美价值的构建。相较之下，新媒介展览模式的全方位感知环境，却往往因为观众审美经验的欠缺而出现大众猎奇、蜻蜓点水式的浅层次观看方式，无法充分实现审美感受的多层次和深层次。

造成如此境况的原因有以下四方面。

1. 视觉样式的切割

新媒介手段及展览模式加大了策展和布展的权力，对于艺术作品的任意切割、整合、安排使得策展和布展拥有了创造认知语境的可能性。“不朽的凡·高”艺术展中，突然的圆舞曲、不知名精神病医院的老照片来假充凡·高生活记录、原作的图像分解等，都容易造成受众对凡·高的误读，最终形成的是碎片式获知。

阿恩海姆以“视觉样式是一个有力的样式”为依据论及线条形成了吸引力与排斥力的重心，视觉样式具有重心等话题。① 一幅画的线条、色彩、构图等因素，离不开艺术家对于绘画语言带有自我意识性的排列与组合。然而“不朽的凡·高”艺术展将凡·高《杏花》《鸢尾花》系列、《向日葵》系列等原作的视觉样式进行解构，使得原作中的格式塔的共向性原则（具有共同方向的事物，被认为属于彼此)、相似性原则（具有相似性的事物，被认为属于彼此）等视觉样式与视觉力场均被破坏。同时受众努力做到贡布里希期望的补偿性读入，在被切割的屏幕中完善认知中的画面，可显然，因为画面尺寸的限制而贸然进行的剪辑是不足以达成完整的作品鉴赏的。

2. 其他元素的跨界

此展中，结合新媒介，还存在不少绘画之外其他元素的混搭，观众的期待视野中原本没有预设此类元素，如汉文字的出现、辅助理解画家背景解读而设置的历史照片、绽放的自然界杏花的视频等，显得十分突兀，打碎了审美感受产生的连续性。文字元素的出现，必然影响人们对图像意义的判断，使得人们在此基础之上依照语言的所指来理解图像，甚至去串联不同图像之间的逻辑与共性等。在观展过程中，大量的凡·高生活历史背景、社会环境介绍涵盖在35分钟一次的循环展示中，这使得观众在观展的有效时间长度里，要不断随着突如其来的背景音乐、人声车马声陌生的说话声调节心理预期。除此之外，

① ［美］鲁道夫·阿恩海姆：《艺术与视知觉》，滕守尧、朱疆源译，四川人民出版社，1998年，第26页。

多种类型的跨媒介整合、图像的忽快忽慢的更替速度都使得观众眼花缭乱、应接不暇。

但同时，音响或音乐及光线明暗又营造出剧场感，连接观看者与观看对象即凡·高的感受与意识，并相互转化，透过喑哑的管线、沉溺的音效来体味凡·高的灰色时期，又雀跃在轻快的音符与明黄、湛蓝的亮光中感受凡·高鲜艳色彩画风的转变，随着渐渐加快的节奏跟上凡·高个人画风的日渐成熟。这种多重元素呈现为全新的对作品集的重构，它包含着影像、装置、感觉、思维、关系、经验，它包含着观看者的所有反馈，展览本身成为一个巨大的复合型作品。

3. 想象向知觉的固化

“不朽的凡·高”艺术展的受众虽然在几个区域里实现互动，例如似乎可以走入投影到地面上的凡·高的鸢尾花丛、似乎可以和凡·高并肩走向画面中的咖啡馆，还可以在文化创意商店带走附着了“凡·高”印迹的产品，但作为一个艺术展览，在新媒介技术的严格的展示规划下，受众既无法按传统观展方式任意决定自己的鉴赏时长和方位，又必须接受与传统方式相似的较为固定的时序、位置、数量的安排。

“不朽的凡·高”艺术展的35分钟展映以凡·高画作《麦田中的群鸦》的展示结尾，运用了动画及音效，制造出群鸦朝向观众飞扑的一瞬，试图还原现场感受，从可观到可感。这在萨特，要被归为“想象”，也就是“准观察”。想象所依据的，便是萨特的“观察”的补充，作为一个综合活动。① 在鉴赏原作时，对图像意义掌握程度、个人审美经验的异同，都会使每位鉴赏者想象出油画这一静止瞬间之前与之后的信息变化。贡布里希称之为“知觉跨度”。② 每一位鉴赏者的观察、想象、还原的信息原本不同，但在“不朽的凡·高”艺术展将《麦田中的群鸦》动态化之后，原先的想象不复存在，而被动态变化的群鸦与麦田的统一形象所替代。

4. 凝视向创作的转变

新媒介艺术展览模式改变了观众在艺术创作中的固定角色。新媒介展览模式将原本只是装置空间、展示空间的美术馆、展览馆转换成了静待第二作者的全新场域。新媒介展览手段扩大了艺术品的外延，观看者走入展览区，不再被

---

① ［法］萨特：《想象心理学》，褚朔维译，光明日报出版社，1988年，第48页。

② ［法］贡布里希：《图像与眼睛——图画再现心理学的再研究》，范景中，杨思梁，等译，广西美术出版社，2013年，第45页。

赋予凝视某一作品的简单任务，而是作品的参与者和创作者。互动设置、视知觉的综合需要等因素，都让艺术主体创作的权力被消解。姚斯的接受美学体系指出，从受众出发的角度，一个作品在没有读者阅读之前只是半成品。因此，观众不再被动，不再是单纯的接受者，在进入由所有装置搭建起来的等候解读和再创造的作品世界时，观看者的主体审美经验就变得更加重要，它将决定观看者最终获得知识或审美体验的程度。当原本高高在上的艺术展变得依赖于观看者的主体经验为标准时，也就更改了审美标准，以一种普及的叙事方式面向大众的口味。它应和了传统与先锋、艺术与科技、知识与娱乐之间的大众文化发展趋势。

数字影像技术经由新媒介展览模式参与到了艺术及应用领域，需要注意的核心问题是：如何在充分使用新媒介手段进行艺术品展示的同时保持艺术纯粹与审美价值？

第一，利用新媒介手段充分发挥审美鉴赏者在看展过程中的游戏冲动。席勒指出，审美游戏已经不是盲目的本能活动，而是掌握了必然性的自由创造。在游戏中，人实现了从感性到客观表现的审美过程，思维、感觉、情感交织在审美过程中，美最终成为主体状态，让主体见出自由来。[①] 因此，人在游戏冲动中可以经由自由表达实现审美和美的创造。新媒介展览模式给予观看者充分的创作可能性，利用观看者的游戏冲动，面向艺术品展示的沉浸式互动时，使观看者的主体生命体悟与审美经验投射到艺术品，从而使展示的艺术品成为主体自身生命内容的体现，实现席勒认为的“自由”，以此保证审美鉴赏的纯粹性。

第二，避免波兹曼“娱乐至死”的预言实现。新媒介展览模式容易导致碎片化展示，如前面“不朽的凡·高”一例，碎片化信息不仅破坏艺术品的完整信息传递，更重要的是它带来波兹曼提醒的“轻佻”，轻易取代经典的传统规训、削减高雅艺术的渗透，导致在新媒介传播模式下个体精神的失真失理。[②] 因此，利用新媒介手段进行的传统艺术展览，就应该在策展过程中充分考量信息传递的完整性，避免信息丢失或误读。拟像仿真及数字化虽然可以全方位展示艺术品的形式，但在信息传递过程中，旁白、文字解释、主题音乐、相关链接等都有可能误导观看者对原作的理解。如前例“不朽的凡·高”展

① 冯至：《中译本序言》，见［法］席勒《审美教育书简》，冯至，等译，上海人民出版社，2003 年。

② ［美］尼尔·波兹曼：《娱乐至死》，章艳译，广西师范大学出版社，2004 年，第 13 页。

中，为了让观看者了解艺术创作者各个时期的创作意图，展馆精心制作了相应的影像反映凡·高各个时期的生活，然而在表述凡·高精神问题严重并影响他世界观转变时，所采用的图像是20世纪前半期西方精神病院治疗留影（凡·高死于1890年），是典型的新媒介艺术常用的“过去与现在时态的拼贴”①。波兹曼所预言的是观看者日渐失去严肃思考和理性判断的能力并最终导致无知无畏理性文盲的产生。他指出：“每一种技术既是包袱又是恩赐，不是非此即彼的结果，而是利弊同在的产物。”因此，在传统艺术资源新媒介手段开发中，也就要防止过度消费、过度创意而产生的低俗化文化产业链的发生。

第三，遵循艺术展览的功能性原则。借用博物馆的“3E”模式：“教育民众（Educate）、供给娱乐（Entertain）、充实人生（Enrich）”，或“3I”原则：调查研究（Investigation）、教育（Instruction）、激励（Inspiration）。② 艺术展览也具有相似功能，因此，不管是传统艺术展览模式还是新媒介展览模式，都不应该放弃教育、激励（充实）的基本诉求。

（作者单位：厦门大学嘉庚学院）

① 邱志杰：《新媒体艺术的文化逻辑》，见许江、吴美纯主编《非线性叙事——新媒体艺术与媒体文化》，中国美术学院出版社，2004年，第68页。

② 史吉祥：《博物馆在现代社会中的功能》，《中国文化遗产》纪念中国博物馆百年专刊，2005年第4期。

文化创新与城市发展转型

魏澄荣

城市经济转型与文化产业协同发展，是后工业化阶段的一般规律，转型的核心是构建符合城市发展规律的新产业结构和经济发展模式。文化建设是城市发展转型的重要组成部分，也是城市发展转型的内在动力和实现方式。城市转型发展中的文化建设，应坚持以人为本，使文化载体真正成为文化精神的触发器，满足各层次民众的文化需求。

一、发展创意文化，引领城市产业转型

文化本身作为一种产业形式成为城市转型发展的产业支撑。同时，文化作为一种资源要素，又是经济转型发展的内生因素，成为各国拉动经济增长的重要驱动力。城市发展转型本质上是通过发展方式的转变，跃升到更高级的发展形态。以下几个原因倒逼我国城市进行转型发展：一是城市产业结构性问题突出，不少城市第二产业“一枝独秀”，对第三产业的总量增长和结构优化的拉动较弱，三次产业结构中服务业占比较低，尤其是生产性服务业发展水平不高；二是城市创新型经济发育滞后，城市创新要素长期处于较低水平，依赖大规模的低成本要素投入的粗放式增长模式难以为继，迫切需要经济结构转型升级，实现以创新为动力的经济发展；三是城市经济存在停滞甚至衰退的风险，伴随着我国城市化建设的发展，“大城市病”不断涌现，城市发展动力正从要素驱动、投资驱动向创新驱动快速转型。虽有一些城市发展了高端产业、战略性新兴产业，但还处于成长期，城市经济增速下滑态势明显。具有低污染和高附加值特点的文化创意产业，成为解决城市发展转型的实现方式。

创意文化产业的成长，既是城市经济转型的结果，又是城市经济转型的驱动力量，推动创意文化产业与三次产业融合，能从根本上促进城市转型发展，拉升城市经济进入新一轮增长周期。首先，创意文化产业通过产业融合，促使城市产业结构调整和产业升级。创意文化将文化元素渗透到其他产品的生产过程中，可刺激新技术的应用，进而显著改善微观生产效率。如创意产业与制造业的融合，经过产业特性的交互糅合和技术标准的相互对接，融合而成新兴产业，提升价值链增值环节；又如创意产业与高新技术产业、信息产业融合，带动智能终端制造、信息平台服务等生产率贡献高的领域。其次，创意文化产业与实体经济的融合，促进城市产业整体效率的提升。创意文化产业集中了知识、科技、文化、信息等要素，能将经济增长对物质资源的依赖程度降至最低，对城市经济可持续发展起着方向性的引导作用。将创意要素融入传统制造业，能提高产业附加值和市场竞争力。最后，创意文化产业驱动消费需求升级，促使产业和技术结构高级化。文化创意产品的供给，引导城市消费需求从标准化、功能性使用价值，向个性化、体验性精神价值转变，进而促使产业结构、产品结构和技术结构的高级化。创意文化产业既能将文化内涵注入一般的物质产品，能满足消费者追求更高层次价值实现的需求，从而提高消费增长。创意文化产品和服务的供给，培养消费者的审美习性和品位，可提升其文化消费能力。创意文化产业改变了消费者的行为习惯，催生了新业态和新市场，如数字出版、网络视频新媒体和移动互联网商用等，进而为城市现代产业体系的建构创造条件。借助文化产业的引擎作用，带动数字化经济的发展，使文化产业成为国民经济支柱性产业。

二、建设文化载体，带动城市空间转型

过去一段时期，一些地方注重经济增长和城市建设，相对忽视人民福利和城市文化建设，偏离“以人为本”的城市化本质，城市经济发展与文化建设的矛盾相当突出。一是城市文化建设形式大于内容。一段时间以来，经济利益驱使下的城市化建设“千城一面”现象普遍，洋建筑、仿古街层出不穷，开发方式单一、方法太过初级，历史文化遗产受损严重，城市功能性空间相似、面貌趋同。急功近利的、表层的、浅薄的城市文化建设，使城市软实力中的感染力和影响力下降。二是文化建设滞后于经济发展。政策和房地产拉动型的城市化运动，带来了众多社会文化问题。在新城区或城郊接合部，快速城镇化引

发“产业空心化”问题。“城中村”里养猪、种菜的现象屡见不鲜，说明这些“新市民”并未因农村身份改变而转为有文化的“城市人”。不仅如此，城市居民的文化生活单一且匮乏，文化需求没有得到满足。城市居民的文化生活空间和时间受到挤压，即使在传统城区也存在着文化空虚的问题。社会文化活动的参与主体基本以退休人群为主，忙于生产的市民们没有精神文化消遣的场地和闲暇时间。三是城市内在精神体系层面的松散和坍塌。文化园区、城市地标之类是城市文化的重要载体，但只是城市的“形”；而流传于世的各种品牌的城市文化载体，往往集聚人文精神，是城市文化之“神”。相当长的一段时间里，城市文化建设重“形”而轻“神”，忽视文化内涵，导致城市文化难以与现代城市发展相融合，在旧城改造、城市功能调整过程中，无形的文化如生活习俗和文化传统受到现代化的严重冲击。与此同时，城市居民的精神信仰和文化需求也在不断地变革。

越是发展转型的时期越要重视文化建设，未来城市将更加注重城市的人文内涵。不论是城市经济发展转型还是文化建设，其核心目的都是提升城市居民的获得感。文化建设要以人为本，切实提升大多数人的福利，文化载体要真正成为文化精神的触发器。要考虑到不同层次的人的不同需求，但更应该满足基本文化需求，实现公共文化服务的均等化和普及化。首先，要保障图书馆、博物馆、文化馆等基础文化设施的建设和运营，确保所有市民都被纳为服务的对象。其次，要秉持开放包容的心态，对不同的文化形式和组织开放文化设施。最后，以文化的和谐营造社会的和谐。城市文化建设不仅仅是提供公共文化服务，提升文化消费，促进产业转型升级，更重要的是提高文化载体激发创意、活化文化资源的能力。

三、弘扬创新文化，促进城市动力转型

城市文化活力在于创新，城市创新源自于创新文化。文化底蕴深厚的城市往往是创新活跃的城市；在城市转型发展过程中，城市文化创新不可或缺。经济是文化发展的根源和动力，而文化是经济发展的助推器，培育新的经济增长点，根本出路也在于创新。文化是实现经济转型升级的重要条件。城市原有的经济增长模式难以持续，源于创新驱动发展动力不足。文化为经济转型升级提供智力支持，文化教育可以提高劳动者的整体素质，并促进经济发展模式的转变。在创新成为当下最重要的发展驱动力之时，全国各地的创新文化建设大大

提速。创新文化将渗透到城市社会和经济的各个领域，为创新型城市奠定基础。建设创新型城市，让创新文化融入居民生活，填补城市发展中的文化滞后和缺失，满足城市居民的深层精神文化需求，同时，激发全民的创新创业热情，共同推进城市向创新型城市发展，为城市居民营造宜居的城市生活空间。

城市转型发展不是推倒重建，而是发展方式的突破创新。对于文化建设而言，不仅仅是对历史文化资源的保护和利用，更是文化创新发展的根源和基石。推动文化产业创新发展，既需要内容创意，也需要技术创新。要推动文化与科技融合，发展新型文化业态，如数字出版、新媒体、电子商务、数字娱乐等，提高城市服务经济的现代化水平。创新是城市经济转型的核心，创新驱动就是人才驱动，通过吸引人才聚集创新要素，推动城市经济发展。城市要营造创意环境，吸引人才，倡导包容差异、允许失败的文化氛围。完善博物馆、剧场、公园、公共交通、商店、咖啡馆等生活服务设施，营造适合创意人群的工作生活环境。要提升城市魅力，留住人才。重塑转型期城市文化，延续城市历史文脉，倡导创业精神和创新意识，创新公共文化服务供给模式，满足高素质创意人才多样化的文化需求。

参考文献：

[1] 王虹：《城市发展转型中的文化建设》，《国家治理》，2016 年第 11 期。

[2] 刘冠君：《文化是推动经济转型升级的关键因素》，《学习时报》，2016 年 6 月 9 日。

[3] 尹宏：《创意经济促进现代城市转型的机理和路径》，《社会科学家》，2015 年第 6 期。

（作者单位：福建社会科学院亚太所）

提高文化科技创新能力

程春生

党的十九大报告指出，文化是一个国家、一个民族的灵魂。文化兴国运兴，文化强民族强。文化科技创新是社会主义文化强国建设的关键支撑力量。目前我国文化建设的科技基础仍然薄弱，创新能力不强，推进文化科技创新发展，必须营造鼓励创新的良好环境，发挥人的主体性和积极作用，加快文化科技创新主体，培育和扶植文化科技类中小企业快速成长，完善文化科技成果转化机制，提高文化科技创新能力。

一、培育创新主体

要强化文化企业创新主体地位，通过市场主导与政府引导相结合，培育多元化的、有活力的创新主体，培育一批领军企业和企业家。研究完善促进高技术企业和文化产业发展的相关政策，培育一批带动性强的文化科技创新型领军企业，促进文化产业的集聚发展。一是加快培育重点文化科技企业。实施优质企业培育计划，加快扶持培育一批掌握核心技术的龙头骨干企业。支持文化企业建立研发机构，发挥企业在研发投入中的主体作用，培育具有自主知识产权的文化科技企业，提高区域内文化产业活力和创意创新水平。加大对创新型中、小、微文化企业的支持力度，鼓励各类小微文化企业向“专、精、特、新”方向发展。创新商业模式，支持老字号等传统文化企业优化技艺。

二是推动文化类企业转型升级。目前，“互联网 + 文化”产业发展迅速，“跨界融合”已经成为文化产业大势，在尊重市场规律、充分发挥企业主动性的前提下，推动文化类企业转型升级。通过科技创新，把文化科技领域的强大生产能力转化为品牌优势和影响力，走品牌化发展之路。要鼓励文化企业加大对新产品、新业态、新技术的投入，试行开展企业研发准备金制度，提高企业研发动力。建立健全创新风险分担机制，进一步激励企业加大创新投入。按照“PPP”模式（Public-Private Partrership，政府和社会资本合作），鼓励社会资本收购成长性好的优秀文化科技企业，在文化产业创新集聚区探索建设“科技企业孵化器”，推进产学研用一体的创新网络，培育更多科技型文化企业。

三是激发民营企业的市场活力。在文化产业领域，国有企业占主要地位，其优势在于资金雄厚、生产能力强，但是在激发创新精神、快速响应市场需求方面存在短板。民营企业相对弱小，但市场适应能力强。既要依赖国有企业引导意识形态和舆论方向，又要激发民营企业的市场活力。要让市场主体成为推动文化科技融合创新的主力军，积极支持和引导民营资本进入文化科技融合创新的领域，鼓励民营企业凭借技术等优势参与国有文化单位改革。

二、建设创新平台

支持建立国家文化创新研究中心、重点实验室、文化科技协同创新平台和区域文化科技创新联盟，支持高新区等向文化科技领域拓展。

一是建设文化科技创新综合载体。加强公共技术服务平台建设，为文化科技创新提供技术支持。支持有条件的企业将研发中心、设计中心、检验检测中心等内设机构，向社会提供专业服务。完善文化科技融合发展链条，构建政产学研合作创新平台，组建行业联盟或产业技术联盟，搭建社会化、专业化、网络化创新服务平台。加强孵化器建设，鼓励企业、高校和科研院所构建众创空间，加强包括孵化机构、创业平台及人才基地等创新创业服务体系建设，培育和发展投资、孵化、人才培训等多方面的服务，为创新生态系统提供多样性的科技服务支撑。

二是着力突破一批关键核心技术。面向文化产业和行业发展科技需求，加强创新研究，针对文化建设重点领域进行前期技术预研。聚焦文化建设重大需求，布局文化科技基础性研究。开展文化产业发展的共性关键技术研究，引导国内外企业加强文化领域关键技术的研发合作，突破共性关键技术，增强文化领域共性技术支撑能力，提升文化科技自主创新能力和国际影响力。加强高新技术引进、消化、吸收、再创新，开发形成具有自主知识产权的新技术和新成果，提升文化重点领域关键装备和系统软件国产化水平。

三是建立文化科技创新协同机制。支持高校、科研院所参与文化科技创新，从生态的角度引导和促进创新体系内各创新要素间的知识伙伴关系，推动产、学、研更加紧密地结合，形成产、学、研利益共同体。促进体制内的大学、科研院所、国有企业面向市场，协同创新。推动文化产业发展模式、服务模式、管理模式创新，加强科技资源合理配置和科技创新统筹协调，建立协同创新关系。开展国际合作、金融创新、激励机制、市场准入等改革，努力在重要领域和关键环节取得新突破。

三、加快成果转化

通过政策导向加强科技成果转化，依靠市场需求驱动，促进文化科技成果有效转化。科技成果转化为实践成果的必要条件就是必须在高校与企业之间建立有效的转化平台，建立起功能完备的科技成果转移转化网络，同时加强科技成果转移转化专业人员队伍建设。

一要建立成果信息系统。文化科技创新对平台信息索取的要求比较高，要探索建设国家文化科技公共服务平台，为社会提供成果信息查询、筛选等公益服务。同时，实行文化科技成果报告制度，推进文化科技数据库建设。文化科技创新成果同时也是一种重要的公共文化资源，要建设一批政府引导、企事业单位承建、市场化运作，集研发、咨询和人才培养等功能于一体的综合科技信息服务平台，实现资源共享。加强科技服务机构能力建设，推动建立跨区域、跨部门、跨层级的服务机制，使文化科技创新体系更好地服务于经济社会发展。

二要加强成果开发利用。通过制度保障和平台建设，培育一批技术转移示范机构，实现成果转移转化供给端与需求端的精准对接。文化跨界融合发展已超越了以往文化领域与非文化领域的“浅表式组合对接模式”，孕生出“深层化融合共进模式”。文化与相关产业融合发展，有利于提高相关产品的文化含量和附加值，促进产业转型升级，提升文化产业综合效益。

三要强化知识产权保护。加强知识产权保护是营造文化科技创新发展环境的关键。大数据时代，文化传播方式更加多样化，商业模式也随之发生变化，知识产权保护面临更大的挑战。针对我国知识产权保护意识淡薄和知识产权保护路径选择缺乏科学性的问题，要综合运用著作权、专利权等多种保护手段加强知识产权保护，寻求实现网络服务提供者、权利主体及社会公众三者之间的利益平衡。完善科技成果转化的激励机制和收益分配机制，推动技术交易平台建设，壮大技术经纪人队伍。

四、优化激励政策

人才是文化科技创新的坚实后盾，要逐步完善发现人才、培养人才、凝聚人才的体制机制，促使创新人才脱颖而出，投身于创新活动。

一要加大人才引进和培养力度。围绕重点领域和创新方向，成规模吸引聚集高层次人才，引进和培育文化科技创新创业团队。实行更加开放的人才政策，积极引进海外高端人才和高水平创新团队。支持建立产学研合作的人才培养机制，建设文化人才培养基地。通过安排青年拔尖人才、领军人才承担重大科技项目，以及选派高科技人才到海外对口培训研修等方式强化对高端创新人才的培育。

二要完善并落实创新人才政策。遵循创新人才成长规律，健全人才使用、流动、评价和激励体系，建立健全知识产权入股、分红、融资等多种形式的产权激励机制，推进职业技能鉴定和职称评定工作。深化人事制度改革。调动文化科技人员的创新创业积极性，充分发挥人才在创新发展中的核心作用。允许和鼓励科研人员离岗创业，创业期间保留其原有身份和待遇；完善人才集聚和评价机制。优化创新人才政策，完善人才生态链。

三要营造鼓励创新的良好环境。营造宽松的科研氛围，打造开放包容的创新文化和氛围，激发创新主体的内在动力。激励科技人员面向世界科技前沿不断探索研究，勇攀科技高峰；激发全社会的创新精神、企业家精神和工匠精神，不断为创新发展提供强大精神动力，在全社会形成鼓励创造、追求卓越的创新文化和良好风尚。加快科学精神和创新文化的宣传普及，进一步夯实创新发展的群众基础和社会基础。在各类媒体开设创新创业栏目，讲好创新创业故事，展示创新创业成果，组织开展创新创业企业评比活动，表彰创新创业突出企业或个人。

（作者单位：福建社会科学院经济所）

参考文献

文化部：《“十三五”时期文化科技创新规划》，《中国文化报》，2017 年 5 月 4 日。

中国传统茶道文化之生态学象限考究[①]

吴鸿雅

茶，发乎神农氏，闻于鲁周公，兴于唐，盛于宋，延续于明清，并发展至今。正式见诸文字记载的，始于《尔雅·释木》："槚，苦荼。"茶之古称"一曰茶，二曰槚，三曰蔎，四曰茗，五曰荈。"[②] 皎然最大的贡献是他将品茶过程归纳为三个层次，"一饮涤昏寐，情思朗爽满天地。再饮清我神，忽如飞雨洒轻尘。三饮便得道，何须苦心破烦恼。"[③] 最高层次应是这"三饮便得道，何须苦心破烦恼"，这是真正的品茶悟道。茶道，最早见于《饮茶歌诮崔石使君》："孰知茶道全尔真，唯有丹丘得知此。"[④] 自此以后，茶道的内涵不断丰富和发展，并传入日本、韩国等地，日本的"和、敬、清、寂"茶道，以及韩国"清、敬、和、乐"茶礼皆发端于中国。可见，每一个中国传统文化品种，特别是历史悠久的中国传统茶道，自身都不同程度地存留有不同历史时期、不同文化背景的沉积，以及诸多先民创造的累积。因此，将茶道作为一个概念来理解时，它既有物理运动上的表象特征，更有其文化载体的深刻内涵。对茶道的认识，不仅应观其物理现象上的表征，还应从非流于表征的文化上理解茶道。关于传统茶道文化的生态学象限之理解，既要观其表象形态，又应究其内里文化；既需考量其当下状况，更要追溯其历史根基。因为"新人文主义的伟大代表洪堡曾说过：'对古典考古学、语文学和历史的研究应当导向对古人及其文化的理解。'这是所有历史研究、人文学科的准则。现代人文主义与古代人文主义的区别，仅仅在于我们研究的广阔性，以及现代人将探照灯伸

---

① 本文系国家社科基金项目"中国茶道科技文化研究"，项目号：17BZX045。

② ［唐］陆羽：《茶经》，上海古籍出版社，2009 年，第 5 页。

③ ［唐］释皎然：《饮茶歌诮崔石使君》，彭定求，等《全唐诗·卷 815》，中华书局，1960 年。

④ 同③。

向看似无底深渊的能力”。[①] 在茶道美学、茶道科学美学及茶道伦理学中，茶道生态是一个非常复杂而又极其重要的概念。古人谈茶，常常关涉生态自然与茶礼道德。今人论茶，亦重视多层次、多视域的探究。在历史长河里，任何思想文化，都是历史的产物，其义理或深或浅，或彰或玄，错综复杂。从这个意义上说，在科学高度发展的今天，探究茶道文化生态点明了茶道科学中一个相当紧要的问题。

一、全景——谐和之景

中国传统茶道文化深受其哲学有机宇宙观的支配，这种宇宙观将茶道视为一种有机生命体或生命系统。在关于人类起源和茶道产生的问题上，儒道两家均认为“万物生于天地自然”，而茶道便出于天地之和。“自然是美的，如果它看上去同时像是艺术；而艺术只有当我们意识到它是艺术，而且像是自然时，才能被称为美的。”[②] 茶树的生命和茶叶的生长理论与美学理论之间存在诸多联系，其中缘由就在于其成长中的多重细微差异和微妙变化之中。在茶叶的生长中，正是这种生态特征赋予其自身特征之变化，使茶道文化生态彰明较著，并使追古溯今成为必然。

其一，水境映衬道韵。“精茗蕴香，借水而发，无水不可与论茶也。”[③] 张大复在《梅花草堂笔谈》里亦指出：“茶性必发于水，八分之茶，遇十分之水，茶亦十分矣；八分之水，试十分之茶，茶之八分耳。”可见，佳茗不易，美泉尤难。名茶美水，才能形神兼备。陆羽坦言，“其水，用山水上，江水中，井水下”。[④] 另据陆以湉《冷庐杂识》记载，乾隆每次出巡，常喜欢带一只精制银斗，“精量各地泉水”，精心称重，按水的比重从轻到重，排出优次，定北京玉泉山水为“天下第一泉”，作为宫廷御用水。乾隆在《荷露煮茗》中提出：“水以轻为贵，尝制银斗较之，玉泉水一两……轻于玉泉者，唯雪水及荷露……平湖几里风香荷，荷花叶上露珠多。瓶罍收取供煮茗，山庄韵事真无过。”玉泉，位于北京西郊玉泉山东麓，玉泉山的泉水清澄如玉。此处，乾隆指出，水以轻为贵，并对自然中的雪水和荷露赞赏有加，可见自然和谐生态之

① Paul Henry Lang. *Music in Western Civilization*. W. W. Norton & Company, Inc, 1997: xxii.

② ［德］康德：《判断力批判》，邓晓芒译，人民出版社，2002 年，第 159 页。

③ ［明］许次纾：《茶疏》，赵佶，等《大观茶论外二种》，中华书局，2013 年，第 102 页。

④ ［唐］陆羽：《茶经》，上海古籍出版社，2009 年，第 33 页。

可贵。许次纾也提出:“今时品水，必首惠泉，甘鲜膏腴，致足贵也。”① 许氏认为，品鉴水，一定会认为惠泉是第一，因为其泉水甘甜鲜嫩，滋润肥美，相当值得珍视。另外，为了提升水质，先人们也做了很多可贵的努力。陆羽《茶经·四之器》中所列的漉水囊，就是作为滤水用的，为的是使煎茶之水清净。宋代“斗茶”，强调茶汤以“白”取胜，更是注重“山泉之清者”。熊明遇用石子“养水”，目的也在于滤水。田艺蘅“移水取石子置瓶中，虽养其味，亦可澄水，令之不淆……择水中洁净白石，带泉煮之，尤妙尤妙”。② 此处，白石与泉谐和生动地营造了自然生态之美好。

其二，道韵凸显水境。许次纾指出，有名山必有佳泉，水潭洁净澄澈的，里面的水一定甘甜鲜美。“余所经行，吾两浙、两都、齐鲁、楚粤、豫章、滇黔，皆尝稍涉其山川，味其水泉，发源长远而潭沚澄澈者，水必甘美。即江河溪涧之水，遇澄潭大泽，味咸甘冽。唯波涛湍急，瀑布飞泉，或舟楫多处，则苦浊不堪。盖云伤劳，岂其恒性。”③ 许氏身体力行，对茶水的系统考察确实可钦可点。田艺蘅亦指出：“山厚者泉厚，山奇者泉奇，山清者泉清，山幽者泉幽，皆佳品也。不厚则薄，不奇则蠢，不清则浊，不幽则喧，必无佳泉。”④ 山的厚朴、奇峻、清奇和幽丽，会赋予泉水相应的特质。因“石，山骨也；流，水行也。山宣气以产万物，气宣则脉长，故曰‘山水上’，《博物志》：‘石者，金之根甲。石流精以生水。’又曰‘山泉者，引地气也’”。⑤ 石，是山的筋骨；流，是水在动。山发散阳气产生万物，阳气的散发形成绵长的气脉，因此说“山中水为上品”。《博物志》中提及：“石是金铁的根本。石的精气流溢则为水。”又说：“山泉，汲取了地气。”天地与山泉相得益彰，成就了水境道韵之合。“凡一种文明的造成，必有两个因子：一是物质的，包括种种自然界的势力和质料；一是精神的，包括一个民族的聪明才智、感情和理想。凡文明都是人的心思智力运用自然界的质与力的作品；没有一种文明单是精神的，也没有一种文明单是物质的。”⑥ 某种意义上说，中国传统茶道正是由于人类心思智力与自然界质力的高度和谐，才能繁衍产生，并得以完美演绎。

---

① [明] 许次纾:《茶疏》，赵佶，等《大观茶论外二种》，中华书局，2013 年，第 102 页。
② [明] 田艺蘅:《煮泉小品》，中华书局，2012 年，第 170 页。
③ 同①。
④ 同②，第 97 页。
⑤ 同②，第 101 页。
⑥ 胡适:《我们对于西洋文明的态度》，《东方杂志》，1926 年第 23 卷，第 17 页。

二、远景——连续之弦

在远古时期，大量的传说反映出先民们对茶叶药用价值的探索，而后，层出不穷的咏茶诗词、吟茶楹联、茶的文赋、叙茶小说、茶事绘画、书法篆刻、茶事戏曲、茶歌茶舞、茶事典故和茶叶谚语，都生动地讴歌了中国传统茶道之美妙及深刻。中国传统茶道文化中所彰显的精神构架，具有深远的历史延续性。“正是在一个人的文化之中，并且通过这一文化，他的生活才真正称之为人的生活，他才能超越他的纯粹生物的存在水平。他的文化向他提供‘生活方式’，在这种生活形式并有这种方式，他作为个体彻底存在方才能得以实现。只有在这种生活形式的联系中，他才得以安身立命。”① 由此，千百年来作为中国传统茶道根基的茶道生态始终保持着天、地、人之性情及自然地域特点之灵性。

首先，茶之司命，候汤最难。水境与道韵之合，是中国文化的特质，体现在茶道中，乃其茶汤。“汤者，茶之司命，故候汤最难。”② 古人关于候汤的重视，始自陆羽《茶经·茶之煮》，候汤最难，语出蔡襄《茶录·上篇·候汤》。第一，候汤之辩证。“汤嫩则茶力不出，过沸则水老而茶乏。”③ 第二，候汤之三辨。冯时可在《茶录》中指出，汤有三辨，即形辨、声辨、气辨。在具体操作中，“水面若乳珠”乃形辨，“其声如松涛”乃声辨，以松涛之声来比拟煮水的老嫩程度。“水一入铫，便需急煮。候有松声，即去盖，以消息其老嫩。蟹眼之后，水有微涛，是为当时。大涛鼎沸，旋至无声，是为过时，过则汤老而相散，决不堪用。”④ 蟹眼，比喻水初沸时泛起的小气泡。此处，许氏指出，用大火快煮的方法，通过观察沸点气泡的状况，水煮至泛起微微的波涛，就是水煮至合宜的时刻。

其次，茶贵甘润，烹点得应。“茶贵甘润，不贵苦涩，惟松萝、虎丘所产者极佳，他产皆不及也。亦须烹点得应。”⑤ 张源《茶录》也指出，味以甘润为上，苦涩为下。程用宾《茶录》亦提及“甘润为至味，清淡为常味，苦涩

---

① ［法］让·拉特利尔：《科学和技术对文化的挑战》，吕乃基，等译，商务印书馆，1997年，第5页。
② ［明］黄龙德：《茶说》，赵佶，等《大观茶论外二种》，中华书局，2013年，第173页。
③ ［明］田艺蘅：《煮泉小品》，中华书局，2012年，第135页。
④ ［明］许次纾：《茶疏》，赵佶，等《大观茶论外二种》，中华书局，2013年，第115页。
⑤ 同②，第171页。

味斯下矣”。苏东坡《汲江煎茶》的“活水还须活火煎，自临钓石取深清”，诚乃字字珠玑，一是强调水必须清；二是说明深潭才能出水清；三是临钓石，说明钓石有助于水清；四是自临，乃亲自去汲取；五强调活水还需活火的配搭。以上探讨的是味觉对茶味的评审标准，要得到甘润之茶汤，择水、选茶、煮水、候汤、冲泡与品茗等各个环节皆需环环紧扣，仔细斟酌。

简言之，水境与道韵的融合，成茶道之精华，茶之司命，候汤最难，烹点得应，则成其甘润。中国文化精神的特质充分展现在其中，因为“文化是种族的、宗教的或社会的群体的生活形式。文化由思想和行为的惯常模式组成，是建立在符号基础上的，它包括价值、信仰、习俗、目标、态度、规范等无形生活形式，以及与之相关的体制化的、仪式化的和物质化的有形生活形式。文化是进化的、历史的、社会的产物，是通过后天习得以及先天遗传代代相继的(基因—文化协同进化)”。[①] 中国茶叶泡饮方法多姿多彩，绿茶、黄茶、白茶、红茶、乌龙茶、黑茶等皆有一套约定俗成的泡饮方法，与之相应的茶席、茶器、茶旗、花饰、挂画皆有不同，均需根据不同茶叶的独特个性来做呼应。可见,“天地有大美而不言，四时有明法而不议，万物有成理而不说。圣人者，原天地之美而达万物之理，是故至人无为，大圣不作，观于天地之谓也”。[②] 庄子认为，美存在于“天地”，即大自然之中，为“天地”所具有。人要了解美，寻求美，就得去“天地”之中观察与探寻。而“天地”之美如何寻来?“天地”之美就在于它体现了“道”自然无为的根本特性。“无为而无不为”乃“天地有大美”之因。庄子这一思想的深刻之处在于，它的“无为而无不为”抓住了美之为美的实质，即美是合规律与合目的性的统一，是人的自由的实现，一切事物都具有其内在的原理。中国传统茶道概莫能外，茶道圣人们探索天地的美妙运行，并深入于万物的内在原理，但是，茶圣们不做违反自然的事情，他们把天地之道作为指导自己茶道践行的法则。诚如“上善若水，水善利万物而不争，处众人之所恶，故几于道”。[③] 然而，随着科学技术的迅猛发展，推出一种唯一普适的茶道科学的能力，通常被认为是现代性的一种独特标志，使得原本多元并存的一些地方性特色资源及其传统工艺出现了令人遗憾的间断，甚至几近濒危。

---

① 李醒民:《纵一苇之所如》，广西师范大学出版社，2004 年，第 ii 页。
② 陈鼓应:《庄子今注今译》，中华书局，1983 年，第 563 页。
③ 陈鼓应:《老子注释及评介》，中华书局，1984 年，第 89 页。

三、近景——间断之声

20世纪初，一元性科学命题成为捍卫科学普适性理想的一种重要形式。这一命题公开提出了三种假说：其一，只存在一个世界；其二，只存在关于这个世界的一种并且是唯一的一种可能实现的真实表述（一个真理）；其三，只存在唯一的一种科学，它能把准确地反映世界的观念整合为一种描述。这个命题所指的，即什么样的方法论特征、形而上学特征或其他特征能构成学科的一元性，这是部分科学哲学家认为有意义的问题；也就是说，有一种独特的一般人的“阶级”（某个独特的人群），他们应被当作唯一的或值得赞美的人的典范，在他们的眼里，世界的真理可能是显而易见的。因为在早期的科学哲学家看来，这犹如上帝的智力按他自己的形象创造了人的智力一样，这种群体是新受教育的阶级成员，其智力被训练得足以反映神赐的智力所创造的自然秩序。在这些假说的背后，有若干重要的见解。① 在我们生活的这个世界上，这种由独特的人组成的才艺过人的阶级是什么人呢？哪一个群体能以民主的方式让别人承认，唯有他们才能准确地描述茶道文化所赋予的真实的自然秩序和社会秩序呢？其实不然。从一定意义上说，有时候恰是一种故步自封，成熟、广阔和多元的道路才是中国传统茶道生态良性发展的应有之义。正如李醒民指出的，对于作为一个整体的人类文化来说更是如此。文化的器物、制度、观念三个层次是难以在实践中分割的，作为文化的人的日常生活形式（ordinary form of life）和超体生活形式（exosomatic form of life）在实践中也是无法分离的……文化是模式化的和符号化的存在，它就有可能呈现出某些规律性，从而可以借助经验方法加以考察，借助理性方法加以分析，借助人类学方法加以体味。② 在动态中把握，在发展中学习，在多元中借鉴，因为“艺术体验方式的历史连续性的每一次断裂，每一次遗忘，每一次新的开始，都标志着一种对社会的反应方式的转变”。③ 从审美意义上看，当我们在感受一杯超然质地的香茗时，享受美的事物的快感并不会由于别人分享而减弱，反倒会增强。与此同时，由于分享它的喜悦的增多，它的美也在无限地被放大。审美自身就具有无限递增

① 参见 Patricia Hill Collins, *Black Feminist Thought: Knowledge, Consciousness, and the Politics of Empowerment*. Routledge, 1991.

② 李醒民：《科学的文化意蕴——科学文化讲座》，高等教育出版社，2007年，第9页。

③ ［德］泰奥多尔·W. 阿多诺：《新音乐的哲学》，曹俊峰译，中央编译出版社，2017年，第239页。

和彼此互惠的亘古价值。在这样的背景下，深入思考中国传统茶道文化的人民性，有可能为人民美学的再出发提供思路与灵感。

四、画外音

沉思能使我们意识到：为了使中国传统茶道生生不息，茶道科学的进步必须向供选择的自然秩序模式更加开放，而不仅仅是“一个世界、一条真理和一种茶道科学”的理想。这样的茶道科学方可以勾勒出中国传统茶道生生不息的轮廓。

事实表明，茶道科学中没有什么能不受文化的影响；它的多元演绎方法，科学技术因地制宜地被采用，它所赖以生存的自然界、社会环境，凡此种种都在促进茶道文化的增长中发挥着重要的作用。我们不应当希望茶道科学秩序不受所有文化的影响，因为其中许多影响是它们取得伟大成就的基础，并且是它们将来继续获得成功所必需的条件。这就是普适性理想对于茶道科学知识增长来说代价很高的地方。对于每一种茶道文化中的资源储备而言，地方性资源为中国传统茶道文化的发展既提供动力，亦造成限制。近年来，现代茶道科学史和茶道科学文化的研究，已粗略勾勒出茶道科学运用地方性资源可能加速发展的途径。在强调地方性资源对于茶道科学的作用和限制，以及拓展地方性资源优势的基础上，现代茶道科学与其他科学技术知识谱系一样，也是地方性知识体系。因此，无论现代科学对自然秩序的预言在全球内取得多么大的成功，它们也绝不可能在下述的意义上达到普适的高度：即现代茶道科学可以不受文化的约束，或者注定它们的意义和背景在历史进程中不可改变。而且，其他文化知识体系中某些重要的部分，也能够在远离它们的原初地上做出有效的预言。因此，茶道文化的发展并不像普适性理想所假定的那样，是由现代科学某些内在的认识特征创造的。相反，它是由艰苦卓绝的科学工作、历史的偶然事件、政治策略、扎根其间的民众之多重需要打造的。我们应当探寻那些比普适性理想所提供的更为合理的演绎方式，来发现茶道现代科学取得的成就及其存在的局限性。因为上述理想既不符合茶道科学作为已经发展的茶道科学史、茶道科学哲学和茶道科学社会学的事实，也无益于我们现在所理解的生态茶道应该怎样积累、传承和发扬。

爱因斯坦曾说：“最大程度的幸福期望来自艺术作品，那么我们就必须采纳新的价值基础。当艺术作品展现出来时便抓住了我，这正是道德的印记、崇高感。在我偏爱陀思妥耶夫斯基的作品时，我正在思考这些伦理因素。”① 他又进而指出：“我个人在与艺术作品接触时经历了最大程度的喜悦。它们给我提供了强烈的幸福情感，我从其他领域是不能得到这些幸福情感的。”② 在这里，寓意之远，视域之广，感受之深，是同美的形式交织在一起的，这种统一在爱因斯坦看来，便意味着人间最大的幸福。同样，生态茶道、茶道科学、茶道科学伦理的关系亦是如此。从这种感悟出发，美善相乐，心有征知。“崇高不在任何自然物中，而只是包含在我们心里，如果我们能够意识到我们对我们心中的自然/并因此也对我们之外的自然（只要它影响到我们）处于优势的话。这样一来，一切在我们心中激起这种情感——为此就需要那召唤着我们种种能力的自然强力——的东西，都称之为（尽管不是本来意义上的）崇高；而只有在我们心中这个理念的前提下并与之相关，我们才能达到这样一个存在者的崇高性的理念。”③ 而对传统茶道文化的生态学象限之反思表明，求真、向善、臻美、达圣多元价值观的融合是当代茶道文化之价值追求。

综上所述，唯有把中国传统茶道文化同其他诸如生态文化历史材料结合起来研究，才能对往昔如此唯美、深邃的艺术做出真正的理解。因为每一个时代都包含着人类本质的全部，而每一个时代都反映着其他时代。“艺术感觉只有完成从‘物理场’感觉到‘心理场’知觉再进入‘审美场’知觉的进程，才算达到了它的全部系统性……‘物理场’感觉作为艺术感觉基本载体的一种自然模型，‘心理场’知觉作为艺术感觉反省意识的一种功能模型，以及‘审美场’知觉作为艺术感觉想象效应的一种理想模型，它们的连续建构形成了艺术感觉的过程。”④ 因此，在中国传统茶道文化生发及发展的每一个时期都必然蕴含着整个艺术王国，其艺术发展之链上的每一个环节都可以作为打开“往昔时代精神”或“故人心灵”之钥匙。这样，“对于不同的问题需要综合几种方法来加以解决……由于我们醒悟到艺术……人类的一切创造物……我们必须依照历史的关联来研究社会、文化和艺术的形态，开辟新的领域，调查迄今为止被忽视的各个方面……才能把他的研究建立在一个更加稳固的基础之上”。⑤ 进而，“人们纯然依据历史特质来理解艺术。如果人们不仅能意识到艺

① A. Moszkowski, Einstein. *The Searcher*, *His Work Explained from Dialogues with Einstein*. Methuen & Co. Ltd., 1921: 184、186.

② 同①, 241.

③ ［德］康德：《判断力批判》，邓晓芒译，人民出版社，2002 年，第 159、104 页。

④ 杨健民：《思想的边界》，社会科学文献出版社，2017 年，第 42 – 68 页。

⑤ Johann Gustav Droysen. *Crundriss der Historik*, Leipzig, 1858: 111.

术发展的最辉煌的时刻，而且能意识到与这些高峰系连的各个阶段……那么，这种做法的真正价值便是一个更为完整的整体观念”。[①] 由此，洞察中国传统茶道的生态学象限，考究其宗教抑或世俗的理想信念，植根它的本土与日常之历史，观望其当下及动态发展，方能解释隐含在中国传统茶道生态文化及其相关物之中的意义，也才能保持审美情感与历史观察之间的一种平衡与超然。

（作者单位：华侨大学马克思主义学院）

① Michael Podro. *The Critical Historians of Art*. Yale University Press，1982：31 -32.

提高福州民间文艺群众性的路径探析

——以闽侯上街镇木根雕文化产业为例

郭 莉

民间文艺是中国具有最广大群众基础的文化，具有鲜明的群众性和人民性，并且代代相传、生生不息。民间文艺是人民群众创作和传承的艺术。民间文艺的内容十分丰富，包括雕刻、漆器、剪纸、楹联、民间歌谣、民间故事、谚语、灯谜、戏曲等诸多门类，是在人民生产生活中创造的，汇集了人民的勤劳和智慧，促进人类文明不断向前发展。

中国民间文艺是一个非常大的门类，目前主要通过中国民间文艺家协会来汇集民间文艺家人才、促进民间文艺创作。中国民间文艺家协会成立于 1950 年 3 月 29 日（1987 年以前称为中国民间文艺研究会，1987 年起改为现名），是中国文学艺术界联合会的团体会员之一，在全国各省、直辖市都设有省级分会，在各个地市也都有市级分会，机构庞大、门类齐全、民间艺术家会员众多，由当地文联协助日常管理。福建省民间文艺家协会成立于 1981 年（前身为中国民间文艺研究会福建分会），现主要工作职能为开展民间文学艺术资料搜集、整理、研究和传播工作；培养民间文艺人才，发展壮大民间文艺家队伍，加强理论建设，提高政治和业务素质；发挥联络、服务、协调作用，为会员提供培训、进修、研讨、交流、评奖等活动；组织民间艺术品展销及民间表演艺术展演、评比等活动，推荐优秀节目参加国内外各种评比活动；编纂和出版中国民间文学等。[①] 福州民间文艺家协会成立于 1989 年，体现了“民间文艺，生根于民间，成材于民间，吸引民间的文艺精英，成为弘扬福州民间文艺

① http：//baike. baidu. com/item.

的排头兵，更是诠释了‘从群众中来到群众中去’的宗旨”。[①] 福州民间文艺家协会中有一个闽侯木根雕专业委员会，该组织大力推动福州木根雕民间艺术的保护和传承。本文拟以闽侯木根雕为例，以发展闽侯木根雕文化产业为契机，探讨提高福州民间文艺群众性的路径。

一、闽侯木根雕文化产业现状

福建福州与浙江东阳、广东潮州并列为中国木雕三大产区。随着福州市城市发展建设，福州木雕三大流派（象园、大板、雁塔）的传承人陆续迁往闽侯上街，大批著名的福州雕刻名家在上街开办根雕厂家和个人工作室，台湾雕刻名家也陆续来上街办厂，形成了独特的“上街根艺”风格，闽侯县于2012年获评“中国根艺之乡”称号。目前，上街根艺企业上千家，从业人员3万多人，其中本地企业、外地企业、台湾企业数量比例为6.5∶3∶0.5。据不完全统计，线下年交易额达20多亿元，加上互联网营销模式的扩大，整体产业年交易量突破百亿大关，占整个国内市场的70%。木根雕产业成为上街乡镇经济的支柱产业之一，上街也成为全国重要的根艺生产、交易集聚地。因此，无论是规模、市场还是技术领域，上街已然成为在国内、国际木根雕行业具有一定影响力的风向标。

二、闽侯木根雕文化产业发展存在的问题

（一）产业环境分析

产业分布覆盖整个上街镇，以建平村、岐安村为集中区，沿交通干道向外扩散。配套（含设备、物流、仓储、材料等）行业已发展完善且运转良好，形成了一条以商会、学会、展示中心、创意园区为主体的产业模式。闽侯木根雕每年参加各类大型的产业博览会、交易会，扩大了产业知名度；通过举办海峡两岸根雕文化节、研讨会，加强了海峡两岸文化交流及企业之间的互动。

上街镇因企业大量征迁，生产用地流失严重，企业发展受限，违章搭建屡见不鲜，环境整治优化及产业规范整顿亟待解决。且当地已无规划生产用地可供安置，产业面临生存、发展两难境地。如今国内各省、市对木根雕文化的重

---

① 福州新闻网，http：//news. fznews. com. cn/fuzhou/20141216/548f7f427777d. shtml.

视程度不断增强，如四川省、江西省、浙江省、江苏省等，以及福建省建瓯市都以优惠的产业政策和实惠的招商计划多次在上街镇举办招商会、研讨会，这也导致上街镇木根雕产业技术人才流失加剧。

（二）市场发展分析

经过20多年的发展，整体市场竞争日益激烈，行业发展出现弊端和缺失，上街镇相关企业分布散、规模小、大多属于作坊式生产模式，以传统营销方式为主，经营模式单一。大部分根雕产业从事者文化水平低，以家庭作坊式生产销售为主。从产业链来看，上街根雕产品缺乏包装推广、品牌打造，未形成科学的管理体系和有影响力的品牌效应，这些因素无形中制约了上街根雕行业的发展。

因此，从市场发展来看，上街根雕缺乏产业文化品牌打造及升级，形成全国知名品牌。从产业链来看，产业模式单一，不具备强大的市场竞争力。目前产业亟待升级，顺应时代的发展，通过整合上街镇得天独厚的木根雕文化产业基础，辅导外部产业发展资源进入，孵化多元化经营模式，实现“闽侯上街根雕文化小镇”的打造，形成集生产、销售、旅游、创意、金融、人才为一体的文化小镇经济模式。这样小镇不仅能更好地发挥产业集群优势，同时也能拉动产业经济的发展，从而达到传承、发扬、创新、延展根雕文化产业的目的。这也将成为中国首张以根雕文化为特色的“文化小镇”名片。

三、发展闽侯木根雕文化产业的对策

根据专家及考察团队的实地调研，在广泛听取木根雕产业从业人员的意见和呼声后，建议以上街镇木根雕产业特色为主，申请溪源村“溪源宫”沿线建设“闽侯上街根雕文化小镇”。

（一）“闽侯上街根雕文化小镇”的主要目标

1. 在城镇发展方向上，设立融区域性文化旅游、文化工艺、文化创新、文化交易为一体的特色工艺小镇。

2. 在产业发展方向上，建设以大师创作、技术革新为支撑点，以研发、展示、交易、电商、拍卖等为产业窗口，以工艺培训、文化宣传为产业助力点，全面提升产业的整体市场竞争力。

3. 在旅游产业方向上，打造特色工艺小镇—旗山森林公园—十八重溪等精品旅游路线，整合小吃、温泉、根雕等资源，辅以根雕博物馆、大师精品馆、旅客体验等项目，丰富闽侯的旅游产业。

4. 在环境保护方向上，促进绿色产业转型，规范企业生产模式，转变产业营销理念，打造绿色、休闲的根雕特色文化小镇。

5. 在社会效益方向上，上街镇面临政府征迁，要尽量留住企业及人才，提供就业及创业机会，提供多层面的就业岗位，促进第三产业发展，增加就业，新增木根雕产业利税点，“益民生、利团结、促发展”。

（二）“闽侯上街根雕文化小镇”规划

福建根雕产业的发展、转型迫在眉睫，要在保留上街根雕文化底蕴、文化工艺、文化资源等优势的基础上，形成地方特色文化产业品牌，打造全国知名产业文化品牌，推动本土文化产业的全面发展，创新产业经营模式。同时借鉴国内其他地区特色文化小镇的建设经验，规划“闽侯上街根雕文化小镇”的建设蓝图，实现三大升级五大中心的开发建设。

1. 实现产业品牌价值的三大升级

一是品牌升级，即从“闽侯上街木根雕”到“中国闽侯根雕”。

二是模式升级，即从“产业园区”到“中国闽侯上街根雕文化小镇”。

三是价值升级，即从“产业生产基地”到“国家级文化产业示范基地”。

2. 工艺及研发中心

产品是市场竞争的核心，不仅要有历史精品还要有新品。就文化价值本身而言，对于文化工艺价值要给予重视和保障，以根雕为特色的文化工艺需传承和发扬，也要适应市场消费需求进行新品研发。未来文化小镇内将规划新技艺、新产品研发中心，传统技艺传承中心；开展职称评定、产业大师评定活动；建立根雕文化博物馆、建立根雕艺术大师精品收藏馆；举办旅游博览会和产业技术交流活动，提升产业形象。

3. 品牌宣传推广中心

品牌服务主要是围绕文化小镇内企业的生产经营、公司治理、信息披露、公司发展等相关活动而展开，集中体现在行业信息发布、路演推介、产品设计、品牌展示、推广营销、贸易洽谈等环节上，重点扶持优质及具有发展潜力的企业。

4. 产融服务中心

依托文化小镇资源平台，通过整合媒体、智库、产业、资本和政府等资源，以内容为基础，以产业为支撑，以资本为杠杆，以政府为依托，打造新型产业服务平台，为企业和政府提供包括内容策划、行业智库、管理咨询、资源对接、政策解读、投融资等在内的“一篮子”增值服务。

5. 人才中心

根雕技艺是闽侯更是中国的文化瑰宝，所以文化小镇的产业升级要实现传统技艺的传承与创新，鼓励大众创新、万众创业，适应时代发展波动，才能一直引领潮流，成为标杆。因此，人才中心规划上，要通过创业、人才等相关机制和政策，留住核心人才，引进国内外名家，发展一代新人，更为产业发展输送源源不断的人才资源。

6. 工业旅游中心

规划建设以根雕生产为核心的工业特色旅游中心，并集合闽侯的旅游资源，实现全域旅游的开发及发展，从而带动第三产业经济。具体包括以下内容：

一是设立精品路线游，发掘潜在的消费客户。

二是设立工业旅游项目，增加游客体验项目，宣传产业文化，带动消费。

三是设立文化旅游会馆，促进旅游商品开发及消费。

综上所述，抢先市场，在市场需求、企业需求、行业需求等产业上、中、下游资源到位的情况下，共同实现“闽侯上街根雕文化小镇”的打造，闽侯县应给予政策扶持，促进上街镇的产业转型，各级地方政府共同打造中国根雕文化品牌第一镇，更好地发挥民间文艺的人民性和群众性。

（作者单位：福建社会科学院精神文明研究所）

审美视域下的周杰伦武侠音乐文化研究

郑丽霞

从2001年的《忍者》开始，周杰伦歌曲中始终贯穿着一条武侠文脉，代表曲目有：《忍者》（2001，《范特西》）、《双截棍》（2001，《范特西》）、《龙拳》（2002，《八度空间》）、《双刀》（2003，《叶惠美》）、《夜的第七章》（2006，《依然范特西》）、《霍元甲》（2006，《霍元甲》电影原声带）、《无双》（2007，《我很忙》）、《周大侠》（2008，《大灌篮》电影原声带），《红尘客栈》（2012，《十二新作》），《天涯过客》（2014，《哎呦，不错哦》）。[①] 周杰伦的歌曲表现出鲜明的特点：钟情于武侠，痴醉于江湖武林的血雨腥风，注重在音乐中表现与推广武术文化，彰显个人英雄主义与民族主义，推崇传统以来“仁”的儒家思想；借鉴西方音乐、融合中国古典民乐，形成武侠音乐的交融或悖反的“复调性”；接续中国传统文脉，营造虚实相生、动静相宜的中国传统意境，这反映在MV的许多画面中。周氏武侠音乐文化散发着古典传统文化的银光，呈现出浓浓禅意和悠悠古风，造成动静相生而又矛盾统一的周氏武侠音乐审美风格。

一、音乐对武术的表现与推广

周氏音乐中的武术不是变形的、夸张的、臆想的武术，多数是真实的、现实生活中存在的，他灵活地抓住各式传统武术的独特性质并将其融合在曲中，使音乐独放异彩。他对武术各派的特点了如指掌，并在曲中多有反映。《忍

① 文中所取歌曲、歌词及MV均来自QQ音乐资源。

者》写出忍者的“忠心”与“坚忍”：“忍者的物语/要切断过去/忠心是唯一”“隐身要彻底/要忘记/什么是自己”（坚忍），一针见血地指出忍者的信仰与修炼方式。“这里/忍者蒙着脸/在角落吹暗箭”“心里/幕府又重现”，吹暗箭是忍者偷袭的手段之一，也是其特色之一。“幕府”真实点出忍者生活的时代，也指出忍者效忠的对象。寥寥几句，忍者的信仰、修练方式、攻击武器、效忠对象等逐一显现。《双截棍》的曲名即是真实的武术名称，双截棍的特点是“柔中带刚”，训练方法“呼吸吐纳心自在”“气沉丹田手心开”“日行千里系沙袋/飞檐走壁莫奇怪/去去就来”“一个马步向前/一记左勾拳右勾拳”“我打开任督二脉”，甚至将动作细节分解描写为“漂亮的回旋踢”。在“双截棍”的练习方法中，是真实且有依据的。

《龙拳》实为少林五形拳中的一种，在 MV 开始之时，旁白念唱龙拳拳谱：“脚同时飞起……六章四书……握拳在腰……冲拳为主”，将龙拳的动作要义全部说出。在 MV 中，导演还直接展示龙拳的动作。他用虚线勾勒出人物剪影，以中国特有的剪影构成动画，简洁地表现龙拳的基本套路。剪影在打龙拳之时，后面的真实人物也在演示龙拳。虚实相生，将龙拳招式展现得淋漓尽致。《霍元甲》中也写出“霍家拳”的特点：“拳脚了得”“套路招式灵活”。一位歌手能将中华武术客观而真实地表现，又将其融入多变的曲风中，实属难能可贵。

周杰伦的武侠曲风客观上也为武术传播做出了贡献，曲中不着痕迹地弘扬了中华武术文化。周杰伦本人喜爱看中国武打电影，《双截棍》因此而作。①《双截棍》一出，搞笑的歌词、多变的曲风，使得“快使用双截棍/哼哼哈兮”成为街头巷尾风靡之调，许多年轻人甚至因此曲与双截棍结缘，开始练习双截棍，这也是通过歌曲推动武术文化及其精神传播的典范。2008 年的《大灌篮》电影原声带《周大侠》更是以嘻哈的态度唱出中国功夫，将中国特有的食物“豆腐”与“功夫”“搅拌”在一起,“功夫”一词反复歌唱，听起来朗朗上口，对宣扬中国“功夫”一词极有效果，而豆腐十分软滑，是极易碎之物，用豆腐训练功夫，即为上乘之功夫。滑稽戏谑的歌词，简单的嘻哈词调，让音乐载着“功夫”飞出中国。

我在武功学校里学的那叫功夫

① 新浪读书文章：《周杰伦的奇特幻想力：从范特西到叶惠美》，http：//book. sina. com. cn/excerpt/sz/mx/2011－05－03/1825285961. shtml.

功夫（功夫）功夫（功夫）
赶紧穿上旗袍（中国特有之物）
免得你说我吃你豆腐
你就像豆腐（豆腐）豆腐（豆腐）
吹弹可破的肌肤在试练我功夫

——《周大侠》节录

《双截棍》《忍者》《龙拳》《霍元甲》等都传递出“仁爱”“义”“忠”的传统儒家思想，这也为武术精神之要义。在道德底线层层失守的今日，重倡“仁”“忠”等武侠精神，对于国民道德素质之提高，十分必要。除了“双截棍”“忍术”“龙拳”“双刀”“霍家拳”等，在曲中他还广泛涉及其他中国武术，如《双截棍》中的“铁砂掌”“杨家枪”“金钟罩铁布衫”“太极”，还提及名扬天下且真实存在的武林门派“想要去河南嵩山/学少林跟武当”。《双刀》的MV最后也出现“武当派”。对武术种类及门派虽然只是一笔略过，并不详细介绍，但对传统武术的弘扬已见其心力。周杰伦使古老的中国武术文化通过周氏音乐的传播走向大众走向国际，重新焕发自身的光芒。

二、个人英雄主义与民族主义的交融

周氏武侠音乐中无处不体现着无所不能的个人英雄武侠主义。《双截棍》中有“飞檐走壁莫奇怪/去去就来”“一句惹毛我的人有危险”“如果我有轻功/飞檐走壁”；《霍元甲》中有对于自我精湛武艺的自信，“我的拳脚了得”“过错软弱从来不属于我”“我们精武出手无人能躲”；《龙拳》中有“我右拳打开了天/化身为龙/那大地心脏汹涌/不安跳动/全世界的表情只剩下一种/等待英雄/我就是那条龙”。在《龙拳》中，“我”就是全世界呼唤和等待的“英雄”。如果说《双截棍》和《霍元甲》还体现着个人对自我功夫的自信力，并不脱离武功实际。那么，在《周大侠》和《龙拳》中，个人的武侠力量则被夸大到无限，个人对于整个世界都有着无穷的操控力。《周大侠》中的“我稍微伸展拳脚/你就滚到边疆”，是用夸张的修辞手法，显示自“我”的无穷威力。《龙拳》中个人能呼风唤雨，移动山河，调整时空，穿越古今，拥有操控世间万物之力：“把山河重新移动/填平裂缝/将东方的日出调整了时空/回到洪荒/去支配去操纵。”《无双》：“我命格无双/一统江山”“我削铁如泥”“让我君临天下的驾驭”。写出“我”在战场上所向披靡的霸气。周氏音乐中的“我”总是自信满满，无所不能，所向披靡，具有强烈的个人英雄主义。从心理机制上而言，这十分契合青年听众坚信自我、想要改变世界的愿望。马斯洛提出人有7种潜藏着的不同层次的需要：生理需要、安全需要、爱与归属的需要、尊重的需要、自我实现的需要、认知和理解的需要、审美需要。[①] 大部分在校青少年此时处于第四与第五层次的需要，需要获得尊重，需要实现自我价值。个人英雄主义能够满足青少年实现自我的愿望，他们陶醉在阵阵鼓声之中，幻想自己化身为龙，改变世界，成为英雄。

周氏武侠音乐中不仅有个人英雄主义，也有着浓厚的民族主义精神。《双截棍》中“踢开”“东亚病夫的招牌”；《龙拳》曲名就带有浓厚的中国特色，“龙”为中国独有之物，“龙拳”更是中国特色之武术，词中多次使用中国典型意象：“敦煌”“长城”“蒙古”“汉字”“黄河”“泰山”“长江”等，这些历史遗迹或山川河水都镌刻着中华千年的印记，沉淀着中华民族的历史文明，是中国的典型符号，词中对这些意象做了重点描绘，证明“我”具有浓厚的民族意识，骨子里为中华民族而感到深深的骄傲与自豪。“我”不仅是无所不能的“英雄”，深爱着中国，渴望着民族腾飞：“以敦煌为圆心的东北东/这民族的海岸线像一支弓/那长城像五千年来待射的梦/我用手臂拉开这整个土地的重”,“民族的海岸线”是一支“弓”,“长城”像“五千年来待射的梦”,“我”用“弓”将“梦”射出去，则寓意着实现民族腾飞。同时也深深渴望着“天下大同”：“渴望着血脉相通/无限个千万弟兄”“一样肤色和面孔”；《双刀》“风/缓缓绕过武馆/正上方的月亮/那颜色中国黄”，用“双刀”武术彰显中国人的尊严；《霍元甲》本为现实中人物“霍元甲”，其为清末著名的爱国武术家，倡导“以武保国强种”，获得孙中山先生的高度评价。对于俄国人、英国人侮辱我中华民众为“无能”“东亚病夫”，霍元甲用家传“迷踪拳”威慑而胜，壮我国威。《霍元甲》既为颂扬霍元甲事迹而作，自然也宣扬着浓郁的民族主义精神。可见，周氏武侠音乐中不仅有着对自我功夫的自信，更有着对国家、民族的责任感与使命感。他用武术“壮我国威”，表现出民族统一与腾飞的渴望，不仅浸润着浓厚的民族荣誉感，而且寄寓着对中华民族未来的美好梦想。

① ［美］亚伯拉罕·马斯洛：《动机与人格》，许金声译，中国人民大学出版社，2007年，第4－5页。

三、武侠音乐文化中“仁”的儒家思想

贯穿周氏音乐内核的是中国传统的武术伦理文化，具有鲜明的民族文化特征，展示着中国传统儒家伦理思想的精髓。“中国传统儒家思想的核心是‘仁’，以‘仁爱’为基本伦理思想所派生出的‘忠、孝、智、仁、勇、宽、信、敏、惠、温、良、恭、俭、让’(《论语》)等道德标准，一直以来是传统武术伦理思想的核心。”① 孔、孟都主张“仁”,“仁”的思想内涵广泛而又深刻，囊括仁爱、朴实、宽容、坚毅、谦逊等传统优秀道德品质。儒家“仁”的思想深刻渗透在中国传统武侠文化中，成为周氏武侠音乐文化的内核。《双截棍》提纲挈领地说道：“习武之人切记/仁者无敌。”这里，“仁”成为所向披靡的最好武器。

“仁”首先体现为“仁爱”，《孟子·公孙丑上》：“无恻隐之心，非人也；无羞恶之心，非人也；无辞让之心，人之端也。”② 恻隐之心、羞恶之心，即为怜悯、是非之礼，这在周氏音乐中多有反映。

其一，周氏音乐中恻隐之心凄凄，表现为“仁爱”原则，主要反映在三个方面。第一，体现在个体与个体的斗争中。人们修炼武术的目的在于强身健体、锄强扶弱乃至保家卫国，而不是欺民霸世、为害一方。王军在《传统武德对儒家伦理思想的汲取及融通思微研究》中说：“武术是作为直接接触对手战斗力而伤残对手甚至杀死对手而存在的。”③ 我国传统武术决斗一般以“先礼后兵”“点到为止”为原则，如武林中流传的“八打”与“八不打”④，使用武术的最终目的在于制止对手，而非重伤对手，习武并不为争天下第一。歌词中有“天下谁的/第一又如何”“我的拳脚了得/却奈何徒增虚名一个”，并不在乎名利，仅为修身养性。又有“止干戈/我辈尚武德”，面对争斗“以德服人”，讲究“点到为止”，不取人性命。《霍元甲》MV 中由李连杰扮演的霍元甲与西方人决斗，则以霍元甲手取标枪直指敌人喉尖为胜，即止。第二，体

① 王军：《传统武德对儒家伦理思想的汲取及融通思微研究》，山东师范大学硕士学位论文，2003 年，第 17 页。

② ［战国］孟子：《孟子·公孙丑上》，海风出版社，2008 年，第 40 页。

③ 同①，第 10 页。

④ 王军：《传统武德对儒家伦理思想的汲取及融通思微研究》，山东师范大学硕士学位论文，2003 年，第 11 页。武林流传的“八打”：打眉头双眼、打唇上人中、打背后骨缝、打鹤膝虎头、打破骨千斤、打穿耳门、打肉肋肺腑、打撩阴高骨；“八不打”：不打太阳、不打对心锁口、不打中心两闭、不打两肋太极、不打两肾对心、不打两耳弱风、不打海底撩阴、不打尾间丰府。

现在歌曲中为对天下苍生的怜悯。《无双》中的“我”作为征战南北、战无不胜的王，在面对异族的侵略之时，奋起反抗。但是他的“青铜刀锋/不轻易用”，在他心中“苍生为重”。王的刀不刺向平民百姓，只刺向仇敌，“破城之后/我却微笑绝不恋战”，不似其他残酷的君主，破城之后还要大肆杀戮，面对残兵败将，王放其一条生路。王在战争的“狂胜之中”，却感受不到欣喜若狂，而“黯然语带悲伤”。胜利的悲伤背后隐藏的是王悲悯天下、心怀子民的恻隐之心。当战争结束之后，王望见鲜血淋漓的战场、流离失所的百姓，早已感受不到胜利的喜悦，只有对百姓的同情与悲悯。第三，音乐中贯穿的强烈的反战思想，也体现其恻隐之心。《忍者》写的是日本武士道，忍者是暗杀的工具，MV 中出现挂着布袋、捻着佛珠的僧人在忍者横行的街道行走，面对忍者的暗杀行为，他闭眼蹙眉，凝重的表情显示出鲜明的反“杀”思想。2006 年，周杰伦在为电影《霍元甲》谱写的同名主题曲《霍元甲》中直接提出“和平”理念，在 MV 伊始的画面中，随着缓慢的鼓点声敲打而出的是用毛笔庄重写就的“和平”二字，个人的反“杀”思想上升到天下“和平”的大爱思想，这是周氏音乐对儒家思想吸收的进步与升华。《无双》中更有“听我说武功/无法高过寺院的钟”，“寺院的钟”此处暗指充满“仁爱”的佛法，将武力与佛法力量相较，立分高下，可见曲中主张“仁爱”的思想倾向。

其二，周氏音乐中充满强烈的是非分明的正义感。周氏武侠音乐中塑造的人物多为侠义之士。他们的身上充满了江湖义气。江湖义士追求的是替天行道、仗义疏财、除暴安良、生死与共、忠诚信义、同甘共苦、荣辱与共，“路见不平拔刀相助”“行侠仗义”“江湖义气”总是与武术紧密地联系在一起。“正义”是习武之人身上散发出的高贵精神气质，表现在与人的交往行为当中。当代著名学者刘若愚在其著述《中国之侠》中，对侠义精神有所评价：“游侠，则直接地将正义付诸行动，只要认为有必要，就不在乎是否合法，就敢于用武力去纠错，济贫扶难。他们的动机往往是利他的，并且敢于为了原则而战死。”他认为，“游侠是一些意志坚强、恪守信义，愿为自己的信念出生入死的人”，而支配他们信念的是助人为乐、公正、自由、忠于知己、勇敢诚实、爱惜名誉和慷慨轻财等。① 儒家十分重视道义的价值，道义是武侠安身立命之根基，孔子曰：“杀身成仁。”孟子则曰：“舍生取义。”孟子阐释道：“鱼我所欲也，熊掌亦我所欲也，二者不可兼得，舍鱼而取熊掌也；生亦我所欲

① ［美］刘若愚：《中国之侠》，王清霖译，上海三联书店，1991 年，第 13 页。

也，义亦我所欲也，二者不可兼得，舍生而取义也。”① 在传统儒家看来，“义”比个人生死重要得多。这也反映在周氏音乐中，如：《双截棍》中有“为人耿直不屈/一身正气/哼”；《双刀》描写中国人在异域受人凌辱，作者看到同族被外族欺负，“从天台向下俯瞰暴力/在原地打转”。虽然“上一代解决的答案是微笑不抵抗”，而这一代面对“正邪两方”，意识到“恐惧来自退让”，选择“那以牙还牙的手段”，勇敢地奋起反击。在《夜的第七章》中，通过二重唱的方式让正义与邪恶直接对立起来，终结邪恶，弘扬正义，是周氏音乐的主旋律。

女声：如果邪恶 是华丽残酷的乐章
(那么正义　是深沉无奈的惆怅)
女声：它的终场　我会亲手写上
(那我就点亮　在灰烬中的微光)

其三，儒家思想奉守“三纲五常”，主张君为臣纲，强调君臣之间的“忠义”精神，这也是“仁”的衍生物。所谓“忠”，为全心全意为他人做事。中国传统的习武者多忧国忧民，秉持“天下兴亡匹夫有责”的信念，历史上也不乏江湖人士英勇抗敌、为国捐躯的壮烈事迹。上文已经大致解析了周氏音乐中的“民族精神”，此处不再赘言，仅对“忠的精神”做简要分析。镰仓幕府的建立，标志着地位很低的武士登上历史的舞台，他们鄙视平安朝贵族萎靡的生活，吸收中国儒学、佛教禅宗、神道教，崇尚以“忠君、节义、廉耻、勇武、坚忍”为核心的思想，形成“武士道”精神。忍者十分强调“忠心”，“忍者的物语/要切断过去/忠心是唯一”，这是从中国儒家思想文化要义中汲取的。《龙拳》MV 中出现的第一个画面就是众人习武，墙上挂着“武”与“忠”二字。《无双》中也推崇“歃血为盟/我等效忠/浴火为龙”的“忠义”精神。

其四，传统武侠一直鼓励人们要有自强不息、积极向上、勇敢拼搏的自强精神，无论面对何种困难，身处何种险境，都不忘自身心志，用坚定的恒心和毅力，积极追寻生命的意义，战胜一切困厄。周杰伦说：“活着生命就该完整渡过。”生命不能浑浑噩噩，要饱含一腔热血有意义完整渡过，这是对生命的积极态度；在面对生活的困境之时，周杰伦用京剧唱腔吟出面对时空变幻的勇

① ［战国］孟子：《孟子·告子上》，海风出版社，2008 年，第 151 页。

气与回忆："小城里岁月流过去/清澈的勇气/洗涤过的回忆/我记得你/骄傲的活下去。"

周氏音乐中传统武术伦理道德的显现，对当今广泛的周氏音乐接受者的道德标准和价值取向产生了深远的影响。它引导浮躁功利的现代人走向踏实正义，磨砺中华民族的人格、砥砺中华儿女的意志，传达积极向上、舍身为人、忠诚守信的义利观，利于形成顶天立地的民族性格，以天下兴亡为己任的爱国精神。

四、武侠音乐的"复调性"：交融或悖反

周氏武侠音乐中存在着一个独特的文化现象，即中西音乐交融并生，形成周氏音乐的"复调性"，表现为中西音乐的交融或悖反，二者在同一首歌曲中交替出现，产生舒缓与紧张错落有致、跌宕起伏、层次丰富的听觉美感。

《双截棍》中多使用西方架子鼓，造成音乐急促的节奏感，间或融入中国古典乐器：二胡与铜锣，间奏淌以舒缓的钢琴，中西音乐交融共生，形成特有的周氏音乐的"复调性"。《双截棍》的编曲在0:00～1:45，主要使用架子鼓，形成快速、亢奋、急促的音乐感觉。从1:44开始，周杰伦唱完"想要去河南嵩山/学少林跟武当"之时，两声铜锣声敲响，曲风一转，进入一段长约10秒的舒缓悠扬的二胡间奏（1:44～1:54），继而二胡变得时而急促、时而舒缓，与架子鼓交织相融，形成二胡与架子鼓缠绵交织的音乐特点。二胡与架子鼓交替时长约为20秒（1:54～2:15），又转入单一的架子鼓，持续约8秒（2:15～2:23）。在高亢的架子鼓击打之后，曲风再次急转直下，淌入舒缓流畅的钢琴间奏（2:23～2:32），毫无预兆，架子鼓声再次袭来，长达8秒。入二胡，与架子鼓再次缠绵交织，不过这次仅有急促的二胡声（2:40～2:52）。可见，在周氏音乐之中，西方现代乐器架子鼓、钢琴与中国古典乐器二胡交替使用，形成或相同或背离的音乐审美风格，造成中西音乐特有的"复调性"。周杰伦时而抓取中西完全不同的乐器，将其节奏融合统一。在悠扬的二胡间奏结束之后（1:44～1:54），二胡时而变得急促，时而变得舒缓。急促之时，与架子鼓并驾齐驱，如雷霆万钧，千军万马，气势浩瀚，挺身前进；在2:40—2:52，架子鼓中再次加入二胡，不过这次仅有急促的二胡之声，失却舒缓之声。架子鼓与二胡的复调演绎，都较为急促，激动紧迫，令人血脉贲张，烘托江湖武林的打斗气氛，增加音乐的紧张气息。他时而弹奏节奏完全背离的中西

两种乐器，造成音乐的冲突与矛盾，获得别致的审美风格。第一，在悠扬的二胡间奏结束之后（1:44 ～1:54），出现一段二胡与架子鼓缠绵交织的“复调”，当二胡变得舒缓之时，与架子鼓形成悖反“复调”，快中有慢，慢中见快，构成音乐的冲突与矛盾，形成西方现代架子鼓与中国古典乐器二胡之间快慢相悖离冲突的特殊审美感觉，但又在某种形式上获得审美上的统一；第二，架子鼓与钢琴、二胡的交替呈现，一张一弛，钢琴、二胡为架子鼓的紧张提供了暂缓栖息之地，也为下一次的高潮做了铺垫，钢琴、二胡为柔，架子鼓为刚，它们刚柔相济，在紧张中嵌入舒缓，舒缓中又铺垫着紧张，获得了紧张与舒缓两种完全相悖离的音乐风格的某种统一，在音乐的复调和冲突中获得独特的音乐延宕感，造成周氏音乐的独特审美感觉。在音乐中，间或出现中国独有的乐器：锣。锣声在本曲子中共出现四次，分别在00:38，00:49，1:44和3:12，前三处地方锣声都为急促的两声，夹杂在架子鼓中，若不细听，难以辨析，而3:12处则为音乐的结束，锣重重地敲了一声，象征战斗结束，仅有锣声余音绕梁，显得回味无穷。锣、二胡均为中国民间古典乐器，在充斥着架子鼓的歌声中不时出现，也显示出杰伦想要融合中西音乐文化的独特匠心。中西音乐的复调演奏使得杰伦的音乐交织缠绵，紧张与舒缓并生，层次丰富，内容多样，不再单一，在西方音乐不断入侵的当今乐坛上，周杰伦坚持中国传统音乐的精神令人钦佩，歌曲亦更显浓郁的中国风。

《霍元甲》中则主要采用西方的架子鼓，融合大鼓、镲、古筝、二胡、笛子、扬琴、琵琶等多种中国古典乐器，形成中西交融混合的周氏音乐风格。其中也有中式舒缓与西式紧张相互交错造成的“复调性”。

> “小城里/岁月流过去/清澈的勇气/洗涤过的回忆/我记得你/骄傲地活下去/下去”
>
> “霍霍霍霍霍霍霍霍/霍家拳的套路招式灵活/活着生命就该完整渡过/我我我我我我我我/过错软弱从来不属于我/霍霍霍霍霍霍霍霍/我们精武出手无人能躲”

这两段唱词构成歌曲的主体，“霍霍霍霍”一段则用西式RAP快速说唱，“小城里”一段用京剧唱腔悠扬唱出，曲中前半部分则是交替出现，曲风时快时慢，时而RAP、时而京剧，RAP部分呈现出坚硬霸气的音乐风格，副歌部分忽而转成柔软纤细的假声戏剧唱腔，刚柔并济，恰好符合中国武术以柔克刚的特点，形成悖反的“复调”。中国传统戏曲的婉转悠扬，又为歌曲平添了一分绵延之感，更添古典韵味。到曲的末尾，即高潮部分，这两段则交织融合，RAP 与京剧完全融合，形成中西交融式“复调”,“复调”部分则以京剧唱腔为主，RAP 为辅，结尾也用锣声，既代表比武结束，也代表歌曲的结束。锣声悠扬，更显余韵悠长。

周氏武侠音乐中亦有《忍者》用了日本古典乐器三弦、笛子，并将日式典型“o ~ yi ~ o ~ yi ~ ~”唱腔融入其中，营造出忍者暗杀的神秘气氛。此外，还有《龙拳》的编曲中，架子鼓与钢琴、古筝相互交错，亦快亦慢，亦形成中西交融或悖反的音乐风格。总之，周氏武侠音乐用紧张的西式架子鼓表现武术争斗的紧张感，间或穿插中式古典民乐表现舒缓气氛，给人以紧张与舒缓交错相生的审美感觉。

五、词文本中动静相生的审美张力

周氏武侠音乐的词写作中，接续了中国传统文脉，营造虚实相生、动静相宜的中国传统意境。下面以《双截棍》《忍者》《无双》为例析之。

《双截棍》中在快速的节奏中，写上舒缓的武术动作。“干什么/干什么/呼吸吐纳心自在/干什么/干什么/气沉丹田手心开”“快使用双截棍/哼哼哈兮/快使用双截棍/哼哼哈兮/习武之人切记/仁者无敌/是谁在练太极/风生水起”在如此急速的双截棍武术练习之中，描写“呼吸吐纳心自在”“气沉丹田手心开”等武术练功方法，叙述“风生水起”、气势磅礴的太极练习，双截棍的动作柔中带刚，以快速的打斗为主，而太极极静，讲究“四两拨千斤”，双截棍的激烈与太极的缓和相互交错，在词中营造出画面的刚柔相济，动静相生。

《忍者》中词的前半部分营造静谧的气氛：“我坐着喝味增汤/在旁边看/庭院假山/京都的夜晚/有一种榻榻米的稻香/叫做禅。”描画极为安静的京都夜晚，一切蓄势待发，忽而黑暗中闪过一个画面，忍者躲“在角落吹暗箭”，暗杀行动在夜中悄然进行。“伊贺流忍者的想法/只会用武士刀比划/我一个人在家/乖乖的学插花”，屋外忍者用武士刀比拼得正激烈，随时关涉生命危险，而“我一个人在家/乖乖的学插花”,“插花”为修身养性的代表性意象,“我”在家中认真学习“插花”，哪闻世间之事？这里,“武士刀比划”与“在家”“插花”，构成相互对立的两个画面，动静相悖，意义也相悖，构成动静相生画面的审美张力。

《无双》中有“苔藓绿了木屋/路深处/翠落的孟宗竹/乱石堆上有雾/这种隐居叫做江湖”，营造了一副静谧的画面，“竹”是高洁和隐居的象征符号，“乱石堆”则初显此处荒凉，“石上有雾”更暗示武林波谲云诡、风浪将起。歌词文本初次由静入动，“箭矢漫天飞舞”，描绘战争纷乱、民不聊生的悲惨情景，以“听我说武功/无法高过寺院的钟”转折，由动入静：“禅定的风/静如水的松。”此段从静境入动境再入禅境（静→动→静），主要传达的是战争对人们的残害。继而“我”“狂胜”，“一路安营扎下寨”，“我”攻城略地，却以“苍生为重”，“破城之后”“绝不恋战”，此段以描绘战争为主，即为“动”。转而以简单勾勒的几个残缺破败的“静”的意象结束：“残缺的老茶壶/几里外/马蹄上的尘土/ 升狼烟的城池/这种世道叫做乱世。”马蹄飞驰起的尘土，城池上升起浓浓狼烟，以看似“静”的物象预示着战乱依旧纷纷。《无双》为方文山作词，词中经历了“静→动→静→动→静（动）”，构成画面的亦动亦静、动静交错、动静相生的审美美感。

在 MV 的拍摄中，导演通常也尊重词作传递的意境，竭力营造动静相生的画面美感：静止的红色枫叶、坐落着的亭台建筑、空无一人的街巷、穿着和服轻轻拨弄三弦的日本女人、双手合十的和尚口中念念有词，一切静谧而又宁和。这与画面中不时出现的紧张而又神秘的、穿着夜行衣行色匆匆的忍者形成鲜明的对比。另一画面中，僧人在桥上缓缓行走，见忍者追杀目标一幕，闭目蹙眉，慢慢转动手上的佛珠，充满禅意。画面动静相生，与此文本创造的意境十分相符，创造急促与缓慢背离的审美张力。不仅如此，导演将充满矛盾的两种意象放置在一起，营造出一种矛盾冲突相悖的审美张力。忍者追杀目标成功，忍者的刀抵住目标的脖子，镜头从地面仰视拍摄忍者和目标，旁边还坐着拨弄三弦的日本女子，画面静止。导演将残忍的忍刀与美丽的樱花放置在同一画面中，忍者在地面练习忍刀，樱花缓缓飘落，营造出杀戮与静美同在的画面。

总之，周氏武侠音乐开创了武侠音乐文化的新范式，在武侠音乐的音乐内容、精神文化、音乐体式、词文本意境、MV 画面调制上，都有新的文化创造和理论建树。周氏武侠音乐充分借鉴西方流行音乐文化，又不失却中国古典传统文化底蕴，创造出传统虚实相生、动静相宜的传统意境，形成中西交融的独特音乐审美感觉。

（作者单位：泉州师范学院文学与传播学院）

福建动漫形象的美学特征及实用价值研究

林丽琴

2006年出台的《国家“十一五”时期文化发展规划纲要》指出，要推动实施“国产动漫振兴工程”，大幅提升我国原创动漫的创作数量和作品品质，构建国家数字内容和动漫产业大发展的良好局面。我国动漫产业的发展得到了各级各地政府的高度重视和大力支持，日益成为新的经济支撑点，带来了丰厚的人文和经济价值。近十年来，包括文化部、国家广播电视总局、各区域政府在内的国家决策部门先后出台鼓励大力发展包括动漫产业在内的文化创意产业的政策文件，从生产制作、传播、推广、人才培养、资金扶持、产业经营等多个角度全面扶持本土动漫的成长壮大。2016年《国家“十三五”时期文化发展规划纲要》把数字创意产业归类为战略新兴产业五大门类之一。

动漫形象是原创动画的核心，培育动漫品牌是动画公司追求的高级目标。优秀的动漫品牌才能实现动漫产业链的经济效益。上海当代艺术馆创意总监、著名策展人陆蓉之曾将动漫美学的特征概括为四个方面：一是青春美学的膜拜，二是动漫美学中丰富的叙事性文本，三是动画中的色光艺术，四是动漫产业所带动的应用艺术美学和巨大的创意产业的产值。① 动漫形象与文化、商业的现实契合是实现其美学实用价值的有效途径。福建文化企业对民族文化进行深度挖掘，发扬厚实的民族文化精神，遵循商业动漫形象创作的定律，创作出一批有商业前景、有文化内涵的动漫形象。历经十年的发展路程，福建省动漫文化产业也得到了飞跃发展，2014年福建一家动画公司的原创动画产量排名全国第一。移动互联网时代来临，大众每天接触海量的信息，政务公众服务平

① 陆蓉之：《我眼中的“动漫美学”》，《艺术·生活》，2010年第4期。

台如何吸引并抓住大众关注和点击阅读？相应地，动漫形象逐步走进政务公众服务平台。习近平总书记说：要让我们的文化遗产活动起，动起来。2016 年 5 月 16 日，文化部发布《关于推进文化文物单位文化创意产品开发意见》。大量文化资源的合理利用问题，很大程度上就是把它数字化、创意化。通过创意把文化转化为生活化物品，传播中国文化元素，就要靠传统文化与设计、传统工艺的融合。

“妈祖”是一种具有福建地域特色的文化符号，只有将其改写为产业符号，才能使宝贵的传统文化资源成为产业增值的源泉。[①] 妈祖的动漫形象将传统与现代相结合，易于被广大游客特别是年轻人认可。“萌”是妈祖动漫形象走的路线，设计出来的“萌萌哒”动漫形象应用到产品、实体店、网店、柜台名片等多方面，广受消费者的追捧。妈祖动漫形象把妈祖文化请下神坛，从神圣的信仰文化向日常生活化、小清新的“萌”文化转型，实现从文化符号转化为产业符号，为妈祖文化产业增值。

妈祖动漫形象

“惠女风情”在 2017 年金砖文艺晚会上惊艳登台，向世界展示了福建惠女的勤劳与美丽。惠女是福建劳动人民的特色文化。数字化、创意化“惠女风情”是在移动互联网时代传播闽南文化的必要之路。“惠女风情”以惠安女的内在精神气质为核心，经过一代代惠安女在社会实践中不断挖掘、弘扬、创造发展起来，具有鲜明地方特色和丰富内涵的一种文化现象。惠安女的服饰款式奇特，色彩单纯靓丽，图案纹饰优美吉祥。作家萧春雷曾说：“惠安女创造了汉民族最有视觉冲击力的华美服饰。”[②] 惠安女的服饰特征，不仅适应福建沿海气候和劳作的生活环境，也融合了多民族的服饰特点，是中原文化和外来文化的结晶。动漫 Q 版造型是动漫艺术语言中比较流行的一种新兴表现手法。这种造型方法的最大优点是能让惠安女形象更加亲切、生动、可爱，具有强烈的视觉效果。《惠女四姐妹——闽闽、南南、惠惠、安安》树脂摆件，是对惠安女形象进行动漫 Q 版造型改造的结果。动漫 Q 版造型是在传承惠安女服饰

① 许元振：《妈祖文化在新媒体传播中的媒介化趋势分析——以妈祖微博为例》，《莆田学院学报》，2014 年第 3 期。

② 转引自刘萍：《惠安女服饰元素》，《美术教育研究》，2016 年第 3 期。

文化的基础上以传承惠安女的精神为中心进行设计的。通过动漫手法表现惠安女做石画、惠安女玩提线木偶、惠安女搬石块等场景，反映惠女民俗风情，展示惠女生活极富特色的方方面面。

惠女四姐妹动漫形象

“一带一路”沿线国家的“茶”的发音相近，传播茶文化也是践行国家“一带一路”战略的主要任务。今年金砖会议的特色国礼之一就是茶。2010年，由福建省时代华奥动漫有限公司、上海美术电影制片厂、海峡茶业交流协会联合摄制的《乌龙小子》是一部让青少年在娱乐中认识中国传统茶文化的渊源和精髓的动画片，片中塑造的“欧欧壶”动漫形象诠释了茶壶的动态生命力。“欧欧壶”动漫形象具有“活动起来、动起来、萌起来”的卡通效果。由于没有更多更好的品牌推广作品，这个可爱的动漫形象夭折在襁褓中。茶文化的动漫营销推广是一条正确的、有价值且可以深度挖掘的课题。如果能将先进的现代动画制作技术与中华民族优秀的传统文化进行无缝融合，做到“技”与“道”有机统一，有效的品牌营销全案提供支撑，那就既可以深入地阐释福建茶文化内涵，塑造茶文化动漫品牌，获取良好的社会效益，又可以借茶的动画形象作为产品标志的主要元素，设计生产动画衍生品，把茶产业链拓展到各行各业，实现更大的经济效益。

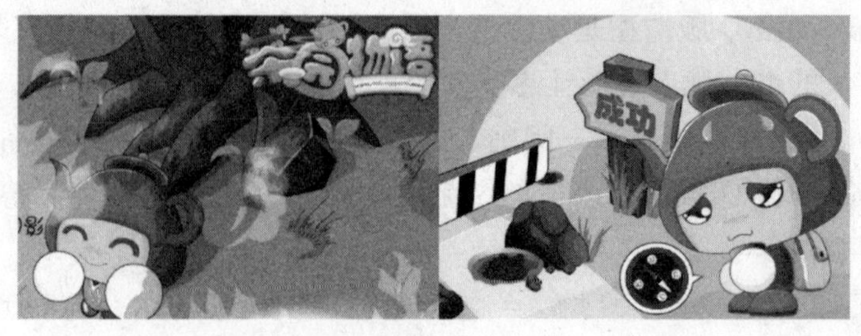

欧欧壶动漫形象

朱子动漫形象

闽北是朱熹的故里，又是朱子理学的发源地，蕴藏着丰富的朱子文化资源。朱子动漫研发还处于起步阶段，虽然市场上有一些企业已经创作出一些朱子动漫，但是创作水准还相对较低，达不到动漫美学的效果。目前来武夷山的游客一般都会被武夷山的自然遗产所吸引，而武夷山的文化遗产——朱子理学则经常被忽略。与朱子文化相关的都是一些学术研讨会议、夏令营等，偏向于理论的研究，较少将朱子文化与闽北地方经济相结合进行挖掘，造成了朱子文化高处不胜寒，难以融入百姓日常生活中，阻碍了朱子文化的发扬、传承与保护。[①] 福建省“十三五”旅游发展规划中提到发挥武夷山“双世遗产地”的优势，挖掘朱子文化、茶文化、闽越文化精髓，大力发展“大武夷旅游圈”。打造朱子动漫产业链对朱子文化的传承、传播、保护、活化和朱子品牌打造；对丰富闽北旅游纪念品样式、发展“大武夷旅游圈”、闽北动漫产业的发展模式的拓展、增强闽北文化的竞争力和原创力，都具有重要的作用，而且符合年轻旅游群体的需求。

福建省妇女联合会的政务微信公众号“闽姐姐”的动漫标识为省妇联政务微信公众号，增强了视觉力量，赋予了感染力和说服力，优化了政务微信公众号对外传播的途径，丰富了传播的表现形式，打破了群众心目中妇联政务窗口“严肃端正”的固有印象，以亲切的形象出现在大众视野，更形象与生动地塑造了“闽姐姐”的品牌形象。秀发飘逸、装饰一朵芬芳茉莉花的“闽姐姐”动漫形象展现了其“形象之雅”。笔者查阅了福建的政务微信公众号，多

福建机构原创动漫形象

① 邹赣华：《基于SWOT分析的武夷山朱子文化旅游发展的探索》，《扬州教育学院学报》，2012年第3期。

以 LOGO 作为政务微信公众号的标识头像，如正统网、福建科技、福建司法、福建警方等，以温情的动漫形象作为政务微信公众号的“闽姐姐”如一缕轻风温暖着福建姐妹的心。

自 2010 年，在政府大力扶持政策的推动下，历经七年的发展，福建动漫企业通过学习与借鉴，走出一条“原创动漫形象→动漫形象品牌营销→品牌动漫形象商业授权”的发展路线。

福建金豹动画设计有限公司的动漫品牌“JONJON 囧囧”是首创的由汉字演变的动漫形象，诞生于 2009 年，作品涵盖动画、漫画、手机主题等多种形式多媒体传播，品牌以时尚、个性、搞笑的当代精神生活为主线。“JONJON 囧囧”动漫形象适合多个年龄阶段，动漫周边开发包括服装、玩具、图书、文具、家居、珠宝饰品及手表等，并运用于商场节日营销、进入小学教辅课本、代言相关单位的主题宣传活动。“JONJON 囧囧”动漫形象的周边产品研发与销售的成功，证明“JONJON 囧囧”动漫形象是动漫与中国汉字美学相结合的成功典型个案。它遵循了动漫美学中的圆形理论，符合衍生产品色彩简单的要求，赋予该形象各种民族文化元素（不同的服装诠释不同的文化元素、不同的表情表达大众当下不同的心情）。

JONJON 囧囧动漫形象及应用

“逗逗虎”是福建神画时代数码动画有限公司的动漫形象。该企业通过系列电视动画片、动画广告、漫画、绘本、新媒体产品等推广此动漫形象品牌。“逗逗虎”动漫形象经历了1.0到2.0版本的升级路程，也反映了福建企业动漫制作技术的提升历程。“逗逗虎”1.0色彩复杂，不利于衍生产品的生产，因此1.0版的“逗逗虎”仅仅是一个普通动漫形象而已。“逗逗虎”2.0遵循动漫形象的圆形理论，具备萌、色彩简约、识别性强、便于传播的特性。

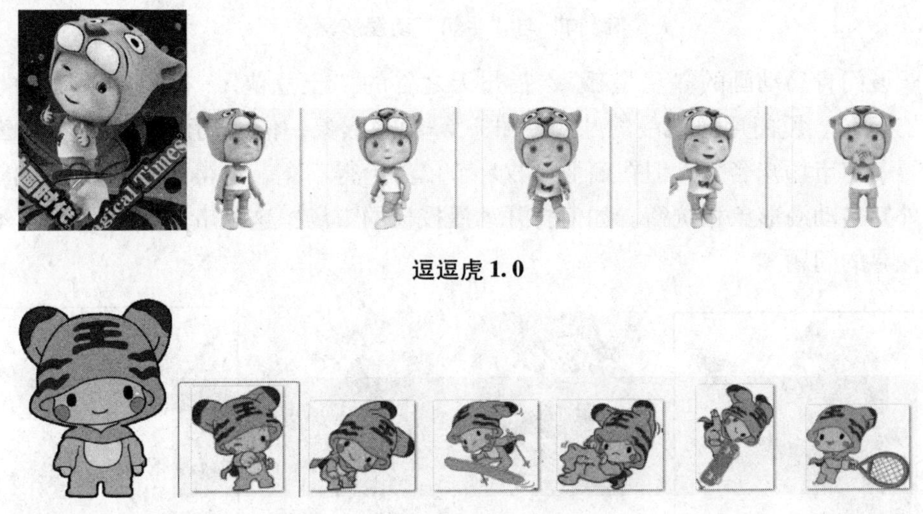

逗逗虎1.0

逗逗虎2.0

“酷狗”动漫形象是由福建统联文具有限公司于20世纪90年代原创的文具品牌动漫形象，酷狗文具品牌已挤入国内文具的第一梯队。酷狗文具的热销主要归于“酷狗”动漫形象的成功。该形象可识别之处在于那半边黑脸的狗，这种设计理念后来也被国内的“途牛”网站和“澳牛”牛奶的动漫形象设计抄袭。“酷狗”动漫形象的成功还在于形象名称迎合了受众对“酷自我”追求的心理特征。20世纪90年代末，在互联网域名的抢注浪潮中，其中一个著名的音乐网站也于无形中助力“酷狗”品牌推广。“酷狗”的搭档“牛奶”是一个受女性喜爱的动漫形象。这个形象的创作模仿了日本“Hello Kitty”的审美特征——萌萌、圆圆的脸蛋，左耳上扎着一个蝴蝶结。我们仍应支持和鼓励这种向他人学习的现象，一切的努力都终将有助于中国漫画美学特征的研究和发展。

“酷狗”与“牛奶”动漫形象

厦门青鸟动画的“星星狐”、福州天之谷的“土豆侠”、福州零壹动漫的“功夫鸡”、厦门翔通动漫的“绿豆蛙”等动漫形象，依靠动漫营销战略，已获得一定市场知名度，但在商业授权环节依然走得不宽，走得不远，无法与国内外知名动漫形象相抗衡。如何打开动漫授权的市场？这是市场、企业正在努力探寻的问题。

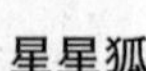

星星狐　　土豆侠　　功夫鸡　　绿豆蛙

目前，福建动漫企业众多，无论成功与否，每一个原创的动漫形象都注入了福建动漫企业的创作心血，为以后生产出更优秀的动漫形象打下了基础。2016 年开始，政府对动漫产业的扶持政策有所调整，逐渐将其交给市场来优胜劣汰。初长成的动漫企业面临了更严峻的市场挑战，承接外包和培育原创动漫品牌两条腿走路的模式已成为动漫企业普通选择的商业模式。创意是动漫行业的核心竞争力，动漫研发必须立足于博大的中国传统文化，以中华美学思想为指导，带着极其敏锐的市场目光去走坚持民族动画造型的美学道路，并配合以新时代的人文背景和科技平台，如此才能创作出真正具有中国审美特征的优秀动漫作品。

（作者单位：福建省委党校，福建行政学院）

20世纪中国地方风物传说美学研究钩沉

陈祖英

“民间文学是劳动人民的口头创作，它在广大人民群众当中流传，主要反映人民大众的生活和思想感情，表现他们的审美观念和艺术情趣，具有自己的艺术特色。”① 地方风物传说是民间文学这棵大树上的一枝，是关于特定地方的山川古迹、花鸟虫鱼、风俗习惯、乡土特产等的解释性故事。我国地大物博，名山胜水美不胜收，悠久的历史、壮丽的古迹、丰富的物产、多姿的风情，都为地方风物传说提供了肥沃的土壤和不竭的题材源泉。然而我国关于地方风物传说的美学研究主要集中在20世纪八九十年代，这是因为1978年以来，美学研究在我国重新得到复苏、繁荣和发展，成为社会科学众多学科中的热门之一。同时，随着我国社会主义经济建设和旅游事业的迅速发展，山水传说在山水欣赏中的作用越来越被人们所重视，搜集整理出版的书籍也越来越多。丰富的风物传说作品为美学研究提供了审美对象，美学的发展也为风物传说开拓了新的研究视角。梳理和总结这些已有的研究成果，对继承和弘扬中华优秀传统文化、推进中国特色社会主义伟大事业不无裨益。

追求真善美是文艺的永恒价值，所谓“真”，是指文艺要通过合乎艺术规律的方式，将社会的真实、历史的真实及作家艺术家的真诚体验表现出来。所谓“善”，是指文艺要反映出对生命的尊重、对理想道德的追求、对幸福生活的向往等，体现社会生活中的道德力量。所谓“美”，是指文艺要充分体现艺术品质，在真和善相统一的基础上，给人以精神上的愉悦。地方风物传说是整个文艺的一部分，在创作方式（口头表现）和某些传承上有独特的艺术情趣

① 钟敬文主编：《民间文学概论》，高等教育出版社，2010年，第1页。

与审美理想，体现出自然美、社会美与艺术美的交融和统一。在20世纪八九十年代，学者们不仅对地方风物传说的美学特色和价值有零星的探究，也有较系统的研究专著。为了保持专著研究的完整性，本文拟以介绍黄贯群《山水美与传说》[①] 和刘亚虎《广西山水传说探美》[②] 的研究成果为主，以个别其他学者的研究成果为辅，来展示我国地方风物传说美学研究的成果。

一、地方风物传说美学综论

黄贯群《山水美与传说》是范阳主编的《山水美论》（1993）的一部分，从山水与传说的关系阐明山水美及其规律。早在1987和1988年，黄贯群已经发表了《从审美视角谈山水传说的产生和发展》《山水传说与山水美的欣赏》《从山水传说看我国民间的美学思想》[③] 三篇美学论文，《山水美与传说》在上述研究的基础上扩充丰富，用四章的篇幅分别阐述了山水传说的产生与创造、山水传说与山水美的欣赏、从山水传说看我国民间的美学思想等内容。黄贯群这里所说的山水传说是风物传说的一个小类，是广义的山水传说，不仅限于与山水有关系的故事传说，还包括日月星辰、地方名胜、山水景观中的自然物与人工物的传说。关于“山水传说的产生”，黄贯群认为是“生产劳动实践萌发了人们对山水的美感，含有审美因素的山水传说才会逐渐产生”。[④] 在远古时代，生产力水平低下，人们完全依赖自然而生存，自然山水在很大程度上是作为人类的一种异己的力量、一种对立物而存在的。因而那时的人们畏惧自然，将自然山川人格化，把它们当作神灵来崇拜。随着生产力的发展，人们在改造自然和支配自然的生产实践中，不仅获得了物质利益，实现了自己的目的，而且观照到自己创造性的劳动成果，感到自己的力量。于是对自然山川的态度，也从敬畏和恐惧中解脱出来，渗入了一种审美的因素，一种自豪的心情。山水自然物才逐渐成为人们观照、欣赏的对象，也只有人们在劳动实践中萌发了对自然山水的美感，含有审美因素的山川名胜传说才会被创造出来。不过，自然山水作为审美对象进入传说有一个发展过程。起初，人们只是从实用功利角度

① 黄贯群：《山水美与传说》，范阳主编《山水美论》，广西教育出版社，1993年，第743-836页。

② 刘亚虎：《广西山水传说探美》，广西人民出版社，1994年。

③ 黄贯群：《从审美视角谈山水传说的产生和发展》，《学术论坛》，1987年第4期；《山水传说与山水美的欣赏》，《社会科学家》，1988年第3期；《从山水传说看我国民间的美学思想》，《广西社会科学》，1988年第1期。

④ 同①，第754页。

出发，对人们有利的自然物，就加以美化，表现出赞颂的感情；对人类有害的自然物，人们就赋予其凶恶的形象，表现出憎恶恐惧的感情。随着人们对自然的认识和对自然改造的深入，自然山水对于人有了独立的审美意义，风物传说的内容也越来越丰富。

在“山水传说的创造”部分，作者先分析了人们创造山水传说的原因：一是在生产力低下的古代，人们创造敢于向自然力挑战的英雄形象，表现征服自然与改造自然的愿望；二是在阶级压迫、政治思想不自由的社会里，人们托物言志，借景抒情，借山川景物寄托自己的思想感情；三是人们创造山水传说，一方面给自己生存活动的自然环境增加美的氛围、美的意蕴，另一方面，表现自己对自然、对生活的审美认识、审美理想，以满足自己的审美需要。接着，作者总结了创造山水传说的主要方式：就地取材，按像设事；借用古人，生发开去；移山借海，无中生有；改造神话，花样翻新。其中“就地取材，按像设事”是人们用得最多的方式。人们根据自己熟悉的山水形象和生活经验，就地取材编造故事，把自己的审美感受与审美理想融入其中。因此，不管运用哪种方式，山水传说都是以山水自然物为对象，体现讲述者对山水风景属性与特点的审美把握。虽然山水传说借助山水景物主要反映的是人民群众的思想感情，是复杂的社会关系和社会生活内容，但优秀的作品能将美的山水风景与人的思想感情有机结合，在艺术上能做到神奇性与现实性的统一；能使故事的丰富曲折与通俗易懂相结合。

在“山水传说与山水美的欣赏”部分，作者指出，由于山水传说融进了劳动人民的美好感情，融进了他们对生活的评价、理想与愿望，因而包含了多种美的因素。根据山水传说反映的内容，作者举例分析了山水传说中的山川自然美和人的精神美，其中，人的精神美重点分析了传说中蕴含的道德美、人情美、意志美和智慧美。比如讨论道德美，作者为说明山水传说中的道德美首先表现在为人民大众兴利除害和舍己为人的崇高精神，举了桂林的“龙母岩”、台湾的“日月潭”、广州的“白云山上的郑仙祠”三个传说为例；然后以桂林伏波山“还珠洞”传说为例，说明劳动人民的品德美也表现在平常的生活里。山水传说展示的美丰富多彩，给人们的审美感觉也是多种多样的，既有优美、喜剧美，也有壮美、悲剧美。正是因为山水传说在反映自然美的基础上，融进了人文美的内容，将自然美、社会生活美和艺术美熔于一炉，从而在山水欣赏中起着非常重要的作用。一方面，根据山水景物的自然特点进行艺术构思的山水传说，既突出了山水景物的特征，又灌注了人的审美体验，使得山水景观在人们头脑中留下深刻印象，增强了人们对祖国山河的感情。另一方面，传说通过故事的编织，将零散的景物组成一个统一的整体，有助于人们从整体的高度去欣赏山水之美。更重要的是，传说赋予山水以人的思想感情、人的个性，使人与自然建立起一种亲近的关系，为人对自然山水美的欣赏开辟了一条通道。

在“从山水传说看我国民间的美学思想”部分，作者先将山水传说与文人山水文学进行比较，指出山水传说的作者是劳动群众用口头语言进行的集体创作，是人民大众集体智慧的结晶，表达的是人民大众的思想感情与愿望。从这表现群体意识的山水传说中，作者看到了我国民间的美学思想。一是以劳动为美。在民间山水传说中，凡是勤劳的人，最终都得到好结果，为人敬佩，被人赞扬。二是以无私为美。在山水传说中，有着许多为了群体利益、为了民众安危而自我牺牲的人物，他们与那些危害人类的妖魔鬼怪、孽畜恶龙作殊死斗争，不惜牺牲自己，化成山，变成石，从而被人们永远怀念。三是以勇敢为美。在山水传说中，有许多与自然做斗争、与社会恶势力做斗争的故事，歌颂凡人在凶恶的敌人面前毫不怯懦的勇敢精神。四是以智慧为美。在改造自然和改造社会的斗争中，只有勇敢顽强的精神是不够的，还需要智慧。有相当多的山水传说，表彰诸如大禹、鲁班、诸葛亮等有才华的人物，体现出人们以智慧为美的观念。在科学技术高度发达的今天，正是山水传说中蕴含的美成为山水传说的主要功能。虽说山水传说具有多种功能，如可以帮助人们了解历史，可以作为思想教育的材料，可以滋养作家、艺术家，可以抚育人民大众的精神等，但山水传说的作用，更直接的是提供审美。它是审美教育的生动材料，也是很好的导游材料。许多著名风景旅游点的解说都离不开传说，有了传说，山水有情，草木依人，“死”物变成了“活”物，平凡显出了神奇。山水传说不仅给游人增添了无穷的乐趣，而且因为它将自然美、社会美与艺术美熔于一炉，从而把人们引导到更高的审美境界，使人们获得更丰富、更强烈、更深刻的美感享受。

黄贯群从美学角度较系统地对山水传说的产生、山水传说的创造、山水传说在山水欣赏和审美教育中的作用等问题进行了探讨，从内容方面较全面地呈现了山水传说所蕴含的美学价值。其他学者诸如王文宝《浅谈风物传说中的“美”》、刘映华《谈山川之美与山水传说》、徐成志《神话传说与山水审美》、黄永林《自然美与艺术美、社会美的结合：试论风物与风物传说的关系》① 等

① 王文宝：《浅谈风物传说中的“美”》，《民间文学》，1984 年第 5 期；刘映华：《谈山川之美与山水传说》，《社会科学家》，1986 年第 2 期；徐成志：《神话传说与山水审美》，《古典文学知识》，1999 年第 1 期；黄永林：《自然美与艺术美、社会美的结合：试论风物与风物传说的关系》，《中国民间文化》，1995 年第 2 期。

论文，则补充和丰富了地方风物传说的美学研究。如韩致中在《风物传说价值谈》首先肯定其“美的升华”，认为从风物到风物传说的过程，也就是从生活到创作出文艺作品的过程。反过来，风物传说不仅对有关风物进行艺术的升华，还进一步美化风物，使风物由自然美提高而为艺术美，给人以美感享受。吴一虹《风物传说与爱国主义》指出风物传说的文学性，使其具有特殊的审美教育作用和感召力。袁学骏《地方风物传说审美初探》，运用接受美学理论，从作者、作品和读者三者关系，指出地方风物传说的发展变迁史，是一个立体化的审美表现及审美评价的世界。因为“所有地方风物传说从自然美、社会美到艺术美的过程是一个过程中的两个过程——两个连续不断的开放性过程，即从第一个初讲者的审美、创作到初听者的过程，审美接受者又主动参与其创作的过程，是随之而来的信息量越来越大的‘乱箭齐发’，是讲与听不分、作者与接受者不分的复杂过程，是作品教育、科学认知、娱乐和审美诸多价值的实现与诸多价值再创造的过程”。[①] 文中还分别就地方风物传说的阳刚美和阴柔美、悲剧故事和喜剧的审美感受做了分析，丰富了黄贯群对传说中的悲剧美与喜剧美的阐述。

二、地方风物传说的形式美

地方风物传说的结构形式美也是学者关注的重点。黄贯群在“山水传说的创造”中曾提到山水传说由两方面内容组成，一是有特点的山水景物，一是与山水景物相符合的故事。他认为只有故事与山水景物有机结合才成其为山水传说。景物是故事的引子，也是山水传说产生的动因。吴恭俭《风物传说与劳动者的审美观》[②] 主要借助风物传说，探讨劳动人民重自然美的社会性超过自然性和强调自然美与善的联系超过与真的联系的审美观念。其中论证风物传说的框架结构中体现出重自然美的社会性超过自然性的审美观念，作者是这样展开的：将所有的风物传说的框架结构分为“A. 自然风物的自然形态部分”和“B. 传说部分”，反映与自然风物有关的社会生活内容。这两部分的内在结构有四种关系：第一，A 是背景部分，B 是主体部分，即人的社会生活

---

① 韩致中：《风物传说价值谈》；吴一虹：《风物传说与爱国主义》；袁学骏：《地方风物传说审美初探》，中国民间文艺研究会理论研究部编：《中国民间传说论文集》，中国民间文艺出版社，1986 年，第 48 – 55 页，第 71 – 79 页，第 61 – 70 页。

② 吴恭俭：《风物传说与劳动者的审美观》，《湘潭大学学报（社会科学版）》，1985 年第 1 期。

是主体形象，而背景形象是自然风物；第二，A 是固定部分，B 是变换部分，A 仅是激发创作 B 的一种诱发物，显示的是社会生活的丰富性；第三，A 是不确定部分，B 是确定部分，A 的描述使得风物和它所象征的社会生活的关系表现为不确定，B 所反映的社会生活内容的描述很确定，即风物传说所反映的社会内容胜于自然形态的形式，内容具体而明晰；第四，A 是被解释部分，B 是解释部分。如果说前三种结构关系只是间接反映了劳动人民重自然美的社会性的审美观念，那么，第四种结构关系的逻辑程序则使这种审美观念直接显露了出来。

陈武英的《简论民间风物传说的美》[①] 基本延续了吴恭俭关于风物传说体现了劳动人民更重风物的社会性、更重风物与善联系的审美观。但他不像吴恭俭那样从风物传说的框架结构、社会内容的描述、题材的处理、重神似不重形似等多方面展开论证，而是集中从风物传说两部分的组合形式的角度进行深入分析。陈武英将民间风物传说分成由“附托点”（即某一风物）的自然形态部分和由“附托点”敷衍出来的传说故事部分，认为两者在一定结构和程序中相互作用和制约，有机地构成风物传说特有的组合形式美。这种组合形式内部关系的美体现在三个方面：被解释与解释关系、实与虚的关系、地方性与全民性关系。附托点是传说中被解释的对象，是风物传说的次要部分，有着客观存在的实的自然形态，有着仅属于某地的明显地方性。故事是传说中的解释部分，是传说的侧重点。相对于看得见、摸得着的附托点，故事部分显得比较虚，但反映了生活的真实面貌，表达了人民的思想感情，具有全民性特点。风物传说的这种组合形式不仅使得风物呈现出立体的美感，还具有一种流动美。因为组成风物传说的故事部分是流动的、活的，总是随着不同时代人们审美观的变化而不断地修改、补充。

与上述学者泛论风物传说的结构略有不同，林继富的《中国地方风物传说结构试论》[②] 集中笔墨专门剖析了地方风物传说的结构。虽然风物传说的结构仍分为自然形态和传说故事两部分，但作者分别用 A 和 A1 表示出现在传说开头和结尾出现的自然形态（风物）。通常在地方风物传说的开头会简单交代：在某地有某一风物，这个风物有什么突出的特点。然后用一句关于某一风物，有这样一个故事之类的话引出下文。这就是 A。接着解释这个风物的来

① 陈武英：《简论民间风物传说的美》，《民间文艺季刊》，1986 年第 2 期。
② 林继富：《中国地方风物传说结构试论》，《民间文艺季刊》，1986 年第 3 期。

历，常是将时间回溯到过去，用“曾经”或“很古很古的时候”之类的话开始故事的讲述，这是传说故事的部分，用B表示。故事讲完后，用“从此或所以”之类的句子呼应开头，点明因为在以前曾经发生过这样的事情，所以才留下了这么个风物。这类简单呼应的语句是A1。作者得出风物传说基本的结构模式是：“风物（A） +故事（B）→风物（A1）”，由这个基本结构还演化出四种结构模式变体。关于这个结构中各因子的功能及各自带的后果，作者从实际发生的社会效用、民间文学体裁区分、变异性和风物传说的目的等方面进行了探讨。认为A在整个作品思想内容和主题方面，只是作为一种背景材料，处于次要地位，但却是风物传说的关键，是决定地方风物传说之所以为传说的主要标志。从变异性看，A就是传说核，稳固不变，是风物传说中被解释的对象。B虽是作品的重点中心，其体裁性质却随着A的有无归入不同体裁。从变异性看，B是运动变化的，是围绕着传说核形成的传说圈或传说体，是创作者借A要完成的主要任务。A1的出现使作品达到了完整和谐的统一，在作品形式上给人以美感。A1不仅是对A的呼应，也是B中有些细节部分的实物印证和重现，为整个风物传说的合理性、可信性埋下了伏笔。

将A、B、A1三者富有内在逻辑地连在一起的，是风物传说解释性的特点。解释性是神话和传说都具有的特点，但神话与传说的解释有联系又有区别。从民间文学体裁发展史来看，地方风物传说直接承继解释性神话，两者都采用幻想方式反映现实，以“神化自然”作为对自然来历的解释和情节转变的契机；两者都是由自然物和故事（广义）构成。但两者也有区别。第一，神话主要解释具有普遍性的自然现象；传说则大部分是解释某个特定的地方事物。第二，神话主要通过幻想方式解释事物来源；传说则往往通过日常生活的方式，尽管也可能包含幻想成分。第三，原始人对解释性神话信以为真，对传说的解释，人们未必尽信也未必都不信，具体情形不同，信与不信的程度也不一样。如何会产生这种区别？对此，林继富主要讨论了人类思维方式的影响。从神话到传说，展示了原始思维到形象思维和逻辑思维的人类思维发展的演进过程，人类思考便从具体到抽象，从一般到个别，从普遍到特殊，从模糊到清晰。这一思维发展史上的进步，导致人们考虑问题更加细致，认识自然和改造自然的方式随之增多，开始意识到自我的存在和自我的力量。神话时代的人们渴望征服大自然，并通过幻想中的神、超人间的英雄来帮助实现愿望。人在此时处于一种依附被动的地位。在传说时代，人的地位得到了表现，人们征服自然完全依靠人自身。虽然地方风物传说中也常有幻想中的神来帮助，但这种神的帮助不像神话中的神完全替人征服改造自然，而只是点化指引，最终的任务是由人自身来完成的。从美学发展的角度而言，随着人们思维的演进，知识经验的增多，自我力量的强大，人们不再为物质上的满足而疲于奔命，他们开始把自己的审美视点投向人类社会和大自然。人们的审美观念也就从纯粹的物质功利性、适用性慢慢地转为把自己周围的大自然作为一种精神愉悦的审美对象。这些发展与进步在解释性神话和地方风物传说文本中的具体表现是，在解释性神话中，人们解释自然是不自觉的，对自然物的来历仅是作片言只语的交代。解释性神话表面上看是神的世界，实际上是“以神拟人”，反映的是原始人生活的世界，体现了人类一种幼稚、朴素的原始社会美。地方风物传说在解释过程中“以人拟神”，不仅解释风物的细节更加完备，描绘的风物更加具体、形象，而且借助对自然物特征的解释来表达对社会现实世界的看法，体现了一种劳动人民的社会美。

三、地方风物传说美学研究举例

刘亚虎《广西山水传说探美》是一部以广西地区山水传说为独立研究对象的专著，该书对广西奇美秀丽、丰富多彩的山水传说的起源、发展、流传等方面进行了探讨。正如陈金文所说，“该书最大的特点在于用完整的、系统的美学理论来研究中国民间文学作品，把西方的移情说、格式塔心理学派学说、莱辛的空间艺术与时间艺术理论以及中国古代天人合一的美学思想等引入到山水传说的研究中”。[①] 刘亚虎这里所谈的山水传说不是黄贯群所言的广义的山水传说，而是关于特定的自然山水的解释性故事。这种题材的选择，一方面对山水自然形态进行解释的山水传说进行了深入的研究，使山水传说的独有特色越发鲜明、突出；另一方面，山水传说归属于地方风物传说，山水传说的研究丰富了地方风物传说的研究内涵。笔者印象最深的是作者借用德国美学家莱辛在《拉奥孔》里关于“空间艺术”（画）和“时间艺术”（诗）的论述——对山水传说的创造和欣赏所做的分析。作者指出，在山水传说的创造过程中，一些本没有感觉和感情的山水，由于它们的形状等因素，反映在人们的主观意识里，变成了具有人的感觉、意志和活动的形象，或与人有关的东西。这是条件联系泛化的结果。当人们形成条件联系的泛化，以此感知山水的时候，就容易

---

① 陈金文：《壮族风物传说的文化研究》，民族出版社，2011 年，第 14 页。

产生由山水到人事的“类似联想”。人们早期的类似联想活动，可以追溯到原始人对“万物有灵”的联想和在这种观念的影响下人们对山水等物的其他联想上。由于原始思维的幼稚和互渗性，早期的类似联想更多出于严肃的意愿和实用的祭祀或巫术等目的，还谈不上形成了文学的东西。只是到了后来，随着人们实践活动的发展，山水变得熟悉而亲切，人们的联想才带有审美的成分。在这种带审美成分的联想中，表象的联系和推移，主要以联想者的感情为中介。人们因物生情，不同的山水能够感发和契合人们不同的主观感情，唤起人们的情绪记忆，引起人们的联想活动。这种联想不仅与自然景物的形状和人们的实际生活相联系，而且受联想者基于各自的生活经历所生发的特殊的审美体验所制约，受积淀于人们头脑中的文化心理结构所影响。通过第一次的联想和想象，山水的空间形状在人们的头脑中被幻化成新的形象。但人们的联想和想象并没有停止，由山水特征所引起的主观感情一经感发，又由情及物，反作用于人们对山水的认识和反映，引导人们进行第二次的联想和想象。把第一次想象所形成的形象赋予动态，加以引申，使第一次想象所构成的画面延续成一个个有时间连续性的镜头，造成了一种时间艺术。劳动人民就这样从对具有一定空间广延性的山水的感知开始，通过以感情为中介的联想和想象，一步一步地创造出表现具有时间延续性的动态生活的语言艺术——山水传说，把自然美、社会美和艺术美融为一体。

与书面语言文学的山水诗相比，山水传说是一种与山水连在一起的叙事的口头语言文学，对它的感知不是阅读，而是在山水现场边“观景”边听故事。山水诗的审美效果是文字这表象符号在人们头脑里唤起的自然美景，美景里的山水有感情，有韵味；山水传说的审美效果是对眼前的山水进行联想和想象，脑海里浮现的是鲜活的社会生活图景，生活图景里的山水不仅有情韵，有神态，还能动起来。所以，山水诗是一种画意和诗情的结合，山水和山水传说联系在一起，则是一种经过传说点染的山水这“空间艺术”[①] 和山水传说这时间艺术的结合。经过传说点染的山水，人们既能够通过传说想见它所表现的人或拟人物的外部风貌，还能够通过传说想见其“动作”以至“思想感情”。而对于传说，人们也能够通过这点染过的山水体验它所展现的一幅幅生动画面。山水因为传说而变得更亲切，传说也因为山水而获得了形象的表现。两者的结

① 这里“空间艺术”之所以打引号，是因为一方面它本身是自然山水，不是艺术品，但是另一方面它经过传说点染以后又确确实实在人们头脑里幻化成了具有三度空间实体性的像雕塑一样的艺术品，所以是打引号的“空间艺术”。见刘亚虎：《广西山水传说探美》，广西人民出版社，1994 年，第 53 页。

合，十分完满地融汇了空间艺术的形状美和时间艺术的动态美，具体体现在，第一，山水和山水传说结合起来，可以“化美为媚”。大自然的山峰是美的，经过传说的点染它们更可以“媚”。莱辛说：“媚就是在动态中的美……它是一种一纵即逝而却令人百看不厌的美。它是飘来忽去的。因为我们回忆一种动态，比起回忆一种单纯的形状或颜色，一般要容易得多，也生动得多，所以在这一点上，媚比起美来，所产生的效果更强烈。”① 第二，山水和山水传说结合起来，可以“化静为动”。大自然的山峰是静的，但经过传说的点染似乎会在人们的想象中动起来。传说把经过传说点染的山水这种“空间艺术作品”中所表现的“某一顷刻推广到前一顷刻和后一顷刻”②，从而使人们想见那一个个有时间连续性的画面。想见那一个个山水新形象的、有情节性的动作过程，并引起人们对山水新形象的动态的进一步想象。山水传说还引导人们从不同角度看山水，使人们如同看连环画一样看到“在时间上有距离”的不同镜头。第三，山水和山水传说结合起来，可以“化默为思”。大自然的山峰是“默”的，但经过传说的点染会在人们的心目中显得洋溢起感情，充满了意志，可喜可怒，能哀能乐。所以在山水传说的欣赏中，人们不仅要“听景”，而且要“观景”，从而获得一种单纯的文学欣赏和单纯的山水欣赏所无法达到的审美感受。

刘亚虎一书虽主要是从美学视角探讨广西地区山水传说的审美价值，但由于山水传说往往能突破狭窄地域的限制，反映社会生活和全民的感情思想，因此全书八章中有六章是以广西山水传说为例，阐述我国山水传说的起源、创造、内容、艺术手法及传说中蕴含的美学思想和美的形态，体现了广西山水传说作为我国山水传说的共性特点。与黄贯群的部分论述异曲同工，相得益彰。然而山水传说的山水仅属于某地，一般只为本地区及附近区域的人们所熟悉和了解，具有明显的地方特色。作者在第一章就介绍广西的地形呈现出“岩溶广布、山岭绵亘、后陵错综、平原狭小”的独特风貌；广西的山水“以奇、秀为主，雄、险、幽、阔兼有”的独特风格；在广西“八山一水一平原”的土地上，生活着十来个民族的人们。这些丰富多样的地貌和各民族蕴含的不同文化生活形态，是广西山水传说绚丽多姿的基础。第七章探讨广西一些富有特色的山水和文化形态对山水传说的影响，突出广西山水传说独有的地方特色。

① ［德］莱辛：《拉奥孔》，朱光潜译，商务印书馆，1979年，第121页。

② 同①，第106页。

作者指出，广西山水形态最富有特色的是岩溶地貌，桂林漓江、靖西等地的山水具有阴柔美、意境美、动态美的特殊魅力，属典型的南方“秀丽”型山水，这些山水的传说也多具南方“优美”型风格。与北方“壮观”型山水的传说相比较，“北方大地多高山大川，山水传说也多豪放的人物，刚健的风格；桂林等地则多青山秀水，山水传说也多纤细的人物，轻巧的风格”。[①] 即使与南方不同地貌和文化特点的山水传说相比较，如张家界山水诸峰嵯峨，巨石嶙峋，形成的山水传说以“雄”为主调，而桂林山水的水清浪静，山美石俏，形成的山水传说以“秀”为主调。“优美”的广西山水传说固然离不开广西特有的自然环境因素，更离不开广西各民族人民的社会生活，离不开当地的民族传统文化的浸染。作者指出，广西最富特色的传统文化形态是桂中桂西石山土山地区的各民族文化具有山地农耕文化、原始性群体文化、原始性巫道文化特质，体现在他们的山水传说里，影响着故事的内容、形象和情节，形成了广西山水传说区别于其他山水传说的另一地方特色。作者举遍布全国各地“望夫石”型传说与仫佬族“望郎石”传说比较，从传说中两人的关系、夫或郎出原因、丈夫或情人不能回来的原因等方面，一一指出“望郎石”传说中拥有的原始性群体文化风俗、山地农耕文化和原始性巫道文化特质，体现出区别于一般的“望夫石”传说独有的地方特点。

其他针对某一特定地域风物传说进行美学探讨的研究，还有黄贯群《浅谈桂林山水的美学特征》[②]、刘亚湖（即刘亚虎)《桂林山水传说的美学意义》[③]、张利群《桂林山水传说的审美意蕴》[④]、朱蓓《人的创造力量的颂歌——试论湖北风物传说的美》[⑤]、宁世群《藏族名胜古迹传说探美》[⑥]、汪玢玲《“三宝”传说美学四论》[⑦] 等。汪玢玲的《三宝传说美学四论》是一篇优秀论文，作者详细论述了关东三宝传说中“参精的形象美、雀魂的悲剧美、参农的心灵美、貂神的炼狱美”，呈现了长白山特产的自然之美，反映了生活在长白山的广大参农和猎户的审美观和道德观，以及他们的悲剧和美学理想。

---

① 刘亚虎：《广西山水传说探美》，广西人民出版社，1994 年，第 149 页。
② 《学术论坛》，1984 年第 4 期。
③ 《民间文艺集刊》第 7 集，1985 年。
④ 《社会科学家》，1991 年第 1 期。
⑤ 《湖北民间文学论文集》第 3 集，1989 年。
⑥ 《中央民族学院学报》，1990 年第 5 期。
⑦ 《民间文学论坛》，1985 年第 6 期。

三、余论

在探讨地方风物传说的美学价值、美学意义的过程中，偶有学者谈到地方风物传说中真善美的关系。指出在地方风物传说中，自然美与善的联系超过与真的联系[①]，风物传说作品多展开善与恶的对立、对比，很少展示真与假的冲突。“风物传说中的善是社会美的一种特性，它主要是对自然的改造，以期使自然合乎人类需要，使之合乎人类需要的目的。自然风物的‘真’是自然美的特性，它意味着客观自然本身，意味着人类对自然界真实而客观的认识。因而，自然风物传说中真善所处的地位不同，导致了自然风物传说中美的形态呈现出在自然物的掩盖下真正的现实生活之美。”[②] 这些分析主要从风物与风物传说关系的角度分析风物传说之美，突出了地方风物传说的特点。马克思说过：“美的本质是人的本质力量的对象化。”人的本质力量的对象化，也叫客体化或物化，是指审美主体通过实践把自己的本质力量凝结在客观的对象上。比如风物传说中，劳动人民通过本身的创作将自身的本质力量体现在客观存在的风物之中，使风物成为人的本质力量的确证。可见，美既不是单纯的自然，也不是纯粹的主观意识，而是人类实践活动的结果，是人的本质力量丰富性的多样化显现的客观物质存在。人类的实践活动，是一种求真向善的活动。求真，即合规律性的活动；向善，即合目的性的活动。所以，按照马克思主义的实践观点，美与真、善有机地结合在一起。追求真善美是文学艺术的永恒价值，“真”是文艺作品的生命之基，“善”是文艺作品的价值之本，“美”是文艺作品的魅力之源。文艺的真善美在本质上是一致的。在具体的文艺创作和接受中，尽管会有所侧重，但文艺价值的根基始终是真善美的有机统一。所以，笔者认为只强调风物传说中自然美的“真”，认为善与美的联系超过了真与美的结合是远远不够的，因为地方风物传说中还有社会历史的真、劳动人民情感体验的真等内容，仍是真善美的统一。

纵观地方风物传说的美学研究，主要集中在20世纪八九十年代，这与当时美学作为一门独立学科在我国发展有关。19世纪末，随着民族危机加剧，一些有识之士如梁启超、王国维、蔡元培等大胆吸取近代西方资产阶级的哲

---

① 吴恭俭《风物传说与劳动者的审美观》、陈武英《简论民间风物传说的美》、林继富《从自然风物传说看劳动人民对自然美本质的认识》都论述或提到这个观点。

② 林继富：《从自然风物传说看劳动人民对自然美本质的认识》，《西藏农牧学院学报》，1987年第1期。

学、美学成果，开始用一种新的审美眼光和研究手段探讨文艺的特性和审美本质等问题。在 20 世纪三四十年代，宗白华、朱光潜等学者对西方美学的介绍和研究，为美学的兴起和发展奠定了基础。美学研究真正蓬勃开展是在中华人民共和国成立（尤其是实行改革开放）以后。受改革开放形势的驱动，大量外国学术著作翻译、介绍和引进，为我们的美学研究提供了丰富而有价值的资料，拓宽了我们的研究领域。我国的美学研究在这个时期才从量的概念上显出了规模，在质的方面也有了飞跃性的发展。对地方风物传说的美学研究逐步深入的原因还在于，1978 年以后，市场经济体制的逐步建立，旅游业在商品市场经济的滋育下空前发展，自然环境的风物传说可以提高旅游点的知名度和吸引力因而得到广泛搜集、出版。将自然美、社会美与艺术美熔于一炉的风物传说，把人们引导到更高的审美境界，使人们获得更丰富、更强烈、更深刻的美感享受。对地方风物传说的美学研究也兴盛一时。

每个时代有每个时代的美，一代人有一代人的审美标准和审美需求。在推进中国特色社会主义伟大事业的今天，从现实的审美需要出发，借鉴历史上的审美经验，如何树立符合时代要求的审美趣味、审美观念和审美理想，如何讲好地方风物传说故事，推进传说的美学研究，将是我们的一个努力方向。

（作者单位：福建省委党校，福建行政学院）

“文艺的人民性与人民美学再出发”研讨会综述

陈舒劼　郑海婷

2017年10月14日，福建省社会科学界2017年学术年会“文艺的人民性与人民美学再出发”青年博士论坛在福州于山宾馆举行。会议由福建省美学学会、福建社科学院马克思主义文艺理论与批评研究中心、东南学术杂志社、福建省海峡文化研究中心联合承办。出席会议的领导有福建省社科联党组书记、副主席林蔚芬，福建社科院副院长刘小新研究员，福建省社科联学会部李道兴主任，江苏大学出版社芮月英总编等。会议由福建省美学学会会长、《东南学术》执行总编辑杨健民研究员主持。来自北京、江苏、四川、湖北、湖南及福建省内各地的90多位专家学者出席了本次会议。

应邀参加本届论坛的福建省社科联党组书记林蔚芬在发言中指出，论坛的主题“文艺的人民性与人民美学再出发”，将美学的学术研究与人民的审美需求相结合，突出了美学研究的中国话语和中国立场。希望与会的专家学者能够坚持正确的政治导向，充分发挥自身知识面广、思想活跃的优势，围绕此次论坛的主题，敞开思想，畅所欲言，深入交流、研讨和对话，提出自己的真知灼见，为繁荣发展福建省哲学社会科学事业，为建设新福建、实现中国梦做出积极贡献。

会议以“文艺的人民性与人民美学再出发”为主题，围绕“文艺人民性和人民美学的重要阐述”“当代人文语境与人民美学再出发”“当代文艺创作与人民性的美学表述”等讨论焦点，在多学科碰撞、多视角融合的语境下展开了广泛的学术探讨和争鸣。厦门大学中文系俞兆平教授、代迅教授、贺昌盛教授，福建社会科学院管宁研究员，福建省委党校林怡教授，湖南师范大学廖述务副教授，福建师范大学伍明春教授、周云龙副教授、滕翠钦副教授，福建社会科学院陈舒劼副研究员、王伟副研究员，华中科技大学刘杰博士等学者在会上做了主题发言。

会议共收到相关论文60余篇，会议的讨论主要集中在三个方面。

一是聚焦人民性与人民美学问题。与会者从当代文学、历史社会学、文艺学、美学、世界华文文学等不同角度对人民话语和文艺的人民性做出阐释和解读。主要论文有《文艺的人民性与人民美学再出发》（刘小新）、《“人民美学”思想与当代文学的“人民”叙述》（陈舒劼）、《历史社会学视野中的“人民”话语：表达与实践》（刘杰、贺东航）、《汲取传统文化养分　重构当代人民美学——论文艺人民性与人民美学再出发》（杨明刚）、《抒情姿态的变化——现代汉诗与民生关系的一种考察》（伍明春）、《人民的名义：“十七年”史剧论争的谱系学考察》（周云龙）、《人民性和“物质”的意义图谱》（滕翠钦）、《论卢卡奇〈历史小说〉中的人民美学思想》（卞友江）、《越界的活力：文化研究、学术机制与知识分子》（颜桂堤）、《〈人间〉杂志的人民美学：宗教情怀、民众立场与阶级视野》（陈美霞）、《人民性、底层视域与边缘意识论“第六代”电影的主题书写》（刘桂茹）、《人民美学建构与民间戏曲转型“海丝舆论场”中的百年歌仔戏》（王伟）等。与会学者围绕“人民性与人民美学”的核心主题，深入探讨了人民性的丰富含义、人民美学的历史演变、当代中国文学创作中的人民性再现和文学理论中的人民话语的表征实践等问题。与会学者认为，文艺是政治的反映，人民是文艺的主题，是实现历史普遍性的主体，是文艺创作的主体，也是审美活动的主体。美学研究和文艺创作必须始终坚持人民主体性和人民立场，以充满深沉的情感力量和历史厚度的思想，来叙述中华民族伟大复兴的实践，阐释好当代实践，讲好中国故事。这是文学艺术和美学文艺学的当代使命和任务。如何在新的时代语境下重新理解《在延安文艺座谈会上的讲话》以来的人民叙述的伟大传统，如何实践习近平总书记在文艺工作座谈会上提出的坚持以人民为中心的创作导向，如何表现当代中国的人民之美，都值得正在行进中的当代文学深思熟虑。人民文学叙述的美学再出发，即将打开丰富的维度，拥有光明的前景。

刘小新研究员在发言中指出，在市场经济和经济文化全球化的语境下，当前的中国文论与美学又进入了一个转折时期，“人民美学再出发”理论命题的提出有着深远的意义和价值。在这一背景下，邓小平关于文艺人民性的深刻论述是我们重构文艺人民性的不可忽视的宝贵的思想资源。邓小平文艺思想是马克思主义、毛泽东文艺思想在当代中国的继承与发展，其核心是文艺的人民性。邓小平从人民性的立场出发重新阐释了文艺与政治意识形态的关系："社会主义现代化建设是我们当前最大的政治，因为它代表着人民的最大的利益、最根本的利益。"邓小平还重新确立了人民美学的主体论，他的"人民美学"思想深刻地影响了新时期的文艺思潮，奠定了80年代文艺思潮的基本格局。"人民美学"再出发，建构人民文学的现代性已经成为今天文艺创作和理论工作者的一项重要使命。陈舒劼副研究员认为，"人民美学"是习近平总书记在文艺工作座谈会上重要讲话的核心观念之一。20世纪90年代以来，当代文学中的"人民"叙述包含着诸多价值认同的症候，缺乏富有时代特色的美学表现。"人民"文学叙述必须重回"人民美学"的立场，直面新时代语境提出的机遇和问题，实践"人民"美学的再出发。刘杰博士在发言中指出，人民话语是中国政治社会生活中的主导性话语，这一话语形态衍生自中国共产党开展革命动员，并伴随着国家政权建设与改革时期的社会治理。从历史社会学即注重考察政治话语与政治行动互构的角度来看，作为一种修辞的人民话语在道德、权力与治理三个层面于各个历史时期皆有对应的实践。在革命时期表现为阶级动员、革命行动与基层政权实践；在政权建设时期表现为诉诸文化领导权、继续革命与总体性治理；在改革时期表现为历史合法性的重要来源、维稳体制的形成与动员式治理风格的兴起。杨明刚副研究员认为，重构当代人民美学这一建设性指向，务必从丰富的古代文艺理论遗存资源和华夏审美土壤中汲取养分，以期从中生长出中国特色的当代人民美学统摄下的文艺标准系统和本土话语体系，不仅是对古代文艺理论现代转型的延展与升华，更是今天重构足堪与西方艺论对话、交流的当代人民美学开放系统的一条行之有效的本土途径。伍明春教授指出，现代汉诗与民生问题之间具有一种密切的关联。长期以来，诗人在抒写民生主题时都采取一种居高临下的抒情姿态，因而影响了诗歌的艺术效果。直到晚近的诗歌，由于诗人调整了自身的姿态，变高高在上的俯视为切身介入，民生主题的表现得到有力的提升，从而丰富了现代汉诗的艺术探索，提升了现代汉诗的艺术品质。周云龙副教授的发言梳理了"人民"概念之下"十七年"史剧论争的谱系，认为毛泽东对京剧《逼上梁山》的评论，从四个方面深刻影响了"十七年"关于历史剧的理论批评的题旨：戏曲历史剧的"历史"外延扩大、20世纪上半叶中国历史剧创作与1949年后的历史剧创作的跨越时空的剪辑对接、叙事主体变化与历史面目的改变、毛泽东"推陈出新"理论指示的具体落实。

二是关于美学史与文论史的基本问题。主要论文有《审美的重启》（南帆)、《中华美学的审美意识论》（杨春时）、《科学主义在中国的百年命运》（俞兆平）、《身体美学：为何与何为?》（代迅）、《中国当代文学体制的变革》（郑国庆）、《西方文学接受观念的五种类型》（陈长利）、《中西审美现象学的时空结构差异》(仲霞)、《古典诗学的回溯与重建——读〈诗的八堂课〉》（郑珊珊）等。

南帆教授在论文中指出：文学理论一个世纪以来出现了若干重要的特征，如旺盛的理论需求、繁多的理论产品、理论逻辑的急剧扩张、作家的疏离等。这些特征的出现存在多种原因，西方文化的理性主义传统无疑是一个极为重要的因素。文化研究等学派的理论中心倾向不仅可以溯源于西方文化理性主义的传统，同时还与解构主义、现代阐释学等学派存在重要联系。理论中心倾向压抑了审美，封闭了审美的“介入”功能，形成另一种独断，这必将导致审美的激烈反抗。历史负责调节想象审美与理性主义的关系，历史形成了某种条件之后，社会学、经济学、科学、哲学、文学无不可能进驻文化圆心，每一个学科内部都隐藏了领衔主演的愿望，每一个社会都隐藏了特殊的知识需求：排斥某些学科、接纳某一个学科，甚至授予作为主角的尊荣。审美就在复杂的网络之中与理性主义进行广泛的博弈，而很大程度上，这种博弈产生的故事将内在地影响现实与未来。杨春时教授对中华美学审美意识进行了整体性的分析，他认为，中华美学审美意识包括审美理想、审美想象、审美情感、审美直觉四种构成要素；中华美学审美意识是作为意象而存在的，这一现代思想在中华美学中早已经形成，中华美学的审美是物我合一的，既是审美对象，又是审美意识，并具有情感的内容；中华美学审美意识具有非自觉性、超越性、个体性、身心一体性的特征。俞兆平教授在讨论中发表了具有反思性的发言，他指出，科学主义的问题在人类走向现代化的进程中已经日益显现出来，因为它是“现代性”构成的重要组成部分。由于科学自身具有一种实践性的品格，人类在掌握自然规律之后，势必推动自我去改造外界客观事物，以使得自身本质力量得以确证。“科学是生产力”成为公认的理念，科学促进了物质生产、创造了财富，有效地改善了人类的生存状况。但正如卢梭所指责的那样，科学与文化进步的同时也明显带来其负值效应，刺激了人的贪婪、虚荣、野心等欲念，引发了大规模的掠夺与战争等暴行，这是科学异化无法推卸的“原罪”。代迅教授指出，《圣经》的身体话语构成了西方肯定和赞美身体的重要思想源泉，西方美学的认识论传统推动了西方艺术对裸体的表达和喜爱。中国非主流非正统话语对身体的热衷与痴迷，为身体美学在中国的被接受准备了丰沃的土壤。

身体美学和日常生活审美化、环境美学汇合在一起，将极大地改变美学理论的框架结构，对美学研究的未来变革产生深远影响。郑国庆副教授认为，1992年邓小平南方谈话、中国政府全面启动市场经济以来，中国的文化体制经过了相当剧烈的重整。文学场域逐步转向了市场法则全面渗透的基础性变更，一个新型的文学体制俨然成型。这个体制一方面携带强大的经济正当性促使市场成为文学从业者自觉不自觉的创作定向，另一方面也引发了新“左”知识分子对于“社会主义文学”的怀旧。文学体制的转变可以分为“硬体”和“软体”两个层面，文学体制“硬体”的转变主要包括出版工业、大众传媒的兴起与传统文学期刊的衰落，以及作家身份角色从创作者到跨媒体文化经营者的变化。文学体制的“软体”转变则主要围绕正当性文学论述问题。在遭到经济正当性冲击、严肃文学与流行文学边界模糊的状况下，纯文学场域如何维护严肃文学的美学标准；与此同时，流行文化场域亦需要在文化正当性与资本力量之间保持平衡，建立流行文化场域自身的自主性。陈长利副教授指出，西方文论史经历了五次范式转移，即模仿说、实用说、表现说、客体说、接受说，不同的文艺范式蕴含了不同的接受观念。模仿说下的文学接受，是一种向本体世界追寻的诚意谛听；实用说下的文学接受，是一种具有理性旨归的趣味阅读；表现说下的文学接受，是一种追求自由精神的经验借鉴；客观说下的文学接受，是一种以审美自律为特征的精神补偿；接受说下的文学接受，是一种主张多元价值的对话交流。不同的文学接受特点，决定了人民性的性质不同及历史性差异。仲霞讨论了中西审美现象学的时空结构差异，认为中华审美现象学具有空间性倾向，经由对现实空间的超越把握“道”的意义；在现代化的过程中向时间性审美现象学转化。田军认为：当前的美学研究有必要加强生活美学与艺术美学、环境美学和身体美学之间的对话、融通与整合，使艺术、环境和身体都成为生活美学的重要维度。这些交流和探讨既形成了在新时代美学话语建构中不断融入本土经验并强化自我认同的共识，又为美学在今后各个研究领域的创造性解释提供了更多的条件和可能。郑珊珊副编审以江弱水的新著《诗的八堂课》为例，指出：尽管书中大量采用了西方文论观点，但作者始终以中国古典诗学为正统来构建自己的诗学体系。江弱水最终所确立使用的都是中国古典诗学概念，并以此容纳西方文论观念。这种做法，扩大了中国古典诗学的外延内涵，为中国诗学开辟了一条新的发展道路，对当前学术界聚焦的中国学术话语体系创新而言，也具有深远意义。

三是当代文艺创作的批评实践。主要论文有《徐应源的意义世界》（杨健民）、《文化自信：历史依托与现实生命力》（管宁）、《作为后现代策略的“非虚构书写”——误解、边界及其一般性理论定位》（贺昌盛）、《革命、传统与德性主体的建构——以韩少功新世纪创作为中心》（廖述务）、《内部更新与外部超越——颜真卿传统与现代书法的意义生成》（刘鹤翔）、《现代、后现代与当代——中国书法美学现代性的三重变奏》（王毅霖）、《文学介入理论：研究现状及其可能性空间》（郑海婷）等。

管宁教授指出：文化自信的底气，除了来自于悠久博大的深厚传统，还来自于接纳包容的开放胸襟，同时也来自于不断进取的竞争意识。传统文化是自信的根基，兼容并蓄是自信的关键，创新进取是自信的生命。唯有敢于竞争才能检验传统是否优秀，唯有勇于探索才能推动传统与时俱进，唯有善于创新才能焕发传统的生命力。当代文学批评实践必须从传统优秀文化中汲取营养，建立文化自信。贺昌盛认为,“非虚构书写”不能简单被理解为“纪实性书写”的代名词,“非虚构”创作的兴起有其特定的后现代背景，它其实是对现代性推进过程中形成并逐步被“定型化”了的“现代书写典范”的一次有意识地挑战。“非虚构书写”以其同步的即时性、事件及人物演进的多重可能性，以及在“书写”活动的召唤之下“本真自我”的现身“在场”，与传统的现代“纪实”书写形态划分出了明确的界限，进而使其自身成了后现代书写的一种全新的文类。廖述务以韩少功新世纪创作为例讨论了革命、传统与德性主体三者的复杂关系，强调了革命传统是当代德性主体建构的重要资源。杨健民、王毅霖和刘鹤翔聚焦当代艺术创作。杨健民教授认为，艺术的终极意义并非指向艺术的伟大性；对于任何的艺术家而言，艺术是沟通人类的途径之一。生活中短暂的一瞥，也许经常是被观念遗忘的部分，而在艺术尤其是在视觉中，它有着某种深刻不变的永恒。王毅霖副研究员梳理了中国书法美学现代性三重变奏的历程，他认为，综观中国书法美学在 20 世纪八九十年代的现代、后现代历程，在还没消化现代性美学思潮的同时，许多学人还在为书法这门古典的美学有无现代性等问题纠缠不清的时刻，又匆匆催产出后现代的果实。有趣的是，在跨越新千年之后，书法美学现代性和后现代性均呈现急剧隐遁的迹象。显然，中国书法美学的复杂性远远超越我们目所能及的范围，对书法美学在现代性应激下做出的反应进行细致的梳理，有助于探究其更为复杂的内核。刘鹤翔博士的发言聚焦书法大众化时代的审美冲突，他指出，在当代书坛活跃的一群“丑书”家的创作观念是清代碑学在当代的延续。然而，对“丑书”激烈批评有一个现实的背景，即书法在当代业已成为一门大众化的艺术，有着庞大的从业群体。清代碑学兴起以来所建构的那种“内向”的美学，在当代与业已在很大程度上庸俗化为一种“展览体”的“二王书风”产生了激烈的冲突。郑海婷博士的发言围绕着网络耽美小说展开。她认为，耽美文学已经成为我国网络文学的重要力量，毛尖教授指控其为资产阶级二代的美学语法，这种指责把美学趣味和阶级身份处理成简单机械的二元对应，单向的精英化的批判思维把复杂多元的网络文艺简单化了。这种批评既缺乏社会学的实证，也缺乏美学的细腻；既无视网络文艺本身的复杂性，也无视耽美小说读者的分化。为批判而批判使她没能发现耽美写作真正的问题——太过平滑，网络耽美小说如果能够在写作中制造歧义，更加积极地回应现实，换一种方式参与历史，就完全有可能呈现出与毛尖教授的判断截然不同的面貌。

此次会议中，与会学者围绕着文艺的人民性与人民美学的主题从各自的学科视点提供了丰富多彩的研究成果，展开了生动活泼的学术交流，既带来了更多的观点碰撞，又产生了彼此更强烈的共鸣。这一系列的讨论都丰富了我们对文艺人民性问题的认识，丰富了我们对美学史和理论史的理解，既是对传统美学意义的延续，又以新的视角和方法介入美学和文学研究，形成了开放多元的学术格局，展现出福建省美学和文艺学研究界融洽的研究氛围和丰富的实践观念。

（作者单位：福建社会科学院文学研究所）